Strahlungsquellen für Technik und Medizin

Hanno Krieger

Strahlungsquellen für Technik und Medizin

3. Auflage

Springer Spektrum

Hanno Krieger
Ingolstadt, Deutschland

ISBN 978-3-662-55826-3 ISBN 978-3-662-55827-0 (eBook)
https://doi.org/10.1007/978-3-662-55827-0

Die Deutsche Nationalbibliothek verzeichnet diese Publikation in der Deutschen Nationalbibliografie; detaillierte bibliografische Daten sind im Internet über http://dnb.d-nb.de abrufbar.

Springer Spektrum

Planung: Lisa Edelhäuser

Gedruckt auf säurefreiem und chlorfrei gebleichtem Papier

Springer Spektrum ist Teil von Springer Nature
Die eingetragene Gesellschaft ist Springer-Verlag GmbH Deutschland
Die Anschrift der Gesellschaft ist: Heidelberger Platz 3, 14197 Berlin, Germany

Vorwort zur dritten Auflage

Ionisierende Strahlungen haben vielfältige Anwendungen in Wissenschaft, Technik und Medizin. Neben den wissenschaftlichen Grundlagenuntersuchungen zählen dazu die Materialprüfung und die Materialbearbeitung, die Sterilisation, die Erzeugung radioaktiver Substanzen und die diagnostischen und therapeutischen Verfahren der Medizin. Das vorliegende Buch ist der zweite überarbeitete und erweiterte Band einer dreibändigen Lehrbuchreihe zur Strahlungsphysik und zum Strahlenschutz. In ihm werden die physikalischen und technischen Grundlagen der Strahlungsquellen und ihre Anwendungen dargestellt. Er richtet sich an alle diejenigen, die als Anwender, Lehrer oder Lernende mit ionisierender Strahlung zu tun haben. Weitere mögliche Interessenten sind Medizinphysiker und sonstige Medizinphysikexperten, Physik- und Ingenieurstudenten, Techniker und Strahlenschutzingenieure, Radiologen und Radiologieassistenten, medizinische und technische Strahlenschutzbeauftragte und alle mit der Strahlenkunde befassten Lehrkräfte.

Das Buch gliedert sich in drei große Abschnitte. Der erste Teil befasst sich mit den physikalischen Grundlagen der Teilchenbeschleuniger. Nach einem Überblick über die medizinischen und technischen Strahlungsquellen und ihre Einsatzbereiche werden zunächst die allgemeinen Grundlagen zur Teilchenbeschleunigung und zur Strahloptik dargestellt. Dem Kapitel über Elektronen- und Ionenquellen folgen sehr detaillierte Darstellungen der Röntgenröhre als wichtigstem Strahler der Radiologie und der mit ihr erzeugten Röntgenspektren. Nach einem Überblick über die Funktionsweisen der Gleichspannungsbeschleuniger werden in weiteren Kapiteln ausführlich die physikalischen und technischen Grundlagen sowie die Besonderheiten moderner technischer und medizinischer Linearbeschleuniger behandelt.

Das nachfolgende Kapitel befasst sich mit den verschiedenen Ringbeschleunigern. Es beginnt mit dem heute zwar nicht mehr produzierten, aber physikalisch und historisch nach wie vor sehr interessanten Betatron. Es folgen Darstellungen der verschiedenen Bauarten von technischen und medizinischen Zyklotrons und der vor allem für die Grundlagenforschung bedeutungsvollen Synchrotrons. Den Abschluss bilden Kapitel zu den Mikrotrons, zum Rhodotron, einer modernen Sonderform eines Ringbeschleunigers für industrielle Anwendungen, und zur Synchrotronstrahlung.

Im zweiten Teil des Buches werden die die physikalischen und technischen Grundlagen von Kernreaktoren als Quellen zur Erzeugung radioaktiver Strahler oder von Neutronen dargestellt. Es folgt ein ausführliches Kapitel zu den verschiedenen Neutronenquellen und ihren Anwendungen.

Der dritte Teil des Buches erläutert die Verfahren zur Erzeugung von Radionukliden und ihre medizinischen und technischen Anwendungen. Es beginnt mit einer Darstellung der medizinisch eingesetzten Radionuklide in der Nuklearmedizin und der Strahlentherapie. Es folgen Ausführungen zu den medizinischen Bestrahlungsanlagen mit radioaktiven Strahlern, den Kobaltgeräten und den Afterloadinganlagen. Den Abschluss bildet eine Vorstellung der wichtigsten technischen Anwendungen von Radionukliden.

Um den unterschiedlichen Anforderungen und Erwartungen der Leser an ein solches Lehrbuch gerecht zu werden, wurde der zu vermittelnde Stoff generell in grundlegende Sachverhalte und weiterführende Ausführungen aufgeteilt. Letztere befinden sich entweder gesondert in den mit einem Stern (*) markierten Kapiteln oder in den entsprechend markierten Passagen innerhalb des laufenden Textes. Sie enthalten Stoffvertiefungen zu speziellen radiologischen und physikalischen Problemen und können bei der ersten Lektüre ohne Nachteil und Verständnisschwierigkeiten übergangen werden. Soweit wie möglich wurde in den grundlegenden Abschnitten auf mathematische Ausführungen verzichtet. Wenn mathematische Darstellungen zur Erläuterung unumgänglich waren, wurden nur einfache Mathematikkenntnisse vorausgesetzt.

Jedes Kapitel beginnt mit einem kurzen Überblick über die dargestellten Themen. Im laufenden Text werden typische Beispiele zum behandelten Stoff vorgerechnet und erläutert, die das Verständnis erleichtern und die Kenntnisse vertiefen sollen. Am Ende jeden Abschnitts finden sich als Gedächtnisstütze knappe Zusammenfassungen und Wiederholungen der wichtigsten Inhalte sowie wie schon in den beiden anderen Bänden ein Anhang mit einschlägigen Übungsaufgaben. Die Lösungen zu diesen Aufgaben wurden in einem gesonderten Kapitel am Ende des Buches zusammengefasst.

Die Literaturangaben wurden im Wesentlichen auf die im Buch zitierten Fundstellen beschränkt. Für Interessierte gibt es darüber hinaus im Text und im Literaturverzeichnis Hinweise auf weiterführende Literatur und empfehlenswerte Lehrbücher. Solche Hinweise finden sich auch in den Publikationen der ICRP, der ICRU, im deutschen Normenwerk DIN und in allen zitierten Lehrbüchern. Für die praktische Arbeit in der technischen oder medizinischen Radiologie und im Strahlenschutz sollten die einschlägigen Gesetze, Verordnungen und Richtlinien sowie die gängigen DIN-Normen und internationalen Reports zu Rate gezogen werden. Sehr empfehlenswert sind Recherchen im Internet. Als Anregung wurde deshalb eine aktualisierte Liste wichtiger und weiterführender Internetadressen am Ende des Literaturverzeichnisses zusammengestellt.

Ich danke ich den zahlreichen Kolleginnen und Kollegen für ihre willkommenen und hilfreichen Anregungen und Hinweise. Ich freue mich auch in Zukunft auf konstruktive Kritik und auf Vorschläge zur Verbesserung meiner Bücher.

Ingolstadt, im Juli 2017 Hanno Krieger

Inhalt

Abschnitt I: Teilchenbeschleuniger

1 Überblick über die Strahlungsquellen 9

1.1 Einsatzbereiche ionisierender Strahlungsquellen 9

1.2 Arten ionisierender Strahlungsquellen 13

2 Grundlagen zur Teilchenbeschleunigung und Strahloptik 17

2.1 Relativistische Energien und Massen 17

2.2 Prinzip der Beschleunigung geladener Teilchen 20

2.3 Grundlagen zur Strahloptik mit elektrischen und magnetischen Feldern 27

2.3.1 Wirkung elektrischer Felder auf geladene Teilchen 29

2.3.2 Wirkung magnetischer Felder auf geladene Teilchen 34

2.3.3 Teilchenführung mit Magnetfeldern 40

2.3.4 Schwache und starke Fokussierung mit Magnetfeldern* 43

Aufgaben 49

3 Elektronen- und Ionenquellen 50

3.1 Elektronenquellen 50

3.1.1 Die Kathoden von Röntgenröhren 50

3.1.2 Fokussierung der Elektronenstrahlenbündel 57

3.1.3 Elektronenkanonen für Beschleuniger 60

3.2 Quellen für positive Ionen 65

3.2.1 Einschlussquellen für hohe Ionenströme 69

3.2.2 Die Plasmatrons 71

3.2.3 Die Penning-Ionenquellen 72

3.2.4 Die HF-Ionenquellen 74

3.2.5 Elektronenstrahl-Ionenquellen 78

3.3 Quellen für negative Ionen 81

Aufgaben 88

4 Die Röntgenröhre 89

4.1 Röntgenspektren 92

4.1.1 Entstehung der Röntgenbremsstrahlung 92

4.1.2 Intensitätsspektren der Röntgenbremsstrahlung* 93

4.1.3 Wirkungsgrad bei der Erzeugung von Röntgenbremsstrahlung 99
4.1.4 Charakteristische Röntgenstrahlung 102
4.2 Filterung von Röntgenspektren 105
4.3 Darstellung von Röntgenspektren im Wellenlängenbild 116
4.4 Abbildungseigenschaften von Röntgenstrahlern 117
4.5 Extrafokalstrahlung 121
4.6 Winkelverteilungen von Röntgenstrahlung 123
4.7 Bauformen von Röntgenröhren 126
4.8 Technische Aspekte beim Anodenaufbau von Röntgenröhren 134
4.9 Theorie zur thermischen Belastbarkeit der Anoden von Röntgenröhren* 142
Aufgaben 147

5 Gleichspannungsbeschleuniger 148
5.1 Cockcroft-Walton-Beschleuniger 148
5.2 Marx-Generatoren 150
5.3 Van de Graaff-Beschleuniger 151
5.4 Gleichspannungsbeschleuniger mit HF-Generatoren 155
Aufgaben 158

6 Hochfrequenzgeneratoren 159
6.1 Das Magnetron 159
6.2 Klystrons 161

7 Hohlwellenleiter und Hohlraumresonatoren* 167
7.1 Hohlwellenleiter* 167
7.2 Hohlwellenleiter mit Irisblenden* 169
7.3 Hohlraumresonatoren* 170
Aufgaben 174

8 Linearbeschleuniger 175
8.1 Phasenfokussierung in Linearbeschleunigern* 176
8.2 Beschleuniger mit Wideröe-Struktur 178
8.3 RFQ-Beschleuniger 180
8.4 Beschleuniger mit Alvarez-Struktur 182
8.5 Elektronenlinearbeschleuniger 184
8.5.1 Energiegewinn der Elektronen bei der Hochfrequenzbeschleunigung* 184

8.5.2 Das Wanderwellenprinzip 185
8.5.3 Das Stehwellenprinzip 187
8.5.4 Vergleich von Wander- und Stehwellenprinzip 190
Aufgaben 194

9 Medizinische Elektronenlinearbeschleuniger 195

9.1 Anforderungen an medizinische Elektronenbeschleuniger 195
9.2 Aufbau von medizinischen Elektronenlinearbeschleunigern 197
9.3 Der Strahlerkopf im therapeutischen Elektronenbetrieb 199
9.3.1 Umlenkung und Fokussierung des Elektronenstrahlenbündels 201
9.3.2 Homogenisierung des Elektronenstrahlenbündels 204
9.3.3 Kollimation des Elektronenstrahls 212
9.4 Der Strahlerkopf im Photonenbetrieb 216
9.4.1 Bremsstrahlungserzeugung und Auslegung des Bremstargets 216
9.4.2 Homogenisierung des Photonenstrahlenbündels 219
9.4.3 Kollimation des Photonenstrahlenbündels 224
9.5 Das Doppeldosismonitorsystem 231
9.6 Keilfilter zur Formung von Photonenfeldern 233
9.7 Portal-Imaging-Systeme 244
9.8 Strahlenschutzprobleme an medizinischen Elektronenlinearbeschleunigern 248
9.8.1 Baulicher Strahlenschutz 249
9.8.2 Apparativer Strahlenschutz 250
9.8.3 Materialaktivierungen 252
9.9 Das Cyberknife 256
Aufgaben 263

10 Ringbeschleuniger 264

10.1 Einteilung der Ringbeschleuniger 264
10.2 Das Betatron 265
10.3 Zyklotrons 271
10.3.1 Funktionsweise und Bauformen von klassischen Zyklotrons 271
10.3.2 Relativistische Zyklotrons 277
10.3.3 Zyklotrons für die Protonentherapie 283
10.4 Mikrotrons 294
10.5 Synchrotrons 301

10.5.1 Die räumliche Fokussierung der Teilchen im Synchrotron* 304
10.5.2 Phasenfokussierung relativistischer Teilchen im Synchrotron* 306
10.6 Das Rhodotron für industrielle Anwendungen 308
Aufgaben 310

11 Synchrotronstrahlung und Speicherringe* 311
11.1 Entstehung der Synchrotronstrahlung* 311
11.2 Speicherringe zur Erzeugung von Synchrotronstrahlung* 315
Aufgaben 319

Abschnitt II: Kernreaktoren und Neutronenquellen

12 Kernreaktoren 320
12.1 Grundlagen zur Kernspaltung 320
12.1.1 Spaltbare Materialien 320
12.1.2 Neutroneninduzierte Kernspaltung 322
12.1.3 Spaltfragmentverteilungen 329
12.2 Funktionsweise von Kernreaktoren 331
12.3 Überblick über technische Bauformen von Kernreaktoren 339
12.4 Sonderformen von Kernreaktoren 342
12.4.1 Die Garchinger Forschungsreaktoren 342
12.4.2 Der natürliche Reaktor in Gabun 348
Aufgaben 351

13 Neutronenquellen und ihre Anwendungen 352
13.1 Überblick über die Neutronenquellen 352
13.2 Energie von Neutronen 354
13.3 Reaktorneutronen 356
13.4 Neutronenquellen mit spontanen Spaltern 358
13.5 Neutronenerzeugung mit geladenen Teilchen aus Beschleunigern 359
13.5.1 Spallationsquellen 359
13.5.2 Neutronen-Fusionsgeneratoren mit Deuterium und Tritium 361
13.5.3 Zyklotron-Neutronenquellen 364
13.6 Neutronenquellen über den Kernphotoeffekt 367
13.7 Radioisotop-Neutronenquellen vom Typ (α,n) 368

13.8 Anwendungen von Neutronenstrahlungen 372
13.8.1 Neutronen-Aktivierungsanalysen 372
13.8.2 Schwächung von thermischen Neutronen* 375
13.8.3 Bildgebung mit Neutronen 379
13.8.4 Anwendung von Neutronen in der Medizin 382
Aufgaben 384

Abschnitt III: Radionuklide und ihre Anwendungen

14 Radionukliderzeugung 385
14.1 Spezifische Aktivität radioaktiver Strahler* 386
14.2 Erzeugung neutronenreicher Nuklide durch Kernspaltung 389
14.3 Neutronenaktivierungen 389
14.4 Erzeugung von Positronenstrahlern 395
14.5 Radionuklidgeneratoren 397
14.5.1 Der Molybdän-Technetiumgenerator 398
14.5.2 Weitere Radionuklidgeneratoren* 402
Aufgaben 406

15 Radionuklide in der Medizin 407
15.1 Radionuklide für strahlentherapeutische Anwendungen 407
15.2 Radionuklide für die Nuklearmedizin 411
Aufgaben 415

16 Kobaltbestrahlungsanlagen für die Medizin 416
16.1 Kobaltstrahler 416
16.2 Konventionelle isozentrische Kobaltanlagen 419
16.3 Das stereotaktische Kobaltbestrahlungsgerät Gammaknife 422
Aufgaben 424

17 Afterloadinganlagen für die Medizin 425
17.1 Prinzip des medizinischen Afterloadings 425
17.2 Strahlungsquellen für das medizinische Afterloading 427
17.3 Erzeugung der therapeutischen Dosisleistungsverteilungen 429
Aufgaben 432

18 Technische Anwendungen von Radionukliden 433

18.1 Radionuklidbatterien 433

18.2 Materialprüfungen 436

18.3 Füllstandsmessungen und Ionisationsrauchmelder 439

18.4 Strahlensterilisation 440

18.5 Kunststofferzeugung und Modifikation 442

Aufgaben 445

Abschnitt IV: Anhang

19 Tabellenanhang 446

19.1 Einheiten des Internationalen Einheitensystems SI, abgeleitete Einheiten 446

19.2 Physikalische Fundamentalkonstanten 450

19.3 Daten von Elementarteilchen, Nukleonen und leichten Nukliden 451

19.4 Strahlungsfeldgrößen 452

19.5 Elemente des Periodensystems 453

19.6 Daten zur Kernspaltung 456

19.6.1 Relative Spaltausbeuten bei der thermischen Spaltung von ^{235}U für bestimmte Massenzahlen A und die wichtigsten Spaltfragmente 456

19.6.2 Neutronenzahlen pro Spaltakt und Neutroneneinfangquerschnitte 459

19.7 Überblick über die Dosisgrößen 460

20 Literatur 462

20.1 Lehrbücher und Monografien 462

20.2 Wissenschaftliche Einzelarbeiten 464

20.3 Gesetze, Verordnungen und Richtlinien zum Strahlenschutz, gültig für die Bundesrepublik Deutschland 469

20.4 Nationale und internationale Protokolle und Reports zu Strahlungsquellen 472

20.5 Wichtige Internetadressen 473

21 Aufgabenlösungen 476

Sachregister 497

1 Überblick über die Strahlungsquellen

In diesem Kapitel werden die medizinischen und technischen Quellen ionisierender Strahlung zunächst nach ihrer Verwendung eingeteilt. Im zweiten Abschnitt werden sie dann nach ihrem Herstellungsprinzip und der erzeugten Strahlungsart erläutert.

Die Geschichte der ionisierenden Strahlungen beginnt mit der Entdeckung der Röntgenröhre (W. C. Röntgen 1895), der Radioaktivität (Henri Becquerel 1896) und der Elemente Radium und Polonium (M. Curie 1896). Als weitere künstliche Strahlungsquellen folgten das Betatron (Slepian, Wideröe 1922), der Linearbeschleuniger (Ising 1924), der Van de Graaff-Generator (Van de Graaff 1931), der Tandem-Beschleuniger (Gerthsen 1931), das Zyklotron (Lawrence 1929-1932), das Synchrotron (Veksler 1944 und 1945) und der mit Hochfrequenz betriebene Elektronenlinearbeschleuniger (Alvarez 1946). Die heute am weitesten verbreiteten Bestrahlungsanlagen sind die Röntgenbestrahlungsanlagen, die Elektronenlinearbeschleuniger zur Erzeugung hochenergetischer Elektronen und ultraharter Photonen und die Kobaltanlagen mit der Strahlungsquelle ^{60}Co. In neuerer Zeit wurden zur Erzeugung von Elektronen- und Photonenstrahlungen auch Mikrotrons konstruiert. Eine nachlassende Bedeutung haben heute noch das Betatron und die Cäsiumanlagen mit der Strahlungsquelle ^{137}Cs.

Die meisten dieser Strahlungsquellen sind für unterschiedliche Zwecke einsetzbar. Sie werden für technische und wissenschaftliche Aufgaben herangezogen, werden aber auch für medizinische Zwecke verwendet. Selbst die physikalisch und technisch aufwändigen Synchrotrons oder Forschungsreaktoren werden zumindest parasitär für medizinische Zwecke betrieben. Ein Beispiel sind die Röntgenanlagen, die nicht nur in der Medizin unverzichtbar sind sondern auch in der Technik beispielsweise zur Materialprüfung oder wie in der Archäologie zu rein wissenschaftlichen Zwecken herangezogen werden. Viele der in diesem Buch vorgestellten Strahlungsquellen waren ursprünglich nur für die Grundlagenforschung entwickelt worden. Sie haben aber heute auch eine weite Verbreitung in der Technik, der industriellen Fertigung und der Medizin gefunden. Ein besonders interessantes "Abfallprodukt" der Beschleunigerphysik ist die Synchrotronstrahlung, die an Elektronen-Ringbeschleunigern unvermeidbar auftritt. Sie wurde zunächst nur als störend und erschwerend betrachtet. Heute werden wissenschaftliche und kommerzielle Anlagen erstellt, deren einziger Zweck die Erzeugung dieser Synchrotronstrahlungen ist.

1.1 Einsatzbereiche ionisierender Strahlungsquellen

Ionisierende Strahlungen werden heute in vielen Bereichen der Medizin, der Wissenschaft und Technik genutzt. Neben dem weit verbreiteten Einsatz in der Human- und Veterinärmedizin umfassen die Anwendungen auch die Grundlagenforschung in Physik, Chemie, Biologie, Technik und Materialkunde sowie viele kommerzielle und industrielle Einsatzmöglichkeiten. Sehr wichtige wissenschaftliche Arbeitsbereiche sind

Strukturuntersuchungen an kristallinen Substanzen - die Röntgenkristallographie oder Röntgenkristallometrie - und die Untersuchungen mit Synchrotronstrahlungen. Weitere Beispiele sind die Klärung chemischer Strukturen, die Röntgenstrukturanalyse an Proteinen, chemischen Verbindungen und Mischsubstanzen mit Hilfe der Röntgenstrahlungsbeugung (Diffraktionsanalyse) oder der Röntgenstrahlungsabsorption (Absorptionsspektrometrie). Hochenergetische Photonen- und Elektronenstrahlungen werden wie auch Neutronen zur Materialprüfung bei Objekten eingesetzt, die für niederenergetische Röntgenstrahlung zu große Abmessungen aufweisen oder eine zu hohe Dichte haben. Beispiele sind Metallformteile wie Motoren, Schweißnähte oder Sicherheitsbehälter für die Kernindustrie.

Einsatzgebiet	Aufgaben	Strahlungsarten/Quellen
Industrie + Technik	Materialbearbeitung, Materialprüfung, Polymerisation von Kunststoffen, Ionenimplantation, Härtung	Röntgenstrahlung, hochenergetische Photonenstrahlung, Neutronen, Protonen, Ionen, Elektronen
Grundlagenforschung	Strukturanalyse an Festkörpern, Untersuchungen chemischer Bindungen, Untersuchung biochemischer Strukturen, Archäologie, Archäometrie	Röntgenstrahlung, Neutronen, Elektronen, Synchrotronstrahlung
Hygiene + Abfallbearbeitung	Sterilisation medizinischer Materialien, Schädlingsbekämpfung an Lebens- und Futtermitteln, Bestrahlung von Saatgut, chemische Veränderung von Abfällen und Rauchgasen	Elektronenstrahlung, Photonenstrahlung aus Beschleunigern, Gammastrahlung aus Kobaltquellen
Medizin	**Röntgendiagnostik:** Bild gebende Diagnostik, interventionelle Techniken	Röntgenstrahlung
	Nuklearmedizin: in-vitro- und in-vivo-Diagnostik, Radionuklidtherapie	offene Radionuklide, Radionuklidgeneratoren
	Radioonkologie und Strahlentherapie: Krebsbehandlung, Bestrahlung gutartiger Tumoren und Erkrankungen	Elektronenlinearbeschleuniger, Kobaltanlagen, Afterloadinganlagen, Protonenzyklotrons, Schwerionenbeschleuniger

Tab. 1.1: Einsatzgebiete ionisierender Strahlungen in Wissenschaft, Technik und Medizin

Eine große Verbreitung haben ionisierende Strahlungen auch in der industriellen Fertigung gefunden, bei der sie zur Polymerisation von Kunststoffen, für Oberflächenveränderungen und Härtungen von Metallteilen, zur Ionenimplantation in der Halbleitertechnik, zur Katalysatorproduktion u. ä. eingesetzt werden. In der Abfallbeseitigung dienen starke Strahlungsquellen auch zur chemischen Veränderung von Rauchgasen. So können beispielsweise durch hohe Strahlendosen kostengünstige Umwandlungen von Schwefel- und Stickstoffoxiden in weniger toxische Verbindungen erreicht werden. Auch Abfälle können zur Sterilisation ionisierender Strahlung ausgesetzt werden. Nicht zuletzt sind ionisierende Strahlungen wegen ihrer gut verstandenen biologischen Wirkungen ein probates Mittel zur Sterilisation medizinischer Materialien und zur Schädlingsbekämpfung in Saatgütern und Getreide.

In der Medizin gibt es drei Fachrichtungen, die ionisierende Strahlungen verwenden: die Röntgendiagnostik, die Nuklearmedizin und die Strahlentherapie. Während ein medizinischer Radiologe früher alle drei Teildisziplinen beherrschen musste, haben sich heute wegen der zunehmenden Spezialisierung und Aufgabenerweiterung drei getrennte Bereiche entwickelt. Aus der ursprünglichen Röntgendiagnostik wurde das Fach **Radiologie**, das sich mit der bildgebenden und interventionellen Anwendung von Röntgenstrahlung und der Magnetresonanz befasst. Neben der Anfertigung konventioneller Röntgenaufnahmen und der Bilderzeugung mit Hilfe von Computertomografen geht es bei der interventionellen Radiologie um invasive Diagnose- und Therapieverfahren. Dabei können - meistens mit Hilfe von Kontrastmitteln und Röntgendurchleuchtungsmethoden - nicht nur Erkrankungen erkannt sondern durch Eingriffe auch beseitigt werden. Besonders spektakuläre Verfahren sind die Cardangiografie, die Katheterisierung des Herzens mit eventuellem therapeutischem Eingriff, sowie die Untersuchung und endovasale Behandlung peripherer Gefäße oder der Coronararterien des Herzens mit Betastrahlung.

Die **Nuklearmedizin** hat neben der in-vitro-Diagnostik in der Labormedizin nach wie vor die traditionelle Aufgabe der in-vivo-Diagnostik mit offenen Radionukliden, die so genannte Radionuklidszintigrafie. Heute werden solche Szintigrafien häufig auch mit tomografischen Verfahren kombiniert. Diese erlauben eine simultane Darstellung von Volumina ähnlich wie in der Röntgencomputertomografie. Beim Nachweis einzelner Photonen werden diese Techniken als "single photon emission computer tomography" (SPECT) bezeichnet. Beim simultanen Nachweis beider Vernichtungsquanten von Positronenstrahlern heißt das Verfahren Positronen-Emissions-Tomografie (PET). Daneben gibt es eine Reihe neuer nuklearmedizinischer Aufgaben zur Organfunktionsdiagnostik und zur Labormedizin. Die wichtigsten Radionuklide der nuklearmedizinischen Diagnostik sind heute das gammastrahlende Isomer ^{99m}Tc, der Elektronenfänger ^{201}Tl und der Positronenstrahler ^{18}F.

Therapien mit inkorporierten Radionukliden zählen eigentlich zu den strahlentherapeutischen Maßnahmen; sie sind aber meistens in den Händen der Nuklearmedizin. Mit solchen therapeutischen Anwendungen offener Radionuklide werden sowohl benigne als auch maligne Erkrankungen behandelt. Besondere Therapieformen sind die perorale, endolymphatische, intraartikuläre oder intravenöse Verabreichung flüssiger β^--strahlender Substanzen. Diese reichern sich wegen ihres Stoffwechselverhaltens in den gewünschten Zielvolumina an oder sie verbleiben in Hohlräumen und entfalten dort ihre in der Regel kurzreichweitigen Strahlenwirkungen. Ein Beispiel ist die Behandlung von gut- und bösartigen Schilddrüsenerkrankungen mit radioaktivem Jod (^{131}I), das als Flüssigkeit oder als Kapsel in Form von Natriumjodid (NaI) peroral verabreicht wird. Die in der Nuklearmedizin verwendeten Radionuklide werden entweder durch Aktivierung nicht radioaktiver Nuklide durch Neutroneneinfang an Kernreaktoren oder durch Kernreaktionen an Beschleunigern erzeugt. Sie können auch direkt aus Spaltfragmenten gewonnen werden.

Die Strahlentherapie wird heute als "**Radioonkologie <u>und</u> Strahlentherapie**" bezeichnet, da sie neben bösartigen auch gutartige Erkrankungen behandelt. Die Strahlentherapie ist eine der drei mit der Onkologie (Behandlung von Tumorerkrankungen) befassten klassischen Disziplinen. Diese sind die Chirurgie, die Radioonkologie und die Chemotherapie. Während die Chirurgie ausschließlich lokale, die Chemotherapie dagegen in der Regel systemische Wirkungen auf den ganzen Organismus ausübt, dient die Strahlentherapie vorwiegend zur lokalen und lokoregionären Einwirkung auf den Tumor und seine eventuellen regionären Absiedelungen (Lymphknoten, singuläre Metastasen). Daneben werden heute bei einigen systemischen Erkrankungen wie bei Leukämien und bestimmten Lymphomen auch Ganzkörper- oder Halbkörperbestrahlungen durchgeführt.

Die Radioonkologie verwendet ionisierende Strahlungen zur Zerstörung oder Volumenverminderung von Tumoren. Heute wird diese Behandlung auch zunehmend mit der Erwärmung des Gewebes z. B. durch Einstrahlen von Hochfrequenzfeldern (Hyperthermie) kombiniert. Wegen der mit jeder Strahlenbehandlung verbundenen unvermeidbaren Schädigung des von der Strahlung ebenfalls getroffenen gesunden Gewebes müssen die therapeutischen Strahlungsquellen und radioonkologischen Behandlungsmethoden eine räumliche Eingrenzung der Bestrahlungswirkung ermöglichen. Je nach Abstand der Strahlungsquelle vom Patienten unterscheidet man

- **die Teletherapie (Ferntherapie),**
- **die Brachytherapie (Kurzdistanztherapie) und**
- **die Kontakttherapiemethoden.**

Die Applikation der Strahlungen kann entweder von außen über die Haut (perkutan), von Körperhöhlen aus (intrakavitär, endoluminal), in der offenen Operationswunde (intraoperativ) oder direkt im Gewebe (interstitiell) vorgenommen werden. Die Wahl der Strahlungsart und Strahlungsqualität durch den Arzt hängt neben den histologischen Eigenschaften des Tumors von der Lage und Geometrie des therapeutischen

Zielvolumens im Organismus ab. Oberflächlich liegende Herde können ausreichend mit kurzreichweitiger Elektronen- oder Betastrahlung behandelt werden. Vereinzelt wird auch niederenergetische Röntgenstrahlung mit kleinem Fokus-Haut-Abstand verwendet (Weichstrahltherapie). Tief liegende Zielvolumina erfordern dagegen die Verwendung durchdringender Strahlungsarten. Meistens sind dies hochenergetische Photonenstrahlungen. Soweit der Zugang zu den therapeutischen Zielvolumina durch Körperöffnungen direkt möglich ist, werden Strahlungsquellen auch in unmittelbaren Kontakt mit den Tumoren gebracht (weibliches Genitale, Enddarm, HNO-Bereich, Atemtrakt, Speiseröhre) oder die Strahler werden direkt in das Gewebe implantiert (Spickungen: interstitielle Therapie). Beispiele sind die Spickung der weiblichen Brust (Mammaspickung) oder die interstitielle Behandlung der Prostata-Karzinome mit implantierten Jod-Seeds (^{125}I).

Die am häufigsten radioonkologisch verwendeten Strahlungsarten sind Elektronen- und Photonenstrahlungen. Zu den Elektronenstrahlungsquellen zählen auch die betastrahlenden Radionuklide. Der Energiebereich therapeutisch eingesetzter Elektronenstrahlungen erstreckt sich von wenigen 100 keV bei Radionukliden bis zu den hochenergetischen Elektronen aus Beschleunigern mit Energien bis etwa 20 MeV. Photonenstrahlungen umfassen die niederenergetischen Röntgenstrahlungen aus Röntgenröhren (10-300 keV), die ultraharten Photonenstrahlungen aus Elektronenbeschleunigern mit Energien bis ca. 25 MeV und die Gammastrahlungen radioaktiver Stoffe. Photonenstrahlung wird nach ihrer Durchdringungsfähigkeit anschaulich in weiche (bis 100 keV), harte (100 keV bis 1 MeV) und ultraharte (über 1 MeV) Photonenstrahlung eingeteilt. Vereinzelt werden auch Neutronen, hochenergetische Schwerionen, Protonen oder Pionenstrahlungen zur Strahlentherapie eingesetzt. Da diese Strahlungsarten nur an aufwendigen Anlagen erzeugt werden können (Neutronengeneratoren, Kernreaktoren, Hochenergie-Teilchenbeschleuniger), bleibt ihre Verwendung allerdings auf wenige große Zentren beschränkt.

Das historisch bedeutendste "medizinische" Radionuklid für die Strahlentherapie ist das über viele Jahrzehnte verwendete Radium-226. Es wurde nur drei Jahre nach der Entdeckung der Röntgenröhre, also schon 1898, von Marie und Pierre Curie entdeckt. Aus Strahlenschutzgründen verwendet man heute für die intrakavitäre und interstitielle Brachytherapie kaum noch Radiumquellen. Stattdessen benutzt man Nachladegeräte, so genannte Afterloadinganlagen, mit deren Hilfe die Strahlungsquellen nach Legen der Applikatoren oder Spicknadeln ferngesteuert zur Bestrahlung in den Patienten gefahren werden können. Die wichtigste medizinische Afterloading-Strahlungsquelle ist heute das ^{192}Ir.

1.2 Arten ionisierender Strahlungsquellen

Die Strahlungsquellen sind Anlagen zur Beschleunigung geladener Teilchen, Kernreaktoren oder radioaktive Strahler. In Teilchenbeschleunigern werden die beschleunigten geladenen Teilchen entweder unmittelbar verwendet oder es werden mit ihrer Hilfe die gewünschten Sekundärstrahlungen erzeugt, mit denen dann die entsprechenden Untersuchungen oder Anwendungen vorgenommen werden. Historisch bedeutende Beispiele für diesen Sekundärstrahlungseinsatz sind die Erzeugung von Alphateilchen in Kernreaktionen, die Neutronenproduktion mit den so genannten Neutronengeneratoren und mit Spallationsquellen, der Einsatz der von Elektronen ausgelösten Bremsstrahlung wie der Röntgenstrahlung in Medizin und Technik und die Erzeugung und Verwendung von Synchrotronstrahlung. Kernreaktoren dienen einerseits nur zur Energieproduktion in Kernkraftwerken. Andererseits gibt es eine Reihe von spezialisierten Hochflussreaktoren, die als wichtige Quellen für die Produktion von Neutronen und Radionukliden dienen.

Die verschiedenen in Medizin, Wissenschaft, Technik und Industrie eingesetzten Strahlungsquellen können nach der Methode zur Strahlungsproduktion eingeteilt werden. Die wichtigsten Strahlungsquellen sind die Teilchenbeschleuniger. Sie haben die Aufgabe, die in Elektronen- oder Ionenquellen erzeugten Korpuskeln auf die gewünschten Energien zu beschleunigen. Die bedeutendste Strahlungsquelle der Radiologie ist die Röntgenröhre, die 1895 von ***Wilhelm Conrad Röntgen*** entdeckt und seither zur heutigen Reife und Leistungsfähigkeit weiterentwickelt wurde. Sie ist die historisch erste Strahlungsquelle für künstlich erzeugte ionisierende Strahlung. Die Röntgenröhre zählt zur Gruppe der Gleichspannungsbeschleuniger. Weitere historische Gleichspannungsbeschleuniger sind der Cockcroft-Walton-Beschleuniger, die Marxgeneratoren, der Van de Graaff-Beschleuniger und einige modernere Spezialformen, die HF-Generatoren zur Erzeugung der beschleunigenden Hochspannung verwenden wie das Dynamitron.

Die zweite große Gruppe von Beschleunigern sind die Wechselspannungsbeschleuniger (HF-Beschleuniger). Sie werden nach ihrer Geometrie in Linearbeschleuniger und in Ring- bzw. Kreisbeschleuniger eingeteilt. Die in der Medizin heute am weitesten verbreiteten Beschleuniger sind die Elektronenlinearbeschleuniger, die neben den Elektronen auch die in Bremstargets erzeugten hochenergetischen Bremsstrahlungsphotonen zur Therapie verwenden. Sie sind durch einen weitgehenden Automatisierungsgrad charakterisiert, der bei der Behandlung von Strahlentherapiepatienten unbedingt erforderlich ist. Elektronenlinearbeschleuniger existieren auch in industriellen und sogar mobilen Ausführungsformen, die zur Materialbearbeitung, Sterilisation, Polymerfertigung, Durchleuchtung u. ä. eingesetzt werden.

Zu den Ringbeschleunigern zählen neben dem historischen Betatron die Zyklotrons, die Synchrotrons und einige Sonderformen vor allem für industrielle Anwendungen. Zyklotrons sind sehr wichtige Beschleuniger für die Radionuklidproduktion. Als relativistische Isochronzyklotrons dienen sie als Vorbeschleuniger für andere Hochenergiebeschleuniger oder unmittelbar zur strahlentherapeutischen Behandlung von Patienten. Synchrotrons werden wie auch die Speicherringe besonders für wissenschaftliche Zwecke eingesetzt. Speziell die Speicherringe dienen auch zur Erzeugung der

Synchrotronstrahlung, die viele Anwendungen in der Material- und Grundlagenforschung hat.

Art der Strahlungsquelle	Funktionsprinzip/Typen	erzeugte Strahlungsarten
Röntgenröhre	Strahlungsbremsung von Elektronen in Schwermetallen	Röntgenstrahlung
Gleichspannungsbeschleuniger	ein- bzw.- mehrstufige Beschleunigung geladener Teilchen mit Gleichspannungen: Cockcroft Walton-Beschleuniger, Marx-Generator, Van de Graaff-Beschleuniger, Dynamitron	Elektronen, positiv und negativ geladene Teilchen
Linearbeschleuniger	Beschleunigung geladener Teilchen in linearen HF-Strukturen: Wideröe-, RFQ-, Alvarez-, Elektronen-Linearbeschleuniger	Elektronen, Ionen, sekundäre Bremsstrahlungsphotonen, Neutronen in Kernreaktionen
Ringbeschleuniger	Beschleunigung und Führung geladener Teilchen in/auf Kreisbahnen in Magnetfeldern: Betatron, Zyklotron, Mikrotron, Synchrotron, Rhodotron, Speicherringe	Elektronen, Positronen, Protonen, schwere Ionen, sekundäre Bremsstrahlungsphotonen, Neutronen in Kernreaktionen und Spallationen
Speicherringe	Führung geladener Teilchen auf Kreisbahnen mit Ersatz der Energieverluste durch kleine Beschleunigungseinrichtungen	Synchrotronstrahlung
Kernreaktionen	Kernreaktionen mit Alphastrahlern	Betastrahler (β- und β+), Neutronen
Kernreaktoren	neutroneninduzierte Kernspaltung an Aktinidenkernen	Spaltfragmente, Beta-Minus-Strahler, Neutronen, Aktivierung von Nukliden

Tab. 1.2: Überblick zu den Anlagen und Methoden zur Produktion ionisierender Strahlungen für Wissenschaft, Technik und Medizin.

Neutronen können außer durch Kernspaltung in Reaktoren auch durch spezielle Kernreaktionen in Beschleunigern für geladene Teilchen oder selbst durch Kernreaktionen mit radioaktiven Präparaten erzeugt werden. Die heute wichtigsten Neutronenquellen sind nach den Kernreaktoren die **Spallationsquellen**, bei denen hochenergetische Teilchen aus Beschleunigern auf schwere Materialien geschossen werden. Durch den hohen Energieübertrag kommt es zur Zertrümmerung der Targetkerne - zur so genannten Spallation - und dabei zur Emission von typisch 30 Neutronen und zusätzlichen geladenen Bruchstücken pro Wechselwirkungsakt.

Eine weitere Gruppe von Strahlungsquellen stellen die **Kernreaktoren** dar. Sie beruhen auf der neutroneninduzierten Kernspaltung von Aktinidenkernen. Neben dem großindustriellen Einsatz als Kraftwerke zur Energieproduktion (Strom und Wärme) dienen sie auch zur Herstellung von radioaktiven Präparaten und von Neutronenstrahlung. Radionuklide können entweder aus den Spaltfragmenten gewonnen oder durch Exposition inaktiver Nuklide im Neutronenfeld der Reaktoren erzeugt werden. Viele Kernreaktoren enthalten daher besondere Einrichtungen zur Neutronenaktivierung von Radionukliden. Kernreaktornuklide sind immer Beta-Minus-Strahler. Wegen der hohen Bedeutung der Neutronenstrahlung für die Grundlagenforschung, Materialbearbeitung und Medizin wurden einige Kernreaktoren überwiegend für Forschungszwecke und zur Erzeugung von Neutronenstrahlung errichtet. Ein hiesiges Beispiel ist der als Nachfolger des "Atomeis" neu errichtete Forschungsreaktor FRM II in Garching bei München. Der vor allem als Neutronenquelle dienende Hochflussreaktor in Grenoble in Frankreich (ILL) erzeugt weltweit die höchsten Neutronenflussdichten.

Radionuklide für den nuklearmedizinischen Einsatz werden häufig aus Spaltfragmenten gewonnen (Beta-Minus-Strahler). Sie werden entweder in Radionuklidgeneratoren eingesetzt oder als einzelne Präparate in flüssiger Form oder als Kapseln geliefert. Der wichtigste nuklearmedizinische Generator ist der Mo-Tc-Generator Eine weitere Gruppe nuklearmedizinischer Radionuklide sind die Positronenstrahler, die vorwiegend in Zyklotrons erzeugt werden.

Medizinische Bestrahlungsanlagen mit radioaktiven Strahlern sind vor allem die Kobaltgeräte mit ^{60}Co-Strahlern und die Afterloadinganlagen. Die konventionellen Kobaltanlagen wurden in den westlichen Industrienationen mittlerweile weitgehend durch Elektronenlinearbeschleuniger ersetzt. Eine Sonderform mit über zweihundert einzelnen Kobaltquellen ist das weit verbreitete Gammaknife, das für stereotaktische Bestrahlungen im Schädelbereich verwendet wird.

Der wichtigste Afterloadingstrahler ist das ^{192}Ir, das in Kernreaktoren durch Neutroneneinfang aus ^{191}Ir hergestellt wird. Von Bedeutung sind auch die kompakten ^{60}Co-Afterloadingquellen, die zur Erzeugung einer ausreichenden Aktivität allerdings in Reaktoren bei sehr hohem Neutronenfluss erzeugt werden müssen.

2 Grundlagen zur Teilchenbeschleunigung und Strahloptik

Da in Medizin und Technik meistens relativistische, also schnelle Teilchen erzeugt und verwendet werden, beginnt dieses Kapitel mit einer Wiederholung der wichtigsten Gleichungen der Relativitätstheorie. Anschließend wird in einem kurzen Überblick das Prinzip der Beschleunigung geladener Teilchen dargestellt. Es folgt eine Einführung in die Bewegung elektrisch geladener Teilchen in elektrischen und magnetischen Feldern.

2.1 Relativistische Energien und Impulse

Da die in der Medizin und Technik verwendeten Strahlungsquellen in der Regel sehr schnelle, relativistische Teilchen mit Geschwindigkeiten knapp unterhalb der Vakuumlichtgeschwindigkeit c erzeugen, müssen zu ihrer Beschreibung die relativistischen Regeln und Formeln herangezogen werden. In der Relativitätstheorie werden Teilchen durch ihre Ruheenergie E_0, ihren relativistischen Impuls p und die Gesamtenergie E_{tot} beschrieben, die für praktische Rechnungen als Produkt von relativistischer Masse und dem Quadrat der Lichtgeschwindigkeit berechnet werden kann. Die Gesamtenergie besteht aus der Ruheenergie E_0 und der Bewegungsenergie der Teilchen.

$$E_{tot} = E_0 + E_{kin} = m \cdot c^2 \tag{2.1}$$

$$c = 2{,}99792458 \cdot 10^8 \; m/s \tag{2.2}$$

c ist die Lichtgeschwindigkeit im Vakuum, für deren Zahlenwert man bei Überschlagsrechnungen in sehr guter Näherung $c = 3 \cdot 10^8$ m/s verwenden kann. Die Ruheenergie wird aus der Ruhemasse m_0 nach der (Gl. 2.3) berechnet.

$$E_0 = m_0 \cdot c^2 \tag{2.3}$$

Gleichungen (2.1 und 2.3) werden als Energie-Massenäquivalent-Gleichungen bezeichnet und erlauben die Beschreibung eines Teilchens wahlweise über seine Energie oder deren Massenäquivalent. Haben Teilchen wie die Photonen keine Ruhemasse, haben sie auch keine Ruheenergie. Photonen bewegen sich grundsätzlich mit Lichtgeschwindigkeit. Ihre Gesamtenergie ist identisch mit der relativistischen Bewegungsenergie. Der relativistische Impuls einer Korpuskel ist das Produkt aus Ruhemasse m_0, Teilchengeschwindigkeit und relativistischem Geschwindigkeitsfaktor[1].

$$\vec{p} = m_0 \cdot \frac{\vec{v}}{\sqrt{1 - v^2/c^2}} \tag{2.4}$$

---

[1] Das Produkt aus Ruhemasse und der reziproken Wurzel wird für praktische Rechnungen oft vereinfachend als relativistische Masse m bezeichnet, also $m = m_0(1-v^2/c^2)^{-1/2}$.

Das Verhältnis v/c wird üblicherweise mit dem Kürzel β, die reziproke Wurzel in (Gl. 2.4), der sogenannte Lorentzfaktor, mit dem Kürzel γ bezeichnet. Man erhält somit

$$p = m_0 \cdot \frac{v}{\sqrt{1-\beta^2}} = m_0 \cdot \gamma \cdot v \tag{2.5}$$

Der Zusammenhang von Impuls und Energie, der relativistische Impuls-Energiesatz, lautet

$$E^2 = E_0^2 + p^2 \cdot c^2 \tag{2.6}$$

Solange die Geschwindigkeit von Teilchen deutlich kleiner ist als die Vakuumlichtgeschwindigkeit (v < 0,1c, also β < 0,1), hat der Lorentzfaktor Werte unter 1,005. Man kann in diesem Fall daher ohne allzu große Fehler mit den klassischen Formeln rechnen. Dies ist bei den in der Strahlenkunde üblichen Energien bei schwereren Teilchen wie Alphas aus radioaktiven Zerfällen, sonstigen leichteren Ionen, nicht zu schnellen Neutronen und Spaltfragmenten der Fall (Fig. 2.1, Tab. 2.1). Teilchen mit einer von Null verschiedenen Ruhemasse m_0, die Korpuskeln, können die Lichtgeschwindigkeit

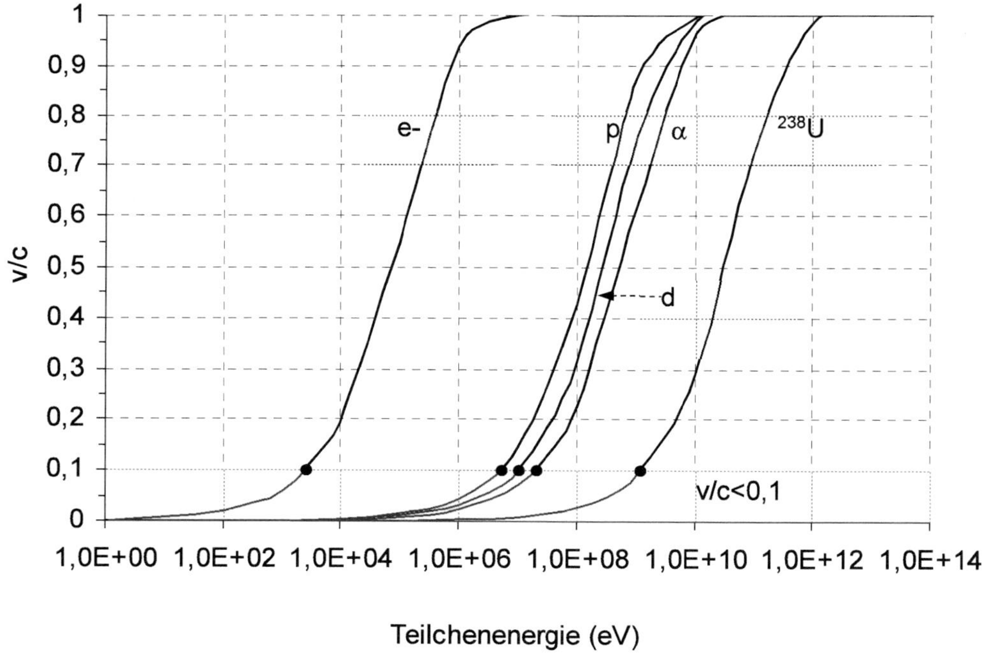

Fig. 2.1: Verlauf der relativen Geschwindigkeit v/c von Elektronen, Protonen, Deuteronen, Alphateilchen und ^{238}Uran-Kernen (von links) als Funktion ihrer Bewegungsenergie. v/c = 0,1 (Oberkante unterlegtes Feld) wird etwa als obere Grenze für die klassische Behandlung von Teilchenbewegungen betrachtet (die Energieangaben in der wissenschaftlichen Schreibweise bedeuten 1,0E+n = 1x10^n).

wegen (Gl. 2.4) nie erreichen. Sie werden beim Beschleunigen nicht nur schneller sondern auch träger. Ein Überblick über weitere wichtige Formeln der Relativitätstheorie befindet sich beispielsweise in [Günther].

Trotz der hohen Teilchengeschwindigkeiten sind die Bewegungsenergien der atomaren Teilchen wegen ihrer sehr kleinen Massen so gering, dass die makroskopische Energieeinheit (das Joule J) für die alltäglichen Anwendungen zu unhandlich ist. Die Energien der ionisierenden Strahlungen werden deshalb bevorzugt mit der praktischen atomphysikalischen Energieeinheit - dem **Elektronvolt (eV)** - gekennzeichnet. Der Zusammenhang mit der SI-Einheit der Energie, dem Joule, ist durch die folgende Gleichung (2.7) gegeben:

$$1eV = 1e_0 \cdot 1V = 1{,}6022 \cdot 10^{-19}\,J \qquad (2.7)$$

Übliche Vielfache des Elektronvolt sind das keV $=10^3$ eV, das MeV = 10^6 eV, das GeV = 10^9 eV, das TeV = 10^{12} eV und das meV = 10^{-3} eV.

v/c	γ	**Bewegungsenergie E_{kin}**		
		e^-	p	α
0,0001	1,000 000 005	2,555 meV	4,691 eV	18,64 eV
0,001	1,000 000 5	0,256 eV	0,469 keV	1,864 keV
0,01	1,000 05	25,55 eV	46,90 keV	186,4 keV
0,1(*)	1,005 04	2,574 keV	4,727 MeV	18,78 MeV
0,15	1,011 7	≈6,0 keV	≈10 MeV	≈43 MeV
0,5	1,154 7	79,05 keV	145,2 MeV	576,6 MeV
0,9	2,294 2	661,3 keV	1,214 GeV	4,824 GeV
0,99	7,088 8	3,111 MeV	5,713 GeV	22,69 GeV
0,999	22,366	10,92 MeV	20,05 GeV	79,64 GeV
0,9999	70,712	35,62 MeV	65,41 GeV	259,8 GeV

Tab. 2.1: Lorentzfaktor γ und Bewegungsenergien für Elektronen, Protonen (näherungsweise auch für Neutronen) und Alphateilchen als Funktion der relativen Teilchengeschwindigkeit. (*): Obere Geschwindigkeitsgrenze zur Verwendung der "klassischen" Formeln für die Bewegungsenergie von Korpuskeln. Lässt man 1% Fehler zu, kann bis v/c = 0,15 klassisch gerechnet werden.

Zusammenfassung

- **Beschleunigte Teilchen müssen bei Geschwindigkeiten von mehr als 10-15% der Lichtgeschwindigkeit mit den Regeln der Relativitätstheorie beschrieben werden.**
- **Der Grund ist die relativistische Impulserhöhung von über 0,5 bis 1%. Die entsprechende Grenzenergie von Elektronen liegt bei etwa 6 keV, von Protonen bei 10 MeV und von Alphateilchen bei 43 MeV.**
- **Elektronen erreichen schon bei einer Bewegungsenergie von knapp 80 keV (Röntgenröhrenbetrieb) die halbe Vakuumlichtgeschwindigkeit.**
- **Bei Protonen werden für die halbe Lichtgeschwindigkeit knapp 150 MeV, bei Alphateilchen sogar knapp 600 MeV Bewegungsenergie benötigt.**

2.2 Prinzip der Beschleunigung geladener Teilchen

Ein Teilchenbeschleuniger besteht aus einer Teilchenquelle, in der die zu beschleunigenden Teilchen erzeugt oder freigesetzt werden, einer Beschleunigungsstruktur und manchmal aus einem Wechselwirkungsbereich (Fig. 2.2 und 2.3). Handelt es sich um Elektronenquellen, können die Teilchenquellen im einfachsten Fall Glühwendeln aus Wolfram sein, in denen wie in der Röntgenröhre Elektronen thermisch freigesetzt werden. Viele Kathoden enthalten stattdessen indirekt geheizte und je nach Anforderung auch tastbare Elektronenemitter. Sollen andere geladene Teilchen beschleunigt werden, müssen komplexere Ionenquellen eingesetzt werden. Die eigentliche Teilchenbeschleunigung findet in den Beschleunigerstrukturen statt. Diese können linear angeordnet sein, als Ringbeschleuniger ausgelegt werden, oder sie können wie beim Synchrotron oder den Race-Track-Mikrotrons eine Kombination von linearen Beschleunigerstrecken und ringförmiger Strahlführung sein.

Sollen Teilchen beschleunigt werden, benötigen sie eine elektrische Ladung q. Der Grund ist die so genannte **Lorentzgleichung**[2], die die Kräfte elektrischer und magnetischer Felder auf elektrisch geladene Teilchen beschreibt. Sie lautet:

$$\vec{F}_L = q \cdot (\vec{E} + \vec{v} \; x \; \vec{B}) \tag{2.8}$$

Dabei ist $\vec{F}_L$ die Lorentzkraft, $\vec{E}$ der elektrische Feldstärke-Vektor, $\vec{v}$ die Geschwindigkeit des Teilchens, $\vec{B}$ die magnetische Flussdichte und $(\vec{v} \; x \; \vec{B})$ deren Vektorpro-

---

[2] **Hendrik Antoon Lorentz** (18. 7. 1853 – 4. 2. 1928), holländischer Physiker, erhielt 1902 zusammen mit **Pieter Zeeman** (25. 5. 1865 – 9. 10. 1953) den Nobelpreis in Physik "als Anerkennung des außerordentlichen Verdienstes, den sie sich durch ihre Untersuchungen über den Einfluss des Magnetismus auf die Strahlungsphänomene erworben haben".

dukt[3]. Der elektrische Anteil der Lorentzkraft ist unabhängig von der Teilchengeschwindigkeit und zeigt immer in Richtung des elektrischen Feldes. Der magnetische Kraftanteil ist dagegen proportional zur Geschwindigkeit, wirkt also nicht auf ruhende Teilchen. Die magnetische Kraft wirkt darüber hinaus wegen des Vektorprodukts ($\vec{v} \times \vec{B}$) immer senkrecht zum Magnetfeld und zum Geschwindigkeitsvektor des Teilchens. Geladene Teilchen werden in Magnetfeldern daher zwar senkrecht zu ihrer Bewegungsrichtung und zur Richtung des Magnetfeldes abgelenkt; sie können durch Magnetfelder aber keine Beschleunigung in Bewegungsrichtung erfahren. Ihr Bewegungsenergiegewinn in Magnetfeldern ist folglich Null.

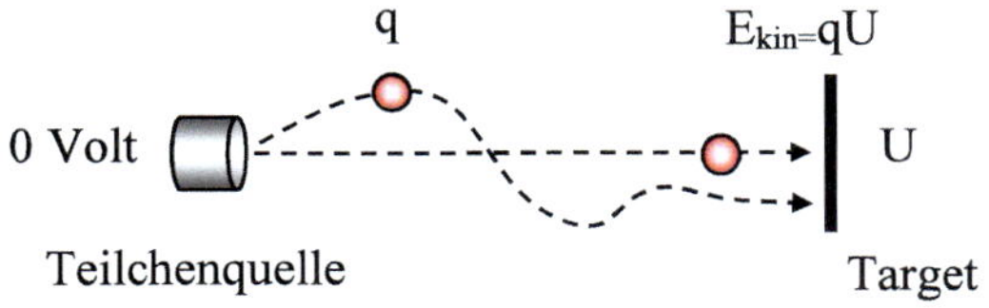

Fig. 2.2: Energiegewinn eines geladenen Teilchens in einem elektrischen Feld. Die Teilchen mit der elektrischen Ladung q aus einer geeigneten Teilchenquelle durchlaufen eine Potentialdifferenz U und gewinnen dabei unabhängig vom zurückgelegten Weg die Energie $E_{kin} = q \cdot U$.

Den Energiegewinn ΔE eines beschleunigten Teilchens berechnet man aus dem Produkt "Kraft mal Weg" oder allgemeiner aus dem Wegintegral von einem Ortsvektor $\vec{r}_1$ zum Ortsvektor $\vec{r}_2$ über das skalare Produkt[4] der Feldstärke $\vec{E}$ und des Ortsvektors $d\vec{r}$. Man erhält den Ausdruck:

$$\Delta E = q \cdot \int_{r1}^{r2} \vec{E} \cdot d\vec{r} = q \cdot U \tag{2.9}$$

Der Energiegewinn eines mit einem elektrischen Feld beschleunigten Teilchens ist also gerade das Produkt aus Ladung und durchlaufener Spannung U. Dabei ist der

---

[3] Das Vektorprodukt zweier Vektoren ($\vec{a} \times \vec{b}$), die den Winkel φ aufspannen, ist der Vektor $\vec{c}$, der senkrecht auf der von den Vektoren (a,b) aufgespannten Ebene steht und die Länge $c = a \cdot b \cdot \sin(\varphi)$ hat. Zwei parallele Vektoren haben deshalb das Vektorprodukt 0.

[4] Das skalare Produkt zweier Vektoren ($\vec{a} \cdot \vec{b}$), die den Winkel φ aufspannen, ist der Skalar c mit dem Wert $c = a \cdot b \cdot \cos(\varphi)$. Stehen zwei Vektoren senkrecht aufeinander, ist das Skalarprodukt daher Null.

zurückgelegte Weg des Teilchens unerheblich, es kommt ausschließlich auf die Potentialdifferenz, die Spannung U, an.

Dies bietet im Prinzip zwei Möglichkeiten zur Teilchenbeschleunigung: Die Beschleunigung mit statischen elektrischen Feldern oder die Beschleunigung mit elektrischen Wechselfeldern. Die Gleichspannungsbeschleunigung mit einem statischen elektrischen Feld wird in den so genannten **Gleichspannungsbeschleunigern** angewendet. Beträgt die vom Teilchen durchlaufene Potentialdifferenz U, erhält das Teilchen mit der Ladung q die Bewegungsenergie

$$E_{kin} = q \cdot U \tag{2.10}$$

Da die erreichbare Bewegungsenergie immer gerade das Produkt aus Ladung und Gleichspannung ist, können höhere Teilchenenergien bei konstanter Ladung nur durch Erhöhung der elektrischen Feldstärken erreicht werden. Gleichspannungsbeschleunigern sind aus technischen Gründen aber Energieobergrenzen gesetzt. Der Grund dafür sind die mit zunehmender Hochspannung auftretenden Isolationsprobleme und die so genannte "Corona-Entladung". Bei dieser handelt es sich um spontane Entladungen, die vorwiegend an Orten hoher Feldstärken auftreten. Solche Orte finden sich an Strukturen mit kleinen Krümmungsradien wie an metallenen Spitzen (Blitzableiter), Kanten oder Ecken von Körpern. Das wohl bekannteste und bedeutendste historische Beispiel für einen Gleichspannungsbeschleuniger ist die Röntgenröhre, in der die Anodenspannungen (die "kV") die Rolle der Beschleunigungsspannung U übernehmen. Weitere Gleichspannungsbeschleuniger sind der Kaskadengenerator von Cockcroft-Walton und der Van de Graaff-Beschleuniger.

Möglichkeiten, die technischen Hochspannungs- und Energiegrenzen an Gleichspannungsbeschleunigern zu überwinden, sind die periodische Beschleunigung mit elektrischen Wechselfeldern niedrigerer Feldstärke oder die Beschleunigung mit magnetfeldinduzierten elektrischen Umlauffeldern. Beide Methoden werden zusammen auch als "resonante" Beschleunigungen bezeichnet, da die Teilchenbewegung und die zeitliche Veränderung des elektrischen Feldes aufeinander abgestimmt sein müssen. Verwendet man zeitlich periodische elektrische Felder, muss das geladene Teilchen diese natürlich in geeigneten Anordnungen phasensynchron durchlaufen, um einen Nettoenergiegewinn zu erhalten. Durch die vielfache Anwendung der gleichen Hochspannung addieren sich dann die einzelnen Energieüberträge. Je häufiger die Teilchen das Hochspannungsfeld durchlaufen, umso größer wird ihr Nettoenergiegewinn. Bei n-facher gleichphasiger Beschleunigung eines Teilchens der Ladung q mit der Spannung U erhält man bei verlustfreier Beschleunigung und Bewegung als Gesamtenergie:

$$E_{kin} = n \cdot q \cdot U \tag{2.11}$$

Für den gleichen Energiegewinn wie bei einer Beschleunigung mit einem statischen elektrischen Feld benötigt man bei n-facher Einwirkung des elektrischen Feldes also nur 1/n-tel der Beschleunigungsspannung. So können die Feldstärken geringer und technisch beherrschbar gehalten werden. Damit die einzelnen Beschleunigungen sich addieren, muss man allerdings Anordnungen schaffen, in denen das zu beschleunigende Teilchen durch geeignete Geometrien immer nur der beschleunigenden Phase der Wechselspannungen ausgesetzt wird. Andernfalls würde die bei der vorherigen Beschleunigung gewonnene Energie durch die Gegenfelder wieder zunichte gemacht. Die Teilchenbewegung und das beschleunigende elektrische Wechselfeld müssen also synchronisiert und geometrisch aufeinander abgestimmt werden. Zwei Lösungsmöglichkeiten sind die Linearbeschleuniger und die Ring- oder Kreisbeschleuniger.

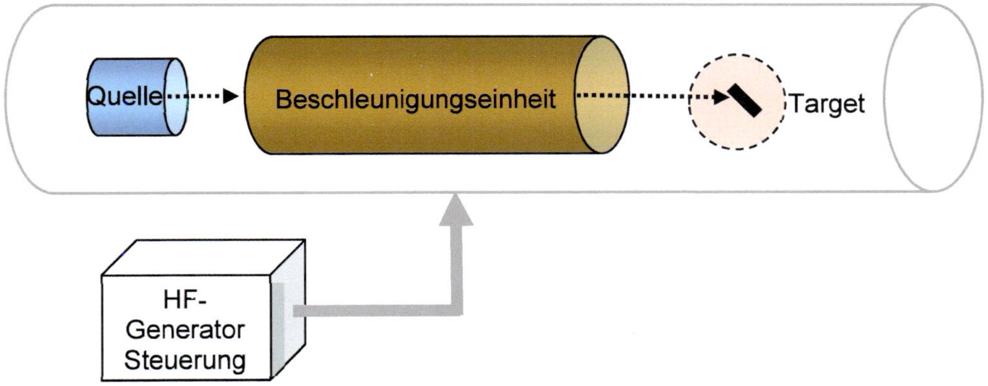

Fig. 2.3: Prinzipieller Aufbau eines Linearbeschleunigers mit der Quelle für die zu beschleunigenden Teilchen, einem HF-Beschleunigungsrohr mit periodischen Strukturen und einem Target- bzw. Wechselwirkungsbereich. Im Generator werden die zur Beschleunigung benötigten HF-Wechselspannungen und die Steuersignale für den Betrieb und die Regelungen erzeugt.

Bei mit elektrischen Wechselfeldern betriebenen **Linearbeschleunigern** (Fig. 2.3) durchlaufen die Partikel nach Verlassen der Teilchenquelle linear in Bewegungsrichtung angeordnete periodische Beschleunigerstrukturen (Beschleunigungselektroden). An diese wird eine hochfrequente Wechselspannung angelegt. Damit die Teilchen bei einem Polaritätswechsel der beschleunigenden Wechselspannung nicht wieder abgebremst werden, müssen sie während der Gegenphase vor dem elektrischen Feld abgeschirmt werden. Die einfachste Lösung sind hintereinander angeordnete metallene Driftröhren, die im Inneren feldfrei sind, und die das Teilchen genau während der bremsenden Gegenphasen der Hochfrequenz durchläuft. Eine Beschleunigung findet bei richtiger Synchronisation dann nur zwischen den einzelnen Driftelektroden statt. Ein historisches Beispiel für diese Technologie ist der Wideröesche Linearbeschleuniger.

Moderne Linearbeschleuniger arbeiten dagegen mit hochfrequenzgespeisten und in Reihe angeordneten Hohlraumresonatoren, in denen sich bei geeigneter Geometrie longitudinale elektrische Wechselfelder ausbilden. Die eingeschossenen Teilchen werden dadurch bei richtiger Phase in den Hohlräumen in Bewegungsrichtung beschleunigt. Die Geometrie dieser Strukturen hängt wegen der teilweise relativistischen Bewegungen von der Teilchenart und der angestrebten Energie ab. Der am häufigsten in Medizin und Technik verwendete lineare Wechselspannungs-Beschleuniger ist der Elektronenlinearbeschleuniger, der wegen der extrem relativistischen Bewegungsenergien der beschleunigten Elektronen besonders einfache Geometrien erlaubt.

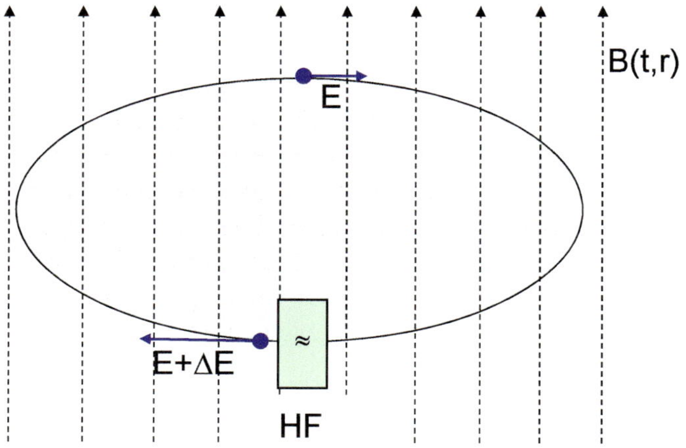

Fig. 2.4: Prinzip eines HF-Kreisbeschleunigers mit einer an einer Wechselspannung (HF) angeschlossenen Beschleunigungsstruktur und einem geeigneten Magnetfeld B(t,r) zur Führung des beschleunigten Teilchens auf einer Kreis- oder Spiralbahn, dessen Stärke je nach Beschleunigertyp und Teilchenenergie mit der Zeit und/oder dem Teilchenbahnradius verändert werden muss.

Bei **Kreisbeschleunigern** bzw. **Ringbeschleunigern** muss das Teilchen auf zyklische Umlaufbahnen gezwungen werden: Dies geschieht mit geeignet dimensionierten Magnetfeldern. An festen Orten der Umlaufbahnen befinden sich Beschleunigungsstrukturen, die das geladene Teilchen natürlich wieder phasengerecht durchlaufen muss. Dabei ist also zu beachten, dass die Umlauffrequenz des Teilchens mit der Frequenz des elektrischen Feldes synchronisiert wird, so dass das Teilchen beim Durchlaufen der Beschleunigungsstrecke ausschließlich vorwärts beschleunigende Kräfte sieht. Die wichtigsten Vertreter der hochfrequenzbetriebenen Kreisbeschleuniger sind das Zyklotron, das Mikrotron und das Synchrotron.

Eine Sonderform der Ringbeschleuniger sind Anlagen mit zeitlich veränderlichen Magnetfeldern, bei denen niederfrequente magnetische Wechselfelder die beschleunigende Feldstärke nach dem Induktionsgesetz erzeugen und simultan die beschleunigten Teilchen auf einer Kreisbahn in einem Vakuumgefäß halten. Solche Beschleuniger werden als **Betatrons** bezeichnet[5]. Sie gehen auf Ideen von ***Rolf Wideröe*** im Jahr 1923 zurück und wurden 1940 erstmals technisch verwirklicht [Kerst]. Die grundlegende physikalische Gleichung ist die zweite Maxwellgleichung[6] der klassischen Elektrizitätslehre, nach der zeitliche Änderungen eines Magnetfeldes rotierende elektrische Felder erzeugen. Diese Art der Spannungserzeugung entspricht dem Transformatorprinzip. Die Teilchen werden durch diese elektrischen Umlauffelder beschleunigt. Sie müssen dazu aber wieder durch Magnetfelder auf Kreisbahnen gehalten werden.

Beide Arten der Wechselspannungsbeschleuniger, die Linearbeschleuniger und die Ringbeschleuniger, sind heute die physikalisch und technisch wichtigsten Beschleunigertypen. Sie unterscheiden sich durch die Frequenzen ihrer Wechselfelder und die geometrischen Anordnungen. Wechselspannungsbeschleuniger haben bei hohen Teilchenenergien mittlerweile die historischen Gleichspannungsbeschleuniger weitgehend abgelöst. Diese dienen bei vielen physikalischen Anwendungen nur noch als Vorbeschleuniger für die Hochenergie-Ringbeschleuniger. Im Technikbereich sind Gleichspannungsbeschleuniger für die Materialbearbeitung wegen ihres vergleichsweise einfachen und preiswerten Aufbaus auch heute noch weit verbreitet.

Zusammenfassung

- **Die Kraftwirkung von elektrischen und magnetischen Feldern auf elektrisch geladene Teilchen wird mit der Lorentzkraft beschrieben.**

- **Sie besteht aus zwei Komponenten, der elektrischen und der magnetischen Kraftwirkung.**

- **Die Kraftwirkung der magnetischen Lorentzkraft ist proportional zur Geschwindigkeit und Ladung des Teilchens; die elektrische Komponente hängt dagegen nur von der Ladung des Teilchens ab.**

---

[5] Der Name Betatron wurde während eines Wettbewerbs als "Beta-Teilchen-Beschleuniger" gewählt.

[6] Die zweite Maxwellgleichung lautet: rot E = -dB/dt. Ein zeitlich veränderliches Magnetfeld erzeugt also ein umlaufendes ("rotierendes") elektrisches Feld.

- **Die elektrische Kraft zeigt immer in Richtung der elektrischen Feldlinien.**
- **Die magnetische Kraft steht immer senkrecht auf der magnetischen Feldlinie und dem Geschwindigkeitsvektor des Teilchens.**
- **Damit Teilchen mit Energiegewinn beschleunigt werden können, benötigen sie wegen der Lorentzkraft eine elektrische Ladung.**
- **Bei Gleichspannungsbeschleunigern wird ein statisches elektrisches Feld zur Beschleunigung verwendet.**
- **Beispiele sind die Röntgenröhre, der Cockcroft-Walton- und der Van de Graaff-Beschleuniger.**
- **Bei Wechselspannungsbeschleunigern werden periodische elektrische Wechselfelder zur Beschleunigung eingesetzt, denen die Teilchen bei ihrem Flug durch die Beschleunigerstrukturen mehrfach ausgesetzt werden.**
- **In Linearbeschleunigern werden elektrische Wechselfelder verwendet, die eine longitudinale elektrische Feldkomponente in Bewegungsrichtung der Teilchen aufweisen.**
- **In Ringbeschleunigern werden die Teilchen durch Magnetfelder auf Umlaufbahnen gezwungen, so dass sie mehrfach und phasenrichtig den beschleunigenden elektrischen Feldern ausgesetzt werden können.**
- **Eine Sonderform ist das Betatron, bei dem ein zeitlich variables Magnetfeld ein beschleunigendes elektrisches Umlauffeld induziert und gleichzeitig die Elektronen auf Kreisbahnen mit konstanten Radien führt.**

2.3 Grundlagen zur Strahloptik mit elektrischen und magnetischen Feldern

Die grundlegende Gleichung zur Strahlführung geladener Teilchen ist wieder die Lorentzgleichung (Gl. 2.12). Kräfte auf geladene Teilchen können danach durch elektrische und durch magnetische Felder ausgeübt werden.

$$\vec{F}_L = q \cdot (\vec{E} + \vec{v} \times \vec{B}) \tag{2.12}$$

Dabei zeigen die elektrischen Kräfte immer in Feldrichtung, die magnetischen Kräfte stehen dagegen grundsätzlich senkrecht auf Magnetfeld und Teilchenbahn (s. o.). Gleiche Kräfte werden von einem elektrischen und einem magnetischen Feld dann ausgeübt, wenn die Beträge von $\vec{E}$ und $\vec{v} \times \vec{B}$ gleich groß sind, also $E = v \cdot B$ gilt. Die magnetische Kraftwirkung ist daher bei gleicher Feldstärke um den Betrag der Geschwindigkeit größer als die Wirkung des elektrischen Feldes. Langsame nicht relativistische geladene Teilchen können deshalb leicht und ohne technische Probleme mit elektrischen oder magnetischen Feldern oder auch einer Kombination beider Felder geführt und abgelenkt werden.

Für relativistische Teilchen mit einer Geschwindigkeit nahe der Vakuumlichtgeschwindigkeit, also mit $v \approx c = 3 \cdot 10^8$ m/s, wirkt ein Magnetfeld der Stärke 1 T (1 Tesla = 1Vs/m^2) um den Faktor $3 \cdot 10^8$ stärker als ein elektrisches Feld mit der Feldstärke 1V/m. Während Magnetfelder von 1 T leicht zu erzeugen sind, sind Feldstärken von 300 Millionen V/m technisch nicht mehr zu beherrschen. Bei höheren Teilchengeschwindigkeiten werden deshalb ausschließlich Magnetfelder zur Strahlführung und Strahlformung verwendet.

Elektrische oder magnetische Felder werden nach ihrer räumlichen Feldstärkeverteilung gekennzeichnet. Sind die Feldstärken in der Ebene senkrecht zu den Feldlinien konstant, spricht man vom einem homogenen Feld oder einem Dipolfeld. Solche magnetischen Dipolfelder entstehen zum Beispiel zwischen ausreichend großen ebenen Elektromagnetpolen oder näherungsweise in Hufeisenmagneten. Elektrische Dipolfelder treten zwischen den Metallflächen eines Plattenkondensators auf. Verändern sich die Feldstärken mit dem Abstand zur Feldmitte, hat man also inhomogene Felder, spricht man von Multipolfeldern. Felder, deren Feldstärken linear mit dem Abstand zunehmen, werden als Quadrupolfelder, die mit dem Abstandsquadrat zunehmenden Felder als Sextupol-, die mit der dritten Potenz der Abstandskoordinate veränderlichen Felder als Oktupolfelder bezeichnet. Dipolfelder und Quadrupolfelder werden am häufigsten zur Strahlablenkung und Strahlfokussierung verwendet (Fig. 2.5). Da diese Felder maximal linear mit dem Abstand zur Sollbahn (Mitte des Feldes) variieren, wird die entsprechende Theorie als "lineare Strahloptik" bezeichnet. Dipolfelder liefern parallele Feldlinien, die senkrecht zu den Elektroden oder zu den Polschuhen der Magnete verlaufen. Senkrecht zu den Feldlinien verlaufen die Äquipotentiallinien bzw. Äquipotentialflächen. Quadrupoldfelder haben geschwungene Feldlinien, die sich zwischen den nebeneinander liegenden Polen ausbilden. Die zugehörigen Äquipotentiallinien sind Hyperbeln, die in der Mitte der Felder verschwinden, also den Wert Null haben. An dieser Stelle befinden sich bei Strahlführungssystemen die Sollbahnen der zu beschleunigenden oder geführten Teilchen.

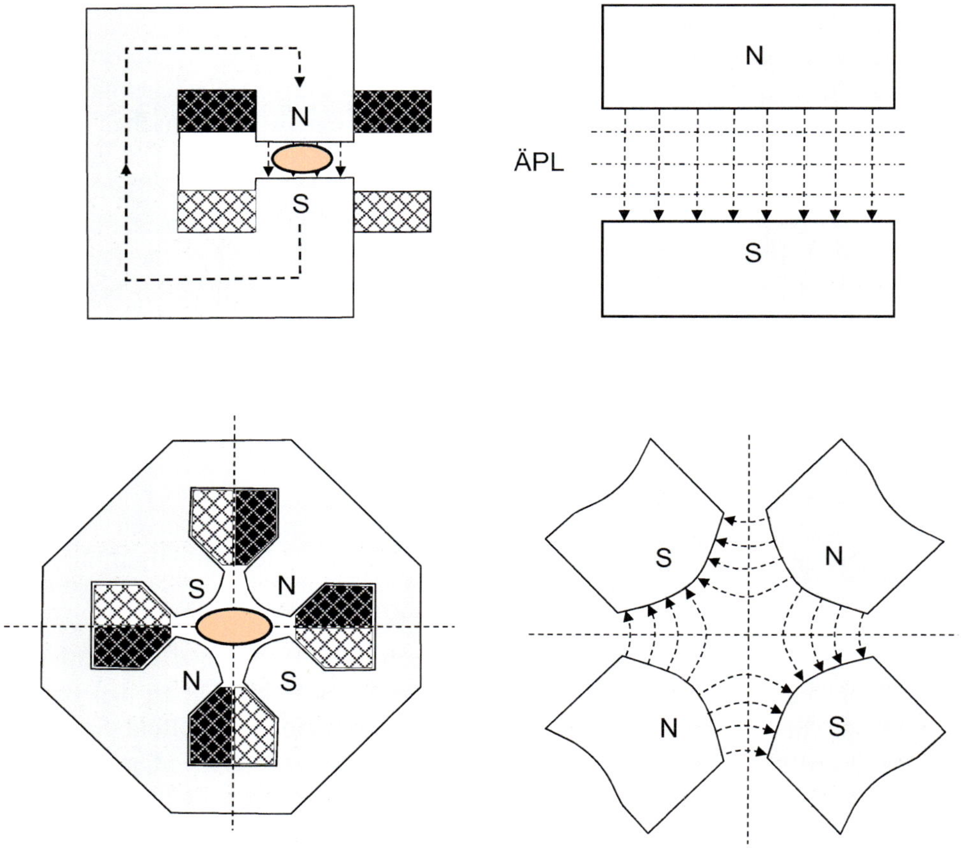

Fig. 2.5: Anordnungen zur Erzeugung von magnetischen Dipolfeldern (oben) und magnetischen Quadrupolfeldern (unten). Links sind jeweils die Eisenjochmagnete mit den umgebenden Spulen angedeutet, rechts die dadurch erzeugten Magnetfeldverläufe. Die Äquipotentiallinien (ÄPL) sind beim Dipol Geraden, die senkrecht auf den Feldlinien stehen. Beim Quadrupol sind es Hyperbeln, deren Form den Oberflächen der Polschuhe ähnelt. In der Mitte des Quadrupolfeldes sind die magnetischen Feldstärken Null. Dort befindet sich in der Regel die Sollbahn beschleunigter Teilchen. In den Magneten ist das Strahlrohr angedeutet (Ellipsen).

2.3.1 Wirkung elektrischer Felder auf geladene Teilchen

Geladene Teilchen erfahren in elektrischen Feldern Kräfte in Richtung der elektrischen Feldlinien. Die beschleunigenden Kräfte sind unabhängig von der Art des elektrischen Feldes. Dieses kann statisch sein oder ein Wechselfeld; es kann homogen oder inhomogen sein. Die Kraftwirkung elektrischer Felder ist unabhängig von der vorherigen Bewegungsrichtung oder dem Bewegungszustand des Teilchens. Sie ist aber abhängig von dessen elektrischer Ladung. Der Energiegewinn entspricht gerade der durchlaufenen Potentialdifferenz.

Da die elektrische Komponente der Lorentzkraft unabhängig von der Masse des beschleunigten Teilchens und seiner Geschwindigkeit ist, erfahren leichte Teilchen wie Elektronen und schwere Teilchen wie Protonen wegen des gleichen Ladungsbetrags in elektrischen Feldern den gleichen Kraftbetrag und erhalten deshalb auch die gleiche Bewegungsenergie. Wegen der um mindestens den Faktor 10^3 bis 10^4 höheren Massen der Ionen, sind die erzeugten Geschwindigkeitsbeträge der schweren Teilchen allerdings deutlich geringer als die der Elektronen[7]. Ihre Geschwindigkeiten unterscheiden sich wie die Quadratwurzeln der Massen. Schwere Teilchen weichen deshalb bei senkrechtem Einschuss in ein elektrisches Feld auch nur wenig von ihrer ursprünglichen Bahn ab. In Plasmen, in denen sich Elektronen und schwere Ionen befinden, können durch diese "selektive" Wirkung transversaler elektrischer Felder vor allem niederenergetische Elektronen leicht von den schwereren Ionen oder höherenergetischen relativistischen Elektronen getrennt werden.

Der wichtigste Sonderfall sind die **homogenen** statischen elektrischen Felder (elektrische Dipolfelder). Sie treten beispielsweise zwischen den Platten eines Plattenkondensators auf, an denen eine Gleichspannung anliegt. Ruhende Teilchen oder Teilchen, die bereits eine Bewegungskomponente in Richtung der Elektroden aufweisen, werden durch das elektrische Feld deshalb direkt auf die entgegengesetzt geladene Elektrode zu beschleunigt (Fig. 2.6 links). Bei bewegten Teilchen addieren oder subtrahieren sich die beiden Energiebeträge (Anfangsbewegungsenergie und aus dem elektrischen Feld gewonnene kinetische Energie) je nach Bewegungsrichtung. Dies kann dazu führen, dass Teilchen in ihrer Bewegungsrichtung umgekehrt werden (Fig. 2.6 rechts). Geladene Teilchen, die mit konstanter Geschwindigkeit senkrecht zu den Feldlinien eines homogenen elektrischen Feldes eingeschossen werden, bewegen sich auf Parabelbahnen auf die anziehende Elektrode zu (Fig. 2.6 Mitte). Bei schrägem Einschuss in homogene elektrische Felder verformen sich die Parabeln und ihr Scheitelpunkt wird verschoben.

---

[7] Bei gleicher Bewegungsenergie E_{kin} haben ein nicht relativistisches Elektron und ein Proton wegen $E_{kin} = 1/2\ m_e v^2 = 1/2\ m_p v^2$ ein Geschwindigkeitsverhältnis von $v_e/v_p = (m_p/m_e)^{1/2} = 43:1$.

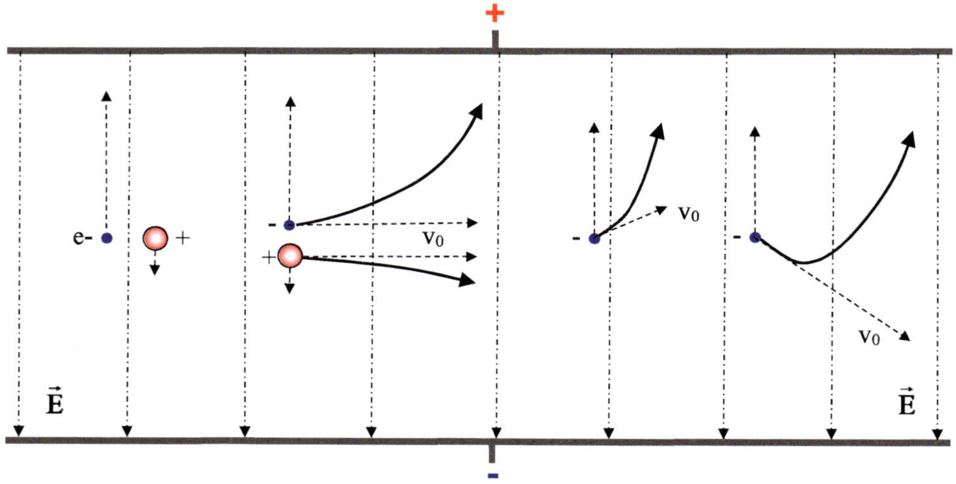

Fig. 2.6: Bewegungen geladener Teilchen in homogenen elektrischen Feldern. Links: Zuvor ruhende Teilchen unterschiedlicher Ladung oder Teilchen mit einer zum homogenen elektrischen Feld parallelen Geschwindigkeitskomponente führen eine Bewegung entlang der Feldlinien des elektrischen Feldes in Richtung zur jeweils entgegengesetzt geladenen Elektrode aus. Mitte: Teilchen unterschiedlicher Masse und Ladung und einer Anfangsgeschwindigkeit v_0 senkrecht zu den Feldlinien bewegen sich auf Parabelbahnen unterschiedlicher Krümmung und Richtung auf die Elektroden zu. Je höher die Geschwindigkeit senkrecht zu den Feldlinien ist, umso geringer wird bei einer gegebenen Geometrie die Wahrscheinlichkeit für einen Kontakt mit einer Elektrode. Rechts: Bei Schrägeinschuss verformen sich die Parabeln. Es kann zur Umkehr der Bewegungsrichtung kommen.

Der allgemeine Fall sind Anordnungen mit **inhomogenen** elektrischen Feldern. Solche Felder entstehen um reine Punktladungen, bei Zylinderelektroden mit zentraler Mittelelektrode, um Anordnungen mit Lochblenden oder einer Reihe von Hohlzylindern, an denen unterschiedliche elektrische Potentiale anliegen. Geladene Teilchen erfahren in inhomogenen elektrischen Feldern wie in allen elektrischen Feldern Kräfte in Richtung des Feldlinienverlaufs. Da die Richtung und die Dichte der Feldlinien sich aber örtlich verändern, variieren auch die Größen und Richtungen der Kraftwirkungen auf ein Teilchen mit dem Ort. Besteht die Feldanordnung aus einem radialen elektrischen Feld, wie es beispielsweise in Zylinderhohlräumen mit zentraler Elektrode entstehen kann, führen Teilchen deshalb unter Umständen Pendelbewegungen oder Kreisbewegungen um die zentrale Achse des Zylinders aus, sofern sie nicht unmittelbar auf der zentralen Elektrode auftreffen. Beim Einschuss in inhomogene Felder werden die Flugbahnen der Teilchen gestaucht oder gedehnt; sie weichen dann deutlich von der Parabelform bei homogenen Feldern ab.

Legt man besonderen Wert auf die abbildungswirksamen Eigenschaften elektrischer Felder, ist es günstig, neben den elektrischen Feldlinien - also den Richtungen der elektrischen Feldwirkung - auch die **Äquipotentiale** des elektrischen Feldes zu betrachten. Diese sind Linien oder Flächen konstanter Feldstärke. Mit geeigneten Anordnungen elektrischer Felder können Strahlenbündel wie in der Lichtoptik auf einen bestimmten Brennfleck fokussiert werden (Fig. 2.7). So wirken der Teilchenrichtung entgegen gewölbte Potentialflächen fokussierend, also wie optische Sammellinsen. In Bewegungsrichtung gewölbte Äquipotentialflächen oder -linien wirken dagegen defokussierend wie Zerstreuungslinsen. Dabei unterscheiden sich die Wirkungen wieder nach der Masse und der Ladung der Teilchen. Die Prinzipien sind die gleichen, die auch bei der Elektronenoptik z. B. in Elektronenmikroskopen eingesetzt werden.

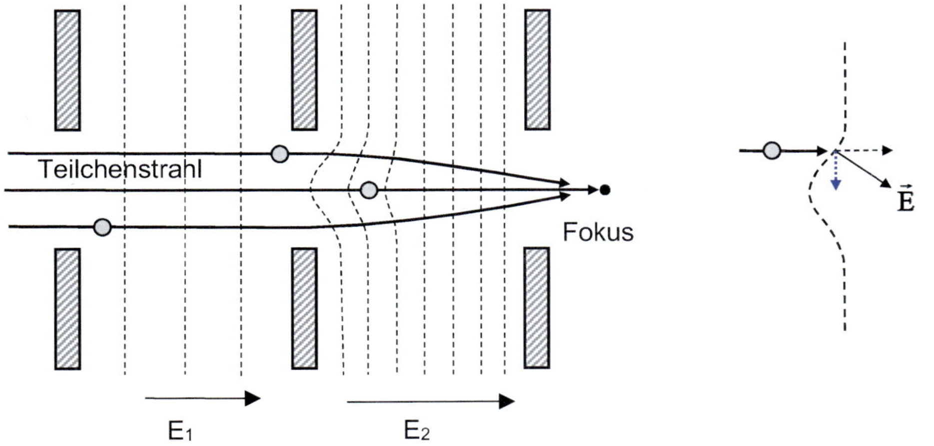

Fig. 2.7: Lochblendenanordnung als elektrische Sammellinse. Im Grenzbereich unterschiedlich hoher Feldstärken ($E_2 > E_1$) entsteht eine Auswölbung der Äquipotentialflächen des höheren Feldstärkebereichs. Dies wirkt durch die radiale E-Feldkomponente (blau) wie eine fokussierende Sammellinse auf die von links eingeschossenen Teilchen (rechts).

Anwendungen der Strahloptik mit elektrischen Feldern finden sich auch bei der Konstruktion von Elektronen- und Ionenquellen, z. B. bei der Kathodenausformung von Glühkathoden in der Röntgenröhre oder bei der Konstruktion von Elektronenkanonen für Elektronen-Linearbeschleuniger sowie bei den Aufgaben zur Strahlführung geladener Teilchen in Strahlführungssystemen. Elektrische Felder mit elektronenoptischen Eigenschaften treten auch bei Zylinderelektroden auf. Ordnet man zwei Metallzylinder in Serie an und legt an sie unterschiedliche Spannungen, bildet sich im Zwischenraum der Elektroden eine inhomogene elektrische Feldverteilung aus (Fig. 2.8). Teilchen, die diesem inhomogenen Feld ausgesetzt werden, werden aus ihrer ursprünglichen

Richtung abgelenkt. Diese Feldanordnung wird als elektrostatische **Zylinderlinse** bezeichnet. Werden Teilchen parallel zur zentralen Achse des elektrischen Feldes eingeschossen, sehen sie bei der Passage des Zylinderspalts ein inhomogenes beschleunigendes elektrisches Feld. Zum besseren Verständnis kann man die elektrischen Kräfte in eine senkrechte und eine horizontale Komponente zerlegen (Fig. 2.8). Während die axiale Längskomponente die Bewegungsenergie des Teilchens in Richtung der Zylinderachse erhöht, führen die dazu senkrechten radialen Komponenten zu ablenkenden Kräften von der Sollbahn des Teilchens. Diese radialen Kräfte wirken fokussierend beim Eintritt des Teilchens in das elektrische Feld und defokussierend beim Austritt des Teilchens.

Weil die Teilchen, solange sie noch nicht relativistisch sind, durch das elektrische Feld an Geschwindigkeit gewinnen, halten sie sich unterschiedlich lange im fokussierenden und im defokussierenden Bereich der Linse auf. Außerdem werden sie durch die Ablenkung hin zur Achse in den Bereich geringerer Feldstärken verschoben. Beides zusammen führt in der Bilanz zu einer Nettofokussierung des Teilchenbündels durch die Zylinderlinse (Fig. 2.8 oben). Die Wirkung ist vergleichbar mit den Gesetzen der geometrischen Optik. Man kann einer Zylinderlinse also eine Brennweite und einen Fokus zuordnen. Die Brennweite in einer gegebenen Anordnung ist umso kleiner, je höher die Potentialdifferenz der beiden Elektroden ist. Im Grenzfall gleicher Spannungen an beiden Zylinderelektroden ist die Brennweite unendlich, da keine Feldstärkendifferenz

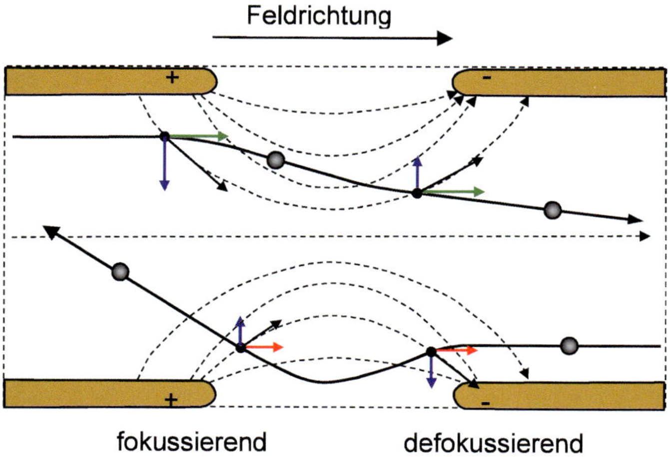

Fig. 2.8: Wirkung des elektrischen Feldstärkeverlaufs an einer Zylinderlinse auf ein achsenparalleles Strahlenbündel geladener Teilchen. Oben: beschleunigendes Feld für ein von links eingeschossenes Teilchen (grün), unten: bremsendes Feld für ein gegenläufiges Teilchen (rot). Die vertikalen Feldkomponenten führen zu radialen Ablenkungen der Teilchen. In der Bilanz bleibt in beiden Fällen eine Nettoablenkung in Richtung Zylinderachse. Ein paralleler Strahl wird deshalb fokussiert wie in einer Sammellinse.

auftritt und somit auch kein inhomogenes Feld entsteht. Ähnlich wirken die Feldverteilungen an den DEEs von Zyklotrons, die allerdings dort nicht rotationssymmetrisch sind.

Fokussierende Wirkungen auf einen Teilchenstrahl treten auch bei elektrischen Feldern auf, wenn die Feldrichtung und die Bewegungsrichtung der Teilchen entgegengesetzt sind (Fig. 2.8 unten). Die Teilchen werden in diesem Fall durch die axiale Feldkomponente abgebremst, also verlangsamt. Die radialen Komponenten führen wieder zu einer Nettofokussierung. Dabei sind die Brennweiten bei gleicher Potentialdifferenz geringfügig kleiner als bei beschleunigenden Feldern, da die Teilchen durch den Bewegungsenergieverlust leichter abzulenken sind und sie sich anders als bei beschleunigenden Feldern kürzere Zeit im defokussierenden Teil der Linse aufhalten.

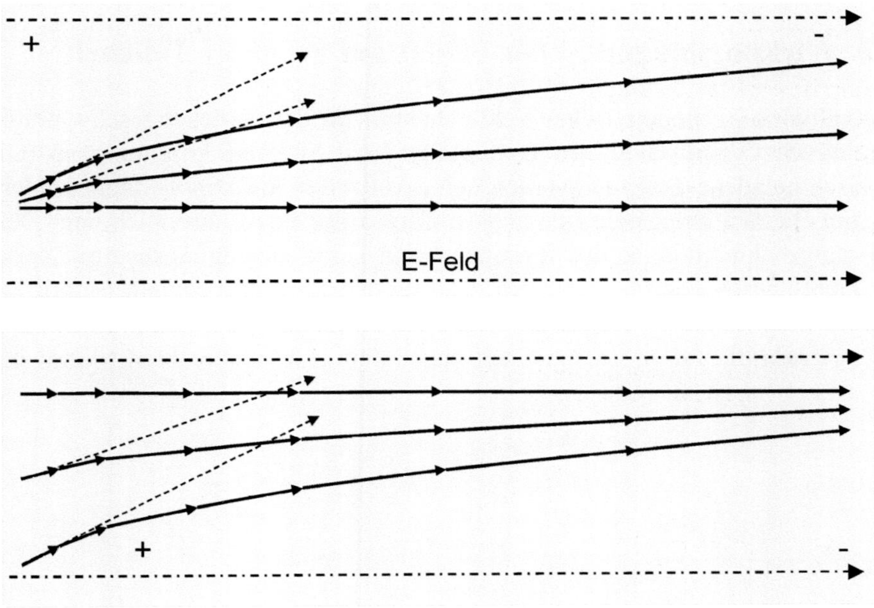

Fig. 2.9: Parallelisierung divergenter (oben) und konvergenter (unten) Teilchenstrahlenbündel durch homogene elektrische Felder. Alle geladenen Teilchen behalten zu jedem Zeitpunkt ihre ursprüngliche Geschwindigkeitskomponente senkrecht zu den elektrischen Feldlinien bei, da ein Energiegewinn nur entlang der Feldlinien möglich ist. Die longitudinale Geschwindigkeitskomponente nimmt dagegen stetig von links nach rechts zu. Die Trajektorien der Teilchen sind Parabelbögen. Die gestrichelten Linien zeigen die hypothetischen Teilchenbahnen ohne longitudinales E-Feld.

Werden divergente oder konvergierende Teilchenstrahlenbündel parallel zu den Feldlinien eines elektrischen Feldes eingeschossen, erfahren sie eine "Parallelisierung" (Fig. 2.9). Der Grund ist die durch das Feld unbeeinflusste transversale Geschwindigkeitskomponente der Teilchen, während die longitudinale Geschwindigkeitskomponente durch den stetigen Energiegewinn entlang der Feldlinien erhöht wird. Die einzelnen Teilchen bewegen sich daher auf Parabelbahnen, ohne allerdings auf einen punktförmigen Fokus[8] zu zulaufen. Sind die Konvergenz- oder Divergenzwinkel nicht zu hoch, treffen die Teilchen aus einem solchen parallelisierten Strahlenbündel aber bei geeigneter Geometrie auf eine Fläche mit kleinerem Durchmesser. Diese Fläche wird üblicherweise als **Brennfleck** bezeichnet. Seine endlichen Abmessungen sind für die meisten Strahlungsanwendungen auch in der bildgebenden Diagnostik ausreichend.

Wie oben schon angedeutet wurde, können elektrische Feldwirkungen nur bei kleinen Teilchenenergien mit der magnetischen Komponente der Lorentzkraft konkurrieren. Elektrische Felder sind daher für die Strahlformung und Strahlführung geladener Teilchen nur im nicht relativistischen Bereich von Bedeutung.

2.3.2 Wirkung magnetischer Felder auf geladene Teilchen

Die Kraftwirkung magnetischer Felder hängt von der Teilchengeschwindigkeit und der relativen Orientierung von Bewegungs- und Magnetfeldrichtung ab (Gl. 2.12). Elektrisch geladene Teilchen werden beim Auftreffen auf Dipol-Magnetfelder auf gekrümmte Bahnen eingelenkt, sie ändern also in der Regel ihre Richtung. Der Betrag der Bahngeschwindigkeit des Teilchens und seine Bewegungsenergie ändern sich beim Durchlaufen des Magnetfeldes jedoch nicht. Bei senkrechtem Einfall in ein homogenes Magnetfeld laufen die Teilchen auf Kreisbahnen. Dazu müssen die Beträge von Lorentzkraft und Zentrifugalkraft gleich sein. Für senkrechten Einfall in ein ho-

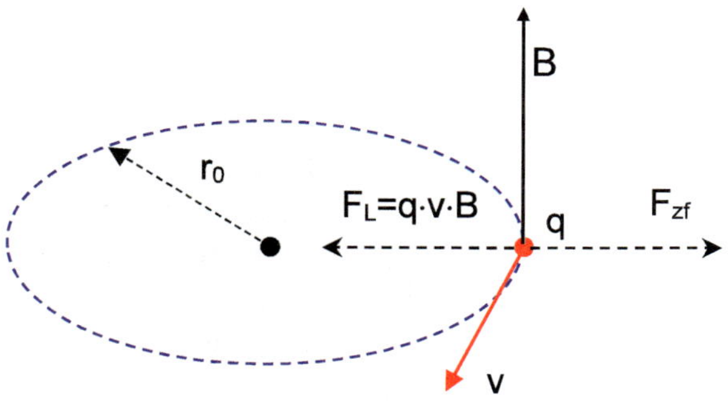

Fig. 2.10: Bewegung eines geladenen Teilchens in einem homogenen Magnetfeld. Stehen das Magnetfeld B und die Teilchengeschwindigkeit v senkrecht aufeinander, wird das Teilchen auf eine Kreisbahn mit dem Radius r_0 gezwungen. Dieser Radius ist bestimmt durch die Kompensation der radialen, also zum Kreismittelpunkt hin beschleunigenden Lorentzkraft F_L (Zentripetalkraft) durch die Zentrifugalkraft F_{zf}.

[8] Unter Fokus versteht man in der Strahlungsphysik den Schwerpunkt einer Fläche.

mogenes Magnetfeld der Flussdichte B und ein Teilchen mit der Geschwindigkeit v, der Masse m und der Ladung q ergibt dies die folgende Bilanz:

$$q \cdot v \cdot B = m \cdot \frac{v^2}{r_0} \tag{2.13}$$

Den Bahnradius r geladener Teilchen in homogenen Magnetfeldern berechnet man mit dem Impulsbetrag p = mv durch leichte Umformungen aus Formel (2.13) zu:

$$r_0 = \frac{p}{q \cdot B} \tag{2.14}$$

Beziehung (Gl. 2.14) gilt auch für relativistische Teilchen wie hochenergetische Elektronen aus Beschleunigern, wenn für den Impuls p der relativistische Impuls (das Produkt aus Ruhemasse m_0, Lorentzfaktor γ und Geschwindigkeit v) eingesetzt wird.

Beispiel 2.1: Ein 90°-Umlenkmagnet in einem Elektronen-Beschleuniger habe ein homogenes magnetisches Feld mit einer Stärke von 0,5 Tesla = 0,5 Vs/m². Zu berechnen ist der Bahnradius von Elektronen (Ladung q = e_0) mit 10 MeV Bewegungsenergie bei senkrechtem Teilcheneinschuss. Für den Impuls p relativistischer Elektronen gilt $p^2c^2 = E^2 - m_0^2c^4$ (c: Lichtgeschwindigkeit = $3\cdot10^8$ m/s, E: totale Elektronenenergie = Bewegungsenergie plus Ruheenergie). Mit der Ruheenergie der Elektronen (m_0c^2 = 0,511 MeV) erhält man durch Einsetzen p^2c^2 = (110,5 – 0,25) MeV². Der Impuls ist also ungefähr p ≈ 10,5 MeV/c. Aus Gl. (2.14) erhält man: r = $1{,}05\cdot10^7$eV/(e·0,5 Vs/m²·$3\cdot10^8$ m/s) = 0,07 m = 7,0 cm. Bei relativistischen Elektronen ist der Bahnradius in homogenen Magnetfeldern also in guter Näherung proportional zur Elektronenenergie. Haben die 10-MeV-Elektronen eine Energieunschärfe von 1 MeV, verändert sich auch ihr Bahnradius entsprechend. Die zugehörigen Bahnradien schwanken entsprechend um ±10% zwischen 7,7 cm für die 11-MeV-Elektronen und 6,3 cm für 9 MeV Bewegungsenergie.

Der Betrag der Lorentzkraft hängt vom Sinus des Winkels zwischen Magnetfeld-Vektor $\vec{B}$ und dem Geschwindigkeitsvektor $\vec{v}$ des Teilchens ab ($F_L = v\cdot B\cdot\sin\varphi$). Daher nimmt der Radius der Umlaufbahn mit spitzen oder stumpfen Einschusswinkeln des Teilchens ab. Bei schrägem Teilcheneinschuss läuft das Teilchen wegen der Bewegungskomponente in Magnetfeldrichtung dann auf einer Schraubenlinie (Helix) mit verkleinertem Radius r_h (Fig. 2.11b). Für ein Teilchen mit der Geschwindigkeit v_0 und dem Winkel φ zwischen Einschussrichtung und Magnetfeld erhält man die für senkrechte Geschwindigkeitskomponente $v_\perp = v_0\cdot\sin\cdot\varphi$ und für die parallele Geschwindigkeitskomponente $v_B = v_0\cdot\cos\cdot\varphi$. Mit der vom Einschusswinkel unabhängigen Umlaufzeit $T = 2r_0 \cdot \pi / v_0$ erhält man die folgenden Beziehungen[9] für Schraubenradius r_h und Hub h:

$$r_h = \frac{m \cdot v_0 \cdot \sin\varphi}{q \cdot B} \qquad h = 2 \cdot \pi \cdot r_0 \cdot \cos\varphi \qquad (2.15)$$

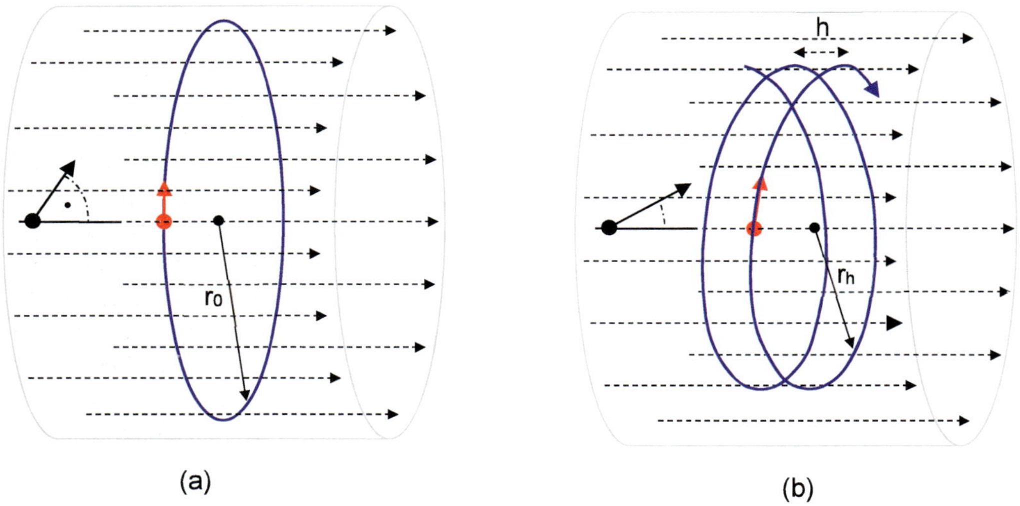

Fig. 2.11: Teilchenbahnen im homogenen Magnetfeld. (a): Senkrechter Einschuss des Teilchens, sein Geschwindigkeitsbetrag ist v. Der Bahnradius ist r_0 (nach Gl. 2.14). (b): Schräger Teilcheneinschuss mit einer zum Magnetfeld senkrechten Geschwindigkeitskomponente kleiner als v ($v_\perp < v$). Dadurch läuft das Teilchen auf einer Helix mit kleinerem Radius r_h und dem Hub h (s. Gl. 2.15).

Beispiel 2.2: Bahnen bei schrägem Teilcheneinschuss in Magnetfelder. Im Fall des senkrechten Einschusses ($\varphi = 90°$) erhält man nach (Gl. 2.14) den maximalen Radius r_0 und keinen Hub (h = 0). Bei parallelem Einschuss zu den Magnetfeldlinien ($\varphi = 0°$) wirkt dagegen keine Lorentzkraft. Das Teilchen bewegt sich daher weder auf einer Kreisbahn noch auf einer Schraubenlinie. Beim Einschuss mit einem spitzen Winkel von $\varphi = 30°$ erhält man für den Radius (wegen sin30° = 0,5) $r_h = 0{,}5\ r_0$. Der Helixradius ist im Vergleich zu r_0 also halbiert. Der Hub beträgt (wegen cos30° = 0,866) $h = 5{,}44\ r_0$. Bei 10 Grad Einschusswinkel schrumpft der Radius der Schraubenlinie bereits auf $r_h = 0{,}174\ r_0$, also auf nur noch 17% von r_0, der Hub steigt dagegen auf $h = 6{,}19\ r_0$ an.

[9] Die Umlaufzeit T erhält man aus $2r_\perp \cdot \pi = v_\perp \cdot T$ bzw. nach Kürzen von $\sin\varphi$ auf beiden Seiten zu $T = 2r_0 \cdot \pi / v_0 \cdot$. Da der Hub $h = v_B \cdot T = v_0 \cdot \cos\varphi \cdot T$ ist, erhält man $h = v_0 \cdot \cos\varphi \cdot 2r_0 \cdot \pi / v_0 = 2\pi \cdot r_0 \cdot \cos\varphi$.

In inhomogenen Feldern verändert sich die Feldliniendichte mit dem Ort. Dabei sind mehrere Fälle möglich: entweder die Verdichtung bzw. das Aufeinanderzulaufen (die Konvergenz) oder die Ausdünnung paralleler Feldlinien bzw. das Auseinanderlaufen (die Divergenz) von Feldlinien. In allen Fällen sieht ein Teilchen beim Einschuss in solche Felder örtlich veränderliche Magnetfeldstärken. Da die Radien der Teilchenbahnen umgekehrt proportional zu B sind (s. Gl. 2.15), vergrößern sie sich mit abnehmender und verringern sich mit zunehmender magnetischer Induktion. Bei senkrechtem Einschuss zur Längsachse des Magnetfeldes erhält man auch bei inhomogenen Feldern Kreisbahnen.

Bei schrägem Einschuss, also einer Bewegungskomponente der Teilchen in Feldrichtung inhomogener Felder, werden diese zu Schraubenbahnen mit veränderlichem Radius, den so genannten **Spiralen** (Fig. 2.12a, b). Dabei erweitern sich die Spiralbahnen bei divergierenden Feldern durch den stetig zunehmenden Radius und sie verjüngen sich mit örtlich zunehmender magnetischer Induktion. Durch die B-Feld-Neigungen entstehen in beiden Feldanordnungen schräg zur Spiralachse zeigende Lorentzkräfte. Dieser Sachverhalt ist unabhängig von der Hauptbewegungsrichtung der Teilchen. Zerlegt man diese Lorentzkräfte in eine zur Achse parallelen und zur Spiralachse senkrechte Komponente, zeigen sich bei divergierenden Feldern ein nach rechts gerichteter, bei konvergierenden Feldern ein nach links gerichteter Anteil der Lorentzkraft (Fig. 2.12c). Teilchen auf den Spiralen erfahren deshalb beim Eintritt in konvergierende Felder eine ihrer Bewegung entgegen gerichtete Kraft. Dies führt u. U. zu einer Teilchenumkehr im Bereich hoher Feldliniendichte. Solche Anordnungen bezeichnet man treffend als **magnetische Spiegel** (Fig. 2.12d).

Ein Beispiel für die Teilchenumkehr in Magnetfeldern findet man bei der Wechselwirkung geladener kosmischer Teilchen mit dem Magnetfeld der Erde. Die kosmischen Partikel werden durch die konvergierenden Feldlinien an den Polen der Erde auf Spiralbahnen gezwungen und erleben je nach Teilchenenergie früher oder später eine Umkehr ihrer Bewegungsrichtung. Die Wechselwirkungen und endlichen Eindringtiefen in die Materie sind bei den so genannten Polarlichtern zu erkennen.

Durch Kombination eines divergierenden und eines konvergierenden Magnetfeldes bildet sich eine **magnetische Flasche**. Die Neigungsumkehr des Feldlinienverlaufs auf beiden Seiten des Magnetfeldes führt unter bestimmten Bedingungen für die Teilchengeschwindigkeiten und die Magnetfeldverläufe zum dauerhaften Einschluss der Teilchen, da diese an beiden Enden der Flasche eine Richtungsumkehr erleiden (Fig. 2.12d). Dieser Einschluss von geladenen Teilchen in Magnetfeldern wird in der Plasmaphysik verwendet. Beispiele sind die Fusionsforschung oder die Konstruktion von Ionenquellen für Teilchenbeschleuniger.

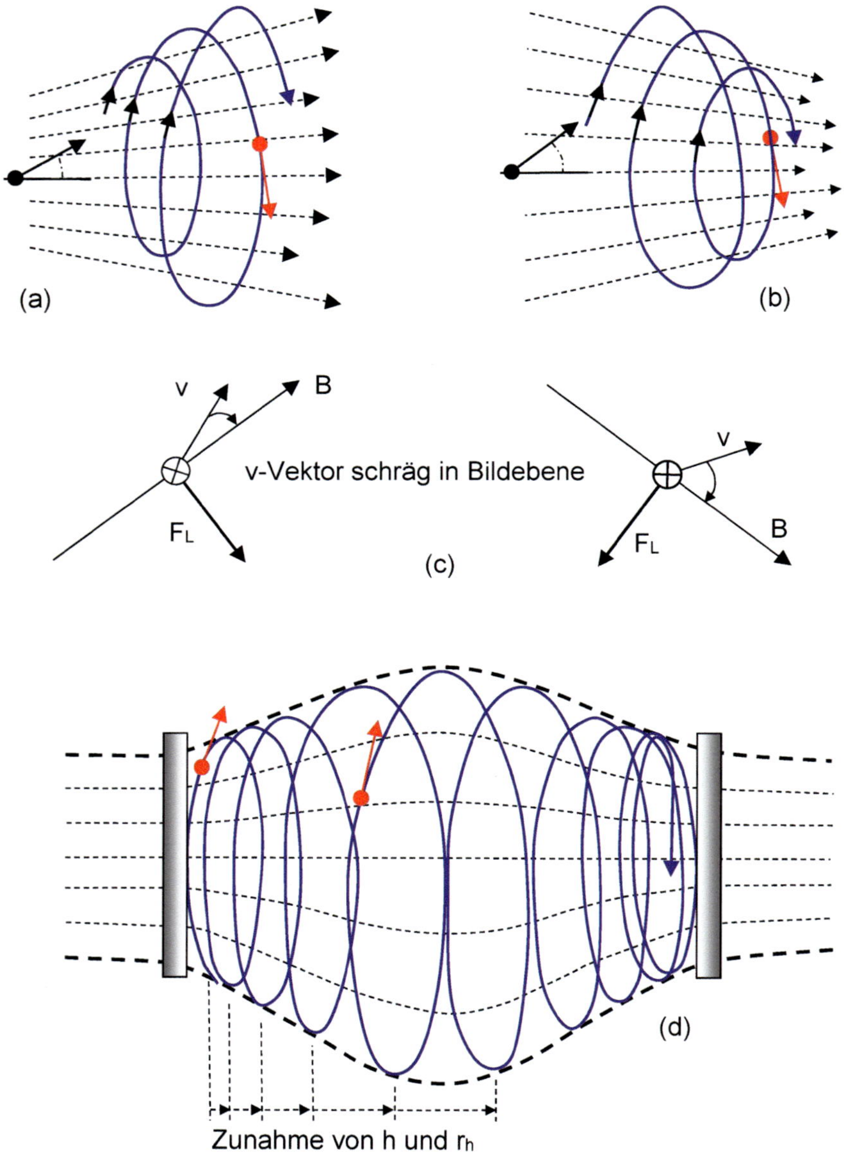

Fig. 2.12: Teilchenbahnen in inhomogenen Magnetfeldern. (a): Linear divergierendes Feld, (b): linear konvergierendes Feld, (c): Lorentzkräfte in den beiden Feldanordnungen nach (a + b). Links entsteht durch die B-Feld-Neigung eine Lorentzkraftkomponente nach rechts, rechts eine Kraft nach links. (d): Bildung einer magnetischen Flasche durch Kombination der beiden Feldanordnungen (a + b). Die Neigungsumkehr des Feldlinienverlaufs führt unter geeigneten Bedingungen zum Einschluss der Teilchen, da diese an den Enden der Flasche eine Richtungsumkehr erleiden. Dieser Bereich ist symbolisch mit Spiegeln markiert (graue Flächen).

Abhängigkeit der Lorentzkraft von der Teilchenart: Bei gleicher elektrischer Ladung verschiedener Teilchen hängt die magnetische Kraftwirkung nur von der Geschwindigkeit des Teilchens ab (Gl. 2.12). Die Radien der Teilchenbahnen variieren dagegen mit dem Impulsbetrag des Teilchens (Gl. 2.14). Die Wirkung eines homogenen Magnetfeldes unterscheidet sich deshalb je nach Teilchenmasse. Ein wichtiges Beispiel ist die Wirkung eines magnetischen Feldes auf die verschiedenen geladenen Teilchen eines Plasmas, also die freien Elektronen und die schwereren, einfach oder mehrfach ionisierten Atome. Bei gleicher Geschwindigkeit eines Elektrons und eines Protons in einem Magnetfeld erfahren beide Teilchen zwar die gleiche ablenkende Lorentzkraft, die dadurch erzeugten Bahnradien verhalten sich dagegen wegen (Gl. 2.14) wie die Massen der beiden Teilchen.

Für Elektron und Proton ergibt das ein Verhältnis der Bahnradien von 1:1836. Für ein einfach geladenes Ion mit der Massenzahl A und ein Elektron erhält man für das Radienverhältnis:

$$\frac{r_e}{r_{ion}} = \frac{m_e}{m_{ion}} \approx \frac{1}{1836 \cdot A} \qquad \text{(gleiche Geschwindigkeit v)} \qquad (2.16)$$

In einem realen Plasma sind in der Regel nicht die Geschwindigkeiten der Teilchen sondern eher die mittleren Bewegungsenergien identisch. Schwerere Teilchen haben deshalb bei gleicher kinetischer Energie um die Wurzel des Massenverhältnisses herabgesetzte Geschwindigkeiten und Impulse (s. Fußnote 7). Um den gleichen Faktor unterscheiden sich daher die Bahnradien bei gleicher Bewegungsenergie.

$$\frac{r_e}{r_{ion}} = \sqrt{\frac{m_e}{m_{ion}}} \approx \sqrt{\frac{1}{1836 \cdot A}} \qquad \text{(gleiche Bewegungsenergie)} \qquad (2.17)$$

In beiden Fällen führen die unterschiedlichen Bahnradien leichter und schwerer Teilchen zu einer räumlichen Trennung dieser Teilchen in Plasmen. Während Elektronen in Magnetfeldern auf geschwindigkeitsabhängige Kreis- oder Spiralbahnen mit kleinen Radien gezwungen werden, die ohne die Einwirkung zusätzlicher elektrischer Kräfte kein Entweichen aus einem Plasma zulassen, werden schwerere Teilchen durch Magnetfelder nur wenig beeinflusst und deshalb auch nur geringfügig aus ihrer ursprünglichen Richtung abgelenkt. Sie können also leichter durch elektrische Felder aus dem Plasma extrahiert werden.

Bahnradien schwerer relativistischer Elektronen in homogenen Dipolmagnetfeldern kann man nach (Gl. 2.14) mit der folgenden Faustformel (Gl. 2.18) grob abschätzen, wenn die Gesamtenergie des Elektrons in MeV, das Magnetfeld in Tesla und der Bahnradius in cm angegeben werden:

$$r \approx E/3B \qquad (2.18)$$

2.3.3 Teilchenführung mit Magnetfeldern

Teilchenführung mit homogenen Magnetfeldern: Hoch- und niederenergetische geladene Teilchen legen beim Durchlaufen homogener Magnetfelder je nach Impuls verschieden gekrümmte Bahnen zurück. Ein anfänglich paralleler, aber energetisch heterogener Teilchenstrahl divergiert deshalb im homogenen Magnetfeld in Abhängigkeit von seiner energetischen Verteilung (Fig. 2.13a). Reale Teilchenbündel sind ausgedehnt, sie haben also einen endlichen Strahldurchmesser und befinden sich daher in verschiedenen Abständen zur Strahlmitte. Durchläuft ein achsenparalleler, monoenergetischer Teilchenstrahl das Feld eines homogenen 90°-Sektormagneten, sind die Teilchen unterschiedlich lange dem Magnetfeld ausgesetzt. Beim Austritt aus dem Magnetfeld ist der Strahl deshalb divergent (Fig. 2.13b). Sind Strahlenbündel divergent oder konvergent, bewegen sich die einzelnen Partikel also unter verschiedenen Winkeln zum Zentralstrahl, dann laufen diese nach dem Austritt aus einem homogenen 90°-Magneten auf sich kreuzenden, divergenten Bahnen (Fig. 2.13c).

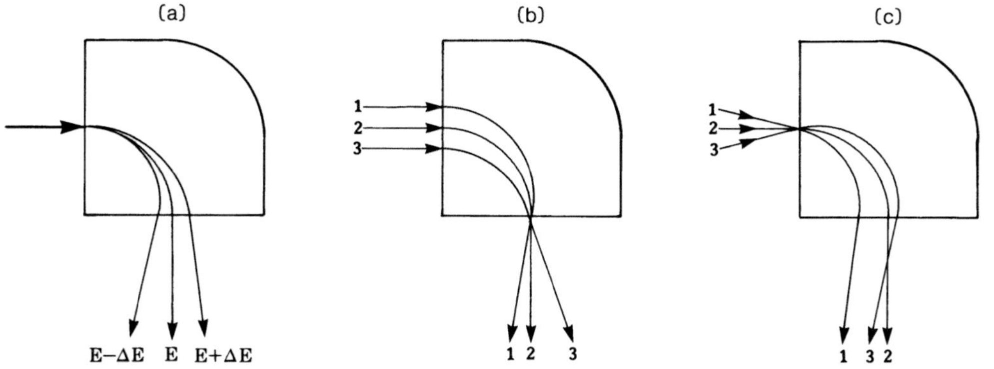

Fig. 2.13: Divergierende Teilchenbahnen in homogenen 90°-Magneten. Gezeichnet ist die Aufsicht auf die Polschuhe in Richtung der Magnetfeldlinien. (a): axialer, nicht divergenter Nadelstrahl mit verschiedenen Teilchenenergien, (b): ausgedehnter Parallelstrahl, monoenergetisch, (c): nicht paralleler Strahl, monoenergetisch.

Elektronenstrahlenbündel medizinischer Beschleuniger haben beispielsweise je nach Beschleunigungsprinzip Energieunschärfen bis über 10% und sind je nach der Güte der Strahlformung auch mehr oder weniger divergent. Treffen solche Strahlenbündel auf homogene Magnetfelder, werden sich die darin enthaltenen Teilchen wegen der Energie- und Winkelaufspaltung im Allgemeinen auf verschiedenen, individuellen Bahnen bewegen. Die Eintrittsorte in den Magneten werden sich dabei ebenso unterscheiden wie die Eintrittswinkel. In der Regel wird ein Elektronenstrahlenbündel in einfachen Dipol-Magnetfeldern also weder horizontal gebündelt noch fokussiert.

Unter bestimmten Voraussetzungen ist jedoch eine Strahlabbildung auch mit homogenen Magnetfeldern möglich. So kann beispielsweise mit Hilfe einer Serie von Sektormagneten die Fokussierung eines divergenten, monoenergetischen Strahlenbündels senkrecht zur Magnetfeldrichtung erreicht werden, wenn die Strahlen von einem gemeinsamen, richtig angeordneten Quellpunkt ausgehen. Wegen des gleichen Impulsbetrags durchlaufen alle Teilchen des Strahlenbündels zwar Bahnen mit gleichen Krümmungsradien, je nach Einschussrichtung legen sie jedoch verschieden große Wege im Magnetfeld zurück: Sie sind also unterschiedlich lange der Ablenkung durch die radiale Beschleunigung im Magnetfeld ausgesetzt. Bei geeigneter Wahl des Sektorwinkels des Magneten und der Stärke des Magnetfeldes treffen die einzelnen Bahnen der vor dem Magneten divergierenden Teilchen hinter dem Magneten wieder an einem Punkt, dem Brennfleck, zusammen (Fig. 2.14a).

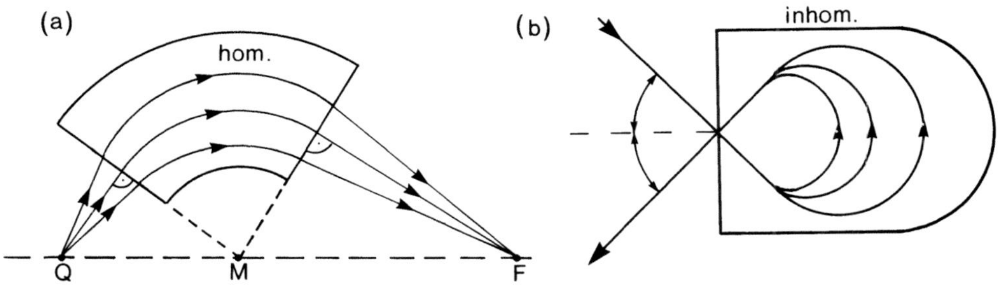

Fig. 2.14: (a): Fokussierender homogener Sektormagnet für ein divergierendes, monoenergetisches Strahlenbündel, (b): Fokussierender inhomogener 270°-Sektormagnet ("Spiegelmagnet").

Fokussierung von Teilchenstrahlenbündeln mit inhomogenen Magnetfeldern: Treffen geladene Teilchen auf ein inhomogenes Magnetfeld (Fig. 2.14b), also Felder mit mindestens einer zusätzlichen Quadrupolkomponente, ändert sich der Krümmungsradius der Bewegung je nach der lokalen Feldstärke. Erhöht man das magnetische Feld dort, wo sich die Teilchen mit der höheren Energie befinden, erfahren diese eine stärkere magnetische Ablenkung, werden also zum Strahlenbündel zurückgeführt. Mit inhomogenen Magnetfeldern, also Feldern, die höhere Multipolkomponenten enthalten, sind daher ebenfalls fokussierende Strahlführungen auch bei energetisch heterogenem und divergierendem Teilchenstrahl möglich.

Zur besseren Fokussierung des Strahlenbündels in Beschleunigern werden deshalb oft zusätzliche Vierpol-Magnetspulen, so genannte magnetische **Quadrupole** benutzt. Wegen ihrer inhomogenen Magnetfelder wirken sie wie eine Kombination aus Sammel- und Zerstreuungslinsen. Quadrupollinsen fokussieren das Strahlenbündel allerdings nur in jeweils einer Strahlebene; in der dazu senkrechten Ebene wirken sie defokussierend, vergrößern also die Divergenz. Deshalb müssen immer mindestens zwei hintereinander liegende und um 90° gegeneinander gedrehte Quadrupole (Dublettlinsen) verwendet werden, um eine Fokussierung des Nutzstrahls in beiden Ebenen zu erreichen (Fig. 2.15). Neben Quadrupol-Dubletts werden auch Quadrupol-Tripletts verwendet, bei denen die beiden äußeren Quadrupole nur die halben Magnetfeldstärken des zentralen Quadrupolmagneten aufweisen.

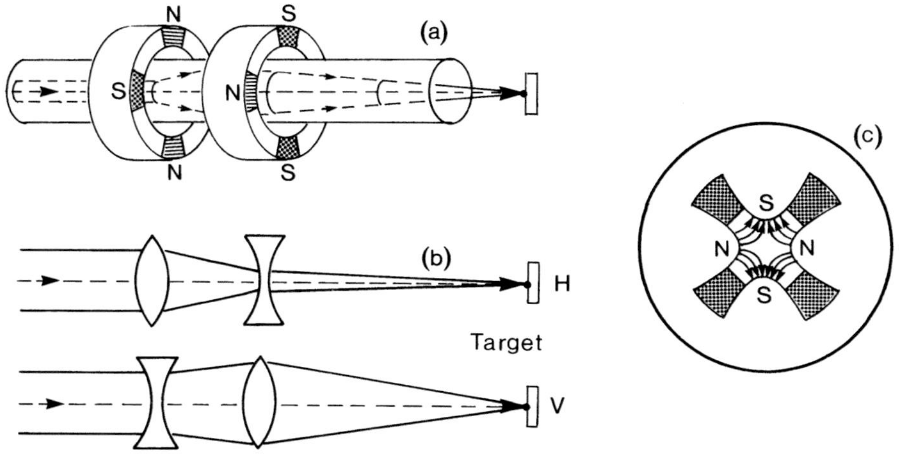

Fig. 2.15: (a): Anordnung eines magnetischen Quadrupol-Dubletts um ein Strahlrohr, (b): Veranschaulichung der Wirkung auf das Teilchenbündel (geometrisch-optisches Analogon, H: Horizontal-, V: Vertikalebene), (c): Feldlinienbild eines magnetischen Quadrupols (N: Nordpol, S: Südpol, punktiert: Spulenwicklungen).

Mit Magnetmultipolen höherer Ordnung, also den Sextupolen und Oktupolen, können energetische Unschärfen der Teilchenstrahlen bei der Strahloptik, die so genannte "Chromatizität", berücksichtigt oder Feldfehler der anderen linearen Magnete kompensiert werden. Von hoher Bedeutung ist eine effektive Strahlführung ohne allzu große Teilchenverluste bei Ringbeschleunigern mit ihren vielen Teilchenumläufen und insbesondere bei Speicherringen mit ihren großen Aufenthaltszeiten der Teilchen im Orbit. Ausführliche theoretische Abhandlungen zur Strahloptik geladener Teilchen in Magnetfeldern finden sich beispielsweise in [Wille], [Livingston] und [Hinterberger].

2.3.4 Schwache und starke Fokussierung mit Magnetfeldern*

Mit Hilfe magnetischer Felder können geladene Teilchen anders als durch elektrische Felder wegen der Geschwindigkeitsabhängigkeit der magnetischen Komponente der Lorentzkraft auch bei großer Teilchenenergie abgelenkt, geführt und strahloptisch behandelt werden. Eine typische Aufgabe ist die möglichst verlustfreie Teilchenführung in Strahlrohren von Beschleunigern. Auch die Richtungsänderung von Strahlenbündeln in Umlenkmagneten wie in der Strahlentherapie oder bei Anwendungen in der Technik oder die Teilchentrennung in Plasmen sind wichtige Aufgaben der Strahloptik. Oft müssen die Teilchen eines Strahlenbündels auf ein Target oder einen räumlich sehr kleinen Wechselwirkungsbereich abgebildet werden, um ausreichende Reaktionsraten zu erzielen. Aufgabe der räumlichen Strahlenbündelung ist die Erhöhung der Strahlausbeute und der Wechselwirkungsraten.

Bei einer schlechten räumlichen Fokussierung kollidieren die Partikel mit den Wänden der Strahlrohre; sie gehen deshalb dem Strahlenbündel verloren. Diese Verluste mindern den verfügbaren Teilchenstrom und die pro Querschnittsfläche und Zeit verfügbaren Wechselwirkungsraten, die so genannte **Luminosität**. Teilchen können horizontale Lageabweichungen in der Bahnebene oder vertikale Abweichungen zur Sollbahn erleiden. Man verwendet deshalb geeignete Magnetfelder, die die Teilchen auf ihre Sollbahnen zurückführen sollen. Dadurch geraten sie in Schwingungen um ihre Sollbahnen, deren Amplituden für einen verlustfreien Transport kleiner sein müssen, als die transversalen Abmessungen der Strahlrohre und die Öffnungen der sie umgebenden Führungsmagnete. Die zur Sollbahn transversalen Schwingungen der Teilchen werden als **"Betatronschwingungen"** bezeichnet, da sie an Betatrons zum ersten Mal systematisch untersucht wurden. Sie treten bei allen Ringbeschleunigern oder gekrümmten Teilchenbahnen auf. Auf jeden Fall erfordern die Betatronschwingungen eine transversale Bündelung (Fokussierung) des Teilchenstrahls. Die Abbildung ist dabei umso wirksamer, je kleiner die Brennweiten der strahloptischen Elemente sind bzw. je größer der durch die Abbildung abgedeckte Divergenzbereich der Teilchen ist.

Sind die Bündelungen der Teilchen nur gering, treten also große Brennweiten und daher auch große Schwingungsamplituden im Strahlenbündel auf, spricht man von **"schwacher Fokussierung"**. Um Teilchenverluste an den Strahlrohren klein zu halten, benötigt man dann so große Abmessungen der Strahlrohre und der Magnete, dass man sehr schnell an finanzielle und technische Grenzen bei der Konstruktion von Beschleunigern stößt.

Kleinere Brennweiten abbildender Systeme erlauben dagegen größere Divergenzwinkel, ohne dabei die Verlustraten zu erhöhen. Die dafür benötigten Magnetfelder müssen dazu entweder größere Flussdichten aufweisen oder sie müssen durch eine geschickte Kombination strahloptischer Elemente wirksamere Fokussierungen bieten. Solche hoch effektiven strahloptischen Anordnungen bezeichnet man wegen der kleinen Brennweiten als **"stark fokussierend"**. Starke Fokussierung, also die bessere räumliche Konzentration von Strahlenbündeln, erlaubt kleinere Strahlrohrdurchmesser und somit auch kleinere Führungsmagnete. Dies mindert den technischen und finanziellen Aufwand bei einer Anwendung im Hochenergiebereich. Sie erlaubt durch eine Verbesserung der Luminosität auch erst die hohen Reaktionsraten, die beispielsweise für die Grundlagenexperimente in der Hochenergiephysik unabdingbar sind. Die starke Fokussierung ist heute beim Beschleunigerbau üblich und wird selbst in medizinischen Beschleunigern als Standard verwendet.

Schwache Fokussierung: Teilchen eines Strahlenbündels können durch Stöße mit Restgasatomen, durch kleine Unregelmäßigkeiten in der Feldern der Führungsmagnete oder durch gegenseitige Abstoßung der gleich geladenen Teilchen (Raumladungseffekte) von der vorgesehenen Sollbahn abweichen. Diese Abweichungen führen zu horizontalen oder vertikalen transversalen Schwingungen der Teilchen um die Sollbahn, die durch rückstellende Kräfte der Führungsmagnete ausgelöst werden. Der magnetische Anteil der Lorentzkraft auf ein geladenes Teilchen steht immer senkrecht auf den Magnetfeldlinien und dem Geschwindigkeitsvektor. Solange sich ein Teilchen exakt auf einer horizontalen Bahn im senkrechten Magnetfeld bewegt, hält es daher seine vertikale Lage im Strahlrohr ein. Da reale Strahlenbündel in der horizontalen Ebene eine endliche Ausdehnung haben, treten sie an unterschiedlichen Orten in einen Führungsmagneten ein. Dies führt auch bei einem perfekten, senkrechten Dipolfeld bereits zu einer horizontalen Fokussierung des Strahlenbündels (s. Fig. 2.16).

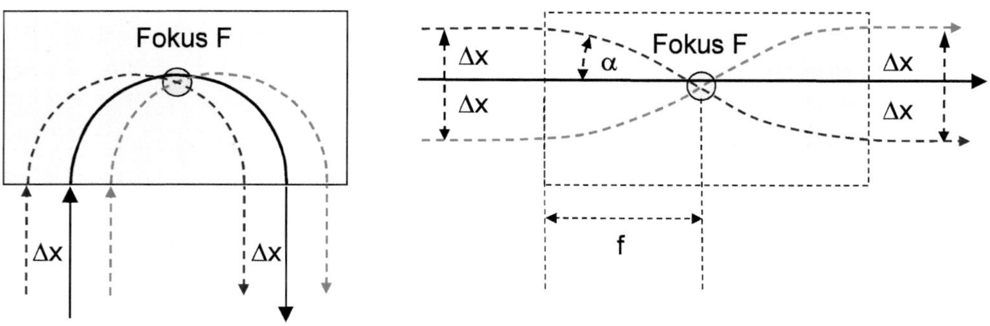

Fig. 2.16: Horizontale Fokussierung eines Strahlenbündels geladener Teilchen im homogenen Magnetfeld (Blick von oben in Richtung der Magnetfeldlinien). Links: Eintritt eines parallelen Strahlenbündels in das homogene Magnetfeld. Alle Teilchen werden unabhängig von ihrem Eintrittsort auf Kreisbahnen geführt, deren Lage jeweils um Δx zur Sollbahn versetzt ist. Rechts: Entfaltete (gestreckte) Bahnen dieser Teilchen, die sich im Fokusbereich F schneiden. Der maximal zulässige Divergenzwinkel α ist der Grenzwinkel für eine Teilchenkollision mit den Strukturmaterialien. Die Brennweite f ist proportional zum Bahnradius.

Da in diesem unterstellten Idealfall alle Teilchenbahnen exakte Kreise sind, schneiden sie sich wegen des horizontalen Versatzes in der Mitte des Magneten im "Fokusbereich". Die Brennweite f entspricht einem Viertel des zugehörigen Kreisumfangs, ist also proportional zum Radius der Kreisbahn r. Je höher die Flussdichte des Magneten ist, umso kleinere Radien erhält man bei einem gegebenen Impuls der Teilchen (Gl. 2.14). Da den Magnetfeldstärken nach oben technische Grenzen gesetzt sind, sind bei hohen Teilchenenergien nur so große Brennweiten erreichbar, dass die zulässigen Divergenzwinkel wegen der Teilchenkollision mit den Wänden des Strahlrohres zu klein für eine ausreichende Strahlausbeute werden. Zur Vergrößerung des Divergenzwinkels müssen daher entweder stärkere z. B. supraleitende Magnete oder andere Abbildungsverfahren gewählt werden.

In realen Teilchenbündeln haben die einzelnen Teilchen aber immer auch vertikale Bewegungskomponenten. Ohne rückstellende Kräfte verlassen sie daher sehr schnell den Sollkreis in vertikaler Richtung und kollidieren dadurch wieder mit den Strukturmaterialien. Sie gehen also in homogenen Magnetfeldern ohne weitere Krafteinwirkungen dem Strahlenbündel verloren (Fig. 2.17 links). Abhilfe schafften örtliche Veränderungen der Feldliniendichte, also die Verwendung von Magnetfeldern mit örtlichen Gradienten des Magnetflusses. Werden die Magnetfeldlinien, wie es bei allen

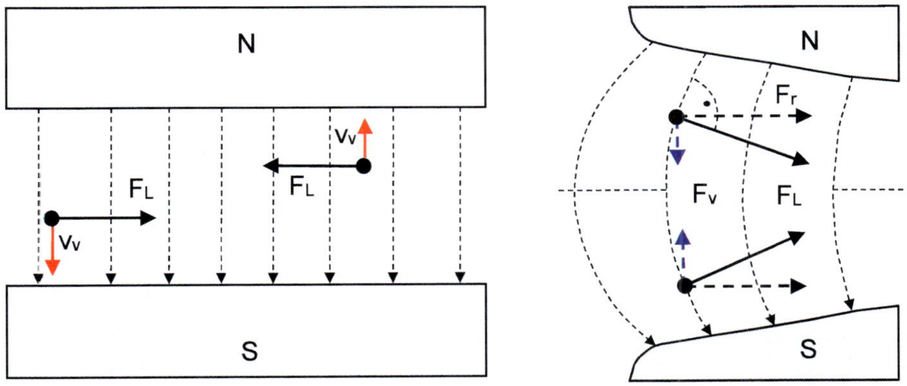

Fig. 2.17: Links: Ein geladenes Teilchen mit einer vertikalen Geschwindigkeitskomponente (rot) weicht im homogenen Magnetfeld vertikal von der Sollbahn ab. Da Magnetfeld und vertikale Bewegung parallel orientiert sind, übt das Magnetfeld keine rückstellende vertikale Kraft aus. Das Teilchen geht bei entsprechend knapper Geometrie dem Strahlenbündel verloren. Rechts: Im inhomogenen Magnetfeld mit nach außen gewölbten Magnetfeldlinien erfährt ein durch vertikale Schwingungen aus dem Sollkreis vertikal nach oben oder unten verschobenes Teilchen eine Kraft zurück zum Sollkreis durch den fokussierenden vertikalen Anteil F_v der Lorentzkraft (blau). Diese weist bei nach außen gewölbten Feldlinien immer in das Zentrum des Magneten.

realen Magneten zumindest im Randbereich der Fall ist, nach außen hin gewölbt, werden die Magnetfelder inhomogen. Sie zeigen einen nach außen hin abnehmenden Feldgradienten. Dadurch erfährt ein vom Sollkreis vertikal abweichendes Teilchen eine rückstellende senkrechte Kraftkomponente. Diese zeigt im oberen Teil des Magnetfeldes nach unten, im unteren Teil nach oben. Je stärker die Magnetfeldlinien gewölbt sind, umso stärker ist die vertikal fokussierende Wirkung. Reale Teilchen führen dadurch während ihrer Umläufe vertikale Schwingungen um die Solllage aus und bleiben bei nicht zu großer Schwingungsamplitude dem Strahlenbündel erhalten. Voraussetzung dazu sind ausreichende Dimensionen der Strukturmaterialien wie Magnetpolabstand und Durchmesser des Strahlrohres.

Da die Flussdichte des vertikal korrigierenden magnetischen Führungsfeldes durch die Auswölbung nach außen hin abnimmt, vergrößert sich aber gleichzeitig die horizontale Brennweite. Dadurch erhält man je nach Bahnradius und Einschuss in den Magneten unterschiedliche Brennweiten des Magneten in der horizontalen Richtung und entsprechend große horizontale Abweichungen von der Sollbahn. Eine Verbesserung des vertikalen Bahnverlaufs führt also simultan zu einer Verschlechterung der horizontalen Fokussierung und umgekehrt. Diese gegenseitige Beeinflussung der vertikalen und horizontalen Fokussierung bedingt große radiale und vertikale Abmessungen der Strahlrohre, um ausreichende Teilchenausbeuten zu erhalten.

Starke Fokussierung: Eine Lösung dieses Problems bietet die starke Fokussierung. Dazu verwendet man abwechselnd fokussierende und defokussierende magnetische Systeme. Durch den Gradientenwechsel in den Feldern kommt es wie in der geometrischen Optik unter Umständen zu einer im Endeffekt fokussierenden Gesamtwirkung der einzelnen Magnete. Entscheidend sind dabei inhomogene Anteile, also mindestens Quadrupolanteile, im ablenkenden Magnetfeld. Bringt man beispielsweise zwei um 90 Grad gedrehte Quadrupollinsen gleicher Brennweite f hintereinander an (s. Fig. 2.15), wirken sie insgesamt fokussierend, wenn der Abstand der Quadrupolmitten a (ihre Bezugsebenen) kleiner als die doppelte Brennweite ist ($a < 2f$).

Die Teilchen schwingen dabei in der horizontalen und vertikalen Ebene um die Sollbahn, da sie bei Abweichungen vom vorgesehenen Strahlverlauf abwechselnde Feldgradienten sehen. Die Brennweiten der den Strahl formenden Felder sind dabei deutlich kleiner als bei der schwachen Fokussierung. Die Divergenzwinkel können wegen der größeren Rückstellkräfte erheblich größer sein als in schwachen Feldern, ohne dass dabei Teilchenverluste durch Wandkontakte hingenommen werden müssen.

Starke Fokussierung ist nicht auf Quadrupolfelder beschränkt. Ein Beispiel sind die alternierenden Sektorfelder in Isochronzyklotrons, bei denen die Fokussierung durch sektor- oder spiralförmige Felder mit deutlichen Feldstärkesprüngen an den Sektorgrenzen vorgenommen wird. Alle modernen Hochleistungsbeschleuniger verwenden heute die starke Fokussierung zur Strahlführung.

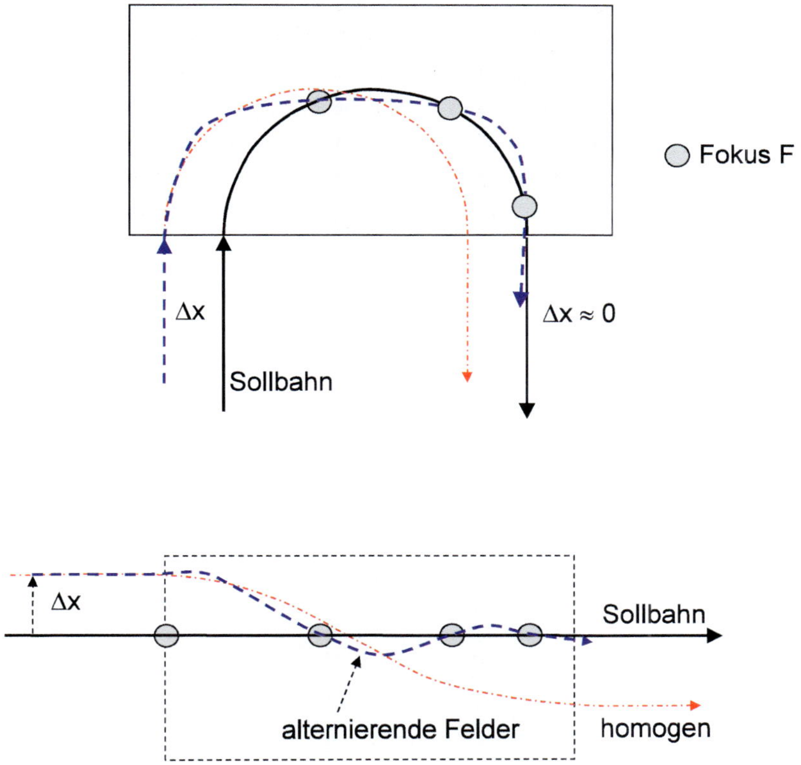

Fig. 2.18: Teilchenbahnen bei inhomogenen Magnetfeldern mit alternierenden Gradienten (blau) im Vergleich mit homogener Führung (rot). Oben: Eintritt eines parallelen Strahlenbündels in das inhomogene Magnetfeld. Ein von der Sollbahn abweichendes Teilchen schwingt durch den alternierenden Feldgradienten mit abnehmenden Brennweiten um die Sollbahn. Unten: Entfaltete (gestreckte) Bahn dieses Teilchens, das die Sollbahn mehrfach kreuzt. Der maximal zulässige Divergenzwinkel ist wegen der stärkeren Fokussierung größer, der Austrittswinkel kleiner als beim homogenen Magnetfeld (rote strichpunktierte Linien).

Die den Strahl formenden Elemente können entweder in die Führungsmagnete integriert sein oder von ihnen aus Gründen der Flexibilität auch getrennt werden. Im ersteren Fall spricht man von anschaulich auch von "combined function Magneten", im zweiten Fall von "separated function Magneten".

Zusammenfassung

- **Sowohl mit elektrischen als auch mit magnetischen Feldern können Teilchen aus ihrer Bewegungsrichtung abgelenkt werden.**

- **Bei relativistischen Teilchen (v ≈ c) überwiegt bei gleichen Feldstärken die magnetische Kraftwirkung um etwa den Faktor 3×10^8. Deshalb werden zur Strahloptik relativistischer Teilchen ausschließlich Magnetfelder verwendet.**

- **Eine wichtige Anwendung ist die Führung geladener Teilchen in Beschleunigern (Strahlführung).**

- **Bei nicht relativistischen Teilchen sind sowohl elektrische als auch magnetische Felder zur Teilchenführung geeignet.**

- **Eine Kombination elektrischer und magnetischer Felder wird beim selektiven Einschluss bzw. der Trennung von Elektronen und schweren Ionen in Plasmen verwendet.**

- **Eine wichtige Anwendung dieser Teilchentrennung findet sich bei den Ionenquellen und in der Fusionsforschung.**

- **Bei der ausschließlichen Teilchenführung mit Magnetfeldern in Beschleunigern unterscheidet man die schwache Fokussierung mit "einfachen" inhomogenen Magnetfeldern und die starke Fokussierung mit alternierenden Feldgradienten in den Führungsmagneten.**

- **Letztere sorgen für geringere Brennweiten in der Strahloptik und erlauben größere Divergenzwinkel im Strahlenbündel bei geringerem Teilchenverlust**

- **In Hochenergieanlagen oder modernen Leistungsbeschleunigern wird bevorzugt die starke Fokussierung zur Führung des Teilchenstrahls verwendet.**

- **Dies erlaubt kostengünstigere (kleinere) Abmessungen der Strahlrohre und der sie umgebenden Magnete und ermöglicht eine hohe räumliche Konzentration der Strahlenbündel auf sehr kompakte Wechselwirkungsvolumina.**

Aufgaben

1. Müssen zur Beschreibung der Bewegung von Alphateilchen aus spontanen radioaktiven Zerfällen die relativistischen Formeln verwendet werden?

2. Können geladene Teilchen wegen der Lorentzkraft durch Magnetfelder beschleunigt werden? Können sie in Magnetfeldern Bewegungsenergie gewinnen?

3. Erklären Sie die Begriffe Dipolfeld und Quadrupolfeld.

4. Warum werden bei relativistischen geladenen Teilchen immer Magnete für die Teilchenführung verwendet?

5. Was versteht man unter dem Hub beim Einschuss geladener Teilchen in ein homogenes Magnetfeld? Wann tritt er auf?

6. Erfährt ein geladenes Teilchen bei parallelem Einschuss, also Einschuss in Richtung der magnetischen Feldlinien, in ein homogenes Magnetfeld eine Ablenkung?

7. Berechnen Sie den Bahnradius und den Hub beim Einschuss eines Protons in ein magnetisches Dipolfeld der Stärke 2 Tesla bei einem Einschusswinkel von 0° und 45° und einer Teilchenbewegungsenergie von 10 MeV.

8. Wie verhalten sich die Bahnradien geladener Teilchen in einem homogenen Dipol-Magnetfeld bei Verdopplung ihrer Ladung und bei Verdopplung ihrer Masse bei konstanter Geschwindigkeit?

9. Begründen Sie die Faustformel (2.18) für den Bahnradius hoch relativistischer Elektronen in einem Dipolmagnetfeld. Beachten Sie dazu die SI-Einheit des Tesla (1Vs/m^2).

10. Wie groß wird der Bahnradius von Elektronen in einem homogenen Umlenkmagneten in einem Beschleuniger bei 12 MeV Elektronen und einer magnetischen Flussdichte von 0,3 Tesla?

11. Kann man mit einem homogenen 90-Grad Magneten ein paralleles Elektronenbündel mit unterschiedlichen Bewegungsenergien auf einen Punkt fokussieren?

12. Was ist die starke Fokussierung mit Magnetfeldern? Was sind ihre Vorteile?

3 Elektronen- und Ionenquellen

Jeder Teilchenbeschleuniger und jede Röntgenröhre benötigt eine Teilchenquelle zur Erzeugung freier Elektronen oder Ionen. In diesem Kapitel werden zunächst die üblichen Elektronenquellen dargestellt. Der zweite Teil dieses Kapitels gibt eine kurze Einführung in die Funktionsweise der an Beschleunigern eingesetzten Ionenquellen.

Bevor geladene Teilchen beschleunigt werden können, müssen sie zunächst erzeugt bzw. freigesetzt werden. Die Teilchenquellen unterscheiden sich nach gewünschter Teilchenart und deren elektrischer Ladung. Elektronen sind die wichtigste Teilchenart in Radiologie, Wissenschaft und Technik. Elektronenquellen können im einfachsten Fall Glühwendeln aus Wolfram sein, in denen Elektronen thermisch freigesetzt werden. Dieses Prinzip wird in den meisten Röntgenröhren verwendet. Komplexere Elektronenkathoden enthalten indirekt geheizte Elektronenemitter. Elektronenbeschleuniger müssen aus Leistungsgründen im Pulsbetrieb gefahren werden. Es werden deshalb auch gepulste Elektronenquellen benötigt. Da die thermische Emission vergleichsweise langsam ist, werden vor die thermischen Emitter Steuergitter und Anoden zur zeitlichen und räumlichen Bündelung der primären Elektronen angebracht. Die Kombination von thermischer Elektronenkathode und den strahloptischen Elementen wird als **Elektronenkanone** bezeichnet.

Sollen schwerere geladene Teilchen beschleunigt werden, müssen spezielle Ionenquellen eingesetzt werden. Diese bestehen in der Regel aus Anordnungen, die neutrale Atome zunächst ionisieren und anschließend mit Hilfe geeigneter strahloptischer Elemente extrahieren und der Eingangsstufe der Beschleuniger zuführen. In vielen wissenschaftlichen und technischen Beschleunigern besteht die Teilchenquelle aus eigenständigen "Vorbeschleunigern", deren Nutzstrahl als Primärstrahl für den nachfolgenden Beschleuniger dient. Solche Anordnungen sind üblich bei Speicherringen oder den großen Forschungsbeschleunigern wie in Hamburg (DESY), Darmstadt (GSI), Mainz (MAMI), Jülich (Cosy-Jülich) oder im CERN.

3.1 Elektronenquellen

3.1.1 Die Kathoden von Röntgenröhren

Die zur Röntgenstrahlungserzeugung benötigten Elektronen können entweder durch thermische Emission aus Metallkathoden, durch den äußeren Photoeffekt (Photoemission) oder durch Spitzenentladung bei hohen Feldstärkegradienten erzeugt werden. In Röntgenröhren werden sie in der Regel thermisch durch Glühemission erzeugt. Dazu heizt man eine Metallwendel durch elektrischen Strom bis zur Weißglut auf. Die in dem Metall vorhandenen freien Elektronen - das sind diejenigen, die sich im Metallgitter als Leitungselektronen frei bewegen können - gewinnen dadurch eine erhöhte kinetische Energie, so dass der hochenergetische Teil von ihnen die Austrittsarbeit im

Material des Glühfadens (zwischen 1 und 5 eV, s. Tabelle 3.1) überwinden und die Metallwendel verlassen kann. Je niedriger die Austrittsarbeit in einer Substanz ist, umso größer sind die bei einer bestimmten Temperatur erreichbaren Emissionsströme.

	Material	**Austrittsarbeit W_A (eV)**	**typ. Arbeitstemperatur (K)**
Metallkathoden	Cäsium	1,94	
	Molybdän	4,29	
	Nickel	4,91	
	Platin	5,30	
	Tantal	4,13	2400
	Thorium	3,35	
	Wolfram	4,50	2600
Metallfilmkathoden	Bariumfilm auf Wolfram	1,5-2,1	1200
	Cäsiumfilm auf Wolfram	1,4	
	Thoriumfilm auf Wolfram	2,8	2000
	Bariumfilm auf Wolframoxid	1,3	
Oxidkathoden	Bariumoxid	1,0-1,5	
	Bariumoxid mit Strontiumoxid	0,9-1,3	1100
	Thoriumdioxid	2,6	

Tab. 3.1: Experimentell bestimmte Austrittsarbeiten für die thermische Emission von Elektronen aus Glühkathoden (Daten teilweise aus [Kuchling]).

Besonders niedrige Austrittsarbeiten zeigen beschichtete Kathoden (Metallfilmkathoden) oder Oxidkathoden. Bei den Metallfilmkathoden werden sehr dünne Schichten anderer Metalle mit niedriger Austrittsarbeit aufgebracht. Die Zahl der pro Zeiteinheit austretenden Elektronen (der Emissionsstrom) einer Glühkathode hängt bei einer gegebenen Geometrie und atomaren Zusammensetzung des Glühfadens nur noch von der Temperatur der Wendel ab, die über den Heizstrom gesteuert wird. Die **Richardson-Gleichung** (3.1) beschreibt diese Temperaturabhängigkeit der maximalen Emissionsstromdichte J, also den durch Glühemission maximal erzeugbaren Strom pro Flächeneinheit der Kathode (A/cm^2, Fig. 3.1) bzw. den emittierten Elektronenstrom I.

$$J = A_m \cdot T^2 \cdot e^{\frac{-W_A}{k \cdot T}} \quad \text{bzw.} \quad I = A_m \cdot F \cdot T^2 \cdot e^{\frac{-W_A}{k \cdot T}} \tag{3.1}$$

Das Exponentialglied wird als Boltzmannfaktor bezeichnet. Die Parameter dieser Gleichung sind in (Tab. 3.2) erläutert. Experimentelle Werte für die Richardsonkonstante A_m finden sich in (Tab. 3.3). Die Materialkonstante A_m erhält man aus der theoretischen Richardsonkonstanten A für ungebundene Elektronen[1] durch Ersetzen der Elektronenmasse m_0 durch die effektive Masse der Elektronen im Festkörper in die Formel in Fußnote (1). Die effektive Masse berücksichtigt die eingeschränkte Beweglichkeit der Elektronen durch die Elektronen-Loch-Bindung. Für das häufigste Kathodenmaterial Wolfram ergibt dies den Wert $A_W = 60$ A/(cm²·K²). Die Austrittsarbeit für Wolfram beträgt 4,5 eV (Tab. 3.1). Dominierend für die Emissionsstromdichte sind - wegen des Boltzmannfaktors mit seiner exponentiellen Temperaturabhängigkeit - vor allem die Temperatur der Kathode und die jeweilige Austrittsarbeit des verwendeten Kathodenmaterials. So können allein durch die Beschichtung des Kathodenmaterials mit Substanzen niedrigerer Austrittsarbeit bei gleicher Kathodentemperatur Erhöhungen der Sättigungsstromdichten um mehrere Größenordnungen erreicht werden (Fig. 3.1).

Zeichen	Größe	Einheit / Zahlenwert
J	Stromdichte	A/m^2
I	Strom	A
F	Kathodenfläche	m^2
A_m	experimentelle Richardsonkonstante	$A/(m^2K^2)$
T	absolute Kathodentemperatur	K
W_A	Austrittsarbeit	J
k	Boltzmannkonstante	$1{,}380662 \cdot 10^{-23}$ J/K
h	Plancksches Wirkungsquantum	$6{,}626 \cdot 10^{-34}$ J·s

Tab. 3.2: Parameter der Richardsongleichung für die Glühemission von Elektronen.

Beispiel 3.1: Sättigungsstromdichten für eine Rein-Wolframkathode und eine thorierte Wolframkathode bei 2000 K. Nach (Gl. 3.1) und den A-Werten aus (Tab. 3.3) ergibt dies ein Verhältnis der Stromdichten bei gleicher Temperatur von etwa J(W+Th) : J(W) = 1100 : 1. Für die gleiche Stromdichte wie bei der Rein-Wolframkathode bei 2000 K reicht bei der thorierten Kathode wegen des Boltzmannfaktors schon eine Kathodentemperatur von 1438 K aus.

[1] Die Richardsonkonstante hat für freie Elektronen den Wert $A = 4\pi \cdot m_e \cdot e_0 \cdot k^2/h^3 = 120$ (A/cm²·K²). h ist das Plancksche Wirkungsquantum ($4{,}14 \cdot 10^{-15}$ eV·s), k ist die Boltzmannkonstante ($8{,}62 \cdot 10^{-5}$ eV/K).

Material	exp. Richardsonkonstante A_m (A/cm^2K^2)
Tantal	37
Wolfram	60
thoriertes Wolfram	3,0
Molybdän	55
Cäsium auf Wolfram	3,2
Bariumoxidpaste	1,18

Tab. 3.3: Experimentelle Werte für die effektive Richardsonkonstante A_m (teilweise nach [Kuchling]).

Neben einer niedrigen Austrittsarbeit ist aber auch die thermische Belastung der Glühwendeln von Bedeutung, so dass die Auswahl geeigneter Materialien stark eingeschränkt wird. Dies betrifft zum einen den Dampfdruck des erhitzten Materials der Glühwendel und zum anderen ihre Abdampfrate, also den Massenverlust pro Zeit und Glühfadenoberfläche. Eine zu hohe Abdampfrate verringert die Lebensdauer der Kathode und sorgt außerdem durch Kondensation der metallischen Dämpfe für einen elektrisch leitenden Belag am Glaskörper der Röntgenröhre. Dieser Effekt ist von

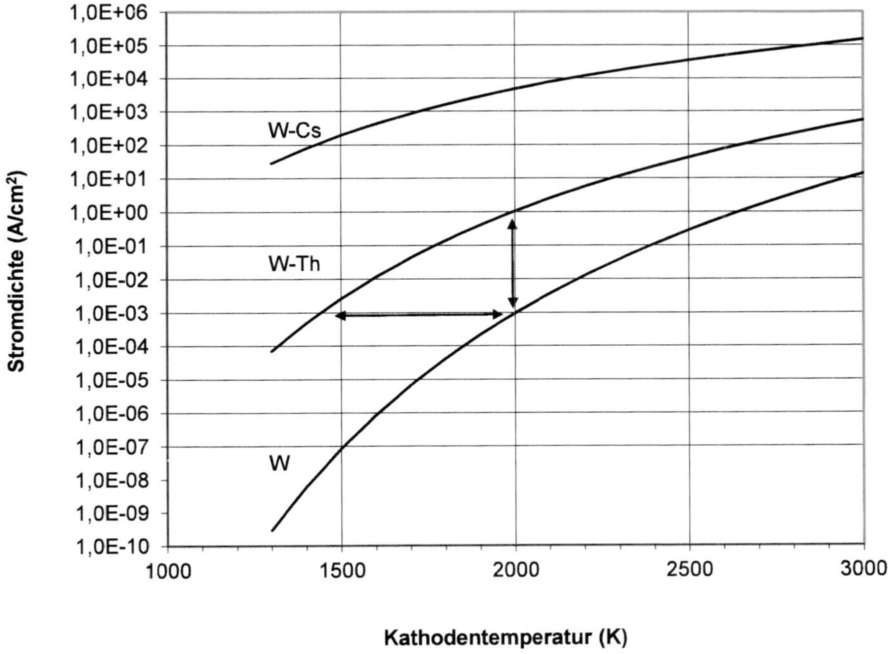

Fig. 3.1: Abhängigkeit der Emissionsstromdichte J an einer Wolframkathode ohne und mit Beschichtungen als Funktion der Heiztemperatur T, berechnet nach (Gl. 3.1).

Glühbirnen hinlänglich bekannt, die mit zunehmender Gebrauchsdauer deutlich sichtbare graue Beläge zeigen. In Röntgenröhren führen solche Beschläge zu nachlassender Isolation des Glaskörpers und dadurch verursachten Hochspannungsüberschlägen. Typische Abdampfraten für Rein-Wolframkathoden haben Werte zwischen $4{,}6\cdot 10^{-14}$ g/(s·cm^2) bei 1900 K und $2{,}8\cdot 10^{-8}$ g/(s·cm^2) bei 2600 K. Glühkathoden aus reinem Wolfram sollten also mit möglichst niedriger Heiztemperatur betrieben werden.

In medizinischen Röntgenanlagen werden die Kathoden daher bei vergleichsweise niedrigen Temperaturen von 1500 K vorgeheizt gehalten, da bei solchen Temperaturen die Abdampfraten vernachlässigbar klein sind. Bei Bedarf (Belichtung eines Films oder Durchleuchtung) wird dann kurzfristig auf die erforderliche Betriebstemperatur von etwa 2700 K hoch geheizt. Die Aufheizdauer der Glühwendeln bis zum Erreichen des erforderlichen Emissionsstromes beträgt bei modernen Leistungsröhren etwa 1 s.

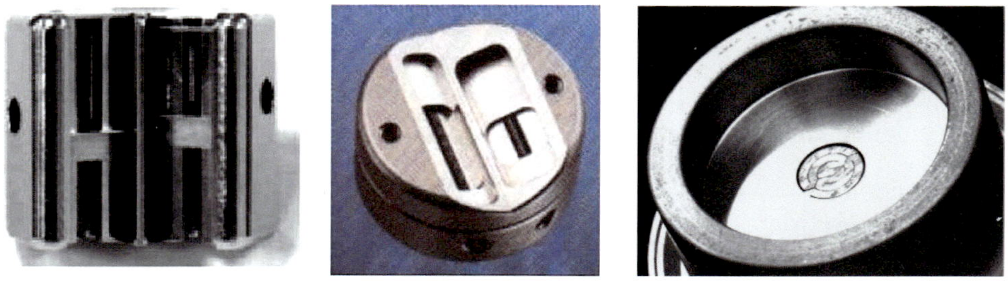

Fig. 3.2: Kathodenbauformen für Röntgenröhren. Links und Mitte: Konventionelle Wolframwendeln in Wehneltzylindern als Glühkathoden für große und kleine Strahlleistungen (Masse der Glühwendeln bis 250 mg, Oberfläche bis 100 mm^2). Rechts: Kompakte Glühwendel in Flachbauweise in der Kathode der Drehkolbenröhre mit sehr niedriger Wärmekapazität, die eine besonders schnelle Anpassung des Elektronenstroms an die Objektdurchmesser in der modernen Computertomografie ermöglicht. Ihre Masse beträgt nur 37 mg bei einer Oberfläche von etwa 40 mm^2 (nach [Schardt], mit freundlicher Genehmigung durch die Autoren).

Werden Röntgenstrahler im Dauerbetrieb eingesetzt wie beispielsweise bei der Spiralcomputertomografie, müssen die Glühkathoden wegen dieser langen Hochheizzeit während des gesamten Messvorgangs auf Arbeitstemperatur gehalten werden. Mit der verzögerten Aufheizung ist auch eine träge Abkühlung der Heizwendeln durch Strahlungskühlung verbunden, die durch die kleinen Oberflächen und die vergleichsweise schweren Heizwendeln bedingt ist. In schnell drehenden Computertomografiestrahlern (die Umlaufzeit moderner CT-Röntgenröhren beträgt unter 0,5 s) müssen die mit konventionellen Glühkathoden versehenen Röntgenstrahler daher mit konstanter, vom Patientendurchmesser unabhängigen Strahlintensität betrieben werden. Dies verkürzt zum einen die Lebensdauer der Glühkathodenwendel und erschwert zum anderen die schnelle für den Strahlenschutz günstige Anpassung der Strahlungsintensität an die Abmessungen der durchstrahlten Objekte durch Variation der Kathodenemission.

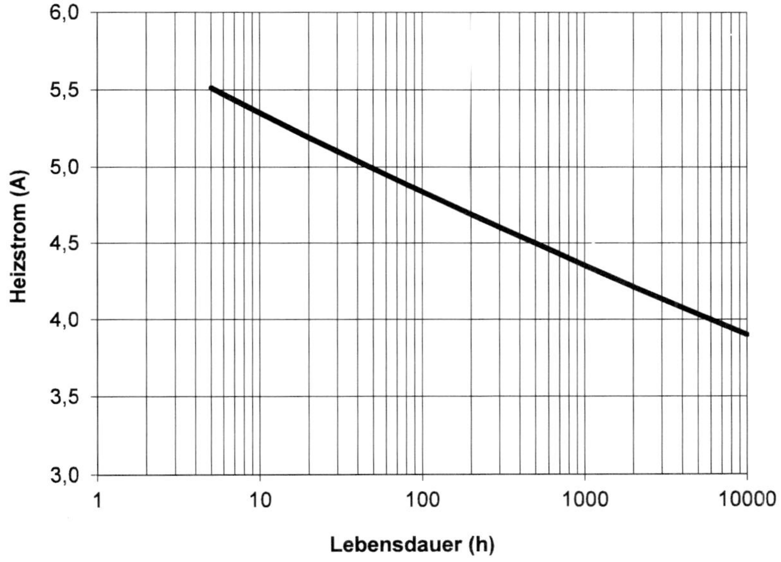

Fig. 3.3: Lebensdauer eines Wolframdrahtes mit 0,2 mm Durchmesser als Funktion des Heizstromes nach Daten aus [Morneburg]. Typische Heizströme betragen im Aufnahmebetrieb bis 5 A, im Durchleuchtungsbetrieb weniger als 4 A.

Will man die Aufheizzeit und die Kühlzeit der Kathoden vermindern, müssen die Massen der Glühwendeln verringert und wenn möglich die strahlungsaktiven Oberflächen der Kathoden vergrößert werden. Eine diesbezüglich optimierte Kathodenbauform ist in der modernen für die schnelle Computertomografie verwendeten Drehkolbenröhre eingesetzt (Fig. 3.2 rechts).

Nach dem Abdampfen der Elektronen befinden sich diese in Form einer Elektronenwolke vor dem Glühdraht. Diese Raumladungswolke schirmt das beschleunigende elektrische Feld teilweise ab. Die Feldlinien enden an der anodenseitigen Oberfläche der Elektronenwolke. Der "Durchgriff" der Anode auf die Kathode wird durch diese Feldverdrängung vermindert.

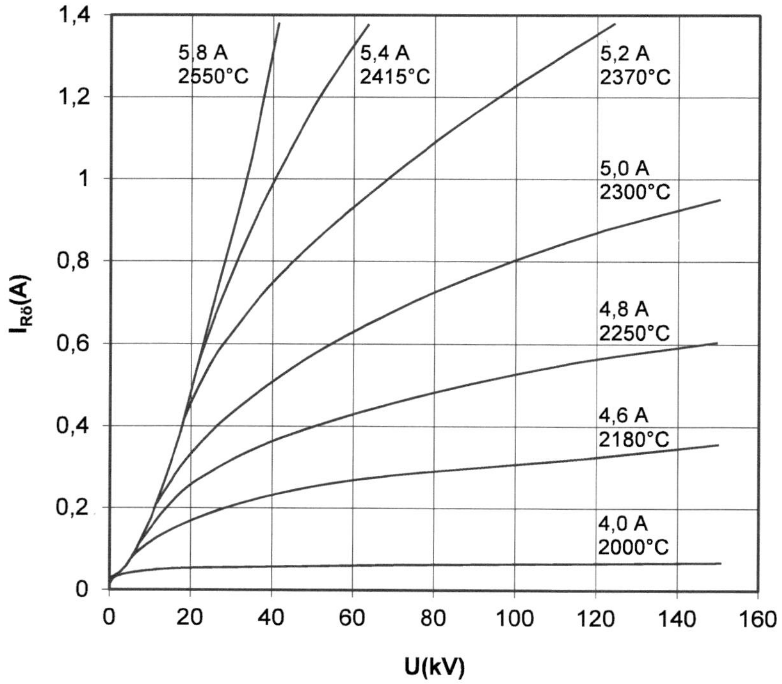

Fig. 3.4: Röhrenstrom $I_{Rö}$ als Funktion der Anodenspannung U für verschiedene Kathodenheizströme und Temperaturen. Bei kleinen Spannungen zeigt sich die typische $U^{3/2}$-Abhängigkeit nach (Gl. 3.2), bei höheren Spannungen zeigt der zunehmend flacher werdende Kurvenverlauf die beginnende Sättigung durch höheren Durchgriff (nach Daten aus [Morneburg]). Bei vollem Durchgriff gilt die Richardson-Gleichung (3.1).

Man nennt diesen Spannungsbereich den **Raumladungsbereich**. Beim Anlegen einer positiven Beschleunigungsspannung zwischen Anode und Kathode wird deshalb zunächst nur ein Teil der emittierten Elektronen von der Kathode abgesaugt. Der Röhrenstrom ist also abhängig von der angelegten Spannung zwischen Anode und Kathode. Die Abhängigkeit des Röhrenstromes I_A von der Röhrenspannung U_A unter Raumladungsbedingungen beschreibt das Raumladungsgesetz von Schottky-Langmuir[2]:

---

[2] ε_0 ist die elektrische Feldkonstante ($\varepsilon_0 = 8{,}85418782 \cdot 10^{-12}$ F/m), e/m ist die spezifische Ladung des Elektrons (e/m = $1{,}7588047 \cdot 10^{11}$ C/kg), d ist der Abstand (in m) zwischen Kathode und Anode.

$$I_A = \frac{4}{9} \cdot \varepsilon_0 \cdot \sqrt{2 \cdot \frac{e}{m}} \cdot \frac{U_A^{3/2}}{d^2} \tag{3.2}$$

Bei höheren Röhrenspannungen greift das elektrische Feld zwischen Glühfaden und Anode bis auf den Heizfaden durch. Der Röhrenstrom erreicht einen von der jeweiligen Heiztemperatur abhängigen Sättigungswert (Fig. 3.4). Nur bei vollständigem Durchgriff werden die mit der Richardson-Gleichung berechneten Stromdichten bzw. Röhrenströme erreicht. Bei einer weiteren Erhöhung der Anodenspannung kann in geringem Maße die Austrittsarbeit der Elektronen an der Kathode vermindert werden. Dies führt zu einer zusätzlichen Erhöhung der Ausbeute. Experimentelle Untersuchungen haben gezeigt, dass der so erzielte Intensitätsgewinn bei realistischen Bedingungen (Hochspannungen, Geometrie) allerdings unter 5% bleibt.

3.1.2 Fokussierung der Elektronenstrahlenbündel

Um den Brennfleck auf der Anode einer Röntgenröhre klein zu halten, wird der von der Kathode abgesaugte Elektronenstrahl durch elektronenoptische Maßnahmen gebündelt. Diese räumliche Bündelung wird durch den **Richtstrahlwert** Θ, das Verhältnis aus Elektronenstromdichte und dem Raumwinkel Ω, beschrieben ($\Theta = J_e/\Omega$). Eine hohe Stromdichte in der Elektronenwolke führt durch die gegenseitige Coulombabstoßung der Elektronen zu einer Verbreiterung des Strahlenbündels und somit zu einer Verkleinerung des Richtstrahlwertes. Man umgibt zur Erzielung eines großen Richtstrahlwertes den Heizfaden daher im einfachsten Fall mit einer negativ geladenen und geeignet geformten Elektrode, dem so genannten **Wehneltzylinder**, benannt nach dem Physiker ***Arthur Wehnelt*** (4. 4. 1871 – 15. 2. 1944). Die Oberfläche stellt eine Äquipotentialfläche dar. Befinden sich darauf negative Ladungen, wirken diese abstoßend auf die vor der Glühkathode befindlichen Elektronen. Durch eine geschickte Formgebung des Wehneltzylinders erreicht man die Fokussierung des sonst divergierenden Elektronenstrahls auf den elektronischen Brennfleck auf der Anodenoberfläche. Die negative Ladung auf dem Wehneltzylinder kann entweder unmittelbar von den aus der Kathode austretenden Elektronen gebildet werden, die sich auf der Elektrode sammeln, oder sie kann durch eine einstellbare externe Vorspannung erreicht werden. Da thermisch emittierte Elektronen in Kathodennähe nur eine geringe Bewegungsenergie haben, reichen bereits niedrige Feldstärken zur Fokussierung aus.

Durch entsprechenden geometrischen Aufwand kann der abbildungswirksame optische Brennfleck auf wenige Zehntel Millimeter Seitenlänge verkleinert werden. Zum Verständnis der fokussierenden bzw. defokussierenden Wirkung einer solchen Steuerelektrode betrachtet man am besten die Äquipotentialflächen des entstehenden elektrischen Feldes (Fig. 3.5). Zur Anode hin gewölbte Potentialflächen wirken auf ein Elektronenstrahlenbündel defokussierend, also als Zerstreuungslinsen, konkave Linien dagegen fokussierend wie Sammellinsen. Die Prinzipien sind die gleichen, die auch bei der Elektronenoptik z. B. in Elektronenmikroskopen verwendet werden.

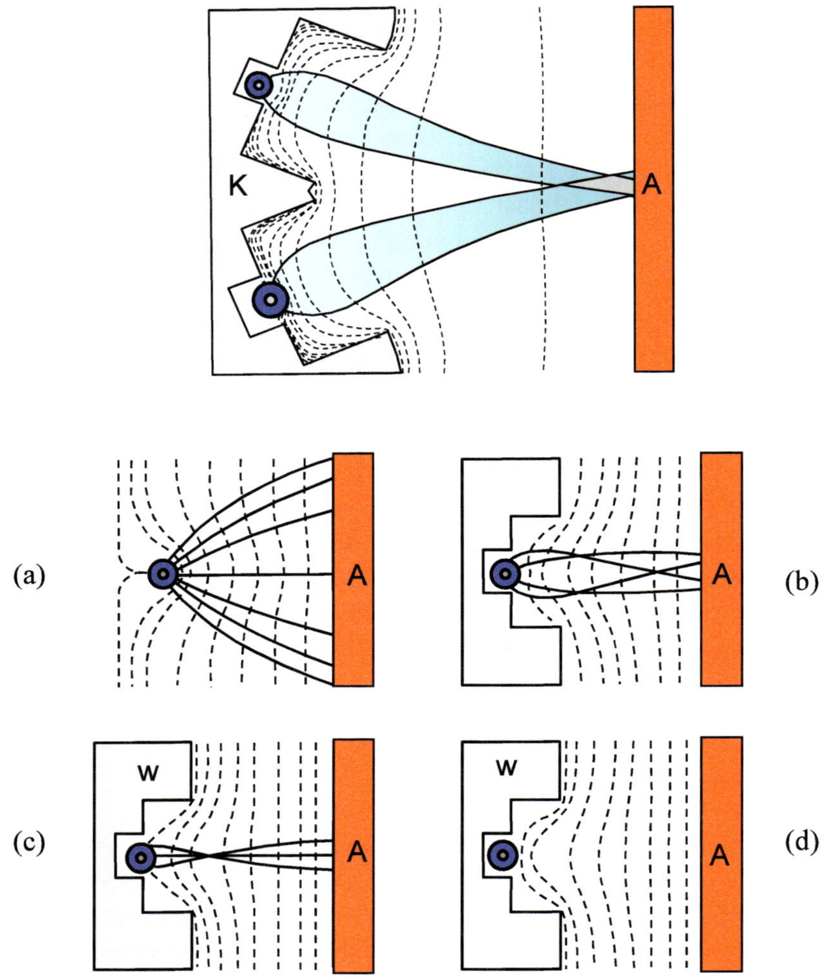

Fig. 3.5: Elektrische Feldlinienverläufe zwischen Kathode, positiv vorgespannter Anode A und zugehörige Elektronenbahnen (waagrechte Kurven) in einer Röntgenröhre. Oben: Doppelfokus-Kathode mit rechnerisch simulierten Elektronenstrahlenbündeln nach [Morneburg]. Unten: (a) Divergierender Feldlinienverlauf bei einfacher zylindrischer Heizwendel ohne Wehneltzylinder (b) Fokussierender Feldlinienverlauf durch Verwendung eines Wehneltzylinders W, (c) erhöhte Fokussierung durch zusätzliche geringe negative Vorspannung des Wehneltzylinders, (d) Sperren der Röhre durch hohe negative Sperrspannung. Die gestrichelten Linien sind Äquipotentiallinien, also Orte gleichen elektrischen Potentials. Zur Anode hin gewölbte ÄL wirken defokussierend wie eine Zerstreuungslinse, konkave Linien dagegen fokussierend wie Sammellinsen (in Anlehnung an [Krestel2]).

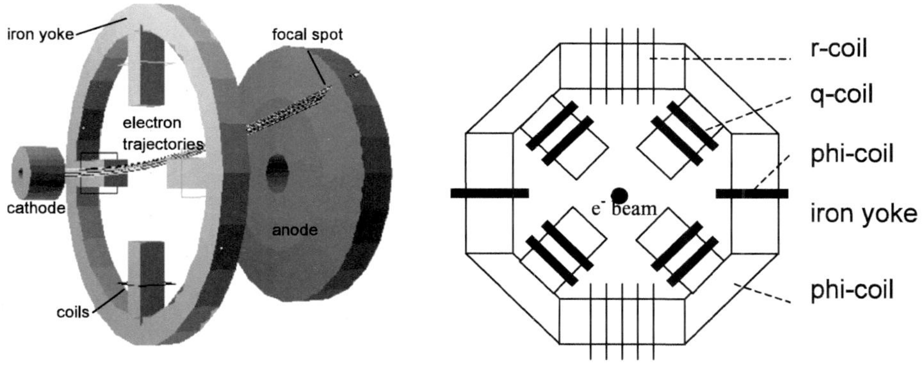

Fig. 3.6: Strahloptik zur Formung und Ablenkung des Elektronenstrahls in der modernen Hochleistungs-Drehkolbenröhre (in Fig. 4.30) für die Spiral-Computertomografie. Links: Skizze der Anordnung des magnetischen Quadrupols zwischen Kathode und Anode am Hals der Drehkolbenröhre zur rechnerischen Simulation der Elektronenbahn (iron yoke: Eisenjoch). Rechts: Details des magnetischen Quadrupollinsensystems zur Fokussierung des Elektronenbündels auf die Brennfleckbahn der Anode. Die zusätzlichen Spulenwicklungen (r-coils und phi-coils) dienen zur gezielten Verschiebung des Brennflecks für die flying-spot-Technik in radialer und φ-Richtung (s. a. Fig. 4.31, nach [Schardt], mit freundlicher Genehmigung durch die Autoren).

Werden ausreichend hohe negative Spannungen an den Wehneltzylinder oder an ein speziell eingefügtes Steuergitter vor der Kathode angelegt, kann die Röntgenröhre auch völlig dunkel getastet werden. Die Äquipotentialflächen werden dann so stark zur Kathode hin gewölbt, dass der Elektronenfokus innerhalb des Wehneltzylinders liegt, also ein Sperrpotential die Elektronen am Verlassen des Kathodenbereichs hindert. Die Röhre ist dann gesperrt (Fig. 3.5d). Dadurch ist die Erzeugung schneller Abfolgen von Strahlpulsen für besondere Aufnahme- oder Durchleuchtungstechniken möglich, ohne dass jedes Mal das Hochheizen der Kathode abgewartet werden muss.

In Drehkolbenröhren wird eine abweichende Fokussiermethode eingesetzt. Der Elektronenstrahl wird durch ein System von Magnetspulen in Quadrupolanordnung gebündelt und auf die Anodenscheibe gelenkt. Durch zusätzliche schnelle Schaltmagnete (Kickspulen) kann der Brennfleck außerdem in radialer Richtung und in Richtung des Drehwinkels der Anode verschoben werden. Die Schaltfrequenz dieser Magnete beträgt bis zu 4640 Hz und ermöglicht so die Erfassung einer Schicht des Patienten aus unterschiedlichen Blickwinkeln in der Computertomografie während eines einzelnen Röhrenumlaufs (Fig. 3.6).

3.1.3 Elektronenkanonen für Beschleuniger

Die in Beschleunigern benötigten Elektronen werden in der Regel ebenfalls durch thermische Emission erzeugt. Die Kathode besteht deshalb ähnlich wie in einer Röntgenröhre entweder aus einer einfachen direkt geheizten Glühkathode aus Wolframdrahtwendeln (Fig. 3.7) oder aus einer indirekt geheizten Wolframmatrix (Fign. 3.8, 3.9). Die thermisch emittierten Elektronen befinden sich in Form einer Elektronenwolke im Raum vor der Glühkathode und können von dort extrahiert werden. Die Austrittsarbeiten aus dem Glühkathodenmaterial und somit die für einen ausreichenden Elektronenstrom benötigten Heiztemperaturen unterscheiden sich je nach atomarer Zusammensetzung und Bauform der Kathode (vgl. Tab. 3.1). Meistens werden Beschleuniger-Kathoden ebenfalls mit zusätzlichen Fremdmaterialien dotiert, die die benötigten Heiztemperaturen deutlich erniedrigen und die Ausbeute an emittierten Elektronen und die Lebensdauern der Kathoden erhöhen sollen.

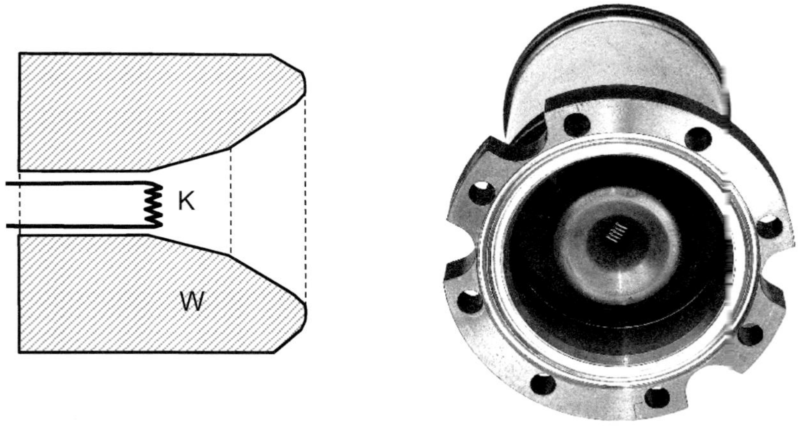

Fig. 3.7: Aufbau einer einfachen direkt geheizten thermischen Kathode für Elektronenkanonen in medizinischen Elektronenlinearbeschleunigern. Links: Einfache Wolframwendel mit Wehneltzylinder zur Fokussierung des austretenden Elektronenbündels. Rechts: Photo einer solchen einfachen Glühkathode aus einem älteren Linac.

Eine mögliche Bauform sind die oberflächlich thorierten Wolframanoden (Oxidkathoden), die zwar vergleichsweise niedrige Heiztemperaturen um etwa 800°C benötigen, andererseits aber nur geringe Emissionsstromdichten bis 1A/cm^2 erlauben. Die anderen heute meistens eingesetzten Kathodenbauformen sind die **Dispenserkathoden**

(Fig. 3.8, dispenser: engl. Spender). Sie erlauben sehr hohe Elektronenstromdichten bis 100 A/cm^2. Sie enthalten dazu einen indirekt beheizten porösen Wolframkörper mit eingebetteten Bariumoxid-Molekülen und geringfügigen Dotierungen anderer Substanzen wie CaO und Al_2O_3. Die Bariumatome aus dem Kathodenmaterial wandern beim Aufheizen an die Oberfläche des Kathodenkörpers. Sie lagern sich dort als dünne Bariumschicht ab und erniedrigen die Austrittsarbeit der Elektronen.

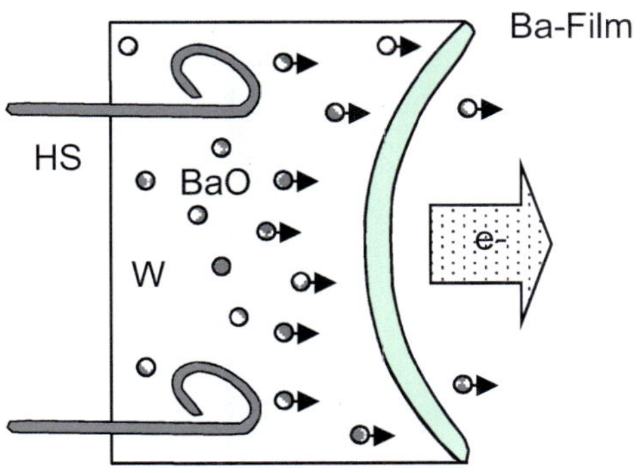

Fig. 3.8: Prinzip der indirekt beheizten flächenhaften Wolfram-Dispenser-Glühkathode mit Heizspiralen HS, Bariumoxid-Dotierung (BaO) und sphärischer Oberfläche mit Bariumfilm (grün). Die Bariumschicht verdampft beim Betrieb und begrenzt so trotz des "Nachschubs" aus dem Kathodenmaterial die Lebensdauer der Kathode.

Da das oberflächliche Barium beim Betrieb verdampft, muss die dünne Oberflächenschicht ständig regeneriert werden. Dies geschieht automatisch beim normalen Betrieb der Kathode, solange ausreichend Barium im Kathodenkörper zur Verfügung steht. Bariumdotierte Dispenserkathoden haben wegen des ständigen Bariumverbrauchs nur eine begrenzte Lebensdauer. Um diese zu verlängern, kann die Kathodenoberfläche mit geeigneten Substanzen wie Ruthenium, Osmium und Iridium dotiert werden.

Eine denkbare Alternative sind ungeheizte, mit speziellen Substanzen wie Bariumsulfat beschichtete Kathoden. Durch Anlegen einer ausreichend hohen Spannung an ein Steuergitter vor der Kathodenoberfläche wird bei dieser Bauform die Austrittsarbeit so erniedrigt, dass Elektronen ohne Heizung aus der Kathode "kalt" extrahiert werden können. Solche Gitterkathoden zeigen ein sehr gutes Zeitverhalten. Sie erzeugen also zeitlich scharfe Elektronenimpulse mit einer gut definierten Rechteckform; die erreichbaren Ströme sind aber deutlich niedriger als bei thermischen Kathoden.

Man unterscheidet zwei Bauformen von Elektronenemittern, die Dioden- und die Triodenquellen (Fig. 3.9). Diodenquellen enthalten neben der thermischen Kathode, die für die Produktion der Elektronen zuständig ist, eine Anode, die diese Elektronen extrahiert, bündelt und beschleunigt. Triodenquellen enthalten zusätzlich ein Steuergitter, mit dessen Hilfe die Elektronenextraktion gesteuert werden kann. Die Kathode befindet sich in der Regel auf einem negativen Potential zur Anode und unmittelbar vor der Kathode. Die Elektronen werden durch Anlegen einer Spannungsdifferenz zwischen Kathode und der gelochten Anode extrahiert und in Richtung zum Beschleunigungsrohr beschleunigt. Zur Erhöhung der Ausbeute befindet sich bei beiden Bauformen seitlich von der Elektronenquelle ein häufig auf Kathodenpotential liegender Metallzylinder (Wehneltzylinder), der das Elektronenbündel wegen seiner negativen Aufladung beim Durchgang bündelt. Elektronenquelle, Wehneltzylinder und Extraktionsanode werden zusammen anschaulich als "**Elektronenkanone**" (englisch: electron gun) bezeichnet.

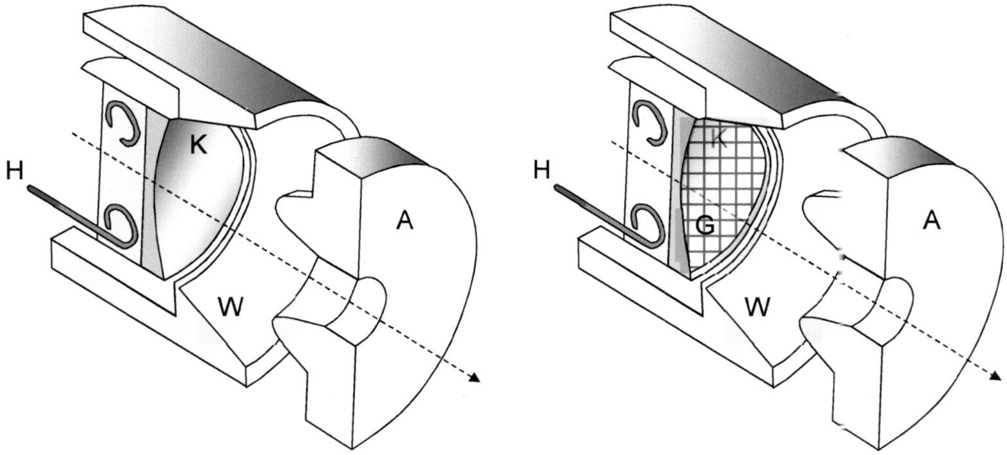

Fig. 3.9: Elektronenkanonen für medizinische Elektronenlinearbeschleuniger. Links: Diodenquelle mit sphärischer indirekt beheizter Kathode K, Heizspiralen H, Wehneltzylinder W zur Fokussierung der Elektronen und Anode A zum Absaugen der Elektronen. Rechts: Elektronentriode mit zusätzlichem Steuergitter G unmittelbar vor der Kathode, das eine schnelle Pulsung der Elektronenemission ermöglicht (Zeichnung in Anlehnung an [Karzmark]).

Die Extraktionsspannungen liegen bei beiden Kanonenformen zwischen 15 bis 50 kV. Frühere Beschleuniger benötigten wegen der weniger effektiven Eingangsstufen im Beschleunigungsrohr (Buncher, s. Abschnitt 7.5) Extraktionsspannungen von 100 bis

200 kV. Etwa ein Drittel der emittierten Elektronen steht für die Beschleunigung zur Verfügung, der Rest geht bei der Extraktion und Bündelung verloren. Die dem Strahlrohr zugewandte Seite der Kathode ist wie ein Hohlspiegel sphärisch geformt. Diese Bauform wird als **"pierce-gun"** bezeichnet (Fign. 3.9, 3.10). Durch geeignete Formgebung der Kathode und der Anode kann der Verlauf der Elektronenbahnen und der Äquipotentialflächen optimiert werden. Fig. (3.10) zeigt das Ergebnis einer theoretischen Untersuchung der Feldlinienverläufe und der Elektronenbahnen (Trajektorien).

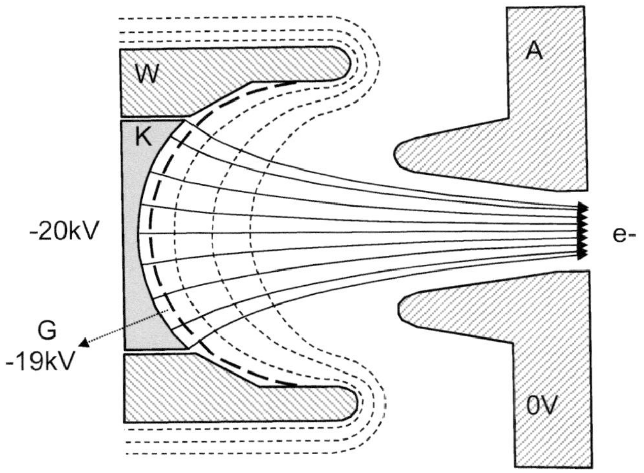

Fig. 3.10: Berechnete Potentialverhältnisse und Elektronentrajektorien (durchgezogene Linien) an einer modernen Trioden-Elektronenkanone. K: Dispenserkathode mit sphärischer Oberfläche und -20 kV Vorspannung gegen die Anode, W: Wehneltzylinder, A: Anode in diesem Beispiel auf 0 V Potential, G: Steuergitter an -19 kV Spannung (gestrichelte Linie), Äquipotentialflächen für -18, -16, -12 kV (gepunktete Linien), in Anlehnung an [Karzmark].

Elektronenlinearbeschleuniger können aus Leistungsgründen (Kühlung, elektrische Versorgung) nicht im Dauerbetrieb gefahren werden. Sie werden deshalb im Impulsbetrieb benutzt, erzeugen und beschleunigen Elektronen also immer nur während sehr kurzer Zeiten. Anschließend "erholen" sich die Energieversorgung und die Kühlaggregate bis zum nächsten Strahlimpuls. Impulsfolgefrequenzen medizinischer Elektronenlinearbeschleuniger liegen heute typischerweise bei 100-600 Hz. Die Impulsdauern betragen nur wenige Mikrosekunden. Bei jedem Impuls wird zunächst die Beschleunigersektion an die Hochfrequenz angelegt, sie wird mit "Hochfrequenz gefüllt" (Beamloading). Erst dann darf die Kanone Elektronen in die Sektion emittieren.

Dazu tastet man das Gitter vor der Kathode oder die Extraktionselektrode (Anode) zum richtigen Zeitpunkt und im richtigen Rhythmus mit der Impulsfrequenz durch Anlegen der entsprechenden Hochspannungen auf und zu. Die Synchronisation der Impulse für Hochfrequenz und die Öffnung der Elektronenkanone ist die Aufgabe der Steuerelektronik im Modulator.

Fig. 3.11: Frontalansicht einer modernen thermischen Dispenserkathode nach dem Pierce-Prinzip mit zusätzlichem Steuergitter zur Pulsung der Elektronenemission und umgebendem Wehneltzylinder für Elektronenkanonen in medizinischen Elektronenlinearbeschleunigern. Die Anode wurde für die Darstellung entfernt.

Zusammenfassung

- **Die wichtigste Quelle zur Elektronenerzeugung ist die Glühkathode. In ihr werden Wendeln oder flächenhafte Kathoden aus Wolfram so hoch erhitzt, dass es zur ausreichenden thermischen Elektronenemission kommt.**

- **Elektronen emittierende Kathoden enthalten oft auch den Strahl formende Elemente, die das Elektronenstrahlenbündel auf die Anode von Röntgenröhren fokussieren soll. Die wichtigste diesbezügliche Bauform in Röntgenröhren ist der Wehneltzylinder.**

- **Sollen Elektronenquellen gepulst betrieben werden, müssen wegen der trägen thermischen Reaktion gittergesteuerte Kathoden verwendet werden, die durch geeignet gepolte Steuerspannungen auf oder zu getastet werden können.**

- **In Elektronenbeschleunigern wird die Kombination von Elektronenkathode und Steuergitter als Elektronenkanone bezeichnet.**

3.2 Quellen für positive Ionen

Zur Erzeugung positiver Ionen müssen neutrale Atome durch Stoß oder andere Energieübertragungsmechanismen ionisiert werden. Solche ionisierten Atome befinden sich beispielsweise in Gasentladungen, die bei niedrigen Drucken und ausreichend hohen Spannungen spontan entstehen. Da solche spontanen Entladungen nur schwer quantitativ zu steuern sind, also keine stabile Entnahme von Ionen ermöglichen, benötigt man zuverlässigere Anordnungen zur Ionenproduktion. Der elementare und wichtigste Prozess hierzu ist die Stoßionisation von Atomen durch freie Elektronen. Die benötigten Elektronen können leicht durch Glühemission aus geheizten Kathoden freigesetzt werden, wie dies bei den meisten Röntgenröhren und Ionenquellen der Fall ist. Sie bilden sich aber auch spontan bei Gasentladungen (je nach Gasdruck und Feldstärke auch lawinenartig), so dass gelegentlich auf geheizte Elektronenemitter verzichtet werden kann. Beim Beschuss eines Gases mit Elektronen entsteht durch Ionisationsprozesse und die darauf folgenden Umwandlungen und Anlagerungen ein so genanntes **Plasma**. Dieses ist eine Mischung aus neutralen Atomen oder Molekülen, positiven Ionen (Atomrümpfen), negativen Ionen (Atome oder Moleküle mit angelagerten Elektronen) und freien Elektronen. Aus einem solchen Plasma können die gewünschten Teilchen durch elektrische Kräfte bei geeigneter Geometrie leicht extrahiert werden.

Die für eine einfache Ionisation von Atomhüllen benötigte Mindestenergie ist gerade die Bindungsenergie der jeweiligen Hüllenelektronen. Diese ist abhängig von der Schalennummer in der Atomhülle der Targetatome und deren Ordnungszahl. Tabelle (3.4) zeigt in der üblichen Darstellung eines Periodensystems einen Auszug solcher Bindungsenergien der Valenzelektronen typischer Materialien zur Erzeugung von Ionen (Daten für die inneren Schalen z. B. in [Krieger1], [NIST]). Die Bindungsenergien der Valenzelektronen haben danach Werte zwischen 5 und 25 eV. Mindestens diese Energiebeträge müssen von den stoßenden Teilchen bei der Wechselwirkung auf die Atomhülle übertragen werden. Dabei sind die folgenden Vorgänge denkbar: die Einfachionisation der äußeren Schalen, die zu einem einfach positiv geladenen Ion führt, oder die Mehrfachionisationen, die auch höher geladene Atomhüllen erzeugen. Solche Mehrfachionisationen entstehen vor allem durch serielle Ionisationsprozesse an zunehmend positiven Atomhüllen oder auch durch Augerkaskaden nach einer Einzelionisation einer inneren Schale.

Da innere Elektronen stärker gebunden sind als die Valenzelektronen, muss bei Stößen für serielle Mehrfachionisationen ein zunehmend höherer Energiebetrag auf die Hüllenelektronen übertragen werden. Die dazu benötigten Energieüberträge entsprechen etwa den Bindungsenergien der Elektronen in den betroffenen Schalen der intakten Atomhüllen. Tatsächlich wachsen die Bindungskräfte der verbleibenden Elektronen wegen der mit anwachsender Ionisation der Hülle abnehmenden Abschirmung des elektrischen Kernfeldes im Vergleich zu neutralen Atomen geringfügig an, so dass die

Verwendung der "normalen" Bindungsenergien nur in grober Näherung gilt (vgl. dazu die Ausführungen in [Krieger1], Kap. 2.2). Die Teilchenzahlbilanzen serieller Einzelionisationen kann man folgendermaßen darstellen.

$$X + e = X^{+} + 2e$$ (3

$$X^{+} + e = X^{2+} + 3e$$

$$\ldots\ldots\ldots\ldots\ldots$$

$$X^{(n-1)+} + e = X^{n+} + (n+1)e$$

Durch jede Ionisation entstehen zusätzliche Elektronen, die bei geeigneter Geometrie und Energieaufnahme ihrerseits weitere Ionisationen auslösen können. Nach n Ionisationen existieren also n zusätzliche freie Elektronen.

1 H 13,6							2 He 24,59
3 Li 5,39	4 Be 9,32	5 B 8,30	6 C 11,26	7 N 14,53	8 O 13,62	9 F 17,42	10 Ne 21,56
11 Na 5,14	12 Mg 7,65	13 Al 5,99	14 Si 8,15	15 P 10,49	16 S 10,36	17 Cl 12,97	18 Ar 15,76
19 K 4,34	20 Ca 6,11	31 Ga 6,00	32 Ge 7,90	33 As 9,79	34 Se 9,75	35 Br 11,81	36 Kr 14,00
37 Rb 4,18	38 Sr 5,69	49 In 5,79	50 Sn 7,34	51 Sb 8,61	52 Te 9,01	53 I 10,45	54 Xe 12,13
55 Cs 3,89	56 Ba 5,21	81 Tl 6,11	82 Pb 7,42	83 Bi 7,29	84 Po 8,42	85 At 9,5	86 Rn 10,75
87 Fr 4,07	88 Ra 5,28						

Tab. 3.4: Ordnungszahlen, Elementsymbole und Bindungsenergien der Valenzelektronen einiger Elemente zur Erzeugung von positiv geladenen Ionen. In jeder Zelle findet sich die Information in der Anordnung (Z/Symbol/Bindungsenergie in eV). Die Daten sind der Periodentafel von [NIST] entnommen, die Elemente der Nebengruppen sind ausgelassen. Ihre Bindungsenergien liegen in der gleichen Größenordnung wie die der entsprechenden Hauptgruppenelemente.

Die Rate solcher seriellen Mehrfachionisationen nimmt mit der im Plasma bereits erzeugten Zahl einfach ionisierter Atomhüllen zu. Die dafür benötigte Zeit hängt von der räumlichen und zeitlichen Konzentration dieser teilionisierten Atome und dem Gasdruck ab. Tatsächlich wird die Produktionsrate auch durch einige konkurrierende Vorgänge im Plasma beeinflusst, die in der Regel zur Verminderung der Ausbeuten führen. Diese Vorgänge sind beispielsweise die Rekombinationen von freien Elektronen mit Ionen, die Anlagerungen verschiedener Ionen oder Elektronen zu neutralen oder geladenen Molekülbruchstücken und die Umladungsprozesse von Ionen, die dadurch vom positiven Ion sogar zu negativen Ionen werden können. Neben der Bindungsenergie sind auch die Wirkungsquerschnitte für die Ionisation von Bedeutung. Die Wirkungsquerschnitte für die Elektronstoßionisation liegen etwa in der Größenordnung der geometrischen Atomquerschnitte [LOTZ 1967]. Je höher der Wirkungsquerschnitt für die Ionisation eines Atoms ist, umso kürzer sind unter sonst gleichen Bedingungen die für die Produktion von Ionen benötigten Zeiten.

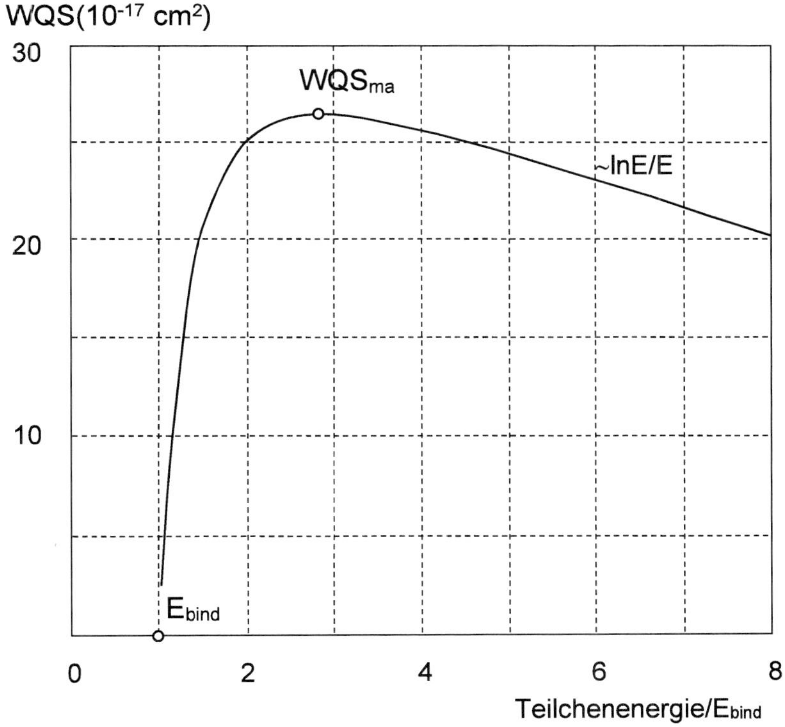

Fig. 3.12: Typischer Wirkungsquerschnittsverlauf für die Einfachionisation von Atomhüllen leichter Nuklide durch Elektronenstoß. Die Teilchenenergie ist in Einheiten der Bindungsenergie des jeweiligen äußersten Hüllenelektrons angegeben. Das Maximum wird nach einem steilen Anstieg des WQS etwa bei der zweieinhalb bis dreifachen Ionisationsenergie erreicht. Anschließend nimmt der WQS für zunehmende Teilchenenergie mit dem Verhältnis lnE/E ab.

Der typische Verlauf der Wirkungsquerschnitte für Einfachionisationen ist in (Fig. 3.12) dargestellt. Dieser Abbildung ist zu entnehmen, dass Wirkungsquerschnitte ab der Bindungsenergie der betrachteten Elektronen (= Schwellenenergie für die Ionisation) zunächst sehr steil ansteigen. Die größte Wechselwirkungswahrscheinlichkeit wird etwa bei der dreifachen Bindungsenergie erreicht. Oberhalb des Maximums nimmt der Wirkungsquerschnitt allmählich mit der Teilchenenergie ab (genau mit lnE/E). Für die einfache Ionisation, also die Entfernung nur eines Valenzelektrons, liegt das Maximum je nach Atomart typisch zwischen 10 eV und 40 eV. Beim Aufbau und Betrieb von Ionenquellen ist daher für eine ausreichende Ionenausbeute darauf zu achten, dass die Beschleunigungsspannungen und somit die Bewegungsenergien der Elektronen im optimalen Bereich des Wirkungsquerschnitts liegen (s. die Beispiele bei den einzelnen Ionenquellentypen).

Für Mehrfachionisationen, also höhere Ladungszustände des Ions, haben die Wirkungsquerschnittsverläufe eine ähnliche Form. Sie sind jedoch wegen der größeren Bindungsenergie der inneren Elektronen hin zu höheren Teilchenenergien verschoben. Wegen des geringeren Durchmessers der schon teilionisierten Atomhüllen sind ihre Werte auch deutlich kleiner. Die Wirkungsquerschnittsmaxima liegen dann je nach Atomart u. U. bei Energien von 100 bis 100000 eV [LOTZ 1967].

Die meisten Ionenquellen enthalten neben einer Glühkathode zur Erzeugung freier Elektronen und einem System zur Versorgung mit Füllgas oder sonstigen Materialdämpfen eine Reihe von Elektroden, die je nach Aufgabenstellung und Konstruktionsprinzip auf unterschiedlichen elektrischen Potentialen liegen. Die durch sie erzeugten elektrischen Felder dienen zur Beschleunigung der ionisierenden Elektronen und zur räumlichen Trennung positiver Ionen von den Elektronen im Plasma. Alle Ionenquellen benötigen eine Extraktionsvorrichtung, mit der die freien geladenen Teilchen aus dem Plasma entnommen werden können (Fig. 3.13). Zur Extraktion der positiven Ionen werden geeignete spitze Elektroden angebracht, die auf hohem negativem Potential liegen und die gewünschte Ionenart aus dem Plasma extrahieren, die **Extraktoren**.

Sollen Ionen höherer Ladung erzeugt werden, müssen durch sukzessive Prozesse auch weitere Elektronen aus äußeren oder inneren Schalen freigesetzt werden. Mit zunehmender Elektronenkonzentration in dem dadurch entstehenden Plasma kommt es aber zur verstärkten Rekombination freier Elektronen mit hochgeladenen Ionen. Die Ionenquellen müssen deshalb so aufgebaut sein, dass die langsamen freien Elektronen, die einen besonders hohen Einfangwirkungsquerschnitt haben, so gut wie möglich von den positiven Atomrümpfen getrennt bleiben. Dies wird in der Regel durch den Einschluss des Plasmas in Magnetfeldern und durch eine geschickte Anordnung elektrisch vorgespannter Elektroden sowie eine geeignete Wahl des Gasdrucks erreicht. Negative Ionen werden durch Ladungsaustauschprozesse positiver Ionen erzeugt. Dazu werden diese entweder Alkali- oder Erdalkalidämpfen ausgesetzt oder sie werden in Kontakt mit alkalihaltigen Oberflächen gebracht, die sie nach dem Kontakt als umgeladene negative Ionen verlassen.

Die üblichen Ionenquellen unterscheiden sich vor allem bezüglich der Geometrie und den angestrebten Teilchenströmen. Bei Hochstromteilchenquellen mit ihren erwünschten großen Stromdichten müssen höhere Feldstärken zur Trennung und größere Elektrodenflächen verwendet werden als bei Niedrigstromquellen. Es gibt eine Vielzahl physikalischer Möglichkeiten, ein Plasma mit positiven Ionen zu erzeugen. Die wichtigsten Bauformen und Prinzipien sind die Einschlussquellen, die Plasmatrons, die Penning-Ionen-Quellen (Penning Ion Gauge: PIG), die Radiofrequenz-Ionenquellen (radio frequency: RF), die Elektronen-Zyklotron-Resonanzquellen (electron cyclotron resonance: ECR), die Elektronenstrahl-Ionenquellen (electron beam ion sources: EBIS) und die Laserquellen.

3.2.1 Einschlussquellen für hohe Ionenströme

Die einfachsten Ionenquellen bestehen aus einer Hohlanode mit zylindrischem oder quadratischem Querschnitt und weiteren Elektrodenplatten, die diesen Anodenzylinder verschließen (Fig. 3.13). Die Boden- und die Deckplatte enthalten den Gaseinlass, die Glühkathode und eine Öffnung für die Ionenextraktion. Sie können je nach Ausführung auf Anodenspannung oder Kathodenpotential liegen. Um hohe Ionenströme zu erhalten, müssen die Ionenquellen dieser einfachen Bauart große Gasvolumina umschließen und einen hohen Elektronenstrom aus der Glühkathode freisetzen. Die thermisch emittierten Elektronen werden durch die Anodenspannung beschleunigt und bewegen sich auf gekrümmten Bahnen in Richtung Anode. Sie ionisieren dabei die Gasatome durch Stöße. Aus der Gasfüllung entsteht dadurch ein Plasma. Die positiven

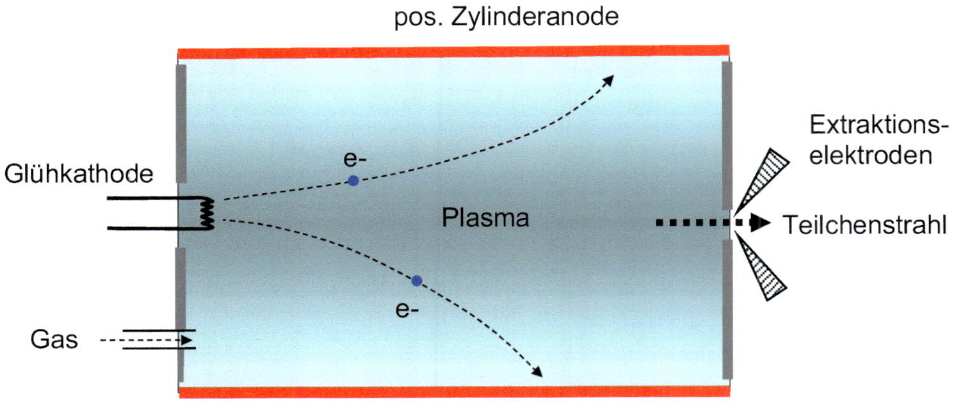

Fig. 3.13: Aufbau einer Hochstrom-Ionenquelle für einfach geladene Ionen aus einer zylindrischen Anode und weiteren Elektrodenplatten, die je nach Ausführung auf Anodenspannung oder Kathodenpotential liegen können. Die Elektronen werden in einer Glühkathode erzeugt. Die Bahnen der Elektronen sind nur schematisch angedeutet, da ihr exakter Verlauf vom Gasdruck und den Potentialverhältnissen abhängt. Die positiven Ionen werden durch die Anode in die Mitte des Anodenzylinders konzentriert und können von dort aus durch negativ geladene Elektroden extrahiert werden.

Ionen werden durch die Anode in die Mitte des Anodenzylinders konzentriert und können von dort aus durch negativ geladene Elektroden extrahiert werden. Der Gasdruck wird je nach Aufgabenstellung und gewünschtem Ionenstrom variiert. Die Ionenquelle ist von einem gasdichten Behältnis umgeben oder gasdicht ausgeführt.

Je höher der Gasdruck ist, umso mehr kommt es im Plasmavolumen zur unerwünschten Rekombination der Ionen und zu Teilchenverlusten an den Wänden der Quellenkammer. Um diese Verluste zu minimieren, verwendet man Magnetfelder. In Magnetfeldern erfahren elektrisch geladene Teilchen die Lorentzkraft, die immer senkrecht zur ihrer Bewegungsrichtung wirkt und mit der Teilchengeschwindigkeit zunimmt (s. Gl. 2.8). Je geringer die Teilchengeschwindigkeiten sind, umso weniger wirken sich Magnetfelder in Anwesenheit starker elektrischer Felder auf die mittlere Bewegungsrichtung der Teilchen aus. Die von der Anode ausgehenden zusätzlichen geschwindigkeitsunabhängigen elektrischen Kräfte sondern daher die langsamen Elektronen bevorzugt aus. Dies bietet die Möglichkeit, schnelle Elektronen mit einer für weitere Ionisationen ausreichenden Bewegungsenergie und langsame "unnütze" Elektronen, die die unerwünschten Rekombinationen auslösen, räumlich voneinander zu trennen.

Dazu umgibt man die Ionenquelle mit ausreichend starken Multipolmagneten wechselnder Polarität. Die Magnete können aus Permanentmagneten oder aus Elektromagneten bestehen. Ihre Magnetfelder schließen das Plasma, also die Ionen und die höherenergetischen Elektronen in der Mitte des Behälters ein, während die niederenergeti-

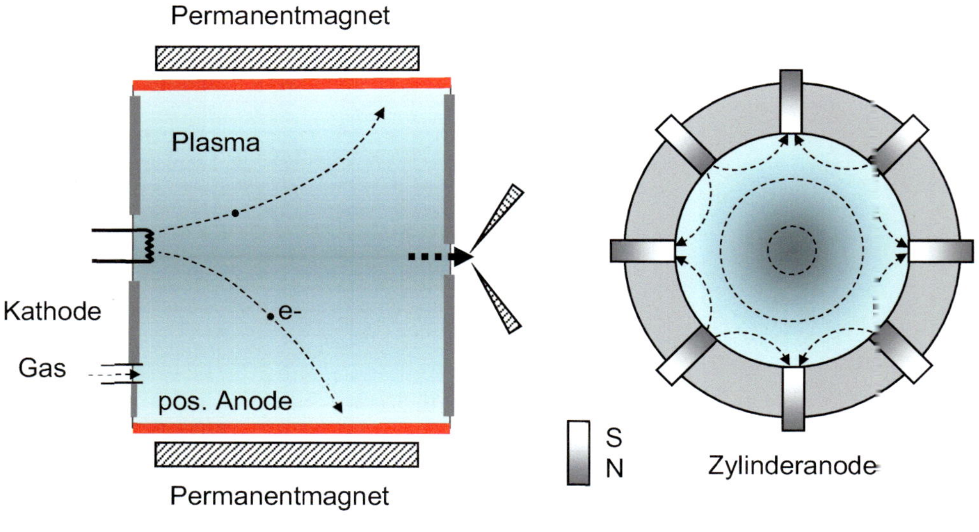

Fig. 3.14: Aufbau einer Hochstrom-Ionenquelle mit magnetischen Multipolfeldern (Multi-Cusp-Quelle). Die Permanentmagnete sind abwechselnd gepolt und erzeugen so im Inneren der Quelle ein eingeschlossenes stabiles Plasma.

schen Elektronen diesen Bereich der Ionenquelle verlassen können und über die Anode abgeleitet werden. Wegen der Höckerstruktur (cusp: engl. für Höcker) werden solche Ionenquellen im englischen Sprachraum als **Multi-Cusp-Sources** bezeichnet. Bei sorgfältiger geometrischer Auslegung und der Vermeidung von Magnetfeldlücken können fast beliebig große stabile Plasmavolumina erzeugt werden.

3.2.2 Die Plasmatrons

Plasmatrons gehen auf Arbeiten von ***Manfred von Ardenne*** zurück ([Ardenne 1948], [Ardenne 1975]). Sie werden heute in einer Vielzahl von optimierten und dem jeweiligen Einsatzzweck angepassten Bauformen konstruiert. Bei Plasmatrons werden wie in der Penningquelle thermisch erzeugte Elektronen aus einer Glühkathode zur Ionisation der Gasfüllung verwendet. Dadurch bilden sich zwischen Kathode und Anode eine Gasentladung und ein Plasma aus. Um die Ionenausbeute in dieser Gasentladungswolke zu steigern, wird das elektrische Feld durch Elektroden mit geeigneter Formgebung räumlich konzentriert. In der Nähe der Anode, also kurz vor der Extraktion, werden dazu Zwischenelektroden angebracht, die die lokale elektrische Feldstärke, die Elektronenenergien und somit die Ausbeuten hoch ionisierter Ionen deutlich erhöhen.

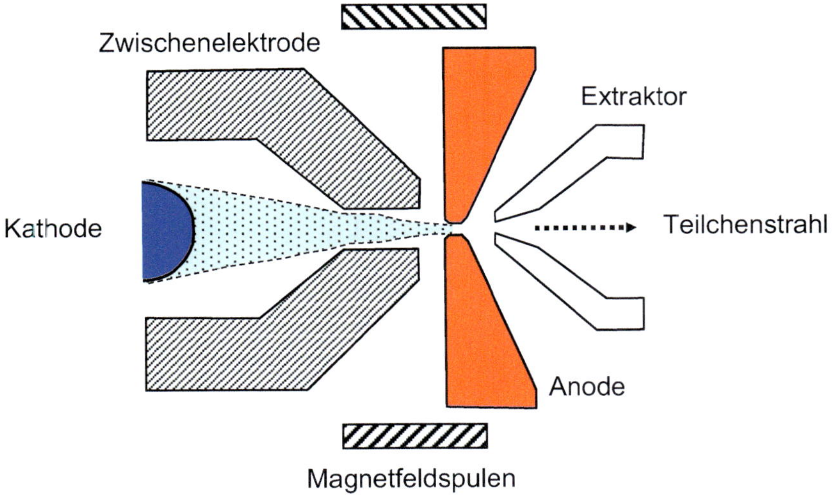

Fig. 3.15: Prinzipieller Aufbau eines Duoplasmatrons. Durch die Zwischenelektrode wird die elektrische Feldstärke erhöht. Dadurch wird das Plasma verdichtet und die Ionenausbeute nimmt zu. Die Magnetfeldspulen erzeugen ein zusätzliches axiales Magnetfeld im Raum zwischen Zwischenelektrode und Anode, das das Plasma seitlich einschließt. Ein Plasmatron ohne dieses Magnetfeld wird als Unoplasmatron bezeichnet.

Diese Anordnung, die als **Unoplasmatron** bezeichnet wird, erzeugt also eine Plasmadichte in der Nähe der Extraktionselektrode, die deutlich höher als im Kathodenraum ist. Eine weitere Erhöhung der räumlichen Plasmakonzentration durch besseren Teilcheneinschluss ist möglich, wenn im Raum zwischen Anode und Zwischenelektrode ein zusätzliches axiales Magnetfeld angelegt wird. Die Zwischenelektrode und die Anode werden dann aus magnetisierbarem Material wie Ferrit gefertigt. Sie dienen als Polschuhe für das axiale inhomogene Magnetfeld, das seine höchste Feldliniendichte im Raum zwischen der Zwischenelektrode und der Anode aufweist. Eine solche Anordnung mit dem räumlich konzentrierten, beschleunigenden elektrischen Feld und dem zusätzlichen einschließenden Magnetfeld wird als **Duoplasmatron** bezeichnet, da zwei Felder an der Plasmakonzentration beteiligt sind. Durch geeignete Abstimmung der beiden Feldstärken und Anpassung der Quellengeometrie können der Ladungszustand der Ionen und die Größe der extrahierbaren Teilchenströme optimiert werden. Duoplasmatrons arbeiten bei Drucken zwischen 10 und 50 hPa, Anodenspannungen bis 200 V und Magnetfeldstärken bis zu einem halben Tesla. Dabei werden Ionenströme bis maximal 1 A erreicht.

3.2.3 Die Penning-Ionenquellen

In Penning-Ionenquellen wird das Plasma durch Stoßionisation des eingeleiteten Gases ebenfalls mit Hilfe thermisch emittierter Elektronen erzeugt (Fig. 3.14). Penningquellen enthalten eine beheizte Kathode (Glühkathode), eine unbeheizte Kathode (die Gegenkathode), eine meist zylinderförmige Hohlanode und ein Austrittsfenster mit einer Ionenextraktionselektrode, dem Extraktor. Der typische Arbeitsgasdruck beträgt einige 10 hPa. Die thermisch emittierten Elektronen werden von der Kathode zur Anode hin beschleunigt und ionisieren durch Stöße die Atome oder Moleküle des eingeleiteten Gases. Anodenspannungen liegen je nach Gasart und erwünschter Ionenladung typisch zwischen 50 und 200 V. Die dabei erzeugten Sekundärelektronen werden wie die primären thermischen Elektronen im elektrischen Feld beschleunigt und ionisieren ihrerseits weitere Atome. Dadurch bildet sich allmählich ein Plasma.

Zur Erhöhung der Wechselwirkungszeit und der Ionenausbeute werden die Elektronen in Penning-Quellen mit elektrischen und magnetischen Feldern festgehalten[3] und gebündelt. Dazu befindet sich gegenüber der thermischen Glühkathode eine auf dem gleichen negativen Potential liegende kalte, also nicht geheizte Kathode, die die Elektronen abstößt und in den Plasmaraum zurückspiegelt. Die Elektronen führen dadurch Pendelbewegungen zwischen den Kathoden aus und haben daher die Chance, mehrmals Ionisationen zu bewirken.

---

[3] Penning ist das englische Wort für einsperrend, zusammenpferchend, gefangen haltend.

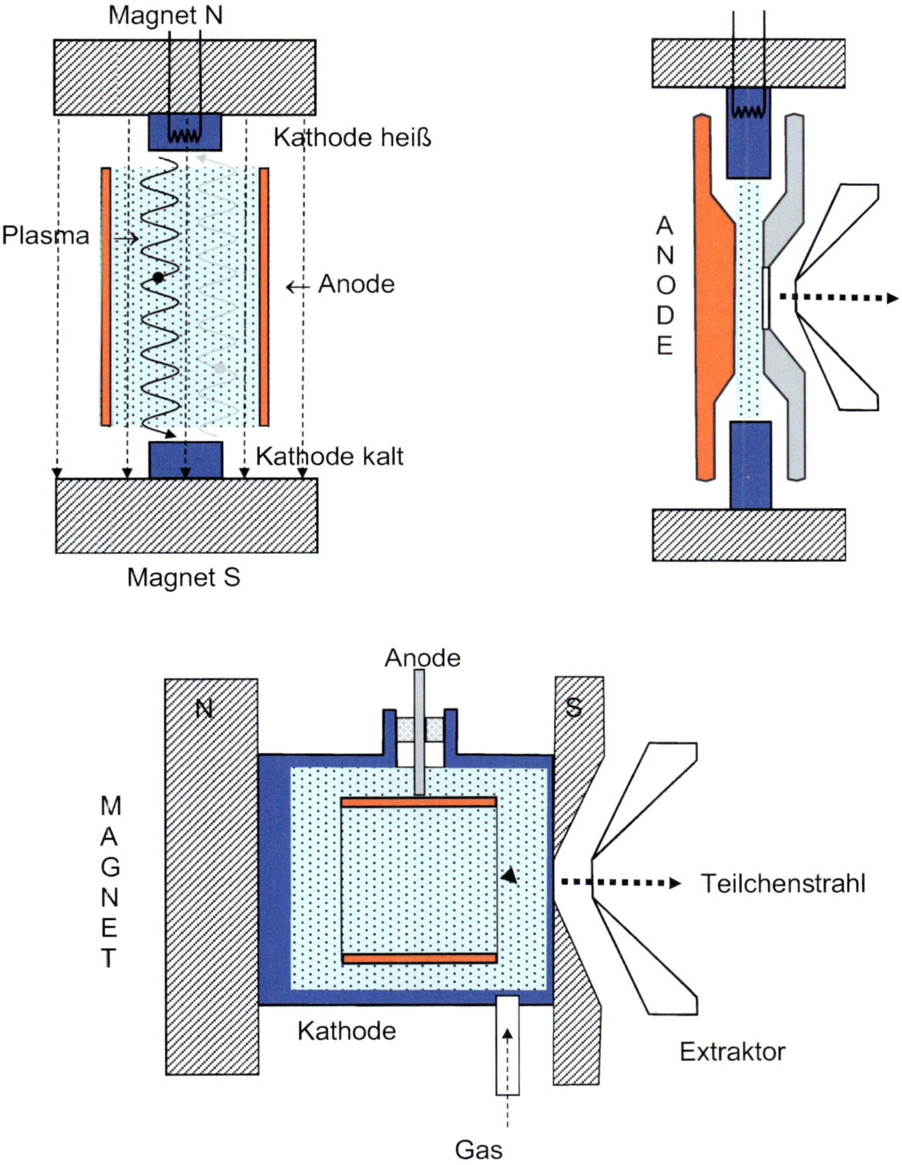

Fig. 3.16: Funktionsprinzip von Penning-Ionenquellen (PIG). Die Gasfüllung wird durch Stoßionisation der Elektronen aus einer Glühkathode in ein Plasma verwandelt. Zur Vergrößerung der Wechselwirkungszeit und Erhöhung der Ionenausbeute werden die Elektronenwege durch ein Magnetfeld und Spiegelung an zwei Kathoden verlängert. Oben rechts: PIG mit transversaler Teilchenextraktion. Unten: PIG mit zylindrischer Anode und axialer Teilchenextraktion.

Die gesamte Quelle befindet sich dazu zusätzlich in einem starken axialen Magnetfeld bis 1,5 Tesla, das die Elektronen wegen der Lorentzkraft je nach Bewegungsrichtung auf Spiral- oder Kreisbahnen zwingt und so die Wechselwirkungszeit zusätzlich erhöht. Die Extraktion der Ionen kann entweder axial durch eine Öffnung in einer der Kathoden oder radial durch ein Anodenfenster stattfinden (s. Fig. 3.16). Dazu wird eine Extraktionselektrode verwendet, die auf einem hohen negativen Potential liegt.

Penning-Quellen sind wegen der Elektronenpendelung, also der Chance für vielfache Wechselwirkung mit den Gasatomen, besonders geeignet zur Erzeugung hochgeladener Ionen. Sie sind auch geeignet zur Produktion hoher Protonenströme, wie sie an medizinischen Therapie-Beschleunigern benötigt werden. Ihr Einsatz ist vorteilhaft an Zyklotrons, da deren starkes für die Teilchenführung benötigtes Magnetfeld direkt für den Elektronen- und Plasma-Einschluss mit verwendet werden kann.

3.2.4 Die HF-Ionenquellen

Mit intensiven Hochfrequenzfeldern können Gasvolumina auch unmittelbar ionisiert und in Plasmen verwandelt werden. Dazu werden nur geringe primäre Elektronendichten benötigt, die beispielsweise durch spontane Gasentladungen erzeugt werden können. Beim Aufheizen des Plasmas erhöht sich die Elektronendichte im Plasma schnell durch die sukzessiven Ionisationsprozesse und bleibt dann bei geeigneter Geometrie des Plasmavolumens und speziell geformten einschließenden Magnetfeldern auch ausreichend stabil. Die HF-Quellen haben unter anderem den Vorteil, dass keine störanfälligen beheizten Glühkathoden eingesetzt werden müssen. Man unterscheidet je nach Frequenzbereich die Radiofrequenz-Ionenquellen (RF-Quellen) mit Frequenzen im Radiowellenbereich (einige 10 MHz) und die Mikrowellen-Ionenquellen, deren Frequenzen typischerweise bei einigen GHz liegen.

In **Radiofrequenz-Ionenquellen** wird durch intensive HF-Felder eine Gasentladung ausgelöst. Sie benötigen also keine thermischen Elektronenemitter. Die Hochfrequenz wird durch direkt im Kammervolumen platzierte Antennen oder von externen Antennen eingespeist, die um das Kammervolumen angebracht sind. Im letzteren Fall müssen die Wände der Entladungsröhre natürlich für die Hochfrequenz durchlässig sein. RF-Quellen dienen bevorzugt zur Erzeugung hoch geladener Gasionen. Um eine hohe Konzentration mehrfach geladener Ionen durch serielle Ionisationen des Füllgases zu erreichen, muss das Plasma ausreichend lange durch elektrische und magnetische Felder eingeschlossen werden, da sonst die Ausbeuten der gewünschten Ionenart zu gering sind. RF-Quellen werden heute auch als sehr kompakte Ionenquellen kommerziell angeboten.

Mikrowellen-Ionenquellen sind für die Gewinnung einfach- bzw. mehrfachgeladener Ionen unterschiedlich aufgebaut. Sollen hohe Ströme einfach geladener Ionen erzeugt werden, müssen geringe Gasdrucke um 0,1 hPa (1 mbar) verwendet werden. Wird in ein solches Gasvolumen eine ausreichend intensive Mikrowellen-HF eingespeist, kommt es zur Gasentladung und zur Bildung einfach geladener Ionen. Der extrahierbare Ionenstrom ist proportional zur Dichte freier Elektronen im Plasma und nimmt etwa mit der Quadratwurzel der mittleren Elektronenenergie zu.

$$I_e \propto \rho_e \cdot \sqrt{E_e} \tag{3.4}$$

Erreichbare Ionenströme liegen bei mehreren 100 mA. Wie bei allen anderen Ionenquellen werden auch bei den Mikrowellen-Ionenquellen elektrische und magnetische Felder zum Einschluss des Plasmas und zur Erhöhung der Aufenthaltsdauer und Wechselwirkungsrate der durch Ionisation entstandenen Elektronen verwendet.

Eine Bauform mit einer besonders hohen Ausbeute an hochgeladenen Ionen ist die **Elektronen-Zyklotron-Resonanzquelle** (ECR). Sie beruht auf folgendem Mechanismus. Werden freie Elektronen einem Magnetfeld ausgesetzt, laufen sie wegen der Lorentzkraft auf Kreis- oder Spiralbahnen. Ihre Umlauffrequenz, die so genannte **Zyklotronfrequenz,** beträgt (s. auch Gl. 9.10):

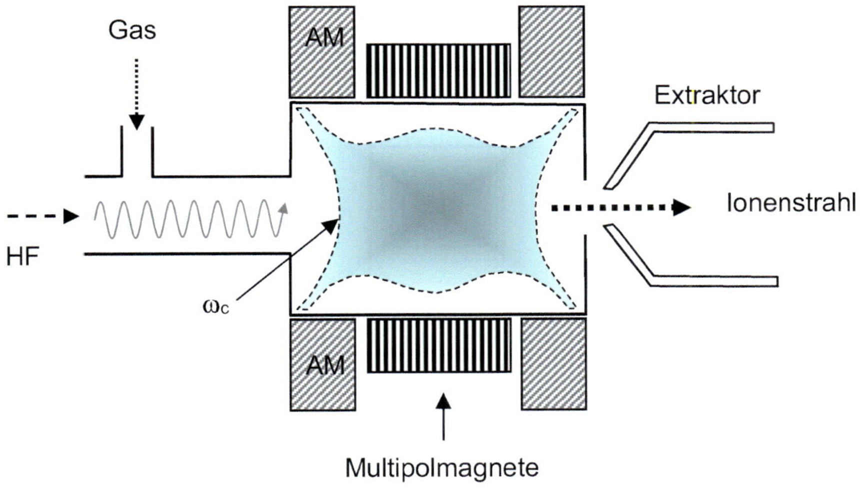

Fig. 3.17: Prinzipieller Aufbau einer ECR-Quelle. Das axiale Magnetfeld wird durch Spulen (AM), das radiale Magnetfeld durch permanente Multipolmagnete erzeugt. Dadurch werden die Elektronen in einem bestimmten Volumen eingeschlossen (blau markierter Bereich). Einstrahlen einer HF mit einer vom Magnetfeld B abhängigen Zyklotronfrequenz ω_c versetzt die Elektronen in Resonanz und heizt dadurch das Plasma auf (s. Text).

$$\omega_c = 2\pi \cdot \nu_c = \frac{q \cdot B}{m} \tag{3.5}$$

In praktischen "Einheiten" erhält man mit der Elektronenmasse $m_e = 0{,}91 \cdot 10^{-30}$ kg und der Elektronenladung $q_e = 1{,}602 \cdot 10^{-19}$ C die Zyklotronfrequenz ν_c pro Tesla zu:

$$\nu_c / T = 28 GHz / T \tag{3.6}$$

Wird in ein Gasvolumen mit solchen kreisenden Elektronen eine Hochfrequenzschwingung mit exakt der Zyklotronfrequenz nach (Gl. 3.5) eingestrahlt, geraten die Elektronen in Resonanz mit der HF-Schwingung. Sie nehmen deshalb bei jedem Umlauf zusätzlich Energie auf, bis ihre Bewegungsenergie ausreicht, Gasatome zu ionisieren. Das dabei entstehende Plasma wird durch die eingestrahlte HF stochastisch so stark aufgeheizt, dass hohe Konzentrationen auch mehrfach ionisierter Ionen auftreten. Diese Art von Teilchenquellen wird wegen der resonanten "Heizung" als **Elektronen-Zyklotron-Resonanz-Quelle** (engl.: ECR) bezeichnet.

Eine Voraussetzung für eine ausreichende Teilchenausbeute ist wegen der Wechselwirkungsraten und der Verluste von Ionen durch Rekombination mit freien Elektronen die räumliche Trennung von Elektronen und schwereren Ionen. Die geschieht ähnlich wie bei anderen Ionenquellen durch geeignete Magnetfelder (s. Fig. 3.17, 3.18).

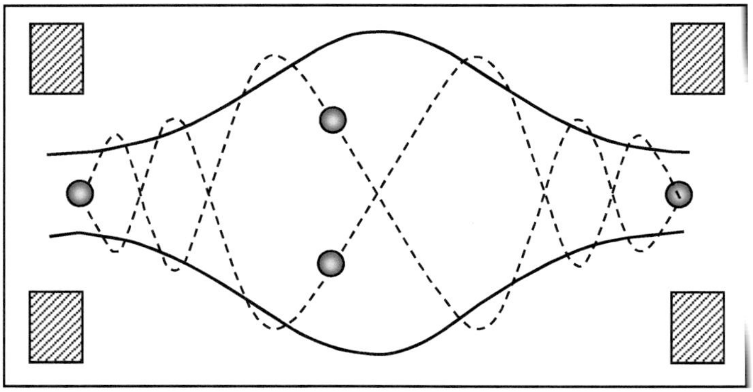

Fig. 3.18: Elektroneneinschluss mit Hilfe einer magnetischen Flasche. Die vier Spulen (Helmholtzspulen) erzeugen eine Kombination aus divergierendem und konvergierendem axialen Magnetfeld. Die Spirallinien sind die Bahnen der Elektronen, die an den Enden des Feldes im Bereich der Spulen wie an einem Spiegel reflektiert werden. Die äußere Flaschenlinie ist der Bereich, in dem die Zyklotronfrequenz auftritt (s. Text).

Das das Plasma einschließende Magnetfeld entsteht aus der Überlagerung von axialen Feldern (AM), die in der Regel durch Spulen erzeugt werden. Diese erzeugen eine Feldstruktur, an deren Enden die Elektronenbahnen umgekehrt werden (magnetische Flasche, s. Fig. 3.18, vgl. auch Kap. 2.3). Die zusätzlichen ringförmig auf der Außenseite der Vakuumkammer angebrachten starken Permanentmagnete erregen zusätzlich ein axiales Feld mit seinem Minimum in der Feldmitte. Die Überlagerung beider Felder ergibt eine so genannte **Minimum-B-Struktur**, die in der Kammermitte minimale Feldstärken aufweist ist, und von dort aus radial und axial ansteigt (Fig. 3.19). An der Oberfläche dieser Struktur erfahren die freien Elektronen exakt die magnetische Induktion, die sie für ihre Zyklotronresonanz benötigen.

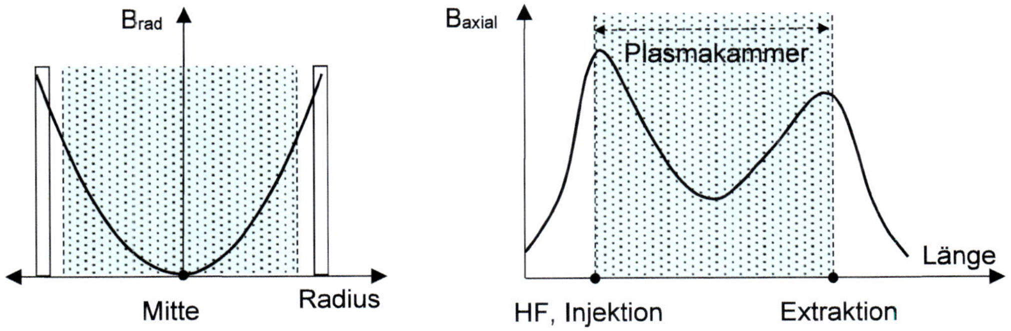

Fig. 3.19: Typischer Verlauf der radialen und axialen Magnetfeldstärken in einer ECR-Ionenquelle mit Plasmakammervolumen (blau, gepunktet). Links: Radiale Multipolfeldkomponente. Die grauen Flächen deuten die Lage der Permanentmagnete an, das Feldminimum liegt auf der Kammerachse. Rechts: Axiale Feldverteilung auf der Zentralachse. Die HF und das Gas werden von links zugeführt, die Ionen werden nach rechts extrahiert. Aus der Überlagerung beider Felder entsteht die Minimum-B-Struktur, die die Elektronen einschließt und ihre Wechselwirkungsrate erhöht.

Sie werden außerdem durch ihre Spiralbewegung wie in einer Falle in diesem zentralen Teil des Plasmas eingeschlossen und stehen deshalb ausreichend lange für Ionisationen des Plasmagases zur Verfügung. Die schwereren Ionen werden dagegen wegen ihrer höheren Massen durch die Magnetfelder nicht so stark räumlich konzentriert. Sie können auf die übliche Weise durch Extraktoren aus dem Plasma gewonnen werden.

Durch Wahl geeigneter Magnetfeldstärken kann die Zyklotronresonanzfrequenz so gesteuert werden, dass auf kommerziell verfügbare Mikrowellenquellen im Radarbereich zurückgegriffen werden kann. Dadurch können erhebliche Kosten in der Entwicklung, im Betrieb und bei der Wartung der ECR-Quellen eingespart werden.

3.2.5 Elektronenstrahl-Ionenquellen

Elektronenstrahl-Ionenquellen sind besonders geeignet zur Herstellung großer Ströme hoch geladener Ionen. Bei ihnen wird ein gebündelter Elektronenstrahl auf ein Plasmavolumen eingestrahlt, in dem einfach geladene Ionen eingeschlossen sind. Bei der Wechselwirkung des Elektronenstrahls mit Ionen im Plasma kommt es zu sukzessiven weiteren Stoßionisationen der Targetatome.

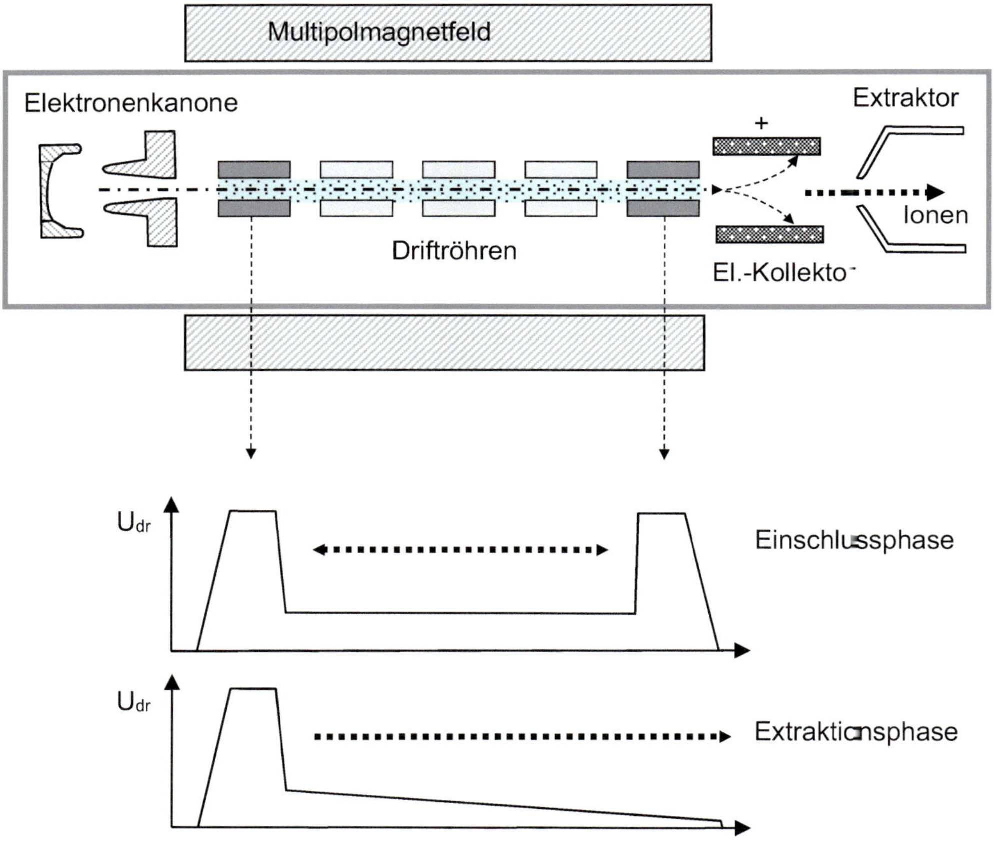

Fig. 3.20: Oben: Typischer Aufbau einer Elektronenstrahl-Ionenquelle mit einer Hochstrom-Elektronenkanone, Spulen für Multipolmagnete, Driftröhren, Elektronenkollektor und Ionenextraktor. Unten: Potentialverlauf an den Driftröhren während des Plasmaeinschlusses und während der Extraktion. Die Spannung der letzten Driftröhre wird dazu so erniedrigt, dass die Ionen das Plasma verlassen können.

Die Elektronen werden in einer Elektronenkanone erzeugt und durch Hochspannungselektroden auf die gewünschte Anfangsenergie beschleunigt. Die Bewegungsenergie der Elektronen kann durch Variation dieser Hochspannung leicht an die erforderlichen Ionisationsenergien und den Wirkungsquerschnitt der zu ionisierenden Atomart angepasst werden. Sie variiert daher von wenigen 100 eV bis zu mehr als 100 keV. Da schnelle Elektronen nur geringe Aufenthalts- und Wechselwirkungszeiten im Plasmavolumen haben, müssen für hohe Ionenausbeuten große Elektronenstromdichten verwendet werden. Der Elektronenstrahl wird deshalb durch axiale Magnetfelder und elektrische Linsen räumlich konzentriert. Bei entsprechendem Aufwand, z. B. dem Einsatz supraleitender Magnete, können Elektronenstrahldurchmesser unter 1/10 mm und damit Stromdichten bis 1000A/cm^2 erreicht werden. Auf der der Elektronenkanone gegenüberliegenden Seite der Plasmakammer werden die Elektronen in einem wassergekühlten Elektronenkollektor gesammelt.

Auch die Ionen im Plasma müssen eine hohe räumliche Konzentration aufweisen. Sie werden deshalb radial und axial eingeschlossen. Der axiale Einschluss geschieht mit elektrostatischen Spiegeln, also positiv vorgespannten Elektroden an beiden Enden des Plasmavolumens. Der radiale Einschluss wird vor allem durch die anziehenden Kräfte des durch die Plasmamitte verlaufenden schmalen Elektronenstrahls bewirkt. Im Inneren des Plasmaraums befinden sich mehrere metallene positiv vorgespannte Driftröhren, die das Plasmavolumen zusätzlich einschnüren.

Der Ionisationszustand des Plasmas kann spektrometrisch durch Nachweis der charakteristischen Hüllenstrahlung überprüft werden. Sind ausreichende Mengen hoch ionisierter Atome vorhanden, wird die Quelle in den Extraktionsmodus umgeschaltet. Dazu wird auf der Extraktorseite des Plasmavolumens die Sperrspannung so erniedrigt, dass die Ionen die Potentialbarriere überwinden und extrahiert werden können (Fig. 3.20 unten). Elektronenstrahl-Ionenquellen müssen deshalb im Pulsbetrieb gefahren werden.

Zusammenfassung

- **Zur Erzeugung schwerer positiv geladener Teilchen werden Ionenquellen verwendet, in denen die Atome oder Moleküle durch Beschuss des gasförmigen Targetmaterials mit Elektronen durch Stöße einfach oder mehrfach ionisiert werden.**

- **Die Ausbeute hängt dabei außer vom Gasdruck und der meistens thermisch erzeugten Elektronenstromdichte auch von der Anordnung der elektrischen und magnetischen Hilfsfelder ab.**

- **Typische Bauformen mit Elektronenstoßionisation sind die Einschlussquellen, die Plasmatrons und die Penning-Ionenquellen.**

- **Ionisierte Gase können auch durch Einwirkung von Hochfrequenzfeldern erzeugt werden.**

- **Dieses Prinzip wird in den HF-Ionenquellen eingesetzt, in denen durch HF-Felder Gasentladungen ausgelöst werden.**

- **Der wichtigste Vertreter dieser HF-Ionenquellen ist die Elektronen-Zyklotron-Resonanzquelle ECR.**

- **Sollen hoch geladene Ionen erzeugt werden, werden bevorzugt Elektronenstrahl-Ionenquellen verwendet.**

- **Diese bestehen aus einer Elektronenkanone mit nach geschalteter aufwendiger Elektronenoptik, die den gebündelten Elektronenstrahl auf ein Plasma einfach ionisierter Ionen der gewünschten Art beschleunigt und fokussiert.**

3.3 Quellen für negative Ionen

Negative Ionen werden benötigt, um die zweifache Beschleunigung der Teilchen in Tandem-Gleichspannungsbeschleunigern zu ermöglichen. Dabei werden zunächst die negativen Ionen beschleunigt. In einem "Stripper" werden dann die überschüssigen Elektronen abgestreift. Die jetzt positiven Ionen durchlaufen im zweiten umgepolten Teil der Anlage erneut die Beschleunigungsspannung (s. dazu Kap. 5). Negative Ionen auch schwerer Elemente werden außerdem in der Halbleitertechnologie und in der Fusionsforschung benötigt.

Um stabile negative Ionen zu erzeugen, müssen sich freie Elektronen an neutrale Atome oder Moleküle im Plasma anlagern. Eine solche Anlagerung ist nur möglich, wenn der Anlagerungsprozess exotherm ist, also beim Elektroneneinfang Energie freigesetzt wird. Die Energiebilanz solcher Einfangprozesse wird mit der Elektronenaffinität E_A der negativen Ionen beschrieben. Sie unterscheidet sich ähnlich wie die Elektronenbindungsenergie je nach Aufbau und Ordnungszahl der betroffenen Atomart (Tab. 3.5). Negative E_A-Werte führen zu instabilen Atomhüllen.

1 H 0,75							2 He 0,78
3 Li 0,6173	4 Be <0	5 B 0,278	6 C 1,269	7 N -0,07	8 O 1,462	9 F 3,399	10 Ne <0
11 Na 0,546	12 Mg <0	13 Al 0,442	14 Si 1,385	15 P 0,746	16 S 2,077	17 Cl 3,615	18 Ar <0
19 K 0,501	20 Ca ≈0	31 Ga 0,30	32 Ge 1,2	33 As 0,80	34 Se 2,021	35 Br 3,364	36 Kr <0
37 Rb 0,486	38 Sr <0	49 In 0,30	50 Sn 1,25	51 Sb 1,05	52 Te 1,971	53 I 3,059	54 Xe <0
55 Cs 0,471	56 Ba <0	81 Tl 0,3	82 Pb 1,1	83 Bi 1,1	84 Po 1,9	85 At 2,8	86 Rn <0

Tab. 3.5: Ordnungszahlen, Elementsymbole und Elektronenaffinitäten im Grundzustand einiger Elemente zur Erzeugung von negativ geladenen Ionen. In jeder Zelle findet sich die Information in der Anordnung (Z/Symbol/Elektronenaffinität E_A in eV, nach [Esaulov 1986] und [Angert 1994]).

Die Elektronenaffinitäten in (Tab. 3.5) zeigen ähnlich wie die Bindungsenergien in (Tab. 3.4) einen sehr typischen Verlauf mit der Gruppennummer des Periodensystems. So sind die E_A-Werte für Alkalimetalle wie deren Bindungsenergien für Valenzelektronen besonders klein. Bei den Erdalkali-Elementen (2. Hauptgruppe) sind sie sogar negativ und nehmen dann bis zu den Halogenen deutlich zu. Bei Edelgasen sind sie wegen der gefüllten äußeren Schalen (Edelgaskonfiguration) wieder negativ. Kleine Elektronenaffinitäten erschweren und negative Elektronenaffinitäten verhindern die Aufnahme von Hüllenelektronen bei Kontakt mit fremden Atomhüllen. Solche Elemente sind daher als Elektronenspender gut geeignet. Das wichtigste Beispiel dieser Art sind Cs-Atome, die deshalb in Sputterquellen oder Ladungsaustauschquellen verwendet werden. Einige Elemente zeigen in angeregten Zuständen der Atomhüllen positive E_A-Werte; auch bestimmte Moleküle haben positive Elektronenaffinitäten.

In jedem Plasma finden sich neben den positiven Ionen, freien Elektronen und neutralen Atomen immer auch negative Atom- oder Molekül-Ionen. Die Methoden zur Erzeugung solcher Plasmen sind denjenigen der positiven Ionenquellen sehr ähnlich. Sie unterscheiden sich aber vor allem durch die unterschiedlichen Extraktionsverfahren. Die Extraktoren müssen positiv vorgespannt sein, um die negativ geladenen Teilchen aus dem Plasma zu gewinnen. Die positive Extraktorspannung führt allerdings dazu, dass neben den Ionen ohne weitere Maßnahmen immer auch eine große Anzahl freier Elektronen mit extrahiert werden. Das Hauptproblem bei der Konstruktion einer Ionenquelle für negative Teilchen ist die Beseitigung dieser Elektronen aus dem Ionenstrahl. Negative Ionenquellen werden nach der Art der Erzeugung und nach dem Ort der Entstehung der negativen Ionen in Ladungsaustauschquellen, Volumenquellen und Oberflächenquellen eingeteilt.

Volumenquellen: In Volumenquellen kommt es zum Ladungsaustausch nach Dissoziation von Molekülen im Gasvolumen. Denkbare Prozesse laufen wahrscheinlich nach den folgenden drei Schemata ab. Beim **dissoziativen Elektroneneinfang** wird das neutrale Gasmolekül durch Elektronenstoß oder thermische Einwirkung angeregt. Nach der Anlagerung eines langsamen Elektrons am Atom mit der höheren Elektronenaffinität dissoziiert das Molekül in ein neutrales Atom und ein negatives Ion (Gl. 3.7).

$$XY + e^- = X^- + Y \tag{3.7}$$

Die zweite Möglichkeit ist der **polare dissoziative Elektronenstoß** (Gl. 3.8), bei dem das neutrale Molekül in entgegengesetzt geladene Ionen zerlegt wird. Das Elektron dient in diesem Fall nur als Energiespender. Es regt das gestoßene Molekül an, das dadurch spaltet, und verliert selbst Bewegungsenergie beim Stoß. Es bleibt aber als freies, natürlich jetzt langsameres Elektron dem Plasma erhalten.

$$XY + e^- = X^+ + Y^- + e^- \tag{3.8}$$

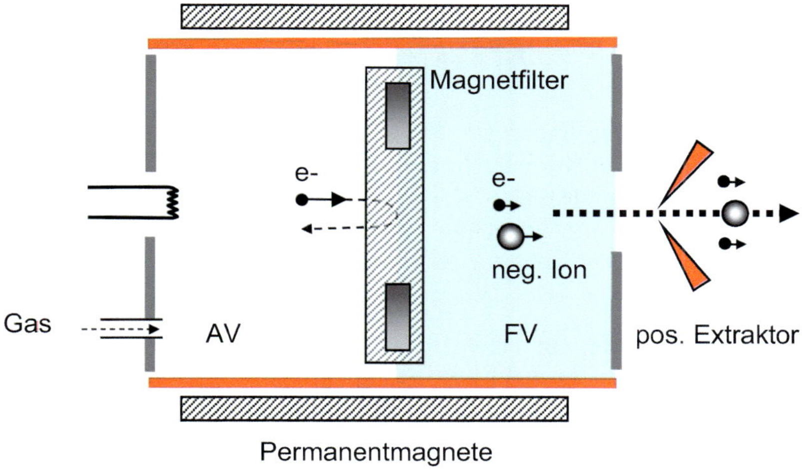

Fig. 3.21: Schematische Darstellung einer modifizierten thermischen Hochstrom-Multi-Cusp-Ionenquelle (vgl. dazu Fig. 3.14) zur Produktion negativer Ionen. Durch einen magnetischen Dipol-Filter werden hochenergetische Elektronen auf den linken Teil der Plasmakammer, das Anregungsvolumen AV, beschränkt. Auf der rechten Seite befindet sich das Formationsvolumen FV, in dem langsame Elektronen eingefangen werden und so negative Ionen bilden. Der Extraktor liegt an einer hohen positiven Spannung.

Eine dritte Möglichkeit ist die **dissoziative Rekombination** freier Elektronen mit einfach positiv geladenen Molekül-Ionen. Ein positiv geladenes Molekül-Ion fängt ein Elektron ein. Die dabei freiwerdende Bindungsenergie führt zur Zerlegung des Moleküls in ein positives und ein negatives Atom-Ion. Der Prozess verläuft nach (Gl. 3.9).

$$XY^+ + e^- = X^+ + Y^- \tag{3.9}$$

Eine wichtige Volumenteilchenquelle für negative Ionen dient der Erzeugung negativ geladener Wasserstoffatome H^-, die beispielsweise für die Plasmaforschung und industrielle Anwendungen von großem Interesse sind. Man vermutet bei der Erzeugung folgenden Stufenprozess. Zunächst wird ein neutrales Wasserstoffmolekül durch Elektronenstoß einfach ionisiert und angeregt (Gl. 3.10).

$$H_2 + e^- = (H_2^+)^* + 2e^- \tag{3.10}$$

Das angeregte Wasserstoffmolekül fängt dann ein freies Elektron ein; es wird dadurch also neutralisiert, bleibt aber angeregt.

$$H_2^+ * + e^- = H_2^* \tag{3.11}$$

Anschließend fängt dieses angeregte Molekül über dissoziative Rekombination ein Elektron ein (Gl. 3.12). Dabei entsteht ein neutrales H-Atom und das erwünschte negativ geladene Wasserstoff-Ion H^-.

$$H_2^* + e^- = H * + H^- \tag{3.12}$$

Da das zusätzliche Elektron nur schwach am Wasserstoff gebunden ist ($E_A = 0{,}75$ eV), darf das negative H-Ion nicht mehr mit schnellen Elektronen in Kontakt kommen, da schnelle Elektronen das zusätzliche Elektron sofort über eine Stripping-Reaktion abstreifen würden. Eine Voraussetzung für eine vernünftige Ionenausbeute ist deshalb die Trennung schneller Elektronen von den negativen Ionen. Dies wird durch eine Aufteilung des Plasmaraums mit Hilfe magnetischer Filter in ein Anregungsvolumen (AV) und ein Formationsvolumen (FV) erreicht (s. das Beispiel in Fig. 3.21). Ein solcher Filter besteht in der Regel aus einem magnetischen Dipolfeld, das die schnellen Elektronen über die magnetische Komponente der Lorentzkraft auf Umkehrbahnen zwingt, während die schweren Ionen und die langsamen Elektronen den Filter über Diffusion passieren können. Extrahiert wird wegen der negativen Ladungen der Ionen mit einer hohen positiven Saugspannung, die auch die langsamen Elektronen dem Plasma entzieht. Elektronen und Ionen müssen nach der Extraktion und vor der weiteren Verwendung durch elektrische oder magnetische Felder voneinander getrennt werden.

Ladungsaustauschquellen: Bei dieser Quellenart wird das Plasmagasvolumen mit Atomen der gewünschten Ionenart sowie mit Alkali- oder Erdalkalidämpfen angereichert. Wegen deren geringen Valenzelektronenbindung geben diese Alkalimetallatome leicht Elektronen an Atome oder Moleküle höherer Elektronenaffinität ab, die sich dann als negative Ionen im Plasma befinden. Die wichtigsten Ladungsaustauschquellen verwenden Cäsium als Elektronenspender. Dabei spielen wahrscheinlich die folgenden Prozesse eine Rolle. Zunächst wird ein positives Gasatom z. B. durch ein Elektron eines im Gasvolumen befindlichen Cäsiumatoms neutralisiert.

$$X^+ + Cs = X + Cs^+ \tag{3.13}$$

Anschließend kommt es zum Stoß eines solchen neutralen Gasatoms mit einem weiteren neutralen Cäsiumatom. Dabei geht dessen schwach gebundenes Valenzelektron auf das neutrale Atom über und bildet so ein negatives Gasion.

$$X + Cs = X^- + Cs^+ \tag{3.14}$$

Der Aufbau der Ladungsaustauschquellen ähnelt den Quellen für positive Ionen, enthält aber wieder einen zusätzlichen magnetischen Filter zur Trennung der schnellen und langsamen Elektronen sowie der Ionen. Oft wird das Austauschvolumen anders als in (Fig. 3.21) auch hinter dem Extraktor für positive Ionen als weitere völlig separate Einheit installiert. In dieser findet dann der Ladungsaustausch räumlich getrennt vom Anregungsvolumen zur Erzeugung positiver Ionen statt. Ladungsaustauschquellen werden bevorzugt für einfach geladene Ionen verwendet. Die Quellen zur Erzeugung der positiven Ionen sind also in der Regel Duoplasmatrons oder Penningquellen, die unter den entsprechenden Druck- und Magnetfeldbedingungen betrieben werden müssen.

Oberflächenquellen: Bringt man bewegte Teilchen mit Oberflächen in Kontakt, die Materialien mit einer niedrigen Elektronenaustrittsarbeit aufweisen, werden beim Stoß leicht Elektronen aus der Oberfläche gelöst und können dann an Atome oder Moleküle mit höherer Elektronenaffinität angelagert werden. Die Ionenausbeuten können erheblich zunehmen, wenn die Oberflächen mit Cäsiumatomen dotiert werden. Man unterscheidet bei Oberflächenquellen im Wesentlichen zwei Verfahren zur Herstellung negativer Ionen, die Sputter-Ionenquellen und die Plasmaoberflächen-Konversions-Ionenquellen.

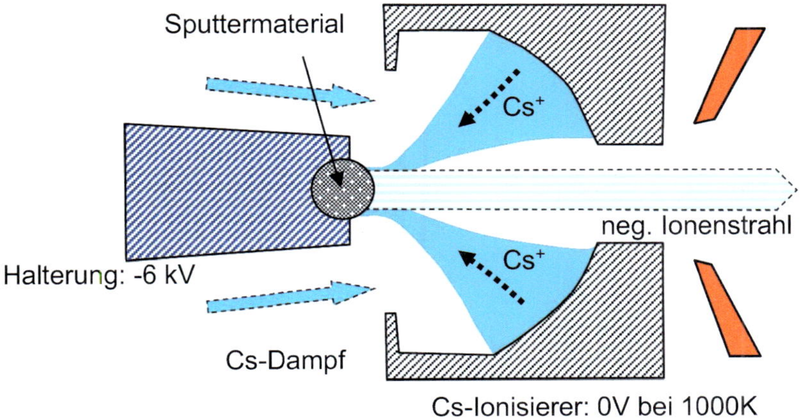

Fig. 3.22: Schematischer Aufbau einer Cs-Sputterquelle. Der von links eingeleitete Cs-Dampf wird an der Oberfläche eines auf ca. 1000 K hoch geheizten Ionisierers einfach aufgeladen und wird durch die hohe negative Vorspannung des Probenträgers auf das Präparat gelenkt. Die dort ausgelösten Atome übernehmen von neutralen Cs-Atomen ein Elektron und werden durch die 20 kV-Extraktionselektroden aus dem Plasma entfernt.

Bei **Sputter-Ionenquellen** (sputter: engl. für sprühen, spucken) werden positiv geladene Ionen einer leicht verfügbaren Ionenart wie Cäsium$^+$ auf eine Oberfläche des gewünschten Materials eingeschossen. Diese Oberfläche ist negativ vorgespannt und kann zur Erhöhung der Ausbeute zusätzlich mit Cäsium dotiert sein. Beim Oberflächenkontakt der Cäsium-Ionen werden die gewünschten Atome aus der Oberfläche ausgeschlagen und übernehmen ein Elektron von neutralen Cäsiumatomen in der Nähe der Oberfläche. Sie werden wegen des negativen Potentials der Elektrode in den Plasmaraum gelenkt und können dort mit ionenoptischen Verfahren extrahiert werden.

Für diese Technik werden im Wesentlichen zwei Geometrien verwendet, die Sputterquellen mit schrägen Prallanoden und die so genannten inversen Sputterquellen. Bei den schrägen Prallanoden treffen die positiven Cäsium-Ionen fast tangential auf die zu sputternde Oberfläche. Die Ionen des gewünschten Materials werden folglich schräg nach vorne aus der Oberfläche geschossen und können leicht durch Extraktoren aus dem Plasmaraum entfernt werden. Bei den inversen Sputterquellen werden die Cäsium-Ionen aus der Richtung des Ionenextraktors senkrecht auf das zu sputternde Material eingeschossen (s. das Beispiel in Fig. 3.22). Die gesputterten und umgeladenen

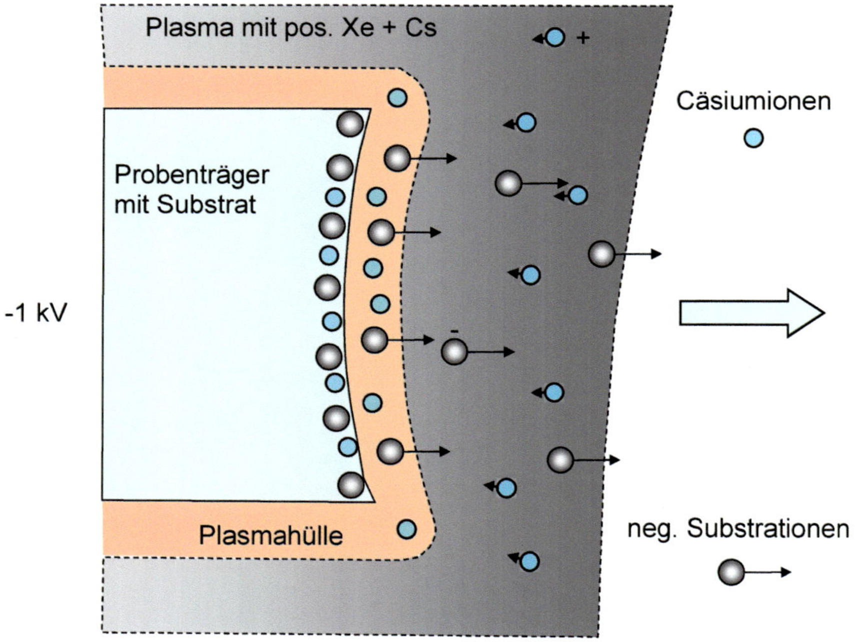

Fig. 3.23: Schematischer Aufbau einer Plasmaoberflächen-Konversionsquelle. Vor dem Probenträger bildet sich ein aufgeheizter Plasmaschlauch mit neutralen und positiv geladenen Cs-Atomen aus. Die durch die Cs-Xe-Partikel gesputterten Substratatome werden durch neutrale Cs-Atome in der Plasmahülle umgeladen und vom Probenträger durch eine negative Spannung ins Plasma zurück beschleunigt.

Ionen bewegen sich durch die angelegten Spannungen in Gegenrichtung zum Cäsiumstrom. Für eine hohe Ionenausbeute müssen die Feldstärkenverteilungen in solchen Quellen durch sorgfältige Berechnungen der Geometrie der Elektroden optimiert werden.

Die zweite Quellenart sind die **Plasmaoberflächen-Konversionsquellen** Bei ihnen werden positiv geladene Xenon-Ionen oder eine Mischung aus Xenonionen mit einer Beimischung von Cäsium-Ionen auf eine negativ vorgespannte Sputter-Elektrode eingeschossen (Fig. 3.23). Diese enthält das gewünschte Material, aus dem Ionen erzeugt werden sollen. Sie ist zudem mit einer dünnen Lage Cäsium beschichtet, um die Austrittsarbeit auf unter 2 eV zu erniedrigen und die Ionenausbeute zu erhöhen. Vor der Elektrode bildet sich eine schmale Plasmahülle aus. Treffen die aus der Oberfläche gelösten positiven Ionen auf dieses Plasma, werden sie durch Kontakt mit den darin enthaltenen Cäsiumatomen umgeladen und anschließend durch die negative Elektrodenspannung abgestoßen.

Wegen der hohen Ionenausbeute der Substrat-Ionen werden Oberflächen-Konversionsquellen bevorzugt bei geringen Substratmengen wie beispielsweise radioaktiven Substanzen verwendet, oder wenn bei ausreichendem Material hohe Ionenströme erreicht werden sollen. Dieses Verfahren kann für alle möglichen Quellenbauarten verwendet werden wie für Penningquellen oder Multicusp-Quellen, bei denen mit der Oberflächenmethode leicht H^--Gleichströme bis 1 A erzeugt werden können. Auch Oberflächenkonversionsquellen werden oft, wie in (Fig. 3.23) angedeutet, in inverser Geometrie betrieben.

Zusammenfassung

- **Sollen negative Ionen erzeugt werden, müssen aus dem in Ionenquellen erzeugten Plasma die dort zufällig entstandenen negativen Ionen extrahiert werden.**

- **Diese negativen Ionen entstehen durch Elektroneneinfang an ungeladenen oder geladenen Atomen oder Molekülen.**

- **Die wichtigsten Quellenformen zur Erzeugung negativer Ionen sind die Volumenquellen, die Ladungsaustauschquellen und die Oberflächenquellen.**

- **Bei allen drei Quellenarten werden die negativen Ionen von den immer gleichzeitig auftretenden Elektronen und den positiven Ionen durch geeignete Anordnungen elektrischer und magnetischer Felder getrennt und aus dem Plasma extrahiert.**

Aufgaben

1. Berechnen Sie die Sättigungsstromdichten für eine Rein-Wolframglühkathode und eine mit Cäsium dotierte oder beschichtete Wolframkathode bei 2700 K. Welche Temperatur reicht bei der Cs-W-Kathode aus, um den Sättigungsstrom der Rein-Wolframkathode bei 2700 K zu erreichen?

2. Warum verwendet man keine Materialien für Kathoden von Röntgenröhren, die ausschließlich aus reinen Metallen mit extrem niedriger Austrittsarbeit bestehen wie Barium oder Cäsium?

3. Erklären Sie das typische Schaltverhalten des Bedieners bei der Erstellung einer Röntgenaufnahme an einem Röntgenarbeitsplatz mit einer konventionellen Röntgenröhre.

4. Wie werden in konventionellen Röntgenröhren die Elektronen aus der Glühkathode auf den Brennfleck auf der Anode fokussiert?

5. Können Sie an einer Röntgenröhre mit einem selbstaufladenden Wehneltzylinder schnell gepulste Röntgenstrahlungen erzeugen?

6. Wozu wird in einer Penning-Ionenquelle die kalte Kathode benötigt?

7. Wie groß ist die Umlauffrequenz von Elektronen in einem homogenen 0,1 T Magnetfeld?

8. Versuchen Sie eine Erklärung für die verschwindenden Elektronenaffinitäten der Elemente in der 2. und der 8. Hauptgruppe (Erdalkali, Edelgase) in Tab. 3.5.

9. Erklären Sie die Begriffe Anregungsvolumen und Formationsvolumen in einer Volumen-Ionenquelle für negative Ionen.

10. Wieso kann man mit einem Magnetfeld schnelle und langsame Elektronen trennen?

11. Wieso benötigt man für Ladungsaustauschquellen Alkali- oder Erdalkali-Dämpfe im Plasmavolumen?

4 Die Röntgenröhre

Nach einer kurzen Einführung werden zunächst die Entstehung der beiden Röntgenstrahlungsarten, der kontinuierlichen Bremsspektren und der diskreten charakteristischen Röntgenstrahlung sowie die Wirkung der Filterung auf die Röntgenspektren erläutert. Nach der Darstellung der Abbildungseigenschaften von Röntgenstrahlern werden die Bauformen moderner Röntgenstrahler vorgestellt. Im letzten Teil des Kapitels wird detailliert auf die physikalisch-technischen Probleme bei der Konstruktion und beim Betrieb von Röntgenstrahlern eingegangen.

Die bedeutendste Strahlungsart der medizinischen und technischen Radiologie ist ohne Zweifel die 1895 von ***W. C. Röntgen*** entdeckte Photonenstrahlung in Röntgenröhren. Röntgenstrahlung zählt wie die Gammastrahlung aus Atomkernen zum Spektrum der elektromagnetischen Wellenstrahlungen. Die Röntgenröhre gehört zur Kategorie der Gleichspannungsbeschleuniger. Sie besteht im einfachsten Fall aus einer heizbaren Kathode und einer Anode, die sich im Hochvakuum befinden. Die Kathode dient als Elektronenquelle, aus der durch Erhitzen Elektronen freigesetzt werden. Zwischen Kathode und Anode wird eine Hochspannung angelegt, die die Elektronen zur Anode hin beschleunigt. Durch Wechselwirkungen mit den Coulombfeldern der Targetatome[1] erzeugen sie dort Röntgenstrahlung. Diese entsteht zum einen im elektrischen Feld der Atomkerne und zum anderen in den Atomhüllen eines Absorbers.

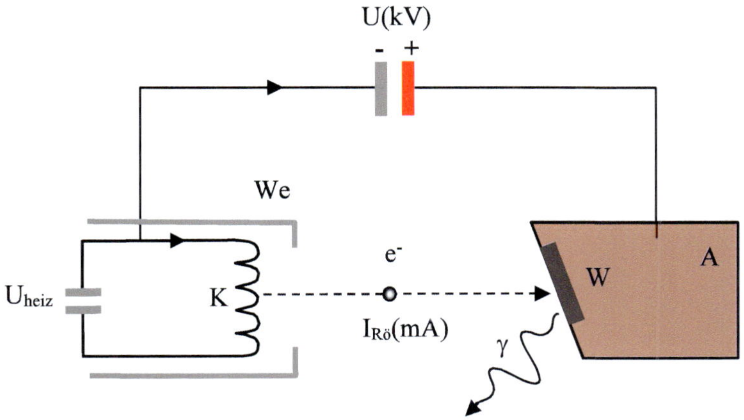

Fig. 4.1: Prinzipieller Aufbau einer Röntgenröhre: K: Kathode (Elektronenquelle, in der Regel eine geheizte Glühkathode), U_{heiz}: Heizspannung für Glühwendel, We: Wehneltzylinder (Elektronenoptik), $I_{Rö}$: Röhrenstrom, A: Kupfer-Anode mit Schwermetalleinsatz aus Wolfram W, U: externe Hochspannung zur Beschleunigung der thermisch emittierten Elektronen zur Anode, γ: Röntgenstrahlung. Anode und Kathode sind in einem hier nicht dargestellten hoch evakuierten Körper aus Glas, Keramik oder Metall mit einem Austrittsfenster für die Röntgenstrahlung untergebracht.

---

[1] target: englisch für Zielscheibe.

Man unterscheidet deshalb zwei Arten von Röntgenstrahlungen:

- **die kontinuierliche Röntgenbremsstrahlung**
- **und die diskrete charakteristische Röntgenstrahlung.**

Da beim Beschuss eines Absorbers mit geladenen Teilchen beide Strahlungsarten nebeneinander erzeugt werden, ist dem kontinuierlichen Spektrum der Röntgenbremsstrahlung also das diskrete Linienspektrum der charakteristischen Röntgenstrahlung überlagert (Fig. 4.2). Die Form der Röntgenspektren und die Strahlungsausbeute hängen wesentlich von der Art der erzeugenden Teilchen, ihrer kinetischen Energie und der Ordnungszahl der Absorbersubstanz ab[2]. So wird z. B. durch Protonen und α-Teilchen bei nicht zu hohen Energien wegen der hohen Massen praktisch keine Röntgenbremsstrahlung produziert, durch Elektronen in schweren Absorbern dagegen schon bei vergleichsweise niedrigen Energien. Entstehung von Röntgenstrahlung ist also nicht ausschließlich auf die Röntgenröhren beschränkt, da sie grundsätzlich bei jedem Beschuss von Materie mit schnellen geladenen Teilchen entsteht. Strahlungserzeugung in Röntgenröhren beruht dagegen ausschließlich auf der Strahlungs- und Stoßbremsung von **Elektronen** in Targets aus Schwermetallen mit hoher Ordnungszahl.

Die wichtigsten medizinischen Anwendungen der Röntgenstrahlung sind die diagnostischen und die interventionellen Techniken in der medizinischen Radiologie. Eine große Rolle spielt auch der Einsatz von Röntgenstrahlungen in der Materialprüfung

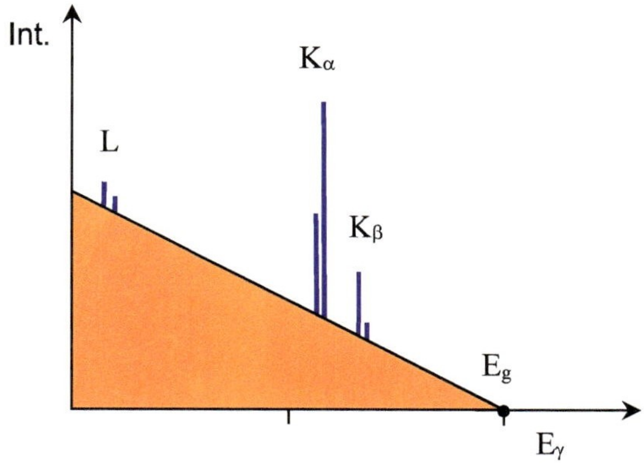

Fig. 4.2: Schematische Darstellung eines Röntgen-Intensitätsspektrums mit kontinuierlichem Bremsstrahlungsanteil (Dreieck) und überlagerter diskreter charakteristischer Röntgenstrahlung aus den Atomhüllen der Anodenatome als Funktion der Photonenenergie (E_g: Grenzenergie des Dreieckspektrums).

---

[2] Für das Strahlungsbremsvermögen eines Absorbers der Ordnungszahl Z für Teilchen mit der Energie E, der Ladung q und der Masse m gilt: $S_{rad} \propto \rho \cdot Z^2 \cdot (q/m)^2 \cdot E$. Es nimmt also quadratisch mit zunehmender Teilchenmasse ab und proportional zur Energie zu.

und der Grundlagenforschung beispielsweise zur Untersuchung von Kristallstrukturen mit Hilfe der Röntgenstrahlungsbeugung. Röntgenstrahlungen entstehen auch quasi als Abfallprodukt bei allen Anordnungen, in denen schnelle Elektronen erzeugt und verwendet werden. Typische Beispiele sind Anlagen zur Erzeugung von Radarstrahlung (Klystrons, Magnetrons), Elektronenmikroskope, Bildschirme und Oszillografen. In der Röntgenverordnung werden solche Röntgenstrahlungsquellen als "Störstrahler" bezeichnet, bei deren Einsatz natürlich ebenfalls der Strahlenschutz beachtet werden muss. Röntgenstrahlung in der medizinischen Radiologie ist die bedeutendste Strahlungsquelle für die mittlere zivilisatorische Strahlenexposition der Bevölkerung. In den westlichen Industrienationen erreicht ihr jährlicher Beitrag zur Effektiven Dosis mit etwa 2 mSv/a pro Person inzwischen fast die durchschnittliche natürliche Strahlenexposition von 2,4 mSv/a.

Die Energie der Röntgenstrahlungen wird wie in der Strahlungsphysik üblich bevorzugt in der praktischen atomphysikalischen Energieeinheit, dem **Elektronvolt** eV, gekennzeichnet. Der Zusammenhang mit der SI-Einheit der Energie, dem Joule, ist durch die folgende Gleichung gegeben:

$$1eV = 1e_0 \cdot 1V = 1,6022 \cdot 10^{-19}\,J \tag{4.1}$$

Je nach Anwendungsgebiet wird die Darstellung der Röntgenspektren im Energiebild, im Frequenzbild oder im Wellenlängenbild bevorzugt. Der Zusammenhang von Photonenenergie E_{Ph}, Photonenfrequenz f und Wellenlänge λ ist durch folgende Beziehung gegeben (vgl. dazu [Krieger1]).

$$E_{Ph} = h \cdot f = h \cdot \frac{c}{\lambda} \tag{4.2}$$

Die Größe h heißt **Plancksches Wirkungsquantum** und hat den Wert

$$h = 6,626 \cdot 10^{-34}\,J \cdot s \approx 4,136\ 10^{-15}\,eV \cdot s \tag{4.3}$$

4.1 Röntgenspektren

4.1.1 Entstehung der Röntgenbremsstrahlung

Die aus der Kathode freigesetzten Elektronen werden durch die Hochspannung zwischen Kathode und Anode zur Anode hin beschleunigt. Dort erzeugen sie durch Wechselwirkungen mit den Targetatomen Röntgenstrahlung. Findet die Wechselwirkung mit den Hüllenelektronen der Anodenatome statt, entsteht durch Stoßionisation die charakteristische Röntgenstrahlung. Die Röntgenbremsstrahlung wird dagegen überwiegend bei der Abbremsung geladener Teilchen im elektrischen Feld (Coulombfeld) der Atomkerne erzeugt. Elektronen, die das Feld eines Atomkerns passieren, werden durch die anziehenden Coulombkräfte abgelenkt. Sie umfliegen den Kern ähnlich wie Kometen die Sonne auf Hyperbelbahnen (Fig. 4.3). Die durchlaufene Bahn wird durch die Anfangsenergie des Elektrons, die Ladung ($Z \cdot e_0$) des Atomkerns und den Abstand b zwischen Atomkern und der anfänglichen Bahnrichtung, dem so genannten Stoßparameter, bestimmt. Bei der Ablenkung verlieren einige Elektronen Bewegungsenergie, die in Form elektromagnetischer Strahlung, der Röntgenbremsstrahlung, emittiert wird. Die Energiebilanz dieses Bremsstrahlungsprozesses lautet:

$$E_{vor} = E_{nach} + E_{\gamma} \tag{4.4}$$

Der individuelle Energieverlust des Elektrons ist unter sonst gleichen Bedingungen nur noch vom Stoßparameter b abhängig. Je größer der Abstand ist, umso kleiner ist der Bewegungsenergieverlust des Elektrons, und umso geringer ist auch die Photonenenergie E_γ des entstandenen Röntgenquants.

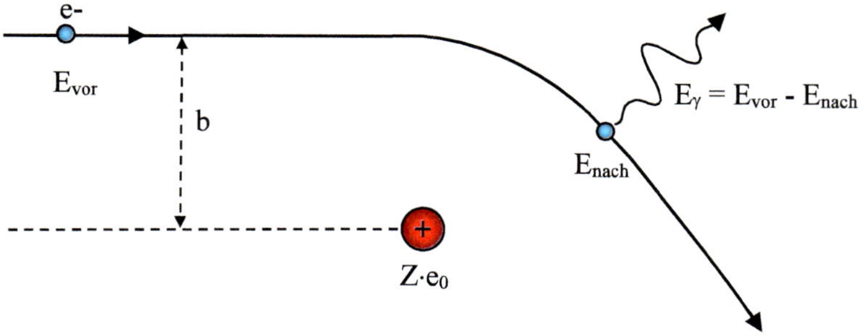

Fig. 4.3: Entstehung elektromagnetischer Strahlung bei der Strahlungsbremsung von Elektronen im elektrischen Feld eines Atomkerns mit der Ladung $Z \cdot e_0$. Die Verminderung der kinetischen Energie von E_{vor} auf E_{nach} führt zur Emission eines Photons mit der Differenzenergie $E_\gamma = E_{vor} - E_{nach}$. b ist der Stoßparameter des einlaufenden Elektrons.

4.1.2 Intensitätsspektren der Röntgenbremsstrahlung*

Bremsspektren an dünnen Folien: Die Bremsstrahlungs-Intensitätsspektren an dicken Anoden kommerzieller Röntgenröhren sind die Überlagerung der Bremsstrahlungsspektren, die bei den Wechselwirkungen in aufeinander folgenden dünnen Schichten der Anode entstehen. Um die Verhältnisse quantitativ beschreiben zu können, analysiert man deshalb am besten zunächst die Wechselwirkungen von Elektronen, die mit konstanter Stromdichte auf eine dünne Folie treffen und überlagert diese "dünnen" Spektren anschließend zum Spektrum an dicken Targets. Die Folie soll für diese Modellüberlegung so dünn sein, dass jedes Elektron beim Passieren der Folie höchstens einmal in den ablenkenden Bereich eines Kernfeldes gelangt und dabei abgebremst werden kann. Die Elektronen werden statistisch, d. h. mehr oder weniger gleichmäßig verteilt in verschiedenen Abständen b an einem Kern vorbeifliegen. Für die Energien E_γ der entstehenden Röntgenquanten sind daher alle Werte von fast Null bis zu einer oberen Grenzenergie E_g möglich. Der letztere Fall entspricht einem zentralen Stoß des Elektrons mit dem Atomkern, während bei großen Stoßparametern b, also großen Abständen zwischen Elektron und Kern, keine Ablenkung und somit auch keine Strahlungsbremsung stattfindet. Die Grenzenergie des Photonenspektrums entspricht gerade der Bewegungsenergie E_{kin} des Elektrons vor dem Stoß, da mehr als die kinetische Energie des auftreffenden Elektrons für die Umwandlung in Photonenenergie natürlich nicht zur Verfügung steht.

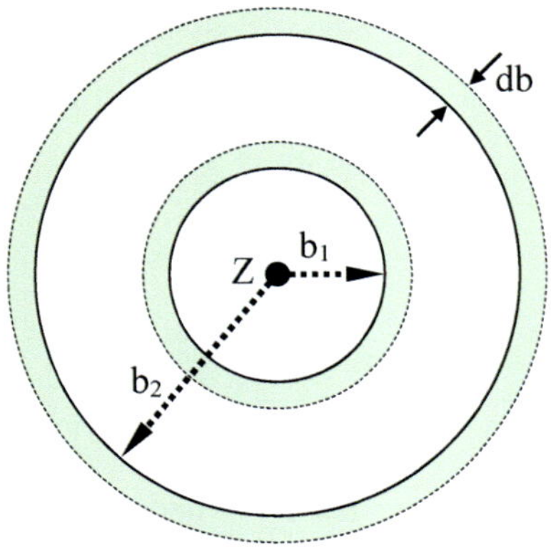

Fig. 4.4: Zielscheibenmodell für die Entstehung der Röntgenbremsstrahlung durch Abbremsen von Elektronen im Kernfeld. b ist der Stoßparameter der Elektronenbahnen.

Zur Beschreibung der Photonenspektren verwendet man die Photonenfluenz (die Zahl der Photonen pro Fläche) oder Energiegrößen wie die Intensität I und die spezifische Intensität I*. Unter der Intensität I eines Strahlenbündels versteht man die pro Zeit- und pro Flächeneinheit insgesamt transportierte Strahlungsenergie. Die spezifische Intensität I* der Photonenstrahlung eines Röntgenspektrums ist dagegen die in einem kleinen Energieintervall dE pro Zeiteinheit und Flächeneinheit transportierte Energie. Ihre energetische Verteilung wird als spektrale Intensitätsverteilung bezeichnet.

$$I(E) = dN_\gamma \cdot E_\gamma/(dF \cdot dt)) \quad \text{und} \quad I(E)^* = dI(E)/dE \tag{4.5}$$

Stellt man sich die Umgebung des Kerns wie eine Ringzielscheibe vor (Fig. 4.4), sieht man sofort, dass verhältnismäßig wenige Elektronen eines gleichförmigen Elektronenbündels dicht am Kern vorbeifliegen und auf Grund ihrer starken Ablenkung hochenergetische Quanten produzieren. Mit zunehmendem Abstand nimmt die Zahl der auf die Ringfläche auftreffenden Elektronen und somit die Zahl der erzeugten Bremsstrahlungsphotonen N_γ linear mit der Ringfläche zu. Diese ist proportional zum Radius der Ringscheibe[3], dem Stoßparameter b. Die Energie der erzeugten Photonen nimmt aber gleichzeitig wegen des größeren Abstands vom Kernmittelpunkt ab. Unterstellt man eine zum Stoßparameter b reziproke Abnahme der Photonenenergie ($E_\gamma \propto 1/b$), ist das Produkt aus E_γ und N_γ, also die bei einem bestimmten Stoßparameter pro Ringscheibe in Bremsstrahlung verwandelte Bewegungsenergie, unabhängig vom Abstand des Ereignisses vom zentralen Atomkern, dem Stoßparameter b.

$$E_\gamma \cdot N_\gamma = const \neq f(b) \tag{4.6}$$

Man erhält daher die in (Fig. 4.5 links) dargestellte spektrale Verteilung der spezifischen Intensität I* der Bremsstrahlungsphotonen. Sie hat für einen bestimmten Elektronenstrom einen von der Photonenenergie und der Grenzenergie E_g unabhängigen konstanten Betrag. Ihre Verteilung ergibt daher eine Rechteckform, die natürlich bei der maximalen Photonenenergie, also der Energie der eingeschossenen Elektronen E_g,

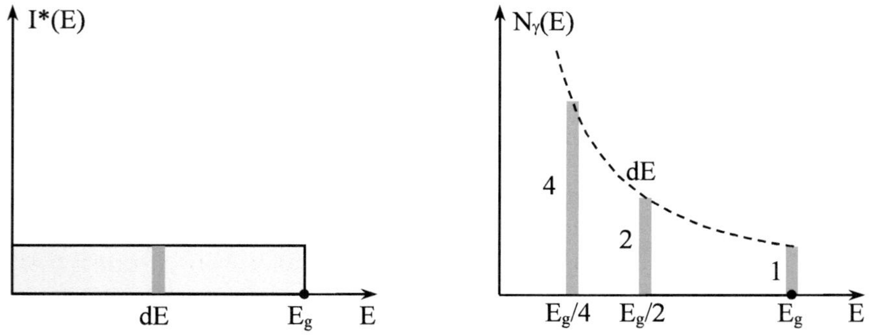

Fig. 4.5: Links: Energetische Verteilung der spezifischen Intensität I*(E) der Röntgenbremsstrahlung, die bei der Abbremsung von Elektronen der kinetischen Energie E_g in einer dünnen Schwermetallfolie entsteht. E_g ist die Grenzenergie der entstehenden Quanten. Das Produkt aus dE und I_E* ist die Intensität im Energieintervall E bis E+dE. Die Gesamtintensität I ist die Rechteckfläche, also das Produkt aus Grenzenergie und konstanter spezifischer Intensität. Rechts: Verlauf der Photonenzahl N_γ mit der Energie.

[3] Die Fläche eines schmalen Kreisrings mit dem Innenradius b beträgt etwa $2 \cdot \pi \cdot b \cdot db$, nimmt also linear mit dem Radius b und der Ringbreite db zu.

endet. Die Fläche der Verteilung entspricht gerade der Gesamtintensität I. Die **Zahl der Photonen** bei einer bestimmten Energie E nimmt dagegen wegen (Gl. 4.6) reziprok mit abnehmender Energie zu. Bei der halben Grenzenergie $E_g/2$ hat man also doppelt so viele Photonen wie bei der Grenzenergie E_g, bei $E_g/4$ bereits die vierfache Photonenzahl (Fig. 4.5 rechts). Man muss bei der Interpretation von Röntgenspektren wegen der unterschiedlichen Verläufe und Formen sorgfältig darauf achten, welche Größe im Spektrum dargestellt wird.

Wird die Einschussenergie der Elektronen verringert, die Zahl der Elektronen bzw. der Elektronenstrom aber konstant gehalten, vermindert sich natürlich die Grenzenergie der Photonen mit der Elektroneneinschussenergie. Die Höhe der spektralen Intensitätsverteilung I*(E) bleibt aber für den niederenergetischen Energiebereich in der Röntgendiagnostik bei gleichem Absorber (Z,ρ) und Elektronenstrom konstant. Die Gesamtintensität I eines Röntgenspektrums an einer dünnen Folie, die Fläche unter der Intensitätskurve, ist deshalb proportional zur jeweiligen Grenzenergie.

$$I(E_g) = I^*(E) \cdot E_g \tag{4.7}$$

Bremsspektren an dicken Absorbern: Ist die abbremsende Schicht dicker als die praktische Reichweite R_p der eingeschossenen Elektronen, erhält man das Intensitätsspektrum der emittierten Röntgenbremsstrahlung durch folgende Überlegung. Man denkt sich das Bremsmaterial in dünne Schichten der Dicke dx zerlegt. In jeder dieser Schichten soll ein Intensitätsspektrum gemäß Gleichung (4.7) entstehen. Die Elektronen verlieren längs ihres Weges durch eine solche Schicht aber einen Teil ihrer Energie durch Stöße und Bremsstrahlungserzeugung. Die jeweilige Eintrittsenergie in die nächste Schicht nimmt pro Schichtdicke entsprechend dem energetischen Verlauf des totalen Bremsvermögens des Absorbers ab. Für niedrige Elektronenenergien im nicht extrem relativistischen Bereich, wie sie in Röntgenröhren erzeugt werden, ist das totale Bremsvermögen umgekehrt proportional zur Elektronenenergie[4]. Die Energieverluste pro Schicht nehmen daher mit zunehmender Eindringtiefe zu und damit auch die Höhe der spezifischen Intensität. Dieser Sachverhalt erschwert die Konstruktion und die Veranschaulichung der Intensitätsverläufe.

Wählt man die Schichtdicken dx aber so, dass ihnen jeweils ein konstanter Energieverlust dE zuzuordnen ist (Fig. 4.6 links), erhält man Intensitätsspektren für jede Schichtdicke, die sich nur durch ihre Endenergie, nicht aber durch ihre Höhe unterscheiden. Jeder Schicht der Tiefe x ist eine tiefenabhängige kinetische Eintrittsenergie E(x) zuzuordnen, mit der die Elektronen sie erreichen. Der Vorgang endet, sobald die Elektronen vollständig abgebremst sind. Dies ist der Fall bei der praktischen Reichweite der Elektronen im Anodenmaterial. Das gesuchte, energieabhängige Gesamt-

---

[4] $S_{tot} \propto 1/E$ für nicht relativistische Elektronen z. B. in Röntgenröhren, S_{tot} für schnelle relativistische Elektronen (z. B. in medizinischen Linearbeschleunigern) ist dagegen nahezu unabhängig von der Energie (s. [Krieger1], Kap. 9).

spektrum für einen dicken Absorber ergibt sich dann einfach als Überlagerung dieser rechteckigen Einzelspektren gleicher Höhe aus den aufeinander folgenden Schichten. Die Summation ergibt einen linearen Zusammenhang zwischen der von der Röntgenquelle in einem dicken, abbremsenden Material erzeugten spezifischen Intensität I*(E) und der Photonenenergie E_γ (Fig. 4.6 rechts).

$$I^*(E_\gamma) = b \cdot (E_g - E_\gamma) \text{ mit der Randbedingung } E_g \geq E_\gamma \tag{4.8}$$

Beziehung (4.8) ist die Gleichung einer Geraden mit der Steigung (-b) und dem x-Abschnitt E_g. In der Konstanten b ist der Elektronenstrom, die Ordnungszahl und Dichte des Targets sowie der Wirkungsquerschnitt für die Bremsstrahlungsproduktion enthalten. Die spezifische Intensität in dicken Absorbern ist also proportional zur Grenzenergie E_g, d. h. zur Einschussenergie der Elektronen. Die Gesamtintensität, die Fläche unter den Intensitätskurven, ist proportional zum Quadrat der Grenzenergie[5].

$$I \propto E_g^2 \tag{4.9}$$

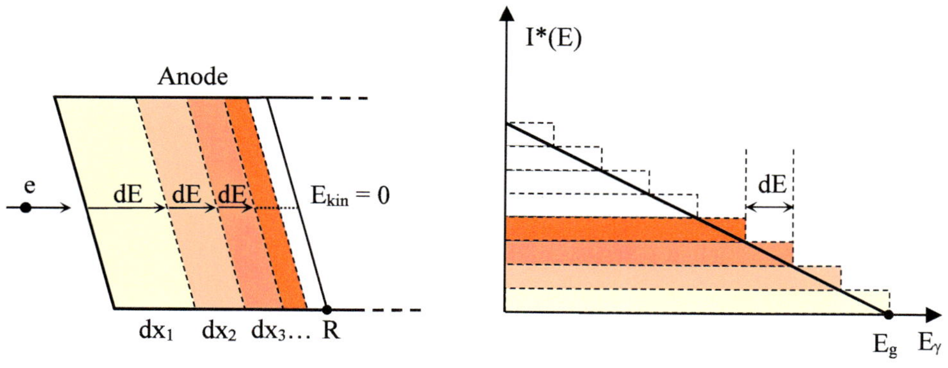

Fig. 4.6: Entstehung des Intensitätsspektrums der Röntgenbremsstrahlung in einem Material, dessen Dicke groß gegen die praktische Reichweite R_p der Elektronen ist. (Links): Abfolge der dünnen Schichten mit abnehmender Dicke dx für einen jeweils konstanten Energieverlust dE der Elektronen. Die Abbildung ist nicht maßstabsgerecht. (Rechts): Überlagerung der Einzelspektren dünner Schichten mit stetig abnehmender Eintrittsenergie der Elektronen zum Gesamtspektrum mit der typischen Dreiecksform.

---

[5] Die Fläche unter der spezifischen Intensität, die Gesamtintensität I, wird als Energieintegral über die spezifische Intensität I* berechnet: $I(E_g) = \int_0^{E_g} I^*(E_\gamma) \cdot dE_\gamma = \int_0^{E_g} b \cdot (E_g - E_\gamma) dE_\gamma \propto E_g^2$

Die Gesamtintensität I eines Röntgenbremsspektrums aus dicken Absorbern verändert sich also quadratisch mit der Elektronenenergie (Fig. 4.7a). Die Verdopplung der Röhrenspannung von 50 kV auf 100 kV vervierfacht deshalb die Röntgenintensität, die Halbierung der Hochspannung auf 25 kV (Mammografiebetrieb) reduziert sie auf ein Viertel. Experimentelle Untersuchungen an Röntgenanlagen bestätigen diese Abhängigkeiten für den Energiebereich, in dem Röntgendiagnostikröhren betrieben werden, da hier die geschilderten einfachen Modellvorstellungen gut zutreffen. Diese Variationen der Ausbeuten müssen bei der Röntgenaufnahmetechnik selbstverständlich berücksichtigt werden; sie sind deshalb in die Belichtungstabellen eingearbeitet.

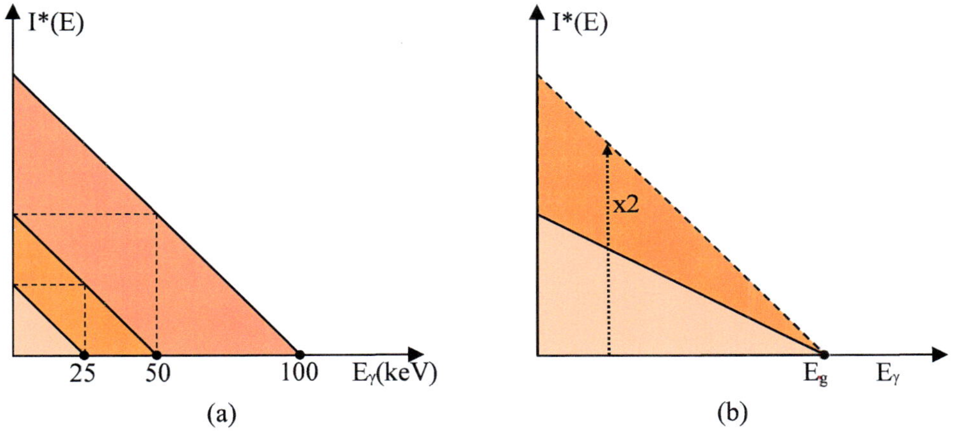

Fig. 4.7: Schematische Darstellungen der Veränderung der ungefilterten Bremsstrahlungs-Intensitätsspektren. (a): Vervierfachung bzw. Vierteln der Gesamtintensität im Röntgenspektrum bei verdoppelter bzw. halbierter Röhrenspannung (nach Gl. 4.7). (b): Verdoppelung der spezifischen Intensität bei entweder verdoppeltem Röhrenstrom oder verdoppelter Ordnungszahl der Anode aber konstanter Grenzenergie.

Für Anordnungen mit mittlerer Targetdicke, also weder mit extrem dünnen Targets noch mit Targetstärken, die größer als die praktische Reichweite der eingeschossenen Elektronen sind (dicke Anoden), erhält man Mischformen der beiden idealisierten Grenzfälle Rechteckform oder Dreiecksform für die spektrale Intensitätsverteilung. Dies ist z. B. der Fall bei Durchstrahlanoden für die Therapie oder bei Elektronenbeschleunigern mit dünnem Bremstarget und nicht zu hohen Grenzenergien.

Da die Bremsstrahlungsausbeuten proportional zum Röhrenstrom und außerdem zur Ordnungszahl Z des Anodenmaterials sind (s. Gl. 4.11), verändert sich die spezifische Intensität linear mit der Variation dieser beiden Parameter (Fig. 4.7b). Der energetische Verlauf der die Röhre verlassenden spektralen Intensität verändert sich natürlich zusätzlich durch die unvermeidbare energieabhängige Schwächung des Photonenspektrums in der Anode und dem Material der Röntgenröhre im Austrittsbereich des Röntgenstrahlenbündels sowie durch die externe Filterung. Die quadratische Abhängigkeit der Intensität von der Hochspannung bzw. der lineare Zusammenhang von Röhrenstrom oder Anoden-Ordnungszahl und spezifischer Intensität bleiben aber auch bei Filterung des Spektrums näherungsweise erhalten.

Abhängigkeit der Röntgenbremsspektren vom zeitlichen Spannungsverlauf: Bei den bisherigen Überlegungen zur Form der Röntgenspektren wurde vorausgesetzt, dass die Beschleunigungsspannung für die Elektronen und damit ihre Bewegungsenergie zeitlich konstant sind. Falls dies wie vor allem in Röntgengeneratoren älterer Bauart nicht der Fall ist, ist die Intensitätsverteilung zeitlich ebenfalls nicht konstant. Die Grenzenergie der Photonen schwankt im Rhythmus der Beschleunigungsspannung. Bei den veralteten und heute wegen ihrer schlechten Spektren nicht mehr medizinisch verwendeten Ein-Puls- und Zwei-Puls-Generatoren führte die mit einer Sinusfunktion pulsierende Anodenspannung zu gleichphasigen zeitlichen Schwankungen der Bewegungsenergie der Elektronen. Die kinetische Energie der Elektronen variierte dabei zwischen Null und dem durch die maximale Spannungsamplitude bestimmten Spitzenwert hin und her. Die im zeitlichen Mittel daraus resultierende Photonen-Energieverteilung zeigt gegenüber dem Gleichspannungsbetrieb eine Bevorzugung niederenergetischer Quanten, also eine Minderung hochenergetischer Anteile. Wegen

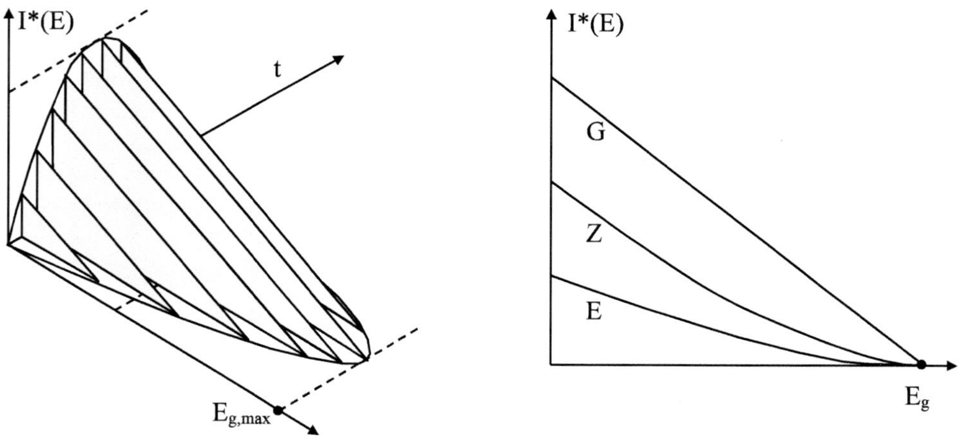

Fig. 4.8: Intensitätsverteilungen der Röntgenbremsstrahlung bei zeitlich variabler Beschleunigungsspannung der Elektronen. Links: Zeitliche Abfolge der Intensitätsverteilungen beim Ein-Puls-Generator (Halbwellenbetrieb ohne Kondensatorglättung). Rechts: Spezifische Intensitätsverteilungen beim Ein-Puls-Generator (E), Zwei-Puls-Generator (Z) jeweils ohne Kondensatorglättung und bei konstanter Beschleunigungsspannung der Elektronen (G) für jeweils gleichen Röhrenstrom.

der quadratischen Abhängigkeit der Intensität von der Hochspannung führt pulsierende "Gleichspannung" außerdem zu einem erheblichen Verlust an Röntgenstrahlungsausbeute (s. Fig. 4.8).

Der bei konstantem Röhrenstrom rein rechnerisch bestimmte Intensitätsverlust beträgt für ungefilterte Röntgenspektren 75% beim Ein-Puls-Generator und 50% beim Zwei-Puls-Generator, jeweils verglichen mit dem Gleichspannungsbetrieb. In modernen Hochspannungsgeneratoren wird daher großer Wert auf eine zeitlich konstante, "geglättete" Hochspannung gelegt. Stand der Technik sind heute deshalb mindestens 12-Puls-Generatoren, die spezielle Gleichrichterschaltungen und eine Kondensatorglättung der Spannungen enthalten. Noch besser sind moderne Mittel- oder Hochfrequenzgeneratoren. In ihnen wird die Betriebsspannung vor der Transformation und Gleichrichtung in der Frequenz auf mehrere hundert bis einige tausend Hertz heraufgesetzt, da die Glättung der gleichgerichteten Hochfrequenzspannungen bei diesen Frequenzen viel leichter zu bewerkstelligen ist. Hochfrequenzgeneratoren erzeugen Röntgenspektren wie echte Gleichspannungsgeneratoren.

4.1.3 Wirkungsgrad bei der Erzeugung von Röntgenbremsstrahlung

Unter dem Wirkungsgrad η einer Anlage versteht man das Verhältnis der gewonnenen Nutzleistung zur aufgewendeten Gesamtleistung. Für die Röntgenröhre ist der Wirkungsgrad also das Verhältnis von Strahlleistung zu elektrischer Leistung. Im Hochspannungskreis einer Röntgenröhre wird eine elektrische Leistung P_{el} erzeugt, die sich aus dem Produkt von Hochspannung U und Röhrenstrom I berechnet.

$$P_{el} = U \cdot I \tag{4.10}$$

Diese elektrische Leistung wird nur zu einem sehr geringen Teil (1%, s. u.) in Röntgenstrahlung umgesetzt, der weitaus größere Teil (ca. 99%) geht als Anodenverlustleistung in Form von Wärme verloren. Zur quantitativen Bestimmung des Leistungsanteils, der in Röntgenbremsstrahlung umgewandelt wird, verwendet man am besten Gl. (4.9). Danach ist die Intensität proportional zum Quadrat der Grenzenergie, die ihrerseits gleich der Elektroneneinschussenergie ist. Diese wiederum ist (wegen $E_{kin} = e_0 \cdot U$) proportional zur Röhrenspannung. Die Strahlungsintensität ist also proportional zum Quadrat der Hochspannung zwischen Anode und Kathode. Sie ist außerdem proportional zum Röhrenstrom I, also der pro Zeiteinheit auf die Anode auftreffenden Elektronenladungen. Die Ordnungszahlabhängigkeit des Wirkungsgrades findet man aus einem Vergleich des Strahlungsbremsvermögens (Strahlungserzeugung) und des Stoßbremsvermögens, das letztlich zu Wärmeverlusten im Absorbermaterial führt. Der Vergleich ergibt eine Proportionalität[6] zur Ordnungszahl Z.

[6] Für das Strahlungsbremsvermögen von Elektronen in schweren Absorbern gilt $S_{rad} \propto Z^2$, für das Stoßbremsvermögen gilt $S_{col} \propto Z/A$. Für das Verhältnis findet man daher $S_{rad}/S_{col} \propto Z$ (s. [Krieger1], Kap.9).

$$P_{strl} = k \cdot Z \cdot I \cdot U^2 \tag{4.11}$$

Der Zahlenwert für die von der Ordnungszahl unabhängige Konstante k wurde experimentell ermittelt, ihr Wert ist $k = 1{,}1 \cdot 10^{-9}\ V^{-1}$. Dieser Wert gilt in guter Näherung für dicke Absorber und solange die kinetische Energie der Elektronen kleiner als ihre Ruheenergie ist, d. h. für Anodenspannungen bis maximal 0,5 MV. Für die relative Röntgenstrahlungsausbeute erhält man somit:

$$\eta = \frac{P_{strl}}{P_{el}} = \frac{k \cdot Z \cdot I \cdot U^2}{I \cdot U} = k \cdot Z \cdot U \tag{4.12}$$

Beispiel 4.1: Eine Wolframanode wird bei 70 kV Röhrenspannung betrieben. Der Wirkungsgrad beträgt wegen Z = 74 für Wolfram $\eta = 1{,}1 \cdot 10^{-9} \cdot 74 \cdot 70000 \approx 0{,}57\%$. Bei 100 kV Spannung beträgt der Wirkungsgrad bereits 0,8%, bei 28 kV (Mammografie) dagegen nur 0,22%.

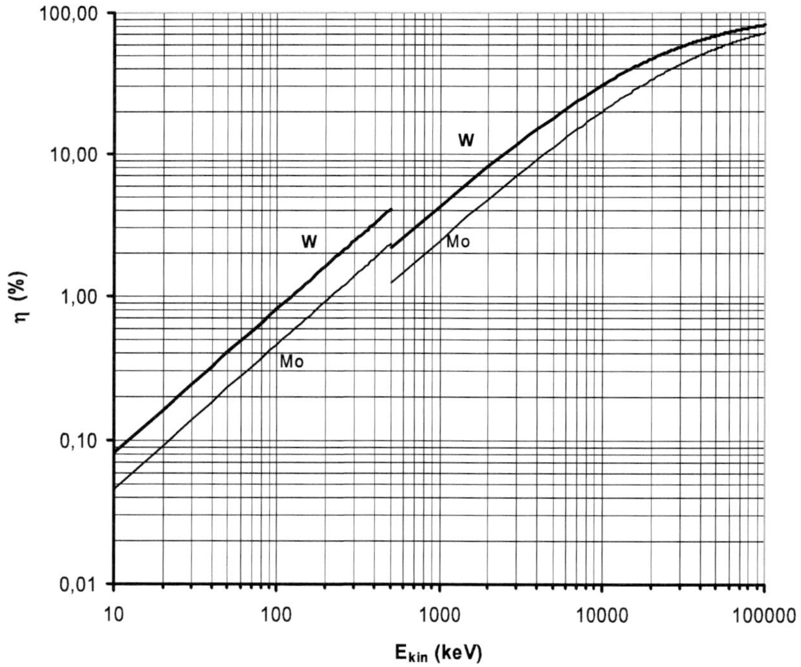

Fig. 4.9: Wirkungsgrad η für die Erzeugung von Röntgenbremsstrahlung in dicken Wolfram- und Molybdänanoden durch Elektronen der kinetischen Energie $E_{kin} < 0{,}5$ MeV nach Gl. (4.12), linke Kurven. Für höhere Elektronenenergien gilt Gl. (4.13), der zugehörige Wirkungsgrad ist daher den rechten Kurven zu entnehmen. Dicke Linien: W, dünne Linien: Mo.

Für relativistische Elektronenenergien erhält man eine veränderte Form des Wirkungsgrad-Verlaufs. Hier erhält man mit einer etwas kleineren empirischen Konstanten k* = $0{,}6 \cdot 10^{-9}\ V^{-1}$:

$$\eta = \frac{k^* \cdot Z \cdot U}{1 + k^* \cdot Z \cdot U} \tag{4.13}$$

Die Abschätzungen in Beispiel 1 zeigen, wie niedrig der Wirkungsgrad bei der Produktion der Bremsstrahlung im Bereich der Röntgendiagnostik ist. Fast die gesamte elektrische Leistung geht also in Form von Wärmeproduktion verloren und muss durch entsprechend aufwendige Maßnahmen weggekühlt werden. Die nach diesen Abschätzungen verfügbaren sehr kleinen Strahlungsleistungen werden im diagnostischen Betrieb noch weiter vermindert, da nur ein kleiner Teil (unter 10%) der die Anode verlassenden Bremsstrahlung den Patienten oder den Detektor tatsächlich erreicht. Das Strahlenbündel wird im medizinischen Betrieb nämlich durch die Blenden stark eingeschränkt. Zudem wird je nach Anwendung die Röntgenstrahlung verschieden stark gefiltert, was natürlich ebenfalls Einfluss auf die Intensität hat.

Zusammenfassung

- **Röntgenbremsstrahlung entsteht bei der Ablenkung von Elektronen im Coulombfeld der Atomkerne der Röntgenröhrenanode.**

- **Das ungefilterte Röntgenbremsspektrum an dicken Absorbern hat eine Dreiecksform.**

- **Die Intensität der Röntgenstrahlung nimmt quadratisch mit der Röhrenspannung zu.**

- **Die relative Bremsstrahlungsausbeute bei mittleren Röhrenspannungen um 80 kV, also der in Röntgenstrahlung umgesetzte Bewegungsenergieanteil der Elektronen, beträgt in Wolframtargets knapp ein Prozent.**

- **Die restliche Bewegungsenergie der abgebremsten Elektronen (etwa 99%) wird in der Anode der Röntgenröhre in Wärme umgewandelt. Diese muss durch aufwendige Kühlung abgeführt werden.**

- **Der Wirkungsgrad zur Bremsstrahlungserzeugung ist proportional zur Röhrenspannung und zur Ordnungszahl des Absorbers.**

4.1.4 Charakteristische Röntgenstrahlung

Elektronen werden nicht nur im Coulombfeld des Atomkerns abgebremst. Sie können auch bei der Wechselwirkung mit einem Hüllenelektron durch Stoß so viel Energie übertragen, dass die Bindungsenergie des Elektrons überschritten wird und es deshalb das Atom verlässt (Fig. 4.10). Das Atom wird dadurch in einer inneren Schale ionisiert. Vorausgesetzt ist natürlich, dass das primäre Elektron eine kinetische Energie mitbringt, die größer als die Bindungsenergie des betroffenen Hüllenelektrons ist. Durch den Übergang eines äußeren Hüllenelektrons in die Leerstelle wird Energie freigesetzt, da die Bindungsenergie der äußeren Elektronen dem Betrag nach immer geringer ist als die der inneren Elektronen. Diese Energie verlässt das Atom in Form von elektromagnetischer Strahlung oder als Bewegungsenergie von Auger-Elektronen. Die Photonenenergie E_γ ist durch die Differenz der Bindungsenergien der Hüllenelektronen in den verschiedenen Schalen (K, L, M, ...) gegeben. Diese Quantenenergien sind für die Atome des Beschussmaterials "charakteristisch". Daher spricht man bei dieser Art von Röntgenstrahlung von **charakteristischer Strahlung**. Das Photonenspektrum ist ein diskretes Linienspektrum. Die wichtigsten Anodenmaterialien sind Wolfram (Z = 74), Rhenium (Z = 75), Molybdän (Z = 42) und Rhodium (Z = 45).

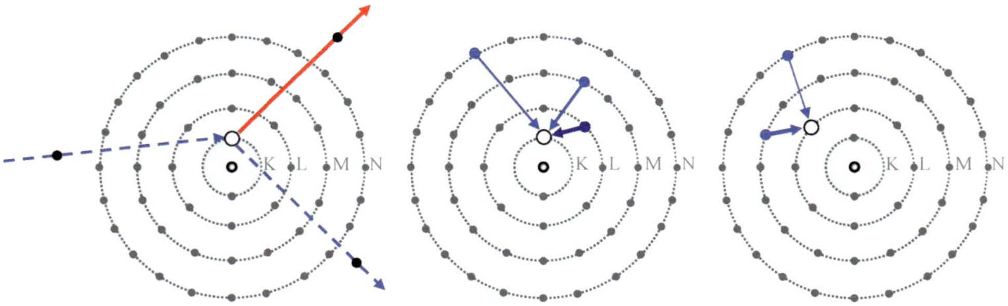

(a) (b) (c)

Fig. 4.10: Entstehung der charakteristischen Röntgenstrahlung an einem schweren Atom der Röntgenanode. (a): Ionisierung des Atoms in einer der inneren Schalen (hier K-Schale) durch Elektronenstoß. (b): Auffüllen des K-Schalen-Lochs durch Elektronen äußerer Schalen. Die beim Auffüllen der K-Schale emittierte Strahlung wird als K-Serie bezeichnet. (c): Auffüllen eines Lochs in der L-Schale und Emission der L-Serien-Strahlung. Die Darstellung der Schalenradien ist nicht maßstabgerecht, die Schalenradien nehmen tatsächlich quadratisch mit der Schalennummer n zu.

Serie	Linie	Übergang	Energie (keV)	Rel. Intensität (%)
Element:	**Wolfram**			**ω_K: 0,957**
K-Serie	$K\beta_2^1$	$N_{III} \rightarrow K$	69,100	8
	$K\beta_2^2$	$N_{II} \rightarrow K$	69,005	
	$K\beta_1$	$M_{III} \rightarrow K$	67,245	22
	$K\beta_3$	$N_{III} \rightarrow K$	66,951	11
	$K\alpha_1$	$L_{III} \rightarrow K$	59,318	100
	$K\alpha_2$	$L_{II} \rightarrow K$	57,981	57
L-Serie	$L\gamma_1$	$N_{IV} \rightarrow L_{II}$	11,287	9
	$L\beta_2$	$N_V \rightarrow L_{III}$	9,962	22
	$L\beta_1$	$M_{IV} \rightarrow L_{II}$	9,673	52
	$L\alpha_1$	$M_V \rightarrow L_{III}$	8,398	100
	$L\alpha_2$	$M_{IV} \rightarrow L_{III}$	8,336	11
Element:	**Molybdän**			**ω_K: 0,764**
K-Serie	$K\beta_1$	MIII→K	19,60	25,92
	$K\beta_3$	NIII→K	19,97	4,1
	$K\alpha_1$	LIII→K	17,479	100
	$K\alpha_2$	LII→K	17,374	52,5

Tab. 4.1: Bezeichnungen der wichtigsten Elektronenübergänge im Wolframatom (Z = 74) und im Molybdänatom (Z = 42) mit den Schalenübergängen und den Bindungsenergiedifferenzen der beteiligten Niveaus. Die relativen Intensitäten beziehen sich auf den jeweils stärksten Übergang der Serie. Für Wolframanoden spielen die M- und N-Serien, für Molybdänanoden auch die L-Serie wegen ihrer geringen Energien keine Rolle in der Radiologie. ω_K sind die Fluoreszenzausbeuten für die K-Strahlung.

Die charakteristischen Röntgenphotonen werden nach ihrer "Zielschale" gekennzeichnet; die Schale, in der sich die Leerstelle befindet, gibt also der Linie den Namen. Fällt das Elektron in die K-Schale zurück, werden die dabei freigesetzten Photonen beispielsweise als K-Strahlung bezeichnet, bei Abregungen in die L-Schale als L-Strahlung. Zur Unterscheidung der Unterschalen werden weitere Indizes verwendet. Da die höheren Schalen wie oben bereits erwähnt energetisch aufgespaltet sind, erhält man eine Vielzahl möglicher Übergänge, die als K-Serie, L-Serie, M-Serie usw. bezeichnet werden.

$$I \propto (E_{kin,e} - E_B)^n \tag{4.14}$$

Die Intensität der einzelnen Übergänge nimmt etwa quadratisch mit der Differenz von Bindungs- und Bewegungsenergie zu. Der Exponent n in (Gl. 4.14) hat für Wolfram die exakten Werte n = 1,9 für die K-Strahlung und n = 1,7 für die L-Strahlung. Tabelle (4.1) enthält auch die Elektronenübergangsenergien für das zweitwichtigste Anodenmaterial, Molybdän. Für die Röntgentechnik sind hier nur die K-Strahlungen von Bedeutung. Die Photonen der höheren Serien werden auf Grund ihrer niedrigen Energien schon durch die üblichen Eigenfilterungen bereits völlig aus den Spektren eliminiert. Zudem ist die Fluoreszenzausbeute (also der relative Anteil der Übergänge mit Photonenemission) wegen der kleineren Ordnungszahl des Molybdäns (Z = 42) im Vergleich zum Wolfram nochmals durch den Augereffekt erheblich vermindert (vgl. dazu [Krieger1], Kap. 2.2).

Zusammenfassung

- **Die charakteristische Röntgenstrahlung entsteht durch Wechselwirkungen der Elektronen mit den Atomhüllen der Anodenatome.**
- **Die Energien und Ausbeuten hängen von der Ordnungszahl der im Brennfleck vorhandenen Atomart ab.**
- **Die Energien der charakteristischen Strahlung sind immer geringer als die Bindungsenergien der jeweils ausgelösten Hüllenelektronen.**
- **Für charakteristische Röntgenstrahlungen bestehen Energieschwellen, die durch die für Ionisationen erforderlichen Mindestenergien bedingt sind.**
- **Oberhalb dieser Schwellen nimmt die Intensität der charakteristischen Strahlungen etwa quadratisch mit der Differenz von kinetischer Energie der Elektronen und der Bindungsenergie in den Targetatomen zu.**
- **Der in Wolframanoden in charakteristische Strahlungen umgewandelte Bewegungsenergieanteil der Elektronen beträgt maximal 0,5%.**

4.2 Filterung von Röntgenspektren

Die in der Röhrenanode entstehenden Intensitätsspektren bestehen also aus der kontinuierlicher Röntgenbremsstrahlung und der überlagerten charakteristischen Röntgenstrahlung. Schematische Darstellungen dieser Spektren in einer Molybdänanode und einer Wolframanode zeigt (Fig. 4.11) für zwei verschiedene Röhrenspannungen.

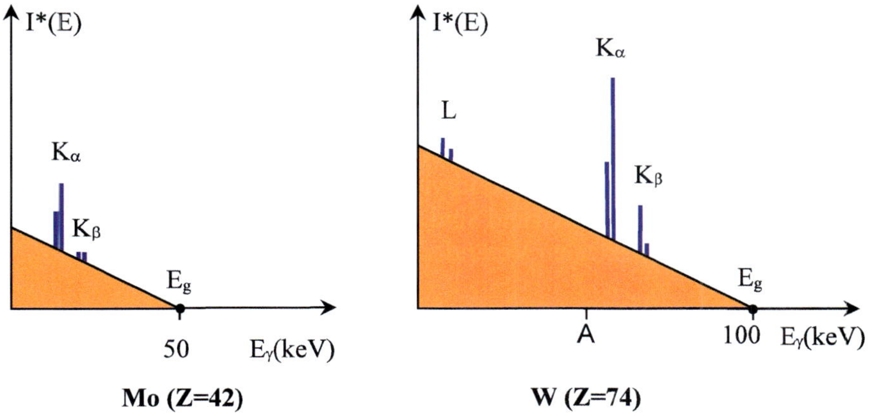

Fig. 4.11: Schematische Darstellungen ungefilterter Röntgenintensitätsspektren für eine Molybdänanode (50 kV, links) und eine Wolframanode (100 kV, rechts). Die Spektren setzen sich aus den kontinuierlichen Bremsstrahlungsspektren (Dreiecke) und den in der Anode ausgelösten diskreten charakteristischen Röntgenstrahlungen (scharfe Linien) zusammen. Die Darstellungen sind nicht maßstabsgerecht.

Bevor Röntgenstrahlungen für die Bildgebung am Menschen oder für technische Untersuchungen verwendet werden, müssen sie je nach Aufgabenstellung über die Eigenfilterung hinaus spektral verändert werden. Dabei sind mehrere Gesichtspunkte maßgebend. Sind die abzubildenden Objekte kontrastarm, unterscheiden sie sich also nur wenig in ihrer Dichte und Ordnungszahl, muss ein Spektralbereich gewählt werden, der trotz der geringen Dichteunterschiede im Objekt über die Ordnungszahlabhängigkeit des Schwächungskoeffizienten einen für die Beurteilung ausreichenden Bildkontrast erzeugt. Es werden also niederenergetische Röntgenstrahlungen benötigt. Das wichtigste medizinische Beispiel für diesen Fall ist die Mammografie mit typischen Röhrenspannungen um 30 kV. Sind die abzubildenden Objekte dagegen sehr kontrastreich, muss für eine befriedigende Bildgebung die Strahlungsqualität härter sein. Da der mit anwachsender Photonenenergie wahrscheinlicher werdende Comptoneffekt keine Z-Abhängigkeit zeigt, kann man so eine zu kontrastreiche Darstellung vermeiden. Man benötigt also höhere Röhrenspannungen. Der wichtigste klinische Fall dieser

Art ist die Thoraxaufnahmetechnik, bei der wenig dichtes Lungengewebe, Gewebe mittlerer Dichte (Weichteilgewebe wie Muskulatur, Mediastinum) und Knochen (Wirbelsäule, Rippen) gleichzeitig im Bild interpretierbar erfasst werden sollen. Man verwendet deshalb Röhrenspannungen um 110-120 kV. Die verwendeten Röntgenstrahlungen für Thoraxuntersuchungen haben Halbwertschichtdicken im Weichteilgewebe um 6 cm. Wegen der großen abzubildenden Objekte bei Thoraxaufnahmen können zudem hoch empfindliche, also Dosis sparende Detektoren mit geringer Detailauflösung verwendet werden.

Da die weichen Anteile in den Röntgenspektren die untersuchten Gewebe wegen der sehr hohen Schwächungskoeffizienten nur wenig durchdringen, müssen sie aus Strahlenschutzgründen aus den Spektren entfernt werden. Dies wird durch unterschiedliche Filterungen der primären Strahlenbündel bewerkstelligt. Der einfache energetische Verlauf der die Anode verlassenden spektralen Intensität bzw. der Photonenfluenzen in den (Fign. 4.11) wird durch Wechselwirkungen mit unterschiedlichen Materialien im Strahlengang geändert. Der Grund sind die energieabhängigen Schwächungen und die damit verbundenen spektralen Veränderungen der Röntgenstrahlenbündel.

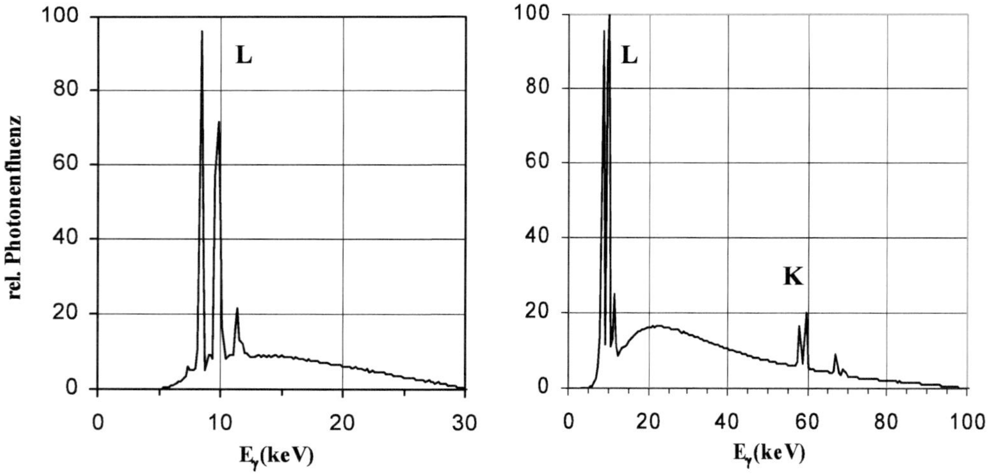

Fig. 4.12: Realistische Darstellungen von ausschließlich "eigengefilterten" Röntgenspektren in Wolframanoden für Grenzenergien von 30 keV (links) und 100 keV (rechts). Die Eigenfilterung bestand bei diesen Spektren aus der Schwächung in der Stehanode (Anodenwinkel 20 Grad), dem Röhrenaustrittsfenster aus 1mm Be und der Filterung von 0,25mm Kaptan durch eine externe Monitorkammer. Aufgetragen sind die relativen Photonenfluenzen über der Photonenenergie (nach Daten aus [PTB-DOS-34], mit freundlicher Genehmigung der Autorin). Auffällig sind die hohen Photonenzahlen im Bereich der L-Linien des charakteristischen Wolframspektrums, die in "klinischen" Spektren durch die dort übliche stärkere Filterung nahezu völlig unterdrückt werden (s. z. B. Fig. 4.15).

Man unterscheidet dabei zwei Anteile der Filterungen, die **Eigenfilterung** durch die Anode und das Austrittsfenster der Röntgenröhre und die externen Filterungen bzw. **Zusatzfilterungen** durch gezielt eingesetzte Filtermaterialien oder auch den Patienten selbst. Die Eigenfilterung bewirkt durch die Schwächung im Anodenmaterial und im Austrittsfenster der Röntgenröhre deutliche Form- und Intensitätsveränderungen der Spektren. Der Anstieg des Schwächungskoeffizienten mit abnehmender Photonenenergie führt dabei zu einer bevorzugten Schwächung niederenergetischer Photonen. Die Folge ist eine **Aufhärtung** der Röntgenspektren, also eine Verminderung der Pho-

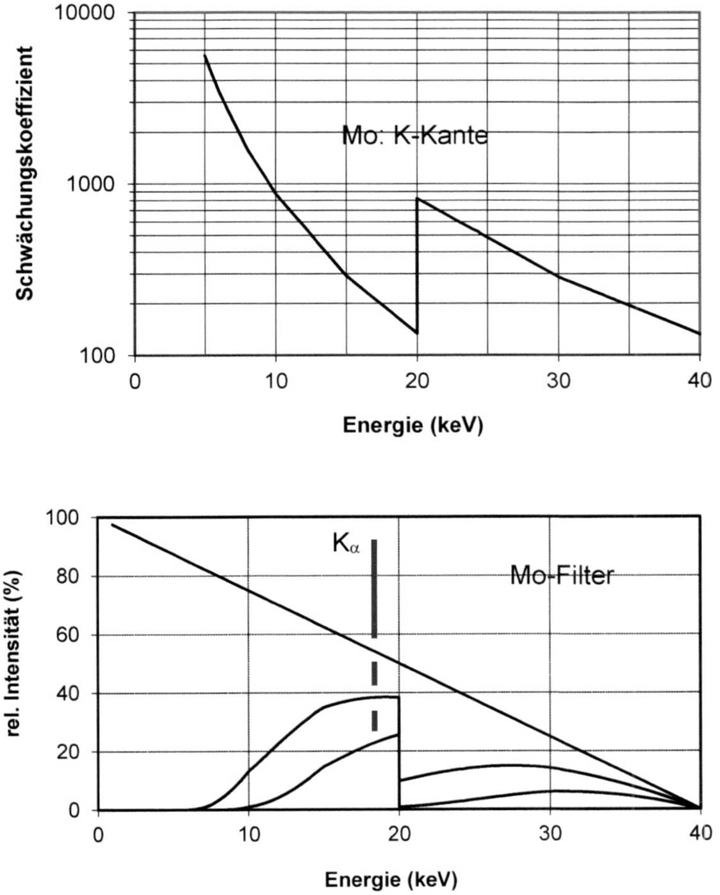

Fig. 4.13: Filterung eines Mo-Dreieckspektrums mit der Grenzenergie von 40 keV mit Molybdänfiltern der Dicke 20 µm und 50 µm. Oben: Verlauf des linearen Schwächungskoeffizienten des Molybdäns in der Einheit cm^{-1}. Unten: Energieabhängige Schwächung des Spektrums und Einbruch der spektralen Intensität bei der K-Kante des Schwächungskoeffizienten (E_K = 20 keV, s. Tab. 4.2). Die K_α-Linie liegt energetisch unterhalb der K-Kante und ist daher von der erhöhten Schwächung nicht betroffen.

tonenzahlen im niederenergetischen Bereich des Spektrums. Beispiele für realistische ausschließlich eigengefilterte Röntgenspektren zeigt (Fig. 4.12).

Die größten Veränderungen des spektralen Verlaufs werden jedoch durch die externen Filterungen bewirkt. Die Photonen-Schwächungskoeffizienten zeigen besonders im Bereich der diagnostischen Röntgenenergien einen sehr steilen und teilweise komplexen Verlauf mit der Energie (vgl. dazu [Krieger1] Kap. 6 und 7). Die wichtigsten als Anoden oder Filter verwendeten Materialien sind Wolfram, Molybdän, Rhenium, Rhodium, Palladium, Aluminium und seltener Kupfer. In diesen Substanzen dominiert bei den typischen Röntgenenergien der Photoeffekt mit seiner ungefähren $1/E^3$-Abhängigkeit. Der Schwächungskoeffizient zeigt zusätzlich zu diesem glatten Abfall mit wachsender Photonenenergie steile Erhöhungen bei den jeweiligen Bindungsenergien für die K- und L-Elektronen, die so genannten **K-Kanten** oder **L-Kanten**. Sie führen zu einer sprungartig veränderten Schwächung der Photonenspektren bei diesen Energien, die sich als scharfe Stufen in den Spektren zeigen (Fig. 4.13). Diese charakteristische Wirkung der Filterung hängt daher von der relativen Lage der K- und L-Kanten in den Spektren ab.

Element (Z)	**Bindungsenergie K-Schale (keV)**	**Bindungsenergien L-Schalen (keV)**		
Aluminium (13)	1,5596	0,1178	0,07295	0,07255
Kupfer (29)	8,979	1,0967	0,9523	0,9327
Molybdän (42)	20,000	2,866	2,625	2,520
Rhodium (45)	23,220	3,412	3,146	3,004
Palladium (46)	24,350	3,604	3,330	3,173
Wolfram (74)	69,525	12,100	11,544	10,207
Rhenium (75)	71,676	12,527	11,959	10,535

Tab. 4.2: Bindungsenergien der K-Elektronen und L-Elektronen in typischen Anoden- und Filtermaterialien (nach Daten aus [X-Ray Booklet]).

Wird beispielsweise Aluminium als Filtermaterial verwendet, spielen diese Schaleneffekte wegen der niedrigen Bindungsenergien im Aluminium keinerlei Rolle, da die Absorptionskanten weit außerhalb des genutzten Bereichs liegen (Fig. 4.14, Tab. 4.2). Mit Aluminium gefilterte Spektren zeigen daher einen stetigen Verlauf. Aus Dreiecksspektren werden je nach Filterstärke Gaußkurven ähnelnde Intensitätsverläufe, deren Schwerpunkte mit zunehmender Filterdicke zu höheren Energien hin verschoben werden. Liegen die Absorptionskanten dagegen im verwendeten Energiebereich der Spektren, führt die Filterung mit geeigneten Filtermaterialien bei diesen Photonenenergien zu verblüffenden Formänderungen der Spektren (Fig. 4.13). Dieser Effekt wird gezielt bei der Erzeugung von Mammografiespektren verwendet.

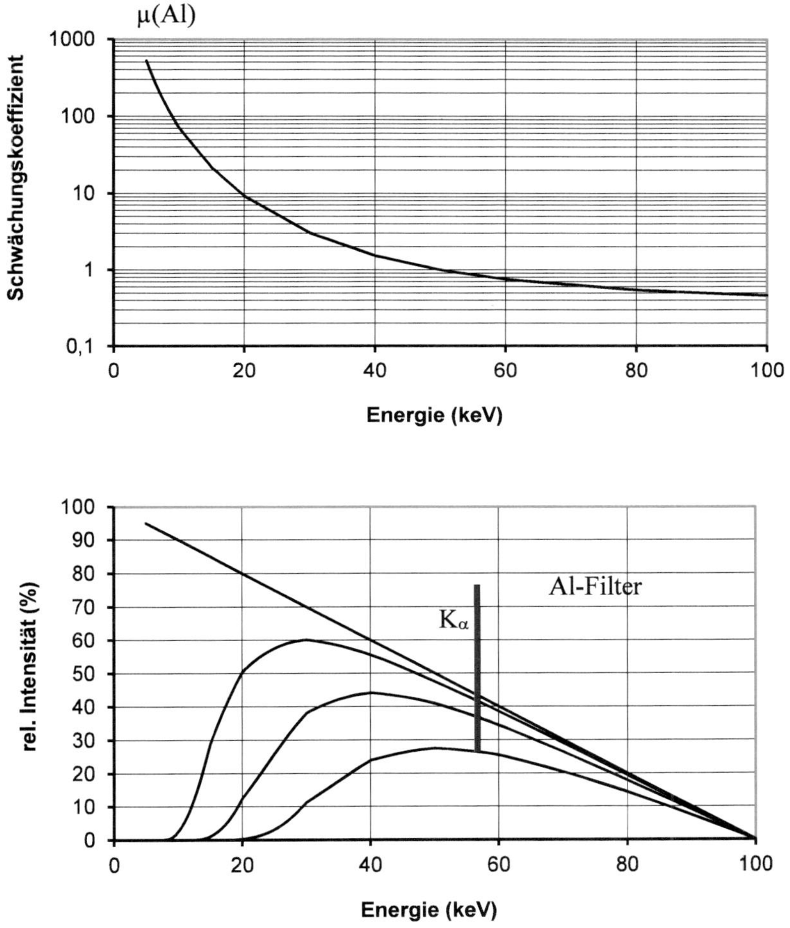

Fig. 4.14: Veränderungen eines W-Dreieckspektrums mit der Grenzenergie von 100 keV mit schematisch angedeuteter K_{α}-Linie der Wolframanode durch Aluminiumfilter der Stärken 0,5 mm, 2 mm und 6 mm. Oben: Stetiger Verlauf des linearen Schwächungskoeffizienten des Aluminiums in der Einheit cm^{-1}. Die K- oder L-Kanten des Aluminiums liegen außerhalb des dargestellten Energiebereichs. Unten: Die daraus folgende gleichförmige Schwächung des Spektrums ohne K- oder L-Kanten.

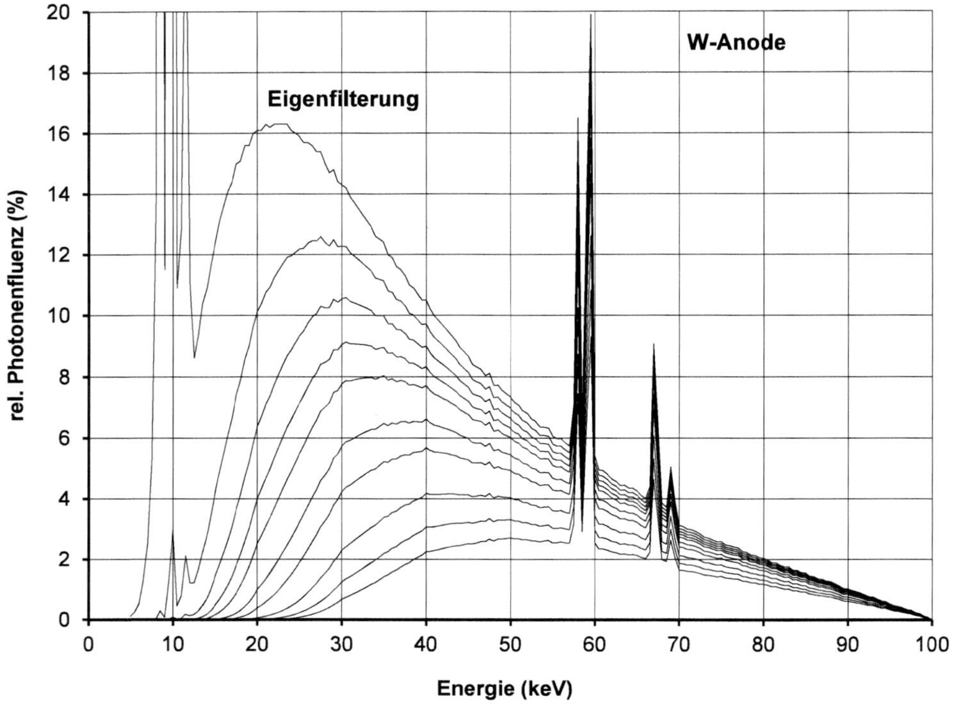

Fig. 4.15: Spektrale Verformung des realistischen 100 kV Röntgenspektrums an einer Wolframanode (aus Fig. 4.12 rechts) durch Filterung mit Aluminium zunehmender Dicke. Von oben: nur Eigenfilterung, 0,5 / 1,0 / 1,5 / 2 / 3 / 4 / 6 / 8 / 10 mm Al. Alle Spektren sind auf das Fluenzmaximum des ausschließlich eigengefilterten Spektrums im Bereich der L-Linien normiert. Man beachte die erhebliche Formveränderung der Spektren mit zunehmender Filterung, die völlige Unterdrückung der L-Linien der Wolframanode (Energien um 10 keV) und die Verschiebung der mittleren Energie hin zu höheren Werten durch bevorzugte Schwächung weicher Strahlungsanteile.

Mammografiestrahlungen: Röntgenspektren für die Mammografie sind charakterisiert durch einen dominierenden Anteil charakteristischer Strahlung des jeweils verwendeten Anodenmaterials (Energien s. Tab. 4.2, Fig. 4.12 links, Fign. 4.16, 4.17). Der kontinuierliche Bremsstrahlungsanteil wird durch die Absorptionskanten der üblichen Filtermaterialien so wirkungsvoll unterdrückt, dass viele klinische Mammografiespektren quasi monoenergetisch sind. Wird die Röhrenspannung variiert, erhöht sich zwar die Ausbeute an charakteristischer Strahlung, die mittlere Energie der Spektren bleibt aber wegen der Dominanz der charakteristischen Strahlung nahezu unverändert. Variationen der Hochspannung bei der Mammografie bei konstanter Filterung verändern also anders als bei den höher energetischen Röntgenspektren kaum die Strahlungsqualität. Sie dienen lediglich der bei dickeren Gewebeschichten erforderlichen Erhöhung der Intensität (Tab. 4.3).

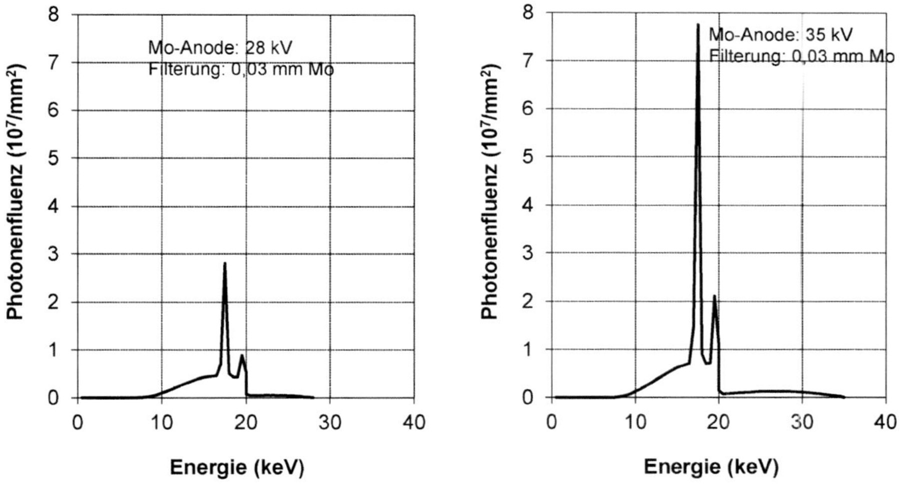

Fig. 4.16: Veränderung von Mammografiespektren an Mo-Anoden (Filterung 0,03 mm Mo) bei Erhöhung der Anodenspannungen von 28 auf 35 kV. Dargestellt sind die absoluten Photonenfluenzen (Photonen/mm^2) in 1 m Abstand. Wegen der Dominanz der charakteristischen Strahlungen bei 17,5 und 19,7 keV und der weitgehenden Unterdrückung der Bremsstrahlungsanteile im Spektrum kommt es zu einer nur geringfügigen Veränderung der Spektralform und somit der Strahlungsqualität. Stattdessen erhält man lediglich eine gleichförmige Erhöhung der Photonenfluenz mit der Hochspannung. Die mittleren Photonenenergien der dargestellten Spektren betragen etwa 16,5 keV bei 28 keV Grenzenergie und 18 keV bei einer Anodenspannung von 35 kV (s. auch Tab. 4.3).

Eine Ausnahme bilden die Wolfram-Mammografieanoden. Bei ihnen wird bei allen klinisch üblichen Filterungen die L-Strahlung des Wolframs wegen ihrer geringen Energie um 10 keV weitgehend aus den Spektren entfernt. Die charakteristische K-Strahlung liegt bei etwa 59,5 keV und somit weit außerhalb des verwendeten Energiebereichs. Die entsprechend gefilterten Wolframspektren zeigen daher sehr ungewohnte Energieverläufe. Die Filterungen des Wolframspektrums zeigen die typischen Intensitätseinbrüche bei den K-Kanten der unterschiedlichen Filtermaterialien. Durch Filterwechsel kann bei Wolframanoden die Grenze des Bremsstrahlungsspektrums daher durch geeignete Filterwahl zu höheren Energien hin verschoben werden, so dass in geringem Ausmaß eine Änderung der Strahlungsqualität möglich ist (Fig. 4.17 unten, Tab. 4.3).

Filter (mm)		**EF**	**Al: 0,05**	**Mo: 0,03**	**Rh: 0,025**	**Pd: 0,025**
Anodenmaterial	**kV**		**mittlere Photonen-Energien (keV)**			
Molybdän	28	14,53	15,48	16,48	17,7	-
	30	15,16	16,08	17,21	18,0	-
	35	16,42	17,28	18,10	18,69	-
	40	17,42	18,23	18,98	19,44	-
Rhodium	28	14,48	15,5	16,45	18,11	-
	30	15,22	16,24	16,94	18,58	-
	35	16,77	17,72	18,29	19,53	-
	40	17,94	18,82	19,72	20,33	-
Wolfram	28	12,4	13,5	16,11	17,74	18,18
	30	12,87	14,05	16,64	18,22	18,69
	35	14,06	15,45	18,37	19,61	20,01
	40	15,14	16,72	20,37	21,23	21,51

Tab. 4.3: Typische Filterungen von Mammografiespektren für Spannungen von 28-40 kV mit den zugehörigen mittleren Energien der Spektren, berechnet nach [Boone]. Filterangaben in mm, EF: nur Eigenfilterung.

Moderne Mammografieanlagen optimieren ihre Strahlungsqualität zum Teil bereits automatisiert. Dazu wird eine kurze Probebelichtung vorgenommen und aus den Messergebnissen der Belichtungsautomatik eine geeignete Kombination von Röhrenspannung, Anodenmaterial und Zusatzfilterung gewählt. Voraussetzung für diese Technik sind Mehranodenröhren, bei denen die Brennfleckbahn mit dem bevorzugten Anodenmaterial durch eine geeignete Strahloptik an der Kathode ausgewählt werden kann. Die Spektren in (Fig. 4.17) zeigen eine Reihe solcher kommerzieller Mammografiespektren für verschiedene Anodenmaterialien und Filterungen.

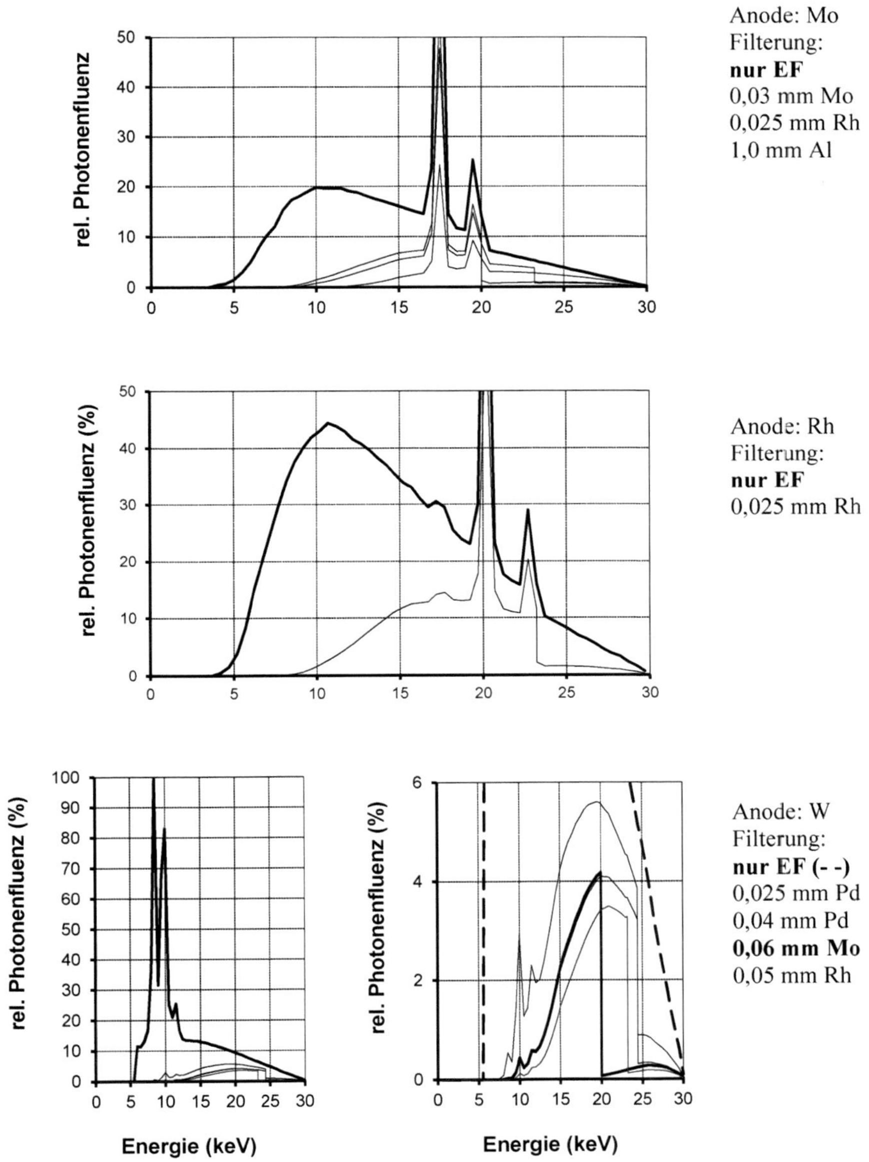

Fig. 4.17: Mammografiespektren für 30 kV bei verschiedenen Anodenmaterialien und Filterungen. Die Spektren sind jeweils auf die Maxima der charakteristischen Linien der eigengefilterten Spektren normiert. Die Filterungen sind für die Molybdänanode (von oben in mm): EF (Eigenfilterung), 0,03 Mo, 0,025 Rh, 1,0 Al, für die Rhodiumanode: EF, 0,025 Rh und für die Wolframanode: EF, 0,025 Pd, 0,04 Pd, 0,06 Mo, 0,05 Rh. Berechnet in Anlehnung an [Tucker1+2] und [Boone].

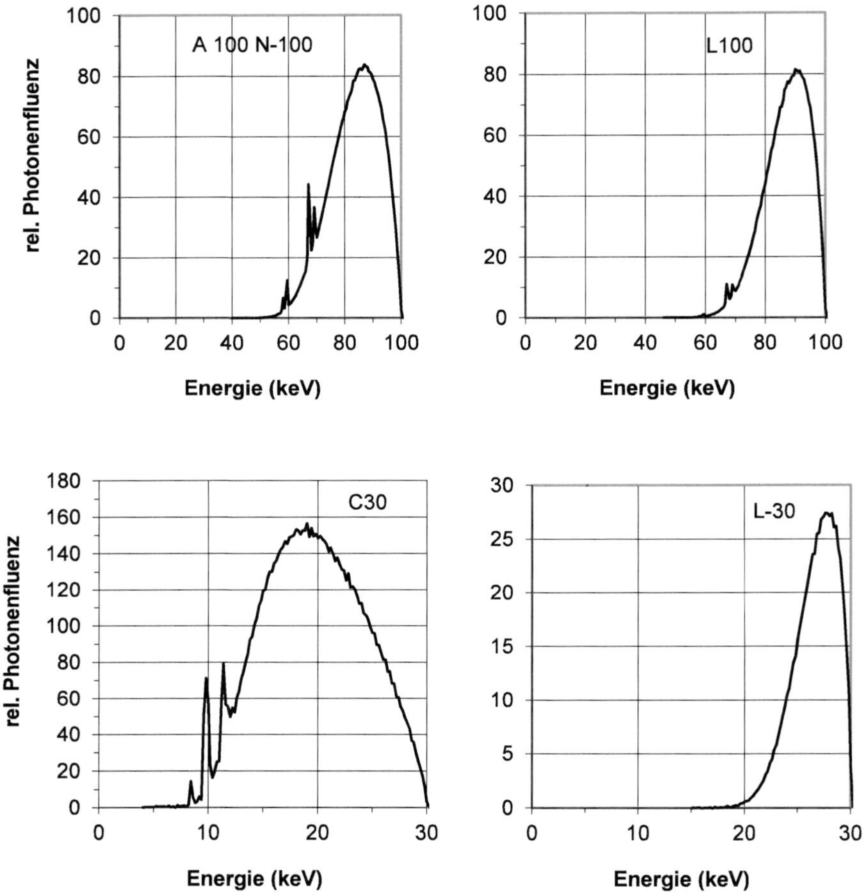

Fig. 4.18: Typische Kalibrierspektren für Personendosimeter berechnet nach Daten der Physikalisch-Technischen Bundesanstalt [PTB-DOS-34] für Röhrenspannungen von 100 kV (oben) und 30 kV (unten) an Wolframanoden (mit freundlicher Genehmigung der Autorin). Diese Spektren sind durch zusätzliche externe Filterung aus den eigengefilterten Spektren in (Fig. 4.12) entstanden.

Da die Photonenschwächung und somit die Transmission durch den Patienten stark von der Photonenenergie abhängen, ist die Wahl der Strahlungsqualität unter Umständen für den Strahlenschutz problematisch. Mammografiestrahlungen haben Halbwertschichtdicken im Weichteilgewebe von etwa 0,8 cm. Es werden also hohe Eintrittsintensitäten benötigt, um auf dem Detektor noch eine ausreichende Belichtung zu gewährleisten. Erschwerend kommt hinzu, dass wegen der klinisch erforderlichen hohen Detailauflösung (Mikrokalk) besonders unempfindliche Detektoren verwendet werden müssen. Die Empfindlichkeitsklasse von Mammografiefilmen beträgt deshalb typisch

EK = 25. Die zu wählende Strahlungsqualität in der medizinischen Röntgendiagnostik ist mittlerweile für alle Anwendungsbereiche vereinheitlicht und in DIN-Normen und einschlägigen Richtlinien verbindlich vorgeschrieben. Ihre Einhaltung wird über die gesetzlich vorgeschriebenen Qualitätskontrollen überprüft.

Bei **strahlentherapeutischen Anwendungen** niederenergetischer Röntgenstrahlungen handelt es sich meistens um die Behandlung oberflächlicher Hauttumoren geringer Tiefenausdehnung. Da hier eine weitgehende Schonung tiefer liegender Hautschichten erwünscht ist, müssen niederenergetische Röntgenstrahlungen mit weichen Filterungen und zur zusätzlichen Tiefendosisreduktion auch kleine Fokus-Hautabstände verwendet werden. Da also eine geringe Aufhärtung des Röntgenspektrums durch die Eigenfilterung bevorzugt wird, müssen bei den Therapieröhren besonders dünne Austrittsfenster beispielsweise aus Berylliumfolien eingesetzt werden.

Bei **Materialuntersuchungen** können die Strahlungsqualitäten je nach Materialstärke und den zur Verfügung stehenden Röntgenintensitäten im Prinzip frei gewählt werden. Im Vordergrund stehen hier die räumliche Auflösung und die technische Praktikabilität der Röntgenuntersuchungen. Eine besondere Gruppe von Röntgenstrahlungen sind die genormten Kalibrierstrahlungen (Fig. 4.18, [PTB-DOS-34]), die beispielsweise für die Kalibrierung von Dosimetern benötigt werden. Hier werden die heterogenen Röntgenspektren teilweise so stark aufgehärtet, dass sie quasi monoenergetisch werden.

Zusammenfassung

- **Unter Filterung von Röntgenspektren versteht man die gezielte Verformung der Spektren durch bevorzugte Wechselwirkung und Absorption niederenergetischer Photonen mit Materialien im Strahlengang.**

- **Man unterscheidet die Eigenfilterung durch die Anode, das Strahlaustrittsfenster im Röhrenkolben und eventuell vorhandenes Kühlmittel und die Zusatzfilterung durch extern angebrachte Schwächungsmaterialien.**

- **Durch Filterungen können erhebliche Formveränderungen der ursprünglichen Dreiecksspektren bewirkt werden, die dadurch an die jeweilige Aufgabenstellung angepasst werden.**

- **Übliche Filterungen für diagnostische Zwecke vermindern aus Strahlenschutzgründen vor allem den niederenergetischen Anteil, der durch Absorption an der Patientenoberfläche keinen Beitrag zur Bildgebung leisten würde.**

- **Durch sehr harte Filterungen mit bewusst gewählten Filtermaterialien können nahezu monoenergetische Röntgenspektren erzeugt werden, wie sie in der Mammografie und für Kalibrierzwecke benötigt werden.**

4.3 Darstellung von Röntgenspektren im Wellenlängenbild

Bei Grundlagenuntersuchungen wie in der Kristallografie oder sonstigen Strukturuntersuchungen mit Röntgenstrahlungen wird die Darstellung der Spektren im Wellenlängenbild bevorzugt. Zur Umrechnung von Photonenenergien in Wellenlängen dient (Gl. 4.2). In angepassten Einheiten erhält man als Umrechnungsformel den folgenden Ausdruck:

$$\lambda(nm) = \frac{1240}{E_\gamma(eV)} \tag{4.15}$$

Die Wellenlängenspektren beginnen bei der minimalen Wellenlänge λ_{min}, die der Grenzenergie E_g des Photonenspektrums entspricht, und verlaufen für große Wellenlängen allmählich gegen Null.

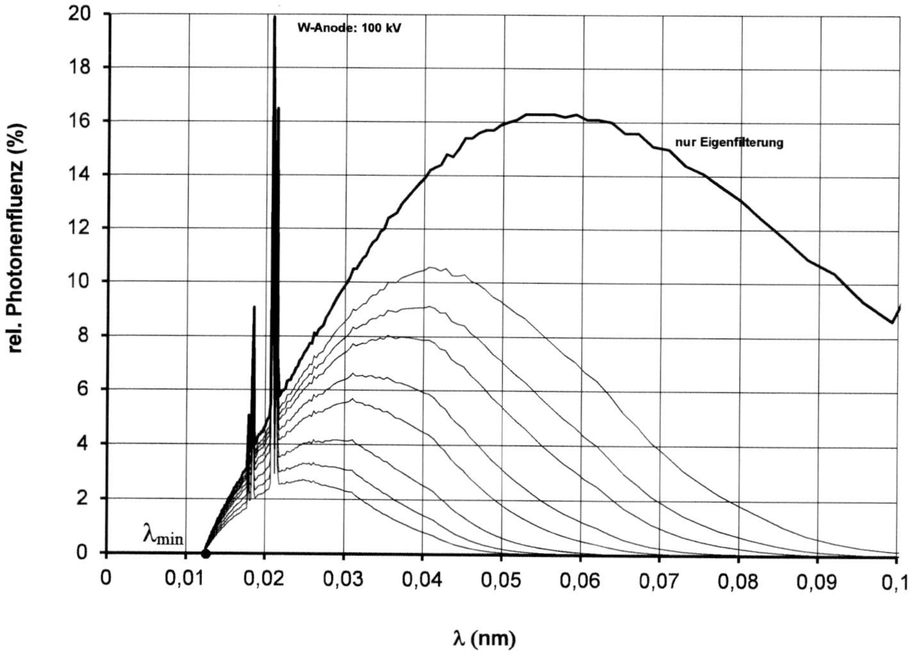

Fig. 4.19: Darstellung der 100 kV-Röntgenspektren aus (Fig. 4.15) im Wellenlängenbild mit Aluminium-Filterungen zunehmender Dicke. Alle Spektren beginnen bei einer minimalen Wellenlänge λ_{min}, die der maximalen Photonenenergie im Spektrum entspricht.

4.4 Abbildungseigenschaften von Röntgenstrahlern

In der bildgebenden Diagnostik dient die Röntgenstrahlung zur Abbildung der Strukturen von Objekten, die zwischen Strahlungsquelle und Bilddetektor angeordnet werden. Sieht man von der objektspezifischen Schwächung und der Streustrahlung zunächst ab, handelt es sich bei der Röntgenabbildung um eine Zentralprojektion. Von jedem Objekt wird also eine Art Schattenbild auf dem Bilddetektor erzeugt. Die Abbildungsgröße hängt dabei von den Abstandsverhältnissen ab, die geometrische Bildschärfe (die räumliche Auflösung) von der Größe der Lichtquelle. Sind die Strah-

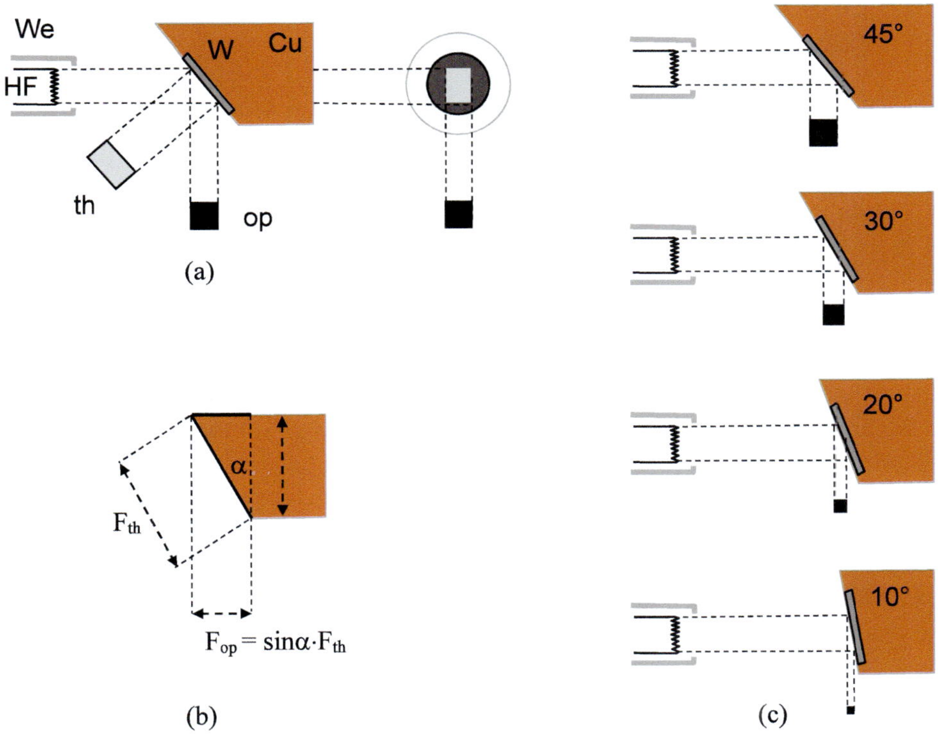

Fig. 4.20: (a): Darstellung des Strichbrennfleckprinzips. Links Blick quer zum Elektronenstrahl, rechts: Blick senkrecht auf die Anodenvorderseite. HF: Heizfaden, We: Wehneltzylinder, W: Wolframeinlage im Kupferkörper der Anode (Cu), th: thermischer Brennfleck (Auftrefffläche der Elektronen), op: Optischer Brennfleck (Projektion des thermischen Brennflecks in Richtung Zentralstrahl des Röntgenstrahlenbündels). (b): Zusammenhang zwischen Heizfadenlänge (HF), optischem und thermischem Brennfleck und Anodenwinkel, (c): Variation der Größe des optischen Brennflecks mit dem Anodenwinkel bei gegebener fester Heizfadenlänge. Je steiler die Anodenvorderseite ist, umso kleiner wird der optische Brennfleck auf dem Zentralstrahl. Der thermische Brennfleck verkleinert sich bei steilen Anodenwinkeln ebenfalls und erhöht dadurch die thermische Belastung der Anode.

lungsquellen ausgedehnt, kommt es zur Entstehung von Halbschatten und Randunschärfen durch die teilweise Unterstrahlung der Randbereiche des abzubildenden Objekts. Je kleiner die Abmessungen der Strahlungsquelle sind, umso besser werden dagegen Details aufgelöst. Die ideale Röntgenlichtquelle wäre deshalb ein Punktstrahler. In Röntgenröhren kann aus Gründen der thermischen Belastung die Größe des Brennflecks nicht beliebig verkleinert werden. Um dennoch annäherungsweise eine Punktquellenabbildung zu erhalten, wird das so genannte **Strichbrennfleck-Prinzip** verwendet (Fig. 4.20). Die Anodenfläche wird dabei so schräg zum Nutzstrahl ausgerichtet, dass das Abbild des bis zu 1 cm langen Glühfadens auf der Anodenfläche durch Projektion auf nur wenige Zehntel Millimeter verkürzt wird. Mit diesem Verfahren kann also die Elektronenauftrefffläche (der elektronische Brennfleck) groß genug für eine ausreichende thermische Belastung ausgelegt werden, ohne dabei die optische Auflösung allzu sehr zu verschlechtern.

Den Zusammenhang von optischem Brennfleck F_{op}, thermischem (elektronischem) Brennfleck F_{th} und dem Anodenwinkel α zeigt Fig. (4.20b) und Gl. (4.16).

$$sin\,\alpha = \frac{F_{op}}{F_{th}} \quad \text{und} \quad tan\,\alpha = \frac{F_{op}}{HF} \tag{4.16}$$

Soll beispielsweise bei vorgegebener Größe des optischen Brennflecks die thermische Belastbarkeit der Anode erhöht werden, müssen Anodenwinkel α und Heizfadenlänge HF entsprechend Gl. (4.16) verändert werden. Typische optische Brennfleckdurchmesser für die bildgebende Radiologie betragen etwa 0,3 bis 1,6 mm in Richtung des Zentralstrahls. In hoch auflösenden Röntgenröhren (z. B. für die Mammografie) werden auch optische Brennfleckgrößen von nur 1/10 Millimeter realisiert. Bei der Zentralprojektion ist die geometrische Bildunschärfe der Lichtquellengröße (Brennfleckdurchmesser) proportional. Für eine ausreichende Auflösung ist man also gezwungen, den optischen Brennfleck so klein wie möglich zu machen. Dies geschieht durch Verkleinern des Heizfadens und Steilstellen der Anode. Steile Anoden verringern aber den elektronischen Brennfleck, dessen Fläche für die thermische Belastung der Anoden zuständig ist. Um eine ausreichende thermische Belastung zu erreichen, müsste der Anodenwinkel bei gegebener Heizfadenlänge eigentlich vergrößert werden. Die Lösung dieser widersprüchlichen Forderungen ist der Einsatz von Kathoden mit zwei unterschiedlich langen Heizfäden und Zweiwinkelanoden mit getrennten Brennfleckbahnen oder Doppelfokusanordnungen auf der gleichen Brennfleckbahn (Fig. 4.21).

Sollen wie z. B. bei der Projektions-Mikroradiografie optische Brennfleckgrößen im Mikrometerbereich erzeugt werden, müssen aufwendige elektronenoptische Fokussierverfahren für den Elektronenstrahl ähnlich wie im Elektronenmikroskop verwendet werden. Mit solchen hoch fokussierten Röntgenröhren sind dann allerdings wegen des sehr kleinen elektronischen Brennflecks aus thermischen Gründen keine hohen Strahlleistungen mehr möglich.

Da die Projektion des elektronischen Brennflecks in Richtung zum Betrachter, der optische Brennfleck, vom Sichtwinkel abhängt, erhält man außerhalb des Zentralstrahls unterschiedliche optische Brennfleckgrößen. Anodenseitig verkleinert sich der optische Brennfleck, anodenabgewandt nehmen die Ausdehnung des optischen Brennflecks und damit die geometrische Unschärfe zu. Ähnliche Verzeichnungen des optischen Brennflecks erhält man bei seitlichen Abweichungen vom Zentralstrahl quer zur Röhrenlängsachse (Fig. 4.22). Um diese geometrische Verschlechterung der Abbil-

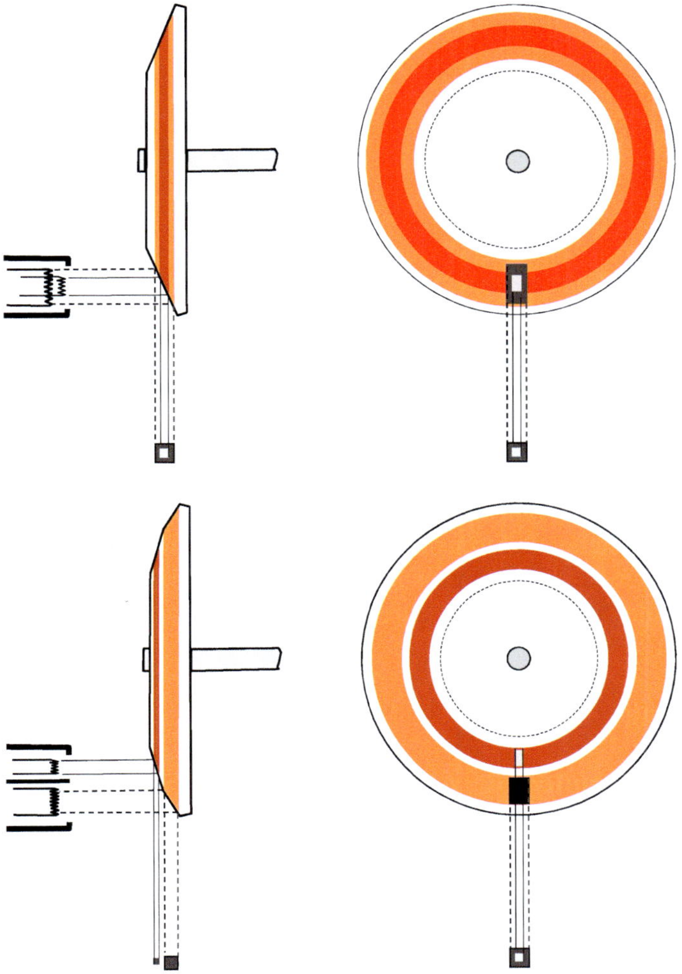

Fig. 4.21: Oben: Ein-Winkel-Drehanode mit zwei unterschiedlich großen Heizfäden und ineinander liegenden Brennfleckbahnen. Hier wird die Größe des optischen Brennflecks ausschließlich über die Heizfadenlänge gesteuert. Unten: Zwei-Winkel-Drehanode mit zwei unterschiedlich langen Glühfäden in der Kathode und unterschiedlichen Anodenwinkeln. Die äußere Brennfleckbahn hat eine größere thermische Belastbarkeit als die innere Bahn, da sie den größeren Winkel und wegen ihres größeren Radius auch die größere Fläche hat.

dungen in Grenzen zu halten, müssen die nutzbaren Strahlenbündel durch Blendensysteme eingeschränkt werden.

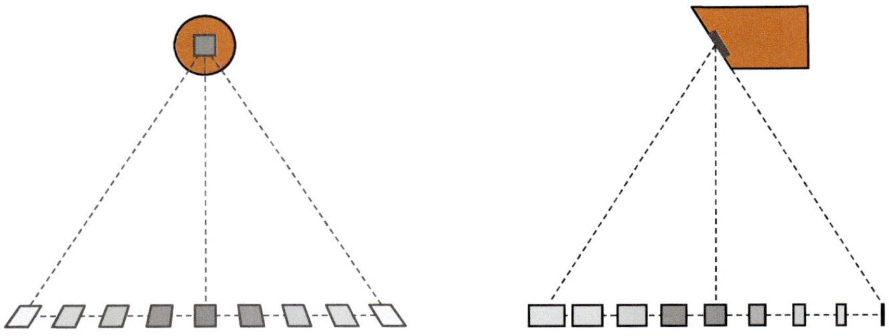

Fig. 4.22: Verformung des optischen Brennflecks bei Abweichungen des Sichtwinkels vom Zentralstrahl. Links: Symmetrische Verzerrung des optischen Brennflecks quer zur Röhrenachse. Rechts: Anodenseitige Verkleinerung und anodenferne Vergrößerung entlang der Röhrenachse. Die Darstellung ist nicht maßstabsgerecht, der optische Brennfleck auf dem Zentralstrahl hat typische Flächen von 0,2 - 1 mm^2.

Neben den bisher geschilderten rein geometrischen Parametern beeinflussen im realen Röntgenbetrieb auch die relative Lage von abzubildendem Objekt und Röntgendetektor sowie die entstehende Streustrahlung die Bildqualität. Streustrahlungseinflüsse werden heute in der Regel mit Streustrahlungsrastern und durch Einblenden auf den interessierenden Objektbereich sowie durch detektornahe Lage der abzubildenden Objekte minimiert.

Zusammenfassung

- **Der ideale Brennfleck für Abbildungen wäre ein mathematischer Punkt.**

- **Man unterscheidet den für die Abbildung verantwortlichen optischen Brennfleck und den elektronischen Brennfleck, der für die Wärmeverteilung auf der Anode und die thermische Belastung verantwortlich ist.**

- **Durch geeignete Kombinationen von Heizfadenlänge und Anodenwinkel kann die abbildungswirksame Größe des optischen Brennflecks den Einsatzbedingungen angepasst werden.**

- **Sollen besonders kleine Brennfleckgrößen beispielsweise für die Materialprüfung erzeugt werden, müssen zusätzliche elektronenoptische Maßnahmen ergriffen werden.**

4.5 Extrafokalstrahlung

Etwa 50% der mit hoher Geschwindigkeit (etwa halbe Lichtgeschwindigkeit) auf die Anode auftreffenden Elektronen werden entweder elastisch von der Anode zurückgestreut oder lösen in der Anode Sekundärelektronen aus, die die Anodenoberfläche wieder verlassen. Die Energie dieser gestreuten primären oder sekundären Elektronen ist gegenüber der Primärenergie im Mittel um etwa 20% vermindert. Angezogen durch das positive elektrische Feld der Anode treffen die Sekundärelektronen in der näheren

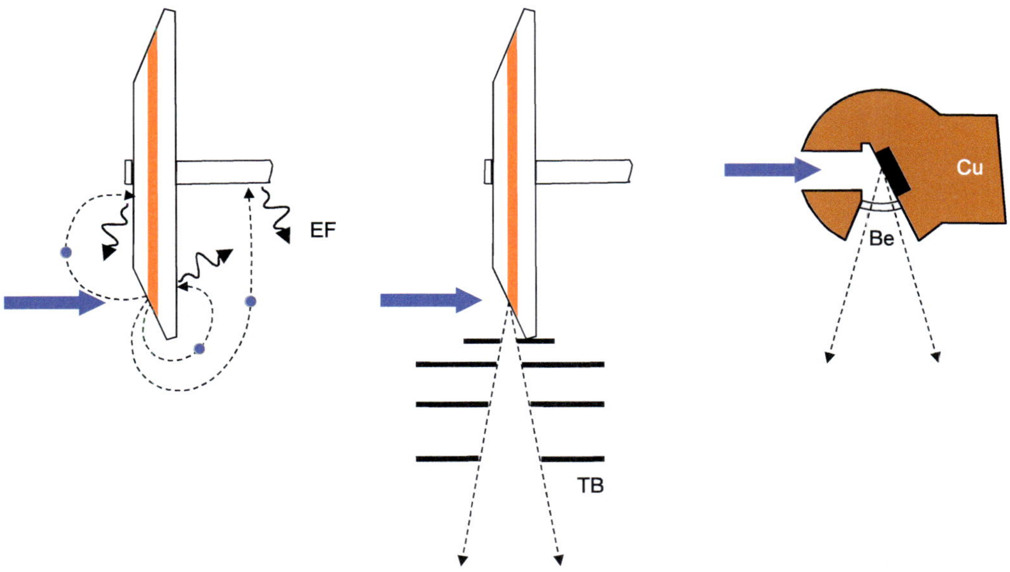

Fig. 4.23: Maßnahmen zur Verminderung der Extrafokalstrahlung in Röntgenröhren. Links: Entstehung der Extrafokalstrahlung EF an einer Drehanode. Die Auftreffstellen der gestreuten Elektronen werden zu zusätzlichen Emissionsorten von Röntgenstrahlung. Mitte: Gestaffelte Tiefenblende TB bei einer Drehanode (nicht maßstäblich). Rechts: Elektronenschutzkopf bei einer Stehanode mit einem Berylliumfenster Be in Strahlrichtung, Cu: Kupfer-Kühlkörper.

oder weiteren Umgebung des Brennflecks ein zweites Mal auf die Anode. Dabei können sie mit einer von ihrer Bewegungsenergie abhängigen Wahrscheinlichkeit wieder Röntgenstrahlung erzeugen. Da diese außerhalb des Brennflecks entsteht, wird sie als **Extrafokalstrahlung** bezeichnet. Extrafokale Elektronen vermindern zum einen die Spannungsfestigkeit einer Röntgenröhre, zum anderen vergrößern sie die bildgebende Strahlungsquelle. Als Folge dieser Fokus-Verschmierung erhält man bei Röntgenaufnahmen kontrastmindernde Schleier und Randunschärfen. Bei ausreichender Extrafokal-Intensität kommt es zu Mehrfachabbildungen desselben Objektes auf dem Film. Bei medizinischen Schädelaufnahmen entsteht dann z. B. das so genannte "Ohrwaschelbild", bei dem die Schädelkalotte durch Extrafokalstrahlung ein zweites Mal außerhalb des Schädels abgebildet wird.

Bei Festanodenröhren wird zur Verminderung der Extrafokalstrahlung die Anode mit einem **Elektronenschutzkopf** umgeben (Fig. 4.23). Er enthält eine Lochblende, durch die der fokussierte Elektronenstrahl von der Kathode her eintreten kann, die Sekundärelektronen jedoch weitgehend absorbiert werden. Die Röntgennutzstrahlung verlässt den Anodenkäfig seitlich durch ein dünnes, für Elektronen undurchlässiges Berylliumfenster. Bei Drehanoden kann aus mechanischen Gründen keine solche Schutzblende um die Anode herum angeordnet werden. Hier hilft man sich durch ein externes in die Tiefe gestaffeltes Blendensystem mit bis zu vier konvergierenden Teilblenden, die **Tiefenblende**, die vom Objekt aus gesehen nur den Blick auf den eigentlichen Brennfleck zulässt. Tiefenblenden befinden sich im Blendenkasten unterhalb des Röhrenschutzgehäuses. Sie sind umso wirksamer, je dichter sich ihre erste Blende bei der Anode befindet. Durch geeignete Tiefenblenden kann der bildwirksame Extrafokalstrahlungsanteil von Drehanodenröhren auf wenige Prozente reduziert werden.

Werden Röntgenröhren in Computertomografen eingesetzt, ist die Verwendung einer Tiefenblende kaum möglich. Um die Extrafokalstrahlung dennoch etwas zu mindern, verwendet man in modernen Anlagen Röntgenröhren, bei denen die Anode auf Erdpotential gelegt wird (s. auch Abschnitt 4.7). Bei diesen Potentialverhältnissen kann zwischen Kathode (auf negativem Potential) und Anode (Erdpotential) eine geerdete Metallblende angebracht werden, die die von der Anode emittierten Sekundärelektronen

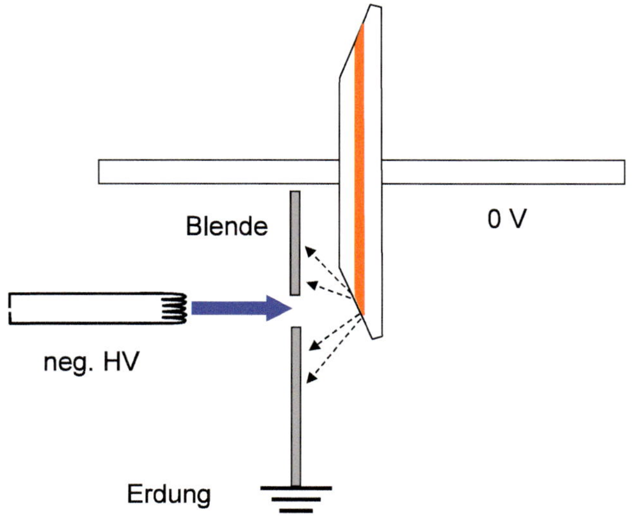

Fig. 4.24: Verminderung der Extrafokalstrahlung in Hochleistungs-CT-Röhren mit einer geerdeten Blende zur Absorption der von der Anode emittierten Elektronen.

absorbiert und ableitet. Eventuell auf den Blenden entstehende Röntgenstrahlung tritt erst außerhalb des Austrittsfensterbereichs auf. Werden die Blenden nicht aus Hoch-Z-Material angefertigt, wird zusätzlich die Strahlungsausbeute gemindert.

4.6 Winkelverteilungen von Röntgenstrahlung

Die charakteristische Röntgenstrahlung wird nahezu gleichförmig in alle Richtungen emittiert, ihre Intensitätsverteilung ist daher im Wesentlichen isotrop. Röntgenbremsstrahlung zeigt bei dünnen Targets dagegen eine ausgeprägte energieabhängige Winkelverteilung (vgl. [Krieger1], Kap. 9.2) mit bevorzugten Emissionsrichtungen zwischen 60 bis 90 Grad zum Elektronenstrahl. In dicken Anoden, wie sie in Röntgenröhren verwendet werden, werden die anfänglich nach vorne gebündelten Elektronen durch Vielfachwechselwirkungen in der Anode jedoch so sehr gestreut, dass die von ihnen ausgehende Bremsstrahlung ebenfalls nahezu isotrop wird. Dies ergibt eine fast halbkugelförmige Intensitätsverteilung vor der Anode (Fig. 4.25).

Verlassen die Photonen die Anode, kommt es zu einer richtungsabhängigen Schwächung des Strahlenbündels innerhalb der Anoden, die ihren Grund in der Eindringtiefe der Elektronen in das Anodenmaterial hat. Bei kleinen Winkeln zur Anodenoberfläche kommt es wegen der größeren Weglängen zur erhöhten Schwächung der austretenden Röntgenstrahlung durch Absorption im Anodenmaterial. Diese winkelabhängige Schwächung wird als **Heel-Effekt**[7] bezeichnet.

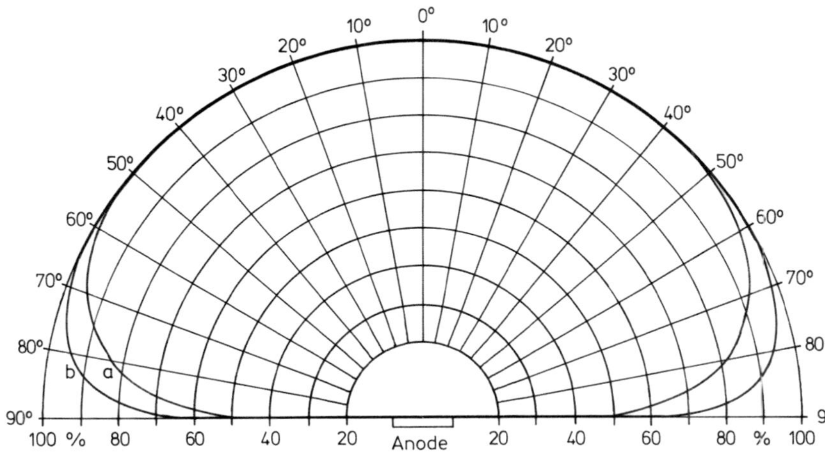

Fig. 4.25: Polardiagramme der Intensitätsverteilung von 70-kV-Röntgenbremsstrahlung: (a) ungefilterte Strahlung, (b) mit 10 mm Aluminium gefilterte Strahlung (nach Daten von [Morneburg]). Die Einstrahlrichtung ist senkrecht von unten.

[7] Heel ist das englische Wort für Absatz/Ferse und soll die Form der Photonenverteilung beschreiben.

Die Eindringtiefe der mit 100 kV beschleunigten Elektronen in einer Wolframanode beträgt einige Mikrometer. Die Röntgenstrahlung entsteht also nicht nur an der Oberfläche sondern auch in der "Tiefe" der Anode. Die austretenden Röntgenquanten müssen daher je nach Emissionsrichtung verschieden lange Wege im Anodenmaterial zurücklegen und werden daher richtungsabhängig bereits in der Anode geschwächt. Die kürzesten Wege müssen Photonen zurücklegen, die senkrecht zur Anodenoberfläche emittiert werden. Die größte Schwächung erleiden Photonen, die fast streifend die Anodenoberfläche verlassen. Die erhöhte Schwächung führt wegen der bevorzugten Absorption weicher Röntgenquanten auch zu einer zusätzlichen winkelabhängigen Aufhärtung des Strahlenbündels.

Zu den Schwächungseffekten im Anodenmaterial kommt die richtungsabhängige Schwächung durch den Glaskolben und das Kühl- und Isolieröl im Röhrenschutzgehäuse hinzu. Insgesamt erhält man die in (Fig. 4.26 rechts) dargestellte Intensitätsverteilung. Sie zeigt eine deutliche Intensitätsabnahme bei kleinen Winkeln zur Anode und ein Maximum der Intensität, das etwa um den Anodenwinkel (im Beispiel 20 Grad) zur Kathode hin verschoben ist. Diese Richtungsabhängigkeit der Röntgenintensität kann bei der Bildgebung ausgenutzt werden. Platziert man dickere Objekte bei der Röntgenaufnahme anodenfern, also in Richtung zur Kathode hin, kommt es durch die Richtungsverteilung der Röntgenstrahlung zumindest teilweise zum Ausgleich der

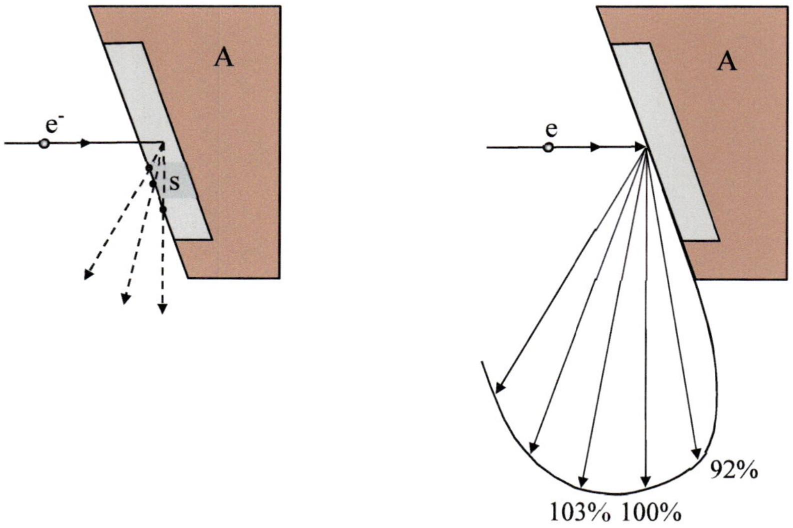

Fig. 4.26: Darstellung des Heel-Effekts für die Energieflussdichte von Röntgenstrahlung für eine Wolframanode mit schrägem Anodenwinkel. Links: Richtungsabhängige Schwächung der Röntgenquanten im Anodenmaterial durch unterschiedliche Weglängen s. Rechts: Experimentelles Polardiagramm der relativen Energieflussdichte für 70kV-Strahlung als Funktion der Emissionsrichtung einschließlich Gehäuse und Isolieröl-Schwächung. Die Intensitäten sind auf den Zentralstrahlwert normiert.

Schwächungsunterschiede und somit zu homogeneren Bildern. Je geringer die Energie der Röntgenquanten ist, umso stärker ist die Schwächung in den durchsetzten Materialien. Der Heel-Effekt erhöht sich also bei abnehmender Röhrenspannung.

Eine praktische Anwendung dieses "automatischen" Dickenausgleichs findet man bei der Mammografie, bei der die Patienten mit dem Gesicht zur Anode hin positioniert werden. Bei größeren Gewebedefiziten reicht der Heel-Effekt zur Kompensation der unterschiedlichen Schwächungen in der Regel nicht aus. Um dennoch eine gleichmäßige Dichteverteilung auf dem Röntgenbild zu erhalten, können dann zusätzliche externe Ausgleichsfilter verwendet werden. In Fällen, in denen es vor allem auf eine gleichförmige Belichtung der Röntgendetektoren ankommt, kann man die Auswirkungen des Heel-Effekts auf die Bildgebung durch Einblenden, also Verkleinern des Strahlenbündelquerschnitts, bei gleichzeitiger Vergrößerung des Fokus-Detektorabstands mindern.

Zusammenfassung

- **Extrafokalstrahlung ist Röntgenstrahlung, die durch rückgestreute Elektronen außerhalb des vorgesehenen elektronischen Brennflecks entsteht und die räumliche Auflösung der Röntgenaufnahmen verschlechtern würde.**

- **Bei Stehanoden kann die Extrafokalstrahlung durch einen Elektronenschutzkopf verhindert werden, der die Elektronen lokal absorbiert.**

- **Bei Drehanoden dient zur Ausblendung der Extrafokalstrahlen eine gestaffelte Tiefenblende.**

- **Bei Hochleistungs-CT-Röntgenröhren ist eine Tiefenblende nicht einsetzbar. Man hilft sich daher mit einer geerdeten Zusatzblende innerhalb der Röhre, die die Ausbreitung der Sekundärelektronen verhindert.**

- **Die höhere anodenseitige Schwächung des primären Röntgenstrahlenbündels wird als Heel-Effekt bezeichnet.**

- **Dieser kann bei der Bildgebung zum Dickenausgleich abzubildender Objekte z. B. in der Mammografie verwendet werden.**

- **Reicht dieser Dickenausgleich nicht aus, müssen externe Zusatzfilter eingesetzt werden.**

4.7 Bauformen von Röntgenröhren

Konventionelle Röntgenröhren bestehen in der Regel aus einem evakuierten Röhrenkolben aus Glas mit zwei Elektroden - der Kathode und der Anode - und den zugehörigen Spannungsanschlüssen. Die Kathode ist der Ort der Elektronenerzeugung und enthält in den meisten Fällen eine Glühkathode zur thermischen Elektronenemission. In der Nähe der Kathode finden sich elektronenoptische Zusatzvorrichtungen zur Fokussierung des Elektronenstrahlenbündels auf den Anoden-Brennfleck. Die Anode enthält das Target, in dem die Röntgenbremsstrahlung und die charakteristische Strahlung durch Strahlungs- und Stoßbremsung der Elektronen erzeugt werden. Der Röhrenkolben muss sehr hitzefest sein, ein geeignetes Strahlaustrittsfenster aufweisen und mechanischen Halt für die Kathode, die Anode und die Hochspannungszuführungen bieten. Er wird meistens aus hoch schmelzendem Glas oder je nach Röhrentyp auch aus Keramik oder Metallen gefertigt.

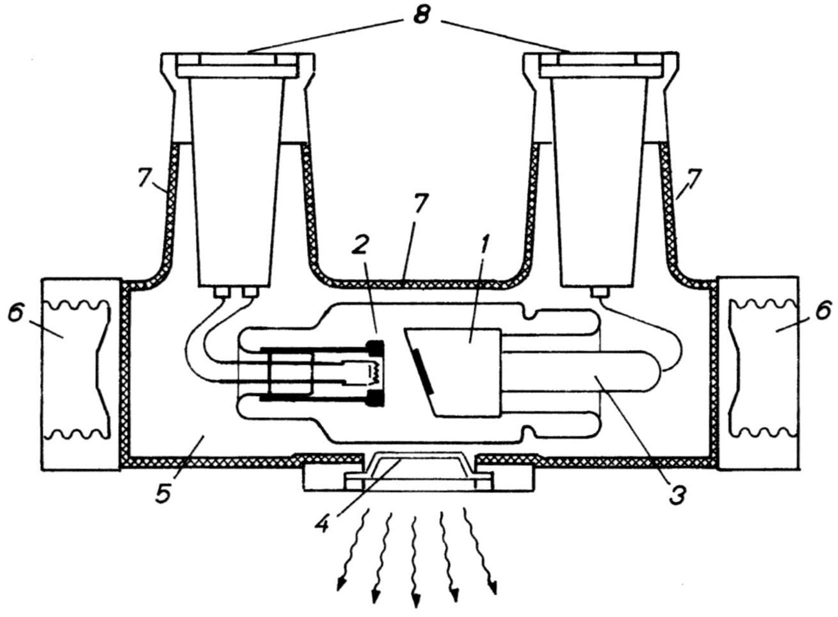

Fig. 4.27: Aufbau eines Röhrenschutzgehäuses für eine einfache Stehanode mit geringer thermischer Verlustleistung mit Ölfüllung zur Isolation und Kühlung. 1: Anode mit eingepresster Wolframscheibe, 2: Glühkathode mit Wehneltzylinder, 3: Anodenschaft, 4: Austrittsfenster für die Röntgenstrahlung mit zusätzlicher Filterwirkung auf das Röntgenspektrum, 5: Ölfüllung des Gehäuses, 6: Federbälge zum thermischen Ausdehnungsausgleich, 7: Bleiauskleidung für den Strahlenschutz, 8: Kabelzuführungen für Hochspannung und Kathodenheizung.

Die Röntgenröhre befindet sich im Röhrenschutzgehäuse (Fig. 4.27). Dieses hat mehrere Aufgaben. Es muss der Röntgenröhre mechanischen Halt bieten und eine ausreichende Abschirmung der in der Röhre entstehenden Röntgenstrahlung aufweisen. Es ist deshalb meistens mit Blei ausgekleidet. Das Schutzgehäuse hat Zuführungen für die Röhrenspannungen (Hochspannung, Heizspannung, Steuersignale). Es ist in der Regel mit einem isolierenden hochspannungsfesten Öl gefüllt, das auch zur Kühlung der von den Anoden abgestrahlten oder abgeleiteten Wärme dient. Das Röhrenschutzgehäuse enthält ein Strahlaustrittsfenster, Halterungen für die zusätzlichen Filterungen und sonstiges Zubehör (Keilfilter, externes Messgerät zur Erfassung des Flächendosisproduktes) und die Blenden zur Einstellung der Feldgrößen bei der Projektionsradiografie.

Kommerzielle Röntgenröhren werden vor allem in zwei klassischen Bauformen angeboten: als Stehanodenröhren oder als Drehanodenröhren. Sie unterscheiden sich bezüglich ihrer thermischen Belastbarkeit und der Kühlmöglichkeiten. Daneben wurde in den letzten Jahren eine neue Röhrenbauform entwickelt, die besonders bei hohen Wärmelasten im Dauerbetrieb vorteilhaft ist, die Drehkolbenröntgenröhre. Die drei Bauformen sind also:

- **Stehanoden-Röntgenröhre**
- **Drehanoden-Röntgenröhre**
- **Drehkolben-Röntgenröhre**

Stehanoden enthalten meistens ein Wolframtarget, das zur besseren Wärmeabfuhr in einen Kupferkörper eingelassen ist. Dieser Kupferkörper hat die Aufgabe, die anfallende Verlustwärme zwischen zu speichern und vom Brennfleck durch Wärmeleitung abzuführen. Der Anodenkörper ist deshalb voluminös ausgelegt. Reicht die Wärmekapazität der Kupferanode nicht aus, muss die gespeicherte Wärme durch eine externe Kühlung abgeführt werden. Dies geschieht entweder durch Konvektion oder mit einer speziellen Wasser- oder Ölkühlung. Stehanoden werden heute in der Strahlentherapie und bei niedrigen Strahlungsleistungen wie in der Zahnradiologie, der Materialprüfung und in der Sicherheitstechnik z. B. bei Gepäckkontrollen verwendet.

Eine spezielle Bauform der Festanoden sind die **Hohlanoden**, die zur Strahlentherapie von Hohlorganen z. B. in der Gynäkologie verwendet werden können. Bei ihnen ist die Anode am Ende eines Hohlrohres befestigt, das in den Patienten eingeführt werden kann. Da beim therapeutischen Einsatz von Röntgenstrahlern die Abbildungsgeometrie keine Rolle spielt, können in Therapieröhren große Anodenwinkel mit entsprechend ausgedehntem thermischem Brennfleck verwendet werden.

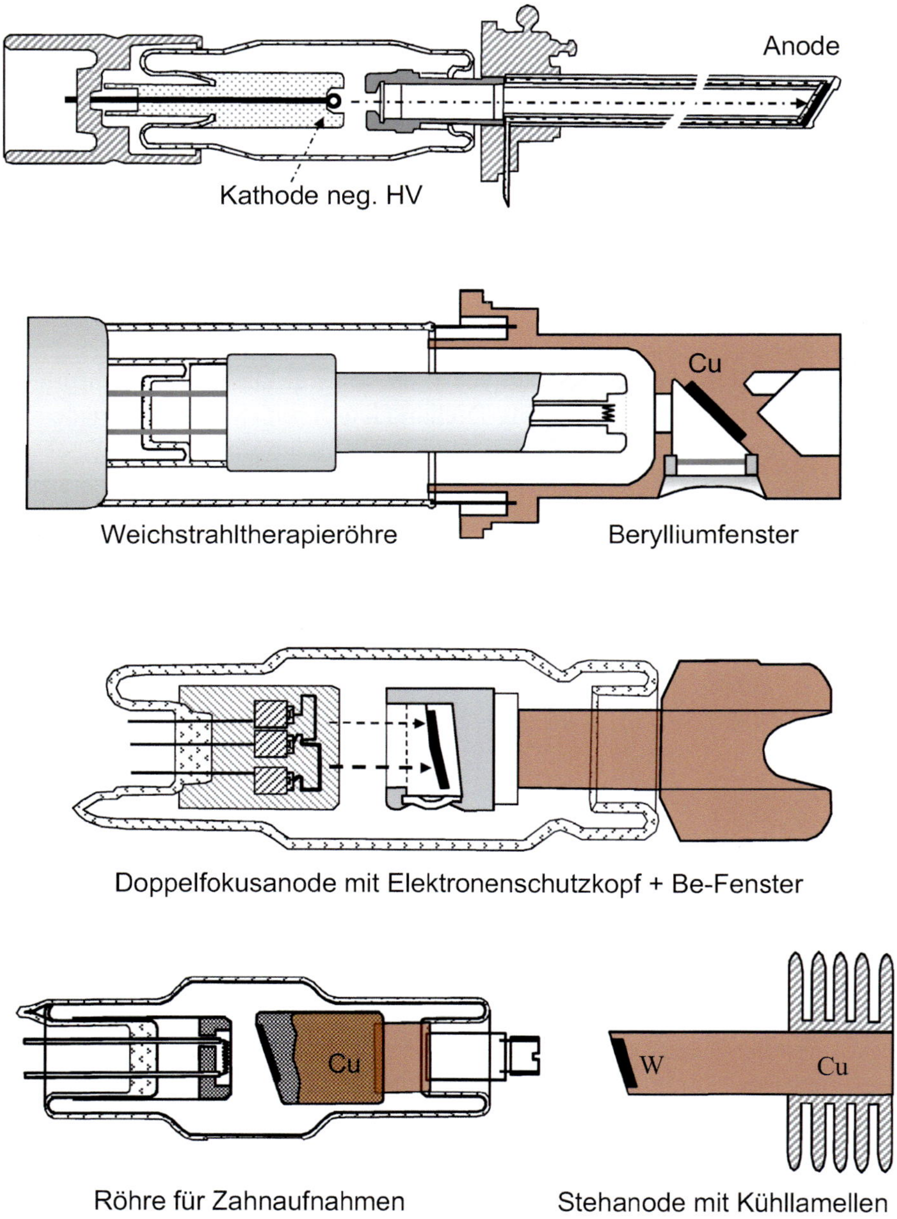

Fig. 4.28: Bauformen von Festanoden-Röntgenröhren. Von oben: Hohlanode für die Strahlentherapie zum Einführen in Körperhöhlen mit Wasserkühlung, Röntgenröhre für die Weichstrahltherapie mit Kupferanodenkörper, Bifokalanode mit Elektronenschutzkopf und massivem Cu-Kühlkörper, einfache Röntgenröhre z. B. für Zahnaufnahmen und Kupfer-Stehanode mit eingepresster Wolframscheibe als Bremstarget und großen Kühllamellen für eine einfache Luftkonvektionskühlung.

Die teuren und technologisch anspruchsvolleren **Drehanoden** sind zur Standardbauform für diagnostische Röntgenröhren geworden und erlauben heutzutage thermische Verlustleistungen bis zu 100 kW. Ihr wesentlicher Bestandteil ist ein drehbarer Anodenteller, der Durchmesser bis 20 cm und Massen bis 1 kg aufweisen kann. Der strahlungsaktive Teil des Anodentellers, die Brennfleckbahn, besteht je nach Aufgabenstellung aus Wolfram bzw. Wolframlegierungen oder aus Molybdän.

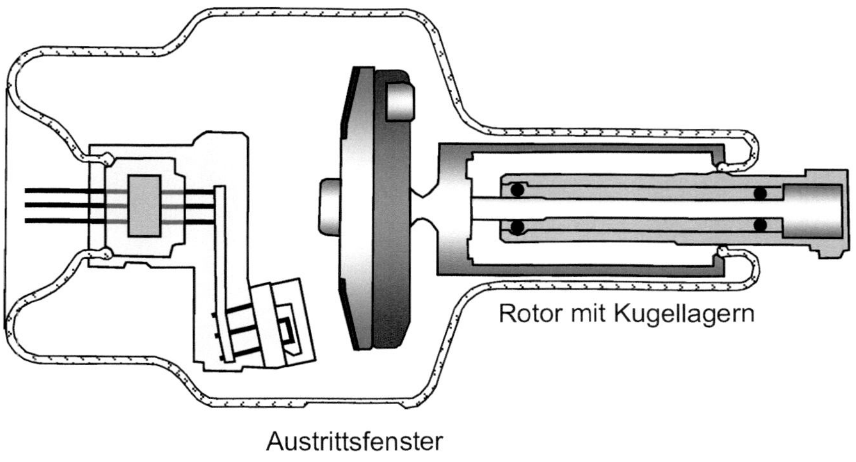

Fig. 4.29: Moderne, thermisch hochbelastbare Röntgenröhre zum Einsatz in Computertomografen und an Angiografieanlagen mit Drehanode (Verbundanode aus Molybdän mit Wolframbrennbahn und Graphitkörper).

Drehanoden sind thermisch höher belastbar als Stehanoden, da die entstehende Verlustwärme durch die Drehung der Anode auf eine vollständige Brennfleckbahn statt auf einen einzelnen Brennfleck verteilt wird. Die thermische Belastbarkeit des aktiven Anodentellers wird bei den so genannten Verbundanoden durch Wärme speichernde Graphitkörper auf der Rückseite des Anodentellers zusätzlich erhöht. Neben der Wärmespeicherung haben diese Graphitauflagen auf der Anodenrückseite auch die Aufgabe, die Wärmeabstrahlung durch ihr besseres Emissionsvermögen zu erhöhen. Moderne Verbundanoden haben deshalb keine geschwärzten Rückseiten mehr, wie sie in der Anfangszeit der Radiologie üblich waren (s. Fig. 4.33).

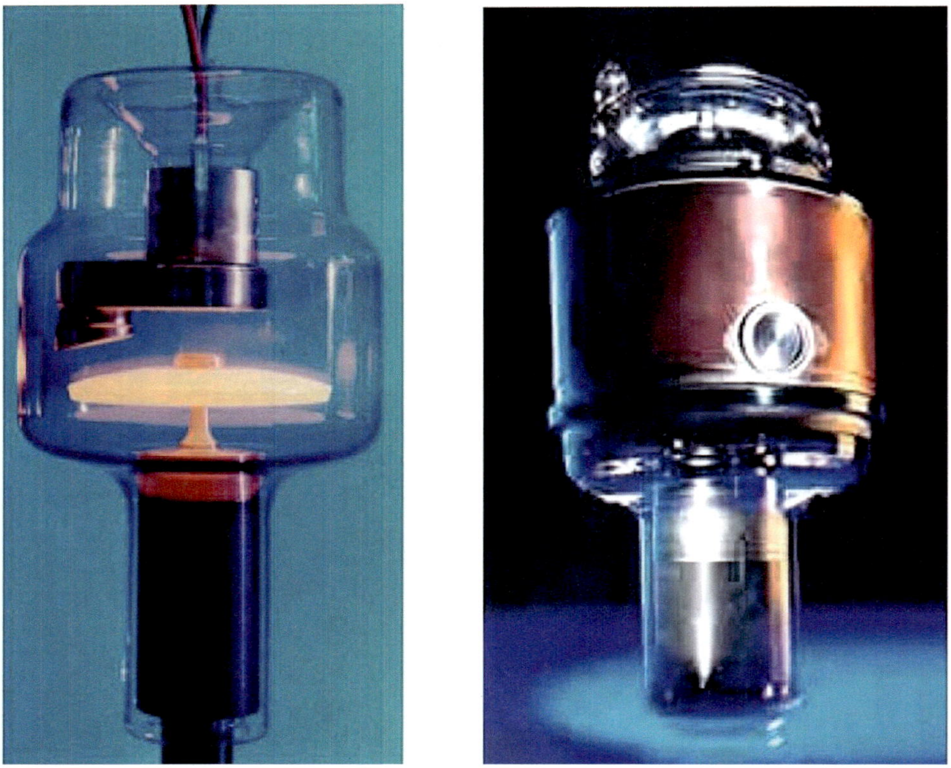

Fig. 4.30: Links: Einfache Molybdän-Drehanode. Durch die thermische Verlustleistung ist die Drehanode stark erhitzt, da ihre primäre Kühlung ausschließlich über die Wärmeabstrahlung möglich ist (Foto Fa. Siemens). Rechts: Foto einer hochbelastbaren Verbundanode (Fa. Siemens Megalix) für Angiografiezwecke mit sichtbarem Austrittsfenster und metallenem Röhrenkolben zur besseren Wärmeabfuhr.

Bauartbedingt sind Drehanoden nur durch Strahlungskühlung zu kühlen, da die Anodenteller nicht in direkten Kontakt zu einem Kühlmedium gebracht werden können. Da an Drehanoden bei den meisten technischen Bauformen außerdem die Röhrenhochspannung anliegt, muss der Abstand der Drehanode zum Röhrenkolben ausreichend groß gehalten werden, um Spannungsüberschläge zu verhindern. Dies erschwert einen effektiven Motorantrieb für die Drehanodenteller und die Wärmeabgabe durch Strahlungskühlung. Abhilfe schaffen hier Anodenbauformen, bei denen die Anode auf Erdpotential liegt, da dann engere Abstände zwischen Anodenteller und Röhrenkolben und somit dem Kühlmedium erlaubt werden können.

Eine abweichende moderne Röntgenröhrenbauform haben die **Drehkolbenröhren**, die wegen der heutigen extremen Leistungsanforderungen bildgebender Verfahren in der Computertomografie und der Angiografie entwickelt wurden [Schardt]. Bei ihnen ist der Anodenteller starr mit dem metallenen Röhrenkolben verbunden. Dieser befindet sich im Kühlölbad. Um die Wärmelast vom Brennfleck auf eine Brennfleckbahn zu verteilen, wird der Röhrenkolben als ganzer durch einen externen Elektromotor mit bis

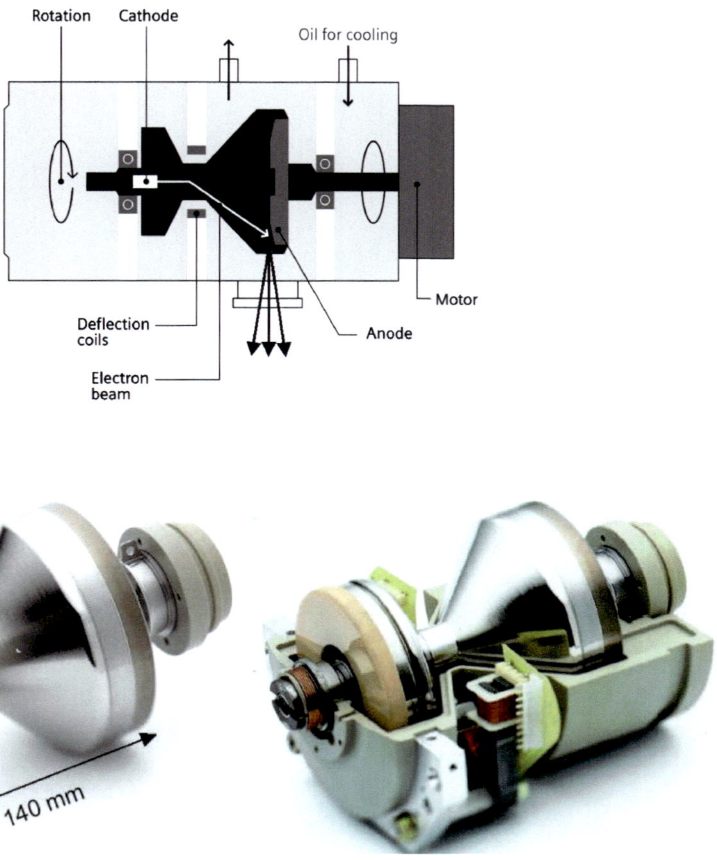

Fig. 4.31: Ansichten einer modernen Drehkolbenröntgenröhre der Fa. Siemens, die als Ganze im Ölbad rotiert wird. Oben: Schema der Anordnung der Drehkolbenröhre im ölgefüllten Röhrenschutzgehäuse mit Ablenkmagnetspulen, magnetisch geführtem Elektronenstrahl und Austrittsfenster. Unten links: Isolierter Röhrenkolben. Die Glühkathode befindet sich im linken Drehkörper. Im rechten Konus befindet sich der Anodenteller. Er hat einen Durchmesser von 12 cm und ist starr mit dem metallenen Röhrenkolben verbunden. Rechts unten: Offenes Röhrengehäuse mit Ablenkspulen am Kolbenhals ([Schardt], mit freundlicher Genehmigung der Autoren).

zu 180 Hz rotiert. Der von der Kathode ausgehende Elektronenstrahl wird mit einem externen um den Röhrenhals angeordneten Quadrupol-Elektromagneten gebündelt und auf den Anodenteller fokussiert. Die magnetische Ablenkung und Fokussierung erlaubt darüber hinaus das schnelle Ablenken des Elektronenstrahlenbündels auf verschiedenen Stellen der Brennfleckbahn. Diese Technik wird als "flying focal spot"

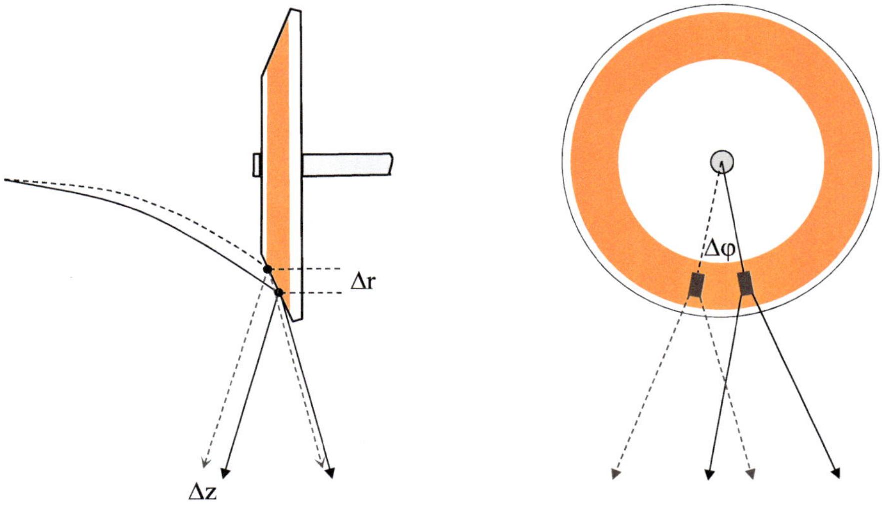

Fig. 4.32: "Flying Focal Spot-Technik" bei modernen Röntgenröhren für die Hochleistungs-Spiral-Computertomografie. Links: Radiale Verschiebung Δr des Brennflecks auf dem Anodenteller. Durch die Schräge der Brennfleckbahn entsteht simultan auch eine Verschiebung des Brennflecks parallel zur Röhren- und Patientenachse (z-Verschiebung Δz). Rechts: φ-Verschiebung des Brennflecks entlang des Drehwinkels der Anode.

bezeichnet. Sie ermöglicht Brennfleckverschiebungen in Längsrichtung des Patienten (z-Richtung) und in Richtung des Anodendrehwinkels φ, also seitliche Verschiebungen relativ zur Drehachse der Röhre. Solche Verschiebungen sind Voraussetzung für die schnelle funktionelle Computertomografie wie sie beispielsweise beim "Cardio-Imaging", der computertomografischen zeitaufgelösten Darstellung des schlagenden Herzens, eingesetzt wird.

Zusammenfassung

- **Röntgenröhren werden heute in drei Bauformen angeboten, als Stehanoden-, als Drehanoden- oder als Drehkolbenröntgenröhren.**

- **Stehanoden haben bauartbedingt eine geringere thermische Belastbarkeit als Drehanoden und werden daher bevorzugt bei kleinen Dosisleistungen verwendet.**

- **Bei Stehanoden ist das Bremstarget in der Regel in einen massiven Kupferkörper eingelassen, der eine gute Wärmeleitfähigkeit und ein ausreichendes Wärmespeichervermögen aufweist.**

- **Stehanodenröhren werden entweder durch einfache Konvektionskühlung oder durch eine so genannte Prallkühlung der Festanode mit Wasser oder Öl gekühlt.**

- **Drehanoden verteilen ihre thermische Last auf den Brennfleckring und sind daher thermisch höher belastbar.**

- **Bei besonders hohen thermischen Anforderungen werden Verbundanoden verwendet, die große Graphitkörper zur Wärmespeicherung und Abstrahlung auf der Rückseite der Anodenteller enthalten.**

- **Drehanoden können die Wärme nur über Strahlungskühlung emittieren, da sie praktisch keinen Kontakt zu äußeren Kühlmedien haben.**

- **Die modernste Bauform ist die Drehkolbenröntgenröhre. Bei ihr ist die Scheibenanode starr mit dem rotierenden Röhrenkolben verbunden. Drehkolbenröhren erlauben sehr hohe thermische Dauerbelastungen.**

- **Beispiele von Röntgenuntersuchungstechniken, die besonders hohe thermische Belastungen der Röntgenröhren verursachen, sind die Computertomografie, bei der Verlustleistungen bis 100 kW auftreten können, und die interventionelle Angiografie mit ihren unter Umständen sehr langen Durchleuchtungszeiten.**

4.8 Technische Aspekte beim Anodenaufbau von Röntgenröhren

Anodenmaterialien für Röntgenröhren müssen drei wesentliche Bedingungen erfüllen. Zum einen sollen sie über eine ausreichend hohe Strahlungsausbeute bei der Abbremsung von Elektronen aufweisen. Zum Zweiten müssen die Anodenmaterialien die hohe Verlustwärme beim Auftreffen der Elektronen aushalten, da nur etwa 1% der Elektronenbewegungsenergie in Röntgenstrahlung umgewandelt wird. Die thermische Beanspruchung der Anode ist daher erheblich. Letztlich müssen die Drehanoden wegen der hohen mechanischen Belastungen sehr formstabil, ausreichend hart und langzeitstabil sein. Tabelle (4.4) zeigt eine Zusammenstellung möglicher Anodenmaterialien und ihrer wichtigsten Eigenschaften.

Die ersten kommerziellen Drehanoden bestanden aus chemisch reinem Wolfram. Reines Wolfram ist allerdings zum einen ein sehr sprödes Material, es lässt sich also nur schwer verarbeiten. Zum anderen ermüdet die Oberfläche solcher Reinwolframanoden unter thermischer Belastung sehr schnell. Die Oberflächen rauen deshalb durch Verdampfen von Wolfram auf und neigen zur Rissbildung. Dies führt zu Unwuchten, die bei den zur Kühlung erforderlichen hohen Drehzahlen der Drehanoden über Gebühr die Kugellager des Rotors belasten. Da sich die Kugellager mit ihren punktförmigen Kontaktstellen im Vakuum befinden, können sie in der Regel nicht geschmiert werden. Lagerschäden äußern sich durch deutlich vernehmbare Laufgeräusche und eine Verringerung der Drehzahl. Ist die Oberfläche einer Anode aufgeraut, dringen die Elektronen tiefer in das Anodenmaterial ein als bei glatten Oberflächen. Die Röntgenstrahlung entsteht dadurch erst in der Tiefe der Anode und wird beim Verlassen des Anodentellers deshalb erheblich geschwächt. Zunehmende Korrosion der Oberfläche an diesen frühen Anoden führte also zum allmählichen Nachlassen der Strahlungsleistung, die durch Erhöhung des Heizstroms kompensiert werden musste. Dadurch erhöhte sich natürlich wiederum die thermische Belastung und führte so zum vorzeitigen Verschleiß der Röntgenröhre (s. Beispiele in Fig. 4.33).

Moderne, mit bis weit über 10000 Umdrehungen pro Minute betriebene Drehanoden bestehen aus verschiedenen geeignet kombinierten Materialien. Sie werden deshalb als **Verbundanoden** bezeichnet (Fig. 4.34). Ihr Teller besteht aus Molybdän, das eine besonders hohe mechanische Festigkeit aufweist. Der "strahlungsaktive" Teil des Drehanodentellers ist eine in den Molybdänträger eingepresste Legierung aus Wolfram mit Beimischungen von einigen Prozenten an Rhenium (typischerweise 6%). Die Anoden werden dadurch besonders unempfindlich gegen vorzeitige Ermüdung und Erosion des Anodenmaterials. Zur Erhöhung der Wärmekapazität des Anodentellers und zur Verbesserung der thermischen Emissionsfähigkeit bei Hochleistungsröhren werden auf ihrer Rückseite Scheiben aus Graphit befestigt. Um mechanische Spannungen des Anodentellers zu vermeiden, die zu Unwuchten und zum Zerreißen des Anodentellers beim Erhitzen führen können, wird der Anodenteller bei Hochleistungsröhren seitlich eingesägt (entspannt).

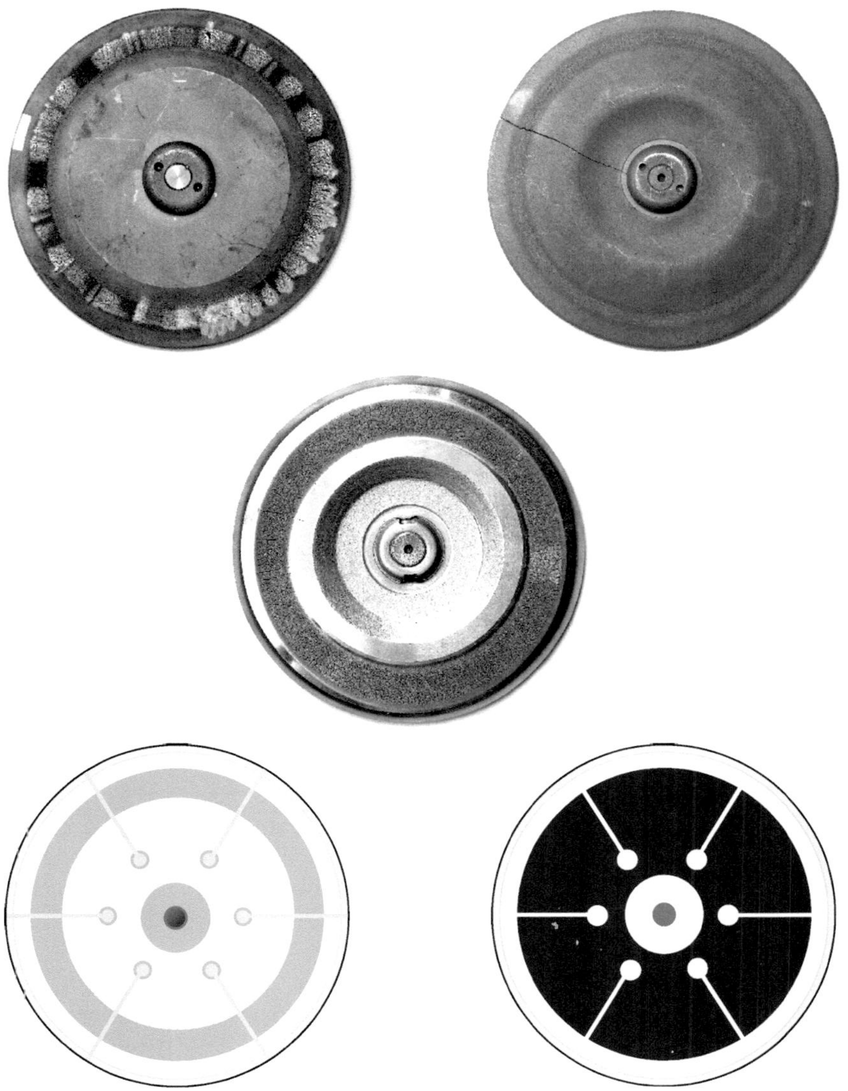

Fig. 4.33: Bauformen und Verschleißerscheinungen von Drehanoden älterer Bauart. Oben: Durch verminderte Drehzahl (Lagerschaden) angeschmolzene Rein-Wolframanode mit durch die Fliehkraft nach außen verlaufenem flüssigem Wolfram (links) und durch thermische Verformung entstandener Spannungsriss (rechts). Mitte: Durch thermische Überlast stark korrodierte Brennfleckbahn mit tiefen Schrunden und beginnenden Spannungsrissen. Der Grund ist die durch die Rauheit verursachte verminderte Röntgenstrahlungsausbeute und der deshalb erforderliche höhere Röhrenstrom mit der entsprechend ansteigenden thermischen Belastung. Unten: Durch Einschnitte entspannte Wolfram-Drehanode mit rückseitiger Schwärzung zur Erhöhung der Abstrahlleistung (links Vorderseite mit Brennfleckbahn, rechts geschwärzte Rückseite).

Element	Ordnungs-zahl Z	Schmelz-punkt (K)	spez. Wärme-kapazität (J/g·K)	Wärmeleit-fähigkeit (W/cm·K)	Eignung
Graphit	6	3650	0,710	≈0,9	nur als Wärmespeicher an Drehanoden
Kupfer	29	1083	0,386	3,98	bester Wärmeleiter und Wärmespeicher, niedriger Schmelzpunkt
Molybdän	42	2620	0,247	1,38	mechanisch sehr stabil
Rhodium	45	1966	0,248		in Mammografieröhren
Tantal	73	2996	0,141	0,55	schlechtester Wärmeleiter
Wolfram	74	3390	0,135	1,3	hohe Ausbeute, sehr hoher Schmelzpunkt
Rhenium	75	3180	0,137	0,71	6% Beimischung zu W verhindert Versprödung der Anodenoberfläche
Platin	78	1769	0,132	0,71	höchste Ausbeute

Tab. 4.4: Materialeigenschaften einiger Substanzen zur Herstellung von Röntgenröhren-Anoden (Daten nach [Kohlrausch]). Die durch den Dampfdruck des Anodenmaterials begrenzte zulässige Betriebstemperatur von Anoden beträgt etwa 70% der Schmelztemperatur.

Wegen der hohen Verlustwärme in den Anoden müssen Röntgenröhren über sehr wirksame Kühlungen verfügen. Der Wärmeabtransport aus dem Brennfleck wird über Strahlungskühlung und Wärmeleitung bewirkt. Da beide Mechanismen nur bei Temperaturdifferenzen zwischen Brennfleck und Umgebung funktionieren, benötigen Anode und Röhrenumgebung ausreichende Wärmekapazitäten.

Strahlungskühlung: Die anfallende Verlustwärme in modernen Röntgenröhren kann einige 10 Kilowatt betragen. Die schnellste und wirksamste Kühlung ist die Strahlungskühlung, bei der die Anode ihre Überschusswärme in Form infraroter und sichtbarer Strahlung abstrahlt. Die abgestrahlte Leistung nimmt mit der Differenz der vierten Potenz der Temperaturen von Anode und Umgebung zu (Gl. 4.17). Diese Infrarotkühlung ist deshalb besonders bei hohen Anodentemperaturen wirksam und überdies äußerst schnell, da die Infrarotstrahlung mit Lichtgeschwindigkeit emittiert wird. Sie versagt aber bei niedrigen Anodentemperaturen, da dort zusätzlich zur Abnahme der Abstrahlleistung mit der Temperatur auch das Emissionsvermögen[8] ε(T) der Anodenfläche A abnimmt.

$$P_{strl} = A \cdot \sigma_0 \cdot \varepsilon(T) \cdot (T_a^4 - T_u^4) \propto (T_a^4 - T_u^4) \tag{4.17}$$

Voraussetzung für eine wirksame Strahlungskühlung sind nach (Gl. 4.17) hohes Emissionsvermögen ε des Anodenmaterials, eine ausreichend große abstrahlende Fläche A, eine hohe Anodentemperatur T_a und simultan eine niedrige Umgebungstemperatur T_u.

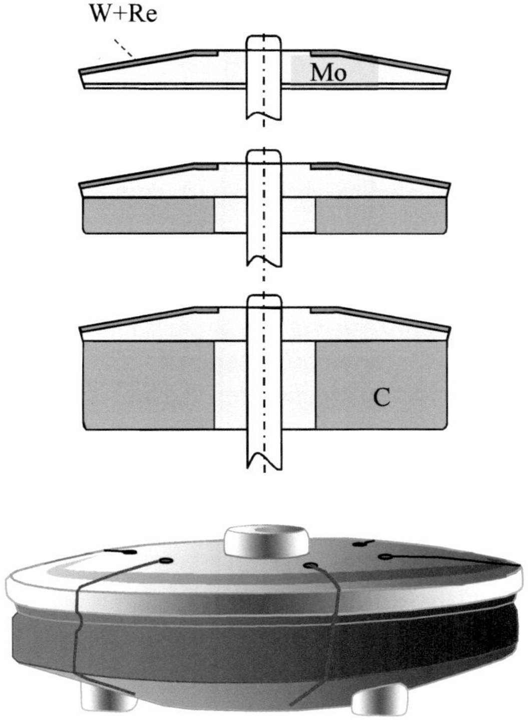

Fig. 4.34: Drehanoden in modernen Röntgenröhren. Von oben: Wolfram-Rhenium-Drehanode für geringe Strahlleistungen und niedrige thermische Belastung, moderne Hochleistungs-Drehanoden in Verbundtechnik, mit Graphitauflagen (C) zur Erhöhung der Wärmekapazität. Unten: Entspannte Verbundanode zur Verhinderung mechanischer Spannungen beim Erhitzen für sehr hohe Leistungen. Die Anodenteller bestehen aus Molybdän, die Brennfleckbahnen bestehen aus Wolfram mit unterschiedlichen Rheniumanteilen.

---

[8] In dieser Formel ist A die abstrahlende Fläche, σ_0 die Stefan-Boltzmann-Strahlungskonstante (σ_0 = $5{,}67032 \cdot 10^{-8}$ W/($m^2 \cdot K^4$)) und ε(T) das spezifische Emissionsvermögen.

Der ideale Strahler für ein ausreichend hohes Emissionsvermögen wäre ein so genannter schwarzer Strahler mit einem Emissionsvermögen ε von exakt 100%. Reinwolfram-Anoden haben dagegen nur ε-Werte zwischen 35 und 40 Prozent. Bei Anoden älterer Bauart wurde deshalb die Rückseite geschwärzt, um die Abstrahlleistung zu erhöhen (s. Fig. 4.33). Bei modernen Verbundanoden übernimmt Graphit diese Aufgabe. Sein Emissionsvermögen liegt typisch bei 80 bis 90%; es kommt einem schwarzen Strahler in der Abstrahlleistung also bereits recht nahe. Voraussetzung ist ein ausreichender Wärmetransport von der Brennfleckbahn hin zur abstrahlenden Rückseite der Anode.

Die abgestrahlte Leistung ist proportional zur strahlenden Fläche. Die Fläche des hoch erhitzten Brennflecks beträgt nur wenige Quadratmillimeter und beschränkt daher trotz seiner hohen Temperatur die unmittelbare Wirksamkeit der Strahlungskühlung. Soll der gesamte Anodenteller einschließlich der Graphitauflage als strahlende Fläche wirksam werden, muss die im Brennfleck entstehende Verlustwärme so schnell wie möglich durch Wärmeleitung auf den gesamten Anodenteller und das Verbundmaterial Graphit auf der Rückseite verteilt werden (s. u.). Andernfalls würde der Brennfleck die für eine ausreichende Lebensdauer zulässigen Temperaturen überschreiten. Bei modernen Hochleistungsröhren wird die Wärme abstrahlende Oberfläche deshalb durch geeignete Formgebung der Anodenrückseite wie Faltung oder Riffelung gezielt vergrößert. Spätestens bei einem Ausgleich von Anoden- und Umgebungstemperatur findet wegen des dann herrschenden Strahlungsgleichgewichts allerdings keinerlei Netto-Abstrahleffekt mehr statt. Röntgenröhren müssen also, um die Strahlungskühlung ausnutzen zu können, auch über eine wirksame Kühlung der Umgebung (Röhrenschutzgehäuse, Isolieröl) verfügen.

Wärmeleitung: Zur Brennfleck-Kühlung ist der Abtransport der Wärme weg vom Brennfleck in das Volumen der Anode durch Wärmeleitung erforderlich. Da Substanzen mit einer hohen elektrischen Leitfähigkeit auch eine hohe Wärmeleitfähigkeit besitzen, bietet sich Kupfer als geeignetes Wärmetransportmedium an (s. Tab. 4.4). Kupfer besitzt aber einen vergleichsweise niedrigen Schmelzpunkt und weist darüber hinaus keine für die Bildgebung ausreichende Strahlungsausbeute auf. Man presst deshalb bei Stehanoden eine Scheibe aus hoch schmelzendem Material mit gutem Wirkungsgrad für die Strahlungserzeugung wie Wolfram oder Molybdän in die Anodenfläche aus Kupfer ein. Diese Materialien überstehen die hohen lokal auftretenden Temperaturen zwischen 1000 und 2700 Grad Celsius ohne nennenswerte Verdampfung.

Bei Drehanoden ist die Verwendung von Kupfer aus mechanischen und thermischen Gründen nicht möglich. Die anfallende Wärme wird durch die Rotation der Anode statt auf einen einzelnen Brennfleck auf eine Kreisringfläche - die Brennfleckbahn - verteilt, die wegen ihrer deutlich größeren Fläche einen ausreichenden Wärmeübergang auf den Anodenkörper ermöglicht.

$$P_{leit} = \alpha \cdot A \cdot (T_{ob} - T_u) \quad (4.18)$$

Die pro Zeiteinheit abgeleitete Wärme an der Grenzfläche zweier Materialien ist nach (Gl. 4.18) proportional zum Wärmeübergangskoeffizienten α, der gemeinsamen Oberfläche A des zu kühlenden Objekts und des Kühlmittels (Kontaktfläche) und zur Temperaturdifferenz zwischen zu kühlender Oberfläche und Kühlmittel. Besonders hohe Wärmeübergangskoeffizienten und somit hohe Kühlleistungen sind bei turbulentem Kühlmittelfluss an der Oberfläche des zu kühlenden Objekts zu erreichen.

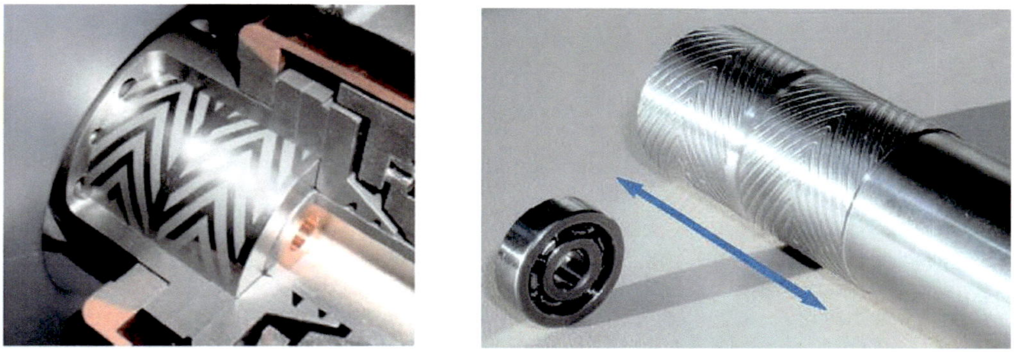

Fig. 4.35: Bauformen von Anodenlagern. Links: Schnittbild eines modernen Wälzlagers mit Flüssigmetallschmierung durch eine Galliumlegierung (Ga, In, Sn). Rechts: Größenvergleich eines üblichen Kugellagers mit einem Zylinderlager mit großer Wärmeübergangsfläche (mit freundlicher Genehmigung der Fa. Philips).

Wegen der Abhängigkeit der Wärmeleitungsleistung von der Kontaktfläche der Medien können kugelgelagerte Drehanoden nur schwer die in ihnen gespeicherte Wärme durch Wärmeleitung an die Umgebung abgeben. Der Grund ist die fast punktförmige Auflagefläche der Anode an den Kugellagern des Anodenstiels, über die wegen der geringen Übergangsfläche praktisch kein Wärmetransport möglich ist. Es hat deshalb nicht an Versuchen gefehlt, die Kontaktfläche an den Lagern zu erhöhen. Ein Hersteller (Fa. Philips) hat deshalb für seine Hochleistungs-CT-Röhren großflächige Zylinderlager zur Halterung der Drehanode konstruiert. Die Drehanoden in diesen Röntgenröhren sind teilweise beidseits gelagert und haben auch deshalb erhöhte Wärmeübergangsflächen. Diese Lager werden zudem mit flüssigem Metall "geschmiert", was neben der weitgehenden Reibungsfreiheit (Langlebigkeit der Lager) auch eine gute Wärmeleitfähigkeit und somit einen guten Wärmeabtransport ermöglicht (Fig. 4.35).

Fig. 4.36: Moderne Hochleistungsdrehanodenröhre der Fa. Philips mit Metallröhrenkolben, Keramikisolatoren an den Enden, flächenhafter Lagerung des Drehanodentellers (Durchmesser 20 cm) und einer Schmierung mit flüssigem Metall zur Reibungsverminderung und Erniedrigung des thermischen Übergangswiderstandes.

Wärmespeicherung: Da der Wärmeabtransport durch externe Kühlung vergleichsweise langsam ist, muss die vom Brennfleck in den Anodenkörper weggeführte Restwärme durch Wärmespeicherung "zwischengelagert" werden. Das Anodenmaterial muss deshalb über eine ausreichende Wärmekapazität verfügen. Die Wärmespeicherfähigkeit eines Materials hängt neben der spezifischen Wärmekapazität auch von der Masse ab. Bei Festanoden bietet sich als Anodenträgermaterial wieder Kupfer an, da es von allen in Tab. (4.4) aufgeführten Materialien die höchste spezifische Wärmespeicherfähigkeit besitzt. Festanoden können außerdem leicht mit einem externen Kühlmedium in Kontakt gebracht werden. Dies erleichtert den Wärmetransport in das externe Kühlmedium (Wasserkühlung, Ölkühlung, Luftkühlung).

Bei Drehanoden wird dagegen zur Erhöhung der lokalen Wärmespeicherfähigkeit die Masse des Anodentellers erhöht, wobei sich vor allem eine Graphitauflage auf der Rückseite des Anodentellers als physikalisch und technologisch besonders günstig erwiesen hat. Um dennoch eine Wärmeüberlast auf der Brennfleckbahn und damit ein Schmelzen der Anodenoberfläche bzw. ein Verdampfen von Anodenmaterial zu verhindern, müssen Drehanodenröhren durch Messung der nach Gl. (4.17) von der Anodentemperatur abhängigen abgestrahlten Wärmeleistung thermisch überwacht und gegebenenfalls zeitweise für den Betrieb gesperrt werden. Die hohen Massen der Verbundanoden erschweren aber den Einsatz in schnell rotierenden modernen Computertomografieanlagen, in denen die an den Röntgenröhren entstehenden Zentrifugalkräfte leicht das 10-30fache der Erdbeschleunigung erreichen können.

Abhilfe bietet die Konstruktion der Drehkolbenröntgenröhre, bei der die Anodenscheibe direkt mit dem metallenen Röhrenkolben verbunden ist. Die anfallende Verlustwärme wird hierbei über Wärmeleitung auf die gesamte Oberfläche des Röhrenkolbens transportiert. Dieser berührt das Kühlmedium und überträgt mit hoher Effizienz die anfallende Verlustwärme über Wärmeleitung auf das Kühlöl. Wegen des unmittelbaren Kontaktes des Röhrenkolbens mit dem umgebenden Kühlmedium kann bei dieser Bauform daher weitgehend auf eine Wärme-Zwischenspeicherung verzichtet werden. Dies erlaubt kompaktere und leichtere Drehanoden und somit geringere Röhrenmassen, was natürlich den Anforderungen an die mechanische Stabilität vor allem in CT-Anlagen zugutekommt.

Zusammenfassung

- **Der Brennfleck bzw. die Brennfleckbahn der Anoden von Röntgenröhren werden durch drei Mechanismen gekühlt: Wärmestrahlung, Wärmeleitung und Wärmespeicherung.**

- **Die schnellste Kühlmethode ist die Strahlungskühlung, die extrem von den Temperaturen des Brennflecks und der Umgebung abhängt. Bei verschwindender Temperaturdifferenz ist die Strahlungskühlung wirkungslos.**

- **Die Wärmeleitung transportiert die anfallende Verlustwärme in den Anodenkörper, der deshalb eine hohe Wärmeleitfähigkeit und Wärmekapazität aufweisen sollte.**

- **Zur Erhöhung der Wärmekapazität werden Verbundanoden verwendet, die zusätzliche Graphitkörper auf ihrer Rückseite tragen.**

- **Um einen hohen Wärmeübergang von der Anode zum Kühlmittel zu erreichen, können die Anodenlager als Wälzlager mit großer Kontaktfläche zur Umgebung ausgelegt werden. Um den Wärmeübergang zu erleichtern, werden diese mit flüssigen, nicht verdampfenden Metalllegierungen "geschmiert".**

- **Die zweite Möglichkeit ist die Verwendung von Anoden, die starr mit dem metallenen Röhrenkolben verbunden sind. Auf diese Weise kann die Überschusswärme direkt auf das Kühlmittel um die Röntgenröhre übertragen werden.**

4.9 Theorie zur thermischen Belastbarkeit der Anoden von Röntgenröhren*

Die Theorie der thermischen Belastbarkeit der Anoden von Röntgenröhren geht im Wesentlichen auf Arbeiten von ***Oosterkamp*** zurück [Oosterkamp 1+2] und ist übersichtlich und zusammenfassend beispielsweise in [Morneburg] dargestellt. Hier sollen zur Orientierung nur die wichtigsten Ergebnisse dieser Arbeiten zitiert werden.

Belastbarkeit von Festanoden: Für kurze Belastungszeiten erhält man aus der Theorie den folgenden Zusammenhang von thermischer Leistung und maximalem Anodentemperaturanstieg:

$$T = \frac{2P}{A} \cdot \sqrt{\frac{t}{\pi \cdot \lambda \cdot \rho \cdot c}} \tag{4.19}$$

In dieser Gleichung bedeuten P die in der Anode entstehende thermische Leistung, A die Fläche des Brennflecks, t die Bestrahlungszeit, λ die Wärmeleitfähigkeit des Materials, ρ die Dichte und c die spezifische Wärmekapazität. Für lange Belastungszeiten vereinfacht sich (Gl. 4.19) mit der kleinsten Abmessung des Brennflecks D zu:

$$T = \frac{P}{A} \cdot \frac{D}{\lambda} \tag{4.20}$$

Tatsächlich sind bei Festanoden im realen Betrieb deutlich geringere Anodentemperaturen zulässig, als sie aus den Gleichungen (4.19) und (4.20) errechnet würden. Der Grund ist die mögliche Überhitzung der Grenzfläche zwischen dem Kupferblock des Anodenkörpers und der eingelassenen Wolframscheibe sowie die beschränkte Wärmekapazität dieser Anoden. Sollen dennoch ausreichende Wärmelasten ermöglicht werden, müssen Festanoden durch geeignete Kühlverfahren auf den erlaubten Temperaturbereich gekühlt werden. Möglichkeiten sind bei kleineren Leistungen die Konvektionskühlung mit Luft, bei höheren Wärmelasten Prall- oder Durchflusskühlungen mit Öl oder Wasser (s. die Beispiele in Fig. 4.28).

Belastbarkeit von Drehanoden: Bei Drehanoden wird die thermische Last im Brennfleck erzeugt und wegen der Rotation auf die gesamte Brennfleckbahn verteilt. Durch Wärmeleitung wird sie anschließend im Anodenvolumen verteilt. Es sind deshalb drei verschiedene Temperaturen zu unterscheiden, der Temperaturanstieg im Brennfleck (die Hubtemperatur) T_{hub}, die Temperaturerhöhung im Brennring T_{ring} und die Temperatur des Anodenkörpers, die so genannte Grundtemperatur T_{grund}. Man erhält als Temperaturbilanz daher:

$$T_{BF} = T_{grund} + T_{ring} + T_{hub} \tag{4.21}$$

Die thermische Last des Brennflecks bei Drehanoden hängt ab von der Zahl n der Umläufe. Da sich der Brennfleck nur während eines Bruchteils der Umlaufzeit im Elektronenstrahl befindet, ist seine thermische Belastung aus (Gl. 4.20) und seiner Verweilzeit im Strahl zu berechnen. Mit der Umlauffrequenz f, dem Bahnradius R und der halben Brennfleckgröße δ erhält man nach (Fig. 4.37) für die Expositionsdauer Δt die Beziehung:

$$\Delta t = \frac{\delta}{R \cdot \pi \cdot f} \tag{4.22}$$

Setzt man die Brennfleckbelastungszeit Δt in (Gl. 4.19) ein, erhält man für die Hubtemperatur des Brennflecks bei Drehanoden den Ausdruck (Gl. 4.23):

$$T_{hub} = \frac{2P}{A} \cdot \sqrt{\frac{b}{\pi^2 \cdot f \cdot R \cdot \lambda \cdot \rho \cdot c}} \tag{4.23}$$

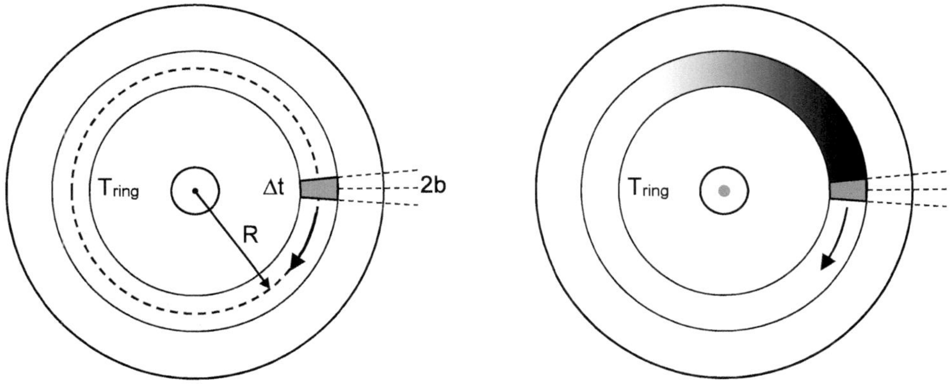

Fig. 4.37: Links: Brennfleckgeometrie bei Drehanoden zur (Gl. 4.22), (T: Umlaufzeit =1/f, f: Frequenz, 2b: Brennfleckbreite, Δt: Belastungszeit für den Brennfleck, R: mittlerer Brennfleckradius). Rechts: Abkühlung der Brennfleckfläche während eines Umlaufs der Drehanode auf die Temperatur der Brennfleckbahn T_{ring} (s. Text).

Diese Temperaturspitzen unter dem Brennfleck werden durch Wärmeleitung bereits in so kurzer Zeit ausgeglichen, dass bis zur nächsten Exposition die Temperatur des Brennflecks der mittleren Temperatur der Brennfleckbahn entspricht. Durch die Wärmezufuhr im Brennfleck heizt sich die Brennfleckbahn daher stetig auf. Die mittlere zeitliche Erhöhung der Ringtemperatur hängt selbstverständlich von den Anodenmaterialien, ihrer Geometrie und den Bedingungen für die Strahlungskühlung (Emissionsvermögen, Ringtemperatur) ab. Die Theorie liefert für die Brennringtemperatur T_{ring} die folgende Gleichung (Gl. 4.24) mit einer von der Bauform der Anode abhängigen Konstanten k, die auch das Emissionsvermögen des Anodenmaterials berücksichtigt.

$$T_{ring} = k \cdot T_{hub} \cdot \sqrt{\frac{b \cdot (n+1)}{\pi \cdot R}} \tag{4.24}$$

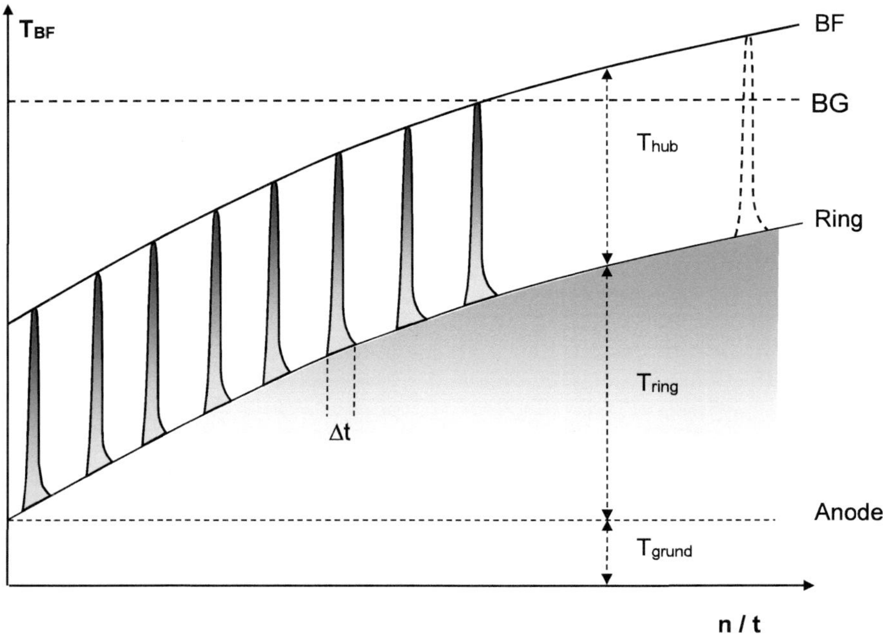

Fig. 4.38: Schematische Darstellung der Temperaturverläufe an Drehanoden als Funktion der Zahl der Umläufe n bzw. der Expositionszeit t der Brennfleckbahn. Die Grundtemperatur wird hier als zeitlich konstant unterstellt. Die einzige Möglichkeit zur Kühlung der Anode ist die Strahlungskühlung, da Drehanoden keinen direkten Kontakt zu ihrer Umgebung haben, was natürlich eine effektive Wärmeabfuhr der Röhrenumgebung erfordert. Sobald die thermische Belastungsgrenze BG des Anodentellers erreicht wird, kommt es zu Schäden durch abdampfendes Material oder Verspannungen des Anodentellers (in Anlehnung an [Morneburg] und [Oosterkamp 2]).

Die Ringtemperatur steigt also mit der Wurzel der Umläufe bzw. der Expositionszeit an. Insgesamt erhält man den in Fig. (4.38) schematisch dargestellten Temperaturverlauf. Auffällig sind die hohen Temperaturgradienten vom Brennfleck zur Brennfleckbahn und dem sonstigen Anodenteller, die zu den bereits oben erwähnten großen thermischen Spannungen in der Anode führen. Diesen muss dann durch geeignete Maßnahmen wie Einsägen des Anodentellers begegnet werden.

Die thermische Belastbarkeit von Röntgenröhren hängt also vom Betriebsmodus der Röntgenröhre (Durchleuchtung, Einzelaufnahme, Serienbetrieb) und dem dadurch bedingten Temperaturanstieg im elektronischen Brennfleck ab. Neben dem zeitlichen Muster des Röhrenbetriebs wird die thermische Last im Brennfleck aber auch vom Röhrenstrom, der Röhrenspannung und dem Wärmeabtransport durch geeignete Kühlung und Aufbau des Röntgenstrahlers beeinflusst.

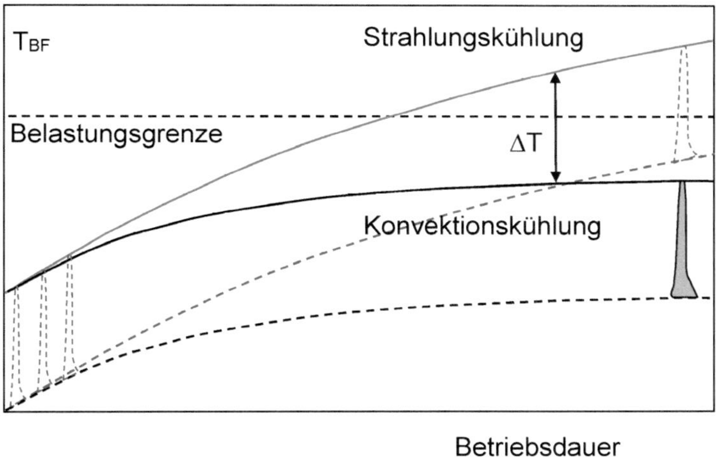

Fig. 4.39: Schematische Darstellung des Temperaturverlaufs einer ausschließlich über Strahlungskühlung gekühlten Drehanode herkömmlicher Bauart im Vergleich zur turbulenten Ölkühlung an einer Drehkolbenröhre, die mit dem metallenen Röhrenkolben direkt verbunden ist und so einen effektiven Wärmetransport zum Röhrenkolben ermöglicht. Bei der Drehkolbenröhre bleibt die Brennflecktemperatur auch im Dauerbetrieb bei ausreichender externer Kühlung unter der kritischen Grenze für die Materialzerstörung (in Anlehnung an [Schardt]).

Eine besonders wirksame Kühlung ermöglichen der Aufbau und die Anordnung der Drehkolbenröntgenröhre. Durch die Rotation des gesamten Röhrenkolbens entsteht an seiner Oberfläche eine turbulente Strömung des Kühlmittels, die einen sehr effizienten Wärmeübergang von der Oberfläche des Röhrenkolbens bewirkt. Die dadurch erzielte Kühlleistung erniedrigt die Brennflecktemperatur so deutlich, dass die Röhre bei ausreichender Wärmeabfuhr aus dem Kühlmittel ohne Erreichen der thermischen Belastungsgrenze des Brennflecks im Dauerbetrieb gefahren werden kann (Fig. 4.39).

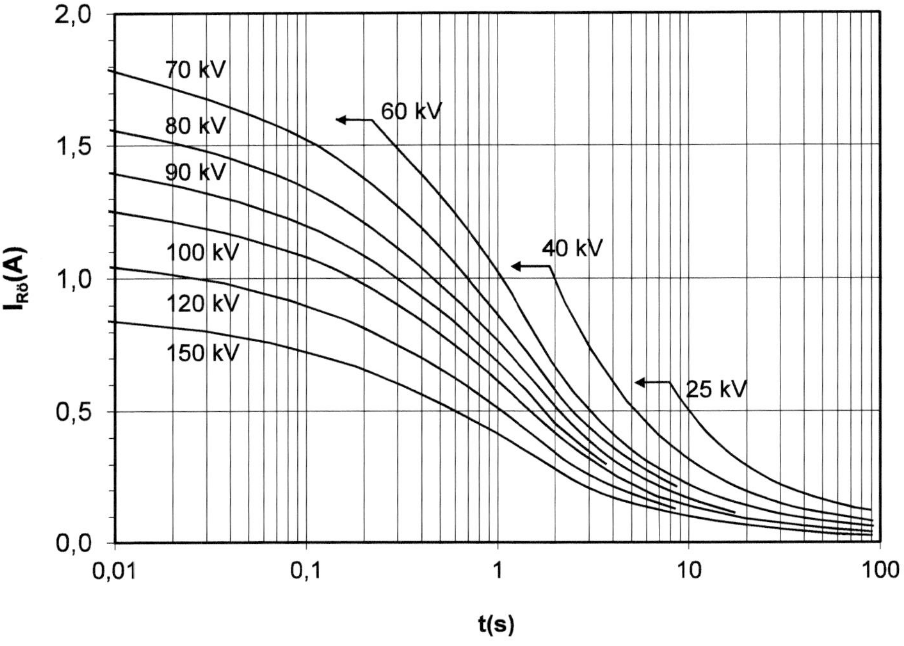

Fig. 4.40: Beispiel für experimentelle Belastungskurven für eine konventionelle Hochleistungsdrehanodenröntgenröhre mit einer maximalen Verlustleistung von 40 kW und einem 6-Puls-Generatorbetrieb. Aufgetragen ist der zulässige Röhrenstrom als Funktion der Betriebszeit für verschiedene Röhrenspannungen. Das Abknicken der Kurven für kleine Anodenspannungen ist durch die Emissionsbegrenzung der Anode, nicht durch thermische Überlastung bedingt (gezeichnet nach Daten von [Krestel1]).

Für praktische Zwecke wird die Belastbarkeit in Form so genannter Röhren-Belastungsnomogramme angegeben (Fig. 4.40), in denen die zulässigen Röhrenströme als Funktion der Betriebszeiten dargestellt sind. Sie werden von den Röhrenherstellern für alle möglichen Betriebsarten wie Durchleuchtungs-, Aufnahme- oder Pulsbetrieb und die verschiedenen Generatortypen wie Gleichspannungs-, 12-Puls- oder 6-Puls-Generatoren geliefert. Die in ihnen angegebenen Grenzströme sind bei modernen Anlagen in die Generatorsteuerungen einprogrammiert, um die Lebensdauer der Röntgenstrahler durch übermäßigen thermischen Verschleiß nicht zu sehr zu verkürzen.

Aufgaben

1. Berechnen Sie den Wirkungsgrad für die Röntgenstrahlungsausbeute für eine Röntgenröhre bei 70 kV Anodenspannung in einem Wolframtarget und in einer Molybdänanode. Welche Anode braucht bei gleichem Röhrenstrom die effektivere Kühlung?

2. Geben Sie die relativen Strahlungsausbeuten an einer Wolframanode für die beiden Strahlungsarten bei 50 kV, 70 kV und 120 kV Röhrenspannung an.

3. Erläutern Sie die Begriffe K-Serie und L-Serie.

4. Wird die charakteristische L-Strahlung an einer Wolframanode für die Radiologie verwendet? Begründen Sie Ihre Aussage.

5. Bei welcher Anwendung wird vor allem die K-Strahlung zur Diagnostik verwendet? Kann durch Erhöhung der Röhrenspannung diese spektrale Form und damit die Strahlungsqualität der durch Filterung geprägten Strahlung wesentlich geändert werden?

6. Eine Anode hat einen elektronischen Brennfleck der Länge 1 cm. Wie groß ist der optische Brennfleck auf dem Zentralstrahl bei folgenden Anodenwinkeln: 10°, 15° und 20°?

7. Was ist der physikalische Grund für den Heel-Effekt? Würde der Heel-Effekt auch bei einer Transmissionsanode auftreten (s. das Beispiel in Fig. 4.28 oben)?

8. Was ist Extrafokalstrahlung und warum muss sie bei der Röntgenbildgebung weitgehend unterdrückt werden? Welche Methoden werden dazu eingesetzt?

9. Wie groß ist die Strahlungsleistung für Wärmestrahlung bei folgenden Temperaturverhältnissen an der Anode und in der Umgebung: $t_a = 1000°C$, $t_u = 300°C$ $t_a = 2000°C$, $t_u = 1300°C$ und $t_a = 2500°C$, $t_u = 2500°C$ bei einer Brennfleckfläche von 5 mm^2 und einem Emissionsvermögen der Anodenfläche von 50%?

10. Ist bei einer kugelgelagerten Drehanode ein Wärmetransport vom Anodenteller durch Wärmeleitung in die gekühlte Umgebung möglich? Welche Maßnahme ergreift man, um diesen Wärmeübergang zu optimieren?

11. Nennen Sie die obersten zulässigen Betriebstemperaturen für eine Wolfram- und eine Molybdänanode.

5 Gleichspannungsbeschleuniger

Das folgende Kapitel beschreibt die Funktion und den Aufbau der Gleichspannungsbeschleuniger. Diese verwenden statische Hochspannungen zur Beschleunigung geladener Teilchen. Die verschiedenen Beschleunigertypen unterscheiden sich vor allem nach der Methode zur Erzeugung dieser Hochspannungen. Die Beschleunigerstrukturen ähneln sich dagegen bei allen Gleichspannungsbeschleunigern. Gleichspannungsbeschleuniger haben auch heute noch eine Bedeutung als Injektoren für Hochenergiebeschleuniger, als Nuklid- bzw. Neutronengeneratoren und als Strahlungsquellen für die Materialbearbeitung und Forschung.

Alle Gleichspannungsbeschleuniger nutzen hohe Gleichspannungen zum Beschleunigen geladener Teilchen. Unterschiede bestehen vor allem in der Art der Erzeugung dieser Hochspannungen. Bei den **Kaskadengeneratoren** wird als Hochspannungsquelle eine Gleichrichterkaskade aus Kondensatoren und Gleichrichtern oder Widerständen verwendet. Der wichtigste Vertreter ist der Cockcroft-Walton-Beschleuniger. Bei **Van de Graaff-Beschleunigern** wird die Hochspannung mit aufgeladenen Transportbändern erzeugt. Diese können einfache gummierte Textilbänder oder Anordnungen mit Metallketten sein. Eine Sonderbauform weist das **Dynamitron** auf, das die Hochspannung über einen elektromagnetischen Generator erzeugt. Wegen der Gefahr von Hochspannungsüberschlägen sind die verwendbaren Hochspannungen und somit die erreichbaren Teilchenenergien nach oben begrenzt. Zur Minderung der lokalen Feldstärken an den Beschleunigungsrohren werden deshalb die Hochspannungen durch Spannungsteiler so aufgeteilt, dass an jedem Teilstück des Strahlrohres die maximal zulässigen Potentialdifferenzen nicht überschritten werden (s. Fig. 5.3). Zur Erhöhung der Spannungsfestigkeit werden außerdem häufig die Strahlrohre, der Spannungsteiler und die Teilchenquellen in Hochdrucktanks untergebracht, die mit hochspannungsfestem Füllgas wie z. B. Schwefelhexafluorid (SF_6) bei Gasdrucken bis 20 bar gefüllt sind.

5.1 Cockcroft-Walton-Beschleuniger

Der Cockcroft-Walton-Beschleuniger verwendet durch eine spezielle Gleichrichterschaltung erzeugte statische Hochspannungen. Er geht auf Arbeiten von ***John Douglas Cockcroft*** und ***E. T. S. Walton***[1] zurück, die für ihre Arbeiten 1951 den Physiknobelpreis erhielten. Sie konstruierten 1932 den ersten elektrostatischen Beschleuniger mit einem 800-kV-Kaskadengenerator [Cockcroft/Walton 1932]. Die Spannungsfestigkeit dieser ersten Anlage betrug 700 kV. Sie diente damals zur Untersuchung der beiden folgenden Kernreaktionen mit 400 keV Protonen.

$$^7Li + p = {^4He} + {^4He} \qquad \text{und} \qquad ^7Li + p = {^7Be} + n \tag{5.1}$$

---

[1] **Sir John Douglas Cockcroft** (1897 – 1967) und **Ernst Thomas Sinton Walton** (1903 – 1995) erhielten 1951 gemeinsam den Physik-Nobelpreis "für ihre Pionierarbeit auf dem Gebiet der Atomkernumwandlung durch künstlich beschleunigte atomare Partikel".

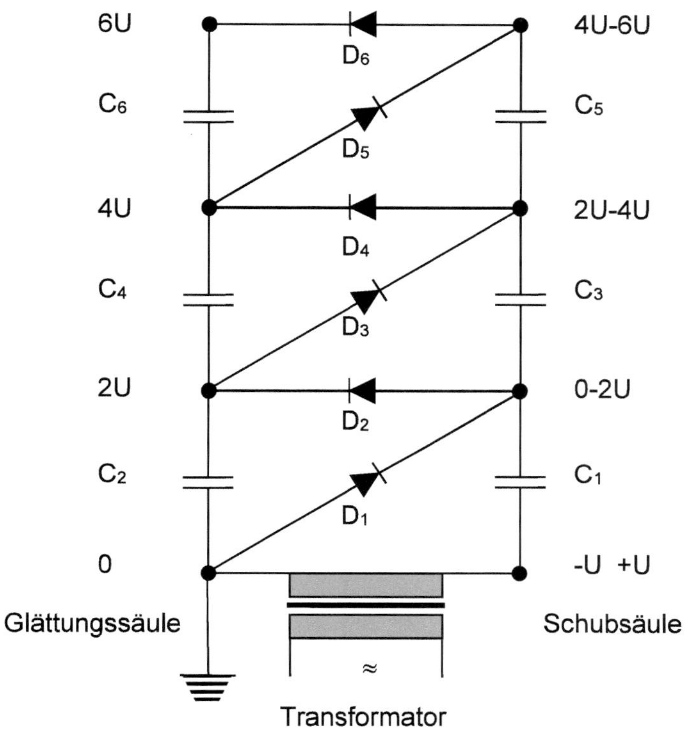

Fig. 5.1: Prinzip des Cockcroft-Walton-Kaskadengenerators. An der Schubsäule bilden sich oszillierende Spannungen mit dem Hub 2U aus, die durch die geradzahligen Dioden auf die Glättungssäule übertragen werden. Da diese Dioden beim Polaritätswechsel der Wechselspannung gesperrt sind, bleiben die Spannungen an den geradzahligen Kondensatoren erhalten, während sie sich an den ungeradzahligen Kondensatoren mit der Amplitude von 2U ändern.

Die Schaltung des Kaskadengenerators stammt von ***Greinacher***[2] [Greinacher 1921] und wurde in der Folge häufig variiert (z. B. als Villard-Schaltung wie in Fig. 5.1). Kaskadengeneratoren bestehen aus einem Hochspannungstransformator und einer Kaskade von Kondensatoren und Gleichrichterdioden. Sie bilden eine Schubsäule und eine Glättungssäule, die mit ihren unteren Enden geerdet sind. Vom oberen Ende der Glättungssäule kann die benötigte geglättete Hochspannung abgegriffen werden (Fig. 5.1). Diese wird auf die Beschleunigerstruktur übertragen, wo sie dann über einen mehrstufigen Spannungsteiler in kleinere Potentialdifferenzen aufgeteilt wird, um

[2] **Heinrich Greinacher** (31.5.1880 – 17.4.1974), ordentlicher Professor für Physik von 1924 – 1954 in Bern.

schädliche Spannungsspitzen und dadurch verursachte Hochspannungsüberschläge zu verhindern. Die Teilchenquelle befindet sich auf Hochspannungspotential.

Die maximal erreichten Hochspannungen an Cockcroft-Walton-Generatoren betragen 4 MV. Sie können im Gleichstrombetrieb oder gepulst gefahren werden. Im Pulsbetrieb wurden Strahlströme bis zu einigen 100 mA erzeugt. Cockcroft-Walton-Generatoren werden auch heute noch in modifizierter Bauform als Vorbeschleuniger für andere Beschleuniger verwendet. Eine für Technik und Medizin wichtige Anwendung ist der Einsatz als Neutronengenerator. Dazu wird ein Tritiumtarget mit Deuteronen von 200 bis 800 keV Bewegungsenergie beschossen. In der ausgelösten Kernreaktion entstehen Alphateilchen und Neutronen. Die Neutronen erhalten eine winkelabhängige Bewegungsenergie um 15 MeV (s. Kap. 13).

5.2 Marx-Generatoren

Das Prinzip des Marxgenerators wurde 1923 von ***Erwin Otto Marx***, einem Ingenieurwissenschaftler an der TH in Braunschweig, erfunden. Im Marx-Generator wird die Beschleunigungsspannung durch eine Kaskade aus Kondensatoren, Widerständen und Funkenentladungsstrecken gebildet (Fig. 5.2). Die primäre Hochspannung wird durch ein Hochspannungsgerät erzeugt und lädt alle parallel geschalteten Kondensatoren über die sehr hochohmigen Widerstände R auf die Spannung U auf. Typische Spannungswerte sind 20 kV. Übersteigt diese Spannung die Zündspannung der Funkenstrecken, bilden sich Hochspannungsüberschläge zwischen deren Elektroden. Sie werden dadurch so niederohmig, dass die Kondensatoren während der Entladung in Serie, also hintereinander geschaltet sind. Dadurch kommt es zur Summation der Einzelspannungen U an den Kondensatoren. Die Summenspannung beträgt bei einer n-stufigen Kaskade $U_{ges} = n \cdot U$. Die Entladungen sind mit sehr lauten Geräuschen ver-

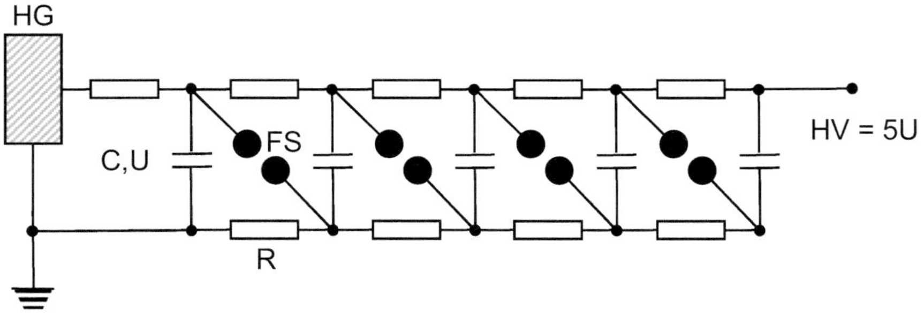

Fig. 5.2: Prinzip eines Marxgenerators. Das Hochspannungsgerät HG liefert eine Spannung U, die die parallel geschalteten Kondensatoren C über hochohmige Widerstände R auflädt. Beim Überschreiten eines bestimmten Spannungswertes zünden die Funkenstrecken FS und werden dabei sehr niederohmig. Die Kondensatoren sind jetzt in Serie geschaltet, so dass sich die ursprünglichen Spannungen U der Kondensatoren addieren. Die Gesamtspannung ist die Summe der Einzelspannungen pro Kaskadenstufe, im Beispiel also HV = 5·U.

bunden und zusammen mit dem dabei entstehenden charakteristischen Geruch sehr beeindruckend. Marx-Generatoren können nur im Pulsbetrieb gefahren werden mit typischen Pulsdauern von einigen ns bis in den µs-Bereich. Je nach Länge der Kaskade und der Kapazität der Kondensatoren können dadurch sehr hohe Pulsströme bis zu einigen kA erzeugt werden. Die größte bisher erzeugte Spannung mit einem solchen Marx-Generator beträgt 6 MV. Sie werden auch heute noch eingesetzt, wenn kurze Hochspannungspulse benötigt werden. Typische Anwendungen sind der Betrieb von Impuls-Lasern, Impuls-Magnetrons und die Erzeugung heißer Plasmen.

5.3 Van de Graaff-Beschleuniger

Historische Van de Graaff-Beschleuniger verwendeten Bänder aus isolierendem Material zum Ladungstransport. Sie bestehen aus einem Hochspannungsgenerator, einem Endlosband mit einer isolierenden Beschichtung, einem motorischen Antrieb, einer Sprüheinrichtung zum Aufbringen von Ladungen, einem Abnehmer zur Entnahme der Ladungen vom Band und einer metallischen Hohlkugel als Ladungsspeicher, dem so genannten HV-Terminal. Der erste Bandgenerator wurde 1931 von ***Van de Graaff*** konstruiert und erzeugte Hochspannungen bis 1,5 MV [Van de Graaff]. Mit Van de Graaff-Generatoren können positive oder negative Spannungen erzeugt werden.

Das Ladegerät enthält einen Hochspannungsgenerator, dessen Spannung an zwei Elektroden angelegt wird. Die eine Elektrode besteht aus einer ebenen Metallplatte, die andere ist als Spitzenelektrode geformt. Zwischen beiden verläuft ein Endlosband aus isolierendem Material wie vulkanisiertem Textil. Zwischen den beiden Elektroden bildet sich eine inhomogene Feldlinienverteilung aus, die die höchste Feldliniendichte an der Elektrodenspitze aufweist. Bei ausreichend hoher Spannung kommt es dort zu einer Spitzenentladung (Koronaentladung). Die dabei freigesetzten Ladungen können wegen des Isolierbandes nicht auf die Plattenelektrode gelangen sondern werden auf dem Transportband aufgefangen. Ruht dieses Band, führt die dort zunehmende Ladungsdichte zum Erlöschen der Entladung, sobald Spitze und Band die gleiche Polarität aufweisen. Wird das Band bewegt, kommt es dagegen zu einer kontinuierlichen Entladung. Die Ladungen werden bis zu einem Aufnehmer transportiert, der im Inneren einer metallischen Hohlkugel mit großem Durchmesser sitzt. Die vom Aufnehmer abgegriffenen Ladungen werden sofort auf die Außenseite der Kugel transportiert, da diese wie ein Faraday-Käfig wirkt. Die Kugel ist mit dem Beschleuniger verbunden. Die erzeugbaren Spannungen hängen von der Kapazität der Kugel C und der Ladung Q ab.

$$U = \frac{Q}{C} \tag{5.2}$$

Die Kapazität einer Kugel mit dem Radius r beträgt $C = 4\pi\varepsilon\cdot\varepsilon_0\cdot r$, ist also proportional zum Radius der Kugel[3]. Um hohe Spannungen zu erzielen, sind also große Ladungen und kleine Kapazitäten erforderlich. Da andererseits die an Krümmungen entstehen-

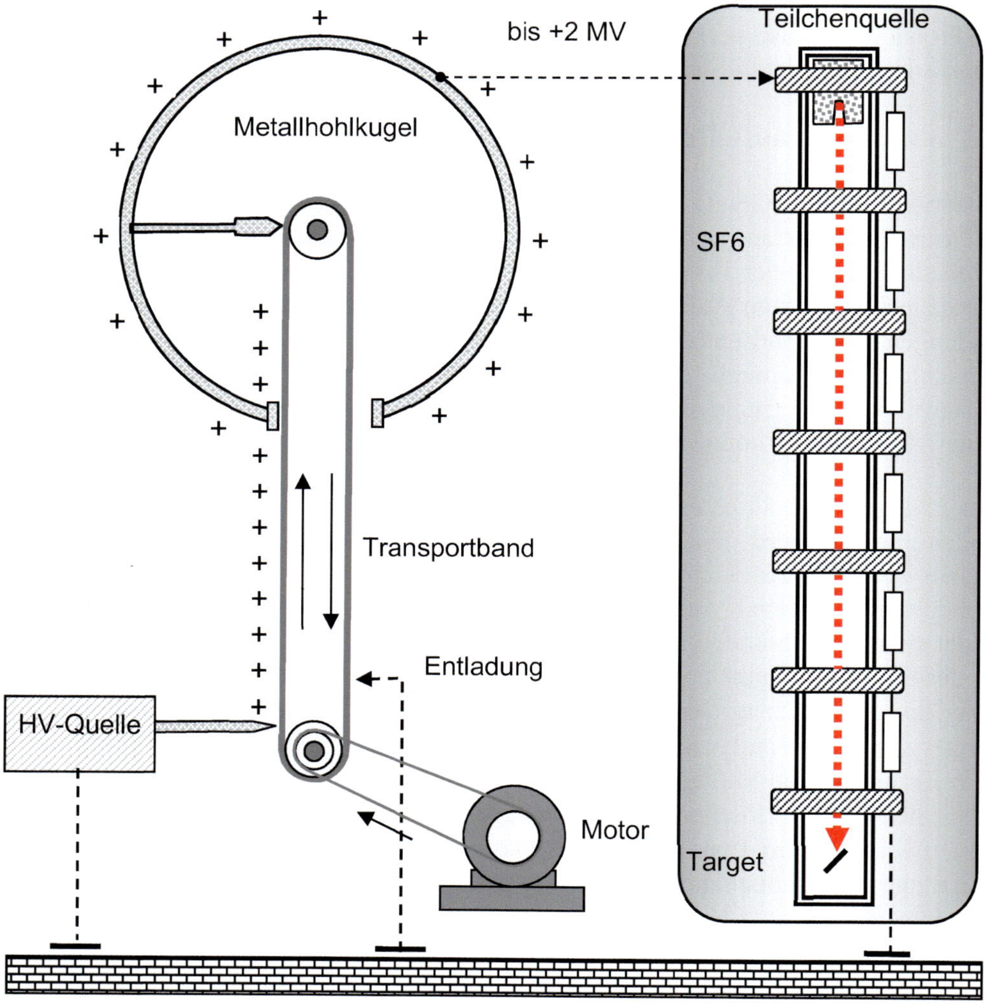

Fig. 5.3: Prinzip des Van de Graaff-Generators. Links: Aufsprühen positiver Ladungen durch Koronaentladung auf ein isolierendes Transportband. In der Metallkugel bewegen sich die Ladungen auf die Außenseite, wo sie abgegriffen werden. Rechts: Beschleunigerstrecke mit Widerstandskette als Spannungsteiler, einer Teilchenquelle für positive Teilchen und einem Targetbereich. Zur besseren Spannungsfestigkeit befindet sich im hier gezeigten Beispiel der gesamte Beschleuniger in einem mit SF_6 gefüllten Tank.

[3] Die Kapazität einer Hohlkugel mit dem Radius r = 1 m beträgt etwa $C = 10^{-10}$ F.

den Feldstärken umgekehrt proportional zu den Krümmungsradien sind, müssen diese wegen der benötigten Spannungsfestigkeit der Anlagen so groß wie möglich gehalten werden.

Wie bei allen anderen Gleichspannungsbeschleunigern bestehen also Grenzwerte für die anwendbaren Spannungen und die dadurch erreichbaren Teilchenenergien, die von der Geometrie der Anlage und den sie umgebenden Räumlichkeiten sowie den atmosphärischen Bedingungen im Beschleunigerraum abhängen. Die Beschleunigungseinheit und eventuell auch der Generator werden bei höheren Spannungen wie auch bei den anderen Gleichspannungsbeschleunigern gemeinsam in einem Drucktank untergebracht, der mit isolierendem Gas wie SF_6 bei hohen Drucken gefüllt ist (Fig. 5.3). Mit solchen Drucktankanlagen wurden mit Van de Graaff-Anlagen Energien bis 10 MeV bei einfach geladenen Teilchen erreicht.

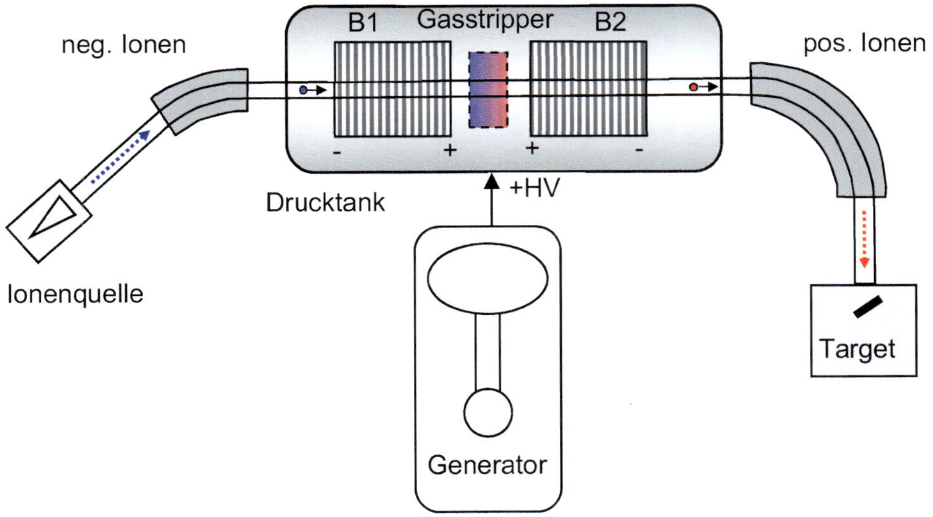

Fig. 5.4: Prinzip des Tandembeschleunigers. In einer Ionenquelle werden negative Ionen erzeugt und im Beschleuniger B1 mit der positiven Hochspannung aus dem Bandgenerator beschleunigt. Im Gasstripper werden so viele Elektronen durch Wechselwirkung mit einem Füllgas abgestreift, bis die Ionen positive Ladungen tragen. Die Ionen werden anschließend im Beschleuniger B2 auf das Target hin beschleunigt.

Die Teilchenquelle befindet sich auf der Hochspannungsseite des Beschleunigers. Um Hochspannungsüberschläge zu vermeiden, wird die Hochspannung durch Äquipotentialringe und eine Widerstandskette in mehrere Stufen unterteilt. Die Spannungsdifferenzen zwischen den einzelnen Stufen bleiben dann unterhalb der Grenze für spontane Entladungen. Die Ringe wirken außerdem als elektrostatische Linsen, die den Teilchenstrahl bündeln und bei geeigneter Auslegung auf das Target am unteren, spannungsfreien Ende des Beschleunigers fokussieren.

Reichen die mit einfachen Van de Graaff-Beschleunigern erreichten Teilchenenergien nicht aus, können die Teilchen im Targetbereich umgeladen werden und jetzt mit der entgegengesetzten Ladung durch die gleiche Hochspannung ein zweites Mal be-

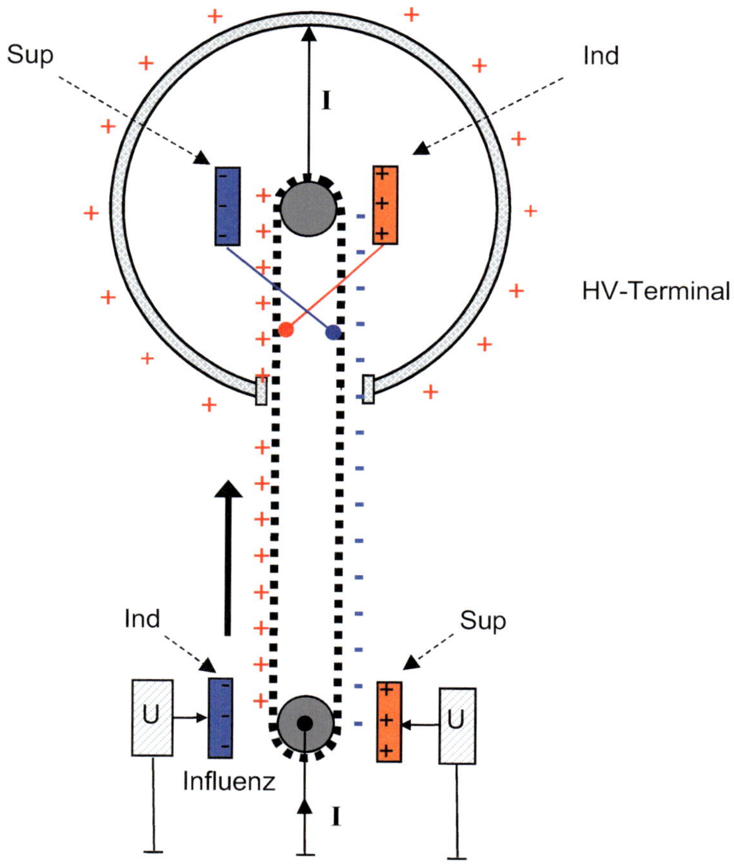

Fig. 5.5: Prinzip des Pelletrons oder Laddertrons, eines modifizierten Van de Graaff-Generators mit Influenzaufladung. Das isolierende Band ist durch einzelne voneinander elektrisch getrennte Metallteile (Kugeln, Stifte) ersetzt, auf denen durch Influenz Ladungen getrennt werden. Das Transportband und die Ladegeräte (U) haben keinen elektrischen Kontakt. Die positiven Ladungen verbleiben auf den Pellets, die negativen Ladungen werden über das untere Transportrad abgeleitet (Strom I). Am oberen Transportrad werden die positiven Ladungen abgegriffen und auf dem HV-Terminal gesammelt. "Ind" und "Sup" sind die Induktoren bzw. Suppressoren (s. Text).

schleunigt werden (Fig. 5.4). Dieses Prinzip wird als Tandembeschleunigung bezeichnet. Es geht auf Vorschläge von ***C. Gerthsen*** [Gerthsen 1931] und Arbeiten von ***W. H. Bennet***, einem Mitarbeiter ***Van de Graaffs*** zurück, der sich diese Arbeiten patentieren ließ [Bennett 1937]. Es wurde in der Folgezeit technisch vom Team um ***Van de Graaff*** perfektioniert.

Wegen des schnellen Verschleißes des Endlosbandes aus Textil und der schlechten Steuerbarkeit der Hochspannungserzeugung verwenden moderne HV-Generatoren ein modifiziertes Konzept. Das Textilband wird durch Bänder aufgereihter Metallkugeln beim Pelletron (pellet = Kügelchen) oder Metallstifte beim Laddertron (ladder = Leiter) ersetzt, die durch isolierende Kunststoffteile (z. B. aus Nylon) voneinander getrennt sind. Die zu transportierende Ladung wird nicht mehr durch Koronaentladung sondern durch Influenz in einem Aufladegerät erzeugt. Dazu wird mit einer bandnahen Elektrode, dem Induktor, der auf hohe negative Spannungen aufgeladen ist, durch Induktion eine Ladungstrennung in den Metallkörpern bewirkt. Solange die Pellets in Kontakt mit dem Transportrad sind, fließen die abgestoßenen Elektronen über das metallene Transportrad ab und erzeugen einen Entladungsstrom I. Da der Induktor über das Transportrad hinaus ragt, bleiben die Pellets noch im Induktionsfeld haben aber keinen elektrischen Kontakt mehr zum Transportrad. Sie behalten deshalb einen Teil ihrer positiven Ladung.

Im oberen Teil des Pelletrons, dem Terminal, fließen die positiven Ladungen über das obere Transportrad auf das HV-Terminal. Um Überschläge beim Kontakt der Pellets mit dem oberen Transportrad zu vermeiden, werden die Pellets bereits vor dem Kontakt mit dem oberen metallenen Transportrad einem negativen Induktionsfeld einer Suppressorelektrode ausgesetzt. Der ganze Induktions- und Ladungsprozess kann im Terminal mit einem umgepolten Induktor wiederholt werden. Die Pellets behalten dann eine negative Restladung, die sie zurück zur Erdelektrode unter dem Schutz einer weiteren Suppressorelektrode transportieren. Induktor und Suppressor im HV-Terminal können die benötigten Ladungen über kleinere Räder, die sogenannten "pick-up-pulleys", direkt vom jeweils gegenüber liegenden Transportband abgreifen.

Durch Verwendung mehrerer Ladegeräte kann die Hochspannung erhöht werden. Die elektrische Ladung und somit die erzeugbare Spannung am aufgeladenen Terminal sind abhängig von der elektrischen Feldstärke an den Induktoren und können deshalb leicht durch einfache Veränderung der Spannungen am Ladegerät gesteuert werden (Fig. 5.5).

5.4 Gleichspannungsbeschleuniger mit HF-Generatoren

Eine modifizierte Bauweise des Kaskadengenerators wurde um 1960 entwickelt [Rad Dynamics]. Bei diesem Generator, der als **Dynamitron** bezeichnet wurde, befinden sich der HV-Generator und das Beschleunigerrohr wie üblich in einem gemeinsamen Drucktank. Ein externer Hochfrequenzgenerator speist seine Hochfrequenz (HF) von einigen 100 kHz in einen Schwingkreis aus einer externen großen Luftspule und zwei im SF_6-Tank befindlichen Plattenelektroden (Fig. 5.6). Das im Tankinneren dadurch erzeugte HF-Feld induziert in den halbkreisförmigen Äquipotentialringen induktiv eine HF-Spannung, die durch die in Serie geschalteten Dioden gleichgerichtet wird. Wegen der hohen Frequenz der HF werden keine zusätzlichen Glättungskondensatoren benötigt.

Die Äquipotentialelektroden sind wie üblich durch hochohmige Widerstände gekoppelt, die für eine gleichförmige Spannungsverteilung sorgen. Dynamitrons erzeugen regelbare, sehr konstante Hochspannungen von einigen MV. Sie können zur Be-

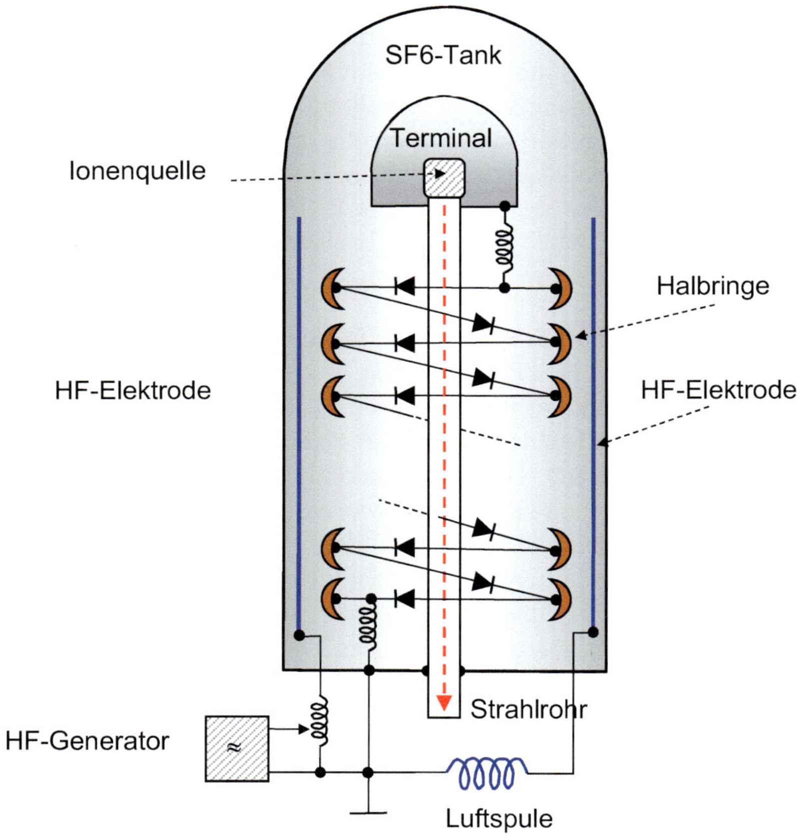

Fig. 5.6: Prinzip eines Dynamitrons. Ein externer HF-Generator erzeugt eine Wechselspannung, die über einen Schwingkreis aus Luftspule und Plattenelektroden induktiv auf Äquipotential-Halbringe eingekoppelt und durch eine Dioden-Kaskade gleichgerichtet wird. Die gleichgerichtete Hochspannung liegt zwischen einem HV-Terminal und Erde an.

schleunigung von Elektronen und für eine Vielzahl von leichten und schweren Ionen verwendet werden. Wegen der geringen gespeicherten Ladungen und des Drucktankbetriebs sind die Anlagen unempfindlich gegen Hochspannungsüberschläge und daher sehr langzeitstabil.

Dynamitrons werden mittlerweile von einigen Firmen als kompakte Anlagen - teilweise auch in leicht modifizierter Form und Bauweise - kommerziell hergestellt. Sie haben eine Vielzahl von Aufgaben in der Grundlagenforschung, bei der Sterilisation von medizinischen Materialien und Lebensmitteln und der industriellen Fertigung. Typische Hochspannungen liegen bei etwa 4 MV bei Strömen von einigen mA bis zu mehreren Hundert mA. Die erreichbaren Ströme hängen von der verwendeten Hochspannung und der Art und Ladung der beschleunigten Ionen ab.

Zusammenfassung

- **Gleichspannungsbeschleuniger nutzen elektrostatische Hochspannungen zur Teilchenbeschleunigung.**

- **Eine Möglichkeit zur Erzeugung der Hochspannung bieten die Kaskadenbeschleuniger.**

- **Bei diesen wird die Hochspannung durch Gleichrichtung mit gleichzeitiger Spannungsvervielfachung erzeugt.**

- **Typische Vertreter dieses Prinzips sind der Cockcroft-Walton-Generator und der Marxgenerator.**

- **Bei den klassischen Van de Graaff-Generatoren werden die elektrischen Ladungen durch Korona-Entladungen an Metallspitzen auf bewegte isolierende Bänder aufgesprüht.**

- **Diese Ladungen werden über die Transportbänder einem halbkugelförmigen Terminal zugeführt, das sich dadurch auf hohe Spannungen bis zu einigen MV auflädt.**

- **Werden negativ geladene Teilchen nach Durchlaufen dieser Hochspannung in so genannten Strippern (Gas oder Folien) durch Elektronenentzug umgeladen, können sie mit der gleichen Hochspannung ein zweites Mal beschleunigt werden. Solche Beschleuniger werden als Tandembeschleuniger bezeichnet.**

- **Hochspannungserzeugung ist auch über die Ladungstrennung durch Influenz in Metallkörpern möglich. Dazu werden Ketten aus isoliert aufgehängten Kugeln (Pelletron) oder Stiften (Laddertron) berührungslos**

durch Influenz aufgeladen. Diese Metallketten transportieren ihre Ladungen zu einem Hochspannungsterminal und übertragen sie dort ebenfalls berührungsfrei auf die HV-Elektrode.

- **Die induktive Erzeugung von Hochspannungen wird in Dynamitrons eingesetzt. Dabei wird eine HF von mehreren 100 kHz über einen Schwingkreis auf eine Kaskade aus Gleichrichterdioden und halbierten Äquipotentialringen induktiv übertragen und dort gleichgerichtet.**

- **Wegen der hohen Gleichspannungen in allen beschriebenen Anlagen werden die Hochspannungsgeneratoren, die Beschleunigungsrohre und die Teilchenquellen oft gemeinsam in einem Drucktank untergebracht. Dieser ist zur Verbesserung der Hochspannungsfestigkeit mit isolierenden Füllgasen wie SF_6 bei hohen Drucken gefüllt.**

- **Gleichspannungsbeschleuniger haben heute eine Bedeutung als Vorbeschleuniger für größere Teilchenbeschleuniger.**

- **Sie werden zudem in vielen Bereichen der Materialbearbeitung, Materialmodifikation und der Sterilisation industriell verwendet.**

Aufgaben

1. Erklären Sie die Begriffe Schubsäule und Glättungssäule an einem Kaskadengenerator. An welcher Säule wird die benötigte Hochspannung für die Teilchenbeschleunigung abgegriffen?

2. Welche Ladung (negativ oder positiv) müssen die Teilchen aufweisen, die mit der in Fig. 5.3 gezeigten Anordnung (Van de Graaff-Beschleuniger) beschleunigt werden sollen?

3. Warum wird die Hochspannung in der Regel durch eine Widerstandsreihenschaltung wie in (Fig. 5.3) angedeutet unterteilt?

4. Welche Aufgabe hat der Gasstripper in Fig. 5.4?

5. Wie heißen die modernen Nachfolger des Van de Graaff-Generators?

6. Warum können mit Gleichspannungsbeschleunigern Teilchen nicht auf beliebig hohe Teilchenenergien beschleunigt werden?

6 Hochfrequenzgeneratoren

Wegen der hohen Leistungsanforderungen in hochfrequenzbetriebenen Beschleunigern werden besonders leistungsfähige Generatoren für die Hochspannung bzw. die Hochfrequenz benötigt. In diesem Kapitel werden der Aufbau und das Funktionsprinzip der heute wichtigsten Hochfrequenzgeneratoren, des Magnetrons und des Klystrons, erläutert.

Die Entwicklung von Hochfrequenz-Linearbeschleunigern (LINACs) und anderen leistungsstarken Wechselspannungsbeschleunigern wurde erst möglich, nachdem die Radartechnik im zweiten Weltkrieg technische Reife erlangt hatte und genügend leistungsfähige Hochfrequenzgeneratoren zur Verfügung standen. Die verwendete Hochfrequenz - für Elektronenlinearbeschleuniger sind es Mikrowellen im Radarbereich um 3 GHz - wird entweder in Magnetrons oder Klystrons erzeugt und verstärkt. Beide sind Spezialausführungen so genannter Laufzeitröhren, in denen die Laufzeiten der Elektronen durch die Röhre zur Schwingungserzeugung ausgenutzt werden.

6.1 Das Magnetron

Das Magnetron geht auf eine Entdeckung des amerikanischen Physikers ***A. W. Hull*** zurück [Hull 1921]. Es besteht aus einer zentralen zylinderförmigen Kathode, die als Elektronenquelle dient. Dazu wird sie meistens als direkt geheizte Kathode ausgelegt. Sie ist von einer kompliziert geformten Hohlanode aus Kupfer umgeben (Fig. 6.1). Die Anode ist mit einer gepulsten Gleichspannung positiv gegen die Kathode vorge-

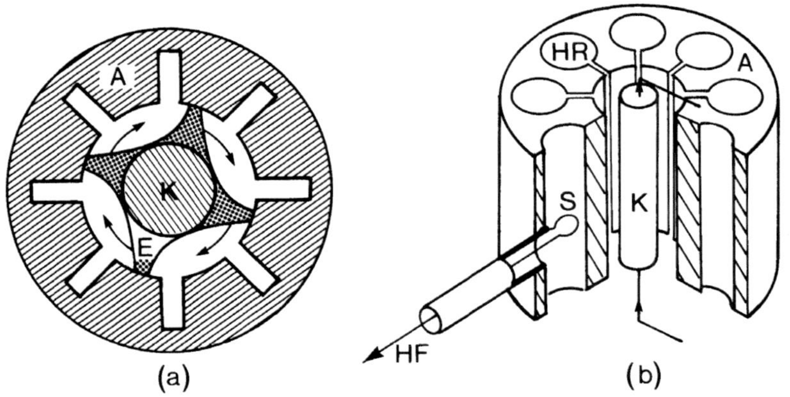

Fig. 6.1: Prinzipieller Aufbau eines Magnetrons, (a): schematischer Aufriss, (b): technische Bauform (K: Glühkathode als Elektronenemitter, A: positiv vorgespannte Anode, HR: Resonanzräume, S: Antenne zur HF-Auskopplung, E: im Magnetfeld umlaufende Elektronenbündel, nach [Hinken]).

spannt. In ihr befinden sich Aussparungen, die Resonanzräume für die Hochfrequenz darstellen. Diese Hohlräume können schlitzförmig (Fig. 6.1 links) oder kreissegmentförmig, zylinderförmig (Fig. 6.1 rechts) sein oder auch Übergangsformen aufweisen. Das Magnetron ist in ein magnetisches Längsfeld parallel zur Kathode eingebettet. Sobald die von der Kathode emittierten Elektronen durch die radiale Anziehung der Anode Geschwindigkeit gewinnen, werden sie über die Lorentzkraft (s. Gl. 2.8) auf Spiralbahnen eingelenkt. Elektronen, die sich in der Nähe der Anodenoberfläche bewegen, induzieren dort Ladungsmuster. Die der Anodengleichspannung überlagerten lokalen Ladungen beeinflussen die Bewegung der anderen Elektronen. Diese werden also je nach Polarität mehr oder weniger beschleunigt. Die Elektronen werden

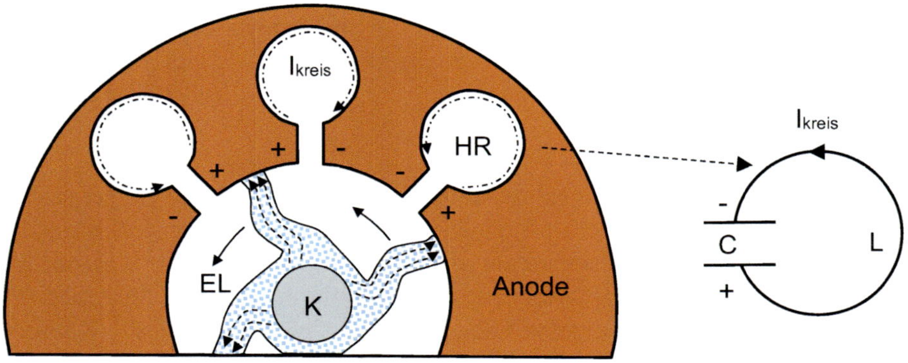

Fig. 6.2: Funktionsweise eines Magnetrons. Links: Die von der geheizten Kathode K emittierten Elektronen werden von der Anode A angezogen und durch das senkrecht zur Bildebene verlaufende statische Magnetfeld auf Zykloidenbahnen gezwungen. Durch das auf der Anode entstehende Wechselfeld werden die Elektronen EL gebündelt. Rechts: Ersatzschaltbild eines Resonanzraums als Schwingkreis aus Kondensator C und Spule L mit einem auf der Oberfläche verlaufenden Kreisstrom I_{kreis}.

durch diese Raumladungseffekte und durch die Einflüsse der Hohlräume in der Anode zu umlaufenden Elektronenbündeln konzentriert (Fig. 6.2). Entspricht die Umlaufgeschwindigkeit der Elektronen genau der durch die Abmessungen bestimmten Resonanzfrequenz dieser Hohlräume, induzieren die im Kreis laufenden Elektronen in den Hohlräumen des Magnetrons unter Abgabe eines Teils ihrer kinetischer Energie intensive Hochfrequenzschwingungen.

Da die Elektronen nach der Abgabe von Energie geringere Bewegungsenergien aufweisen, werden sie im longitudinalen Magnetfeld wieder auf kleinere Umlaufbahnen einschwenken (die Lorentzkraft ist proportional zum Teilchenimpuls). Sie werden deshalb nach der Energieabgabe wegen ihrer geringeren Bewegungsenergie auf stark gekrümmten Bahnen zurück auf die Kathode gelenkt und heizen diese durch Abgabe ihrer restlichen kinetischen Energie zusätzlich auf. Diese unbeabsichtigte Kathodenheizung der Magnetrons muss bei deren Betrieb berücksichtigt werden, da ohne eine entsprechende Reduktion der Kathodenheizströme die Kathoden durch thermische Überlast schnell zerstört würden.

Im Magnetron können unterschiedliche Schwingungsmoden entstehen. Wenn die Hohlräume abwechselnd positive und negative Polarität aufweisen, wird der Schwingungsmodus als π-Modus bezeichnet (s. das Beispiel in Fig. 6.2). Der π-Modus ist der am häufigsten verwendete Modus. Magnetrons weisen 8 - 20 Hohlräume im Anodenumfang auf. Die Schwingungsmoden und die Frequenz der erzeugten Mikrowelle hängen von der Geometrie und den elektrischen und magnetischen Bedingungen ab. Kleine Verschiebungen der Frequenz können durch mechanisches Verändern der Magnetronhohlräume oder durch elektronische Verstimmung bewirkt werden.

Magnetrons sind imstande, Mikrowellen mit einigen 10 Kilowatt Dauerleistung zu erzeugen und zu verstärken; im Pulsbetrieb sind sogar Spitzenleistungen bis zu 10 Megawatt möglich. Der Wirkungsgrad liegt typisch bei 50%. Die verstärkte Hochfrequenz wird seitlich aus dem Magnetron ausgekoppelt, über das Wellenleitersystem abtransportiert und z. B. zur Beschleunigersektion geführt. Magnetrons werden bevorzugt bei kleinen und mittleren Elektronenenergien verwendet. Sie sind deutlich preiswerter als Klystrons; sie haben aber eine geringere Lebensdauer. Bei Hochenergiebeschleunigern können Magnetrons auch als leistungsschwächere Oszillatoren verwendet werden, deren Hochfrequenz zur weiteren Verstärkung in Hochleistungs-Klystrons eingespeist werden kann.

6.2 Klystrons

Bei größeren Leistungsanforderungen, z. B. höheren Elektronenenergien, werden in der Regel Klystrons als Hochfrequenzverstärker bevorzugt. Klystrons wurden von den Brüdern ***Russell Harrison Varian*** und ***Sigurd Fergus Varian*** 1937 erfunden [Varian]. Ihre Bezeichnung ist ein Kunstwort aus dem griechischen Wort "klyso" für Wellenplätschern und der in der Elektronik üblichen Endung "tron". Man unterscheidet Ein- und Mehrkammerklystrons, von denen nur die letzteren für die Erzeugung höherer Hochfrequenzleistungen verwendet werden.

Die einfachste Bauform sind die **Einkammerklystrons**, die auch als Reflexklystrons bezeichnet werden. Sie bestehen aus einer Hochvakuumröhre mit einer indirekt geheizten Kathode und einer siebartig durchlöcherten Anode, die mit einer positiven Hochspannung gegen die Kathode vorgespannt ist (Fig. 6.3 links). Hinter der Anode befindet sich ein aus zwei positiv geladenen durchbrochenen Gittern gebildeter Hohlraum. Elektronen werden durch die positive Anodenspannung von der Kathode abgesaugt und in Richtung auf diesen Gitterhohlraum beschleunigt. Dahinter ist eine weitere Elektrode angebracht, die Reflektorelektrode, an der eine hohe negative Spannung anliegt. Die Elektronen werden dadurch abgebremst und zurück in Anodenrichtung beschleunigt. Sie durchlaufen die Resonatorkammer ein zweites Mal und regen in ihr bei geeigneter Laufzeit der Elektronen hochfrequente Schwingungen an, die seitlich aus dem Hohlraum ausgekoppelt werden können.

Frequenzeinstellungen werden durch Verändern der Reflektorspannung und auch durch mechanisches Verstellen der Klystrongeometrie durchgeführt. Reflexklystrons geben HF-Leistungen bis etwa maximal 10 Watt ab. Sie sind also nicht geeignet, den Hochfrequenzleistungsbedarf von Elektronen-Linearbeschleunigern von im Mittel mehreren kW zu decken.

Zur Erzeugung höherer Hochfrequenzleistungen verwendet man deshalb effektivere Bauformen wie die **Mehrkammerklystrons**. Diese Klystrons benötigen eine primäre Hochfrequenzquelle, deren Signale im Klystron lediglich verstärkt werden. Ein Mehrkammerklystron besteht aus einer meistens thermisch betriebenen Elektronenkanone, einer Hochfrequenzeinspeisung, einem System von in Serie angeordneten Resonanzräumen mit elektronenoptischen Einrichtungen (Spulen) zur Strahlfokussierung, einer Hochfrequenzauskopplung, einer Anode zur Beschleunigung der Elektronen und einer Elektrode, in der die Elektronen aufgefangen werden (Fig. 6.4 oben).

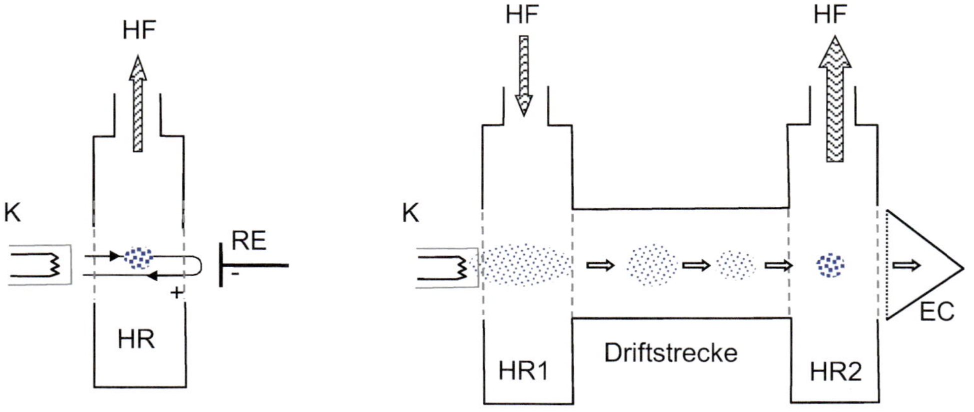

Fig. 6.3: Prinzip der HF-Erzeugung in Klystrons. Links: Reflexklystron mit Kathode K, Hohlraumresonator HR, negativ vorgespannte Reflektorelektrode RE, Hochfrequenz-Auskopplung HF. Rechts: Zweikammerklystron mit Kathode K, Anodendrähten, Elektronenkollektor EC, Resonanzräumen HR1 und HR2 und einer Driftstrecke, auf der die Elektronen durch die eingespeiste HF dichtemoduliert werden. Dies führt zur Ausbildung von kompakten Elektronenpaketen. HF ist die eingespeiste bzw. ausgekoppelte und verstärkte Hochfrequenz.

Ein einfaches Beispiel ist das Zweikammerklystron (Fig. 6.3 rechts), wie es die Gebrüder ***Varian*** 1939 vorgestellt haben. Zwischen Kathode und Elektronenfänger befinden sich hier zwei Resonanzräume und eine Driftstrecke. In den kathodennahen Raum wird seitlich eine Hochfrequenzschwingung mit einer geeigneten Frequenz eingespeist. Elektronen, die diesen Raum bei ihrer Beschleunigung nach rechts durchlaufen, werden von der Hochfrequenz zusätzlich beschleunigt, gebremst oder unbeeinflusst gelassen. Dieser Vorgang wird als Geschwindigkeitsmodulation bezeichnet, die im Rhythmus der eingespeisten Hochfrequenz stattfindet. Die schnelleren Elektronen eilen voraus, die langsameren Elektronen bleiben zurück. Dadurch bilden sich kom-

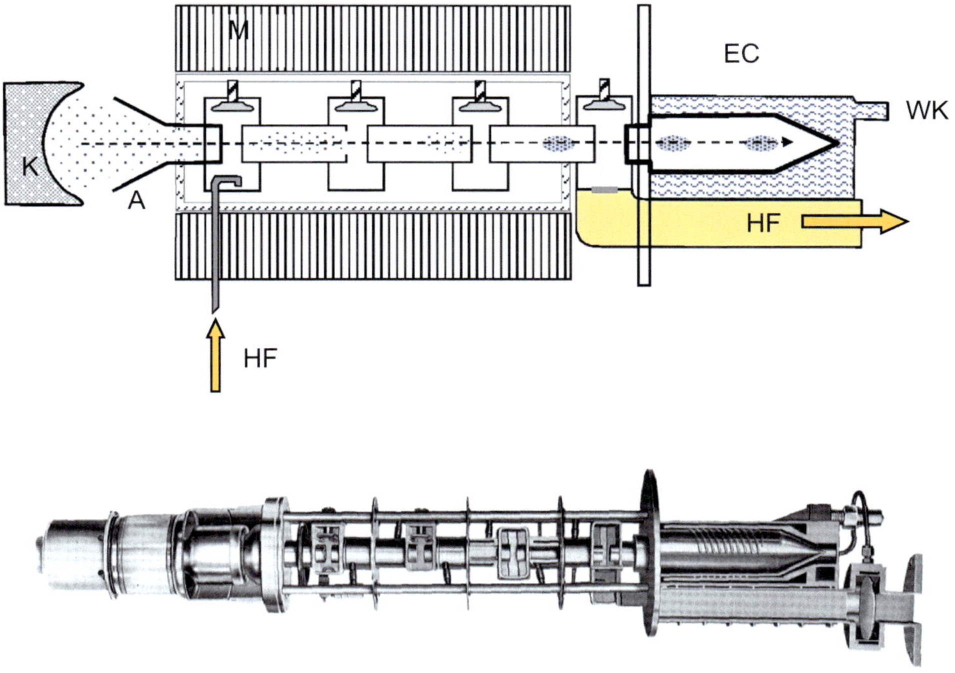

Fig. 6.4: Typischer Aufbau kommerzieller Vierkammerklystrons. Oben schematische Skizze (von links): Thermische Pierce Kathode K mit elektronenoptischer Anode A, vier Hohlraumresonatoren (erster HRR zur Einspeisung der zu verstärkenden HF, zweiter und dritter HRR zur Dichtemodulation der Elektronen, vierter HRR zur Auskopplung der verstärkten Hochfrequenz). Seitlich an den Hohlräumen befinden sich stempelförmige, mechanisch verstellbare Elektroden, mit denen die Hochfrequenz justiert werden kann. Um die Resonatoren und die Driftstrecken herum befinden sich Magnetfelder zur Formung der Elektronenpakete. Der Elektronenfänger EC mit Wasserkühlung WK dient zur Aufnahme der energieverminderten Elektronen. Unten: Schnittgrafik eines kommerziellen, in medizinischen Beschleunigern verwendeten Vierkammerklystrons der Fa. Varian in der gleichen Orientierung.

pakte Elektronenpakete im Bereich zwischen den beiden Resonanzräumen aus. Der kontinuierliche Elektronenstrahl aus der Kathode wird also im Takt der Hochfrequenz dichtemoduliert. Aus dem Elektronengleichstrom ist somit ein mit der Hochfrequenz gepulster Strom geworden.

Beim Durchlaufen der zweiten anodennahen Resonanzkammer regen die kompakten und beschleunigten Elektronenbündel durch Influenz diesen Hohlraum zu verstärkten hochfrequenten Schwingungen mit der vorher eingespeisten Hochfrequenz an. Die Elektronen verlieren durch diese Feldinduktion in den Hohlräumen Bewegungsenergie, die in Form von HF-Leistung am Klystronausgang zur Verfügung steht. Am Ende ihrer Laufstrecke werden die abgebremsten Elektronen über die Fängerelektrode abgeleitet. Zur Steigerung der Ausbeute sind die Driftstrecken in Klystrons oft von fokussierenden Magnetspulen umgeben, die die HF-Intensität durch Bündelung des Elektronenstrahls erhöhen sollen. Die Abmessungen der Resonanzräume können von außen geringfügig mechanisch verstellt werden, um die Hochfrequenz genau abzustimmen.

Moderne Hochleistungsklystrons werden meistens als **Vierkammerklystrons** ausgelegt (Fig. 6.4), die eine bessere Phasenbündelung als Zweikammerklystrons und somit höhere Hochfrequenzleistungen ermöglichen. Der Kanonenstrom beträgt bei solchen Leistungsklystrons bis zu 10 A im Gleichstrombetrieb, im Pulsbetrieb über 200 A. Als Beschleunigungsspannungen werden je nach Leistung des Klystrons einige 10 kV im Dauerbetrieb und bis über 200 kV im Pulsbetrieb verwendet. Der Wirkungsgrad dieser Umwandlung von Elektronenbewegungsenergie in HF-Energie beträgt in modernen Klystrons zwischen 45% und 65%. Die HF-Leistung kann leicht aus den Strömen und der Anodenspannung berechnet werden. Man findet folgende Beziehung für die elektrische Leistung des Klystrons.

$$P_{el} = U \cdot I \tag{6.1}$$

Dabei ist U die Beschleunigungsspannung und I der aus der Kathode freigesetzte Elektronenstrom. Die Umwandlung der Elektronenenergie in HF-Leistung kann daraus durch Multiplikation mit dem Wirkungsgrad η berechnet werden.

$$P_{HF} = \eta \cdot P_{el} = \eta \cdot U \cdot I \tag{6.2}$$

Beispiel 6.1: Wie groß ist die thermische Leistung im Elektronenfänger bei einem Wirkungsgrad von 50%, einem Elektronenstrom von 10 A und einer Beschleunigungsspannung von 50 kV? Die thermische Verlustleistung ist die Differenz von Elektronenstromleistung P = UxI und HF-Leistung. Man findet direkt P_{verl} = 0,5xUxI = 250 kW. Diese Leistung entspricht wegen des unterstellten 50% Wirkungsgrades auch der HF-Leistung.

Beispiel 6.2: Die HF-Leistung soll 15 MW betragen bei einem Wirkungsgrad von 40%. Wie groß muss der Kanonenstrom bei einer Beschleunigungsspannung von 250 kV sein? Die elektrische Leistung berechnet man mit dem Wirkungsgrad zu $P_{el} = P_{HF}/\eta$ = 15 MW/0,40 = 37,5 MW. Den erforderlichen Strahlstrom erhält man dann als Verhältnis von elektrischer Leistung und Hochspannung zu $I = P_{el}/U$ = 37,5 MW/250 kV = 150 A.

Das zweite Beispiel zeigt, dass solche Leistungen, wie sie in modernen Elektronenlinearbeschleunigern benötigt werden, aus thermischen und elektronischen Gründen nur noch im Pulsbetrieb zu leisten sind. Typische Pulsungen haben Pulsbreiten von 5 μs mit einer Wiederholfrequenz zwischen 200 und 600 Hz. In beiden Beispielen wurde etwas unrealistisch unterstellt, dass alle von der Kathode emittierten Elektronen tatsächlich dem Strahlenbündel erhalten bleiben.

Beispiel 6.3: Wie groß ist die durchschnittliche elektrische Leistung in einem Klystron mit den Betriebsparametern des Beispiels 2 bei einer HF-Pulsbreite von t_{puls} = 5 μs und einer Puls-Wiederholfrequenz von f_{rep} = 200 Hz? Die elektrische Leistung im Puls beträgt 37,5 MW. Die durchschnittliche Leistung erhält man durch Wichtung mit dem Verhältnis der zugehörigen Zeiten. Eine Wiederholfrequenz von 200 Hz entspricht einem Pulsabstand von t_{rep} = von 5 ms (t_{rep} = 1/200Hz). Die durchschnittliche Leistung beträgt deshalb $P_{mittel} = P_{puls} \times t_{puls}/t_{rep}$ = 37,5 MW x 5μs/5 ms = 37,5 kW.

Die durchschnittlichen elektrischen Leistungen an Klystrons zum Betrieb von modernen HF-Beschleunigern haben tatsächlich Werte von einigen 10 kW und Pulsleistungen von einigen 10 MW. Solche Pulsleistungen können nicht aus einfachen Netzteilen zur Verfügung gestellt werden. Man benötigt dafür spezielle Einrichtungen, die sogenannten Modulatoren. In Modulatoren werden die erforderlichen Ladungen meistens in Kondensatoren während der Pulspausen gespeichert und dann bei Bedarf, also für einen Klystronimpuls durch geeignete Schaltkreise in sehr kurzen Zeiten entladen. Weitere Details zu den Hochfrequenzgeneratoren finden sich in [Chodorow], [Wille], [Karzmark].

Zusammenfassung

- **Die beiden wichtigsten Hochfrequenzgeneratoren sind die Magnetrons und die Klystrons.**

- **Ein Magnetron besteht aus einer zentralen geheizten zylinderförmigen Kathode, einer ringförmigen Hohlanode mit speziellen Aussparungen und einem senkrecht orientierten permanenten Magnetfeld.**

- **Die von der geheizten Kathode thermisch emittierten Elektronen werden durch die Hochspannung zwischen Kathode und Anode auf die Anode zu beschleunigt. Das zu den Bahnen senkrechte Magnetfeld zwingt die Elektronen dabei durch die Lorentzkraft auf Spiralbahnen.**

- **Passieren die Elektronen dabei dicht vor der Anode die metallenen Hohlräume in der Anode, lösen sie in ihnen elektromagnetische Schwingungen mit der Umlauffrequenz der Elektronen aus.**

- **Magnetrons erzeugen also die Hochfrequenz spontan, wobei die Frequenz durch die Geometrie des Magnetrons und die Betriebsbedingungen bestimmt wird. Typische Frequenzen liegen im Mikrowellenbereich (3 GHz).**

- **Magnetrons sind preiswert aber in den erreichbaren HF-Leistungen beschränkt.**

- **Bei höheren Leistungsanforderungen müssen Magnetrons im Pulsbetrieb gefahren werden. Die HF-Pulsleistungen von Hochleistungs-Magnetrons liegen bei etwa 3-5 MW, die maximalen Werte bei 10 MW.**

- **Klystrons sind longitudinale Laufzeitröhren, in denen Elektronen mit einer Hochspannung beschleunigt und dabei mit der Frequenz einer eingespeisten Hochfrequenzschwingung geschwindigkeitsmoduliert werden.**

- **Durch die Geschwindigkeitsmodulation entstehen räumlich getrennte Elektronenpakete, die mit der eingespeisten Frequenz aufeinanderfolgen.**

- **Treffen diese schnellen Elektronenpakete am Ende ihrer Flugbahn auf den Resonanzraum am Ende der Beschleunigungsstrecke, regen sie ihn zu verstärkten Schwingungen mit der Frequenz der eingespeisten HF an.**

- **Sie geben dabei ihre Bewegungsenergie weitgehend in Form von HF-Leistung wieder ab.**

- **Die restliche Elektronenenergie wird in einem gekühlten Elektronenfänger vernichtet.**

- **Hochleistungs-Klystrons benötigen immer eine primäre HF-Quelle, deren Signale in Hohlräumen durch die dichtemodulierten Elektronenpakete lediglich verstärkt werden.**

- **Klystrons sind teuer, können aber für sehr hohe HF-Pulsleistungen bis zu einigen 10 MW ausgelegt werden.**

7 Hohlwellenleiter und Hohlraumresonatoren*

In diesem Kapitel wird eine kurze Einführung in die physikalischen Grundlagen und die Terminologie von Hohlraumstrukturen gegeben, soweit diese für das Verständnis der Strukturen von Linearbeschleunigern benötigt werden.

7.1 Hohlwellenleiter*

Hohlwellenleiter sind elektrisch leitende, meistens aus Kupfer gefertigte oder mit Kupfer beschichtete Hohlrohre, durch die hochfrequente elektromagnetische Wellen transportiert werden können. Im Vakuum bestehen elektromagnetische Schwingungen aus elektrischen und magnetischen Transversalschwingungen, die immer senkrecht zueinander und zur Ausbreitungsrichtung der Welle stehen. Ihre Ausbreitungsgeschwindigkeit im Vakuum ist die Vakuumlichtgeschwindigkeit c. Werden hochfrequente elektromagnetische Felder dagegen in Hohlwellenleiter eingespeist, bilden sich in diesen elektrische und magnetische Schwingungen aus, die anders als im Vakuum auch longitudinale elektrische oder magnetische Komponenten enthalten können. In Hohlleitern hoher Güte, also sehr guter elektrischer Leitfähigkeit, müssen die elektrischen Feldstärken grundsätzlich auf den metallischen Wänden des Hohlleiters verschwinden, da sonst Ströme in der Innenoberfläche ausgelöst würden. Die magnetischen Felder zeigen dagegen grundsätzlich auf den Leiterwänden keine senkrechte Komponente, da andernfalls Wirbelströme durch die magnetischen Wechselfelder in den Leiterwänden ausgelöst würden. Die zwei wichtigsten Formen der Hohlleiter sind der Rechteckhohlleiter und der Zylinderhohlleiter (Fig. 7.1).

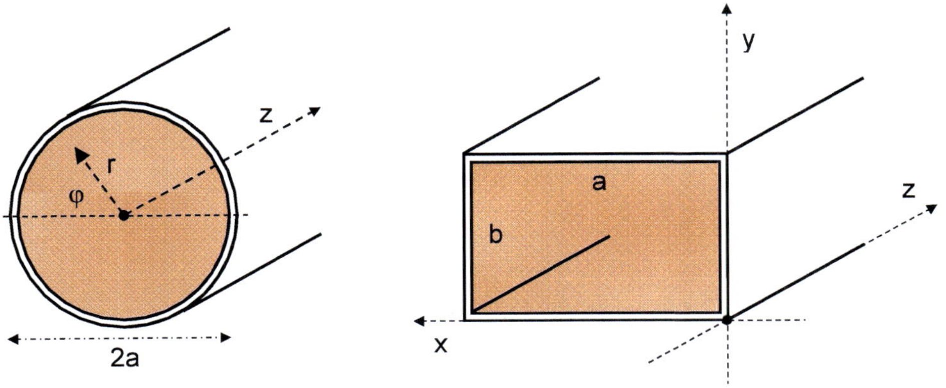

Fig. 7.1: Formen von Hohlwellenleitern und die Koordinatensysteme zu ihrer Beschreibung. Links: Zylindrischer HL mit dem Durchmesser 2a, der radialen Koordinate r, dem Polarwinkel φ und der longitudinalen Koordinate z. Rechts: Rechteckhohlleiter mit den kartesischen Koordinaten x, y, der Längskoordinate z, der Innenbreite a und der Innenhöhe b.

Speist man in einen Hohlwellenleiter eine hochfrequente elektromagnetische Schwingung aus einem Hochfrequenzgenerator wie Magnetron oder Klystron ein, bilden sich im Inneren des Wellenleiters elektromagnetische Schwingungen aus. Man unterscheidet dabei zwischen den elektrischen Wellen mit einer elektrischen Longitudinalkomponente in z-Richtung und einem dazu senkrechten magnetischen Transversalfeld bzw. den magnetischen Wellen mit einer Längskomponente des Magnetfeldes und mit einem dazu transversalen elektrischen Feld.

Schwingungsmoden in diesen Hohlleitern werden mit der folgenden Notation für die zueinander transversalen Felder beschrieben. Elektrische Längsfelder mit transversalen magnetischen Feldern werden mit $\mathbf{TM_{nm}}$ (**t**ransversales **M**-Feld) oder einfach als elektrisches Längsfeld $\mathbf{E_{nm}}$ gekennzeichnet. Transversale elektrische Felder mit longitudinalen Magnetfeldern werden dagegen als $\mathbf{TE_{nm}}$ Schwingungsmodus (**t**ransversales **E**-Feld) oder als $\mathbf{M_{nm}}$ als magnetisches Längsfeld bezeichnet. Die Indizes n und m geben bei Rechteckleitern die Zahl der halben transversalen Schwingungsperioden in a oder b-Richtung an, bei Zylinderleitern die Zahl der halben Schwingungsperioden (Schwingungsbäuche) in φ-Richtung bzw. in radialer Richtung.

Die wichtigsten Schwingungsmoden sind transversale elektrische Schwingungen mit einer halben Periode, also TE_{10} (mit $E_z = 0$ und $M_z \neq 0$), und die transversale magneti-

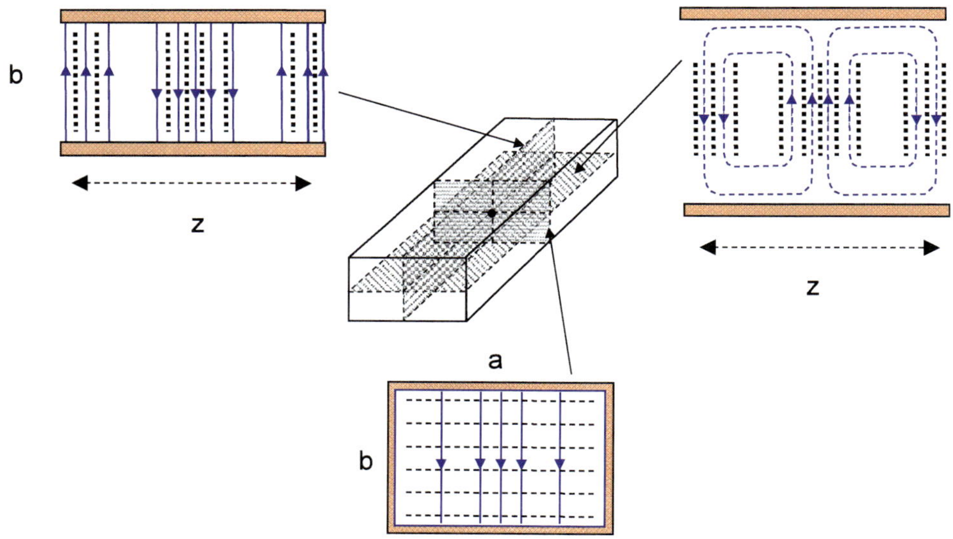

Fig. 7.2: Schematische Darstellung der elektrischen Feldverteilung (blau) und der magnetischen Feldverteilung (schwarz) in einem Rechteckhohlleiter in den drei orthogonalen Zentralebenen (Pfeile) im Schwingungsmode TE_{10}, also mit elektrischen Transversalschwingungen. Die gepunkteten Linien entsprechen der senkrechten Sicht auf Feldlinien, die gestrichelten Linien der horizontalen Sicht (links: E Pfeile, M Punkte, rechts: E Punkte, M gestrichelt, unten: E Pfeile, M gestrichelt).

sche Schwingung mit einer halben Schwingungsperiode im Hohlraum, also TM_{01} (mit $M_z = 0$ und $E_z \neq 0$). Bei beiden Schwingungsmoden sind die Schwingungsknoten jeweils an den Wänden, die maximalen Schwingungsamplituden bilden sich in der Hohlraummitte.

In Hohlleitern ist die Phasengeschwindigkeit, also die Ausbreitungsgeschwindigkeit der elektromagnetischen Welle, immer größer als die Vakuumlichtgeschwindigkeit. Sollen geladene Teilchen in einfachen Hohlleitern durch die HF-Felder beschleunigt werden, läuft die Phase der HF-Schwingung deshalb immer den Teilchen voraus, die sich ja nicht schneller als das Licht im Vakuum bewegen können. Es sind also ohne weitere geometrische Maßnahmen keine stabilen Phasenlagen zwischen Teilchenbewegung und HF-Schwingung möglich. Die Gruppengeschwindigkeit, also die Geschwindigkeit mit der die elektromagnetische Energie transportiert wird, ist in Hohlleitern dagegen immer kleiner als die Vakuumlichtgeschwindigkeit. Die Theorie zur Berechnung der Schwingungsmoden von Hohlleitern ist kompliziert und soll hier nicht im Einzelnen dargestellt werden. Für ein detailliertes Studium sei deshalb auf die einschlägige weiterführende Literatur verwiesen ([Wille], [Livingstone], [Daniel], [Karzmark], [Hinterberger]).

Die häufigste Anwendung der rechteckigen Hohlwellenleiter ist der Transport der Hochfrequenz von den HF-Generatoren zu den Beschleunigersektionen. Dazu werden die Hohlleiter bevorzugt im TE_{10}-Mode betrieben. Zylindrische Hohlwellenleiter werden dagegen in der Regel im TM_{01}-Mode als Beschleunigerstrukturen z. B. in Wanderwellenbeschleunigern eingesetzt.

7.2 Hohlwellenleiter mit Irisblenden*

Sollen Teilchen mit dem longitudinalen elektrischen Feld in Hohlleitern beschleunigt werden, darf die Phasengeschwindigkeit der elektrischen Welle im Mittel nicht größer als die Teilchengeschwindigkeit und insbesondere natürlich auch nicht größer als die

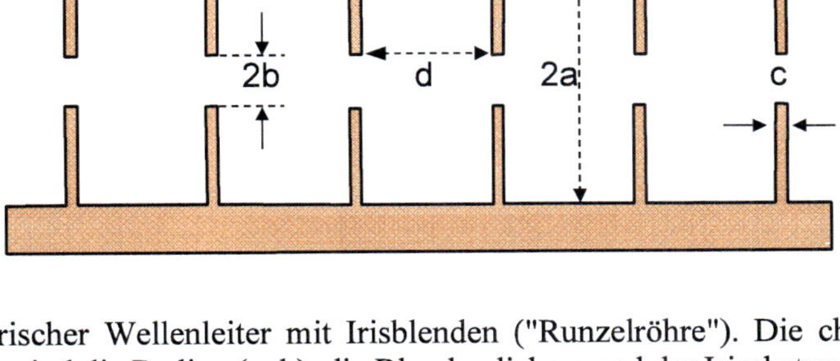

Fig. 7.3: Zylindrischer Wellenleiter mit Irisblenden ("Runzelröhre"). Die charakteristischen Größen sind die Radien (a, b), die Blendendicke c und der Irisabstand d.

Vakuumlichtgeschwindigkeit sein. Eine Beschleunigung ist nur bei einer im Mittel stabilen Phasenbeziehung zwischen Teilchen und elektrischer Longitudinalwelle möglich. Diese Art der Teilchenbeschleunigung wird als **Wanderwellenbeschleunigung** bezeichnet, da sich die Teilchen ähnlich wie ein Wellenreiter auf der Vorderseite einer Wasserwelle auf der Flanke der HF-Welle befinden (s. Kap. 8.6.2). Die Phasengeschwindigkeit in Hohlleitern kann auf die für die Teilchenbeschleunigung erforderliche Größe verringert werden, wenn transversale Blenden mit zentraler Öffnung eingefügt werden. Diese Blenden werden wegen ihrer Form als **Irisblenden,** der Hohlleiter selbst oft als **"Runzelröhre"**[1] (engl. disk loaded wave guide) bezeichnet (Fig. 7.3).

Die Phasengeschwindigkeit und die Dämpfung der Amplitude der Hochfrequenz einer bestimmten Wellenlänge λ hängt von den charakteristischen Radien (a, b) und dem Irisabstand d ab. Die Wellenlänge der HF und der Blendenabstand d sind zueinander proportional ($\lambda \propto d$). Je kleiner der Irisabstand d ist, umso mehr wird die Phasengeschwindigkeit abgesenkt. Sollen nicht relativistische Teilchen beschleunigt werden, muss die Phasengeschwindigkeit daher zunächst stark reduziert werden und dann synchron mit der anwachsenden Teilchengeschwindigkeit zunehmen. Dies wird erreicht, in dem die Blendenabstände mit zunehmender Teilchenenergie vergrößert werden. Sind die Teilchen dann hoch relativistisch, wie dies beispielsweise bei hochenergetischen Elektronen der Fall ist, bleibt deren Geschwindigkeit dagegen weitgehend konstant. In diesem Fall kann mit festem Blendenabstand gearbeitet werden.

Bei konstantem Blendenradius b wird die Amplitude der Hochfrequenz mit zunehmender Wellenleiterlänge exponentiell gedämpft. Um diese Dämpfung zu verhindern, können die Blendendurchmesser mit der Länge verkleinert werden. Solche Beschleunigungsrohre haben also am Anfang größere, am Ende des Rohres kleinere Innendurchmesser der Blenden. Sie weisen dann auf der gesamten Rohrlänge konstante beschleunigende elektrische Feldstärken auf. Diese Technik wird bei modernen Wanderwellenstrukturen zur Elektronenbeschleunigung eingesetzt.

7.3 Hohlraumresonatoren*

Werden Hohlwellenleiter am Anfang und Ende mit elektrisch leitenden senkrechten Wänden versehen, entstehen **Hohlraumresonatoren** (engl. "cavity"). Man kann sie sich als Zusammenschaltung eines Kondensators (zwei Metallplatten) vorstellen, die mit einer Spule (dem Zylinder) verbunden sind. Eingespeiste HF-Wellen werden an den Wandabschlüssen reflektiert. Bei geeigneter Abstimmung von Wellenlänge und Länge des Resonators L bilden sich stehende Wellen aus. Der am häufigsten verwendete Schwingungsmode ist TM_{01}, also eine stehende Welle mit einer transversalen magnetischen und einer longitudinalen elektrischen Schwingung (Fig. 7.4).

[1] Runzel ist das Synonym für Falte.

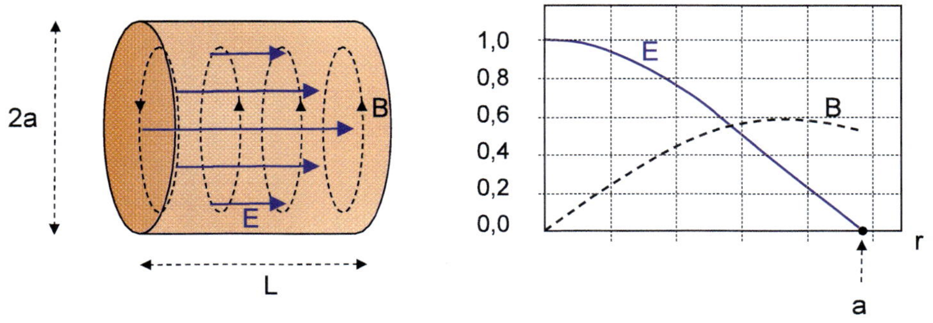

Fig. 7.4: Feldverteilungen in einem zylindrischen Hohlraumresonator im TM_{01}-Mode (Radius a, Länge L). Das elektrische Feld E ist longitudinal mit radial abnehmender Feldstärke. Das elektrische Feld verschwindet bei r = a, also auf der Innenoberfläche des Hohlraums. Das Magnetfeld B ist dagegen ringförmig. Seit Wert ist Null auf der Zylinderachse und steigt mit zunehmendem Radius an. Die höchste Feldstärke befindet sich kurz vor der Zylinderwand.

In der Mitte des Zylinders hat die elektrische Feldstärke die maximale Schwingungsamplitude. Mit zunehmender Entfernung von der Zylindermitte nimmt sie ab. An den Reflektorwänden ist sie grundsätzlich Null. Das Magnetfeld hat in diesem Schwingungsmodus auf der Zylinderachse immer den Wert 0. Die magnetische Feldstärke nimmt nach außen hin zu. Die maximale Amplitude des Magnetwechselfeldes befindet sich dicht vor der Zylinderwand. An dieser Stelle kann man die Hochfrequenz von außen her mit einer kleinen Leiterschleife induktiv einkoppeln.

Solche Hohlraumresonatoren sind bei geeigneter Phasenlage des elektrischen Longitudinalfeldes im Stande, geladene Teilchen in Längsrichtung des Resonators zu beschleunigen. Voraussetzung dazu ist die Perforation der Zylinderabschlüsse, durch die die Teilchen den Hohlraum betreten und wieder verlassen können. Fügt man zusätzliche zentrale Metallröhren ein, wird das beschleunigende elektrische Längsfeld auf der Zylinderachse auf den freien Raum zwischen diesen Driftröhren beschränkt, da diese im Inneren feldfrei sind. Man erhält dann einen Einzelresonator (Fig. 7.5 oben). Befindet sich ein mit der richtigen Ladung geladenes Teilchen gerade zwischen den zentralen Rohren, kann es durch das elektrische Longitudinalfeld beschleunigt werden. Diese Technik wird bei einigen Ringbeschleunigern eingesetzt.

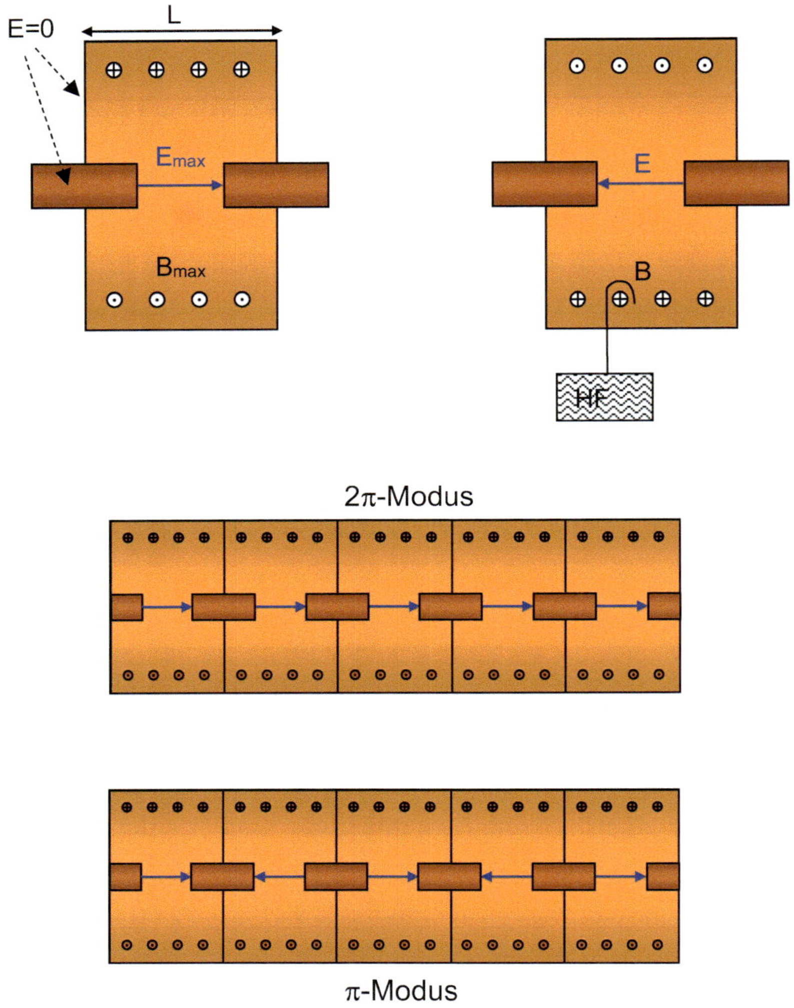

Fig. 7.5: Oben: Schematische Darstellung eines Einzelresonators mit longitudinalem E-Feld und kreisförmigem transversalem B-Feld (Kreise mit Punkt oder Kreuz). Das elektrische Längsfeld ist durch die zentralen Metallröhren räumlich eingeschränkt. Im Zentrum des Einzelresonators treten die höchsten elektrischen Schwingungsamplituden auf. Innerhalb der zentralen Röhren und an den senkrechten Hohlraumabschlüssen ist das elektrische Feld Null. Links: nach rechts gerichtetes elektrisches Feld. Rechts: Nach einer halben Periode (180° oder π) sind die Polaritäten beider Felder umgedreht. Die Hochfrequenz wird von unten induktiv eingekoppelt. Unten: Zusammenschaltung mehrerer Einzelresonatoren zu Stehwellen-Beschleunigerstrukturen im "2π-Mode" oder im "π-Mode".

Schaltet man mehrere solcher Einzelresonatoren in Serie zusammen, erhält man periodische Resonatorstrukturen. Diese können im "2π-Modus", in dem die elektrischen Feldvektoren in benachbarten Hohlräumen die gleiche Richtung haben oder im "π-Modus" betrieben werden, wenn die elektrischen Felder ihre Richtung von Hohlraum zu Hohlraum wechseln (Fig. 7.5 unten). Solche Serienanordnungen von Hohlraumresonatoren sind die Basis für die Konstruktion von Stehwellen-Beschleunigerstrukturen.

Die Hochfrequenz HF wird seitlich in den ersten Hohlraumresonator eingespeist. Dazu wird in der Regel ein rechteckiger Hohlwellenleiter, der im TE_{10}-Mode betrieben wird, seitlich im rechten Winkel an eine Beschleunigerstruktur aus seriellen Hohlraumresonatoren angekoppelt. Die HF, die im Wellenleiter transversal schwingt, erregt im Beschleunigerrohr eine longitudinale elektrische Welle. Das Beschleunigerrohr schwingt also im TM_{10}-Mode (zur Geometrie s. Fig. 8.7).

Die HF-Übertragung auf alle Einzelhohlräume einer solchen Serienanordnung geschieht entweder durch Schlitze in den Trennwänden, die im Bereich der maximalen Magnetfelder angebracht sind, oder über das elektrische Feld auf der Zylinderachse.

Zusammenfassung

- **Hohlwellenleiter sind rohrförmige Strukturen mit Innenwänden aus Kupfer hoher Güte.**

- **Sie werden als Rechteckstrukturen oder Hohlzylinder verwendet und dienen zum Transport elektromagnetischer Wellen.**

- **Typische Anwendungen sind der HF-Transport von den HF-Generatoren Klystron oder Magnetron zum Beschleuniger oder in der Nachrichtentechnik.**

- **Zur Charakterisierung ihres Schwingungsmodus verwendet man die transversale Feldkomponente und die Anzahl der halben Schwingungsperioden in radialer Richtung oder von Wand zu Wand.**

- **Ein TE_{10}-Schwingungsmodus beschreibt also im Rechteckhohlleiter ein transversales elektrisches Feld mit einer Halbschwingung horizontal und keiner Halbschwingung vertikal.**

- **Werden Hohlwellenleiter beidseits durch Metallplatten abgeschlossen, entstehen Hohlraumresonatoren.**

- **Beim Einspeisen einer hochfrequenten elektromagnetischen Schwingung bilden sich bei geeigneter Geometrie stehende Wellen im Hohlraum aus.**

- **Hohlraumresonatoren können zentral mit Metallröhren versehen werden, die die Ausbreitung des elektrischen Feldes auf den zentralen Zylinderbereich beschränken.**
- **Ein solcher Hohlraumresonator kann als Beschleuniger eingesetzt werden, wenn man ihn im TM-Modus betreibt. Er enthält also ein longitudinales elektrisches Feld, das zwischen den Zentralröhren anliegt.**
- **Die Zylinderabschlusswände müssen dazu mit je einer Öffnung für den Teilchenstrahl versehen werden. Im Inneren der Zentralröhre können sich geladene Teilchen feldfrei bewegen.**
- **Die Zusammenschaltung mehrerer solcher Hohlraumresonatoren in Serie dient zur Herstellung von Stehwellenstrukturen für Linearbeschleuniger.**

Aufgaben

1. Sie blicken in das Innere eines zylinderförmigen Wellenleiters und sehen dort in zunehmenden Abständen zentrale Lochblenden. Was bedeutet diese Anordnung?
2. Die Lochblenden im Inneren des Hohlwellenleiters aus Frage 1 zeigen mit zunehmender Tiefe außerdem noch abnehmende Lochblendendurchmesser. Wozu dient das?
3. Ordnen Sie die folgenden Schwingungsmoden einander zu: M_{01}, TM_{10}, TE_{01}, E_{01}.
4. Welchen Schwingungsmodus müssen Hohlraumresonatoren aufweisen, wenn sie zur Beschleunigung elektrisch geladener Korpuskeln verwendet werden sollen? Geben Sie auch ein Beispiel für einen solchen Beschleuniger.
5. Wie groß ist die elektrische Feldstärke auf der Innenoberfläche eines Hohlraumresonators im TM_{10}-Modus?

8 Linearbeschleuniger

Nach einem Überblick über die Arten der Linearbeschleuniger werden die historischen und die heute verwendeten Linearbeschleuniger dargestellt. Ein besonderes Kapitel behandelt die Prinzipien der HF-Elektronenlinearbeschleuniger, die in Medizin und Technik eine überragende Bedeutung haben. Die Besonderheiten der medizinischen Elektronenlinearbeschleuniger werden ausführlich in Kap. 9 besprochen.

Linearbeschleuniger sind Anlagen zur Beschleunigung geladener Teilchen mit elektrischen Wechselfeldern, bei denen das Teilchen in Richtung der Längsachse der Anlage beschleunigt wird. Im englischen Schrifttum werden sie als "linear accelerators" oder kurz als "Linacs" bezeichnet. Traditionsgemäß zählen nur solche Anlagen zu den Linearbeschleunigern, die mit hochfrequenten Wechselfeldern betrieben werden. Bei den meisten Linacs sind die Beschleunigungsstrukturen zylindersymmetrisch zur Längsrichtung der Anlage. Die technisch verwendeten Frequenzen liegen zwischen wenigen MHz und 10 GHz.

Bezeichnung	**Prinzip**	**Teilchenart**	**Geschwindigkeit (v/c)**
Wideröe-Struktur	Driftröhren	Protonen, Schwerionen	0,005 – 0,05
RFQ*	Quadrupolfelder mit Längsmodulation	Protonen, Schwerionen	0,005 – 0,05
Einzelresonator**	Hohlraumresonator	Protonen, Schwerionen	0,04 – 0,2
Alvarez-Struktur	gekoppelte Einzelresonatoren	Protonen, Schwerionen	0,04 – 0,6
Wanderwellenstruktur	Wellenleiter mit Irisblenden	Elektronen	bis ≈1,0
Stehwellenstruktur	gekoppelte Hohlraumresonatoren	Elektronen	bis ≈1,0

Tab. 8.1: Überblick über Linearbeschleunigerstrukturen und ihre bevorzugten Einsatzbereiche. *: RFQ bedeutet "Radio Frequency Quadrupole", **: Auch Einsatz in Synchrotrons.

Linearbeschleuniger werden in Anlagen mit Driftröhren, Beschleuniger mit RFQ-Strukturen, mit Wellenleiterstrukturen und solche mit Hohlraumresonatoren eingeteilt (Tab. 8.1). Die verschiedenen Bauformen werden je nach Energiebereich und Teilchenart gewählt. Für nicht relativistische Teilchen wie niederenergetische Protonen oder schwere Ionen werden auch heute noch Wideröe- und insbesondere Alvarez-Beschleuniger sowie der erst seit den 70er Jahren des letzten Jahrhunderts international bekannte RFQ-Beschleuniger verwendet. Bei relativistischen schweren Teilchen sind dagegen vor allem die Ringbeschleuniger von Bedeutung. Für schnelle relativistische Elektronen sind wegen der in Ringbeschleunigern bei hohen Teilchengeschwindigkeiten auftretenden Strahlungsverluste Linearbeschleuniger von Vorteil. Weil Elektronen sehr schnell relativistische Energien erreichen, werden diese linearen Beschleunigerstrukturen für Elektronen einfacher, da ihre Geometrie unabhängig von der Elektronenenergie ausgelegt werden kann. Dies bietet neben einer vereinfachten Konstruktion und Fertigung auch erhebliche Kostenvorteile. Elektronenlinearbeschleuniger sind deshalb heute zum Standardbeschleunigertyp in der Medizin geworden. Allerdings benötigen Elektronenlinearbeschleuniger sehr intensive Hochfrequenzquellen im GHz-Bereich.

Die Beschleunigung geladener Teilchen in Linearbeschleunigern wird durch Hochfrequenzfelder vorgenommen, die eine longitudinale elektrische Komponente und dazu senkrechte magnetische Felder aufweisen. Der Transport der Hochfrequenz von der HF-Quelle zum Strahlrohr geschieht mit so genannten Hohlwellenleitern (engl. wave guides). Diese Hohlwellenleiter müssen an die Beschleunigungsstruktur so angekoppelt werden, dass die HF möglichst verlustfrei auf das Strahlrohr übertragen wird. Dies ist bei senkrechter Ankopplung möglich, wenn der Wellenleiter ein transversales elektrisches Feld (TE_{10}-Mode) und die Beschleunigerstruktur einen longitudinalen elektrischen Schwingungsmodus (TM_{01}-Mode) aufweisen. In dieser Anordnung erregt das transversale elektrische Feld des Transportwellenleiters automatisch ein longitudinales elektrisches Feld im Beschleunigerrohr. Zur Teilchenbeschleunigung werden dann diese longitudinal ausgerichteten elektrischen Wechselfelder entweder in Wellenleiter-Strukturen oder in Hohlraumresonatoren verwendet.

8.1 Phasenfokussierung in Linearbeschleunigern*

Hat die Beschleunigungsspannung, das elektrische Wechselfeld, eine Sinusform, kann man sie mit der folgenden Abhängigkeit von der Phase φ beschreiben[1]:

$$U(\varphi) = U_0 \cdot sin(\varphi) \tag{8.1}$$

Teilchen befinden sich in der Regel zeitlich nicht im Maximum dieser Sinuskurve und "sehen" daher statt der Maximalspannung U_0 nur eine reduzierte Beschleunigungsspannung $U(\varphi)$. Der Grund für diese Wahl der Teilchenphasenlage ist die automatische Phasenfokussierung der Teilchen bei Abweichung von der Sollphase. Dies wird unmittelbar einleuchtend, wenn man sich das Zeitbild der HF-Schwingung betrachtet (Fig. 8.1). Teilchen, die sich exakt in der Sollphase φ_{soll} befinden, werden mit der vorgesehenen Sollspannung $U(\varphi)$ beschleunigt. Teilchen, die wegen zu hoher Geschwindigkeit um $(-\Delta\varphi)$ voreilen, also bereits vor Erreichen der Sollphase am Ort der Beschleunigung eintreffen, sehen eine geringere Beschleunigungsspannung. Ihre Ener-

[1] Die Phase einer periodischen Schwingung ist das Produkt aus Kreisfrequenz und Zeit, $\varphi=\omega\cdot t$.

giezunahme bleibt daher kleiner als bei korrekter Phasenlage. Teilchen mit zu geringer Geschwindigkeit eilen dagegen um $\Delta\varphi$ nach und sehen deshalb eine erhöhte Beschleunigung, die ihre fehlende Bewegungsenergie kompensiert. Die in der Phase verschobenen Teilchen führen dadurch Schwingungen um die Sollphasenlage aus, weisen aber im zeitlichen Mittel etwa die Sollenergie auf. Phasenfokussierung funktioniert in Linearbeschleunigern nur bei nicht relativistischen Teilchen, da nur für diese eine Energiedifferenz auch eine Geschwindigkeitsdifferenz bedeutet.

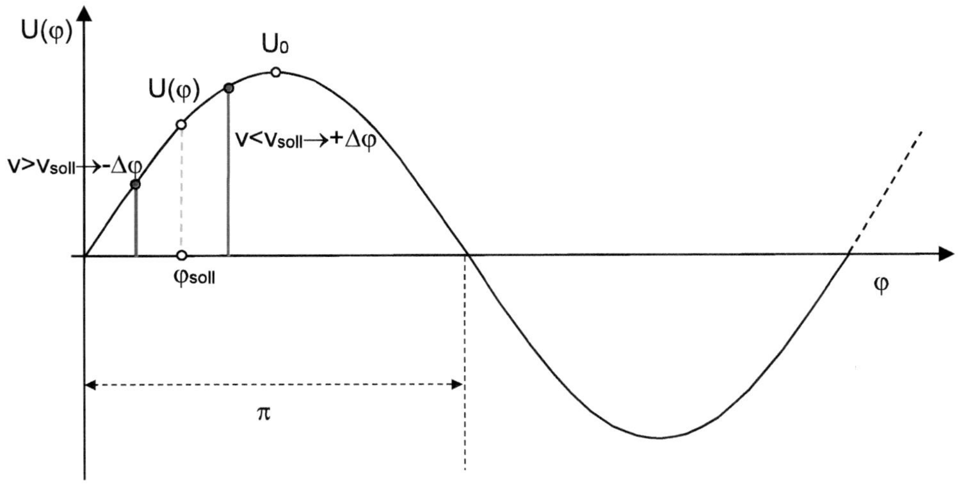

Fig. 8.1: Prinzip der Phasenfokussierung bei linearen HF-Beschleunigern. Teilchen mit zu früher ($-\Delta\varphi$) oder zu später ($+\Delta\varphi$) Phasenlage sehen nicht die Sollbeschleunigungsspannung $U(\varphi)$, sondern zu kleine bzw. zu große Spannungen, die ihre Fehlenergie und Fehlgeschwindigkeit justieren. Nicht relativistische Teilchen führen dadurch Schwingungen um die Sollphasenlage aus.

Das Einhalten der Sollenergie ist von fundamentaler Bedeutung für die Strahlführung in Magnetumlenksystemen. Bei zu hohen Abweichungen von der Sollenergie wären die Teilchenverluste in den Umlenksystemen zu hoch. Die Phasenfokussierung funktioniert auch bei HF-Ringbeschleunigern, ist dort aber wegen der Kreisbahnen der Teilchen für relativistische Teilchen wirksam. Relativistische Korpuskeln legen in den Magnetfeldern von Kreisbeschleunigern je nach relativistischer Masse unterschiedlich lange Bahnen zurück und eilen wegen ihrer konstanten Geschwindigkeit daher der zeitlichen Solllage vor oder nach (Details s. Kap. 10.5.2).

8.2 Beschleuniger mit Wideröe-Struktur

Bei den ersten mit elektrischen Wechselfeldern betriebenen historischen Linearbeschleunigern durchliefen die zu beschleunigenden Teilchen seriell in Bewegungsrichtung angeordnete metallische Zylinder (Beschleunigungselektroden), an die von außen eine hochfrequente Wechselspannung angelegt wurde. Aufeinanderfolgende Elektroden hatten alternierende elektrische Potentiale. Zwischen den Elektrodenröhren wurden die Teilchen deshalb einem elektrischen Feld ausgesetzt, das sie bei phasenrichtiger Passage ruckartig beschleunigte (Fig. 8.2). Damit die Teilchen bei einem Polaritätswechsel der beschleunigenden Wechselspannung nicht wieder abgebremst werden, müssen sie während der Gegenphase vor dem elektrischen Feld abgeschirmt werden. Werden die Beschleunigungselektroden als metallene Hohlzylinder ausgeführt, sind die Teilchen während der Gegenphase der Hochfrequenz bei der Passage durch die Metallröhren vor diesen bremsenden Gegenfeldern geschützt. Zum Zeitpunkt des Polaritätswechsels befinden sich die Teilchen am Eingang zur nächsten Driftröhre. Dort driften sie bis zum erneuten Polaritätswechsel feldfrei bis zum nächsten Zwischenraum. Sie finden dann wegen des Polaritätswechsels der HF wieder ein beschleunigendes Feld vor.

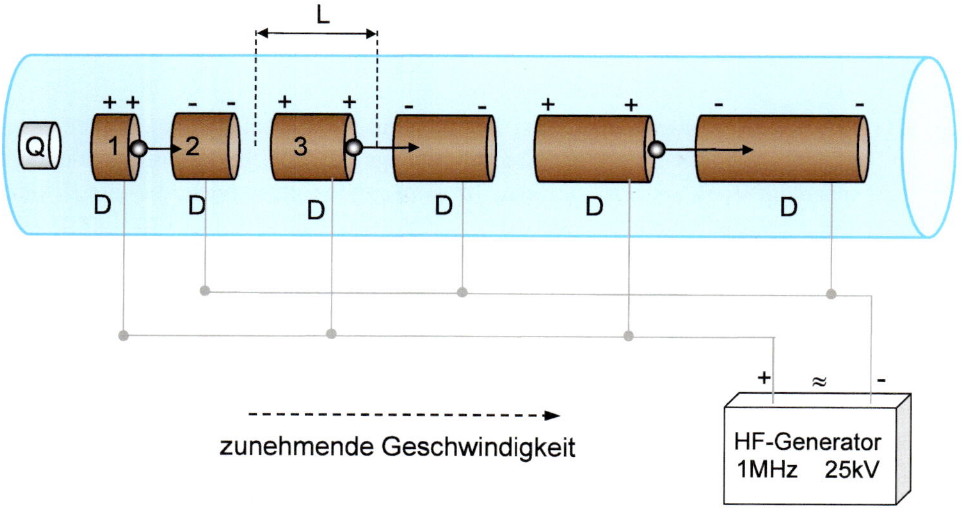

Fig. 8.2: Prinzip eines historischen HF-Linearbeschleunigers nach dem Wideröe-Prinzip. Die Quelle Q für schwere geladene Teilchen und die abschirmenden nummerierten Driftröhren D, die gleichzeitig als Beschleunigungselektroden dienen, befinden sich in einem gemeinsamen evakuierten Glaskolben. Der Hochspannungsgenerator erzeugt die benötigte HF-Wechselspannung. Gezeichnet ist die Beschleunigungsphase für positiv geladene Teilchenpakete. Die anwachsende Pfeillänge soll die zunehmende Geschwindigkeit der Teilchenpakete symbolisieren, die simultan zunehmende Driftröhrenlängen erfordert.

Die Driftröhrenstruktur in (Fig. 8.2) wurde schon 1923 von ***Ising*** vorgeschlagen. 1928 wurde sie zuerst von ***Rolf Wideröe*** [Wideröe 1928] technisch umgesetzt. Sein HF-Generator lieferte 25 kV bei 1 MHz und diente zur Beschleunigung von Kalium- und Natrium-Ionen, die er auf eine Endenergie um 50 keV beschleunigen konnte. 1931 wurde von ***Sloan*** und ***Lawrence*** ein Driftröhrenbeschleuniger nach dem gleichen Prinzip gebaut, dessen Hochfrequenz 10 MHz betrug und Spitzenspannungen von 42 kV lieferte [Sloan/Lawrence]. Er enthielt 30 Driftröhren und konnte Hg^{+}-Ionen auf 1,26 MeV beschleunigen.

Eine Beschleunigung findet bei richtiger Synchronisation von Teilchenbewegung und Hochfrequenz zwar an jeder Driftelektrode statt, die Beladung mit Teilchenpaketen entspricht aber im gezeichneten Beispiel nur der halben Elektrodenzahl. Eine solche Verschaltung von Hochfrequenz und Beschleunigerstruktur wird als "Wideröe-Struktur" bezeichnet. Der Beschleuniger wird im Halbwellenmodus, dem so genannten π-Modus betrieben.

Um eine Synchronisation zwischen elektrischem Wechselfeld und Teilchenbewegung zu erreichen, müssen die Driftstrecken bei nicht relativistischen Teilchenenergien wegen der zunehmenden Geschwindigkeit der beschleunigten Teilchen in Strahlrichtung vergrößert werden. Die Anpassung des Abstandes der Spaltmitten zwischen den Driftröhren L an die Flugzeit berechnet man aus der Teilchengeschwindigkeit v und Schwingungsdauer T der Hochfrequenz mit der Beziehung[2]:

$$L = v \cdot \frac{T}{2} = \frac{v}{2f} \tag{8.2}$$

Voraussetzung ist dabei eine konstante Frequenz bzw. Schwingungsdauer des beschleunigenden elektrischen Wechselfeldes. Solange die Geschwindigkeit v mit der Bewegungsenergie zunimmt, müssen also auch die Längen der Driftröhren erhöht werden. Für nicht relativistische Teilchen ist die Bewegungsenergie proportional zum Geschwindigkeitsquadrat ($E = m \cdot v^2/2$). Wenn die nicht relativistischen Teilchen mit der Ladung q bei jeder Passage die gleiche Spannung U sehen, gewinnen sie pro Stufe auch den gleichen Zuwachs $\Delta E_{kin} = q \cdot U$ an Bewegungsenergie. Nach n Stufen erhält man als Energiebilanz:

$$E_n = n \cdot q \cdot U = \frac{1}{2} m \cdot v_n^2 \tag{8.3}$$

Die Geschwindigkeit des Teilchens v_n und wegen (Gl. 8.3) auch die Länge der Struktur L_n nach der Stufe n sind daher proportional zur Wurzel der Stufennummer n. Die exakte Beziehung lautet:

---

[2] Der Zusammenhang zwischen Frequenz f, Schwingungsdauer T und Wellenlänge λ ist im Vakuum durch die Beziehung $c = \lambda \cdot f = \lambda/T$ gegeben (c ist die Lichtgeschwindigkeit).

$$L_n = \frac{1}{f}\sqrt{\frac{n \cdot q \cdot U}{2m}} \tag{8.4}$$

In angepassten Einheiten erhält man als Faustformel:

$$L_n = \frac{0{,}692}{f}\sqrt{\frac{n \cdot k \cdot U}{A}} \tag{8.5}$$

Dabei ist die Frequenz f in MHz, die Masse als Massenzahl A, die wirksame Beschleunigungsspannung U in V und die Länge L in cm berechnet. k ist der Ionisierungsgrad der zu beschleunigenden Ionen. Sobald die Teilchen extrem relativistisch sind, sich also mit konstanter Geschwindigkeit ($v \approx c$) bewegen, sind keine Veränderungen der Strukturlängen mehr nötig.

Beispiel 8.1: Wie groß müssen die Driftröhrenabstände bei einer Betriebsfrequenz von 1 MHz, und einer Beschleunigungsspannung von 25 kV für einfach geladene Kaliumionen (k = 1, A = 40) für die ersten 5 Driftröhren sein? Mit Hilfe der Faustformel (Gl. 8.5) findet man folgende Wertepaare (n/L in cm): 1/15,1, 2/21,3, 3/26,1, 4/30,1, 5/33,7. Diese Parameter entsprechen den ersten Versuchen von ***Wideröe***.

8.3 RFQ-Beschleuniger

Unter RFQ-Beschleunigern (radio frequency quadrupole) versteht man Anlagen, die Resonanzstrukturen mit elektrischen Quadrupolfeldern zur Beschleunigung nicht relativistischer Teilchen verwenden. Dieses Prinzip geht auf Arbeiten von ***Kapchinskii*** und ***Teplyakov*** in den 70er Jahren zurück [Kapchinskii]. Die Beschleunigungseinheit besteht aus elektrischen Quadrupolen, deren Pole in ihrer Längsrichtung mit einer Sinusform moduliert sind. Die Pole werden als **Rods** bezeichnet. Die Abstände der opponierenden, auf gleichem elektrischem Potential liegenden Rods verändern sich gleichsinnig in longitudinaler Richtung. Die Modulation der aneinandergrenzenden, entgegengesetzt geladenen Pole ist dagegen um 90 Grad phasenversetzt (Fig. 8.3 rechts). Dadurch entsteht ein schräg verlaufendes elektrisches Feld, das sowohl eine radiale als auch eine longitudinale Komponente enthält. Die longitudinale Komponente beschleunigt die eingeschossenen Teilchen und sorgt gleichzeitig für eine Phasenbündelung in Längsrichtung (Bunching). Die radiale Komponente bewirkt eine transversale Bündelung des Teilchenstrahls. Da die Stärke der elektrischen Komponente der Lorentzkraft unabhängig von der Teilchengeschwindigkeit ist, können die Teilchenbündel in RFQ-Beschleunigern während der gesamten Beschleunigung sowohl in transversaler als auch in longitudinaler Richtung fokussiert werden. Diese kontinuierliche Fokussierung erklärt die hohe Effektivität der RFQ-Beschleuniger, die fast ohne Teilchenverlust betrieben werden können und daher Ionen- und Protonenströme bis über 100 mA ermöglichen.

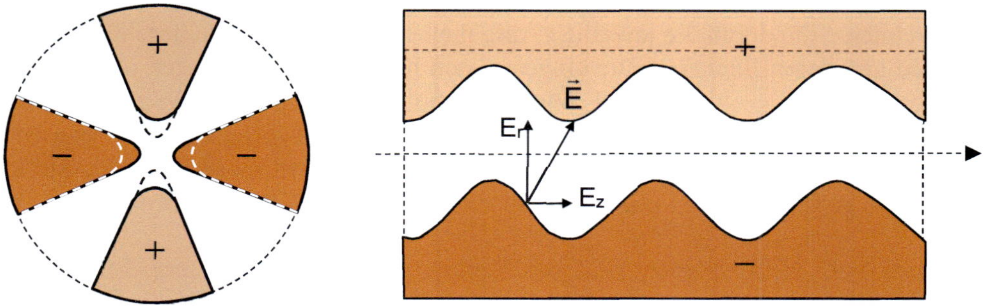

Fig. 8.3: Aufbau einer HF-Linearbeschleunigerstruktur nach dem RFQ-Prinzip. Links: Blick auf eine Transversalebene der Beschleunigungsstruktur mit in der Längsrichtung variierendem Polabstand. Die gegenüberliegenden Rods liegen auf dem jeweils gleichen elektrischen Potential. Rechts: Longitudinalansicht zweier benachbarter Pole, die auf entgegen gesetzter Wechselspannung liegen. Die Strukturen sind in z-Richtung um eine halbe Phase verschoben. Dadurch entsteht ein elektrisches Feld mit einer fokussierenden radialen und einer beschleunigenden und fokussierenden longitudinalen Komponente. Mit zunehmender Teilchengeschwindigkeit müssen die longitudinalen Strukturen nach der Wideröe-Bedingung (Gl. 8.4) vergrößert werden.

Da RFQ-Beschleuniger ausschließlich zur Beschleunigung nicht relativistischer Teilchen eingesetzt werden, müssen ähnlich wie bei allen anderen Hochfrequenzbeschleunigern in diesem Energiebereich die beschleunigenden Strukturen mit zunehmender

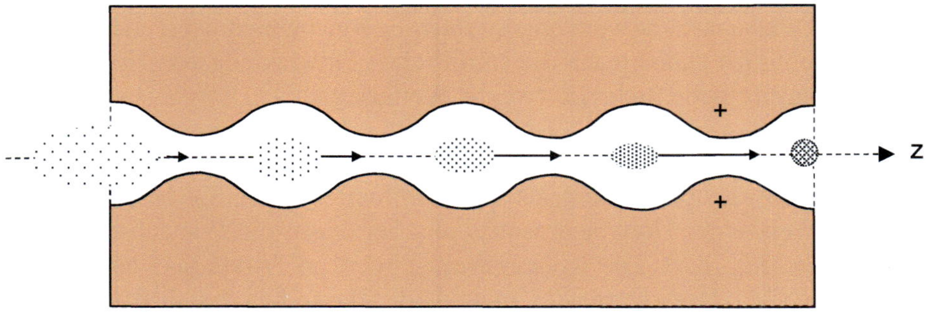

Fig. 8.4: Beschleunigung und simultane transversale und longitudinale Bündelung eines Teilchenpaketes in einer RFQ-Beschleunigerstruktur. Gezeichnet sind zwei gegenüberliegende, jeweils am gleichen Potential liegende Pole des elektrischen Quadrupolwechselfeldes. Die Vergrößerung der Struktur mit zunehmender Teilchengeschwindigkeit ist hier (anders als in Fig. 8.3) nicht dargestellt.

Teilchengeschwindigkeit vergrößert werden (s. dazu die Ausführungen beim Wideröe-Beschleuniger, Gl. 8.4). Die Größe der Strukturen hängt ab von der verwendeten Hochfrequenz, die durch die jeweilige Aufgabe bestimmt ist, den zu beschleunigenden Teilchen und deren Energien. Die eingespeisten Hochfrequenzen liegen im Radiowellenbereich zwischen etwa 10 und 500 MHz und haben dem Beschleunigungsprinzip den Namen gegeben (RFQ: radio frequency quadrupole). Typische Längen von RFQ-Strukturen betragen bis etwa 3 m. In vielen Anlagen werden mehrere solche Strukturen in Serie geschaltet, so z. B. bei den Beschleunigern der GSI in Darmstadt.

Aufgaben von RFQ-Anlagen sind die Vorbeschleunigung geladener Teilchen wie leichte und schwerere Ionen oder Protonen für wissenschaftliche Beschleuniger in der Grundlagenforschung oder der Medizin. Außerdem werden sie zur Erzeugung hochenergetischer Teilchen für industrielle Anlagen zur Ionenimplantation, Materialbearbeitung und für die Sterilisation verwendet.

8.4 Beschleuniger mit Alvarezstruktur

Zur Beschleunigung auf höhere Teilchenenergien müssen die Driftröhrenanlagen wegen der erforderlichen Verlängerung der Driftröhren entweder besonders große Längen aufweisen oder sie benötigen sehr hohe Betriebsfrequenzen, die wegen der kleineren Wellenlängen dann kürzere Strukturen erlauben. Beide Forderungen führten bei den historischen Anlagen zu damals nicht mehr beherrschbaren Hochfrequenz-Energieverlusten in den Transportsystemen und machten die Entwicklung alternativer Konstruktionsprinzipien für Linearbeschleuniger notwendig.

Die Lösung sind Linearbeschleuniger mit Hohlraumresonator-Strukturen. Im Inneren von hochfrequenzgespeisten metallischen Röhren bilden sich bei geeigneter Geometrie stehende longitudinale elektrische Wechselfelder aus, die zur Beschleunigung geladener Teilchen verwendet werden können. Die Geometrie dieser Strukturen hängt dabei von der Teilchenart und vom angestrebten Energiebereich der Teilchen ab. Der technische Durchbruch gelang nach der stürmischen Entwicklung von Hochfrequenzquellen für das militärische Radar im zweiten Weltkrieg.

1945 entwickelte ***L. Alvarez*** eine neuartige Linearbeschleunigerstruktur nach dem Hohlraumresonatorprinzip, die im Inneren Driftröhren enthielt. Sie besteht aus einer Serienschaltung einzelner Hohlraumresonatoren, bei denen die Wandabschlüsse weg gelassen wurden (Fig. 8.5). Die Alvarezstruktur wird im "π-Modus" betrieben (zur Definition s. Fig. 7.5). Dazu wurde der umhüllende Glaskolben des alten Wideröe-Beschleunigers durch einen äußeren Metallzylinder ersetzt, der durch dünne metallene Träger mit den Driftröhren verbunden ist. Seitlich in diesen Hohlraumresonator wird eine Hochfrequenz eingespeist, die im Beschleunigerrohr eine stehende elektromagnetische Welle auslöst. Im Inneren dieses Hohlraumes bildet sich ein periodisches elektrisches Wechselfeld in Längsrichtung aus. Zwischen den Driftröhren auf der Zentralachse des Beschleunigerrohres liegen dabei zu einem bestimmten Zeitpunkt immer gleichgerichtete elektrische Längsfelder an, deren Knoten sich in der halben Länge der Driftröhren befinden. Diese Felder können daher zur Teilchenbeschleunigung verwendet werden.

Voraussetzung ist wie bei der Wideröe-Struktur, dass die beschleunigten Teilchen während der Gegenphase vor dem abbremsenden Gegenfeld abgeschirmt werden. Diese Aufgabe übernehmen wieder die Driftröhren. Diese Driftröhren sind jetzt aber nicht mehr einzeln über Leitungen mit der Hochfrequenzquelle verbunden. Sie zeigen stattdessen an ihren beiden Enden anders als in der Wideröe-Struktur entgegen gesetzte Polaritäten des elektrischen Längsfeldes und ermöglichen deshalb die Beschleunigung von Teilchen in jedem Zwischenraum der Driftröhren. Die Träger der Driftröhren sind bei der Alvarezstruktur in ihrer Länge und radialen Lage justierbar, um die Strahlgeometrie und Ausbeute zu optimieren. Beschleuniger mit der so genannten **Alvarez-Struktur** werden bis heute in großen wissenschaftlichen Beschleunigeranlagen als Vorbeschleuniger vor allem für Schwerionen verwendet.

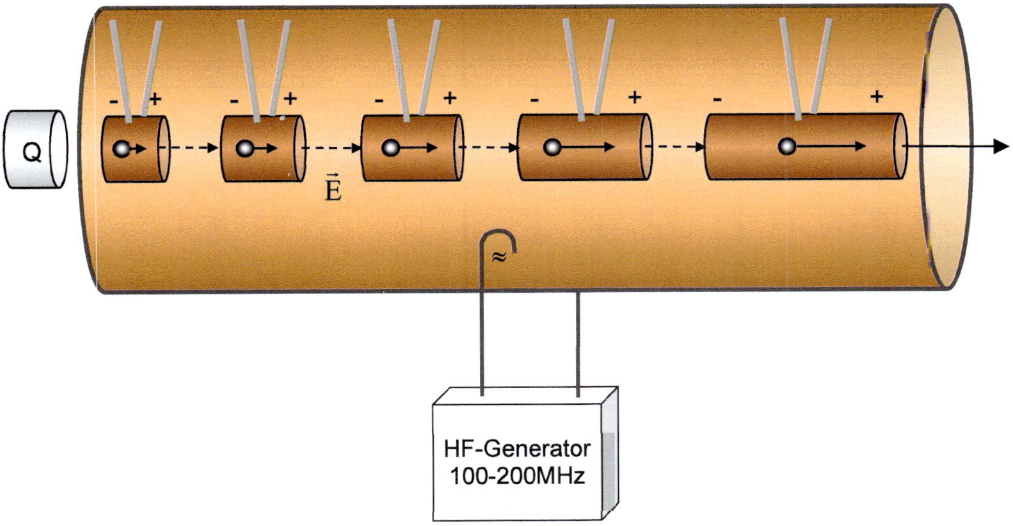

Fig. 8.5: Prinzip eines Driftröhren-Linearbeschleunigers mit Alvarez-Struktur: Quelle Q für schwere geladene Teilchen, abschirmende Driftröhren D, die mit je zwei Trägern fest mit der Außenwand der Hohlleiter verbunden sind und zwischen denen elektrische Längsfelder entstehen, Hochspannungsgenerator mit Antenne zur HF-Einkopplung. Gezeichnet ist die Beschleunigungsphase für ein positiv geladenes Teilchenpaket. Während der Gegenphase des elektrischen Feldes befinden sich die Teilchen im feldfreien Inneren der Driftröhren. Die anwachsende Pfeillänge deutet die zunehmende Geschwindigkeit der Teilchenpakete an, die eine simultan zunehmende Driftröhrenlänge erfordert. Der Hohlraum arbeitet im 2π-Modus. Das Strahlrohr ist wie in allen Hohlraumresonatoren ein metallischer Leiter hoher Güte (in der Regel aus Kupfer oder als supraleitende Struktur aus Niob).

8.5 Elektronenlinearbeschleuniger

Elektronenlinearbeschleuniger können in zwei Betriebsarten betrieben werden. Die eine ist der so genannte **Wanderwellenbetrieb** (travelling wave), bei dem die Hochfrequenzwelle das Rohr durchläuft und dabei die Elektronen mit sich zieht. Am Ende des Rohres wird die elektromagnetische Wanderwelle vernichtet. Die Beschleunigerstruktur ist also ein Wellenleiter. Die andere Betriebsart ist das **Stehwellenprinzip**, bei dem die elektromagnetische Longitudinalwelle am Ende des Rohres so reflektiert wird, dass sich eine stehende Welle im Beschleunigungsrohr ausbildet (standing wave). Diese Betriebsart entspricht einer seriellen Hohlraumresonatorstruktur.

8.5.1 Energiegewinn der Elektronen bei der Hochfrequenzbeschleunigung*

Werden Elektronen einem statischen elektrischen Feld ausgesetzt, wie es beispielsweise bei einer Gleichspannung an einem Plattenkondensator oder in einer Röntgenröhre entsteht, ist der Gewinn an Bewegungsenergie das Produkt aus Elementarladung e_0, Feldstärke E und Laufstrecke Δz. Da bei homogenem elektrischem Feld die Feldstärke gleich dem Quotienten von Spannungsdifferenz U und Elektrodenabstand ist, gilt die einfache Beziehung:

$$E_{kin} = e_0 \cdot E \cdot \Delta z = e_0 \cdot \frac{U}{\Delta z} \cdot \Delta z = e_0 \cdot U \tag{8.6}$$

Die so berechneten Energien erhält man also unmittelbar in der praktischen atomaren Energieeinheit Elektronvolt (eV). Der Energiegewinn von Elektronen in Beschleunigern wird nach einer analogen Formel aus der wirksamen elektrischen Feldstärke entlang der Beschleunigungssektion berechnet.

$$E_{kin} = e_0 \cdot \int_0^{\ell} E(z)dz \tag{8.7}$$

Hier ist ℓ die aktive Länge der Beschleunigungsstrecke. E(z) beschreibt den Verlauf des elektrischen longitudinalen Feldes im Beschleunigungsrohr, dem die Elektronen während des Beschleunigungsvorgangs ausgesetzt sind. Da sich Elektronen wegen der notwendigen Phasenfokussierung (vgl. Abschnitt 8.1) in der Regel nicht direkt auf dem Maximum der Hochfrequenzwelle aufhalten können, ist E(z) immer kleiner als die Amplitude $E(z)_{max}$ des elektrischen Feldes in Längsrichtung. Die Feldstärke ist außerdem von der momentanen Belastung der Hochfrequenz abhängig. Diese ist am größten während der Ladephase der Sektion zu Beginn eines Mikrosekunden-Pulses (dem Beamloading). Auch die Wärmeverluste durch Energieabgabe an die Wände der Sektion und die Umwandlung der Hochfrequenzenergie in kinetische Energie der

Elektronen vermindern die maximale Amplitude der Hochfrequenz und damit auch die beschleunigungswirksame Feldstärke E(z).

8.5.2 Das Wanderwellenprinzip

Das Beschleunigungsrohr des Wanderwellenbeschleunigers ist ein metallischer, die Hochfrequenzwelle gut leitender Hohlzylinder (Wellenleiter mit Irisblenden) mit einer von der gewünschten maximalen Energie abhängigen Baulänge von etwa 0,5-2,5 Metern. Er ist innen mit einem Lochblendensystem versehen, das die gesamte Rohrlänge in kleine ca. 5-10 cm große Resonanzräume einteilt (Fig. 8.6). Speist man in eine solche Anordnung vom einen Ende des Rohres seitlich eine hochfrequente elektromagnetische TE_{10}-Schwingung ein, breitet sich diese als longitudinale TM_{01}-Welle entlang des Strahlrohres in Längsrichtung aus. Die Ausbreitungsgeschwindigkeit dieser wandernden elektromagnetischen Welle im Rohr (die Phasengeschwindigkeit) wird von

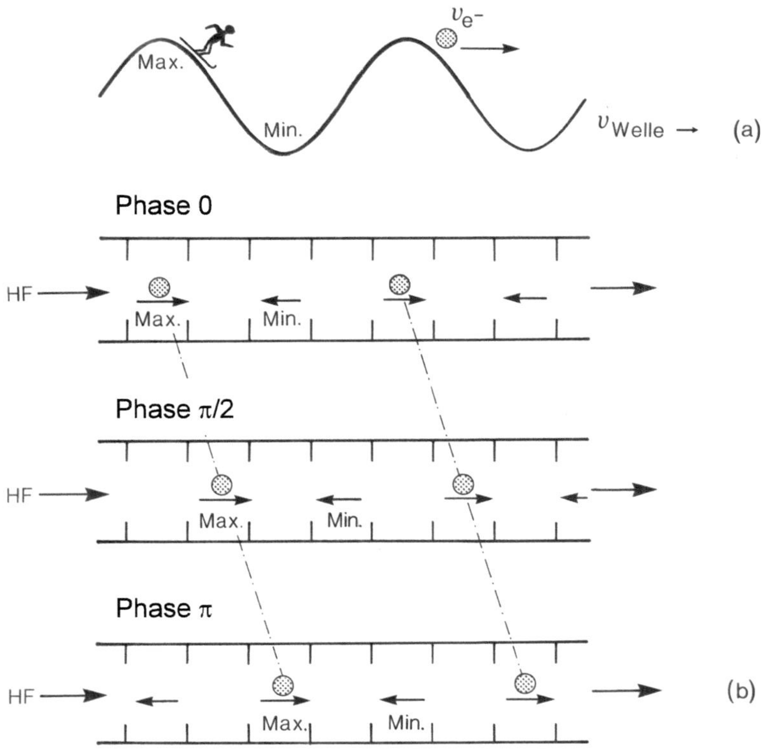

Fig. 8.6: (a): Anschauliches vereinfachtes Wellenreitermodell (Elektronengeschwindigkeit v_{e-} und Wellengeschwindigkeit v_{Welle} stimmen überein). (b): Wellenbilder im Wanderwellenbeschleuniger. Die Pfeile stellen die Feldvektoren der longitudinalen negativen elektrischen Feldkomponente dar, die Kreise gebündelte Elektronenpakete.

den Durchmessern der Blendenöffnungen gesteuert. Sie kann bis zur Vakuumlichtgeschwindigkeit gesteigert werden.

Die Hochfrequenzwelle enthält eine elektrische Feldkomponente in Ausbreitungsrichtung beziehungsweise entgegengesetzt dazu, das longitudinale Beschleunigungsfeld. Elektronen im Beschleunigerrohr, die sich zeitlich gesehen knapp vor den Maxima der ins Rohr hineinlaufenden negativen Wellenberge befinden, werden ähnlich wie ein Wellenreiter auf der Vorderflanke einer Wasserwelle auf der ganzen Länge des Beschleunigerrohres kontinuierlich beschleunigt (Fig. 8.6)[3]. Sie laufen mit der Hochfrequenzwelle mit. Vorlaufende Elektronen, also solche mit einer zu frühen Phase, sind einem niedrigeren elektrischen Beschleunigungsfeld ausgesetzt. Sie erhalten eine geringere Beschleunigung und werden deshalb von den phasenrichtigen Elektronen wieder eingeholt. Solange in der Phase zurückliegende Elektronen deutlich langsamer als die Lichtgeschwindigkeit sind, erfahren sie wegen der Beschleunigung durch das höhere elektrische Feld einen Geschwindigkeitszuwachs. Sie holen die vorlaufenden Elektronen wieder ein. Man bezeichnet diesen Vorgang als **Phasenfokussierung** (s. Kap. 8.1). Sie führt dazu, dass sich zeitlich und räumlich kompakte Elektronenpakete bilden (Fig. 8.7). Ein kontinuierlicher Elektronenstrom am Eingang der Beschleunigersektion wird dadurch zu einer Folge von diskreten Elektronenbündeln moduliert, die mit derselben Folgefrequenz wie die elektromagnetische Welle auftreten (3 GHz). Tatsächlich sind Elektronenstrahlen aus Leistungsgründen nur während weniger Mikrosekunden kontinuierlich, so dass die tatsächliche Pulsstruktur aus 3-GHz-modulierten Mikrosekundenpulsen besteht (Fig. 8.10).

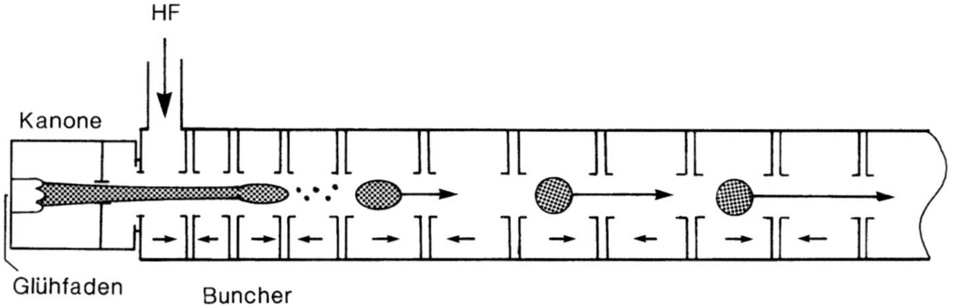

Fig. 8.7: Prinzip des Elektronen-Bunchings im Wanderwellenbeschleuniger (Details s. Text).

Elektronen, die von der Elektronenkanone in ein Beschleunigungsrohr eingeschossen werden, sind zunächst noch wesentlich langsamer als die Lichtgeschwindigkeit c_0.

[3] Um Missverständnissen vorzubeugen. Die Elektronen werden von einer negativen Feldstärke geschoben. Das anschauliche Transversal-Wellenreitermodell in Fig. 8.6a müsste umgezeichnet werden.

Ihre Geschwindigkeit beträgt je nach Extraktionsspannung in der Kanone etwa $c_0/3$ bis $c_0/2$. Um wenigstens 99% der Lichtgeschwindigkeit zu erreichen, benötigen sie eine Bewegungsenergie von etwa 3 MeV (vgl. Tab. 2.1). Damit sie wegen ihrer "langsamen" Geschwindigkeit nicht alle aus der Phase laufen, also hinter der Hochfrequenzwelle hereilen, muss die Ausbreitungsgeschwindigkeit der elektrischen Welle am Eingang des Beschleunigungsrohres entsprechend gebremst werden. Die ersten Resonanzräume in jeder Beschleunigersektion haben deshalb besondere Blendenöffnungen und Abmessungen (Fig. 8.7), die die Phasengeschwindigkeit der Hochfrequenzwelle so verringern, dass die noch nicht relativistischen Elektronen optimal in Phase bleiben (s. dazu die Ausführungen Kap. 7.2). Diesen Bereich des Beschleunigerrohres nennt man den **Buncher** (Bündeler), da in ihm auch die oben erwähnte Phasenfokussierung durchgeführt wird. Am Ende des Strahlrohres wird die elektromagnetische Longitudinalwelle in einem "Wellensumpf" vernichtet oder besser noch zur teilweisen Wiederverwendung der in ihr gespeicherten Hochfrequenzenergie phasengerecht zum Eingang des Beschleunigerrohres zurückgeführt. Die Elektronenpakete verlassen das Rohr nahezu mit Lichtgeschwindigkeit nach vorne durch ein dünnes Austrittsfenster, das das Vakuum des Beschleunigerrohres nach außen hin abschließt.

8.5.3 Das Stehwellenprinzip

Die Struktur eines Stehwellenbeschleunigers unterscheidet sich vom Wanderwellenbeschleuniger durch eine andere Anordnung der Blenden und Hohlräume im Beschleunigungsrohr und äußerlich durch eine unterschiedliche Führung und Einspeisung der Hochfrequenz. Stehwellenstrukturen sind seriell zusammen gefügte Hohlraumresonatoren. Speist man in eine solche Stehwellenbeschleuniger-Strecke eine Hochfrequenzwelle ein, erhält man zunächst wie bei den Wellenleitern wieder das typische Bild einer longitudinalen elektromagnetischen Welle mit Maxima, Nulldurchgängen und Minima (Fig. 8.8 oben). Bei Stehwellenbeschleunigern ist das Rohr aber am Ende für die Hochfrequenz geschlossen und reflektiert diese bei geeigneten Abmessungen deshalb weitgehend verlustfrei. Die Hochfrequenzwelle läuft wieder zurück ins Beschleunigungsrohr und überlagert sich dabei der vorwärts laufenden Welle. Bei geeigneter geometrischer Anordnung und passender Wellenlänge bilden die hin- und zurücklaufenden Hochfrequenzschwingungen eine stehende elektromagnetische Welle. Sobald sich diese endgültig ausgebildet hat, bleiben Schwingungsbäuche und Schwingungsknoten ortsfest. Dabei sind die Schwingungsamplituden zweier großer benachbarter Resonanzräume jeweils entgegengesetzt. Befindet sich in dem einen das Maximum der stehenden Welle, ist im Nachbarresonanzraum gerade ein Hochfrequenzminimum anzutreffen. Dazwischen befinden sich feldfreie kleinere Räume (Kopplungsräume für den Hochfrequenztransport), in denen das elektromagnetische Feld nach der Füllung der Sektion mit Hochfrequenz immer den Wert Null hat. Dort sind also die Schwingungsknoten der stehenden Welle angesiedelt. Die Kopplungsräume können auch seitlich ausgelagert werden, was kürzere Baulängen des Strahlrohres ermöglicht.

Nach der Hochfrequenzfüllung der Sektion werden Elektronen von der Kanone ins Beschleunigungsrohr injiziert. Die erste negative Schwingungsamplitude in dem an die Kanone anschließenden Hohlraum beschleunigt die Elektronen ruckartig in Vor-

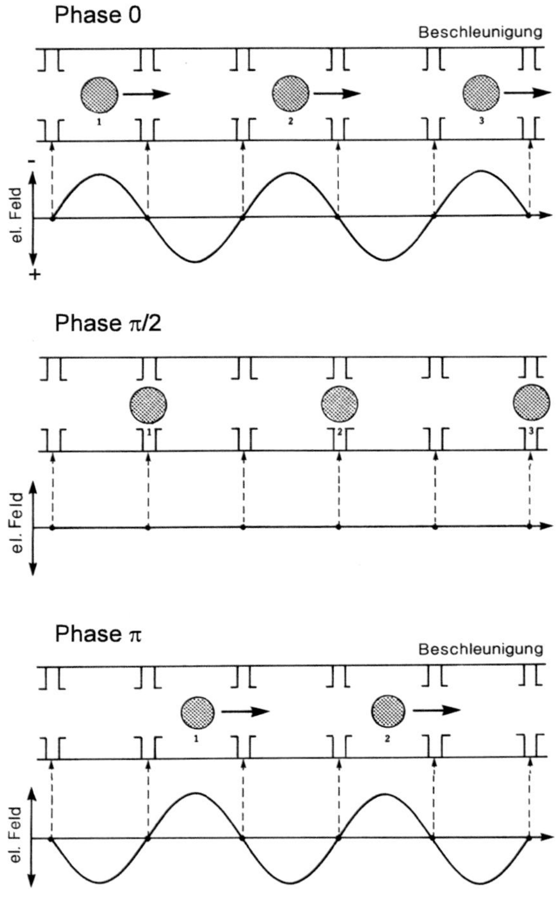

Fig. 8.8: Schematische Phasenbilder im Stehwellenbeschleuniger für eine einfache Sinuswelle. Phase 0: Die Elektronen befinden sich im maximal beschleunigenden, nach rechts gerichteten elektrischen Feld, Phase π/2: Nulldurchgang des elektrischen Feldes, die Elektronen driften mit konstanter Energie, Phase π: Feld ist umgepolt, die Elektronen befinden sich wieder im Bereich maximaler negativer Feldstärke und werden erneut beschleunigt. Aus Gründen der Anschauung sind die beschleunigenden negativen Halbwellen nach oben hin gezeichnet. Das elektrische Feld ist also oben negativ und unten positiv.

wärtsrichtung. Sie bewegen sich nach dem Beschleunigungsstoß mit konstanter Bewegungsenergie in den nächsten Resonanzraum hinein. Bis sie dort angelangt sind, hat die Hochfrequenz ihre vorher positive Amplitude in ein negatives Maximum verwandelt, die Elektronen werden wieder mit maximaler Kraft in Strahlrichtung beschleunigt. Wenn Elektronenflugzeit und Schwingungsdauer der stehenden Hochfrequenzwelle exakt aufeinander abgestimmt sind, finden die Elektronen außer an den feldfreien Knotenstellen ununterbrochen maximal beschleunigende Feldstärken vor. Sie erhalten also in jedem Resonanzraum einen Energiegewinn und verlassen am Ende als hochfrequente Folge hochenergetischer Elektronenpakete fast mit Lichtgeschwindigkeit das Beschleunigungsrohr.

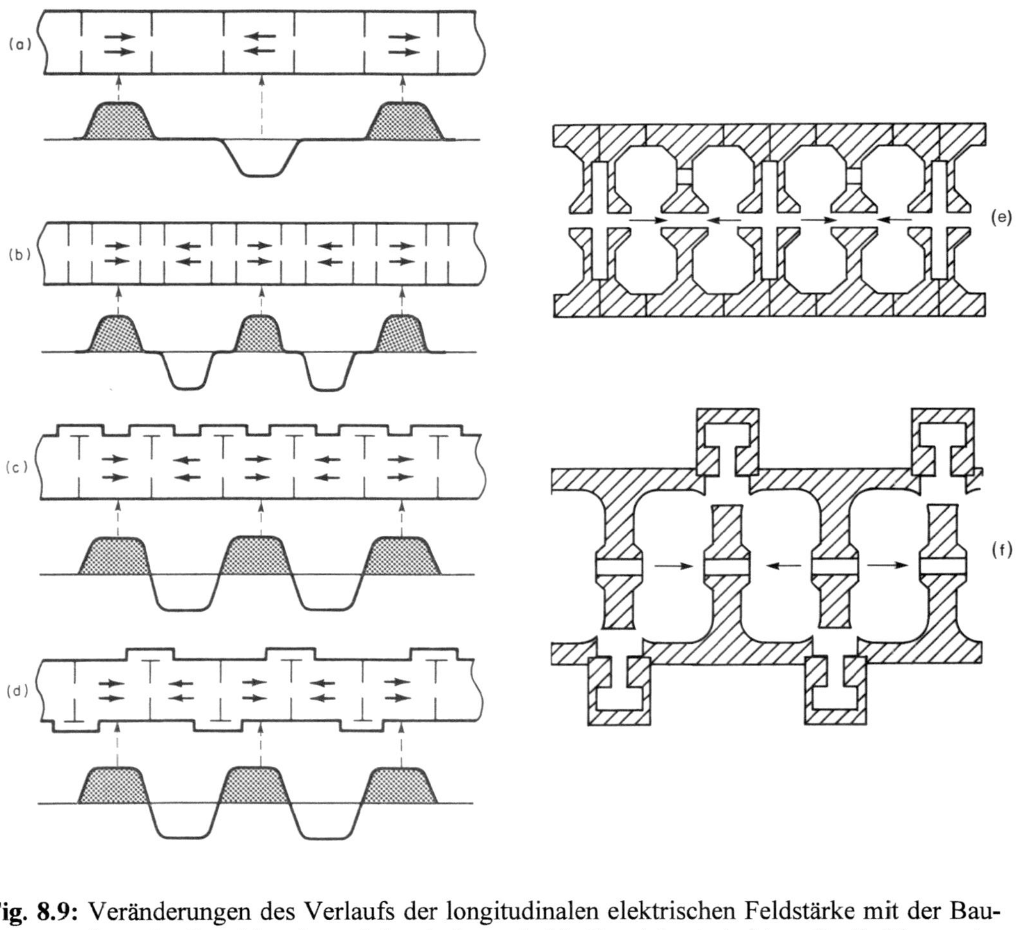

Fig. 8.9: Veränderungen des Verlaufs der longitudinalen elektrischen Feldstärke mit der Bauform der Beschleunigersektion (schematisch). Gezeichnet sind jeweils die Phasen der maximalen Amplituden, beschleunigende Feldstärken sind in den Wellendiagrammen als punktierte Flächen nach oben und als rechtsgerichtete Pfeile angedeutet. (a): Triperiodische Struktur mit konstanter Resonanzraumgröße. (b): Triperiodische Struktur mit verkürztem Kopplungsraum (die Baulänge ist insgesamt kürzer, die Feldstärke ist höher als bei a). (c + d): Biperiodische Strukturen mit seitlich ausgelagerten Kopplungsräumen (die Baulängen sind noch etwas kürzer als bei b). Alle Strukturen haben Feldverläufe, die deutlich von der Sinusform abweichen. (e): Realistische Bauform einer triperiodischen Struktur nach b (CGR-Design). (f): Diperiodische Struktur nach d (Los-Alamos-Design).

Die Bündelung des kontinuierlichen Elektronenstrahls am Beginn des Beschleunigungsrohres geschieht ähnlich wie bei Wanderwellenrohren durch Anpassung der Abmessungen der Resonanzräume an die Geschwindigkeit der schneller werdenden Elektronen (vgl. Fig. 8.7). Sobald diese beinahe die Lichtgeschwindigkeit erreicht haben, legen sie unabhängig von ihrer Energie gleiche Strecken pro Zeiteinheit zurück. Die Abmessungen der Resonanzräume können dann konstant bleiben. Um das seitliche Auseinanderlaufen der Elektronenbündel vor allem zu Beginn der Beschleunigungsphase zu verhindern, sind Fokussierspulen um das Beschleunigerrohr angeordnet, deren magnetisches Längsfeld zur Kompression und Fokussierung des Elektronenstrahls dient. Bei guter Fokussierung erhöhen sich die Elektronenausbeuten und damit die Dosisleistung des Beschleunigers. Moderne Stehwellensektionen haben Strukturen, die auf möglichst geringe Hochfrequenzverluste und kleinste Baulängen hin optimiert wurden.

Eine sehr wirksame Methode, die Länge der Beschleunigungssektionen kurz zu halten, ist die seitliche Auslagerung der Kopplungshohlräume (Fig. 8.9c, d, f). In ihnen ist das elektrische Beschleunigungsfeld unabhängig von der jeweiligen Phase ständig Null ($E(z)\equiv 0$). Da die Elektronen deshalb dort keine Energie gewinnen können, schadet es auch nicht, wenn die durchlaufene Länge um diese Hohlräume gekürzt wird. Energiegewinn ist (nach Gl. 8.7) nur auf solchen Strecken möglich, auf denen ein von Null verschiedenes longitudinales Beschleunigungsfeld zur Verfügung steht.

Die elektrische Feldkomponente in Längsrichtung hat im Allgemeinen nicht die Form einer einfachen Sinuswelle. Sie setzt sich stattdessen aus einer Vielzahl von Oberschwingungen der 3-GHz-Grundschwingung zusammen. Ihre Form nähert sich deshalb beinahe einer Rechteckschwingung an (Fig. 8.9 a-d), deren Amplitude je nach Konstruktion sogar auf der gesamten Länge eines Resonanzraumes nahezu konstant auf dem maximalen Wert bleiben kann. Der Vorteil ist die höhere mittlere Feldstärke und der damit verbundene größere Energiegewinn der beschleunigten Elektronen. Beispiele typischer moderner Beschleunigerstrukturen mit verschiedenen Bauformen und Größen der Resonanzräume sowie den zugehörigen Feldstärkenverläufen zeigen die Abbildungen in (Fig. 8.9). Details zum Zusammenhang von Wellenform, den zugehörigen Schwingungsmoden und der Form der Resonanzräume befinden sich u. a. in [Wille], [Livingstone], [Daniel] und [Karzmark].

8.5.4 Vergleich von Wander- und Stehwellenprinzip

Eine Gegenüberstellung der beiden Beschleunigungsprinzipien zeigt, dass der erste offensichtliche Unterschied in der kontinuierlichen (Wanderwellenbeschleuniger) bzw. der ruckartigen Beschleunigung (Stehwellensektion) der Elektronenpakete liegt. Für die Anwendungen der Elektronenstrahlung in Medizin oder Technik ist es jedoch völlig unerheblich, auf welche Weise die Elektronen ihre Energie gewonnen haben. Tatsächlich werden die Elektronen wegen des Pulsbetriebes nur während der Zeitspanne von wenigen Millionstel Sekunden beschleunigt. Danach erholt sich der Beschleuniger je nach Pulsfolgefrequenz ca. 1,5 bis 10 Millisekunden lang bis zum nächsten Strahlimpuls (Fig. 8.10). Jeder dieser 100 bis 600 Strahlimpulse pro Sekunde hat wegen der Phasenfokussierung eine zusätzliche Mikrostruktur von 3 GHz, die der Frequenz der verwendeten und die Elektronen beschleunigenden Mikrowelle entspricht. Was diese zeitliche Struktur angeht, sind beide Beschleunigungsprinzipien also gleich.

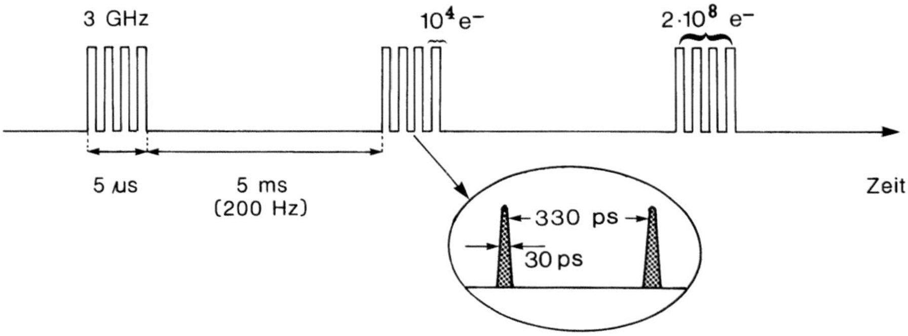

Fig. 8.10: Typische Elektronenimpulsfolge von medizinischen Elektronenlinearbeschleunigern, Makropulse (Dauer 5 µs) setzen sich aus etwa $2\cdot10^4$ Mikropulsen (Dauer je 30 ps) zusammen, die im zeitlichen Abstand von 330 ps (entsprechend der Frequenz von 3 GHz) aufeinander folgen. Mikropulse sind kürzer als eine halbe Schwingungsdauer der 3 GHz Schwingung, da Elektronen wegen der Phasenfokussierung nur während eines schmalen Zeitintervalls unmittelbar nach dem Wellenmaximum beschleunigt werden. Jeder Mikropuls enthält ca. 10^4, ein Makropuls also $2\cdot10^8$ Elektronen. Die Pulsfolgefrequenz der Makropulse beträgt typischerweise 200 Hz (100-600 Hz). Pulsbreite und Pausenzeit sind nicht maßstäblich gezeichnet, die angegebenen Elektronenzahlen pro Puls sind typische Werte eines Beschleunigers im Elektronenbetrieb.

Wanderwellenstrukturen sind bei gleichem Energiegewinn länger als Stehwellenrohre. Sie haben aber den Vorteil, dass die Frequenzabhängigkeit ihrer Beschleunigungsleistung und die Anforderungen an die Energieschärfe der eingeschossenen Elektronen nicht so ausgeprägt sind wie diejenigen von Stehwellenstrukturen. Ihre Energieakzeptanz (die energetische Breite aller für die Beschleunigung akzeptierten Elektronen) beträgt je nach Konstruktion bis zu 35%. Die Energie der Elektronen ändert sich bei kleinen Frequenzverschiebungen der Hochfrequenz weniger, da beim Wanderwellenprinzip keine so einschneidenden Resonanz- und Phasenbedingungen wie bei der Ausbildung einer stehenden Welle gegeben sind. Die Hochfrequenzamplitude und damit die Elektronenenergie hängen bei Wanderwellensektionen deshalb auch weniger von der Belastung beim Beamloading ab. Wanderwellensektionen erzeugen energetisch gut definierte Elektronenstrahlenbündel mit Energieunschärfen von nur wenigen Prozent. In gut konstruierten Wanderwellenbeschleunigern könnte deshalb sogar auf die Energieselektion und Energieanalyse im Umlenksystem verzichtet werden (s. Abschnitt 9.3.1). Die Elektronenbündelung ist wegen der hohen Energieakzeptanz in der Eingangsstufe von Wanderwellenstrukturen besonders wirksam. Ein weiterer Vorteil ist die Wiederverwendung von Teilen der Hochfrequenzleistung durch Zurückführen der Hochfrequenz an den Anfang des Beschleunigerrohres. Wanderwellenbeschleuniger werden deshalb gerne bei höheren Elektronenenergien (etwa ab 20 MeV) verwendet, da die zur Verfügung stehenden Hochfrequenzquellen in ihrer Leistung beschränkt sein können. Selbst bei hohen Energien können Magnetrons als HF-Quellen verwendet werden. Ein zusätzlicher Vorteil sind die geringeren Anforderungen an das Vakuum im Wanderwellen-Beschleunigungsrohr, das bei modernen Wanderwellenbeschleunigern um einige Zehnerpotenzen unter dem erforderlichen Vakuum der Stehwellenstrukturen liegt. Wanderwellenelektronenbeschleuniger werden z. Zt. nur von einem kommerziellen Hersteller angeboten.

Stehwellenbeschleuniger können durch Auslagerung der Kopplungskavitäten dagegen kürzer als Wanderwellenrohre gebaut werden. Die sehr kompakte Bauweise der Stehwellenstrukturen ist günstiger für die Auslegung der Strahlerköpfe der Beschleuniger. Allerdings sind die Feldstärken in den Beschleunigungsrohren wesentlich höher als beim Wanderwellenprinzip. Dadurch kann es bei besonders kompakten Ausführungen von Stehwellenrohren durch Feldemission von Elektronen zu einem unerwünschten Elektronendunkelstrom kommen, der bereits ohne geöffnete Elektronenkanone auftritt, sobald die Hochfrequenz eingespeist ist. Es müssen deshalb besondere Anstrengungen bei der Oberflächenbearbeitung der Innenflächen der Sektionen unternommen werden. Wegen der Gefahr von Hochspannungsüberschlägen bei den hohen Feldstärken (etwa 10^6 - 10^7 V/m) müssen Stehwellensektionen auch bei einem deutlich besseren Vakuum ($<10^{-6}$ - 10^{-7} hPa) betrieben werden als Wanderwellenstrukturen.

Die stehende Hochfrequenzschwingung von Stehwellensektionen entsteht aus der Überlagerung von hin- und zurücklaufender Welle. Die Amplituden im gesamten Beschleunigungsrohr sind deshalb vor allem während der Ladephase stark von der Strahllast (Wärmeverluste in den inneren Wänden der Strukturen, Energieübertragung auf Elektronen) abhängig. Das "Bunchen" der Elektronenbündel im ersten Teil des Beschleunigers ist daher nur für einen kleinen Energiebereich (Breite etwa 10%) des Spektrums der eingeschossenen Elektronen ausreichend effektiv. Größere Energieabweichungen der aus der Elektronenkanone extrahierten Elektronen führen zu merklichen Dosisleistungsverlusten. Stehwellenbeschleuniger erfordern einen höheren Regelaufwand und sind schwieriger bei einem Wechsel der Elektronenenergie zu betreiben. Sie werden bevorzugt bei niedrigeren und mittleren Elektronenenergien (4-20 MeV) verwendet. Bei ausschließlichem Photonenbetrieb (Elektronenenergie 3-4 MeV, Ersatz für Kobaltanlagen) ist die Energiedefinition der Elektronen sowieso von nicht allzu großer Bedeutung. Die kurze Bauform von Stehwellenstrukturen ist dann von besonderem Vorteil, da die Beschleunigungsrohre senkrecht, d. h. unter Ersparnis einer Umlenkeinheit eingebaut werden können. Werden Stehwellenbeschleuniger dagegen im therapeutischen Elektronenbetrieb gefahren, benötigen sie unabhängig von der Elektronenenergie wegen der möglicherweise größeren Energieunschärfe der Elektronen unbedingt ein die Energie analysierendes und selektierendes Strahlumlenksystem.

Zusammenfassung

- **Linearbeschleuniger nutzen hochfrequente elektrische Wechselspannungen im MHz- bis GHz-Bereich zur Teilchenbeschleunigung.**

- **In allen Linearbeschleunigern, die nicht relativistische Korpuskeln beschleunigen, kommt es zu automatischen Phasenfokussierung der Teilchen, wenn die Teilchen nicht im Maximum der HF-Amplitude beschleunigt werden.**

- **Der Grund ist die Sicht einer kompensierenden Beschleunigungsspannung bei falscher Phasenlage. Zu schnelle Teilchen eilen vor und sehen daher eine geringere, zu langsame Teilchen dagegen eine höhere Feldstärke.**

- **Der historisch erste Linearbeschleuniger geht auf Ideen von Wideröe zurück. Er bestand aus einzelnen Hohlzylindern, die abwechselnd an die Pole einer HF-Quelle angeschlossen waren, und diente zur Beschleunigung schwerer Teilchen.**

- **Eine sehr moderne HF-Beschleunigervariante sind die RFQ-Beschleuniger. In ihnen werden elektrische Quadrupolfelder als Beschleunigungsfelder verwendet. Durch geschickte Formgebung der Quadrupole entstehen eine longitudinale elektrische Feldkomponente, die zur Beschleunigung schwerer Teilchen verwendet wird, und eine radiale elektrische Feldkomponente zur Fokussierung des Teilchenstrahls.**

- **Alvarezbeschleuniger benutzen serielle Hohlraumresonatoren als Beschleunigungseinheiten, in denen sich longitudinale stehende elektrische Schwingungen ausbilden, die so genannte Alvarezstruktur. Sie dienen zur Beschleunigung schwerer Teilchen.**

- **Die in Medizin und Technik wichtigsten HF-Linearbeschleuniger sind die Elektronenlinearbeschleuniger (typische Frequenz 3 GHz).**

- **Sie werden entweder als Wanderwellenbeschleuniger mit zylinderförmigen Wellenleiterstrukturen oder als Stehwellenbeschleuniger mit zylinderförmigen Hohlraumresonatoren verwendet.**

- **Da Elektronen sehr schnell extrem relativistisch werden, muss nur im Eingangsbereich der Elektronenlinearbeschleuniger (dem Buncher) bei den Beschleunigungsstrukturen auf die Geschwindigkeitszunahme Rücksicht genommen werden.**

- **Für medizinische oder technische Anwendungen ist die Art der Elektronenbeschleunigung in Linearbeschleunigern nach Wander- oder Stehwellenprinzip unerheblich.**

Aufgaben

1. Leiten Sie die numerische Faustformel (Gl. 8.5) für die Spaltabstände in einer Wideröe-Struktur ab.

2. Wie war der Ladungszustand der Ionen, wenn Sloan und Lawrence 30 Driftröhren für die Beschleunigung von Quecksilberionen benötigten, um bei einer wirksamen Beschleunigungsspannung von 42 kV eine Endenergie von 1,26 MeV zu erreichen?

3. Berechnen Sie die Abstände der Driftröhrenlücken für das historische Beispiel von Sloan und Lawrence für Quecksilberionen für die ersten 10 Driftröhren. Was würde passieren, wenn die Ionen 4fach geladen wären?

4. Berechnen Sie die effektiven Beschleunigungsspannungen bei einer unterstellten Maximalspannung U_0, und einer Phasenschwankung von ±10%. Die Sollphase soll im Beispiel bei $\varphi = 75°$ liegen. Kann mit der angegebenen Phasenlage eine ausreichende Phasenfokussierung stattfinden?

5. Warum sind die Eingangsbereiche eines Beschleunigungsrohres eines Elektronenlinearbeschleunigers mit zunehmenden Abmessungen geformt und wie heißt dieser Bereich?

6. Das anschauliche Wellenreitermodell für Elektronen-Linacs ist nicht ganz korrekt. Werden Elektronen tatsächlich durch positive elektrische Felder gezogen oder durch negative elektrische Feldstärken geschoben?

7. Werden Elektronen im gleichmäßig geformten Linac-Strahlrohr beim Beschleunigen schneller?

8. Machen Sie einen Vorschlag, wie man die Elektronenenergie in einem Wanderwellen-Linac variieren kann.

9. Geben sie das Zeitmuster eines Elektronen-Linacs für eine HF-Pulsbreite von 5 μs und einer Pulswiederholfrequenz von 600 Hz an. Berechnen Sie den Umrechnungsfaktor von Pulsstrahlleistung zu mittlerer Strahlleistung.

9 Medizinische Elektronenlinearbeschleuniger

Die medizinischen Anwendungen der heute weit verbreiteten Elektronenlinearbeschleuniger erfordern sehr spezielle Konstruktionsmerkmale und eine hochgradige Automatisierung der Anlagen für einen sicheren Patientenbetrieb. Nach einer kurzen Beschreibung der Anforderungen an die medizinischen Beschleuniger wird deren prinzipieller Aufbau erläutert. In den weiteren Kapiteln wird über den Elektronenbetrieb, den Photonenbetrieb und anschließend über die Strahlenschutzprobleme an medizinischen Linearbeschleunigern berichtet. Den Abschluss bildet die Darstellung einer Sonderform eines medizinischen Linearbeschleunigers.

9.1 Anforderungen an medizinische Elektronenbeschleuniger

Historische therapeutische Strahlungsquellen wie Kobalt- oder Cäsiumanlagen bieten nur die durch das verwendete Radionuklid vorgegebene Strahlungsart und Strahlungsqualität. Bei Röntgenröhren kann die Strahlungsqualität zwar in weiten Grenzen variiert werden, die Röhrenspannung kann wegen technischer Probleme (Isolation, Röhrenkonstruktion) jedoch nicht beliebig erhöht werden. Die Anwendung von konventioneller Röntgenstrahlung in der Therapie ist heute deshalb auf oberflächennahe Regionen beschränkt. Die individuelle Lage und Ausdehnung der therapeutischen Zielvolumina (Tumoren) erfordern Bestrahlungsanlagen, bei denen sowohl die Strahlungsart (Elektronen, Photonen) als auch die Strahlungsqualität (Energie, Halbwertschichtdicke) frei gewählt werden können. Die meisten therapeutischen Zielvolumina können mit ultraharter Photonenstrahlung von 4-6 MeV Grenzenergie behandelt werden. In großen Tiefen (laterale Bestrahlung von Becken und Thorax) sind auch höhere Photonenenergien erwünscht. Als besonders günstig hat sich die kombinierte Behandlung mit Photonen verschiedener Energie herausgestellt, da sich in vielen therapeutischen Situationen das Zielvolumen von der Haut des Patienten bis in die Tiefe erstreckt. Auch Kombinationen von Photonen mit Elektronenstrahlung sind heute üblich.

Moderne medizinische Elektronenbeschleuniger sind für die Erzeugung therapeutischer Elektronenstrahlung von 2-30 MeV und ultraharter Photonenstrahlung von etwa 4 bis maximal 25 MeV Grenzenergie ausgelegt. Viele klinische Elektronenbeschleuniger bieten mehrere umschaltbare Elektronen-Energiestufen an. Bei den meisten kommerziellen medizinischen Elektronenlinearbeschleunigern ist trotz einiger technischer Probleme inzwischen auch die Photonenenergie umschaltbar.

Um Nebenwirkungen der Therapie auf benachbarte Körperregionen auf ein Minimum zu reduzieren, muss das Bestrahlungsfeld individuell auf die erforderliche Größe einstellbar sein. Diesem Zweck dienen die Strahlkollimatoren mit variabler Öffnung, die heute auch als asymmetrische und sogar während der Bestrahlung verstellbare, dynamische Blendensysteme konstruiert werden. Therapeutische Zielvolumina sind in der Regel irregulär, sie haben also keine quadratischen oder rechteckigen Querschnitte. Der Strahlerkopf muss deshalb die Befestigung von Halterungen für zusätzliche Blenden und Filter zur individuellen Feld- und Isodosenformung ermöglichen. Moderne Versionen medizinischer Elektronenlinearbeschleuniger weisen zusätzlich zu den konventionellen Kollimatoren, den Blockblenden, so genannte Lamellenkollimatoren auf (Multi-Leaf-Kollimatoren), mit denen fast beliebig geformte irreguläre Felder eingestellt werden können.

Die Einstrahlrichtung und die Entfernung zum Patienten (isozentrische und Hautfeldtechniken) müssen an medizinischen Bestrahlungsanlagen frei wählbar sein. Die Dosisverteilungen sollen für alle verfügbaren, therapeutisch verwendeten Strahlungsarten und Strahlungsqualitäten einen reproduzierbaren Tiefendosisverlauf, einen scharfen Abfall der Dosisleistung an den Feldrändern und eine ausreichende Symmetrie und Homogenität innerhalb des Bestrahlungsfeldes aufweisen. Diese Parameter und die Dosisleistung müssen während der Applikation aus Sicherheitsgründen ständig mit einem Monitorsystem überwacht werden. Das Gerät soll außerdem Möglichkeiten zur Einstellungsüberwachung und Dokumentation bieten. Medizinische Elektronenbeschleuniger werden deshalb von Verifikationssystemen überwacht, die neben der Kontrolle der Einstellungen auch für 30 Jahre die Langzeitdokumentation der Patientenbehandlungen in Datenbanken gewährleisten.

Zur laufenden bildlichen Kontrolle der Patientenbestrahlungen dienen in der Regel die Portal-Imaging-Systeme. An einigen Anlagen werden zur Lageüberprüfung und zur Kontrolle der Einstell- und Lagerungsgenauigkeit durch das medizinische Personal während der Behandlung auch autonome bildgebende Röntgensysteme installiert. Diese können beispielsweise aus zwei Röntgenröhren mit jeweils zugeordnetem Bilddetektor bestehen, die die Beurteilung der Lagegenauigkeit aus mehreren Richtungen gleichzeitig ermöglichen. Selbst vollständige Computertomografieanlagen werden in letzter Zeit zur simultanen Bildgebung während der therapeutischen Bestrahlung an medizinischen Linacs verwendet. Trotz dieser komplexen Aufbauten und Eigenschaften solcher Anlagen müssen diese einfach zu bedienen sein und sollen darüber hinaus zuverlässig - also mit geringen Ausfallzeiten - und wirtschaftlich arbeiten.

Eine Sonderform moderner Elektronenlinearbeschleuniger sind die "Nur-Photonen-Maschinen" mit niedriger Photonengrenzenergie (ca. 2 bis 4 MeV), die als preiswerter Ersatz für ausgemusterte Kobaltanlagen dienen sollen. Da hierbei kein analysierter Elektronenstrahl benötigt wird und die Beschleunigungsrohre nur etwa 0,5 m lang sind (kürzeste Bauformen ca. 30 cm), kann die Beschleunigersektion senkrecht über dem Patienten eingebaut werden. Dies erspart das komplette Umlenk- und Energieanalysiersystem und damit nicht nur erhebliche Kosten und Konstruktionsaufwand, sondern führt vor allem zu einer erheblichen Massenreduktion. Die leichtesten Versionen haben nur noch bewegte Massen um 150 kg und können daher selbst an kommerzielle industrielle Fertigungsroboter montiert werden. Dies ermöglicht eine freie Beweglichkeit im Raum bei gleichzeitiger so hoher Positionierungsgenauigkeit, dass mit solchen Elektronenbeschleunigern selbst stereotaktische Bestrahlungen vorgenommen werden können. Andere vereinfachte Elektronenbeschleuniger werden auch für technische und industrielle Zwecke konstruiert und angewendet. Beispiele für diesen Einsatz sind die Kunststoffhärtung, die Sterilisation und Überwachungsaufgaben im Güterverkehr wie die Durchleuchtung von Containern, LKWs und Ähnlichem.

9.2 Aufbau von medizinischen Elektronenlinearbeschleunigern

Elektronenlinearbeschleuniger sind Hochfrequenz-Beschleuniger, bei denen die Beschleunigung der Elektronen in geraden Beschleunigungsrohren vorgenommen wird. Das hochfrequente elektrische Feld hat in der Regel eine Frequenz um 3 GHz. Dies ist eine Radarschwingung und entspricht einer Wellenlänge im Vakuum von 10 Zentimetern. Medizinische Elektronenlinearbeschleuniger sind hoch automatisierte und heute in der Regel digitale, also rechnergesteuerte und rechnerüberwachte Anlagen. Sie bestehen aus sechs wesentlichen Baugruppen (vgl. Fig. 9.1): Modulator, Energieversorgung, Beschleunigungseinheit, Strahlerkopf, Bedienungseinheit und Verifikationssystem.

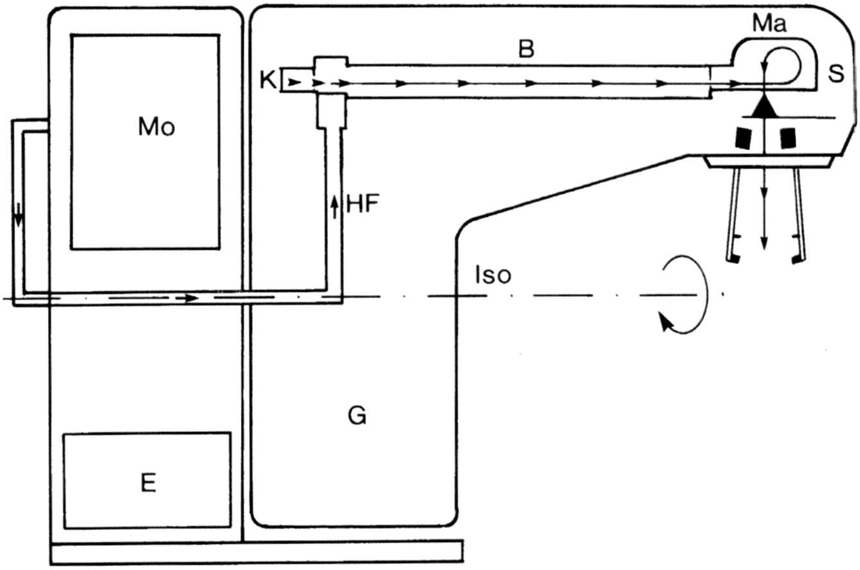

Fig. 9.1: Prinzipieller Aufbau von medizinischen Elektronenlinearbeschleunigern. Mo: Modulator, E: Energieversorgung, HF: Hochfrequenztransportsystem, K: Elektronenkanone, B: Beschleunigungsrohr, Ma: Umlenkmagnetsystem, S: Strahlerkopf, Iso: Isozentrumsachse (Drehachse der Bestrahlungsanlage), G: Gantry (schwenkbarer Beschleunigerarm).

Der **Modulator** enthält als wichtigstes Bauteil die Quelle zur Hochfrequenzerzeugung sowie die Steuerelektronik und die elektrische Versorgung. Er ist entweder im festen Stativ des Beschleunigers oder bei großen Anlagen auch räumlich getrennt in besonderen Schaltschränken untergebracht. Die Hochfrequenz wird über ein Hohlwellenleitersystem von der Hochfrequenzquelle in das Beschleunigungsrohr transportiert.

Die eigentliche Beschleunigungseinheit befindet sich im drehbaren Beschleunigerarm, der **Gantry**. Diese enthält die Elektronenquelle (die Elektronenkanone), das Beschleunigungsrohr sowie die Kühlaggregate und das Vakuumsystem für das Strahlführungssystem und für das Beschleunigungsrohr. Elektronenlinearbeschleuniger können entweder als Wanderwellenbeschleuniger oder als Stehwellenbeschleuniger konstruiert sein. Für die medizinische Anwendung ist das gewählte Beschleunigungsprinzip von nach geordneter Bedeutung. Die verschiedenen Komponenten solcher Beschleunigungsanlagen und die Methoden sowie die technischen Lösungen zur Elektronenbeschleunigung und Strahlführung in Elektronenlinearbeschleunigern sind ausführlich in (Kap. 8.5) dargestellt.

Der Elektronenstrahl aus der Beschleunigungseinheit wird im **Strahlerkopf** umgelenkt und aufgearbeitet. Dieser enthält deshalb die magnetische Umlenkeinheit mit der Möglichkeit zur Energieanalyse, das Streufoliensystem für den Elektronenbetrieb, das Bremstarget für die Photonenerzeugung (das Photonentarget) und die zugehörigen Feldausgleichsfilter, das Lichtvisier und den Dosismonitor. Damit die Größe und Form der Bestrahlungsfelder frei gewählt werden können, enthalten medizinische Beschleuniger ausgeklügelte Blendensysteme, die **Kollimatoren**.

Strahlerzeugungs- und Strahlführungssystem einschließlich Strahlerkopf sind aus Strahlenschutzgründen abgeschirmt. Beschleunigerarme der Mehr-Energieanlagen haben deshalb Massen von mehreren Tonnen und brauchen für ihre Halterung und Bewegung sehr stabile mechanische Konstruktionen. Die gesamte Gantry kann im Strahlbetrieb millimetergenau um die **Isozentrumsachse** gedreht werden. Vom Bedienungspult aus wird der Betrieb des Beschleunigers durch das Personal gesteuert. Das **Verifikationssystem** überwacht und dokumentiert die Bestrahlungen und ist bei modernen Anlagen auch zur weitgehend selbstständigen Einstellung der Bestrahlungsparameter ausgelegt.

9.3 Der Strahlerkopf im therapeutischen Elektronenbetrieb

Der interne Elektronenstrahl des Beschleunigers ist für den therapeutischen Einsatz noch nicht unmittelbar verwendbar. Er ist ein gepulster Nadelstrahl mit einem Durchmesser von nur wenigen Millimetern und zeigt in die Längsrichtung des Beschleunigungsrohres. Wegen der bei den meisten Beschleunigern üblichen horizontalen Anordnung der Sektionen im Beschleunigerarm hat er also im Allgemeinen keine für die Therapie nutzbare Strahlrichtung. Seine energetische und räumliche Struktur, sein Energiespektrum und die Winkelverteilung sind nicht bekannt, da noch keine Energieanalyse durchgeführt wurde. Dem stehen die bereits erwähnten klinischen Anforderungen an das Strahlenbündel gegenüber. Es sind dies die wählbare Energie der Elektronen, klar definierte und reproduzierbare Reichweiten der Elektronenstrahlung im Patienten (Tiefendosisverteilungen), Homogenität der Dosisverteilung im Bestrahlungsfeld, geringe Kontamination mit Photonenstrahlung, frei wählbare Einstrahlrichtung und Bestrahlungsfeldgröße sowie eine bekannte Dosisleistung.

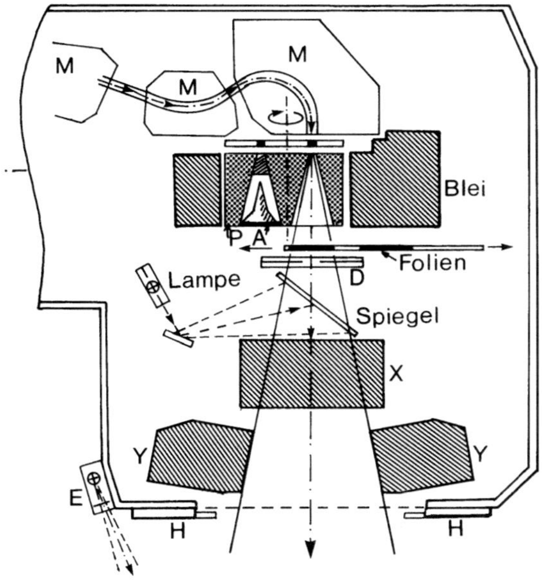

Fig. 9.2: Typischer Strahlerkopf eines modernen medizinischen Elektronen-Linearbeschleunigers. M: Slalom-Magnete für die Strahlumlenkung, D: Doppeldosismonitor, P: Primärkollimator, A: Photonenausgleichskörper mit vorgeschaltetem Beamhardener und Elektronenfänger, Folien: Ausgleichsfolien für Elektronen, E: Entfernungsmesser, H: Halter für Tubusse und Filter, X,Y: Kollimatorblenden, Lampe und Spiegel: Lichtvisier.

Dosisverteilungen von Elektronenstrahlung im bestrahlten Phantom oder Patienten hängen empfindlich von der Winkel- und Energieverteilung der Elektronen im Strahlenbündel ab. Jede Wechselwirkung der Elektronen mit Materie auf dem Wege vom Austrittsfenster der Beschleunigersektion bis hin zum Patienten führt zu Änderungen der spektralen und räumlichen Verteilung der Elektronen und zur Kontamination des Strahlenbündels mit Photonenstrahlung. Manipulationen am Elektronenstrahl müssen deshalb im Hinblick auf die therapeutische Nutzung immer so behutsam wie möglich vorgenommen werden.

Der das Strahlrohr durch das Endfenster verlassende, schmale und geradeaus gerichtete Elektronenstrahl muss zunächst in seiner Winkelverteilung und Hauptrichtung verändert werden. Aus Gründen der Ausbeute und um unerwünschte Elektronenstreuung zu verhindern, ist darauf zu achten, dass der Elektronenstrahl räumlich kompakt bleibt und exakt auf den Brennfleck konzentriert wird. Dazu sind eine Reihe elektronenoptischer Maßnahmen wie Fokussierung, Bündelung und Ablenkung notwendig. Die in Zentralstrahlrichtung ausgerichtete und konzentrierte Elektronenintensitätsverteilung muss dann für den therapeutischen Betrieb homogenisiert und symmetrisiert werden. Dies dient dazu, die Dosisleistung im Strahlungsfeld weitgehend unabhängig vom seitlichen Abstand zum Zentralstrahl zu machen (Feldausgleich). Selbstverständlich muss die Dosisleistung des Elektronenstrahlenbündels während der Behandlung gemessen werden. Neben der Information über die dem Patienten applizierte Dosis dient diese Dosisleistungsüberwachung auch zur internen Regelung des Beschleunigers. Alle Bauteile zur Strahlmanipulation befinden sich im Strahlerkopf (Fig. 9.2). Die Schritte der Aufbereitung des Elektronenstrahlenbündels nach Verlassen des Beschleunigerrohres bis zur therapeutischen Eignung sind also:

- **Bündelung, Fokussierung und Ablenkung,**
- **Primäre Aufstreuung,**
- **Primärkollimation,**
- **Homogenisierung,**
- **Strahlüberwachung (Lage und Symmetrie),**
- **Dosisüberwachung und Dosisleistungsregelung,**
- **Kollimierung (Feldformung).**

Ähnliche Maßnahmen müssen übrigens auch getroffen werden, wenn der Beschleuniger zur Photonenerzeugung betrieben wird. Die Besonderheiten dieser Betriebsart wie Konversion des Elektronenstrahlenbündels in ultraharte Photonenstrahlung und die

Homogenisierungsmethoden des Photonenstrahlenbündels werden ausführlich in Abschnitt (9.4) dargestellt.

9.3.1 Umlenkung und Fokussierung des Elektronenstrahlenbündels

Zur Ablenkung der Elektronen in Richtung der Patientenliege dienen magnetische Umlenksysteme. Die verschiedenen technischen Ausführungen unterscheiden sich durch ihre elektronenoptischen Eigenschaften und deren Auswirkungen auf die Energiebreite, Divergenz und Fokuslage des Elektronenstrahls. Kaum noch in Gebrauch sind einfache 90°-Magnete, da ein einzelner homogener 90°-Magnet Elektronen zwar ablenkt, jedoch bei einem energetisch heterogenen, schmalen parallelen Elektronenstrahlenbündel keine fokussierenden Eigenschaften aufweist (vgl. Abschnitt 2.3). Das Strahlenbündel zeigt dann eine räumliche Aufspaltung der Elektronen nach ihrer Energie; die energetische Verteilung im Strahlprofil und damit die Tiefendosisverteilung im Patienten wären ohne weitere Maßnahmen zur Strahlfokussierung völlig asymmetrisch.

Am häufigsten werden 270°-Systeme verwendet, die aus einer Kombination von homogenen oder inhomogenen Magnetfeldern und einer die Energie selektierenden Blende bestehen. Homogene 270°-Magnete, die auch aus einer Kombination dreier einzelner 90°-Magnete bestehen können (s. Fig. 9.3a), richten Elektronen gleicher Einschussrichtung, aber verschiedener Energie bei geeigneter Auslegung auf einen

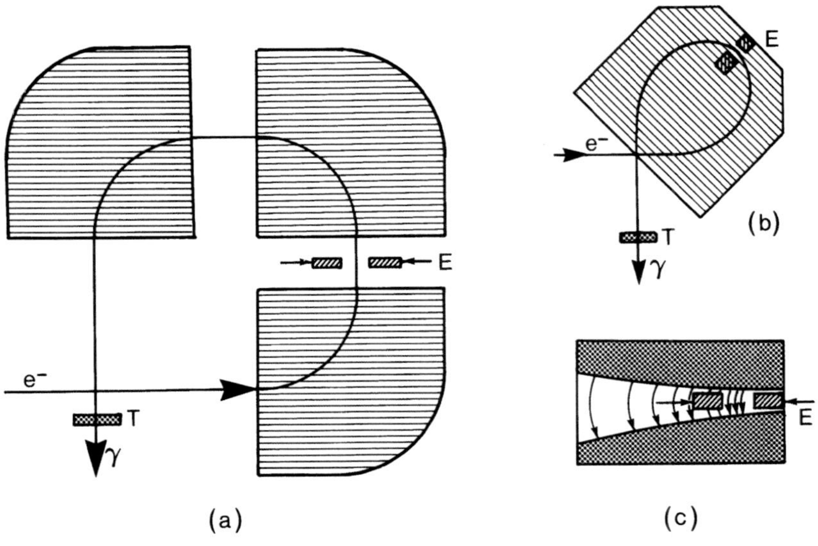

Fig. 9.3: 270°-Umlenkmagnete: (a): homogener 3-Sektormagnet, (b): inhomogener Spiegel-Magnet, (c): Seitenansicht von (b); (E: Energiespalt, T: Photonentarget).

bestimmten Punkt, den Strahlfokus. Der austretende Elektronenstrahl bleibt dabei divergent. Die Divergenz erhöht sich noch, wenn der in den Umlenkmagneten eintretende Strahl schlecht gebündelt ist und bereits vor der Ablenkung eine breite Winkelverteilung aufweist. Durch örtlich variierende Feldgradienten im Umlenkmagneten (Fig. 9.3b, c) bzw. den Wechsel zwischen homogenen und inhomogenen Sektorfeldern können in Kombination mit Quadrupollinsen jedoch achromatische, also energieunabhängige und afokale 270°-Umlenksysteme konstruiert werden. Diese formen aus dem in die Ablenkmagneten eintretenden schmalen Elektronennadelstrahl ein therapeutisch gut nutzbares, lagestabiles und paralleles Strahlenbündel.

Zur Verbesserung der Winkel- und Energieverteilung des Elektronenstrahls bei der Ablenkung bringt man an einer geeigneten Stelle im Umlenksystem Blenden in den Strahlengang, den so genannten Energiespalt. Die günstigste Stelle dafür ist der Ort der größten Strahlaufspaltung, z. B. nach dem ersten 90°-Sektormagneten (Fig. 9.3a, 9.4). Elektronen, die eine falsche Einschussrichtung haben oder deren Energie zu sehr vom Sollwert abweicht, und deren Bahnen daher zu große oder zu kleine Radien aufweisen, werden von den Spaltblenden aufgefangen. Der dadurch auf dem Energiespalt erzeugte Elektronenstrom ist ein Maß für die Energie- und Winkelunschärfe des Elek-

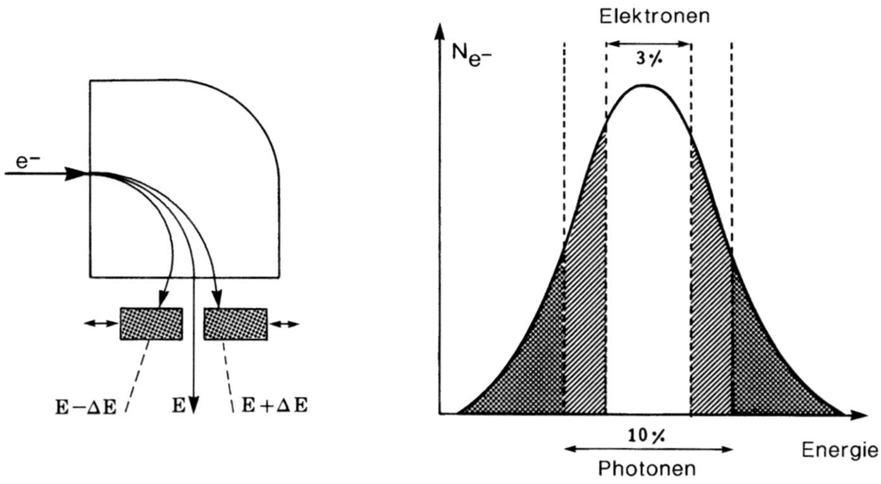

Fig. 9.4: Links: Anordnung des Energiespalts am Ort maximaler Strahlaufweitung hinter einem 90°-Sektormagneten (ΔE: Energiedifferenz gegenüber der mittleren Strahllage, punktiert: bewegliche Blenden aus Kupfer). Rechts: Wirkung der Öffnung des Energiespalts auf die Energiebreite des Strahlenbündels. Der enge Spalt im Elektronenbetrieb ergibt energetisch scharf definierte Elektronenstrahlenbündel, der weit geöffnete Spalt erhöht die Intensität des Elektronenbündels im Photonenbetrieb.

tronenstrahlenbündels. Er kann zur Energie- und Lageregelung des Elektronenstrahls verwendet werden. Elektronen mit der richtigen Energie und Richtung können diesen Energiespalt jedoch ohne Hinderung passieren. Der Energiespalt wird im therapeutischen Elektronenbetrieb eng geschlossen. Dies sorgt für die hohe Energieschärfe und Energiekonstanz im Strahlenbündel, die für eine gute Tiefendosisverteilung benötigt wird. Die Ausblendung vermindert allerdings auch die Elektronenfluenz am Fokusort; die Dosisleistung nimmt also ab.

Die energetische Breite des Strahls beträgt im Elektronenbetrieb von Stehwellenbeschleunigern nur 1-3 Prozent der jeweiligen Nominalenergie. Im Photonenbetrieb kann diese Blende dagegen weit geöffnet werden (z. B. bis zu 10% der Nominalenergie), da die exakte Elektronenenergie bei der Bremsstrahlungserzeugung keine so bedeutende Rolle spielt. Außerdem werden wegen der geringen Strahlungsausbeute bei der Umwandlung von Elektronen zu Photonenstrahlung im Bremstarget wesentlich größere Elektronenflüsse benötigt, wenn die Photonenausbeute hoch genug für die medizinische Anwendung sein soll (vgl. Abschnitt 9.4).

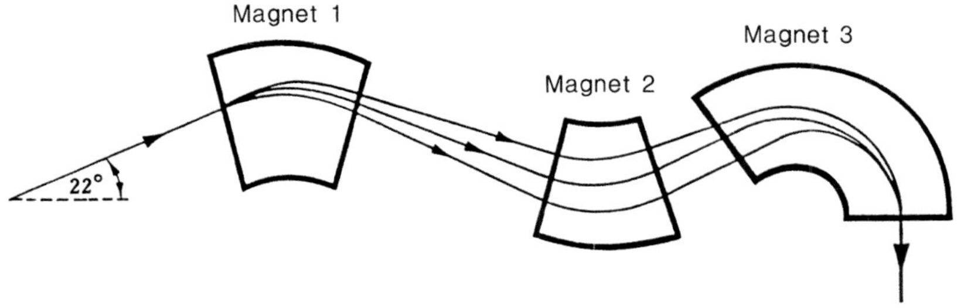

Fig. 9.5: Kommerzielles Slalom-Umlenkmagnetsystem aus drei Sektormagneten. Die ersten beiden Magnete (1+2) lenken den Elektronenstrahl um jeweils 45° ab, Magnet 3 lenkt den Strahl um 112° nach unten. Alle drei Magnete zusammen wirken achromatisch und fokussierend.

In medizinischen Beschleunigern neuerer Bauart werden auch so genannte "Slalom-Umlenksysteme" verwendet (Fig. 9.5). Sie bestehen aus drei Einzelmagneten. Die beiden ersten Magnete sind kommerzielle nicht fokussierende, homogene 45°-Spektrometermagnete, die umgekehrt zueinander orientiert sind. Sie verändern die mittlere Strahlrichtung nicht, spalten jedoch die Elektronen nach der Energie auf. Der dritte, inhomogene Magnet lenkt den Elektronenstrahl um etwa 110°-120° in Richtung Patientenliege ab. Solche Magnetkombinationen sind doppelt fokussierend und achromatisch, d. h. sie bilden den Elektronenstrahl energieunabhängig ab. Sie werden gerne aus Platzgründen an modernen Wanderwellensektionen betrieben, da sie wegen ihrer geringen Bauhöhe den erhöhten Platzbedarf der langen und deshalb schräg eingebauten Wanderwellensektionen kompensieren. Wegen der guten Energiedefinition in der Sektion beim Wanderwellen-Beschleunigungsprinzip (s. Abschnitt 8.5.4) könnte sogar auf den die Energie analysierenden und den Elektronenfluss vermindernden Spalt verzichtet werden. Tatsächlich wird auch in Wanderwellen-Beschleunigern mit Slalomsystem aus Sicherheitsgründen auf eine Energieüberwachung mit Energiesonden im Umlenksystem nicht verzichtet.

Zur besseren Fokussierung des Strahlenbündels werden oft zusätzliche Vierpol-Magnetspulen, also magnetische Quadrupole benutzt. Wegen ihrer inhomogenen Magnetfelder wirken sie wie eine Kombination aus Sammel- und Zerstreuungslinsen. Quadrupollinsen fokussieren das Strahlenbündel nur in jeweils einer Strahlebene. In der dazu senkrechten Ebene wirken sie defokussierend, vergrößern also die Divergenz. Deshalb müssen immer zwei hintereinander liegende und um 90° gegeneinander gedrehte Quadrupole - ein Quadrupoldublett - verwendet werden, um eine Fokussierung des Nutzstrahles in beiden Ebenen zu erreichen. Quadrupollinsen befinden sich aus Platzgründen meistens zwischen dem Austrittsfenster des Beschleunigungsrohres und dem Umlenkmagnetsystem.

9.3.2 Homogenisierung des Elektronenstrahlenbündels

Das Elektronenstrahlenbündel, das den Umlenkmagneten verlassen hat, besitzt zwar die richtige Energieschärfe und Richtung, ist aber noch zu schmal, um therapeutisch nutzbar zu sein. Seine gesamte Strahlintensität ist in einer schmalen, meistens nur noch leicht divergierenden Strahlenkeule konzentriert. Sie hat beim Austritt aus dem Magnetsystem einen Durchmesser von wenigen Millimetern, in der üblichen therapeutischen Entfernung von 1 Meter vom Strahlfokus einen Durchmesser von nur wenigen Zentimetern. Für die Applikation am Patienten werden dagegen gleichmäßig "ausgeleuchtete", homogene Strahlungsfelder benötigt. Das Strahlenbündel muss also aufgeweitet und dann geglättet werden. Dies wird als Feldhomogenisierung bzw. Feldausgleich bezeichnet. Zur Aufweitung des Strahlenbündels werden zur Zeit zwei Methoden angewendet, das Streufolienverfahren (Fig. 9.7 und 9.8) und das magnetische Scanverfahren (Fig. 9.9).

Das Streufolienverfahren: Bei der Folienmethode werden dünne Folien in den Strahlengang gebracht, in denen die Elektronen gestreut werden. Jede Wechselwirkung von Elektronen mit Materie ist neben der Streuung leider auch mit individuellen Energieverlusten der Elektronen verbunden. Dies führt zu der bereits oben erwähnten Energieverbreiterung im Strahlenbündel, dem "Energiestraggling". Darüber hinaus führt der Folienausgleich zu einer unerwünschten Produktion von Bremsstrahlung, die wegen ihrer hohen Volumendosis bei der Elektronentherapie besonders stört. Bei der Wahl der Streufolienmaterialien und der Dicke der Streufolien hat man also die erzielbare Streuwirkung gegen diese anderen, schädlichen Effekte abzuwägen.

Abhängigkeiten der Streuwirkung von Ordnungszahl und Elektronenenergie*: Bei diesen Überlegungen vergleicht man am besten die Ordnungszahlabhängigkeiten der unerwünschten Energieverluste der Elektronen durch Stöße oder Bremsstrahlungserzeugung und die Zunahme des Energiestragglings Γ (Verbreiterung der energetischen Verteilung der Elektronen) als Funktion des mittleren Streuwinkelquadrates $\Delta(\Theta^2)$, das ein Maß für die gaußförmige Aufstreuung des Elektronenstrahlenbündels ist (vgl. dazu [Krieger1], Kap. 9.3). Das Stoßbremsvermögen[1] ist proportional zur Ordnungszahl Z des Absorbers, das Strahlungsbremsvermögen proportional zu Z^2 und das mittlere Streuwinkelquadrat proportional zu $(Z+1)^2$, was für nicht zu leichte Nuklide gut durch Z^2 angenähert werden kann. Das Verhältnis von Energieverlusten durch Bremsstrahlungserzeugung zum mittleren Streuwinkelquadrat ist deshalb unabhängig von der Ordnungszahl, während das Verhältnis von Stoßbremsvermögen und mittlerem Streuwinkelquadrat mit zunehmender Ordnungszahl etwa reziprok zur Ordnungszahl, also mit 1/Z abnimmt.

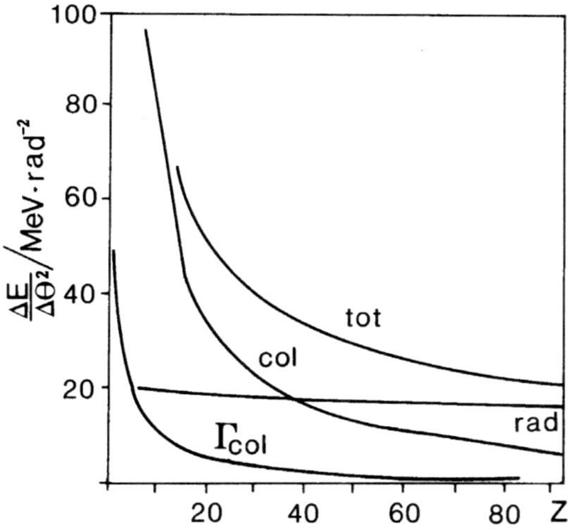

Fig. 9.6: Energieverluste ΔE bzw. Energiestraggling Γ bezogen auf die Einheit des mittleren Streuwinkelquadrates, nach [ICRU 35]. Γ_{col}: relatives mittleres Energiestraggling durch Stöße, rad: relative mittlere Energieverluste durch Strahlungsbremsung, col: relative mittlere Energieverluste durch Stoßbremsung, tot: Summe (col + rad), zur Erläuterung s. Text.

---

1 Für das Stoßbremsvermögen gilt $S_{col} \propto Z/A$, für das Strahlungsbremsvermögen $S_{rad} \propto Z^2$ und für das mittlere Streuwinkelquadrat $\overline{\Theta^2} \propto (Z+1)^2 \cong Z^2$ (s. dazu [Krieger1], Kapitel 9.3). Dies ergibt wie behauptet die Verhältnisse $S_{rad}/\overline{\Theta^2} \neq f(Z)$ und $S_{col}/\overline{\Theta^2} \propto 1/Z$.

Da sich gewollte Aufstreuung und unerwünschte Produktion von Bremsstrahlung simultan mit der Ordnungszahl verändern, ist die diesbezügliche Wahl des Folienmaterials unkritisch. Auf die Streuwirkung bezogene unwillkommene Energieverluste durch Stöße und das Ausmaß des Energiestragglings (Energieverbreiterung) nehmen jedoch mit kleiner werdender Ordnungszahl zu. Das günstigste Verhältnis von Streuwirkung und Energieverlust ergibt sich nach Fig. (9.6) deshalb bei hohen Ordnungszahlen. Man wählt daher bevorzugt schwere Elemente wie Wolfram (Z = 74) oder Blei (Z = 82) als streuende Substanzen für die Homogenisierung der Elektronenfelder.

Die Strahlaufstreuung durch Folien ist immer mit einem Verlust an Elektronenenergie und einer Verschlechterung der Energieschärfe des Elektronenstrahlenbündels verbunden. Dadurch wird das vorher im Umlenkmagneten durch den Energiespalt eingeschränkte, schmale Energiespektrum wieder verbreitert, die mittlere Elektronenenergie verschiebt sich zu kleineren Werten. Je nach Foliendicke entstehen auch zunehmend störende Anteile hochenergetischer Bremsstrahlung, da Streufolien aus Schwermetall wie Bremstargets mit großer Ausbeute wirken. Je höher die Einfallsenergie der Elektronen ist, umso dickere Streufolienschichten werden für die gleiche Homogenisierungswirkung benötigt, da das Streuvermögen quadratisch mit zunehmender Elektronenenergie abnimmt. Bremsstrahlungsverluste und die Energieverbreiterung und Energieverschiebung des Elektronenstrahlenbündels nehmen aber mit der Folienstärke zu. Der Tiefendosisverlauf und die dosimetrischen Eigenschaften des Strahlenbündels werden dann für die therapeutische Anwendung ungünstiger.

Eine einzelne ebene Streufolie kann aus einem schmalen Elektronenstrahl immer nur eine etwa gaußförmige Winkelverteilung erzeugen. Um eine therapeutisch ausreichende Homogenität mit einer einzelnen Streufolie zu erreichen, muss der Strahl durch große Folienstärken deshalb sehr stark aufgestreut werden (breite "Gaußverteilung"), was einen erheblichen simultanen Dosisleistungsverlust bedeutet. Die verwendbare Feldgröße muss außerdem so eingeschränkt werden, dass nur der zentrale, einigermaßen homogene Bereich des aufgestreuten Elektronenstrahlenbündels therapeutisch genutzt wird (Fig. 9.7b). Verwendet man nur eine einzelne Streufolie zur Homogenisierung des Strahlungsfeldes, hat man also einen Kompromiss zwischen erreichbarer Homogenität, therapeutischer Dosisleistung, Nutzfeldgröße und den strahlverschlechternden Einflüssen zu schließen. Die Probleme mit der Feldhomogenisierung durch Einzelfolien waren einer der Gründe für die kleinen nutzbaren Feldgrößen und Dosisleistungen von Elektronenbeschleunigern älterer Bauart (frühe Linearbeschleuniger, Betatrons).

Diese Schwierigkeiten lassen sich weitgehend vermeiden, wenn man Doppelfoliensysteme aus mehreren räumlich getrennten Streukörpern statt einer einzelnen Streufolie verwendet (Fig. 9.8). Durch geschickte Formgebung der Folien und ihre Anordnung im richtigen Abstand zueinander werden insgesamt wesentlich geringere Materialstärken für die Glättung des Strahlenbündels benötigt als bei der Einfolienmethode. Die gesamte Verbreiterung des Elektronenenergiespektrums und der mittlere Energieverlust der Elektronen bleiben deshalb geringer. Gleichzeitig wächst wegen der verminderten Gesamtfoliendicken die verfügbare Dosisleistung. Der Elektronenstrahl wird also deutlich weniger geschwächt und mit Bremsstrahlung kontaminiert als bei der Einfolientechnik, was natürlich der Qualität des therapeutischen Strahlenbündels zugute kommt. Die bessere Homogenisierung ermöglicht auch größere Bestrahlungsfelder.

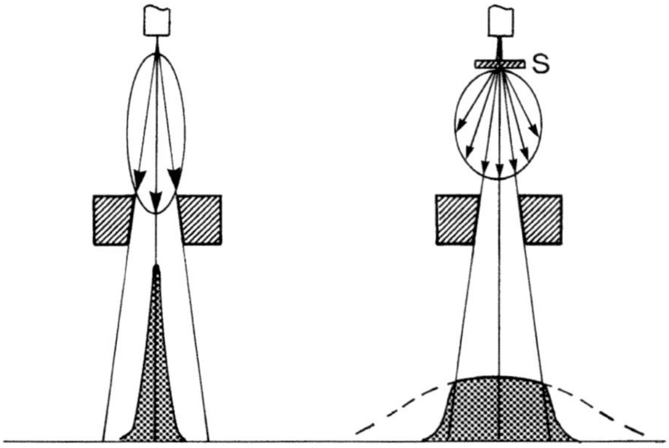

Fig. 9.7: Strahlquerprofile für Elektronenstrahlung. (a): Nadelstrahl ohne Streufolie, Aufstreuung nur durch Strahlrohrendfenster, (b): mit einfacher Schwermetallstreufolie aufgestreuter Nadelstrahl (breites "Gaußprofil"), die Ausblendung beschränkt das Nutzstrahlenbündel auf den einigermaßen ausgeglichenen Zentralbereich.

Die für eine ausreichende Strahlglättung erforderlichen Schichtdicken des Streuers sind abhängig von der eingestellten Elektronenenergie. Beschleuniger mit mehreren wählbaren Elektronenenergien enthalten deshalb auch multiple, der jeweiligen Strahlungsqualität optimal angepasste Streufoliensysteme, die nach Bedarf in den Strahlengang gebracht werden. Die erste Streufolie befindet sich in der Nähe des Strahlaustrittsfensters am Ende des Umlenkmagneten. In vielen Beschleunigern wird die erste Streufolie für alle Elektronenenergien gemeinsam verwendet. Da die Streu- und Ausgleichswirkung der Primärstreufolie von der jeweiligen Elektronenenergie abhängt, reicht ihre Streuwirkung für hohe Energien in der Regel nicht aus; das Strahlprofil ist im Zentralstrahl noch nicht genügend geschwächt. Bei niedrigen Elektronenenergien ist die Streuwirkung der Folie dagegen zu hoch; die Winkelverteilung des primären Strahlenbündels ist überkompensiert. Die sekundären Streukörper für hohe Energien müssen daher vor allem die Strahlmitte zusätzlich homogenisieren und sind deshalb zentral verstärkt (Fig. 9.8a). Bei niedrigen Energien verwendet man dagegen ringförmige Zweitfolien, die nur noch die Peripherie des Strahlenbündels beeinflussen (Fig. 9.8b).

Die erste homogene Streufolie hat den Hauptbeitrag zum Feldausgleich zu liefern. Sie wird aus den oben erwähnten Gründen aus Materialien hoher Ordnungszahl gefertigt. Für die zweite, geformte Folie verwendet man auch leichtere Elemente wie beispielsweise Aluminium. Die mit solchen modernen Streufoliensystemen ausgestatteten medizinischen Beschleuniger erreichen für alle Feldgrößen Inhomogenitäten von nur wenigen Prozent.

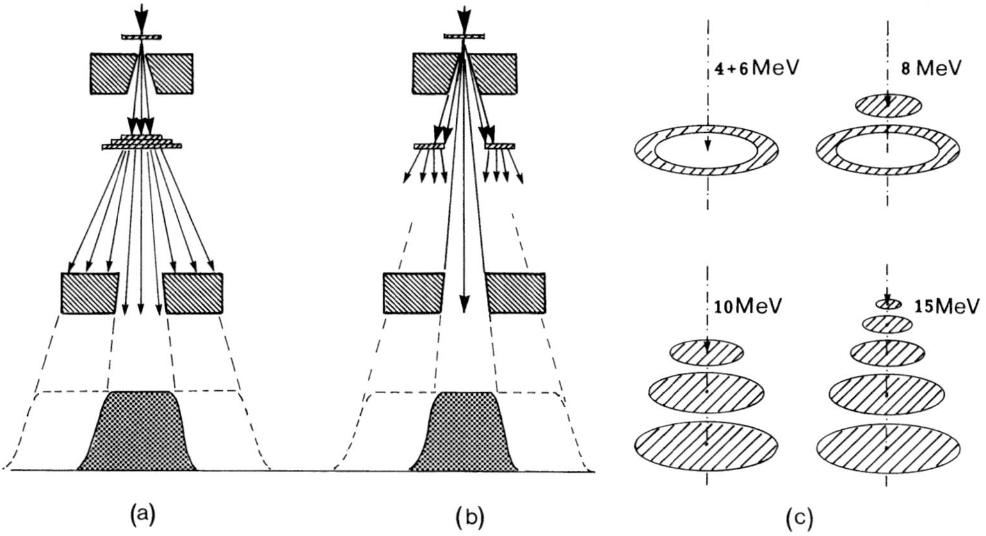

Fig. 9.8: Mehrfachstreufolien zur Homogenisierung des Elektronenstrahlenbündels, (a): zentrale Sekundärfolien für hohe Energien, (b): sekundäre Ringfolie für niedrige Energien, (c): Sekundärfoliensatz für vier verschiedene Energiebereiche eines 15-MeV-Elektronenlinearbeschleunigers aus Bleifolien von jeweils 30µm Dicke (gemeinsame Primärfolie 0,1 mm Wolfram), 4+6 MeV: einfache Ringfolie, 8 MeV: Ring- und Zentralfolie, 10+15 MeV: System von zentralen Folien.

Bei neueren Elektronenlinearbeschleunigern ist man wegen der Vielzahl der möglichen Energiestufen im Elektronenbetrieb inzwischen dazu übergegangen, auch die Primärstreufolie mit der Energieanwahl zu wechseln. In der Nähe des Strahlaustrittsfensters befinden sich deshalb Schieber oder Karussellanordnungen, die bis zu sieben ebene, homogene Primärfolien aus Schwermetall enthalten. Die zugehörigen, komplizierter zusammengesetzten Sekundärfolien sind so geformt, dass für jede Elektronenenergie der optimale Feldausgleich garantiert wird.

Eine wichtige Voraussetzung für den effektiven Feldausgleich mit geformten Streufolien ist die stabile Strahllage relativ zu den Folien (vgl. die Ausführungen zum Photonenprofil in Abschnitt 9.4.2). Eine Veränderung der Strahllage führt dazu, dass das Strahlenbündel die Folien nicht mehr zentral und symmetrisch trifft und deshalb auch nicht mehr ausreichend homogenisiert wird. Verändert sich die Elektronenenergie, führt dies zu einer lage- und energieabhängigen Über- oder Unterkompensation des Strahlprofils. Es sind deshalb besonders wirksame Maßnahmen zur Überwachung und Stabilisierung der Energie und Lage des Elektronenstrahls erforderlich. In diesem Zusammenhang liefern der Energiespalt im Umlenkmagneten und der Dosisleistungsmonitor wichtige Beiträge zur Regelung und Erhaltung der Symmetrie und Homogenität des therapeutischen Elektronenstrahlenbündels.

Das Scanverfahren: Werden die Elektronenenergien zu hoch, kann man wegen der zunehmenden unerwünschten Wechselwirkungen der Elektronen mit den Ausgleichskörpern auf Streufolien auch völlig verzichten. Der Elektronenstrahl wird stattdessen durch berührungslose, magnetische Verfahren aufgeweitet. Dazu können entweder "magnetische Streuer" (defokussierende Magnetspulen) oder "Scanning-Magnete" verwendet werden, die den schmalen Elektronenstrahl periodisch über das Bestrahlungsfeld hin und her bewegen ("scannen").

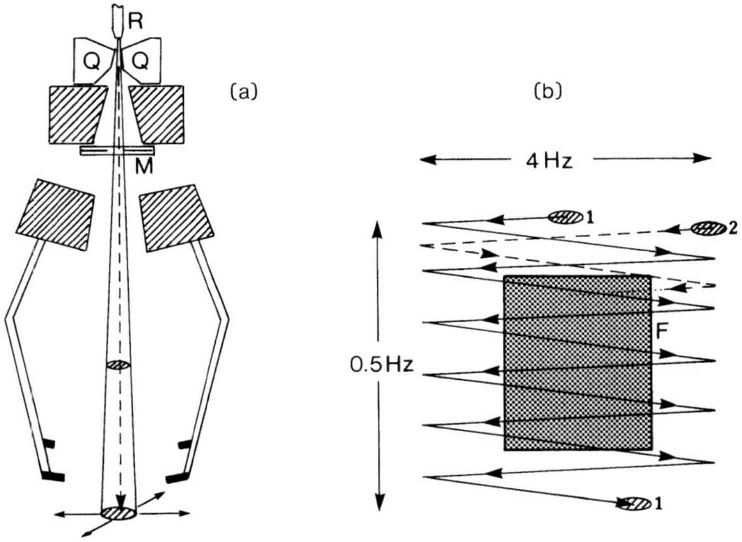

Fig. 9.9: (a): Strahlscanning eines Elektronenstrahls mit Hilfe eines magnetischen Quadrupols Q (M: Monitorkammern, R: Strahlrohr), (b): zeitliche Überdeckung des Bestrahlungsfeldes durch den Scanstrahl (F: durch den Kollimator definiertes Bestrahlungsfeld, 1+2: Scanwege).

Der Scanning-Magnet wird als Quadrupolmagnet ausgebildet (s. Fig. 9.9). Er lenkt den kegelförmigen Elektronenstrahl gleichzeitig in zwei zueinander senkrechten Ebenen ab, so dass das gesamte Strahlungsfeld sägezahnartig überstrichen wird. Die Scanbewegung geschieht mit niedrigen Frequenzen zwischen etwa 0,5 und 4 Hz. Die Scanamplitude muss zur Erzeugung eines geringen Halbschattens deutlich über die nominale Feldgröße hinausgehen, da der Scanstrahl durch vorherige Wechselwirkung mit den Strahlaustrittsfenstern der Sektion und des Magneten eine ungefähr gaußförmige Ortsverteilung und damit einen diffusen Randverlauf hat. Wegen der von der Scanbewegung unabhängigen Pulsung von Elektronenlinearbeschleunigern besteht das Bestrahlungsfeld aus einer zufälligen zeitlichen und räumlichen Überlagerung der zum Einzelpuls gehörenden ungefähr kreisförmigen Elektronenfelder (s. beispielsweise Scanwege 1+2 in Fig. 9.9b).

Wirkung	**eine Folie**	**zwei Folien**	**magnet. Scanning**
Energieverlust	groß	mittel	null
Energieverschmierung	groß	mittel	null
Energieabhängigkeit	groß	klein	klein
Bremsstrahlungsanteil	< 10%	< 3%	sehr gering
Feldausgleich	mittel	sehr gut	Restwelligkeit
Feldgrößen	klein	groß	groß
Dosimetrie	normal	normal	schwierig
technischer Aufwand	klein	klein	groß
Bewegungsbestrahlung	ja	ja	nein

Tab. 9.1: Vergleich der verschiedenen Feldausgleichsmethoden für Elektronenstrahlung.

Die berührungslose magnetische Aufweitung des therapeutischen Elektronenstrahlenbündels vermeidet die Wechselwirkung der Elektronen mit Materialien schon im Strahlerkopf und damit auch die unerwünschten Effekte wie Energiestraggling, Energieverlust, Streuung oder Bremsstrahlungserzeugung. Die mit dem Scanverfahren erreichten Tiefendosisverläufe übertreffen deshalb auch bei hohen Elektronenenergien die Qualität der Elektronen-Tiefendosisverteilungen von Foliensystemen bei niedrigerer Elektronenenergie. Die Dosisverteilungen beim Scanverfahren enthalten jedoch eine durch die Überlagerung entstandene Restwelligkeit, stehen also in der Homogenität hinter den durch Folien ausgeglichenen etwas zurück. Das Ausmaß der Restinhomogenitäten ist empfindlich abhängig vom Verhältnis der Scanfrequenzen der beiden zueinander senkrechten Bewegungen. Wegen der zeitlichen Veränderung des Elektronen-Einstrahlpunktes im Bestrahlungsfeld müssen für die Dosimetrie gescannter Elektronenfelder besonders aufwendige Verfahren verwendet werden.

Aus dem gleichen Grund sind Bewegungsbestrahlungen mit gescannten Elektronenfeldern kaum möglich. Scanfrequenzen und Scansysteme müssen außerdem aus Sicherheitsgründen durch das Sicherheitssystem des Beschleunigers ("Interlock-System") überwacht werden, da bei einem Ausfall der magnetischen Aufstreuung die Dosisleistung des schmalen Elektronenstrahlenbündels auf engem Raum konzentriert wird. Dies würde bei der Behandlung eines Patienten mit Sicherheit zu erheblichen Überdosierungen der betroffenen Körperregionen führen und hätte schwerwiegende radiogene Schäden zur Folge. Scansysteme werden zurzeit von den führenden Herstellern von Elektronenbeschleunigern nicht mehr angeboten.

Zusammenfassung

- **Zur Aufweitung und Homogenisierung des primären, nadelförmigen Elektronenstrahlenbündels können zwei Methoden angewendet werden, die Streufolien- und die Scanmethode.**

- **Bei der Streufolienmethode werden Schwermetallfolien für die Aufstreuung benutzt.**

- **Man unterscheidet die Primärstreuanordnung und die sekundären Streufolien, die in der Regel in Abhängigkeit von der gewählten Elektronenenergie ausgelegt werden.**

- **Die Homogenisierung mit Streukörpern ist immer mit einem Verlust an mittlerer Elektronenenergie, einer Verbreiterung des Elektronenenergiespektrums und der Entstehung von Bremsstrahlung verbunden.**

- **Bei der berührungslosen magnetischen Aufstreuung oder Scanmethode wird die spektrale Verteilung der primären Elektronen nicht beeinflusst. Es entsteht auch keine Bremsstrahlung durch den Feldausgleich.**

- **Der Feldausgleich hängt stark von den Scanfrequenzen ab. Es besteht die Möglichkeit zur Restwelligkeit der Dosisprofile.**

- **Die Scanmethode ist technisch aufwendiger und erschwert die Dosimetrie.**

9.3.3 Kollimation des Elektronenstrahls

Zur Begrenzung und Definition der Bestrahlungsfeldgröße wird ein mehrstufiges Kollimatorsystem verwendet. Die erste Stufe ist ein in der Öffnung unveränderlicher Primärkollimator mit konischer Bohrung, der sich zwischen erster und zweiter Streufolie befindet. Er legt die maximale Größe des kegelförmigen Strahlenbündels fest. Ihm folgt ein mit der Strahldivergenz konvergierender zweiter beweglicher Blendensatz, der individuell für beliebige Quadrat- oder Rechteckfelder eingestellt werden kann. Seine Halbblenden sind orthogonal zueinander angeordnet und können einzeln oder paarweise bewegt werden. Primärkollimator und beweglicher Hauptkollimator werden auch für den Photonenbetrieb benutzt und sind deshalb auf die dafür erforderliche hohe Schwächungswirkung ausgelegt (vgl. Abschnitt 9.4.3, Fig. 9.17). Ihre Gesamtdicke in Strahlrichtung beträgt je nach Photonenenergie bis zu 20 Zentimeter Blei oder Wolfram. Unterhalb des beweglichen Photonenblendensystems befinden sich die zusätzlichen Elektronenkollimatoren. Sie haben die Aufgabe, die geglätteten, homogenen Elektronenfelder seitlich zu begrenzen und eine ungewollte Bestrahlung außerhalb des Bestrahlungsfeldes zu verhindern. Auf dem Markt befinden sich zwei verschiedene Versionen solcher Elektronenkollimatoren, die starren Elektronentubusse und die beweglichen Elektronentrimmer.

Elektronentubusse: Ältere Versionen dieser starren Elektronenblenden wurden als kreisförmige, quadratische oder rechteckige Metallröhren mit zum Teil parallelen, also nicht divergierenden Wänden konstruiert (Fig. 9.10a). An ihren metallischen Innenwänden wurden die äußeren Anteile des divergierenden Elektronenstrahlenbündels gestreut. Die Dosisbeiträge dieser gestreuten Elektronen traten vor allem an den Feld-

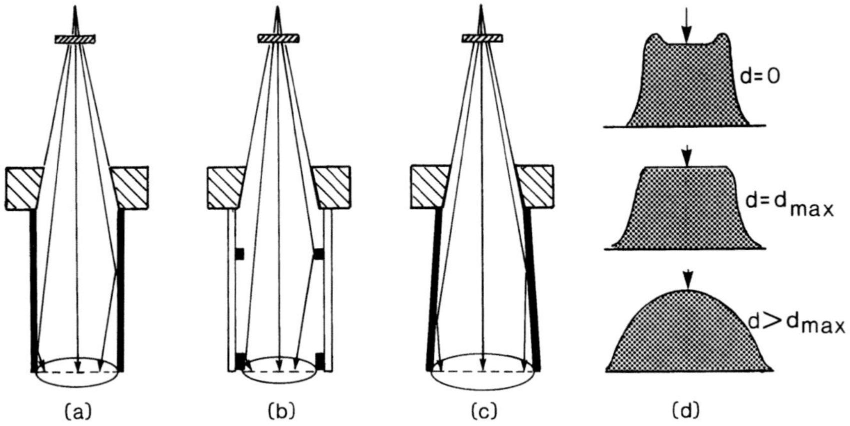

Fig. 9.10: Kollimation des therapeutischen Elektronenstrahlenbündels mit Tubussen, (a): paralleler Schwermetalltubus, (b): moderner paralleler Leichtmetalltubus mit Blei-Einsätzen, (c): leicht divergenter Tubus mit geringerer Aufsättigung, (d): Veränderung des Dosisquerprofils mit der Tiefe d bei Homogenisierung im Dosismaximum.

rändern auf und sättigten dadurch die gaußförmig abfallenden Strahlprofile seitlich auf. Sie wurden also zur Homogenisierung des Bestrahlungsfeldes mit verwendet. Dies hatte den Vorteil, dass die einfachen Ausgleichsfolien zur Feldhomogenisierung mit geringerer Massenbelegung ausgelegt werden konnten, da ein Teil ihrer Aufgabe von den Tubussen übernommen wurde.

Bei der Streuung an den Tubuswänden erleiden die Elektronen neben einer Richtungsänderung aber auch einen Energieverlust. Zentrale und seitliche Teile des Strahlenbündels unterscheiden sich bei Tubushomogenisierung deshalb auch signifikant in ihrem Energiespektrum und damit in ihrer Wirkung auf die Dosisquer- und die Dosistiefenverteilung. Mit Tubussen homogenisierte Elektronenfelder sind je nach Divergenzwinkel des Tubus und Elektronensollenergie nur in einer bestimmten Phantomtiefe homogen (meistens knapp vor dem Dosismaximum). An der Oberfläche sind die Dosisleistungen seitlich stark überhöht, sie zeigen "Hörner" im Querprofil. In der Tiefe weisen sie jedoch ein deutliches Defizit an den Feldrändern auf (Fig. 9.10d).

Die Glättungswirkung hängt außerdem sehr von der Feldgröße und dem Abstand des unteren Kollimatorrandes von der Oberfläche des Patienten ab, so dass je nach therapeutischer Anwendung völlig verschiedene Dosisverteilungen entstehen können. Das Dosisleistungsmaximum wird durch den Energieverlust der gestreuten Elektronen in Richtung Haut verschoben, die therapeutische Tiefe verringert sich und die Hautdosis wird unerwünscht hoch. Wenn Elektronentubusse aus Materialien mit hoher Ordnungszahl hergestellt werden oder diese Materialien als Einsätze (im Strahlengang) enthalten, ist auch die Kontamination des Strahlenbündels mit Bremsstrahlung nicht zu vernachlässigen.

Modernere Versionen von Elektronentubussen sind aus Gewichtsgründen und, da eine ausreichende Homogenisierung leicht im Strahlerkopf durchgeführt werden kann, sehr viel "luftiger" gebaut. Ihre Wände bestehen aus Leichtmetall oder Kunststoff (s. Fig. 9.10b). Die Strahlführung und Begrenzung des Elektronenstrahlenbündels geschieht mit einzelnen kleineren Metalltrimmern innerhalb der Tubusse. Ihr Aufbau ähnelt dem der beweglichen Trimmer (s. unten, vgl. dazu Fig. 9.11). Sie werden auch nicht mehr wie früher direkt auf die Haut des Patienten aufgesetzt, sondern lassen 5-10 cm Abstand zwischen Tubusrand und Patient zu, was die therapeutische Anwendung sehr erleichtert. Ein Nachteil der starren Tubusse ist die begrenzte Anzahl an verfügbaren Feldgrößen. Da bei der Erstbeschaffung leider oft die Kosten für einen ausreichenden Satz an Tubussen gespart werden, werden später häufig die Feldgrößen und Feldformen der Elektronentubusse durch individuell gefertigte Zusatzabschirmungen modifiziert. Dies kann allerdings die Abbildungs- und Dosimetrieeigenschaften dieser Tubusse unerwartet verändern (s. u.).

Bewegliche Elektronentrimmer: Die zweite, bisher von einem Hersteller bevorzugte Methode der Elektronenkollimation verwendet bewegliche Elektronentrimmer. Sie bestehen aus zwei Paaren einzeln lösbarer Elektronenhalbblenden, die insgesamt zwar schwerer als ein starrer Tubus sind, aber einzeln keine so große körperliche Belastung für das medizinisch technische Personal in der Routine darstellen. Die Unterkante dieser Trimmer befindet sich 0,9 m vom Strahlfokus entfernt, also 10 cm oberhalb des Isozentrums. Ihr großer Vorteil ist die Verfügbarkeit beliebiger quadratischer oder rechteckiger Feldgrößen bis zu maximal 30 cm Seitenlänge und ihre sehr gute "Abbildungsqualität".

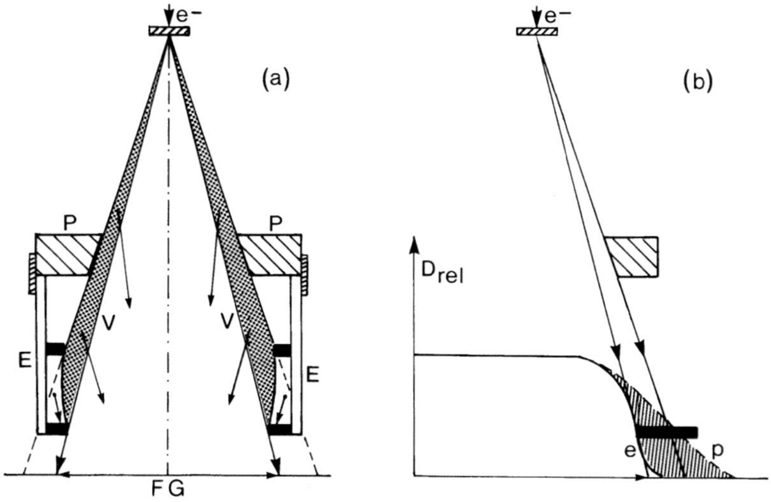

Fig. 9.11: (a): Form von Elektronentrimmern mit seitlichen Luftstreuvolumina (V) zur peripheren Feldaufsättigung. Die Pfeile sollen Elektronen darstellen, die in Richtung Zentralstrahl gestreut werden (P: Photonenkollimator, E: Elektronentrimmer, FG: Feldgröße für Elektronenbetrieb). (b): Wirkung der Zusatztrimmer auf das Dosisquerprofil (p: nur Photonenkollimator, e: mit Elektronentrimmern).

Auf dem Weg vom Strahlfokus zum Patienten erleidet ein Elektronenstrahlenbündel Streuung im durchstrahlten Luftvolumen. Diese Streuung führt zu einem Teilchenverlust in der Feldmitte und zu einem Abfall der Dosisleistung an den Rändern. Ein durch Streufolien zuvor gut homogenisiertes Elektronenstrahlenbündel wird durch die Luftstreuung wieder etwas gerundet, nähert sich also wieder einer gaußförmigen Verteilung an. Elektronenfelder müssen deshalb dicht vor dem Eintritt ins Phantom oder den Patienten erneut kollimiert werden, wobei der unscharfe, "leergestreute" Randbereich abgeschnitten werden muss. Elektronenfelder sind daher immer kleiner, als die Feldkollimation der Photonenkollimatoren es erlauben würde.

Bewegliche Elektronentrimmer und auch die moderneren Varianten der Elektronentubusse gehen besonders geschickt mit der Elektronenstreuung in der Luft zwischen Strahlfokus und Patient um. Durch geeignete Wahl der Bauform der Elektronenkollimatoren kann die Elektronenstreuung aus den seitlichen Luftvolumina außerhalb des eigentlichen Bestrahlungsfeldes zur Aufsättigung der Randbereiche des Nutzstrahlenbündels mit verwendet werden (Fig. 9.11). Da Elektronen in Luft nur wenig Energie verlieren, ändert sich durch diese "Luftaufsättigung" die spektrale Verteilung nur geringfügig. Die Form solcher Kollimatoren für Elektronenstrahlung (Applikatoren) kann wegen dieser Streuung nicht wie bei Photonen aus einfachen geometrischen Gesetzmäßigkeiten (z. B. dem Strahlensatz) abgeleitet werden.

Die beweglichen Elektronenkollimatoren beschränken das nutzbare Elektronenfeld auf den zentralen Bereich des ursprünglichen Strahlenbündels, ohne dabei allerdings wie bei den Tubussen durch niederenergetische Streuung an Kollimatorwänden das Elektronenspektrum zu verschlechtern. Sie bestehen aus mehreren einzelnen Platten (Trimmern, Fig. 9.11), die unterhalb des beweglichen Photonen-Kollimators eingehängt werden. Der Photonen-Kollimator wird aus den oben genannten Gründen im Elektronenbetrieb weiter geöffnet, als es der therapeutischen Elektronenfeldgröße entspricht. Für die häufigsten Elektronenenergien (bis etwa 20 MeV) beträgt die Einschränkung des Elektronenfeldes gegenüber der Photonenfeldgröße in jeder Achse etwa 10 cm. Aus dem maximalen Quadratfeld für Photonen von 40 x 40 cm^2 wird also ein maximales Elektronenfeld von 30 x 30 cm^2. Die letzte, patientennahe Blende definiert das therapeutische Bestrahlungsfeld. Die zwischen Photonenblende und den patientennahen Trimmern liegenden weiteren Elektronenblenden zur Verhinderung seitlicher Leckstrahlung befinden sich im geometrischen Schattenbereich der unteren Trimmer. An ihnen gestreute Elektronenstrahlung kann den Patienten deshalb nicht erreichen.

Die dosimetrischen Eigenschaften von Elektronenapplikatoren hängen stark von der Ordnungszahl des Blendenmaterials und den verwendeten Elektronenenergien ab. Als Applikatormaterialien werden schwere Elemente wie Blei und Wolfram oder zur Vermeidung von Bremsstrahlungskontaminationen auch Sandwichanordnungen leichter und schwerer Metalle verwendet. Um Elektronenapplikatoren nicht zu unhandlich und zu schwer zu machen, ist es ausreichend, die Blenden nur mit einer der Massenreichweite der Elektronen entsprechenden, wenige Millimeter dicken Schicht dieser Materialien zu überziehen. Nicht unmittelbar auf die Haut des Patienten aufgesetzte Elektronenkollimatoren erzeugen etwas größere Halbschatten an der Patientenoberfläche als direkt aufgesetzte Tubusse, da bei den von der Haut distanzierten Kollimatoren kaum eine Aufsättigung der Randzonen des Bestrahlungsfeldes durch von den unteren Trimmern ausgehende niederenergetische Streustrahlung stattfindet. Von der Patientenoberfläche distanzierte Elektronenapplikatoren ermöglichen bei günstiger Geometrie auch Bewegungsbestrahlungen.

Zusammenfassung

- **Wegen der vielfältigen Einflüsse und Schwierigkeiten beim Design von Elektronenapplikatoren muss im therapeutischen Betrieb dringend vor unbedachten Eingriffen in die Bestrahlungsgeometrie gewarnt werden.**

- **Die Veränderung des Fokus-Haut-Abstandes, das Anbringen von zusätzlichen "klinischen" Blenden aus Schwermetall (Absorber) zur Feldgestaltung oder das Einfügen weiterer Materialien in den Strahlengang bei Elektronenstrahlung verändern in der Regel die dosimetrischen Eigenschaften des Strahlenbündels in nicht vorhersehbarer Weise.**

- **Um unliebsame Überraschungen zu vermeiden, sollte deshalb jede Änderung der Elektronenkollimation von dosimetrischen Untersuchungen begleitet sein.**

9.4 Der Strahlerkopf im Photonenbetrieb

9.4.1 Bremsstrahlungserzeugung und Auslegung des Bremstargets

Soll der Elektronenlinearbeschleuniger im Photonenbetrieb gefahren werden, muss der primäre Elektronenstrahl in hochenergetische Photonenstrahlung umgewandelt werden. Dies geschieht ähnlich wie in einer Röntgenröhre durch Wechselwirkung der Elektronen mit einem Bremstarget aus Schwermetallen (Fig. 9.12). Dieses besteht entweder aus reinem Wolfram oder aus Sandwichanordnungen verschiedener schwerer Metalle. Als Bremstargets (target: englisch für Zielscheibe) sind Materialien mit hoher Ordnungszahl besonders günstig, da die Bremsstrahlungsausbeute mit dem Quadrat der Ordnungszahl Z zunimmt, die Energieverluste durch Stoßbremsung jedoch nur linear mit Z anwachsen. Je höher die Elektronenenergie ist, umso günstiger wird deshalb das Verhältnis von Strahlungsbremsung (Bremsstrahlungserzeugung) und dem Energieverlust der Elektronen durch Stöße (vgl. dazu [Krieger1], Kap. 9).

Neben der Elektronenenergie und der Ordnungszahl des Targets spielt auch dessen Dicke eine wesentliche Rolle für die Bremsstrahlungsausbeute und die Form des Photonenspektrums. Die Ausbeute nimmt zunächst mit der Dicke des Targets zu. Durch die mit größeren Schichtdicken zunehmende Selbstabsorption der Photonenstrahlung wird die Zunahme der Photonenausbeute jedoch begrenzt. Eine obere, physikalisch sinnvolle Grenze stellt die maximale Reichweite der Elektronen im Targetmaterial dar. Überschreitet die Targetdicke diese Reichweite, kommt es zu keiner weiteren Erhöhung der Strahlungsausbeute mehr, da in den hinzugefügten weiteren Targetschichten ($d > R_{max}$) keine Elektronen mehr vorhanden sind, die Bremsstrahlung erzeugen könnten. Für praktische Überlegungen vergleicht man die Dicken der Bremstargets mit der praktischen Massenreichweite der eingeschossenen Elektronen im

Targetmaterial. Man bezeichnet ein Target als "dünn", wenn seine durchstrahlte Tiefe wesentlich kleiner ist als diese Reichweite, und als "dick", wenn die Schichtdicke mit der Reichweite vergleichbar ist. Für Wolframtargets (Ordnungszahl Z = 74, Dichte ρ = 19,2 g/cm^3) beträgt die Reichweite für 15 MeV Elektronen beispielsweise nur etwa 2-3 mm. Targets dieser Dicke bieten die höchsten Strahlungsausbeuten. Da in ihnen alle primären Elektronen absorbiert werden, geben die Elektronen ihre gesamte kinetische Energie im Target ab. Diese Energieverluste der Elektronen durch Stoßprozesse führen daher zu einer erheblichen Erhitzung des Bremstargets. Die Produktion von Bremsstrahlung belastet den Absorber dagegen thermisch nicht.

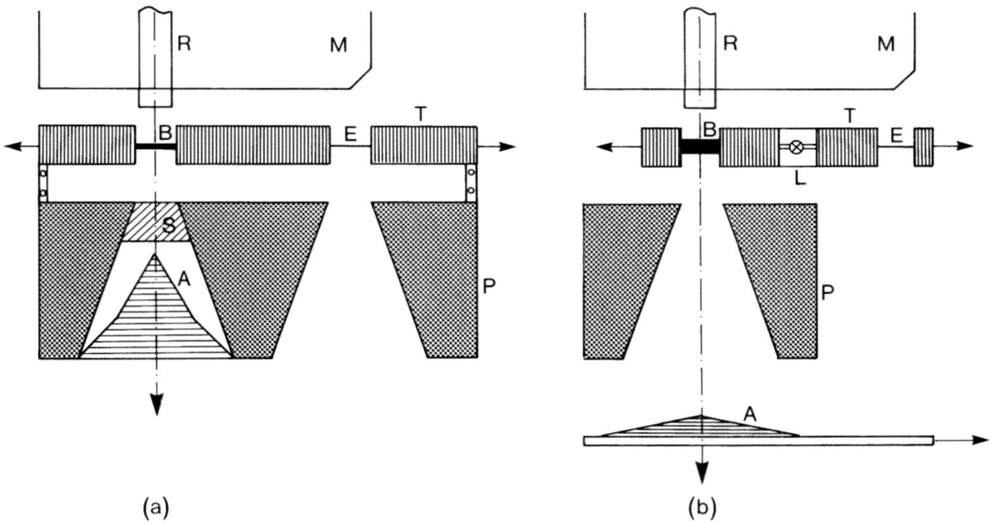

Fig. 9.12: Anordnungen von Bremstargets für die Bremsstrahlungserzeugung im Strahlerkopf von Linearbeschleunigern. (R: Strahlrohr, M: Umlenkmagnet, B: Bremstarget aus Wolfram, E: Primärstreufolie für den Elektronenbetrieb, T: Targethalterung mit Anschluss an eine Wasserkühlung, P: Primärkollimator, A: Ausgleichskörper für den Photonenbetrieb, L: Lichtvisierlampe, S: Elektronenfänger).
(a): Dünnes Bremstarget: Die das Bremstarget passierenden Elektronen werden im Elektronenfänger (Beamstopper) aufgefangen, der gleichzeitig als Beamhardener verwendet wird (s. Text). Der Niedrig-Z-Ausgleichkörper ist so groß, dass er im Primärkollimator untergebracht werden muss. Primärkollimator und Targethalterung werden beim Wechsel der Strahlungsart gemeinsam verschoben.
(b): Dickes Bremstarget (Dicke = 4 mm Wolfram): Das Bremstarget befindet sich gemeinsam mit der Primärfolie für Elektronen und der Halogenlampe für das Lichtvisier auf einem verschiebbaren und wassergekühlten Kupferblock. Der Ausgleichskörper befindet sich auf einem Drehschieber unterhalb des Primärkollimators und wird beim Elektronenbetrieb durch die der Elektronenenergie angepassten Sekundärfolien ersetzt.

Bei 10-MeV-Elektronen ist die Ausbeute an Bremsstrahlung bereits größer als 50%. Bei Elektronen mit Energien um 70-100 keV (Bereich der diagnostischen Röntgenstrahlung) beträgt die Ausbeute für Bremsstrahlung in Wolframtargets dagegen nur ungefähr 1%. Etwa 99% der Bewegungsenergie der Elektronen muss von Röntgenröhren also als Verlustwärme weggekühlt werden. Wegen der hohen Strahlleistungen muss in medizinischen Elektronenlinearbeschleunigern (im Mittel bis 10 kW) dennoch ein erheblicher Kühlaufwand betrieben werden, um Schäden am Bremstarget durch Überhitzung zu vermeiden. Dicke Bremstargets aus Wolfram haben typischerweise Durchmesser von 1-2 Zentimetern und Stärken von wenigen Millimetern, sind also in ihrem Volumen begrenzt. (Fig. 9.12).

Sie können daher auch nur begrenzte Wärmemengen aufnehmen und sind deshalb zur besseren Kühlung in Träger aus gut Wärme leitendem Material (meistens Kupfer) eingebettet, die ihrerseits wieder durch eine hocheffektive Hochdruckwasserkühlung gekühlt werden müssen. Nicht gekühlte Bremstargets würden schon nach kurzer Zeit schmelzen und den Elektronenstrahl dann ungehindert passieren lassen. Die Targetkühlung ist deshalb aus Gründen des Strahlenschutzes und des internen Maschinenschutzes in das Sicherheitssystem der Beschleunigeranlagen integriert. Kühlprobleme an dünneren Targets sind weniger gravierend, da in ihnen nur ein Teil der Elektronenenergie absorbiert wird. Die das Bremstarget in Strahlrichtung verlassenden Elektronen müssen dann aber durch Elektronenabsorber hinter dem Bremstarget, die so genannten Elektronenfänger ("beamstopper"), aufgefangen werden. Diese werden aus Gründen der Strahlaufhärtung und um die unerwünschte Produktion von Photoneutronen zu verhindern aus leichten Materialien wie Graphit oder Aluminium gefertigt. Sie befinden sich vor dem Ausgleichskörper für Photonenstrahlung und werden meistens im Primärkollimator untergebracht (vgl. Fign 9.2, 9.12).

Die Dicke des Bremstargets beeinflusst die Strahlungsqualität des entstehenden Photonenspektrums. Bremsstrahlung aus dünnen Targets enthält weniger weiche Strahlungsanteile als diejenige aus dicken Targets. Dies hat mehrere Ursachen. Da die Elektronen in dünnen Targets nicht bis zum Stillstand abgebremst werden, also nur wenige Wechselwirkungen erleben, ist zum einen ihre mittlere Bewegungsenergie höher als in dicken Targets. Die von ihnen pro Wegstrecke im Target erzeugten Photonen haben also eine jeweils höhere maximale Energie. Entsprechend größer sind ihre mittlere Photonenenergie und damit ihre Halbwertschichtdicke in menschlichem Gewebe oder Wasser bei gleicher Elektronen-Nennenergie im Vergleich zur Bremsstrahlung aus dicken Targets. Zum anderen härtet der zur Elektronenabsorption hinter dem Bremstarget erforderliche Elektronenfänger niedriger Ordnungszahl das Bremsspektrum durch bevorzugte Absorption weicher Photonen zusätzlich auf. Es kommt wegen der geringen Targetdicke aber zu keiner merklichen Schwächung des im dünnen Bremstarget erzeugten Bremsspektrums durch das Target selbst.

Dicke Targets kann man sich als eine Serie hintereinander gereihter dünner Bremstargets vorstellen. In dicken Targets kommt es in den aufeinander folgenden Targetschichten daher zu erneuten Wechselwirkungen der Elektronen in Form von Vielfachstreuung und Abbremsungsvorgängen mit Bremsstrahlungserzeugung. Mit jeder Schicht verringert sich dadurch die mittlere Energie der Elektronen. Die Elektronen werden in dicken Targets letztlich vollständig abgebremst. Ihre mittlere Bewegungsenergie ist also kleiner als in dünnen Targets, die Elektronen erzeugen deshalb im Mittel auch niederenergetischere Bremsstrahlung. Außerdem können die in den ersten Schichten des Bremstargets entstandenen Bremsstrahlungsphotonen beim Durchqueren dicker Targets selbst mit dem Targetmaterial wechselwirken. In Wolframtargets handelt es sich dabei vorwiegend um die Paarbildung oder die Comptonwechselwirkung. Diese Prozesse führen durch "Ersatz" der ursprünglichen Photonen durch niederenergetischere Sekundärphotonen (Vernichtungsstrahlung, Comptonstreuphotonen) ebenfalls zu einer Erniedrigung der mittleren Photonenenergie und damit zu einer Veränderung der Strahlungsqualität der Bremsstrahlungsphotonen.

9.4.2 Homogenisierung des Photonenstrahlenbündels

Die im Bremstarget erzeugte ultraharte Photonenstrahlung zeigt eine starke Konzentration ihrer Energiefluenz auf der Zentralstrahlachse in Richtung des ursprünglichen Elektronenstrahls (Fig. 9.13, 9.14a). Sie ist umso höher, je höher die Elektronenenergie ist. Ultraharte Röntgenstrahlung hat ein kontinuierliches Energiespektrum mit

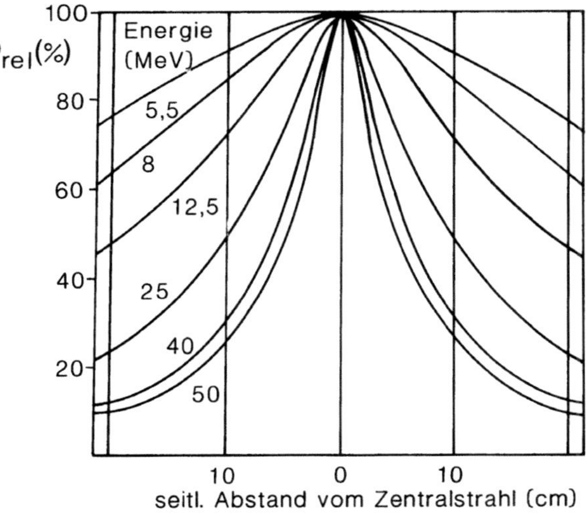

Fig. 9.13: Relative Dosisquerprofile für Photonenstrahlung hinter einem Wolfram-Bremstarget (ohne Ausgleichskörper, gemessen in 1 m Abstand vom Fokus) für verschiedene Grenzenergien zwischen 5,5 und 50 MeV. Alle Verteilungen sind auf die Dosisleistung auf dem Zentralstrahl normiert. Je höher die Elektronenenergie ist, umso schmaler ist die Intensitätsverteilung der Bremsstrahlungsphotonen.

einer maximalen Photonenenergie (Grenzenergie), die der Elektroneneinschussenergie am Target entspricht. Für den Patientenbetrieb werden natürlich auch im Photonenbetrieb homogen ausgeleuchtete Strahlquerschnitte und Dosisverteilungen benötigt. Deshalb wird in den Photonenstrahl ein konusförmiger Ausgleichskörper gebracht (Fig. 9.14b), der die "heiße" Mitte des Strahls schwächen soll und die Strahlenkeule "isotroper" und damit das Strahlquerprofil homogener macht.

Beim Design solcher Ausgleichskörper sind eine Reihe von Besonderheiten zu beachten, die direkt aus den verschiedenen Wechselwirkungsmechanismen von Photonenstrahlung mit Materie zu verstehen sind (s. [Krieger1], Kap. 6, 7). Die von Bremstargets emittierten ultraharten Photonen weisen eine von der Emissionsrichtung abhängige Photonenenergieverteilung auf. Seitlich abgestrahlte Photonen haben eine andere spektrale Fluenzverteilung als solche in der Nähe des Zentralstrahls. Der Fluenzausgleich durch den Photonenausgleichskörper ist deshalb winkel- und lageabhängig.

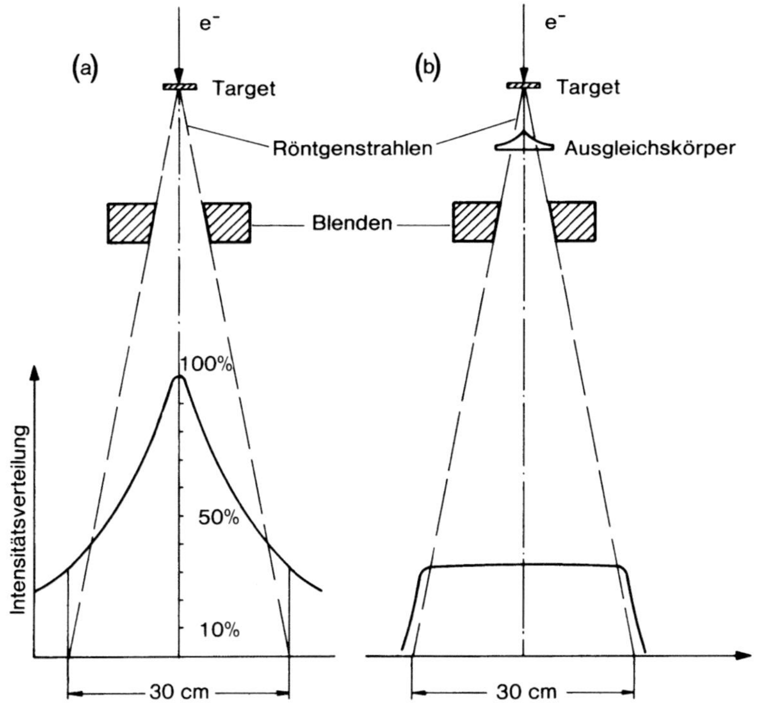

Fig. 9.14: Wirkung eines Ausgleichskörpers auf das Strahlquerprofil im Photonenbetrieb, (a): relatives Intensitätsquerprofil ohne Ausgleichskörper, gemessen in 1 m Abstand vom Target für 25-MeV-Photonenstrahlung, (b) durch Ausgleichskörper homogenisiertes Querprofil. Innerhalb der therapeutischen Feldbreite ist das Profil homogen und symmetrisch.

Bei der Berechnung der Form des Ausgleichkegels müssen die winkelabhängigen Energieunterschiede natürlich berücksichtigt werden. Ausgleichskörper haben fünf wesentliche Einflüsse auf das Bremsstrahlungsbündel: Sie streuen den Strahlenkegel auf; sie erniedrigen die mittlere Photonenenergie durch Comptonwechselwirkung und Paarbildung; sie absorbieren weiche Strahlungsanteile und härten dadurch den Photonenstrahl wieder auf; sie schwächen das Photonenstrahlenbündel in seiner Gesamtintensität und sie kontaminieren es mit geladenen (Elektronen) und eventuell ungeladenen Sekundärteilchen (Neutronen). Je nach Ordnungszahl und Dicke des Ausgleichskörpers dominiert der eine oder der andere Effekt.

Ausgleichsfilter mit hoher Ordnungszahl machen den Photonenstrahl durch mehrfache Comptonstreuung und Paarbildung insgesamt weicher. Der Paarbildungsanteil der Wechselwirkung in einem Bleistreukörper beträgt bei 5 MeV Photonenenergie etwa 50%, bei 15 MeV bereits 80%. Paarbildung ist also bei hohen Photonenenergien der dominierende Prozess. Entsprechend hoch wird der Anteil der niederenergetischen Sekundärphotonen im Spektrum (511 keV und niedriger). Der Tiefendosisverlauf wird durch schwere Ausgleichsfilter daher ungünstig beeinflusst: Die Tiefendosiskurve wird steiler, fällt also schneller mit der Tiefe im Phantom ab, das Tiefendosismaximum wandert zur Haut und die Hautdosis steigt. Schwermetallausgleichskörper haben allerdings wegen ihrer hohen Dichte eine besonders wirksame Streu- und Ausgleichswirkung.

Photonenausgleichsfilter mit niedriger Ordnungszahl (z. B. Aluminium, Eisen) bewirken neben dem Feldausgleich auch eine erhebliche Aufhärtung des Photonenspektrums vor allem in der Strahlmitte, wo die Ausgleichskörper wegen der intensiven Strahlenkeule am dicksten sind. Dieser Effekt wird als **Beamhardening** bezeichnet. Beamhardening mit Ausgleichskörpern "verbessert" also das Photonenspektrum zentral, führt aber zu einer starken Energievariation der seitlich gestreuten Photonen besonders bei großen Bestrahlungsfeldern. Mit Niedrig-Z-Ausgleichskörpern (Low-Z-Filtern) können durch diese Aufhärtung sogar Photonenspektren erzeugt werden, deren Tiefendosisverlauf formal - also verglichen mit Halbwerttiefen anderer Photonenstrahlungen - einer Grenzenergie entspricht, die noch höher als die Energie der eingeschossenen Elektronen ist. Reine Aluminiumausgleichsfilter können bei hohen Photonenenergien allerdings so groß werden (Dicken bis 25 cm), dass sie entweder im Strahlerkopf nicht mehr untergebracht werden können oder wegen ihrer Abmessungen die Punktquellengeometrie des Photonenstrahlenbündels so sehr verfälschen, dass sie die strahlgeometrischen Eigenschaften des Strahlenbündels untragbar verschlechtern. Solche Veränderungen betreffen die Vergrößerung des Brennflecks, Verschiebungen des Fokusortes und Abweichungen vom Abstandsquadratgesetz für die Dosisleistung.

Geometrisch günstigere Anordnungen von Ausgleichskörpern bestehen deshalb aus einer Kombination verschiedener Niedrig-Z-Materialien (zylindrischer Beamhardener aus Aluminium, konusförmiger Ausgleichskörper aus Stahl, vgl. Fig. 9.15d, 9.2), die wegen ihrer Abmessungen leicht in den kompakten Strahlerköpfen moderner Elektronenlinearbeschleuniger untergebracht werden können. Beim Feldausgleich kann sich die zentrale Strahlungsqualität je nach verwendetem Ausgleichsmaterial also von der peripheren unterscheiden. Die Photonenspektren am Feldrand werden wegen der winkelabhängigen Energieverteilungen der Streuphotonen entweder mehr, unter Umständen aber auch weniger "durchdringend" als die auf dem Zentralstrahl, was natürlich die entsprechenden Auswirkungen auf die Tiefendosisverläufe hat. Ein weiteres Problem stellen die in Ausgleichskörpern erzeugten niederenergetischen Comptonelektronen dar. Sie erhöhen die Hautdosis des Patienten und verkürzen die Dosismaximumstiefe. An einigen Maschinen hat man versucht, diese Streuelektronen durch dickwandige Strahlmonitore oder durch magnetische Ablenkung vom Patienten fernzuhalten.

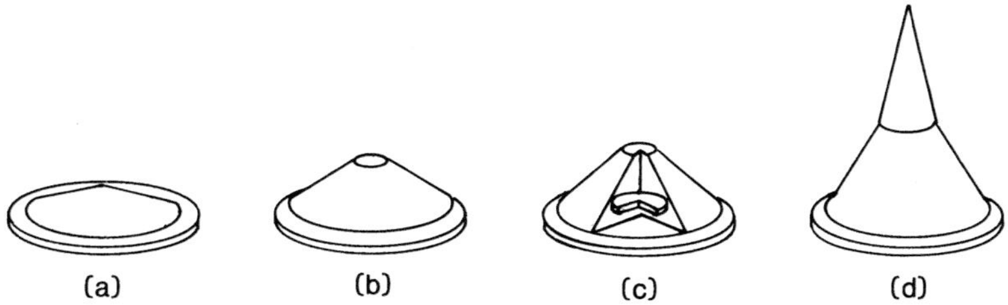

Fig. 9.15: Technische Ausführungen von Photonenausgleichskörpern. (a): Blei für niedrige Energien, (b): Blei oder Wolfram für Energien bis 15 MeV, (c): Eisen mit Bleikern für 25-MeV-Photonen, (d): Niedrig-Z-Ausgleichskörper aus Aluminium oder Stahl für hohe Energien.

Bei den hohen Energien ultraharter Photonen finden bei Überschreitung der Reaktionsschwellen auch Kernphotoreaktionen im Ausgleichskörper, Bremstarget oder sonstigen vom Photonenstrahlenbündel berührten Strukturmaterialien statt. Als Folge kommt es zu einer Aktivierung dieser Substanzen und einer Emission von Neutronenstrahlung. Es sind deshalb solche Materialien zu bevorzugen, deren Kernphotoschwellen höher sind als die maximale Photonenenergie oder die bei der gegebenen Energie nur eine geringe Reaktionsausbeute zeigen. Zumindest sollten die Folgeprodukte der Kernreaktionen kurzlebig sein, da es andernfalls zu einer dauerhaften Aktivierung des Strahlerkopfes kommt. Dies kann Probleme beim Service oder für den Strahlenschutz des medizinisch-technischen Personals mit sich bringen. So verbietet sich beispielsweise die Verwendung von strahlenphysikalisch günstigen Kupfertargets oder Ausgleichskörpern bei Photonenenergien oberhalb von 10 MeV, da Kupfer in einer (γ,n)-Reaktion oberhalb der Schwellenenergie von 10,8 MeV zu dem β^+-strahlenden ^{62}Cu umgewandelt wird (^{63}Cu$(\gamma,n)^{62}$Cu: Halbwertzeit = 9,73 min, s. Tab. 9.2 in Kap. 9.8.3). Als Folge dieser Kernreaktion kommt es also zur Emission durchdringender Positronenvernichtungsstrahlung (2 x 511 keV) und von schwer abzuschirmenden Neutronen, die zusätzliche Strahlenschutzmaßnahmen erfordern.

Ausgleichskörper schwächen den das Bremstarget verlassenden Photonenstrahl je nach Dicke, Material und Energie ungefähr um den Faktor 2 bis 10. Allein der Feldausgleich im Photonenbetrieb erfordert also schon eine große Dosisleistungsreserve des Beschleunigers. Dazu kommt die deutlich von 100% verschiedene Ausbeute bei der "Konversion" des Elektronenstrahls zu Photonenstrahlung. Die Bremsstrahlungsausbeute in Wolfram beträgt bei typischen therapeutischen Elektronenenergien max. 50%. Um eine ausreichende Photonendosisleistung zu erreichen, muss der Elektronenstrom im Beschleuniger im Photonenbetriebsmodus um ein bis zwei Größenordnungen höher sein als im Elektronenbetrieb. Elektronenlinearbeschleuniger im Photonenbetrieb leisten deshalb Schwerstarbeit.

Technische Ausführungen von Ausgleichsfiltern (Fig. 9.15) bestehen heute aus computeroptimierten Sandwichanordnungen verschiedener Materialien wie Aluminium, Eisen, Nickel, Wolfram und Blei, die an die jeweiligen Energien angepasst werden. Bei Beschleunigern mit mehreren Photonenenergiestufen werden die Ausführungen für verschiedene Energien zusammen mit den Elektronenstreufolien auf Karussells oder Schiebern untergebracht und je nach Bedarf in den Strahlengang gebracht. Ihre Positionierung muss durch das Beschleuniger-Sicherheitssystem (Interlocksystem) überwacht werden.

Die Feldhomogenisierung für Photonenstrahlung ist wegen der kritischen Geometrie der Ausgleichskörper noch weit empfindlicher gegen Verschiebungen oder Neigungen des Elektronenstrahls gegen die geometrische Zentralstrahlachse als die therapeuti-

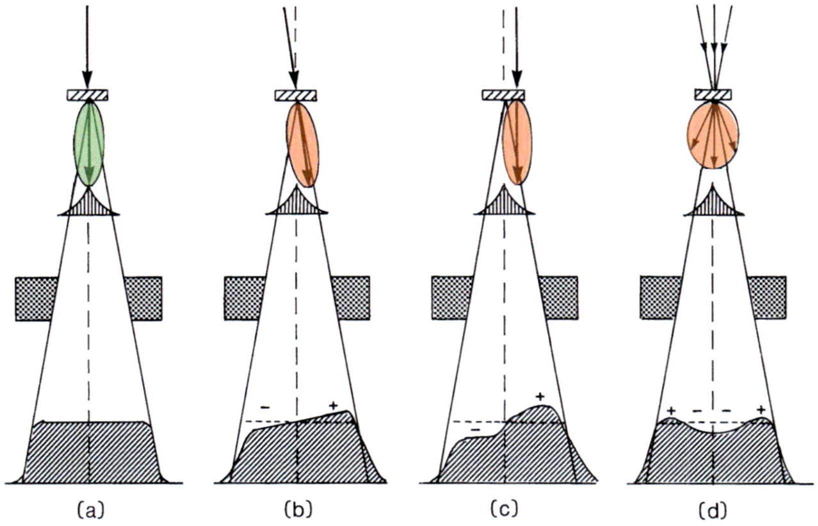

Fig. 9.16: Wirkung der Fehllage des Elektronenstrahls auf den Feldausgleich im Photonenbetrieb. (a): Korrekte Strahlrichtung und Divergenz, (b): Strahl geneigt, (c): Strahl versetzt, (d): Strahl zu divergent oder mit zu geringer Energie.

schen Elektronenstrahlenbündel. Schon leichte Richtungsänderungen des Bremsstrahls durch Schwankungen in der Fokussierung der Elektronen (Fig. 9.16b), seitliche Verschiebungen des Elektronenstrahlenbündels auf dem Bremstarget durch eine Energieänderung des Elektronenstrahls im Beschleunigerrohr oder durch Veränderungen des Umlenkstromes im Umlenkmagneten (Fig. 9.16c) sowie divergente Elektronenstrahlenbündel auf dem Bremstarget bzw. zu niedrige Elektronenenergien (Fig. 9.16d) können zu einem mangelhaften Feldausgleich durch den Ausgleichskörper führen. Die Dosisleistungsprofile zeigen dann ausgeprägte Asymmetrien und Inhomogenitäten, die für den therapeutischen Betrieb nicht mehr tolerabel sind. Abhilfe schafft hier wie beim Elektronenbetrieb eine wirksame Strahllagen- und Dosisleistungsüberwachung durch den Monitor sowie die Regelung der Elektronenenergien.

9.4.3 Kollimation des Photonenstrahlenbündels

Konventionelle Kollimatoren: Zur Kollimation des Photonenstrahlenbündels werden heute durchwegs konvergierende Kollimatoren, also auf den Brennfleck ausgerichtete Blenden verwendet. Die Kollimation wird in zwei Stufen vorgenommen. Unmittelbar in Strahlrichtung hinter dem Bremstarget befindet sich ein konusförmig aufgebohrter, fester Primärkollimator, der das maximale Bestrahlungsfeld definiert. Er ist aus Blei oder Wolfram gefertigt. Unterhalb des Ausgleichskörpers für den Photonenbetrieb und des Strahlmonitors befindet sich der einstellbare Photonenkollimator.

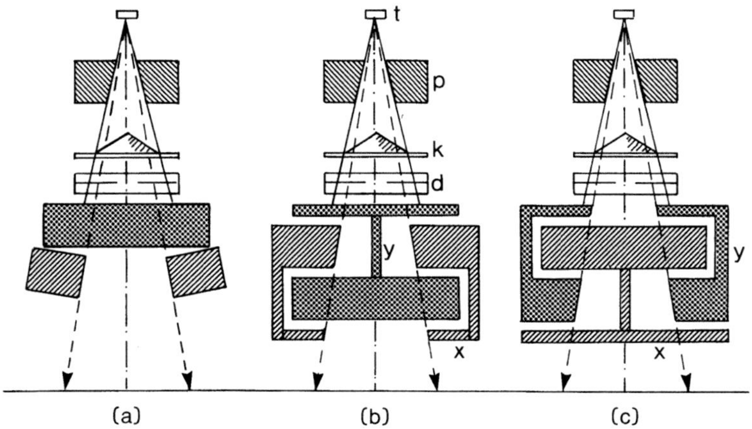

Fig. 9.17: Technische Ausführungen konventioneller Photonenkollimatoren (t: Bremstarget, p: Primärkollimator, k: Ausgleichskörper, d: Doppeldosismonitor, x, y: Halbblenden). (a): Versetzte, übereinander angeordnete Halbblenden. Die obere Halbblende befindet sich normalerweise außerhalb der Zeichenebene, sie ist hier aber mit eingezeichnet, um die relative Anordnung zu kennzeichnen. Sie bewegt sich beim Öffnen oder Schließen senkrecht zur Zeichenebene. (b): Überlappende, ineinander greifende Halbblenden, y-Blende außerhalb der Zeichenebene. (c): Wie (b), um 90° gedreht, x-Blende wieder außerhalb der Zeichenebene.

Er definiert das Bestrahlungsfeld in der Patientenebene und ist drehbar gegenüber dem sonstigen Strahlerkopf. Seine Blenden bestehen meistens aus Wolfram und sind gelegentlich je nach Photonenenergie und Auslegung des Strahlerkopfes an ihren dem Fokus zugewandten Seiten mit Materialien wie Blei oder neuerdings auch zur Streustrahlungsminderung mit Aluminium oder anderen Materialien niedriger Ordnungszahl belegt. Üblicherweise werden Kollimatoren als getrennte Halbblenden konstruiert, die einzeln oder paarweise in zueinander orthogonalen Richtungen bewegt werden können. Ihre Blenden bewegen sich dabei auf Kreislinien, so dass die Innenseiten der Kollimatorblenden immer auf den Strahlfokus ausgerichtet (fokussiert) bleiben.

Bei den meisten Beschleunigern befinden sich die Halbblenden in verschiedenen Abständen zum Ausgleichskörper; sie sind übereinander angeordnet (Fig. 9.17a). Ein Hersteller verwendet überlappende Photonenhalbblenden, die auf ihrer Ober- bzw. Unterseite simultan mitlaufende Trimmer aus Blei und Wolfram tragen (Fig. 9.17b). Mit ihnen ist eine besonders gute Strahlkollimierung und Feldbegrenzung möglich. Allerdings verursacht diese Konstruktion ohne Maßnahmen zur Streustrahlungsunterdrückung (Monitorrückstreuung) eine ausgeprägte Feldgrößenabhängigkeit und Asymmetrie der Dosisleistungen bei der Drehung des Kollimators relativ zum Dosismonitor. Diese ist wegen der kurzen Streuwege besonders ausgeprägt, wenn der Dosismonitor weit unten im Strahlerkopf angebracht ist. Moderne Photonenkollimatoren können auch über die eigene Feldhälfte hinaus bewegt werden ("Overtravel").

Lamellenkollimatoren: Da die meisten Zielvolumina und damit die Bestrahlungsfelder irreguläre, d. h. keine rechteckigen oder quadratischen Formen haben, wurde in den letzten Jahren ein neues Kollimatorprinzip entwickelt, der Lamellenkollimator ("multi-leaf-collimator": MLC, Fig. 9.18). Er besteht aus bis zu 120 blattförmigen,

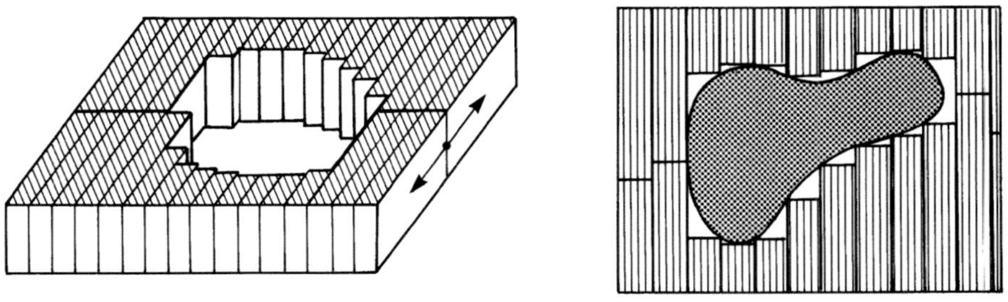

(a) (b)

Fig. 9.18: (a): Prinzip des Lamellenkollimators (aus Darstellungsgründen nicht konvergierend gezeichnet). (b): Anpassung der Lamellenpositionen an das Zielvolumen. Die Abbildung zeigt nur den zentralen Ausschnitt der Kollimatorlamellen. Die Lamellen stehen tatsächlich je nach Öffnung nach außen über, da sie identische Längen haben.

parallel laufenden Wolframlamellen, die je zur Hälfte links und rechts des Zentralstrahls opponierend zueinander angeordnet sind. Sie können per Hand oder rechnergesteuert einzeln von Schrittmotoren aufeinander zu bewegt werden und dadurch nahezu beliebig geformte Bestrahlungsfelder definieren. Lamellenkollimatoren werden entweder unterhalb des konventionellen Kollimators am Strahlerkopf wie eine zusätzliche Blendenhalterung montiert, oder sie können direkt in den Strahlerkopf integriert werden. Die Integration der MLCs hat den Vorteil, dass die gewohnte Bestrahlungsgeometrie und die Abmessungen des bereits beschafften Zubehörs beibehalten werden können. Sie hat den Nachteil, dass die Monitorrückstreuung und die Apertur des Strahlenfeldes - also der Blickwinkel der Messkammer im Phantom auf die virtuelle Strahlenquelle - nicht nur von den 4 konventionellen Halbblenden des Kollimators sondern je nach Strahlerkopfgeometrie mehr oder weniger auch von den individuellen Positionen jeder einzelnen Lamelle abhängen können. Dies kann sowohl die Dosimetrie als auch die Therapieplanung erschweren.

Multileafkollimatoren werden in allen möglichen Bauformen kommerziell angeboten. Oft ersetzen integrierte Lamellenkollimatoren nur die untere Halbblende des Photonenkollimators (die x-Blende). Die aufwendigste Lösung sind **doppelfokussierte** Ausführungen. Der Bewegungsablauf und die Formgebung solcher Kollimatoren sind kompliziert, da die Lamellen in allen Richtungen zum Fokus hin konvergieren sollen, um besonders geringe Halbschatten der Bestrahlungsfelder zu garantieren und um unerwünschte Transmission zu vermeiden. Bei doppelt fokussierten Lamellen ist sowohl die Vorderflanke als auch die Seitenflanke jeder Lamelle auf den Brennfleck ausgerichtet. Solche Lamellen verjüngen sich deshalb in ihrer Breite in Richtung Brennfleck. Um auch die Vorderseite einer Lamelle konvergierend zu gestalten, müssen doppelt fokussierte Lamellen beim Öffnen oder Schließen zudem auf Kugelschalen bewegt werden. Um die freie Beweglichkeit der Lamellen zu gewährleisten, muss den Lamellen aus geometrischen Gründen allerdings etwas Spiel, also ein wenig Zwischenraum gelassen werden (Fig. 9.19b, c). Dadurch kommt es zur teilweisen Transmission der Nutzstrahlung (Leckstrahlung). Um ihr zu begegnen werden die Lamellenflanken wechselseitig gestuft. Mechanisch sehr anspruchsvolle, schöne praktische Ausführungen von Lamellenkollimatoren für große, mittlere und selbst kleine stereotaktische Bestrahlungsfelder wurden im Krebsforschungszentrum in Heidelberg entwickelt [Pastyr].

Preiswertere Versionen von Multileafkollimatoren sind nur einfach fokussiert. Einfach fokussierte Kollimatoren verwenden zwar in ihrer Breite auf den Fokus ausgerichtete Lamellen, verzichten aber auf die für die Konvergenz der Vorderflanken erforderliche Kreisführung. Die Lamellen werden beim Öffnen oder Schließen einfach parallel verschoben. Auch einfach fokussierte MLCs werden aus Lamellen mit gestuften Seitenflanken gefertigt, um eine Transmission durch die Lamellenzwischenräume zu minimieren, die aus Fertigungsgründen nicht immer zu vermeiden ist (Wolfram ist ein sprödes, schwer zu verarbeitendes Material).

Die einfachste Bauform sind Kollimatoren, deren Lamellen auch in ihrer Querausdehnung nicht konvergieren. Solche Lamellen haben also eine Quaderform und können deshalb exakt parallel montiert werden. Ihre Oberseiten und ihre Unterseiten sind gleich breit. Dies hat große Vorteile für die Fertigung (Kosten und mechanische Präzision) und die Beweglichkeit der Lamellen, hat allerdings den Nachteil der schrägen Transmission durch die Lamellenflanken auf der Innenseite der Bestrahlungsfelder. Parallel verschobene Lamellen können mechanisch besonders präzise und kostengünstig gefertigt werden und benötigen eine deutlich geringere Bauhöhe als die fokussierte Lamellenführung.

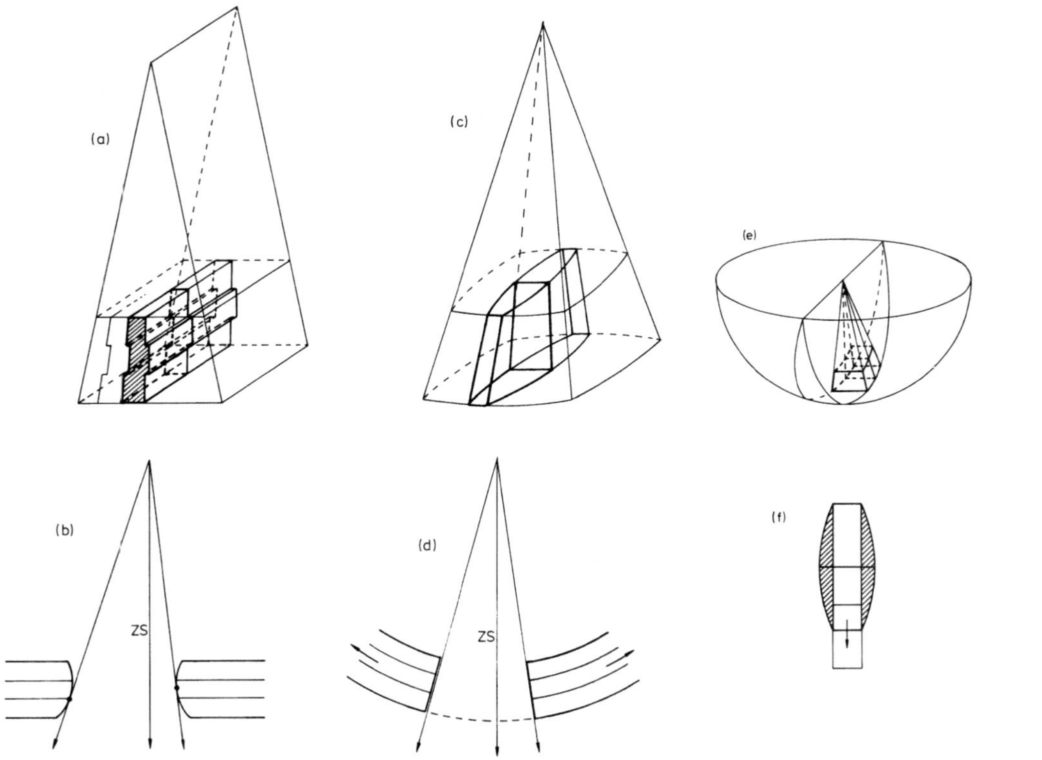

Fig. 9.19: (a): Einfach konvergierender Lamellenkollimator mit gestuften Seitenflanken zur Transmissionsverbesserung. (b): Gerundete Vorderflanken beim Kollimator nach a. (c): Theoretisch erwünschte Lamellenform eines doppelt fokussierenden Kollimators. (d): Fokussierte Vorderflanke der Lamellen nach c. (e): Orangenscheibenmodell einer doppelt fokussierenden Einzellamelle. (f): Aufsicht zu e. Da beim Verschieben einer Lamelle der verfügbare Platz durch Nachbarlamellen benötigt wird, müssen die Lamellen auf die der weitesten Verschiebung entsprechende Breite reduziert werden. Dies führt zu einer erhöhten, lageabhängigen Transmission zwischen den Lamellen.

Neben den Transmissions- und Halbschattenproblemen quer zur Lamellenlängsrichtung tritt bei einfach oder nicht fokussierten Ausführungen eine zusätzliche Schwierigkeit an den Vorderflanken der Lamellen auf. Bei einer Kreislinienführung können die Vorderflanken der Lamellen ähnlich den konventionellen Kollimatoren auf den Fokus ausgerichtet werden, sie haben also ebene Vorderflächen. Der Nutzstrahl sieht immer die volle, durch die Lamellenhöhe definierte Materialstärke. Bei linear in einer Ebene verschobenen Lamellen ist eine Fokussierung nicht möglich. Um dennoch ausreichend kleine Halbschatten zu erhalten, werden die Vorderflanken bei diesen Kollimatoren so gerundet, dass unabhängig von der eingestellten Feldgröße ein vom Fokus ausgehender Strahl immer tangential an die Vorderflanke der Lamelle trifft (s. Fig. 9.19b). Diese weisen dann aber eine erhöhte Transmission auf, da sich nur jeweils geringere Materialstärken im Strahl befinden. Dadurch verschlechtert sich der Halbschatten im Vergleich zu einem doppelt fokussierenden Kollimator geringfügig.

Allerdings erhält man eine feldgrößenunabhängige Transmission und Halbschattenverbreiterung. Ob diese Vergrößerung der Halbschatten therapeutisch relevant ist, hängt von den sonstigen die Strahloptik beeinflussenden Größen wie Brennfleckabmessung, Streuvorgängen im Ausgleichskörper und letztlich auch der Streuung im Patienten ab. Um eine trotz der Stufung der Lamellenflanken eine erhöhte Transmission durch die Lamellenzwischenräume zu vermeiden und als zusätzlicher Halbschattentrimmer wird oberhalb des MLC eine weitere Satellitenblende, also eine mitlaufende Wolframblende von einigen Zentimetern Stärke (backup-Blende) angebracht. Soll der MLC den konventionellen Photonenkollimator vollständig ersetzen, also sowohl als x-Blendenpaar als auch als y-Kollimator fungieren, sind solche Satellitenblenden nicht nur aus strahloptischen Gründen erforderlich. Da Lamellen so gefertigt werden, dass ihre effektive (wirksame) Breite im Isozentrum etwa 1 cm beträgt (bei 80 Lamellen, die tatsächlichen Lamellendicken liegen typischerweise bei etwa 5-6 mm), wäre ohne Zusatzblende die Abstufung der Bestrahlungsfelder quer zur Lamellenlängsrichtung sonst nur in Zentimeterabständen möglich.

Rechnergesteuerte Lamellenkollimatoren ermöglichen neben der irregulären Form einzelner Bestrahlungsfelder auch die Bestrahlung komplizierter räumlicher Zielvolumenstrukturen über Mehrfeldertechniken, was allerdings auch entsprechend spezialisierte Bestrahlungsplanungsprogramme für die notwendige dreidimensionale und dynamische Planung erfordert. Von diesen Programmen müssen die Steuerdaten für die dynamischen Kollimatorbewegungen direkt an die Beschleuniger übergeben werden. Diese müssen also auf die Übernahme der Daten vorbereitet sein und die Einstellung der Lamellen überwachen. Zur Positionsüberwachung der Lamellen müssen die Soll-Daten mit den Ist-Daten der Einstellungen für alle Lamellen verglichen werden. Bei rechnergestützten Systemen laufen dazu Stellwiderstände (Potentiometer) mit, die die Zahl der Drehungen der Antriebsspindeln der Lamellenmotoren in elektrische Signale umsetzen und diese an die Steuerrechner übermitteln. Eine andere Methode ist das Spiegelverfahren. Bei dieser Technik befindet sich auf der Oberseite jeder Lamelle am zentralen Lamellenende ein kleiner Spiegel. Eine Halogenlampe beleuchtet diese Spiegel, eine digitale Videokamera (CCD-Kamera) im Strahlerkopf bildet die Spiegelbilder auf eine Rechnerkonsole ab. Mit beiden Methoden können mit Hilfe automatischer Algorithmen die Positionen der Lamellen nicht nur überwacht sondern sogar ferngesteuert eingestellt werden. Bei der "Lamellenkollimatorplanung", also der Berechnung der Dosisverteilungen und der Bestrahlungszeiten (Monitoreinheiten) durch Therapieplanungssysteme, muss nicht nur die Reduktion der Streustrahlung im Patienten durch teilabgedeckte Bestrahlungsfelder sondern auch eine eventuelle Monitorrückstreuung und Veränderung der Bestrahlungsgeometrie durch Lamellenkollimatoren korrekt berücksichtigt werden.

Eine besondere Herausforderung ist die **intensitätsmodulierte** Strahlentherapie. Sie wird abkürzend als IMRT (**i**ntensitäts**m**odulierte **R**adio**t**herapie) bezeichnet. Bei dieser Technik werden die Felder bei einer bestimmten Gantry- und Strahlerkopfeinstellung in ihrer Form durch Verstellen einzelner oder mehrere Lamellen verändert und bestrahlt. Durch geeignete Kombination solcher intensitätsmodulierter Felder können nahezu beliebige dreidimensionale Dosisverteilungen erzeugt werden. Solche Verteilungen sind dann von besonderem Vorteil, wenn sich in unmittelbarer Nähe des therapeutischen Zielvolumens Risikobereiche befinden, die während der Behandlung weitgehend geschont werden sollen. IMRT-Bestrahlungen können im "Step and Shoot-Modus", also der sequentiellen Bestrahlung einzelner Felder aus einer Richtung oder mit dynamischer, also während der Bestrahlung vorgenommener Blendenverstellung durchgeführt werden. IMRT-Techniken erfordern eine besonders gründliche Planung, Dosimetrie und laufende Qualitätskontrollen auch bezüglich der Lagerung der Patienten während der Behandlung. Mit intelligenten Lamellensteuerungen können auch Nachführungssysteme zum Ausgleich von Patientenbewegungen während der Bestrahlung betrieben werden, wenn diese über Stereo-Röntgensysteme erkannt werden.

Zusammenfassung

- **Die beweglichen Photonenkollimatoren bestehen in modernen Linearbeschleunigern aus vier unabhängig verstellbaren Halbblenden aus Schwermetallen.**

- **In der Regel sind diese Blenden in Paaren angeordnet, die als x- und y-Blenden bezeichnet werden.**

- **Die Kollimatoren sind konvergierend ausgelegt, bleiben also bei ihrer Verstellung auf den Brennfleck im Bremstarget ausgerichtet.**

- **Sie sind über die geometrische Feldmitte hinaus auf die Gegenseite hin verstellbar. Dies wird als Overtravel bezeichnet.**

- **Beim Öffnen oder Verschließen einzelner Halbblenden verändert sich die Dosisleistung im Strahlenfeld durch Veränderung der Apertur, der eventuellen von der Bauart abhängigen Rückstreuung von Photonen in den Dosismonitor und durch die volumenabhängige Streustrahlung im Phantom oder Patienten.**

- **Da sich die beiden zugehörigen Halbblendenpaare (x-Blenden, y-Blenden) in unterschiedlichen Entfernungen zum Brennfleck und Dosismonitor befinden, verändern sie die Dosisleistungen unterschiedlich auch bei gleicher Feldfläche. Bei der Berechnung der Bestrahlungszeiten müssen diese Unterschiede beachtet werden.**

- **Die individuellste Art der Feldformung ermöglichen die Lamellenkollimatoren (Multileafkollimatoren, MLC). Sie bestehen aus bis zu 120 einzelnen Schwermetalllamellen, die einzeln auch über die geometrische Feldmitte hinaus verstellt werden können.**

- **Lamellenkollimatoren ermöglichen so beliebige Feldformen und sind die modernen Nachfolger der Absorberblöcke.**

- **Sie sind außerdem eine Voraussetzung für die intensitätsmodulierte Strahlentherapie IMRT.**

- **MLC können in den Strahlerkopf integriert sein oder extern als zusätzliche Kollimatoren im Bedarfsfall montiert werden.**

- **Manche Hersteller ersparen sich bei integrierten MLC aus Platz- oder Kostengründen ein Halbblendenpaar.**

- **Multileafkollimatoren erfordern eine sehr sorgfältige Dosimetrie, da die Dosisleistungen in den Phantomen von der relativen Lage des MLC zu den konventionellen Kollimatoren und zum Dosismonitor abhängen.**

- **Da MLC-Lamellen in der Regel nicht konvergierend geführt werden können, werden ihre Vorderflanken gerundet. Dies führt allerdings zu einer erhöhten Transmission an den Berührungsstellen gegenüberliegender Lamellen.**

- **Diese Transmission kann bis zu 50% der freien Dosisleistung betragen.**

- **In abgedeckten Feldbereichen sollten daher die Halbblenden der konventionellen Kollimatoren so weit wie möglich die MLC-Lamellen abdecken.**

9.5 Das Doppeldosismonitorsystem

Unterhalb des Ausgleichskörpers für den Photonenbetrieb und der Streufolien für die Elektronenhomogenisierung befindet sich das Strahlmonitorsystem. Es wird aus Sicherheitsgründen als Doppeldosismonitor ausgelegt und besteht aus mindestens zwei unabhängigen, räumlich getrennten Durchstrahl-Ionisationskammern (Fig. 9.20, s. a. Fig. 9.33). Diese sind jeweils wieder in mehrere unabhängige Sektoren, z. B. zwei voneinander unabhängige Hälften geteilt. Die Unterteilungen der beiden Monitorkammern sind um 90° gegeneinander gedreht. Manchmal befinden sich in der Peripherie der Kammern noch weitere ringförmige Unterteilungen. Durch geschicktes Ausnutzen der Teilkammersignale kann nicht nur die Dosis als die Summe der Signale beider Hälften gemessen sondern auch die Symmetrie des Strahls geregelt werden. Dazu bildet man die Differenzen der jeweils korrespondierenden Halbsignale. Sind

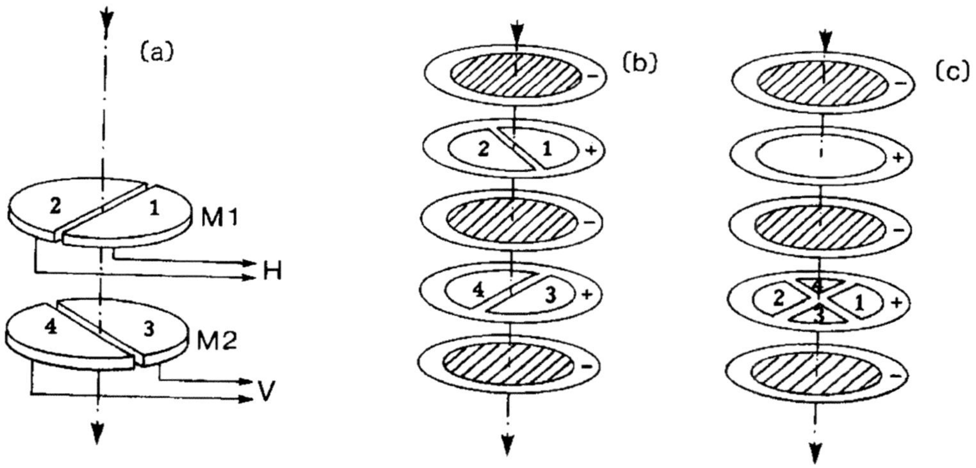

Fig. 9.20: Doppeldosismonitorsystem eines Beschleunigers für die Medizin, (a): Prinzip (M1, M2: Monitor 1+2, H: Horizontal-, V: Vertikalsteuersignale), (b,c): einfache technische Ausführungen.

diese von Null verschieden, sitzt der Strahl nicht symmetrisch und wird automatisch nachgeregelt. Man verstärkt die Differenzsignale und steuert mit ihnen die entsprechenden strahloptischen Elemente wie Quadrupollinsen und Umlenkmagnete. Die Strahlregelung ist durch die um 90° gedrehten Anordnungen der beiden Halbkammern getrennt in zwei zueinander senkrechten Ebenen möglich. Meistens wird nach horizontaler und vertikaler Symmetrie unterschieden, die sich auf die ursprüngliche Strahlrichtung und die Senkrechte dazu beziehen. Manche Monitorsysteme verwenden auch die Zerlegung in transversale und radiale Symmetrie und zeigen deshalb einen komplexeren Aufbau der Messfelder.

Der zweite Monitor dient zur Erhöhung der Betriebssicherheit. Beide Monitorsignale werden vom internen Sicherheitskreis ständig miteinander verglichen. Sobald die Monitoranzeigen größere Abweichungen zueinander zeigen, wird die Bestrahlung vom Interlocksystem unterbrochen. Die Summensignale von je zwei der insgesamt vier D-förmigen Halbkammern (Fig. 9.20a) dienen zur Dosismessung und werden zur internen Dosisleistungsregelung verwendet. Einer der Monitore gibt beim Erreichen eines bestimmten Ladungswertes einen Steuerimpuls an einen elektromechanischen oder elektronischen Zähler in der Bedienkonsole. Jeder Monitorimpuls setzt diesen externen Zähler um einen Schritt weiter. Das Hochzählen ist mit hörbaren Signalen verbunden ("Klack, Kick, ME" o. ä.), die auch eine akustische Überwachung der Bestrahlung ermöglichen. Als dritte Sicherheitsüberwachung dient eine Quarzuhr, die aus der Vorgabe der Monitoreinheiten für eine bestimmte Bestrahlung und der Solldosisleistung des Beschleunigers die zugehörige Zeit berechnet und überwacht. Dies ist natürlich nur möglich, wenn die Dosisleistung des Beschleunigers hinreichend geregelt, also durch elektronische Maßnahmen auf einem konstanten Wert gehalten wird.

Strahlmonitore können als offene oder geschlossene Ionisationskammern betrieben werden. Der Unterschied liegt im Verhalten der Systeme bei Temperatur- und Luftdruckänderungen und dem Einfluss auf das Strahlenbündel. Geschlossene Monitore sind in ihrer Anzeige unabhängig von klimatischen Umgebungsbedingungen. Wegen der massiveren Bauweise der durchstrahlten Kammerwände (Stabilität gegen äußere Luftdruckschwankungen) schwächen sie das Strahlenbündel durch Absorption, verändern seine spektrale Zusammensetzung und streuen das Strahlenbündel auf. Sie werden deshalb vorwiegend für den Photonenbetrieb verwendet. Offene Systeme ändern dagegen wie jede offene Ionisationskammer ihre Anzeigen mit dem Luftdruck und der Temperatur. Moderne medizinische Linearbeschleuniger besitzen interne Temperaturwächter zur Kühlwasserüberwachung, die einen Bestrahlungsbetrieb erst nach Erreichen einer Solltemperatur zulassen. Temperaturabhängigkeiten der Anzeigen offener Monitorkammern spielen deshalb bei Maschinen neuerer Bauart keine Rolle mehr. Luftdruckeinflüsse sind jedoch nach wie vor zu berücksichtigen.

Zur Kontrolle von Elektronenstrahlenbündeln und zur Dosis- bzw. Dosisleistungsmessung bei Elektronenstrahlung werden am besten offene, dünnwandige Messsysteme verwendet, da Veränderungen des Energiespektrums der Elektronen durch Materie im Strahlengang die therapeutische Verwendbarkeit der Elektronenstrahlung ungünstig beeinflussen können. Das Monitorsystem wird vom Medizinphysiker in regelmäßigen Abständen sorgfältig vermessen, da es ein Kernstück der internen Regelung der Beschleuniger und der externen Dosiskontrolle darstellt. Ein Ergebnis dieser Messungen sind z. B. die feldgrößenabhängigen Monitortabellen zur Bestrahlung von Patienten. Die ausgeklügelten modernen Monitorsysteme tragen wesentlich zur Betriebssicherheit heutiger medizinischer Beschleuniger bei.

9.6 Keilfilter zur Formung von Photonenfeldern

Eine der Möglichkeiten, Photonenfelder einseitig zu schwächen, um dadurch entweder Gewebedefizite im Patienten zu kompensieren oder Dosisüberhöhungen an bestimmten Stellen im Patienten zu vermeiden, ist der Einsatz so genannter **Keilfilter**. Sie haben ihren Namen aus dem nahezu dreieckigen Querschnitt und sind aus Schwermetall, meistens Blei, gefertigt. Keilfilter sind auch aus der Röntgendiagnostik bekannt und sorgen dort bei unregelmäßig geformten Zielvolumina für eine gleichförmige optische Dichte auf dem Röntgenfilm. Die zweite Möglichkeit zum Ausgleich von Gewebedefiziten ist die Verwendung individuell gefertigter **Kompensatoren**. In der Strahlentherapie wurden bisher meistens externe Keilfilter eingesetzt, die in die Satellitenhalterungen am unteren Ende des Strahlerkopfes eingeschoben wurden. Die typische Mindestentfernung zum Patienten von etwa 40 cm erhält den gewünschten Tiefendosis-Aufbaueffekt und ermöglicht so die entsprechende Schonung des oberflächennahen Gewebes.

Externe Keilfilter: Sie werden durch **Keilfilterwinkel** und **Keilfilterfaktoren** beschrieben. Unter dem Keilfilterwinkel versteht man die Neigung einer Referenzisodose im Wasserphantom und nicht den physikalischen (mechanischen) Winkel des Keilfilters selbst. Nach deutscher und internationaler Normung ([DIN 6847-4/IEC 976])

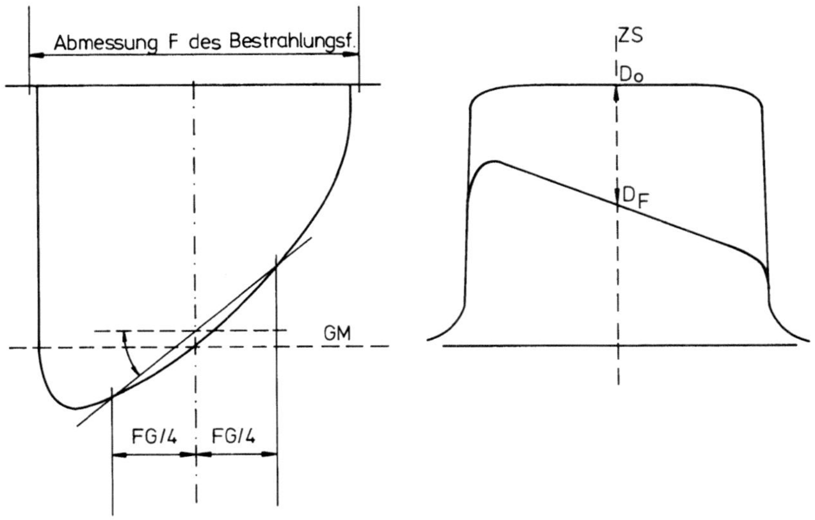

Fig. 9.21: (a): Definition des Keilfilterwinkels als Winkel zwischen Sekante der Isodose in der Standardmesstiefe mit den Schnittpunkten bei je einem Viertel der Feldgröße lateral des Zentralstrahls mit der Senkrechten zum Zentralstrahl nach [DIN 6847-4]. (b): Der Keilfilterfaktor ist das Verhältnis der Wasserenergiedosisleistungen auf dem Zentralstrahl in der Standardmesstiefe. Vorgaben für Standardmesstiefen haben für Photonenstrahlung typische Werte von 5-10 cm und finden sich in [DIN 6800-2].

soll der Keilfilterwinkel als "Isodosenneigungswinkel" in 10 cm Wassertiefe, der Standardmesstiefe für ultraharte Photonenstrahlung, angegeben werden. Zu seiner Bestimmung ist diejenige Isodose zu zeichnen, die in der Standardtiefe den Zentralstrahl schneidet. In den Isodosenplot ist der Verlauf der Strahlen einzuzeichnen, die

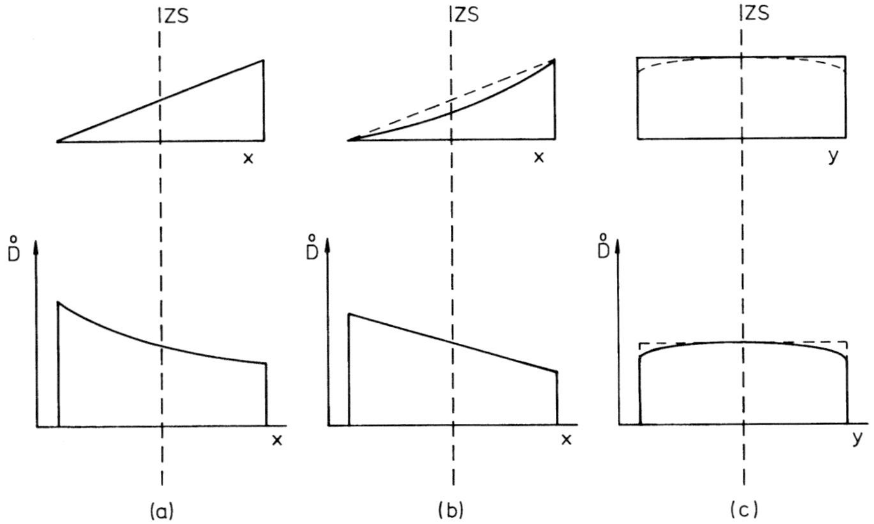

Fig. 9.22: Form konventioneller Keilfilter für die Strahlentherapie, oben: Keilfilterformen, unten: Dosisquerprofile, (a): linear geformter Dreieckskeilfilter in x-Richtung. Seine Form führt zu einem "exponentiellen" Querprofil und in Abhängigkeit vom Photonenspektrum zu ausgeprägten Rundungen in den Isodosenverläufen. (b): Keilfilter mit logarithmischem Verlauf entlang der Schräge für ein nahezu "lineares" Querprofil, (c): Kompensation der vergrößerten Transmissionswege und der durch Streuverluste bestimmten Rundungen im Randbereich der Strahlenfelder zur Formung des zur Keilfilterschräge orthogonalen y-Querprofils durch Verminderung der lateralen Keilfilterdicken (gestrichelte Linien, alle Darstellungen schematisch).

50% der Feldgröße definieren. Durch die Schnittpunkte dieser Strahlen mit der Isodose ist die Sekante zu zeichnen, dann ist ihr Winkel zur Senkrechten auf den Zentralstrahl zu bestimmen. Keilfilterfaktoren sind relative Schwächungswerte im Vergleich zum freien Feld, die dosimetrisch ebenfalls in der Referenztiefe im Wasserphantom bestimmt werden. Beide müssen bei der Bestrahlungsplanung und der Berechnung der Bestrahlungszeiten berücksichtigt werden.

Zusammenhang von Keilfilterprofil, Dosisquerprofil und Isodosenwinkel*: Die Schwächung eines Strahlenfeldes durch einen Keilfilter zeigt für monoenergetische Photonenstrahlung nach dem Schwächungsgesetz eine etwa exponentielle Abhängigkeit des Photonenflusses von der lokalen Keilfilterdicke. Die mit einem linearen

Schwermetall-Keilfilter (einem Keilfilter, dessen Verlauf durch eine Geradengleichung beschrieben werden kann) erzeugten Frei-Luft-Dosisquerprofile zeigen also unter Vernachlässigung der Streustrahlung im Filtermaterial dementsprechend einen exponentiellen Verlauf. Will man eine andere Form des Dosisquerprofils erreichen, dürfen die Keilfilter keine einfache Dreiecksform mehr haben. Um beispielsweise eine linear mit der Distanz zum Zentralstrahl zu- bzw. abnehmende Schwächung zu erreichen (lineares Dosisquerprofil), muss die lokale Keilfilterdicke wegen der exponentiellen Form des Schwächungsgesetzes negativ logarithmisch geformt sein, so dass Exponentialfunktion und Logarithmus sich gerade kompensieren (s. Fig. 9.22b)[2].

Die Form der Dosisquerprofile ist allerdings nicht alleine Ausschlag gebend für die Formgebung des Keils. Therapeutisch von Interesse sind vielmehr die Isodosenneigungen im Phantom. Um lineare Isodosenverläufe zu bewirken, müssen die Punkte gleicher Dosis auf den zentralen und allen dezentralen (off-axis) Tiefendosiskurven auf einer Geraden liegen. Die Tiefenverschiebungen Δz von Punkten gleicher Dosis müssen also rechts und links des Zentralstrahls in gleichem Abstand gleich groß aber entgegengesetzt sein. Tiefendosisverläufe entstehen aus der Überlagerung des Abstandsquadratgesetzes für die Dosisleistung mit der Schwächung des Strahlenbündels durch Wechselwirkungen mit dem Phantommaterial und der volumenabhängigen Streuung der Photonen. Werden Keilfilter zur Strahlprofilformung eingesetzt, werden die Tiefendosisverläufe zusätzlich durch die lokale Schwächung des Keilfilters und durch die veränderten Streubeiträge im bestrahlten Material in ihrer Amplitude verändert.

Trägt man in Wasser gemessene Tiefendosiskurven für ultraharte Photonenstrahlung halblogarithmisch als Funktion der Phantomtiefe auf, zeigen diese trotz des komplexen Wechselspiels zwischen Schwächung, Streuung und Abstandsquadratgesetz in Tiefen hinter dem Dosismaximum einen nahezu linearen Verlauf. Die Tiefendosisverläufe können also durch Exponentialfunktionen der Form

$$D_0(z) = D_0 \cdot e^{-\mu' \cdot z} \tag{9.1}$$

beschrieben werden. In dieser Formel ist D_0 die Amplitude der Exponentialfunktion, die dem Absolutwert der Maximumsdosisleistung entspricht, und μ' die Steigung der Tiefendosis, also eine Art effektiver Schwächungskoeffizient. Für den Sonderfall eines identischen exponentiellen Verlaufs sowohl der zentralen als auch der dezentralen Tiefendosiskurven, also der Beschreibung der Tiefendosen mit Hilfe von Exponentialfunktionen mit gleichem Exponentialfaktor μ', findet man einen einfachen rechnerischen Zusammenhang von Isodosenverschiebung (Tiefenverschiebung) und den Do-

[2] Ein mit x linear verlaufendes Dosisquerprofil wird durch eine Geradengleichung $D(x)=D_0\cdot(ax+c)$ beschrieben. Die zugehörige lokale Keilfilterdicke d(x) berechnet man durch Logarithmieren des Schwächungsgesetzes in der Form $D(x)/D_0=e^{-\mu\cdot d(x)}=ax+c$. Dies ergibt $d(x)=-(1/\mu)\cdot\ln(ax+c)$, also den negativ logarithmischen Verlauf des Keilfilterprofils mit der Breite x.

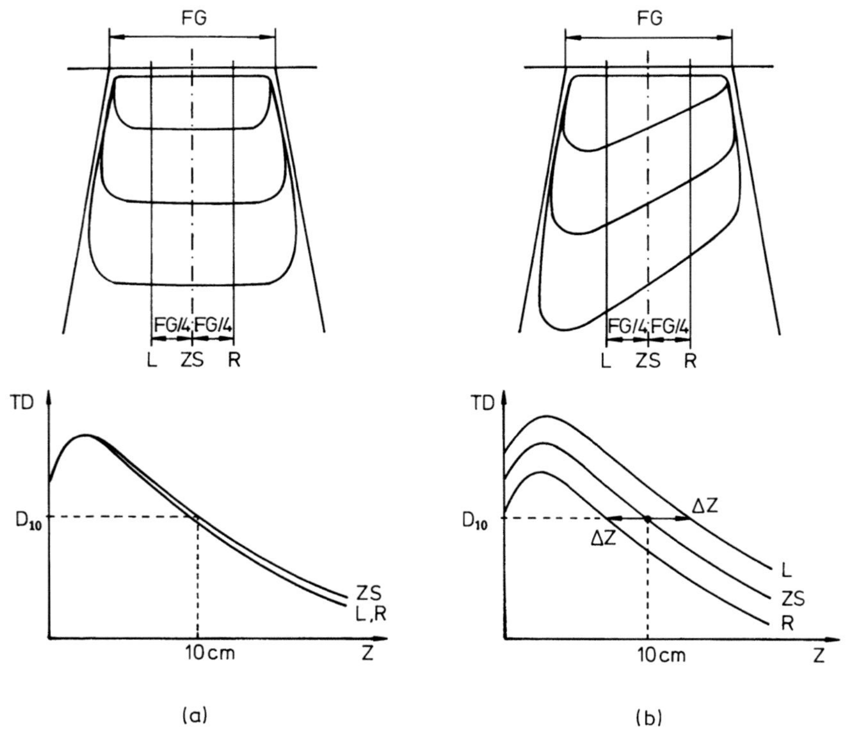

Fig. 9.23: Erzeugung von linearen Keilfilterisodosen anhand von exponentiellen Tiefendosen und exponentiellen Querprofilen. Die Dosisverteilungen (oben Isodosen, unten Tiefendosiskurven) sind im Zentralstrahl und lateral bei je einem Viertel der Feldgröße dargestellt. (a): Freies Feld, (b): mit einem linearen Keilfilter erzeugte Dosisverteilungen. Um die linearen Isodosenverläufe in (b, oben) zu erzeugen, benötigt man exponentielle Tiefendosiskurven und identische Tiefen-Verschiebungen der Punkte gleicher Dosisleistung Δz (s. Text).

sisverhältnissen von zentraler und dezentralen Tiefendosiskurven in der gleichen Tiefe. Bezeichnet man die Amplitude der Zentralstrahltiefendosiskurve mit D_0, die Amplituden rechts und links des Zentralstrahls mit D_{oben} für die dünnere Seite des Keilfilters und mit D_{unten} für die dickere Keilfilterseite und gilt für alle Tiefendosiswerte der gleiche effektive Schwächungskoeffizient μ', erhält man folgende Tiefendosisformeln:

$$D_0(z) = D_0 \cdot e^{-\mu' \cdot z} \tag{9.2}$$

$$D_{oben}(z) = D_{oben} \cdot e^{-\mu' \cdot z} \tag{9.3}$$

$$D_{unten}(z) = D_{unten} \cdot e^{-\mu' \cdot z} \tag{9.4}$$

Sollen die gleichen Tiefenverschiebungen Δz die gleichen Dosiswerte wie auf dem Zentralstrahl ergeben, erhält man folgende Dosisbedingungen (s. Fig. 9.23a):

$$D_0(z) = D_0 \cdot e^{-\mu' \cdot z} \tag{9.5}$$

$$D_{oben}(z + \Delta z) = D_{oben} \cdot e^{-\mu' \cdot (z+\Delta z)} = D_0 \cdot e^{-\mu' \cdot z} \tag{9.6}$$

$$D_{unten}(z - \Delta z) = D_{unten} \cdot e^{-\mu' \cdot (z-\Delta z)} = D_0 \cdot e^{-\mu' \cdot z} \tag{9.7}$$

Der direkte Vergleich der beiden rechten Seiten der Gleichungen (9.6) und (9.7) ergibt nach leichter Umformung für die Amplitudenverhältnisse die Werte:

$$\frac{D_{oben}}{D_0} = e^{\mu' \cdot \Delta z} = f \quad \text{und} \quad \frac{D_{unten}}{D_0} = e^{-\mu' \cdot \Delta z} = \frac{1}{f} \tag{9.8}$$

Wenn sich die Werte der korrespondierenden Tiefendosiskurven in der gleichen Tiefe für die dünnere Seite um den Faktor f und für die dickere Seite des Keilfilters um den reziproken Faktor 1/f von der Zentralstrahltiefendosis unterscheiden, erhält man identische Beträge der Tiefenverschiebungen Δz. Die Schrägung der Isodosen entsteht also aus dem Zusammenspiel von Querprofil und Tiefendosisverteilungen. Zusammenfassend ergibt sich für den oben definierten idealisierten Fall die Notwendigkeit exponentiell geformter Dosisquerprofile für alle Phantomtiefen zur Erzeugung linear verlaufender Isodosen. Es müsste also ein echter Dreieckskeilfilter mit linearer Schräge verwendet werden.

Reale Photonenstrahlungsbündel aus Elektronenlinearbeschleunigern unterscheiden sich von den oben genannten idealisierten Bedingungen. Sie sind bereits ohne Keilfilter mehr oder weniger inhomogen. Sie zeigen insbesondere deutliche Rundungen an den Rändern, die durch Streuverluste und andere Einflüsse der strahlformenden Elemente im Strahlerkopf verursacht werden. Die spektrale Zusammensetzung von Photonenstrahlenbündeln ist heterogen, da die Photonen in Bremsstrahlungsprozessen erzeugt werden und das Strahlenfeld mit Hilfe des Ausgleichskörpers räumlich homogenisiert wird. Die spektrale Zusammensetzung des Photonenstrahlenbündels ist deshalb von der relativen Position zum Zentralstrahl abhängig. Sie variiert außerdem mit dem Strahlerkopfdesign und kann sich sogar innerhalb eines Beschleunigers je nach gewählter Energiestufe unterscheiden.

Wegen der lageabhängigen Strahlungsqualität ist der effektive Schwächungskoeffizient in bestrahlten Materialien ebenfalls lageabhängig. Dies würde schon bei homogenen Absorbern im Strahlengang zur Ausbildung positionsabhängiger Querprofile führen. Da insbesondere der Randbereich des Feldes beim Feldausgleich durch niederenergetische Streustrahlung aufgesättigt wird, erhöht sich dort im Vergleich zur Feldmitte der Wert des effektiven Schwächungskoeffizienten. Im Phantommaterial ist der Schwächungskoeffizient zudem tiefenabhängig, da für hochenergetische Röntgenstrahlung dem primären Strahlenfeld durch Streuprozesse in der Tiefe mehr und mehr niederenergetische Anteile zugemischt werden. Wird zusätzlich der Keilfilter in den Strahlengang gebracht, führt dies zu weiteren positionsabhängigen Modifikationen der spektralen Verteilung mit entsprechenden Auswirkungen auf die Wechselwirkungswahrscheinlichkeit und die Form der Dosisquerprofile.

Unter realen Bedingungen ergeben sich also mehr oder weniger ausgeprägte Abweichungen von der Notwendigkeit einer exponentiellen Schwächung für das Dosisquerprofil, die von der individuellen Konstruktion des Strahlerkopfes herrühren. Keilfilter zeigen daher im Allgemeinen nicht den oben beschriebenen und unterstellten linearen Verlauf. Soll die erhöhte Rundung der Querprofile von Keilfilterfeldern im Randbereich vermieden werden, muss die effektive Dicke der Keilfilter am dicken und am dünnen Ende zusätzlich vermindert werden. Keilfilter werden daher in der Regel nicht theoretisch berechnet sondern eher empirisch geformt und optimiert.

Da sich die spektrale Zusammensetzung des Photonenstrahlenbündels nicht nur mit der relativen Lage zum Zentralstrahl und der lokalen Keilfilterdicke sondern auch mit der Tiefe im Phantom und zusätzlich mit der Feldgröße und dem durchstrahlten Volumen verändert, können Keilfilter-Isodosenverläufe nur in sehr eingeschränkten Feldgrößenbereichen und in bestimmten Phantomtiefen linearisiert werden. Keilfilterisodosen laufen also in der Regel mehr oder weniger gekrümmt und sind an den Rändern durch Streudefizite stärker gerundet. Neben der Neigung des Keilfilters muss auch die Form quer zur Schräge des Keilfilters geeignet ausgelegt werden. Die Materialdicke muss wegen der durch den divergenten Strahl verursachten schrägen Transmission und der Abnahme der Dosisleistung im Randbereich therapeutischer Strahlenfelder nach außen hin geringfügig verringert werden, um über die gesamte Feldbreite die gleichen Schwächungswerte zu erreichen (Fig. 9.22c).

Für die Formung des Keilfilters im Randbereich der Strahlenfelder gelten die gleichen Überlegungen wie oben. Die komplexen Abhängigkeiten der Strahlschwächung und Isodosenformung von der Lage im Strahlenfeld und der Tiefe im Phantom dürften wohl auch der Grund dafür sein, dass in der internationalen Normung der Keilfilterwinkel sowohl in einer standardisierten Messtiefe bei einer festen Feldgröße als auch als Sekante und nicht als Tangente angegeben werden muss (s. oben). Wird aus Fertigungs- oder aus Kostengründen auf eine physikalisch saubere und an die Photonenenergieverteilung im Strahlenbündel angepasste Formung des Keilfilters verzichtet, führt dies vor allem im Randbereich der Bestrahlungsfelder und in größeren Phantomtiefen zu starken Rundungen der Querprofile und der Isodosen.

Da externe Keilfilter unten am Strahlerkopf angebracht werden, haben sie bei hohem Isodosenwinkel und großen Feldern erhebliche Massen, die vom medizinisch-technischen Personal zusätzlich zu den individuellen Blenden und dem anderen Bestrahlungszubehör hantiert werden müssen. Deshalb und wegen ihrer Abbildungseigenschaften werden externe Keilfilter meistens nur für einen eingeschränkten Feldgrößenbereich angeboten. Sie leiden außerdem bei etwas "rauhem" Umgang manchmal in ihrer Form und Funktionstüchtigkeit. Um Bestrahlungsfehler zu vermeiden, sollten Keilfilter kodiert sein, so dass ihre Anwesenheit und ihr Typ durch das interne Kontrollsystem der Beschleuniger überwacht werden. Der Einsatz von externen Keilfiltern oder anderem das Strahlprofil formenden Zubehör verschlechtert immer die Oberflächendosis und durch Streuung auch die Strahlquerprofile im Vergleich zum freien Feld. Diese Veränderungen sind umso deutlicher, je dichter sich das Zubehör am Patienten befindet. Aus diesen strahloptischen Gründen und zur Verbesserung der Praktikabilität bieten moderne Beschleuniger zwei intelligente Alternativen zu den konventionellen externen Keilfiltern, die motorischen und die dynamischen (virtuellen) Keilfilter.

Motorische Keilfilter: Motorische Keilfilter sind bereits im Strahlerkopf integriert und vergleichsweise fokusnah angebracht. Sie befinden sich in der Regel unterhalb des Strahlmonitors und können ferngesteuert und automatisch durch den Steuerrechner des Beschleunigers betrieben werden. Da der Platz in einem Strahlerkopf sehr beschränkt ist, wird in der Regel nur ein einziger Keilfilter mit einem festen Winkel (meistens 60° Isodosenwinkel) vorgesehen. Dieser motorische Keilfilter ist mit dem Kollimatorsystem verbunden und kann deshalb wie dieses um die Zentralstrahlachse rotiert werden. Befindet sich der motorische Keilfilter unterhalb des Strahlmonitors, sind die Monitoranzeigen bis auf geringfügige Rückstreuanteile unabhängig von der Anwesenheit des Keilfilters und können wie bei externen Keilfiltern üblich berechnet werden. Befindet sich der Keilfilter dagegen vor dem Dosismonitor, führt dies zu einer lageabhängigen Veränderung der Monitorsignale. Zum einen wird die Rechts-Links-Symmetrie durch den Keilfilter gestört, zum anderen wird auch das Summensignal um den Keilfilterfaktor verändert. In diesem Fall muss die Steuerelektronik natürlich entsprechende Korrekturen der Monitoranzeige berücksichtigen.

Um beliebige von 60° abweichende Isodosenwinkel zu erzeugen, wird die Gesamtbestrahlungszeit für ein Feld in keilfilterfreie Zeitanteile mit offenem Feld und entsprechende Anteile mit eingefahrenem Keilfilter zerlegt. Die relative Expositionszeit des Keilfilters wird dabei automatisch nach Wahl des Keilfilterwinkels von der Linacelektronik berechnet. Die genauen Vorschriften zur Erzeugung eines bestimmten Keilfilterwinkels hängen selbstverständlich von der individuellen Strahlerkopfgeometrie und insbesondere von der relativen Lage von motorischem Keilfilter und Dosismonitor ab. Interne motorische Keilfilter sind wegen ihrer Fokusnähe wesentlich kompakter als externe Filter. Sie müssen daher besonders sorgfältig berechnet und mit geringen Toleranzen gefertigt werden. Da interne motorische Keilfilter dem direkten Zugriff und der Kontrolle des Bedienenden entzogen sind, muss ihr Einsatz und die Genauigkeit der Positionierung besonders gründlich vom Sicherheitssystem überwacht werden. Wegen ihrer Fokusnähe haben motorische Keilfilter wenig Einfluss auf die Phantomoberflächendosis, sie verändern allerdings wie die externen Keilfilter die spektrale Zusammensetzung (die spektrale Photonenfluenz) im Strahlenbündel.

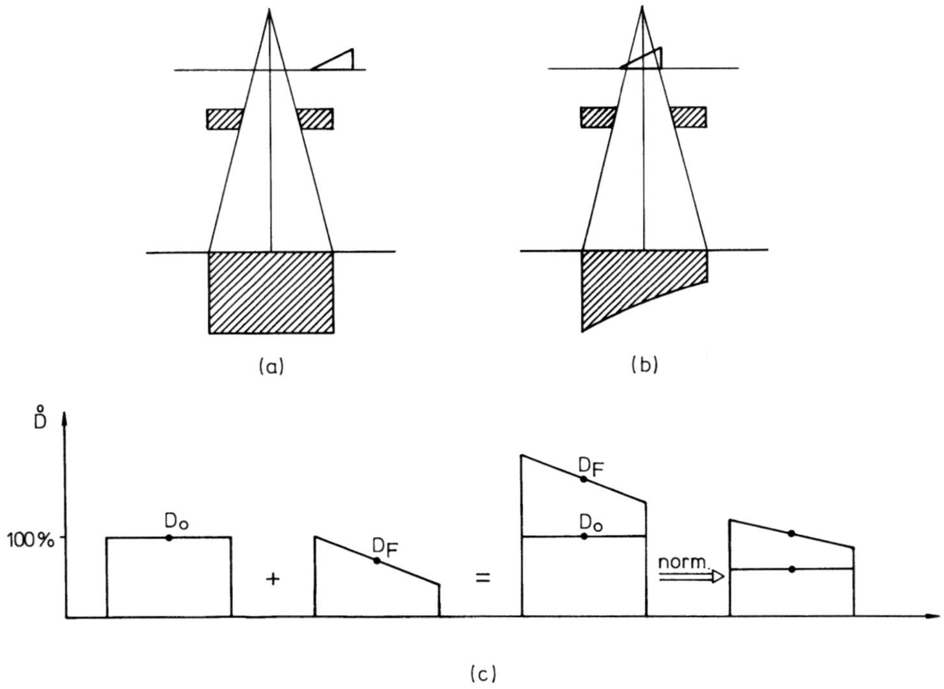

Fig. 9.24: Methode der motorischen Keilfilter, (a): Freies Feld mit zurückgezogenem Keilfilter und rechteckigem Dosisprofil, (b): eingefahrener linearer Keilfilter mit exponentiellem Dosisquerprofil, (c): zeitgewichtete Addition eines freien Feldes und eines Keilfilterfeldes. Durch Umnormierung der Summenverteilung auf die gleiche Zentralstrahldosisleistung wie das freie Feld (D_0) entsteht das Dosisquerprofil mit verringerter Dachneigung und somit kleinerem effektiven Keilfilterwinkel (rechts). D_F ist die Zentralstrahl-Dosisleistung für das Keilfilterfeld, das die gleiche maximale Dosisleistung am Feldrand hat wie das freie Feld.

Dynamische Keilfilter: Bei der Methode der dynamischen oder virtuellen Keilfilter werden überhaupt keine Strahl formenden Absorber mehr verwendet. Die Formung der Strahlquerprofile geschieht bei diesem Verfahren nur durch dynamisches Verstellen der Halbblenden des Photonenkollimators während der Bestrahlung. Voraussetzung für das Funktionieren dieser Methode sind also einzeln fahrbare Halbblenden, die zudem über die Mitte des Bestrahlungsfeldes, die Zentralstrahlachse, hinaus verstellbar sein müssen. Den Weg über die Feldmitte hinaus bezeichnet man als "Overtravel" einer Blende. Zum Verständnis der dynamischen Keilfilterwirkung sei der Einfachheit halber angenommen, dass ein Bestrahlungsfeld am linken Feldrand die volle Dosis, auf der anderen, rechten Seite dagegen keinerlei Dosis erhalten soll. Dazu stellt man den linken Feldrand mit der linken Blende ein, die rechte Halbblende wird auf den rechten Feldrand gestellt. Das Feld ist also vollständig geöffnet. Die Bestrahlung wird gestartet und dabei die rechte Halbblende stetig geschlossen, bis sie die Position des linken Feldrandes erreicht hat. Nach Erreichen dieser Position wird die Bestrahlung beendet. Dieser Betriebsmodus erzeugt eine maximale "Schrägung" des Dosisquerprofils, die für den therapeutischen Betrieb allerdings in der Regel nicht erwünscht wird (Fig. 9.25a).

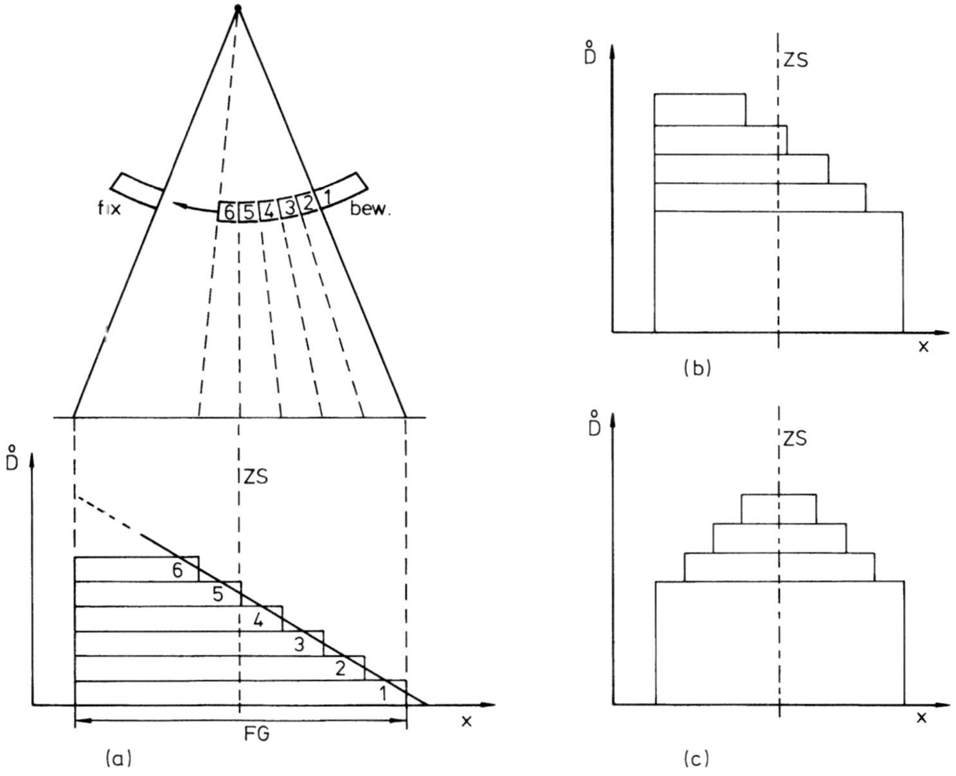

Fig. 9.25: Technik der dynamischen Keilfilter: (a): Erzeugung eines Strahlenquerprofils mit maximaler Dosisleistung links und ohne Dosisleistung am rechten Feldrand durch schrittweises Schließen der rechten Halbblende mit jeweils gleichen Zeitgewichten für die jeweilige Blendenposition. (b): Überlagerung eines freien Feldes mit einem dynamisch geformten Keilfilterquerprofil zur Erzeugung eines kleineren effektiven Keilfilterwinkels. (c): Erzeugung einer pyramidenförmigen Dosisverteilung zur Verminderung der Dosisleistungen an den beiden Feldrändern (Kompensatorwirkung) durch simultanes Schließen beider Halbblenden.

Sollen mit dieser Technik Isodosenformungen mit beliebigen Keilfilterwinkeln erreicht werden, erzeugt man zeitliche Überlagerungen eines freien Feldes mit einem virtuellen Keilfilterfeld (Fig. 9.25b). Ähnlich wie bei den motorischen Keilfiltern werden dazu die relativen Zeitgewichte für das freie Feld und das teilabgedeckte Feld bzw. die Geschwindigkeiten der Blendenbewegungen vom Linacrechner geeignet berechnet und gesteuert. Soll beispielsweise ein exponentielles Querprofil erzeugt werden, muss die Geschwindigkeit der schließenden Halbblende beim Zufahren stetig vermindert werden.

Da die Erzeugung eines Intensitätsprofils bei dynamischen Keilfiltern nicht durch das Schwächungsgesetz in einem Keilfiltermaterial sondern überwiegend durch die Blendenbewegungen bestimmt wird, ist das erzeugte primäre Dosisquerprofil weitgehend unabhängig von der Strahlungsqualität. Es verändert sich aber selbstverständlich wegen der Wechselwirkungen des geformten Strahlenbündels mit dem Phantommaterial ebenso wie bei den anderen Keilfiltertechniken mit der Tiefe im Phantom. Ein Vorteil der virtuellen Keilfiltertechnik ist die sehr geringe Abhängigkeit der Form der Tiefendosisverteilungen vom Keilfilterwinkel. Dies hat seinen Grund in der Tatsache, dass die spektrale Zusammensetzung des Strahlenbündels anders als bei echten externen oder motorischen Keilfiltern wegen des Wegfalls absorbierender Materialien im Strahlengang im Vergleich zum freien Feld kaum verändert wird. Durch die variablen Streubeiträge aus dem durchstrahlten Phantomvolumen und eventueller kleiner feldgrößenabhängiger Streubeiträge aus dem Strahlerkopf sind geringfügige Variationen der Tiefendosis allerdings auch bei dynamischen Keilfiltern zu erwarten.

Die zum Betrieb solcher virtueller Keilfilter entwickelte Technik kann übrigens auch dazu benutzt werden, komplexere Feldformen durch Auf- und Zufahren der vier Halbblenden eines Photonenkollimators während der Bestrahlung zu erzeugen (Fig. 9.25c). Die zusätzliche an die Bewegung der Blenden gekoppelte zeitliche Modulation der Strahlintensität (Dosisleistungsvariation) erlaubt darüber hinaus die Erzeugung komplexer, individueller Dosisverteilungen im Rahmen der Konformationstherapie.

Ein Problem der virtuellen Keilfiltertechnik ist die Einschränkung auf kleine Bestrahlungsfelder, da Photonen-Halbblenden wegen mechanischer Schwierigkeiten meistens nur einen "Overtravel" von 10 cm aufweisen. Sie können also höchstens 10 cm in die gegenüberliegende Feldhälfte hinein verstellt werden. Maschinen mit virtuellen Keilfiltern benötigen deshalb zusätzliche externe Keilfilter für die restlichen Feldgrößen. Ein weiteres Problem ist die dosimetrische Überwachung solcher virtueller Keilfilter und die experimentelle Bestimmung von Dosismonitorfaktoren bei diesen teilweise bewegten Blenden. Sowohl Keilfilterfaktoren, also die Dosisleistungsreduktion auf dem Zentralstrahl in den verschiedenen Phantomtiefen, als auch die erzeugten Isodosen hängen von der momentanen Dosisleistung und der Kollimatorgeschwindigkeit ab.

Eine Voraussetzung für das Funktionieren der virtuellen Keilfiltertechnik ist daher eine hochwirksame Dosisleistungsregelung, wie sie in modernen, digital gesteuerten

Linearbeschleunigern mit getasteter Kathode zur Verfügung steht. Dynamische Keilfiltertechnik erfordert außerdem eine hochpräzise und sehr variable Bewegungssteuerung der Photonenblenden. Die virtuelle Keilfiltertechnik kann prinzipiell auch mit Lamellenkollimatoren bewerkstelligt werden. Wird der Lamellenkollimator wie ein konventioneller Kollimator eingesetzt, werden also alle Lamellen einer Halbblende simultan verstellt, bestehen keine prinzipiellen Unterschiede zur üblichen dynamischen Keilfiltertechnik. Sollen dagegen einzelne Lamellen individuell verfahren werden, um spezielle Feldformen und Dosisprofile zu erzielen, wächst der Steuer- und Regelaufwand. Entsprechend durchdacht müssen die Sicherheitskontrollen, die physikalische Qualitätssicherung und die Dosimetrie individueller, mit Lamellenkollimatoren dynamisch erzeugter Keilfilterfelder sein.

Zusammenfassung

- **In modernen medizinischen Elektronenlinearbeschleunigern werden drei Arten von Keilfiltern verwendet, die externen physikalischen Keilfilter, die internen motorischen Keilfilter und die dynamischen Keilfilter.**

- **Externe physikalische und interne motorische Keilfilter bestehen aus Schwermetallen (meistens Blei) und formen das Strahlquerprofil durch ihre dickenabhängige Schwächung.**

- **Die Wirkung von Keilfiltern wird mit den Keilfilterfaktoren beschrieben, die das Verhältnis der Dosisleistungen mit und ohne Keilfilter angeben.**

- **Diese Keilfilterfaktoren sind von der verwendeten Feldgröße und der Strahlungsqualität abhängig.**

- **Zur Kennzeichnung der Keilfilter wird die Neigung der Sekante durch die 50%-Isodose relativ zum Zentralstrahl bei der halben Feldgröße angegeben. Übliche Winkel sind 15, 30, 45 und 60 Grad.**

- **Externe Keilfilter können in verschiedenen Entfernungen zum Photonen-Kollimator angebracht werden und ändern dabei wegen der unterschiedlichen Apertur (dem Blickwinkel auf die Photonenquelle) geringfügig ihre schwächende Wirkung und somit auch die Keilfilterfaktoren.**

- **Motorische Keilfilter sind innerhalb des Strahlerkopfes untergebracht. Sie sind meistens auf einen konstanten Keilfilterwinkel von 60 Grad ausgelegt.**

- **Sollen mit motorischen Keilfiltern andere Keilfilterwinkel als 60 Grad verwirklicht werden, wird eine Überlagerung freier und abgedeckter Felder verwendet.**

- **Dynamische Keilfilter erzeugen die gewünschte Isodosenneigung durch einseitiges Verstellen einer Halbblende während der Bestrahlung.**

- **Sie bringen also keine zusätzlichen Schwächungsmaterialien in das Bestrahlungsfeld und kontaminieren daher den Nutzstrahl auch nicht mit dort entstandenen Sekundärstrahlungen wie Elektronen und niederenergetischen Streuphotonen.**

- **Die Folge sind geringere Hautdosen und vernachlässigbare Veränderungen der spektralen Verteilungen im Nutzstrahlenbündel.**

9.7 Portal-Imaging-Systeme

Portal-Imaging-Systeme dienen zur Online-Überwachung der Bestrahlung von Patienten. Insbesondere soll mit ihnen überprüft werden, ob Risikoorgane wie das Rückenmark oder andere strahlenempfindliche Regionen versehentlich im Strahlenfeld liegen und dadurch mitbestrahlt werden. Ein Grund für die Zunahme der Portal-Imaging Kontrollen ist die notwendige Überwachung der komplexen individuellen Feldeinstellungen mit modernen Kollimatorsystemen wie dem Lamellenkollimator, den asymmetrischen Blenden und den individuell gefertigten Absorbern. Um Nebenwirkungen der Bestrahlungen zu vermindern, wird heute gerne die so genannte "shrinked-field-Technik" verwendet, bei der nach einer bestimmten Teildosis die therapeutischen Volumina gezielt verkleinert werden. Diese Technik kann nur dann den Therapieerfolg garantieren, wenn bei der Feldverkleinerung die vom Arzt vorgegebenen Zielvolumina auch tatsächlich exakt eingehalten werden.

Beim Portal-Imaging wird das therapeutische Strahlenbündel simultan mit zur Bildgebung verwendet. Die einfachste und konventionelle Methode ist die Anfertigung von Röntgenfilmaufnahmen während der Bestrahlung. Die dazu verwendeten Filme müssen wegen der hohen therapeutischen Dosen wesentlich unempfindlicher sein als die üblichen Röntgenfilme. Portal-Filme werden aus zwei Gründen in Metallkassetten untergebracht. Zum einen setzt die Kassette durch den in ihr ausgelösten Sekundärelektronenfluss die benötigte Dosis so herab, dass schon nach wenigen cGy auf dem Film ein Bild mit ausreichendem Kontrast erzeugt wird. Zum anderen entsteht bei der Transmission des Photonenstrahlenbündels durch den Patienten durch Wechselwirkungen (Paarbildung und Comptoneffekt) ein die Bildinformation verschleiernder Fluss von Sekundärelektronen, der zur Verbesserung der Bildqualität durch die Metallkassette vom Film abgehalten werden kann. Als Ersatz für Filme können auch Speicherfolien z. B. mit Selenbeschichtung verwendet werden, die nach der Belichtung mit Lasern abgescannt werden.

Ein Nachteil dieser konventionellen Techniken ist die sehr dürftige Bildqualität der Portalaufnahmen, die im Wesentlichen auf die verwendete ultraharte therapeutische Strahlungsqualität und die damit verbundene grundsätzliche Kontrastarmut zurückzuführen ist. Ein weiteres Manko ist die Zeitspanne zwischen Belichtung und Beurteilung der Filme, die ja vor Betrachtung entweder zunächst entwickelt und fixiert oder mit dem Laser eingelesen werden müssen. Eine Online-Überwachung ist also mit Filmen nicht möglich. Will man Live-Bilder des Patienten während der Bestrahlung erhalten, ist man wie in der Röntgendiagnostik auf Durchleuchtungstechniken angewiesen. Leider existieren keine Röntgenbildverstärker, die für therapeutische Strahlungsqualitäten geeignet wären. Abhilfe schaffen zwei heute auch kommerziell verfügbare Techniken. Die eine Methode benutzt mit Leuchtstoffen beschichtete Schirme als Detektoren, die über eine 45°-Spiegelanordnung auf eine digitale Fernsehkamera (CCD-Kamera) abgebildet werden (Fig. 9.26b, 9.27a). Das andere Verfahren verwendet eine Matrix aus Flüssigionisationskammern oder flächige Halbleiterdetektoren, deren Messsignale über sehr empfindliche und hochohmige Verstärker in einen Rechner zur weiteren Verarbeitung eingespeist werden (9.27b).

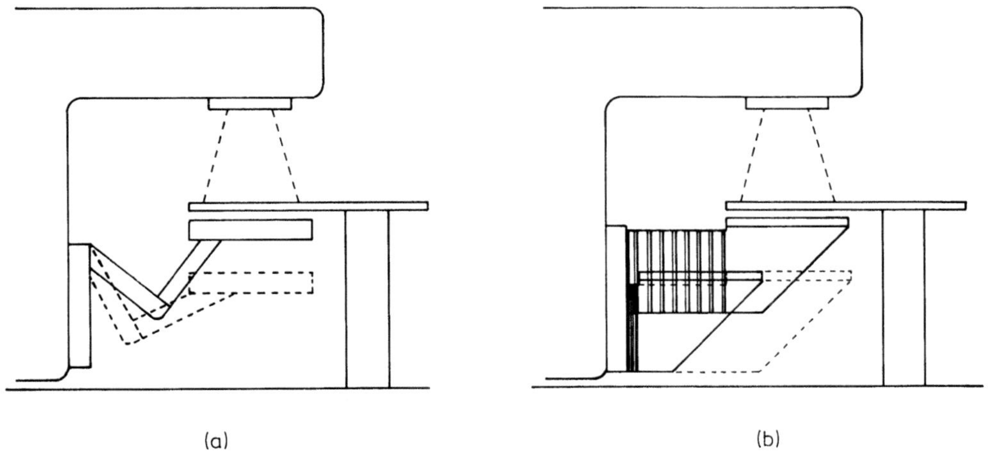

Fig. 9.26: (a): Anordnung eines elektronischen Portal-Imaging-Systems mit Flüssigionisationskammer oder dem moderneren Festkörperdetektor, (b): Portal-Imaging-System mit Leuchtschirmtechnik und CCD-Kamera. Beide Systeme sind bzgl. ihres Fokusabstandes und des Abstandes zum Bestrahlungstisch verstellbar. Das CCD-System benötigt wegen der starren Spiegelanordnung auch im versenkten Zustand etwas mehr Platz.

Beide Detektorarten werden auf der dem Fokus gegenüberliegenden Seite des Patienten angebracht. Ihre vertikale Lage (der Abstand der Bildebene vom Isozentrum) kann ferngesteuert, automatisch oder per Hand justiert werden. Da die Flachdetektorsysteme keine Spiegeloptik benötigen, können die Detektoren leicht auch seitlich verschoben werden, so dass auch "off-axis-Aufnahmen" mit dezentrierter Messmatrix angefertigt werden können. Moderne Portalimaging-Systeme benötigen Dosen von nur noch wenigen cGy zur Erzeugung eines ausreichend auflösenden und kontrastreichen

Bildes. In allen kommerziell verfügbaren Systemen werden die Portal-Aufnahmen dazu während oder unmittelbar nach der Aufnahme durch Filterung und Kontrastanhebung nachbearbeitet, um deren optische Qualität zu verbessern. Die Leistungen moderner Rechner erlauben sogar die Aufnahme von schnell aufeinander folgenden Serienbildern während der Bestrahlung eines Feldes. Die Aufnahmen können nach der Beendigung der Bestrahlung wie ein Film abgespielt werden ("Cine-Mode": Kino-Betrieb). Die modernen Kollimatorsteuerungen der Beschleuniger ermöglichen auch die Überlagerung von Aufnahmen mit offenem Feld und anschließend überlagerten Aufnahmen mit der therapeutischen Feldgröße. Diese Technik hilft bei der Orientierung im Bestrahlungsfeld, da die Aufnahmen besonders sehr kleiner Zielvolumina am Körperstamm ohne ihre anatomische Umgebung kaum zu beurteilen wären.

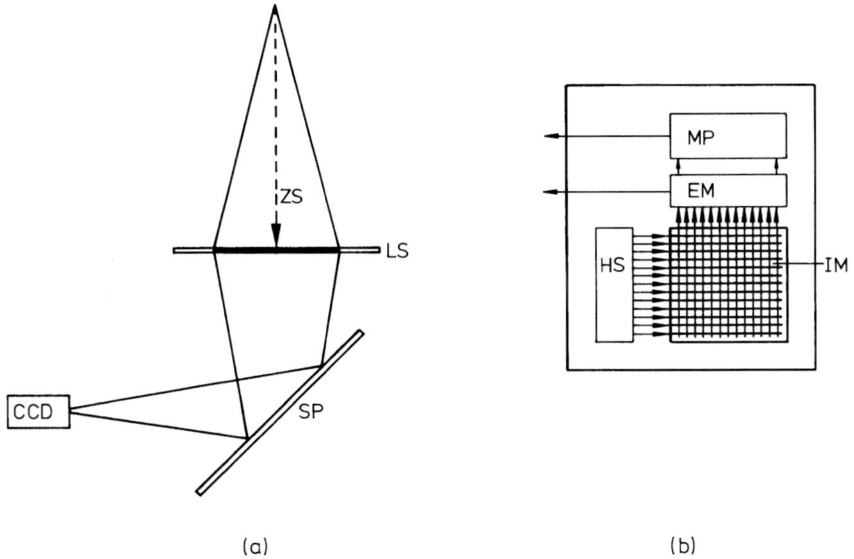

Fig. 9.27: (a): Strahlengang beim 45°-Spiegelsystem (nach Fig. 9.26b), ZS: Zentralstrahl, LS: Leuchtschirm, SP: 45°-Spiegel, CCD: Digitale Kamera, (b): Prinzip der Ionisationskammermatrix mit 256x256 Bildpunkten als elektronischer Detektor für ein Portal-Imaging-System (nach Fig. 9.26a), HS: Hochspannungsschalter zur Zeilenanwahl, EM: Elektrometerverstärker, MP: Multiplexer, IM: Ionisationskammermatrix.

Ein Vorteil der digitalen Bildnachverarbeitung in Rechnern ist die Möglichkeit, Portal-Aufnahmen mit einem vorher eingespeisten Referenzbild, z. B. einer Simulatoraufnahme, oder mit früheren Portal-Bildern zu vergleichen. Dazu können innerhalb der Referenzbilder durch den Arzt bestimmte Referenzpunkte oder Konturen definiert werden, deren Lage im Live-Bild vermaßt und verglichen werden kann. Bei intolerablen Abweichungen von Soll- und Ist-Lage dieser Referenzstrukturen kann die Bestrahlung des Patienten automatisch unterbrochen werden. Da die Patienten aber auch bei optimaler Lagerung immer einen bestimmten Bewegungsspielraum benötigen beispielsweise für die Atembewegung, Peristaltik, Herzschlag und Puls, sollte erst bei Überschreiten bestimmter "physiologischer" Toleranzen in die Bestrahlung eingegriffen werden.

Es hat einige, bisher allerdings erfolglose Anstrengungen gegeben, aus solchen Berechnungen die Lage des Patienten durch automatische Steuerung der Bestrahlungstische noch während der Bestrahlung zu korrigieren. Solche Versuche scheiterten aus mehreren Gründen. Zum einen ist die automatische quantitative Beurteilung der Bewegung eines Patienten als noch hinnehmbar oder als nicht mehr tolerabel ziemlich schwierig zu bewerkstelligen, so dass keine vernünftigen automatisierbaren Eingreifschwellen definiert werden konnten. Zum anderen hat die prompte Korrektur der Fehllage eines Patienten durch Tischbewegungen dazu geführt, dass die Patienten in unerwünschte Regelschwingungen versetzt wurden, ein Phänomen, das jedem Regeltechniker vertraut ist. Dies hatte die Auswirkung, dass die Bestrahlungsgeometrie trotz automatischer Lagekorrektur eher schlechter war als ohne jeden Eingriff.

Der wichtigste Grund für das bisherige Scheitern der automatischen Lagekorrektur zeigt sich allerdings erst bei genauerem Hinsehen. Da die meisten Bestrahlungen mit mehreren Feldern vorgenommen werden (Mehrfeldertechnik), um Risikoorgane und gesundes Gewebe zu schonen, müssen die zulässigen Bewegungsamplituden relativ zu einer bestimmten Einstrahlrichtung eigentlich dreidimensional festgelegt werden. Es ist nicht ausreichend, die Applikationsgenauigkeit nur eines einzelnen Feldes isoliert zur Beurteilung heranzuziehen. Vor einer Intervention müssten die Portal-Aufnahmen aus mehreren Richtungen beurteilt und daraus eine dreidimensionale Lageabweichung berechnet werden. Eine solche 3D-Überwachung mit den therapeutischen Bestrahlungsfeldern kann naturgemäß nicht für eine unmittelbare Lagekorrektur des Patienten während der Bestrahlung verwendet werden. Abweichungen von der Solllage können aber auf alle Fälle als Signal zur Sicherheitsabschaltung des Beschleunigers und Begutachtung durch das medizinisch-technische Personal eingesetzt werden.

Ein neuer Ansatz ist die Überwachung der Patientenlagerung mit Hilfe vom Nutzstrahl der Linacs getrennter bildgebender Röntgenverfahren. Dazu werden entweder außerhalb oder innerhalb des Linacstrahlerkopfes Röntgenröhren fest an der Gantry installiert, die mit der Gantrybewegung um den Patienten gefahren werden können. Auf diese Weise ist es möglich, quasi Stereoaufnahmen in Röntgenqualität zu erstellen, aus denen die Lage knöcherner Strukturen oder metallener Zielvolumenmarkierungen (Clips) im Vergleich zur Ersteinstellung überprüft werden kann. Einige Hersteller verwenden externe Stereo-Röntgensysteme mit großflächigen Flachbilddetektoren, die außerhalb des Strahlerkopfes der Beschleuniger angeordnet sind (s. das Beispiel in Kap. 9.9). Die neueste Entwicklung ist die Kombination eines vollständigen Röntgen-Computertomografen mit einem Elektronenlinearbeschleuniger. Da mit der CT-Technik auch Weichteilstrukturen dargestellt werden können, ist mit solchen Anordnungen im Prinzip auch eine dreidimensionale Orientierungs- und Lagekontrolle selbst für therapeutische Zielorgane möglich. Mit Hilfe quantifizierter Lageparameter könnte somit beispielsweise die Lage des Patienten durch Verändern der Tischkoordinaten dreidimensional verändert werden. Auch solche mit Hilfe hoch auflösender Röntgentechnik erstellten Lagekontrollaufnahmen ermöglichen nur die manuelle Lagekorrektur durch den Arzt oder das technische Personal bei abgeschaltetem therapeutischem Strahl und nicht die Online-Korrektur während der Bestrahlung. Zudem ist der zeitliche Aufwand einer beispielsweise CT-gestützten Lagekontrolle im regulären Patientenbetrieb nicht zu unterschätzen.

Sobald solche Koordinaten- und Winkelkorrekturen nach Kontrollaufnahmen bestimmte Werte überschreiten, muss allerdings die Richtigkeit der physikalischen Bestrahlungsdaten gesichert werden. Die von Strahlentherapeuten gerne etwas vereinfachend als "Umplanung" bezeichneten geometrischen Veränderungen der Bestrahlungsdaten wie Feldgrößen, Feldformen, Fokus-Hautabstände und Winkel verändern oft in nicht vernachlässigbarer Weise die Isodosenformen und Isodosenlagen und somit auch die Grundlage für die Berechnung der Dosismonitoreinheiten. Dies gilt auch in besonderer Weise bei drastischen Feldverkürzungen oder Vergrößerungen und der Verwendung von externen Keilfiltern, da Keilfilter nur für bestimmte Feldgrößen konstruiert sind. Darüber hinaus können die Keilfilterfaktoren je nach Strahlerkopfdesign auch erheblich von den Strahlfeldgrößen abhängen.

9.8 Strahlenschutzprobleme an medizinischen Elektronenlinearbeschleunigern

Strahlenschutzprobleme an medizinischen Beschleunigern umfassen den Schutz des Personals, der Bevölkerung in der Umgebung der Anlagen und der Patienten. Der apparative und bauliche Strahlenschutz muss so ausgelegt sein, dass die Grenzwerte der Strahlenschutz-Verordnung [StrlSchV] für das Personal und die Bevölkerung eingehalten werden. Für Patienten bestehen keine gesetzlichen Grenzwerte, aber ein Minimierungsgebot für die Strahlenexposition. Die detaillierten baulichen und apparativen Regeln sind in den einschlägigen DIN-Normen [DIN 6847] festgehalten. Bestrahlungsräume sind bei eingeschaltetem Strahl Sperrbereich, ansonsten sind sie Überwachungsbereiche und nicht mehr Kontrollbereiche, wie es nach der alten Strahlenschutzverordnung und den entsprechenden Umgangsgenehmigungen vorgesehen war. Es ist daher auch die Beschäftigung Schwangerer erlaubt, allerdings unter der Voraussetzung, dass die kumulative Dosis am Uterus von der Bekanntgabe der Schwangerschaft bis zur Niederkunft kleiner als 1 mSv bleibt. Schwangere müssen ständig ablesbare Dosismeter tragen ("Schwangerschaftspiepser"). Eine zusätzliche Beschränkung besteht für eine mögliche interne Bestrahlung, also eine Strahlenexposition der Leibesfrucht durch inkorporierte Radionuklide. Solche Nuklide können durch Materialaktivierungen bei hohen Photonenenergien entstehen (s. unten).

9.8.1 Baulicher Strahlenschutz

Beim baulichen Strahlenschutz wird nach Abschirmungen im Nutzstrahlenbereich und im Störstrahlungsbereich unterschieden. Zusätzlich sind Maßnahmen gegen eventuelle Materialaktivierungen zu treffen. Linac-Bestrahlungsräume ("Strahlenbunker") sind deshalb in der Regel allseits durch Betonwände umschlossen (Fig. 9.28). Im Bereich des maximalen Nutzstrahlenbündels und einem zusätzlichen Sicherheitssaum sind die Wände, die Decke und je nach baulicher Auslegung auch der Boden durch Barytbeton verstärkt. Angrenzende betriebliche Bereiche dürfen höchstens Überwachungsbereiche sein. Wird der Zutritt zu den Bereichen außerhalb des Bestrahlungsraumes unterbunden, können die Wände bei ausreichenden Platzverhältnissen selbst mit Fenstern versehen werden. Dabei ist sorgfältig darauf zu achten, dass in diesen unabgeschirmten Bereichen nicht durch Streuung der Strahlenbündel an Wänden oder selbst im Luftvolumen Dosisleistungen erzeugt werden, die die Grenzwerte für öffentliche Bereiche oder Überwachungsbereiche überschreiten.

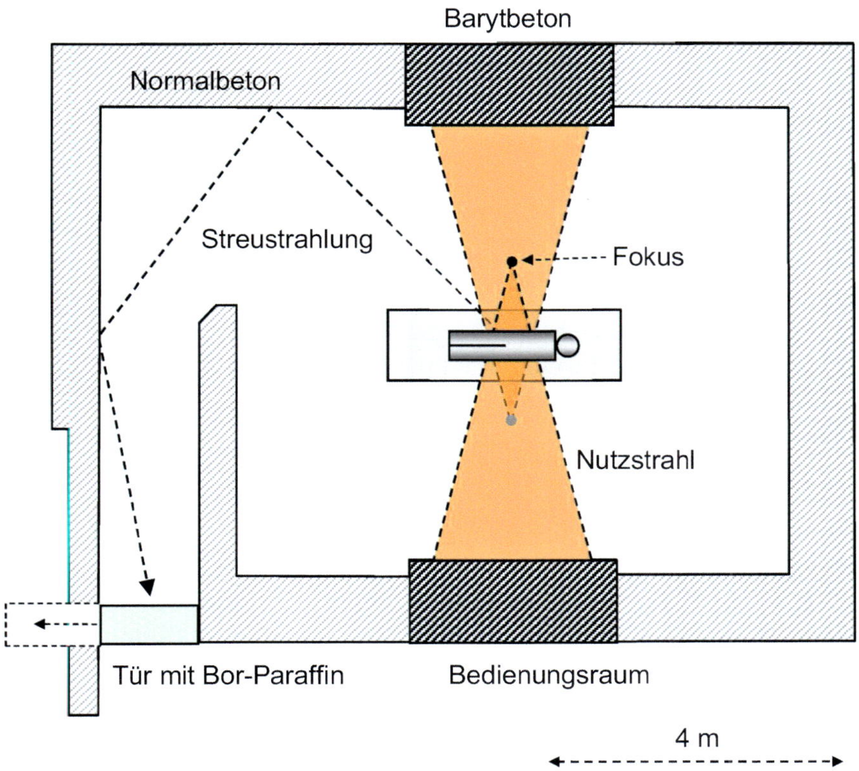

Fig. 9.28: Grundriss eines Bestrahlungsraumes für medizinische Elektronen-Linearbeschleuniger. Im Bereich des Nutzstrahlenbündels sind die Wände mit Barytbeton verstärkt. Zur Schwächung der Streustrahlung besteht der Zugang hier im Beispiel aus einem Streustrahlungslabyrinth, das auch den direkten Blick auf den Fokus verhindert.

Die baulichen Abschirmungen müssen für alle verwendeten Nutzstrahlungsarten und Strahlungsqualitäten sowie für die durch diese erzeugten Sekundärstrahlungen ausreichend sein. Bei hohen Energien treten durch Kernphotoreaktionen erzeugte Neutronenstrahlungsfelder auf, die zusätzliche Abschirmungsmaßnahmen erfordern. Die üblichen Stärken der Betonwände reichen in der Regel aus, um die Neutronenflüsse auf die zulässigen Grenzwerte herab zu setzen. Im Türbereich müssen die Neutronenflüsse dagegen durch zusätzliche Abschirmungen und Moderatoren herabgesetzt werden. Üblich ist eine Auskleidung der Türen mit Bor-Paraffin. Das Paraffin hat dabei die Aufgabe, die Neutronen durch Stöße zu moderieren, also in der Bewegungsenergie zu mindern; das Bor dient wegen seines hohen Wirkungsquerschnitts für Neutroneneinfang als sehr effektiver Neutronenfänger.

Der Eingangsbereich der Bestrahlungsräume ist häufig als Streustrahlungslabyrinth ausgelegt. Dies dient zum einen dazu, durch lange Wege und Mehrfachstreuung der Störstrahlung die Dosisleistungen so herab zusetzen, dass die Abschirmungen in der Zugangstür klein gehalten werden können. Zum anderen hat eine solche Anordnung den Vorteil, dass vom Eingang her der Fokus des Beschleunigers nicht gesehen werden kann. Dies spart Abschirmmaterialien und bietet eine zusätzliche Sicherheit für das Personal.

Um den Zutritt zu den Bestrahlungsräumen bei eingeschaltetem Strahl zu verhindern, sind die Türen zum Strahlenbunker mit Sicherheitskontakten versehen. In den Bestrahlungsräumen befinden sich zudem Bewegungsmelder oder Fernsehüberwachungseinrichtungen, die verhindern sollen, dass versehentlich eingeschlossene Mitarbeiter bestrahlt werden. Erhalten diese Überwachungsmonitore ein Signal, schalten sie den Beschleuniger automatisch ab. Außerdem befinden sich an mehreren Stellen der Bestrahlungsräume Notausschalter, die den Linac vom Netz trennen und zusätzliche Notöffner für die Eingangstür, die den Strahl unterbrechen.

9.8.2 Apparativer Strahlenschutz

Der apparative Strahlenschutz hat die Aufgabe, die Patienten vor unerwünschter Bestrahlung zu schützen. Solche Expositionen können zum einen durch unzureichende Abschirmung des Strahlerkopfes und erhöhte Transmission durch das Blendensystem auftreten. Zum anderen muss sichergestellt sein, dass die Nutzstrahlenbündel nicht mit Fremdstrahlungen kontaminiert sind. Fremdstrahlungsanteile im Nutzstrahlenbündel können im **Photonenbetrieb** im Ausgleichskörper für die Homogenisierung und in allen anderen vom Photonenstrahl getroffenen Materialien entstehen. Dabei werden je nach Energie niederenergetische Streuphotonen, Sekundärelektronen oder bei Überschreiten der Kernphotoschwellen auch Photoneutronen erzeugt. Solche Streustrahlungsanteile sind dosimetrisch als Dosisausläufer in den Querprofilen der Bestrahlungsfelder erkennbar. Im **Elektronenbetrieb** entstehen beim Abbremsen der Elektronen Bremsstrahlungsphotonen in Hoch-Z-Materialien im Strahlerkopf wie Streufolien und Blendensystem und zu einem geringen Anteil auch direkt im Patienten. Sekundärelektronen und gestreute Niederenergiephotonen erhöhen vor allem die Eintrittsdosis (Hautdosis). Bremsstrahlungsphotonen im Elektronenstrahlungsbündel "verlängern" die Tiefendosiskurve (TDK, "Bremsstrahlungsschwanz") und exponieren somit tiefer liegende Gewebeschichten des Patienten. Kernphotoreaktionen führen zu Aktivierungen von Patienten, der Raumluft und von Strukturmaterialien im Beschleunigerkopf.

Die apparativen Abschirmbereiche an medizinischen Beschleunigern sind in DIN definiert [DIN 6847-1]. Es wird dazu in Maßnahmen zur Begrenzung der Exposition im Nutzstrahlenbereich und außerhalb des Nutzstrahlenbündels unterschieden (Fig. 9.29). Die Größenordnung dieser Störstrahlungsfelder orientiert sich am Besten an den im Patienten durch die Bestrahlung zwangsweise erzeugten Streu- bzw. Sekundärstrahlungen. Die vom Strahler (Photonenbremstarget, Ausgleichskörper, Elektronenstreufolien) ausgehenden Störstrahlungsfelder führen zu einer Blendentransmission und zur Durchlassstrahlung im Strahlerkopf. Störstrahlungsfelder können auch um die Beschleunigerstrecke entstehen (s. Fig. 9.29). Dosisleistungsangaben werden meistens in Prozent der Nutzstrahldosisleistung auf dem Zentralstrahl im normalen Bestrahlungsabstand gemacht.

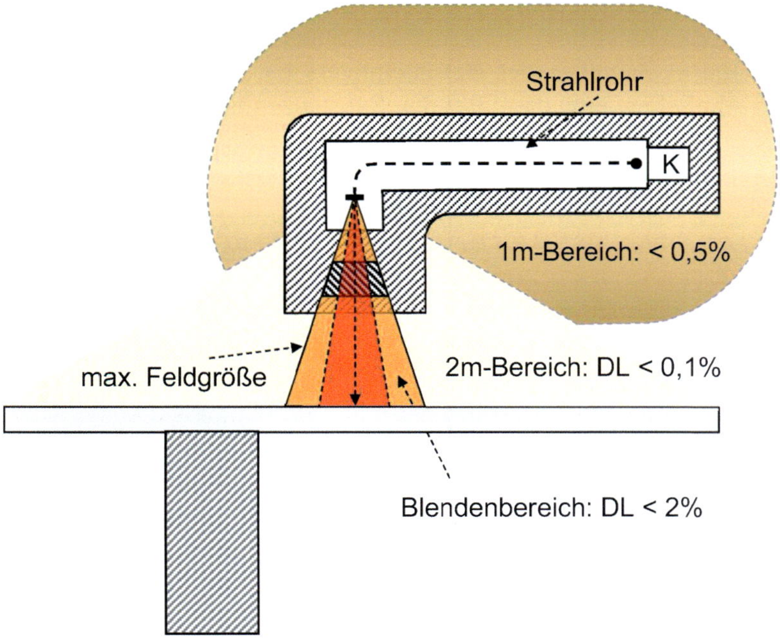

Fig. 9.29: Definition der Strahlenschutzbereiche um einen Schwenkarm für medizinische Beschleuniger nach den Vorgaben des DIN [DIN 6847/1] und zulässige relative Dosisleistungen in Prozent der Zentralstrahldosisleistung für die Photonenstrahlungen.

Nach DIN sind die Blendentransmissionen im Bereich des maximalen Nutzstrahlenquerschnittes für Photonenstrahlung auf ≤ 2% begrenzt. Bei Elektronenstrahlung ist der Grenzwert für die zulässige Dosisleistung in einer Zone von 2 cm um das eingestellte Bestrahlungsfeld ≤ 10%. Außerhalb des Nutzstrahlenbündels wird in den 1m-Bereich um den Schwenkarm und den 2m-Bereich um das Nutzstrahlenbündel unterschieden. Im 2m-Bereich (dies entspricht der Länge eines gelagerten Patienten) sind Strahlerkopftransmissionen für Photonen von maximal 0,2%, im Mittel aber weniger als ≤ 0,1% der Zentralstrahl-Dosisleistungen zulässig. Die Neutronendosisleistungen dürfen im 2m-Bereich 0,05% nicht überschreiten mit einem zulässigen Mittelwert von höchstens 0,02%. Im 1m-Bereich um den Schwenkarm (die Gantry) sind höchstens 0,5% Photonen und 0,05% Neutronen erlaubt.

9.8.3 Materialaktivierungen

Bei ausreichend hoher Energie kann es beim Photonenbetrieb der Beschleuniger zu Aktivierungen von Strukturmaterialien, Patienten und der Raumluft im Bestrahlungsraum kommen. Voraussetzungen sind das Überschreiten der Kernphotoschwellen für das jeweilige Material und radioaktive Tochternuklide. Die dabei entstehenden Photoneutronen können durch Neutroneneinfang ihrerseits zu weiteren Aktivierungen führen. Die für eine mögliche Aktivierung wichtigsten Materialien sind in (Tab. 9.2) mit den Schwellenenergien und den Tochternukliden zusammengestellt.

Die Niedrig-Z-Materialien Kohlenstoff, Stickstoff und Sauerstoff sind sowohl im Patienten, der Raumluft und in Bauteilen des Beschleunigers als auch in Carbontischen, Plexiglasträgern und Ähnlichem enthalten. Bei den Substanzen mit höherer Ordnungszahl handelt es sich entweder um typische Strukturmaterialien oder um Abschirmungen. Von Bedeutung sind vor allem die (γ,n)-Prozesse. Die Tochternuklide sind in der Regel Beta-Plus-Strahler, die nach der Paarvernichtung der Positronen durchdringende 511-keV-Vernichtungsstrahlung als Sekundärstrahlung erzeugen.

Die Ausbeuten für die angeführten Reaktionen hängen von der Überlappung der Photonenbremsspektren aus den Beschleunigern mit den Wirkungsquerschnitten für die Kernphotoreaktionen und den absoluten Intensitäten der Photonenspektren ab (s. Fig. 9.30). Bleibt die Nennenergie der Photonen unterhalb der Photoreaktionsschwellen, sind selbstverständlich keinerlei Aktivierungen zu erwarten. An etwa 8 MeV Nennenergie treten die ersten Aktivierungen auf. Photonenstrahlungen aus medizinischen Beschleunigern haben Nennenergien zwischen 6 MeV und 21 MeV. Nennenswerte Aktivierungsausbeuten sind vor allem in der Nähe des Bremstargets und des Primärkollimators im Strahlerkopf zu erwarten.

Reaktion	**Schwelle (MeV)**	**Zerfallsart/Sekundärstrahlungen**	**$T_{1/2}$**
$^{12}C(\gamma,n)\ ^{11}C^*$	18,7	β+, EC, 511	20,4 min
$^{14}N(\gamma,n)\ ^{13}N^*$	10,5	β+, 511	9,96 min
$^{16}O(\gamma,n)\ ^{15}O^*$	15,68	β+, EC, 511	122 s
$^{16}O(\gamma,2n)\ ^{14}O^*$	28,9	β+, γ, 511, 2313	70,6 s
$^{27}Al(\gamma,n)\ ^{26}Al^*$	12,7	β+, EC, γ, 511, 1810	6,4 s
$^{63}Cu(\gamma,n)\ ^{62}Cu^*$	10,8	β+, EC, 511	9,73 min
$^{208}Pb(\gamma,n)\ ^{207}Pb$	7,9	stabil	-
$^{12}C(\gamma,p)\ ^{11}B$	16,0	stabil	-
$^{16}O(\gamma,p)\ ^{15}N$	12,1	stabil	-
$^{27}Al(\gamma,p)\ ^{26}Mg$	8,3	stabil	-
$^{63}Cu(\gamma,p)\ ^{62}Ni$	6,1	stabil	-
$^{208}Pb(\gamma,p)\ ^{207}Tl^*$	8,0	ß-	4,8 min

Tab. 9.2: Daten zur Materialaktivierung durch Kernphotoreaktionen im Photonenbetrieb medizinischer Beschleuniger. Neben den Photoneutronen aus (γ,n)-Prozessen und den Photoprotonen aus (γ,p)-Reaktionen sind auch die beim radioaktiven Zerfall der Tochternuklide entstehenden Sekundärstrahlungen mit aufgeführt. Die Energien bei den Sekundärstrahlungen sind in keV angegeben und beziehen sich auf die Photonenstrahlung der Tochternuklide.

Ein Beispiel für die durch Materialaktivierungen bedingten Photonen-Ortsdosisleistungen zeigen die folgenden Werte, die vom Autor morgens nach der Bestrahlung des ersten Patienten mit 4 Photonenfeldern der Nennenergie 18 MeV gemessen wurden. Die Dosisleistungen waren 5-6 μSv/h in Kopfhöhe des Personals 0,5 m neben dem Strahlerkopf und 0,5 - 0,6 μSv/h in 3m Entfernung vom Strahlerkopf in Wandnähe des Bestrahlungsraumes. Ein Vergleich mit der natürliche effektiven Tagesdosis von 6,7 μSv/d zeigt, dass diese durch Aktivierungen von Strukturmaterialien zu erwartenden Strahlenexpositionen im vertretbaren Rahmen bleiben, zumal die typischen Halbwertzeiten nur einige Minuten betragen. Der bestrahlte Patient wies übrigens nach dieser Bestrahlung in 0,5 m Abstand eine Ortsdosisleistung von 2,5 μSv/h auf. Durch Bestrahlung kommt es auch zur Aktivierung der Raumluft in den Bestrahlungsräumen. Um die Strahlenexposition des Personals zu minimieren, sind daher mindestens zehnfache Luftwechsel pro Stunde durch Klimaanlagen für solche Bestrahlungsräume vorgeschrieben. Schwangere dürfen beim Auftreten solcher Aktivierungsprodukte in der Raumluft nicht in Beschleunigerräumen beschäftigt werden.

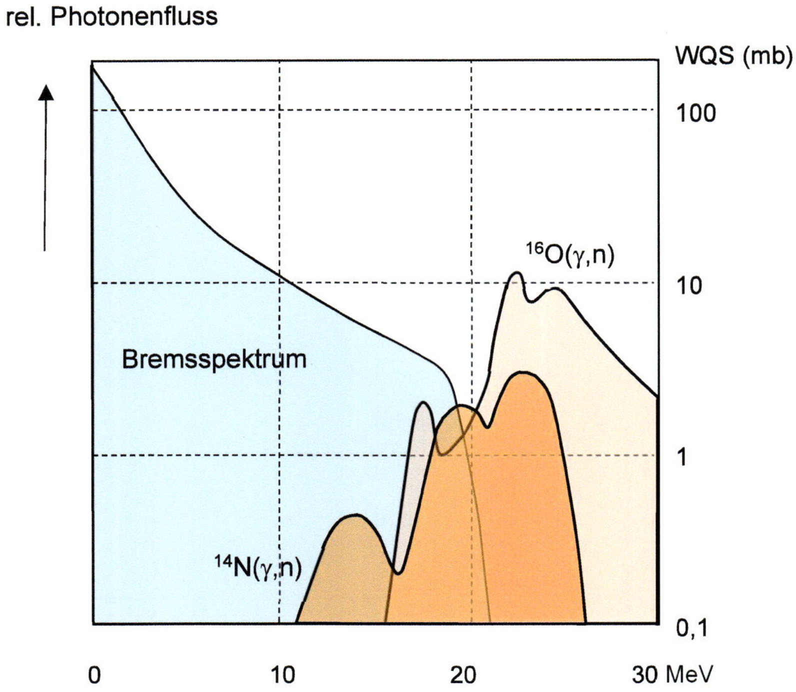

Fig. 9.30: Beispiel für die Überlagerung eines 21-MeV-Bremsspektrums aus einem medizinischen Elektronenlinearbeschleuniger mit den (γ,n)-Wirkungsquerschnitten an ^{14}N und ^{16}O (in Anlehnung an [Ewen]).

Ein besonderes Problem stellt die durch Neutroneneinfang verursachte unerwartete Erzeugung langlebiger Radionuklide dar, die durch unbekannte Verunreinigungen von Strukturmaterialien entstehen können. In vielen technischen Materialien befinden sich beispielsweise Beimengungen von ^{59}Co, das durch Neutroneneinfang zum betastrahlenden ^{60}Co wird und bei seinem Zerfall mit einer Halbwertzeit von 5,27 Jahren aus dem Tochternuklid ^{60}Ni hochenergetische Gammastrahlung von im Mittel 1,25 MeV freisetzt.

Zusammenfassung

- **Beim Strahlenschutz an modernen medizinischen Elektronenlinearbeschleunigern werden der bauliche Strahlenschutz und der apparative Strahlenschutz unterschieden.**

- **Aus Gründen des baulichen Strahlenschutzes werden Elektronenlinearbeschleuniger in so genannten Strahlenbunkern aus Beton untergebracht.**

- **Im Bereich des Nutzstrahlenbündels wird Schwerbeton (Barytbeton) zur Erhöhung der Abschirmwirkung eingesetzt.**

- **Der Eingangsbereich zum Strahlenbunker ist in der Regel als Labyrinth ausgelegt, um auf diese Weise den Streustrahlungsanteil im Türbereich zu vermindern.**

- **Bei höheren Photonenenergien als etwa 8-10 MeV treten durch Kernphotoeffekte ausgelöste Photoneutronen auf, die einen besonderen Strahlenschutz im Türbereich erfordern.**

- **Der apparative Strahlenschutz hat die Aufgabe, den Patienten während der Bestrahlung in ausreichender Weise vor Strahlenexpositionen außerhalb des Nutzstrahlenbündels zu schützen.**

- **Sinnvolle Vorgaben berücksichtigen dabei die im Patienten im Zielvolumen durch die therapeutische Bestrahlung entstehenden Streustrahlungsanteile, die auch bei völliger Abschirmung des Strahlerkopfes zu unvermeidbaren Expositionen des Patienten führen.**

- **Ein besonderes Problem stellen die bei hohen Photonenenergien stattfindenden Materialaktivierungen dar, die auch bei abgeschaltetem Strahl zu unerwarteten Strahlenexpositionen des Personals und der Angehörigen der Patienten führen können.**

- **Solche Aktivierungen können durch Kernphotoeffekte entweder an Strukturmaterialien im Strahlerkopf, der Raumluft oder dem Patienten auftreten, sofern die Schwellenenergien für diese Prozesse überschritten werden. Dies ist typischerweise der Fall bei Photonenenergien oberhalb von 8-10 MeV.**

- **Die dabei entstehenden Aktivierungsprodukte sind in der Regel Positronenstrahler, deren Zerfall immer von Vernichtungsstrahlung begleitet ist. Die Halbwertzeiten der meisten relevanten Nuklide liegen bei einigen Minuten.**

- **Durch die Photoneutronen kann es in sekundären Prozessen auch zu langlebigen Aktivierungen durch Neutroneneinfang kommen, deren Tochternuklide dann Beta-Minus-Strahler sind. Das bekannteste Beispiel ist die Produktion von ^{60}Co durch Neutroneneinfang am ^{59}Co als Legierungsbestandteil in metallenen Bauteilen des Beschleunigers.**

9.9 Das Cyberknife

Der Verzicht auf ein magnetisches Umlenk- und Energieanalysesystem, bewegliche und verstellbare Blenden, frei wählbare Strahlenarten und umschaltbare Energien bei Elektronenlinearbeschleunigern führt zu erheblichen Einsparungen an Massen und Abmessungen der Anlagen. Die Strahlerköpfe werden dadurch so leicht und kompakt, dass sie selbst an industriellen Fertigungsrobotern montiert werden können. Ein gelungenes Beispiel ist das für stereotaktische Bestrahlungen in der Medizin verwendete so genannte "Cyberknife". Es besteht aus einer Kombination eines 6-MeV-Elektronenlinearbeschleunigers und eines kommerziellen Industrieroboters. Der Roboterarm ist um 6 Achsen beweglich und hat eine spezifizierte Positionierungsgenauigkeit von 0,2 mm. Der Strahlerkopf mit einer Masse von nur etwa 160 kg enthält alle wesentli-

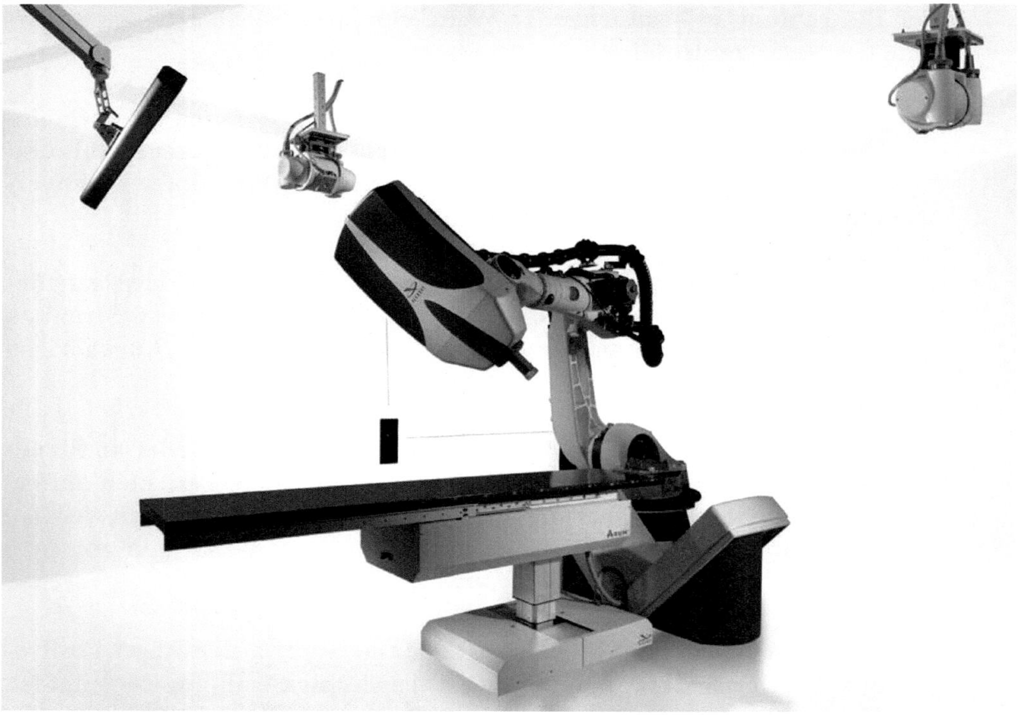

Fig. 9.31: Gesamtansicht des Cyberknife-Systems. Es besteht aus einem 6-MeV-Elektronenbeschleuniger, einem Industrieroboterarm (Masse etwa 1,2 t), einem zweidimensionalen Verifikationssystem mit zwei externen Röntgenröhren, Flachbilddetektoren und einem 3D-Videosystem mit 3 Kameras (links oben), die am Patienten befestigte Marker vermessen. Dies dient zur Nachlaufsteuerung des Strahlerkopfes bei Atembewegungen des Patienten (Photo mit freundlicher Genehmigung der Fa. Accuray).

chen Bauelemente, die für einen medizinisch zu verwendenden 6 MeV-Elektronenlinearbeschleuniger benötigt werden, also ein Bremstarget, ein Dosismonitorsystem und feste Blendenhalterungen.

Die Beschleunigersektion ist ein Stehwellenbeschleuniger, der bei 9,3 GHz Hochfrequenz betrieben wird und deshalb besonders kompakte Abmessungen ermöglicht (Fig. 9.32). Die Wellenlänge beträgt nur 3,2 cm und ist somit um den Faktor 3 kleiner als bei den üblichen medizinischen Elektronenlinearbeschleunigern. Die Hochfrequenz wird mit einem Magnetron erzeugt. Der Beschleuniger ist für den X6-Photonenbetrieb ausgelegt, enthält also ein gekühltes Wolframbremstarget.

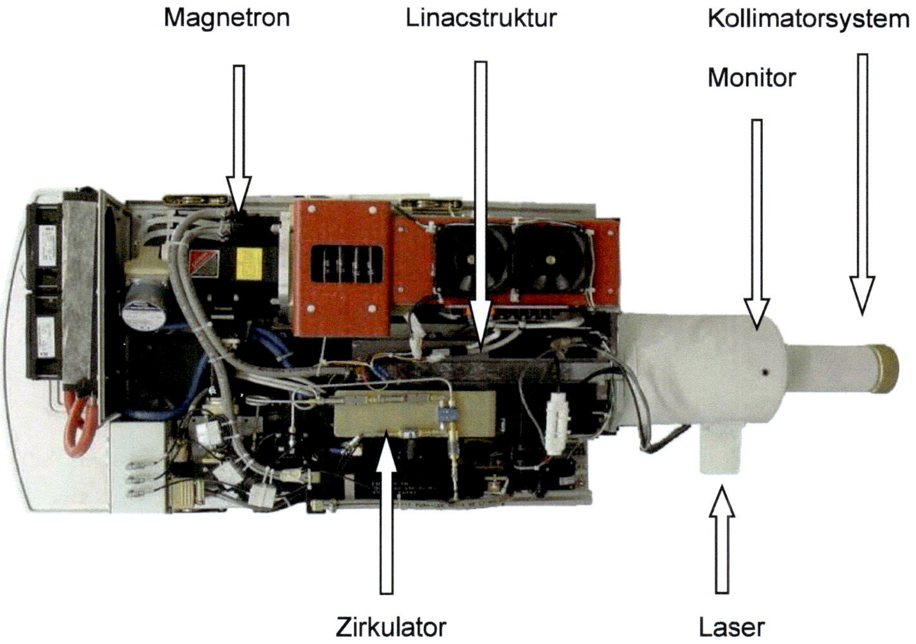

Fig. 9.32: Übersicht über den Cyberknife-Strahlerkopf mit Lage des Magnetrons, der Umhüllung des Strahlrohres, dem Kollimatorsystem, dem Zirkulator, in dem die HF zum Strahlrohr geführt und recycelt wird, sowie dem Positionierungslaser (mit freundlicher Genehmigung der Fa. Accuray). Die Masse des Strahlerkopfes beträgt ca. 160 kg, seine Länge ungefähr 1 m.

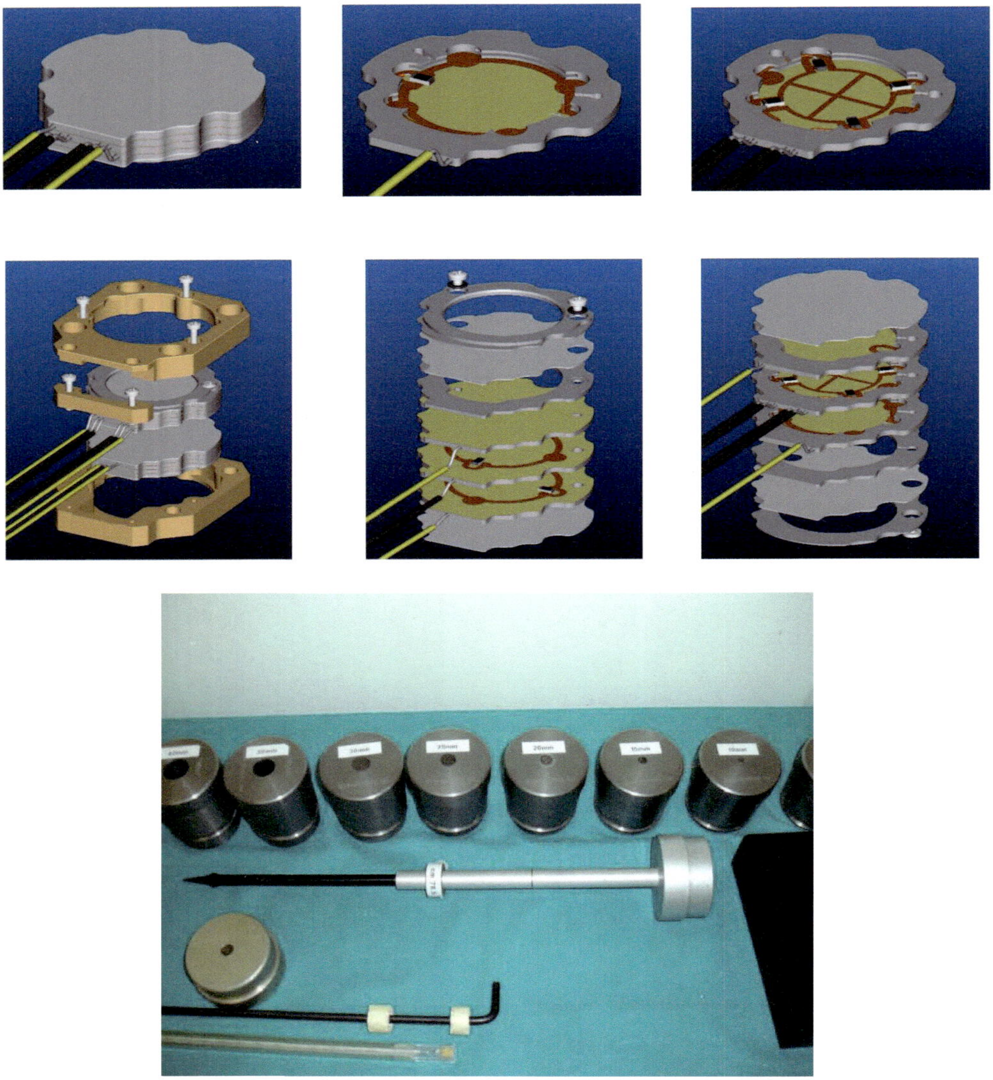

Fig. 9.33: Oben und Mitte: Aufbau des Dosismonitorsystems im Cyberknife. Der Monitor besteht aus einem Sandwich luftdichter Ionisationskammern (Gesamtbauhöhe etwa 16 mm, aktiver Messdurchmesser 12 mm). Unten: Rundkollimatoren aus Wolfram und Montage- bzw. Positionierungszubehör zum Cyberknife mit Kollimatoröffnungen zwischen 5 und 60 mm (mit freundlicher Genehmigung der Firmen Accuray und PTW Freiburg).

Der Dosismonitor ist, wie in medizinischen Beschleunigern üblich, ein Doppeldosismonitorsystem (Fig. 9.33). Er besteht aus einem Sandwich luftdichter Ionisationskammern mit dem Füllgas Argon oder Luft, das unter leichtem Überdruck steht. Neben der eigentlichen Dosismessung liefert er auch Teilfeldsignale zur Überwachung der Strahlsymmetrie und des Outputs des Beschleunigers. Bei Fehllage des Strahlenbündels unterbricht der Monitor die Bestrahlung. Die Folien der Messkammern bestehen aus Polyimid und sind mit Gold bedampft. Die targetnahe obere Messkammer ist unsegmentiert, die untere Kammer besitzt eine segmentierte Zentralfolie, deren Teilsignale zur Überwachung der Strahlsymmetrie verwendet werden können. Die Kammerspannung beträgt 400 V.

Sein Kollimatorsystem besteht aus 12 Rundtubussen aus Wolfram mit unterschiedlicher Apertur (Feldgrößen zwischen 5 und 60 mm) und einer Länge von je 10 cm. Wegen der kleinen Blendenöffnungen kann auf einen Feldausgleich durch einen Photonenausgleichskörper verzichtet werden. Zur Minimierung der Halbschatten sind die Kollimatorbohrungen konvergent ausgeführt. Die dosimetrischen Querprofile sind wie immer bei sehr kleinen Bestrahlungsfeldern etwa gaußförmig (Fig. 9.35), haben also nicht die von den Querprofilen bei größeren Feldern gewohnten flachen Profile im zentralen Teil des Bestrahlungsfeldes. Sie weisen allerdings die für eine gute seitliche Feldabgrenzung erforderlichen steilen Feldflanken auf. Der Halbschattenbereich zwischen 80% und 20% der Dosis beträgt typisch 3-4 mm (s. Fign. 9.34, 9.35).

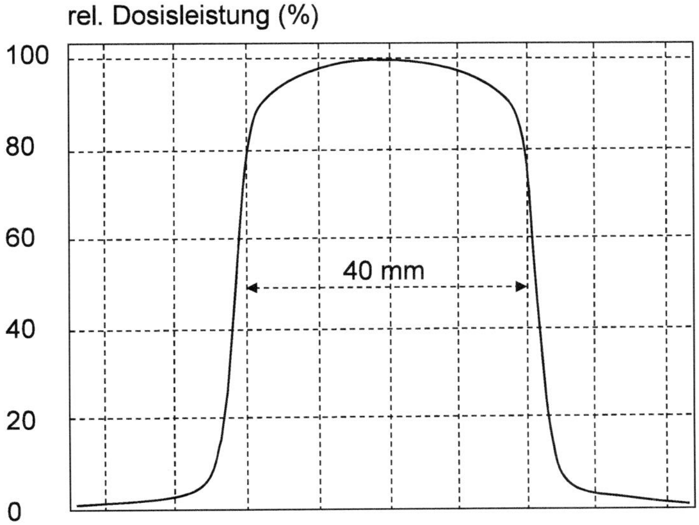

Fig. 9.34: Typisches experimentelles Dosisquerprofil am 40 mm Rundtubus, gemessen senkrecht zum Zentralstrahl in 5 cm Wassertiefe für den Fokus-Oberflächenabstand von 80 cm (Daten mit freundlicher Genehmigung der Fa. Accuray).

Der Fokus-Haut-Abstand beträgt typisch 80 cm, kann aber für intracraniale Bestrahlungen bis auf 65 cm verringert, für extracraniale Bestrahlungen z. B. am Körperstamm auf 90-100 cm vergrößert werden.

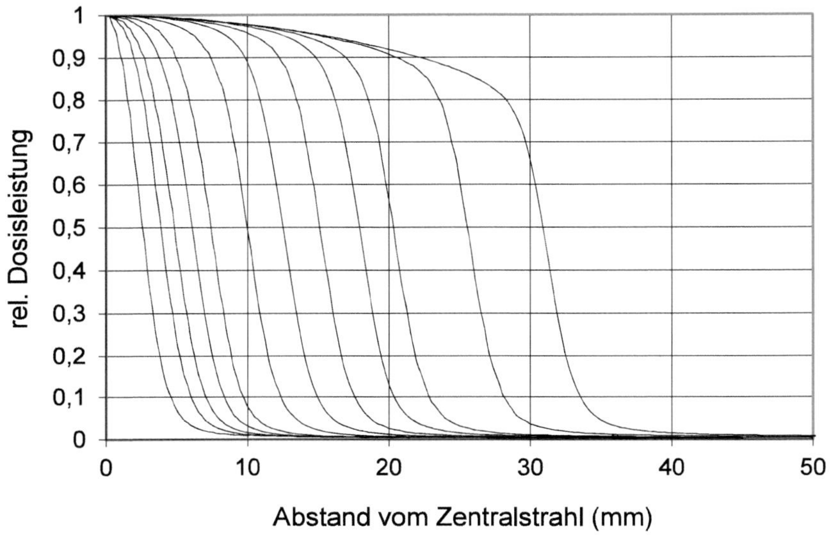

Fig. 9.35: Experimentelle Dosishalbprofile am Cyberknife in 15 mm Wassertiefe für alle Tubusse mit Nenndurchmessern von 5, 7.5, 10, 12.5, 15, 20, 25, 30, 35, 40, 50 und 60 mm (Daten mit freundlicher Genehmigung durch Hans Marijnissen, Erasmus Medical Center Rotterdam).

Die Outputfaktoren (also die relativen Dosisleistungen) zeigen eine Variation von etwa 30 Prozent mit der Feldgröße (Fig. 9.36). Die spezifizierte Dosisleistung beträgt 4 Gy/min in 80 cm Fokus-Haut-Abstand. Die Tiefendosisverteilungen ähneln denen anderer Beschleunigerphotonen bei einer Nennenergie von 6 MeV. Die Bestrahlungen müssen wegen der fehlenden raumfesten Gantry nicht isozentrisch vorgenommen werden. Der Strahlerkopf ist in seiner Lage und Orientierung beliebig positionierbar und erleichtert deshalb stereotaktische Bestrahlungen auch an komplexen Zielvolumina.

Integrierter Bestandteil des Beschleunigers ist ein ortsfestes, räumlich hoch auflösendes Stereo-Röntgensystem mit zwei an der Decke des Bestrahlungsraumes montierten

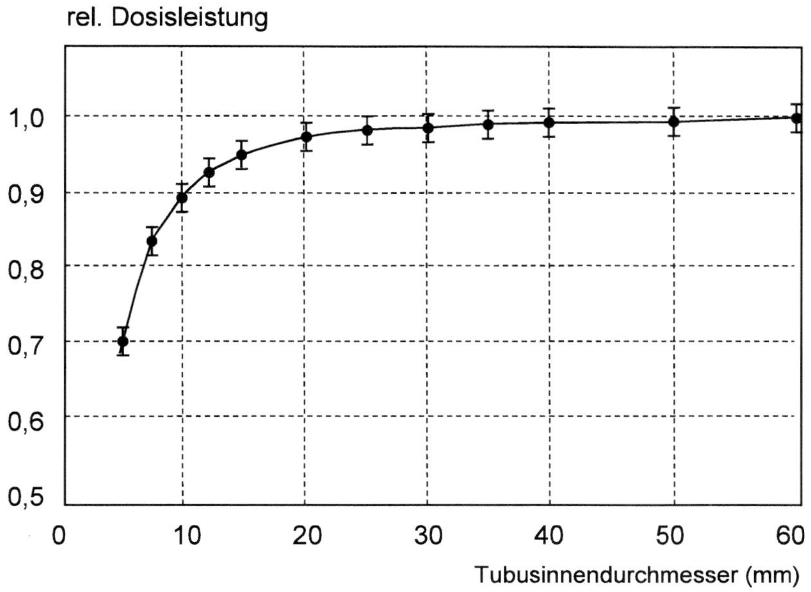

Fig. 9.36: Experimentelle relative Outputfaktoren als Funktion des Nenndurchmessers der Rundtubusse (Daten mit freundlicher Genehmigung durch Hans Marijnissen, Erasmus Medical Center Rotterdam).

Röntgenstrahlern und zwei Flachbilddetektoren aus amorphem Silizium. Es dient zur Überprüfung der Genauigkeit der Patientenlagerung bei der Einstellung und zur Kontrolle der Lagerungskonstanz während der Bestrahlung. Die Flachbilddetektoren können außer zur Lagerungsüberwachung auch zur Anfertigung von Portal-Vision-Aufnahmen des Patienten in Bestrahlungsposition eingesetzt werden (Fig. 9.31). Zur Videoüberwachung dient eine dreidimensionale Fernseheinrichtung mit drei auf einer Leiste montierten Kameras, die Markierungen auf der Haut des Patienten kontrolliert.

Anders als in den üblichen Bestrahlungssituationen an medizinischen Beschleunigern erlaubt die freie Beweglichkeit des Strahlerkopfes an einem Roboterarm eine sehr hohe geometrische Genauigkeit bei der Bestrahlung auch bei bewegtem, z. B. atmendem Patienten. Für Lagekontrollen bei der Bestrahlung am Cyberknife wird ein zweistufiges Konzept befolgt. Die erste Stufe verwendet die Röntgendarstellung. Dazu wird zunächst vor Beginn der Bestrahlung mit Hilfe des Stereo-Röntgensystems und der zwei Flachbilddetektoren die Sollposition des Zielvolumens durch Vergleich mit 3D-CT-Aufnahmen verglichen. In 3-4 Iterationsschritten wird der Patient durch Verstellen des 5-Achsen-Tisches in Sollposition gefahren. Der Zeitbedarf für diese Grundjustage liegt bei etwa 1-2 Minuten. Danach bleibt diese Tischposition unverändert. Während der Bestrahlung wird für jede der bis zu 100 Strahlerpositionen durch

Stereoröntgenaufnahmen die Bestrahlungsposition erneut vermessen. Unsystematische Lageänderungen des Patienten seit der Grundjustage, die so genannten "adiabatischen" Verschiebungen wie Relaxation der Wirbelsäule, unbewusstes Verdrehen der Körperachsen oder Lageänderungen durch Ermüdung, Verkrampfung oder Schmerzen, werden danach auf den Roboterarm übertragen, der diese Verschiebungen des Patienten live berücksichtigt. Durch die ständige Röntgenkontrolle entsteht eine vernachlässigbare effektive Strahlenexposition bis 10 mSv zusätzlich zu den therapeutischen Dosen.

Die zweite Stufe ist die Video gestützte Positionierungsüberwachung der Atembewegungen des Patienten während der Bestrahlung. Bei schnellen und systematischen Lageveränderungen wie Atembewegungen und den daraus resultierenden Organverschiebungen in Pankreas, Magen oder Lunge wird eine andere Vorgehensweise bevorzugt. Dazu werden auf der Brust des Patienten 3-4 Marker angebracht, die aus Lichtwellenleitern rote Lichtsignale senden. Diese Marker werden mit den drei Videokameras auf dem deckenmontierten Träger beobachtet (s. Fig. 9.31). Vor der Bestrahlung wird für etwa 1-2 Minuten der Atemhub des Patienten registriert. Gleichzeitig werden 5-6 Stereoröntgenaufnahmen erstellt, um die 3D-Verschiebungen der Zielvolumina mit der Atembewegung zu korrelieren. Die in dieser Lernphase erstellte Korrelation zwischen Atemhub und Zielvolumen-Verschiebung wird gespeichert. Bei der Bestrahlung wird dann der Atemhub des Patienten mit 33 Hz Abtastfrequenz durch das Videosystem gemessen. Die zugehörigen Translationen der Zielvolumina werden mit den während der Lernphase erstellten und abgespeicherten Korrelationen automatisch korrigiert und als Bewegungsbefehle auf den Roboterarm übertragen.

Bei beiden Verfahren, den "adiabatischen" Verschiebungen und den schnellen "periodischen" Atemverschiebungen, wird der Patient während der Strahlenexposition also nicht in seiner Lage verändert. Stattdessen folgt der Strahlerkopf live und orientiert an 3D-Bildinformationen den Patientenbewegungen. Dies mindert das Risiko von Lageschwingungen des Patienten um seine Sollposition durch Tischverstellungen und vermeidet zugleich die zweidimensionale Sichtweise zur Lagekorrektur, wie sie bei klinisch üblichen Portalvision-Kontrollen bekannt ist (s. die Anmerkungen in Kap. 9.7).

Zusammenfassung

- **Beim Cyberknife handelt es sich um eine Kombination eines 6 MV-Beschleunigers mit einem Industrieroboterarm.**

- **Es dient zur stereotaktischen Bestrahlung kleinvolumiger Tumoren insbesondere in unmittelbarer Nähe von Risikoorganen.**

- **Bei Betrieb des Cyberknifes werden Atembewegungen und sonstige Veränderungen der Patientenlage kontrolliert und gegebenenfalls durch Nachfahren des Strahlerkopfes berücksichtigt.**

Aufgaben

1. Warum wird in (Fig. 9.1) die HF senkrecht von unten in das Beschleunigungsrohr eingespeist?

2. Welche Form hat der Elektronenstrahl, wenn er das Beschleunigungsrohr verlässt?

3. Welche Aufgabe hat der Energiespalt im Umlenkmagneten eines Linac-Strahlerkopfes?

4. Nennen Sie die beiden Verfahren zur Homogenisierung eines Elektronenstrahlenbündels. Welches der beiden Verfahren ist besser für die Energieschärfe der Elektronen und die Armut an Bremsstrahlungsanteilen?

5. Was versteht man unter einem dünnen und was unter einem dicken Bremstarget im Photonenbetrieb eines Elektronen-Linacs? Geben sie die Materialstärke eines dicken Bremstargets für die Erzeugung von X18 (18MV Bremsstrahlung) an.

6. Können Photonenfelder auch durch ein Scanverfahren homogenisiert werden?

7. Welche Folgen bewirkt ein falsch positionierter Elektronenstrahl auf dem Bremstarget?

8. Nennen Sie die Aufgaben eines Dosismonitors im Linac-Strahlerkopf.

9. Ist der Keilfilterwinkel der physikalische Neigungswinkel des Keilfilters?

10. Definieren Sie den Keilfilterfaktor.

11. Dürfen schwangere Beschäftigte des radioonkologischen Instituts in den Bestrahlungspausen und zu Einstellzwecken Bestrahlungsräume betreten, wenn in diesen X15- oder X18-Photonenfelder bestrahlt werden?

12. Schätzen Sie aus den Ortsdosisleistungen in Abschnitt (9.8.3) am Patienten und am Strahlerkopf ab, ob ein Kontrollbereich entsteht.

13. Was kann passieren, wenn bei einem X18-Linac im Strahlerkopf eine Legierung mit natürlichem Kobalt eingesetzt wird?

14. Welcher Strahlenschutzbereich ist für das Personal im Bedienraum eines Linacs vorzusehen?

10 Ringbeschleuniger

Ringbeschleuniger sind Wechselspannungsbeschleuniger. Sie benötigen wegen der ringförmigen Teilchenbahnen magnetische Führungsfelder für die beschleunigten Partikel. Sie unterscheiden sich je nach räumlicher und zeitlicher Variation der Magnetfelder, der Frequenz der Beschleunigungsfelder und nach dem Beschleunigungsprinzip. In diesem Kapitel werden nach einer Darstellung des "historischen" Betatrons, vor allem die heute in Medizin, Technik und Wissenschaft wichtigen Zyklotrons, Mikrotrons und das Synchrotron erläutert.

10.1 Einteilung der Ringbeschleuniger

Ringbeschleuniger werden für Elektronen und schwerere geladene Teilchen verwendet. Gemeinsam ist allen eine gekrümmte Teilchenbahn, die das mehrmalige Durchsetzen einer Beschleunigungsstrecke ermöglicht. Bei einigen Ausführungen sind die Teilchenbahnen geschlossen, haben also Ring- oder Kreisform, bei anderen Ausführungen sind die Bahnen spiral- oder sogar rosettenförmig. Zur Teilchenführung werden bei allen Ringbeschleunigern Magnete verwendet. Deren Feld kann zeitlich und räumlich variieren oder auch konstant sein. Die Beschleunigung geschieht grundsätzlich mit Wechselspannungen mit konstanter oder zeitlich veränderlicher Frequenz. Zur Orientierung findet sich in der folgenden Tabelle ein Überblick über die wichtigsten Ringbeschleuniger und ihre Betriebsarten.

Beschleuniger	**Frequenz**	**Pulsung**	**Magnetfeld**	**Bahn**	**Teilchen**
Betatron	50 Hz, const	ja	B(t), B(r)=const	Kreis	e-
Zyklotron	10-30 MHz, const	nein	B(t)=B(r)=const	Spirale	p,d,...
Isochronzykl.	10-30 MHz, const	nein	B(r), B(t)=const	Spirale	
Synchrozykl.	HF(t) abnehmend	ja	B(t)=B(r)=const	Spirale	
Mikrotron	2-3 GHz, const	nein	B(t)=B(r)=const	Spirale	e-
Synchrotron	100 MHz, const	ja	B(t), B(r)=const	Kreis	e-
	HF(t) zunehmend	ja	B(t), B(r)=const	Kreis	p, Ionen
Rhodotron	100-200 MHz	nein	B(t)=const, B(r)	Rosette	e-

Tab. 10.1: Überblick über die wichtigsten Kenndaten von Ringbeschleunigern. Die angegeben Frequenzen sind typische Werte. Kreisbahn steht für geschlossene Ringbahn, Spirale für Bahnen mit stetig oder periodisch zunehmendem Radius. Unter Pulsung ist nur die Makropulsung gemeint, nicht die Pulsung durch die HF-Frequenz selbst.

10.2 Das Betatron

Betatrons beruhen auf der Beschleunigung von Elektronen nach dem Induktionsgesetz. Das erste funktionierende Betatron wurde von ***Kerst*** 1940 errichtet [Kerst 1940], obwohl schon 1922 ein erstes Patent auf das Betatronprinzip erteilt wurde [Slepian 1922]. Heute spielen Betatrons weder in der Medizin noch in der Hochenergiephysik eine bedeutende Rolle. Sie sind mittlerweile durch modernere Anlagen, vor allem durch die Elektronenlinearbeschleuniger abgelöst worden, die bessere Strahleigenschaften haben und höhere Strahlströme und Dosisleistungen ermöglichen. Ihre Produktion ist deshalb eingestellt. Wegen der historischen und theoretischen Bedeutung der Betatrons soll dennoch kurz auf ihre Wirkungsweise eingegangen werden, zumal in verschiedenen radiologischen Abteilungen und Forschungsstätten nach wie vor Betatrons im Einsatz sind.

Das Betatron ist ein Niederfrequenz-Kreisbeschleuniger für Elektronenstrahlung. Seine Wirkungsweise beruht auf dem Transformatorprinzip, also dem Induktionsgesetz. Die verwendete Wechselspannung hat eine typische Frequenz von 50-60 Hz. Dies entspricht der Frequenz technischen Wechselstroms. Transformatoren bestehen in ihren einfachsten Ausführungen aus einem Weicheisenjoch mit einer Primär- und einer Sekundärspulenwicklung. Wird durch eine der beiden Spulen ein Wechselstrom geschickt, wird nach dem Induktionsgesetz über den zeitlich veränderlichen Fluss des Magnetfeldes im Weicheisen in der anderen Spulenwicklung ein elektrisches Wechselfeld erregt. Die dabei eingespeisten bzw. entstehenden Spannungen an Primär- und Sekundärspule verhalten sich wie die jeweiligen Windungszahlen. Beim Betatron wird die sekundäre Wicklung durch ein evakuiertes Glas- oder Keramik-Ringgefäß ersetzt.

Das von der Primärwicklung ausgehende magnetische Wechselfeld induziert über die Sekundärspule ein elektrisches Kreisfeld im Ringgefäß. Befinden sich frei bewegliche Elektronen in diesem evakuierten Glasring, werden diese durch die Umlaufspannung beschleunigt. Jeder Windung der Sekundärspule entspricht ein voller Elektronenumlauf. Ein Elektron gewinnt pro Umlauf also so viel Energie, wie sie der an einer Windung der Sekundärwicklung anstehenden Spannungsdifferenz entspricht. Bis zum Erreichen ihrer Endenergie machen die Elektronen bis zu einer Million Umläufe im Ringgefäß. Wegen der auftretenden Zentrifugalkräfte können freie Elektronen ohne äußere Kraftwirkung natürlich nicht auf der Sollbahn gehalten werden. Man verwendet zur Kompensation der Fliehkraft wie üblich auch im Betatron ein Magnetfeld senkrecht zur Elektronen-Umlaufbahn. Weil die Elektronen bei jedem Umlauf an Masse und Bewegungsenergie gewinnen, muss auch das Führungsfeld entsprechend zeitlich zunehmen, da die Elektronen sonst sofort wegen der anwachsenden Zentrifugalkräfte und den simultan vergrößerten Bahnradien gegen die Außenwand des Ringbehälters stoßen würden.

Die zeitliche Kopplung zwischen Beschleunigungs- und Führungsfeld ist in idealer Weise erfüllt, wenn das Führungsfeld simultan mit dem Beschleunigungsfeld durch den Betatrontransformator erzeugt wird und sich wie dieses gleichförmig mit der Zeit ändert. Eine Stabilität der Teilchenbahn im Vakuumringgefäß kann nur dann erreicht werden, wenn die so genannte "Betatronbedingung" erfüllt ist (Gl. 10.1).

$$B_f(t) = \frac{1}{2} \cdot \overline{B}_b(t) + B_0 \qquad (10.1)$$

Das Führungsfeld B_f am Ort der Kreisbahn darf also zu jedem Zeitpunkt gerade nur halb so groß sein wie das über die Kreisbahnfläche gemittelte Beschleunigungsfeld B_b. Das zusätzliche zeitlich konstante Magnetfeld B_0 ist für die Stabilität nicht erforderlich, ermöglicht aber die Feinjustierung der Elektronenbahn im Vakuumgefäß. Diese Beziehung geht auf Arbeiten von ***Wideröe*** im Jahr 1928 zurück [Wideröe 1928] und

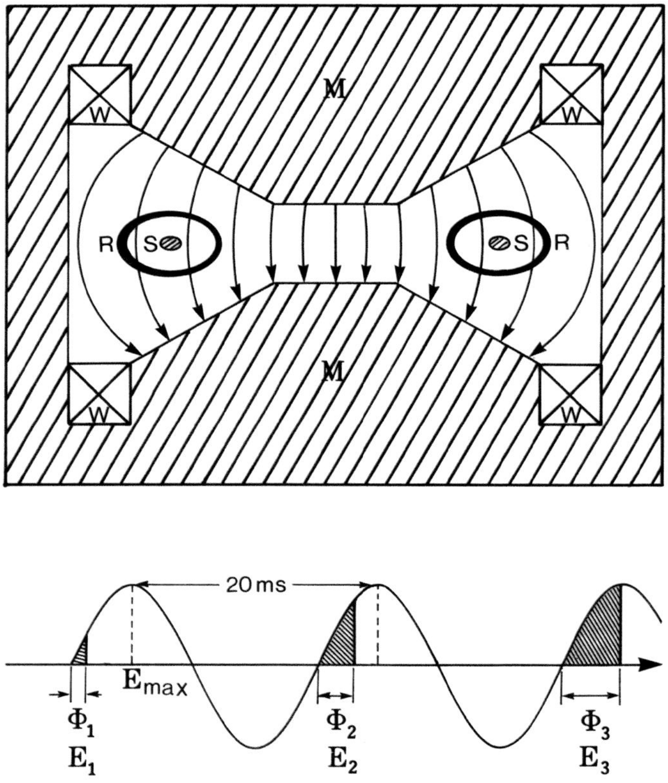

Fig. 10.1: Oben: schematischer Aufbau des Betatrons (M: Weicheisenmagnet, R: Ringgefäß, S: Sollbahn für Elektronen, W: Spulenwicklungen). Unten: Beschleunigungs-Zeitdiagramm (Φ: Phasenwinkel, d. h. Zeitbereich vom Einschuss der Elektronen in das Ringgefäß bis zur Auslenkung der Elektronen aus der Sollbahn, $E_{1\text{-}3}$: Elektronen-Energien zu $\Phi_{1\text{-}3}$, s. Text).

wird deshalb ihm zu Ehren auch als **"Wideröesche Betatronbedingung"** bezeichnet. Technisch erreicht man die geeignete Führungsfeldstärke, indem man die Polschuhe des Transformators entsprechend formt (Fig. 10.1).

Eine Beschleunigung der Elektronen ist nur während der halben Periode des Magnetwechselstromes vom Feldstärkenminimum bis zum nachfolgenden Maximum möglich (Fig. 10.1), da nur dann ein zeitlich zunehmendes und deshalb "beschleunigendes" Magnetfeld vorliegt. Sobald das Magnetfeld seinen maximalen Wert überschritten hat, würden die Elektronen wieder abgebremst, da die vom Magnetfeld induzierte Umlaufspannung ihre Richtung mit dem Überschreiten des Maximums des Magnetfeldes ändert. Wird das beschleunigende Magnetfeld gleichzeitig zur Führung der Elektronen verwendet, ist Führung und Beschleunigung sogar nur im ersten Viertel der Periode möglich, da die Elektronen beim "Vorzeichenwechsel" des Magnetfeldes ihre Bewegungsrichtung im Magnetfeld ändern (Änderung der Ablenkung) und dadurch mit der Wand des Ringgefäßes kollidieren würden. In der ersten Viertelperiode (Phase Φ = 0°-90°) müssen die Elektronen also in den Ring eingeschossen, beschleunigt und wieder aus dem Ring ausgelenkt werden. Durch geeignete Wahl der Einschuss- und Auslenkungszeit (Phasenwinkel) sind die Energien kontinuierlich wählbar. Technisch machbare mittlere Elektronenströme im Betatron liegen in der Größenordnung von 1 μA. Die Zeiten, in denen die Elektronen dem elektrischen Umlauffeld ausgesetzt sind, betragen je nach gewünschter Endenergie etwa 1 bis maximal 5 Millisekunden. Die Elektronenpulsfolgefrequenz beträgt wie die Netzfrequenz 50 Hz, die Pulsbreite etwa 1-5 Mikrosekunden.

Beispiel 10.1: Welche Strecke legt ein Elektronenpaket im Ringgefäß bis zum Erreichen seiner maximalen Energie von 15 MeV zurück und wie viele Umläufe werden dazu benötigt? Der Radius des Ringgefäßes soll 0,1 m betragen. Die "Expositionszeit" der Elektronen im beschleunigenden Feld beträgt in diesem Fall typisch 2 ms. Da die Elektronen von Anfang an nahezu mit Lichtgeschwindigkeit fliegen, ist der zurückgelegte Weg $s = 3 \cdot 10^8$ m/s $\cdot 2 \cdot 10^{-3}$ s = $6 \cdot 10^5$ m = 600 km. Aus dem Quotienten von zurückgelegter Strecke $6 \cdot 10^5$ m und Bahnumfang ($2r\pi$) erhält man etwa 10^6 = 1 Millionen Umläufe bis zum Erreichen der Endenergie. In Hochenergie-Betatrons werden wegen der höheren Expositionszeit und der größeren Radien bis zu 10^4 km Strecke zurückgelegt. Bei Radien um 1 m erhält man dann 1,5 Millionen Umläufe.

Betatrongefäße haben je nach Energie und verfügbarem Magnetfeld Durchmesser zwischen 10 bis über 240 cm. Die aus einer Glühwendel emittierten Elektronen werden auf der einen Seite des Ringgefäßes mit dem Injektor in die Sollkreisbahn eingeschossen. Sie werden dort durch das zeitlich zunehmende Magnetfeld beschleunigt und am Ende der Beschleunigungsphase durch eine kurzzeitige Aufhebung des Führungsfeldes aus der Sollbahn entfernt. Medizinische Betatrons erreichten maximale Elektronen-Energien von knapp über 40 MeV, Betatrons für die Forschung Energien bis über 300 MeV.

Die Homogenität der Dosisverteilungen und die absolute Dosisleistung von Elektronenstrahlung aus medizinischen Betatrons sind sehr stark abhängig von der Orientierung des therapeutischen Strahlenbündels und des Kollimatorsystems relativ zur Sollkreisebene der Elektronen im Ringgefäß. Die Homogenisierung der Bestrahlungsfelder ist wegen der fehlenden Energieanalyse im Strahlerkopf schwierig und erreicht nicht die Perfektion der moderneren Linearbeschleuniger. Die Erzeugung von ultraharter Photonenstrahlung, die Dosisleistungsüberwachung und sonstige Maßnahmen zur Aufbereitung des therapeutischen Strahlenbündels ähneln denen, die auch bei den anderen Beschleunigern benutzt werden.

Der Beschleunigung von Elektronen auf Kreisbahnen sind wie bei allen Kreisbeschleunigern auch in Betatrons wegen der Strahlungsverluste und Magnetkosten Energieobergrenzen gesetzt. Das Betatron mit der höchsten Elektronenenergie wurde von ***Kerst*** 1950 in Illinois errichtet [Kerst] und hatte eine nominelle Elektronenenergie von 300 MeV. In solchen Hochenergiebetatrons müssen aus technischen Gründen der Induktionsmagnet und die Führungsmagnete getrennt werden. Der Induktionsmagnet dieses Betatrons wog bereits 275 t, die 6 Führungsmagnete wogen zusätzliche 66 t. Der Sollbahnradius betrug 1,22 m. Mit dieser Anlage wurde nach Bremsen des Elektronenstrahls in einem Schwermetalltarget eine Bremsstrahlungsdosisleistung von etwa 140 Gy/min erreicht.

Herleitung der Betatronbedingung*: Die Grundlage ist das Induktionsgesetz[1]. Danach entsteht durch ein zeitlich veränderliches Magnetfeld $\vec{B}$ ein elektrisches Umlauffeld $\vec{E}$. Das Ringgefäß des Betatrons mit dem Radius r wird vom zeitlich veränderlichen Magnetfluss B_b durchsetzt und erzeugt deshalb eine elektrische Umlaufspannung U_{ind}. Für ein Betatron mit seinem Magneten zur Erzeugung des magnetischen Wechselfeldes zur Elektronenbeschleunigung B_b, das das Ringgefäß mit dem Bahnradius r und der Kreisfläche A durchsetzt, erhält man das Induktionsgesetz in folgender Form:

$$U_{ind} = \frac{d\Phi_b}{dt} = \int \frac{dB_b}{dt} \cdot dA = \pi r^2 \cdot \frac{d\overline{B}_b}{dt} \tag{10.2}$$

Die Größe $\overline{B}_b$ ist die über den Bahnquerschnittsfläche $A = r^2\pi$ gemittelte magnetische Induktion; die induzierte Spannung U_{ind} entspricht der Spannung, die ein geladenes Teilchen bei einem einzelnen Umlauf im Ringgefäß sehen würde. Der Betrag des elektrischen Beschleunigungsfeldes wird als Quotient aus der Umlaufspannung und dem Kreisumfang der Teilchensollbahn berechnet.

$$\left|\vec{E}\right| = \frac{U_{ind}}{2\pi r} \tag{10.3}$$

Da der Betrag der durch dieses elektrische Feld bewirkten Beschleunigungskraft F_b gerade die zeitliche Änderung des Bahnimpulses p des Teilchens ist, erhält man für den Betrag des elektrischen Teils der Lorentzkraft:

[1] Die differentielle Form ist die 2. Maxwellgleichung rot E = -dB/dt, die integrale Form ist (Gl. 10.2).

$$F_b = \frac{dp}{dt} = q \cdot \left|\vec{E}\right| \tag{10.4}$$

Damit ein Teilchen mit der Ladung q auf der kreisförmigen Sollbahn gehalten werden kann, müssen die Zentrifugalkraft F_{zf} und die durch das magnetische Führungsfeld B_f erzeugte Lorentzkraft F_L die gleichen Beträge aufweisen.

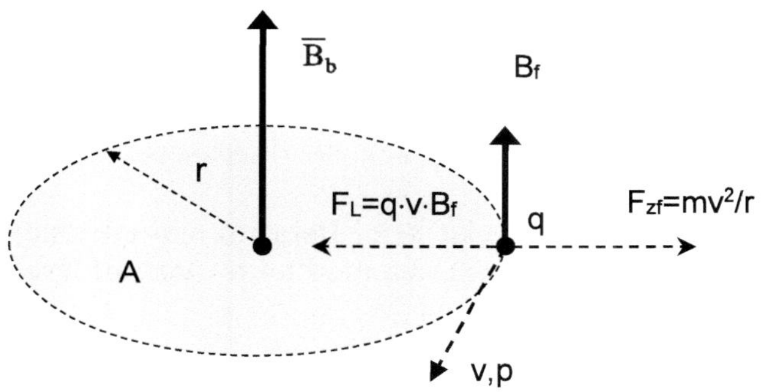

Fig. 10.2: Verhältnisse im Beschleunigungsfeld und Führungsfeld eines Betatrons. Damit ein mit der Ladung q geladenes Teilchen bei einem Energiegewinn pro Umlauf von $q \cdot U_{ind}$ stabil auf der Kreisbahn mit dem Radius r gehalten werden kann, müssen das Führungsfeld B_f und das über die Kreisfläche A gemittelte Beschleunigungsfeld $\overline{B}_b$ zu jedem Zeitpunkt die Betatronbedingung (Gl. 10.1) erfüllen.

$$F_{zf} = m \cdot \frac{v^2}{r} \quad \text{und} \quad F_L = q \cdot v \cdot B_f \tag{10.5}$$

Durch Gleichsetzen der beiden Kräfte und Ersetzen des Produktes (m·v) durch den Impuls p erhält man:

$$m \cdot \frac{v}{r} = \frac{p}{r} = q \cdot B_f \quad \text{bzw.} \quad p = r \cdot q \cdot B_f \tag{10.6}$$

Die zeitliche Ableitung dieser Gleichung und Gleichsetzen mit der Beschleunigungskraft F_b auf dem Orbit ergibt zusammen mit (Gl. 10.3) und (10.4):

$$\frac{dp}{dt} = r \cdot q \cdot \frac{dB_f}{dt} = q \cdot \left|\vec{E}\right| = q \cdot \frac{U_{ind}}{2\pi r} = q \cdot \frac{\pi r^2}{2\pi r} \cdot \frac{d\overline{B}_b}{dt} = \frac{1}{2} \cdot r \cdot q \cdot \frac{d\overline{B}_b}{dt} \tag{10.7}$$

Eine einfache Umformung liefert direkt die zeitdifferentielle Form der Betatronbedingung:

$$\frac{dB_f}{dt} = \frac{1}{2} \cdot \frac{d\overline{B}_b}{dt} \tag{10.8}$$

Die Zeitintegration von (Gl. 10.8) ergibt die Betatronbedingung (Gl. 10.1):

$$B_f(t) = \frac{1}{2} \cdot \overline{B}_b(t) + B_0 \tag{10.1}$$

Zusammenfassung

- **Das Betatron dient ausschließlich zur Beschleunigung relativistischer Elektronen.**
- **Seine Wirkungsweise beruht auf dem Induktionsgesetz, also der Erzeugung elektrischer Umlauffelder durch zeitliche Veränderung eines Magnetfeldes, das eine Leiterschleife durchsetzt.**
- **Diese Leiterschleife ist beim Betatron ein evakuiertes Ringgefäß aus Glas oder Keramik, in dem sich die Elektronen auf Kreisbahnen bewegen.**
- **Die verwendete Wechselspannung ist niederfrequent mit typischen Frequenzen um 50 bis 60 Hz.**
- **Beschleunigung und Führung von Elektronen ist nur während des ersten Periodenviertels der Wechselspannung möglich.**
- **Die Umlaufbahn der Elektronen hat trotz der relativistischen Massenzunahme der beschleunigten Elektronen einen konstanten Radius.**
- **Dazu müssen das Führungsfeld und das beschleunigende Magnetfeld simultan mit der Zeit erhöht werden.**
- **Um stabile Teilchenbahnen zu erreichen, muss die Flussdichte des Führungsfeldes zu jedem Zeitpunkt exakt 50% derjenigen des mittleren Induktionsfeldes betragen.**
- **Dies wird als Wideröesche Betatronbedingung bezeichnet.**
- **Betatrons dienten der Grundlagenforschung und waren auch die Vorläufer der heutigen Elektronenlinearbeschleuniger in der Strahlentherapie.**
- **Trotz der immensen Magnetmassen wurden die therapeutischen Betatrons mit beweglicher Gantry konstruiert, was Bestrahlungen der Patienten aus beliebigen Winkeln und selbst Rotationsbestrahlungen ermöglichte.**
- **Betatrons werden heute nicht mehr industriell hergestellt.**

10.3 Zyklotrons

Das Zyklotron ist ein Hochfrequenzkreisbeschleuniger für schwere geladene Teilchen wie Protonen, Deuteronen, Alphateilchen oder Ionen. Die Idee für das Zyklotron geht auf ***Ernest. O. Lawrence*** zurück [Lawrence 1929]. Das erste funktionierende Zyklotron wurde 1931 gebaut [Lawrence/Livingston 1931]. Zyklotrons dienen heute vor allem der Produktion kurzlebiger Radionuklide für nuklearmedizinische Zwecke, insbesondere zur Herstellung von Positronenstrahlern, zur Neutronenproduktion über Kernreaktionen, zur Sterilisation von Materialien, zur Polymerisation von Kunststoffen und als vielseitige Strahlungsquelle für die Forschung. Wegen der starken Coulombabstoßung zwischen den geladenen Beschussteilchen und den Atomkernen, die zu Radionukliden umgewandelt werden sollen, liegen die Reaktionsschwellen vieler Protonenreaktionen bei etwa 20-30 MeV. Es werden daher wesentlich höhere Protoneneinschussenergien benötigt, als sie mit einfachen Zyklotrons erreicht werden können. Dies erforderte die Konstruktion höherenergetischer relativistischer Zyklotron-Varianten.

Zyklotrons wurden in der Vergangenheit meistens nicht unmittelbar für strahlentherapeutische Zwecke eingesetzt. In letzter Zeit häufen sich jedoch auch die Anwendungen schwerer geladener Teilchen für die Behandlung von Tumoren. Die wichtigste Strahlungsart in diesem Zusammenhang sind die Protonen, die ein für die Beschleunigung optimales Ladungszahl-Massenzahlverhältnis aufweisen. Ihre Tiefendosiskurve hat die Form einer Bragg-Kurve (s. Fig. 10.10 und [Krieger3], Kap. 20). Sie weist den höchsten Energietransfer am Ende der Teilchenbahn auf und ist deshalb besonders günstig für die Schonung gesunden Gewebes. Die relative Biologische Wirksamkeit der in den Tumoren - also am Ende der Protonen-Tiefendosiskurven wechselwirkenden Protonen - wird im Mittel zu etwa RBW = 1,1 abgeschätzt.

10.3.1 Funktionsweise und Bauformen von klassischen Zyklotrons

Das einfachste Zyklotron besteht aus einem dosenförmigen Vakuumgefäß mit Durchmessern von wenigen Zentimetern bis einigen Metern (Fig. 10.3). In ihm befinden sich zwei halbkreisförmige Hohlelektroden, die auf ihrer geraden Seite offen sind. Sie werden als Duanten oder anschaulicher ihrer Form wegen als "DEEs" bezeichnet. In der Mitte zwischen den "DEEs" befindet sich eine Quelle bzw. eine Zufuhr für die zu beschleunigenden Teilchen. Die ganze Anordnung befindet sich in einem starken, homogenen Dipolmagnetfeld, dessen Feldlinien die Hohlelektroden in der Mitte senkrecht durchsetzen. Legt man an die beiden Elektroden eine hochfrequente elektrische Wechselspannung an, bildet sich im Spalt zwischen den "DEEs" eine beschleunigende elektrische Feldstärke aus. Elektrisch geladene Teilchen, die diesen Spalt durchfliegen, werden bei richtiger Phase bei jedem Durchlaufen des Spaltes vom elektrischen Wechselfeld beschleunigt. Anschließend bewegen sie sich mit konstanter Bewegungsenergie auf Kreisbahnen bis zur nächsten Beschleunigung durch die Hochfrequenz.

Dadurch nimmt die Geschwindigkeit der Teilchen und mit ihr auch der Radius der Kreisbahnen zu. Die Teilchenbahnen werden zu Spiralen mit zunehmendem Bahnradius. Wenn sie die Grenzen des Führungsmagneten erreicht haben, werden sie durch die an eine "Auslenk-Elektrode" (Deflektor) angelegte Spannung oder durch einen Bereich mit abgeschirmten Magnetfeld aus der Kreisbahn entfernt und verlassen das Zyklotron tangential.

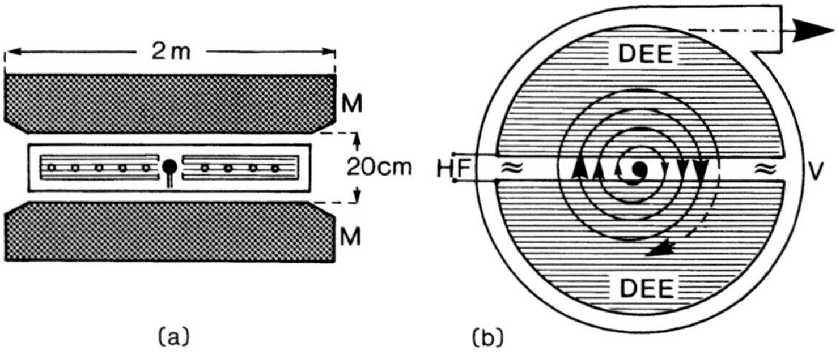

Fig. 10.3: (a): Schematischer Aufbau eines Zyklotrons zur Beschleunigung nicht relativistischer geladener Teilchen: (M: Magnetpole), (b): Aufsicht auf das Vakuumgefäß (V) und die DEEs mit spiralförmigen Teilchenbahnen, HF: hochfrequente Wechselspannung. Der Bahnradius nimmt bei jeder Passage des DEE-Spaltes sprungartig zu.

Die Hochspannung an den DEEs ist wegen der Gefahr elektrischer Überschläge auf etwa 100 kV bis maximal 200 kV bei größeren Kammerdurchmessern beschränkt. Damit ein einfach elektrisch geladenes Teilchen wie ein Proton oder ein Deuteron eine Bewegungsenergie von 10 MeV erreicht, benötigt das Teilchen unter optimalen Bedingungen also 10MeV/0,1MeV = 100 Beschleunigungsvorgänge im DEE-Spalt. Dies entspricht wegen der zweifachen Beschleunigung pro Umlauf 50 vollständigen Umläufen. Bei kleineren Beschleunigungsspannungen benötigt man entsprechend höhere Umlaufzahlen. Den Bahnradius r berechnet man aus der Lorentzkraft und der Zentrifugalkraft im Magnetfeld zu (s. Gln. 2.11 und 2.12 in Kap. 2.3):

$$r = \frac{m \cdot v}{q \cdot B} = \frac{p}{q \cdot B} \tag{10.9}$$

Der Radius r ist also proportional zu dem Verhältnis von Impulsbetrag und dem Betrag der magnetischen Flussdichte B. Die Umlauffrequenz des Teilchens (die Kreisfrequenz) erhält man aus (Gl. 10.9) mit $\omega = v/r$ zu:

$$\omega = \frac{2\pi}{T} = \frac{q \cdot B}{m} \qquad \text{und} \qquad f = \frac{\omega}{2\pi} = \frac{1}{T} = \frac{1}{2\pi} \cdot \frac{q \cdot B}{m} \tag{10.10}$$

Damit die Teilchen trotz ihrer Geschwindigkeitszunahme phasenrichtig auf den Beschleunigungsspalt treffen, müssen ihre Umlaufzeiten unabhängig von der Teilchenenergie sein und gerade der Schwingungsdauer der angelegten Hochspannung entsprechen. Die Kreisfrequenz des umlaufenden Teilchens ω_T und die Winkelfrequenz der angelegten Hochspannung ω_{HF} müssen gleich sein. Gleichung (10.10) gibt deshalb auch die Arbeitsfrequenz der angelegten Wechselspannung an.

$$\omega_{HF} = \omega_T \qquad \text{bzw.} \qquad f_{HF} = f_T \tag{10.11}$$

Dies bezeichnet man als **Zyklotronresonanzbedingung**, die Frequenzen als **Zyklotronfrequenzen**. Gleichung (10.10) zeigt, dass die gleiche Resonanzbedingung im Zyklotron für alle Teilchen mit gleicher spezifischer Ladung q/m gilt, also für Teilchen, die das gleiche Verhältnis von Ladung und Masse aufweisen. Sie können des-

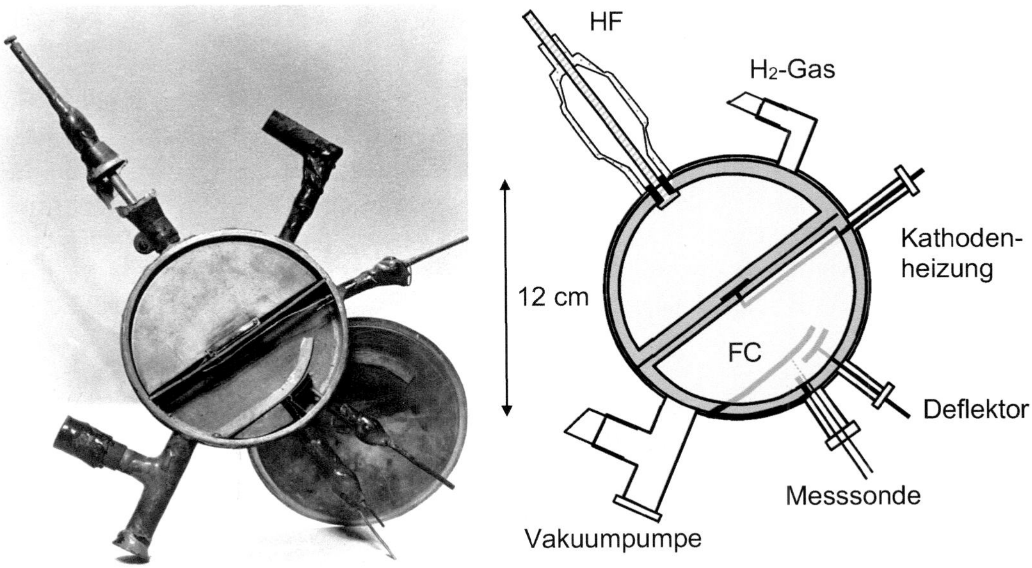

Fig. 10.4: Historisches Foto des ersten von Livingston hergestellten Zyklotrons und Skizze dessen Aufbaus. Sein Dosendurchmesser betrug nur 5 Zoll (etwa 12 cm, Foto mit freundlicher Genehmigung des Lawrence Berkeley National Lab. [LBNL]). Das untere DEE fehlt im Foto, um den Deflektor zu zeigen, ist aber in der Skizze halbtransparent dargestellt. Die Kathode dient zur thermischen Freisetzung von Elektronen, die die Wasserstoffmoleküle ionisieren. Die beschleunigten Wasserstoffionen erreichten eine Energie von etwa 80 keV. Sie wurden nicht aus dem Kupferbehälter ausgelenkt sondern in einem Faradaybecher (Faraday-Cup: FC) aufgefangen und dort mit einer Messsonde nachgewiesen.

halb auch mit derselben Hochfrequenz beschleunigt werden. Die Zyklotronfrequenz hängt außerdem unter den bisher unterstellten Bedingungen nicht von der Teilchengeschwindigkeit ab. Zum Dritten zeigt (Gl. 10.10), dass die Resonanzbedingung bei einem zeitlich und räumlich konstanten Magnetfeld der Flussdichte B nur solange erfüllt ist, wie die Teilchenmasse ebenfalls konstant bleibt, sich also nicht wesentlich von der Ruhemasse m_0 des beschleunigten Teilchens unterscheidet. Diese Resonanzbedingung ist für geladene Teilchen in guter Näherung nur zu erfüllen, solange das Verhältnis ihrer Geschwindigkeit und der Lichtgeschwindigkeit 10-15 Prozent nicht überschreitet, also $v/c < 0{,}15$ gilt. Diesen Wert erreichen Elektronen bei bereits bei einer Bewegungsenergie von 6 keV; bei 80 keV erreichen sie schon halbe Lichtgeschwindigkeit. Sie können deshalb in einfachen Zyklotrons mit vernünftiger Ausbeute nicht beschleunigt werden.

Die theoretisch maximal erreichbare Bewegungsenergie der beschleunigten Teilchen ergibt sich unter diesen nicht relativistischen Bedingungen aus dem Wert des Magnetfeldes B und dem äußersten Bahnradius r_{max} mit $v = \omega \cdot r_{max}$ zu[2]:

$$E_{max} = \frac{q^2 \cdot r_{max}^2 \cdot B^2}{2 \cdot m_0} \tag{10.12}$$

Die maximal erreichbare Teilchenenergie hängt also **quadratisch** vom Produkt aus Radius und B-Feld ab. Für große Teilchenenergien sind deshalb entweder bei konstantem Magnetfeld die maximalen Radien quadratisch zu erhöhen, was große Durchmesser von Magnet und Vakuumgefäß erfordert, oder die Stärke der Magnetfelder muss bei festem Radius quadratisch angehoben werden bzw. beide Parameter müssen simultan verändert werden. Obere technisch sinnvolle Grenzen für die Stärken von Magnetfeldern liegen für Eisenjochmagnete bei etwa 1,5 T, für supraleitende Magnete bei ca. 5 T.

Die Hochspannung der HF an den DEEs liegt bei einfachen Zyklotrons in der Größenordnung bis 100 kV bei Frequenzen von einigen 10 MHz (s. Beispiele). Da die Teilchen bei der Passage des Beschleunigungsspaltes nur einen Teil dieser Hochspannung sehen - sie befinden sich aus Gründen der Phasenstabilität nicht auf dem Maximum der HF-Spannung - gewinnen sie bei der Passage der DEEs typisch $\Delta E = 50$ keV an Bewegungsenergie. Protonen, die auf 10 MeV Endenergie beschleunigt werden sollen, müssen den Spalt deshalb (10 MeV/50 keV) = 200 Mal passieren, also n = 100 ganze Umläufe machen. Die Bahnradien verändern sich dabei mit der Quadratwurzel der Zahl der Umläufe n, die zum Erreichen einer bestimmten Energie erforderlich ist.

---

[2] Für nicht relativistische Teilchen mit der Ruhemasse m_0 und dem maximalen Bahnradius r_{max} gilt zusammen mit Gleichung (10.10) $E_{max} = \frac{m_0 v^2}{2} = \frac{m_0 \cdot \omega^2 \cdot r_{max}^2}{2} = \frac{m_0 \cdot (q \cdot B)^2 \cdot r_{max}^2}{2 \cdot m_0^2}$.

Setzt man die erreichte Teilchenenergie nach n Umläufen $E(n) = n \cdot \Delta E$ in (Gl. 10.12) ein, erhält man durch Auflösen nach dem Radius r(n)

$$r(n) = \frac{1}{q \cdot B} \cdot \sqrt{2 \cdot m_0 \cdot \Delta E \cdot n} \tag{10.13}$$

Der Abstand aufeinander folgender Umlaufbahnen ist also nicht - wie (Fig. 10.3) aus Darstellungsgründen vereinfacht unterstellt wurde - konstant, sondern verengt sich nach außen, d. h. mit zunehmender Teilchenenergie. Bei einem typischen mittleren Bahnradius der Teilchenspirale von r = 0,5 m legen die Protonen eine Strecke von etwa 1200 m bis zum Erreichen der Endenergie zurück. Damit die Teilchen auf einem solchen Weg dem Strahlenbündel nicht verloren gehen, muss durch geeignete strahloptische Maßnahmen für ihre stabile vertikale und horizontale Lage in den DEEs gesorgt werden. In einfachen Zyklotrons sind mittlere Strahlströme von einigen Milliampere zu erreichen. Die Pulsfolgefrequenz des Teilchenstrahls entspricht gerade der Frequenz der Wechselspannung. Dies bedeutet, dass im klassischen Zyklotron gleichzeitig ein Teilchenpaket in jeder Umlaufbahn beschleunigt werden kann.

Beispiel 10.2: Bis zu welcher Protonenenergie ist die Beschleunigung in einem Zyklotron mit konstantem Magnetfeld und konstanter Frequenz möglich? Die Ruheenergie von Protonen beträgt 938 MeV. Für die relativistische Masse gilt die Beziehung $m/m_0 = (1\text{-}v^2/c^2)$. Für $v/c < 0{,}15$ erhält man aus dieser Gleichung durch Umformen den Wert $m/m_0 < 1{,}01$. Dieses Massenverhältnis ist wegen der Einsteinschen Beziehung zwischen Energie und Masse eines Teilchens ($E = m \cdot c^2$) gleichzeitig das Verhältnis der totalen Energie zur Ruheenergie des Protons. Da die totale Energie die Summe von Ruheenergie und Bewegungsenergie der Teilchen ist, darf die kinetische Energie von Protonen also nur etwa 1% der Ruheenergie (938 MeV) erreichen. Das sind ungefähr 10 MeV. Mit einem einfachen Zyklotron können bei vernünftiger Strahlausbeute Protonen also bis etwa 10 MeV, Deuteronen bis 20 MeV und Alphateilchen bis 43 MeV beschleunigt werden. Bei deutlich geringeren Strahlströmen sind bei Protonen 15 MeV, bei Deuteronen 30 MeV und bei Alphas höchstens 60 MeV maximaler Energie zu erreichen.

Beispiel 10.3: In einem Zyklotron sollen Protonen beschleunigt werden (massenspezifische Ladung $q/m = 1{,}602 \cdot 10^{-19}$ C/$1{,}6725 \cdot 10^{-27}$ kg = $9{,}58 \cdot 10^{7}$ C/kg). Das Magnetfeld hat einen Durchmesser von 1,8 Metern; der äußerste Bahnradius betrage 0,75 m bei einer maximalen magnetischen Flussdichte B von 1,8 Tesla. Wie groß muss die Arbeitsfrequenz f des Zyklotrons sein? Aus Gleichung (10.10) erhält man $f = 1{,}8$ Tesla $\cdot\ 9{,}58 \cdot 10^7/2\pi$ C/kg = 27,4 MHz. Der Magnet eines solchen Zyklotrons hätte übrigens ein Gewicht von etwa 200-250 Tonnen. Zur Abschätzung der unter diesen Bedingungen nach Gl. (10.12) rein rechnerisch erreichbaren Teilchenenergien setzt man die Kreisfrequenz ω, die Ruhemasse des Protons m_p und den äußersten (maximalen) Bahnradius in diese Gleichung ein. Man erhält für die maximale Protonen-Bewegungsenergie den Wert: $E_{kin} = 1{,}6725 \cdot 10^{-27}$ kg/2$\cdot$(27,4 MHz$\cdot 2\pi \cdot$0,75 m)^2 = $13{,}942 \cdot 10^{-12}$ Joule $\cong$ 87 MeV. Diese Energie überschreitet bei weitem den im einfachen Zyklotron für Protonen zulässigen Wert von ca. 10 MeV (nach Beispiel 10.2). Die Strahlausbeute ist unter diesen Umständen sehr gering, da die Protonen während der Beschleunigung durch die relativistische Massenzunahme außer Phase geraten. Dieses Zyklotron ist für die Beschleunigung von Protonen eindeutig fehldimensioniert!

Vertikale Bahnstabilität von Teilchen im Zyklotron*: Wie in allen Ringbeschleunigern unterliegen die geladenen Teilchen auch in Zyklotrons vertikalen Schwingungen um die Sollbahn, den so genannten Betatron-Schwingungen (s. Kap. 2.3.4). Sind diese Schwingungsamplituden größer als die vertikalen Abmessungen der Strahlführung oder der Höhe der DEEs, gehen die Teilchen beim Kontakt mit diesen Materialien dem Strahlenbündel verloren: Die Strahlausbeuten sinken. Um die Verluste gering zu halten, werden speziell geformte Polschuhe der Führungsmagnete verwendet. Man wölbt dazu die Feldlinien nach außen und erzeugt so rückstellende, vertikal fokussierende Lorentzkraftkomponenten. Konventionelle Zyklotrons haben wegen dieser fokussierenden Wirkung immer gewölbte Polflächen mit dadurch nach außen abnehmenden Magnetfeldstärken (s. Fig. 10.8 links). Die Resonanzbedingung (Gl. 10.10) ist in solchen Zyklotrons daher für die äußeren Teilchenbahnen auch im nicht relativistischen Energiebereich bereits nur noch näherungsweise erfüllt. Abhilfe schafft unter diesen Verhältnissen eine geringfügige Verminderung der Hochfrequenz, die dann in der Feldmitte etwas zu klein, im Außenbereich etwas zu groß ist, aber im Mittel ausreichende Teilchenausbeuten ermöglicht.

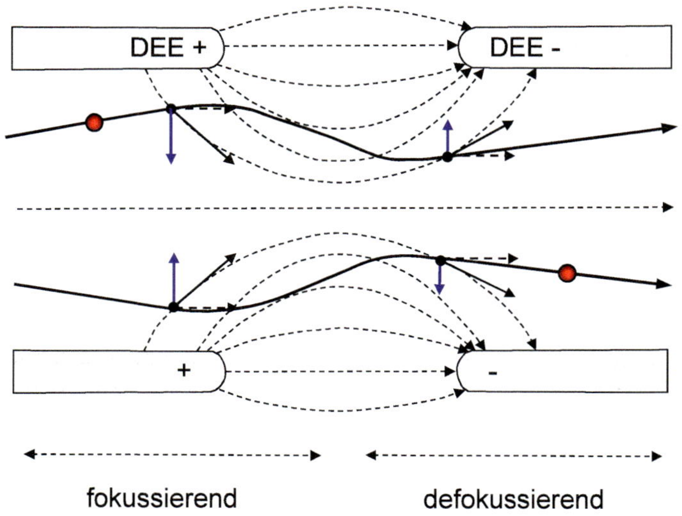

Fig. 10.5: Wirkung des Verlaufs der elektrischen Feldstärke der Hochfrequenz an den DEEs eines Zyklotrons auf die vertikale Bahnstabilität der beschleunigten nicht relativistischen Teilchen. Die vertikalen E-Feldkomponenten führen zur Defokussierung bzw. Fokussierung beim Eintritt bzw. Austritt aus dem Spalt. Durch den Versatz der Teilchen nach innen und den Geschwindigkeitsgewinn des Teilchens im Spalt bleibt ein Netto-Fokussiereffekt (Darstellung übertrieben).

Zusätzlich wirkt im Zyklotron aber bei der Passage des DEE-Spaltes das **elektrische Feld** auf die geladenen Teilchen (s. Fig. 10.5). Neben seiner Hauptaufgabe, der Teilchenbeschleunigung, dient dieses Feld auch einer vertikalen Fokussierung des Teilchenbündels. Die elektrische Komponente der Lorentzkraft ($F = q \cdot E$) zeigt grundsätzlich in Richtung des elektrischen Feldvektors. Die elektrische Feldstärke zwischen den DEEs ist inhomogen und beult in Richtung zur zentralen Ebene der Elektroden aus. Teilchen, die den Spalt exakt auf der Zentralebene passieren, sehen daher nur eine exakt vorwärts gerichtete Kraft. Sie werden zwar beschleunigt, behalten aber ihre Flugbahn bei. Reale Strahlenbündel sind allerdings sowohl zur Achse versetzt als auch teilweise divergent. Solche Teilchen erfahren daher durch die senkrechte Komponente des beschleunigenden elektrischen Feldes eine defokussierende Kraft beim Eintritt in den Beschleunigungsspalt, beim Austritt eine etwas höhere fokussierende Wirkung. Solange Teilchen noch nicht relativistisch sind, gewinnen sie im Beschleunigungsspalt zudem an Geschwindigkeit. Sie halten sich daher unterschiedlich lange im defokussierenden und im fokussierenden Bereich auf. Zusätzlich nimmt die beschleunigende Feldstärke während der Teilchenpassage von links nach rechts in (Fig. 10.5) zeitlich ab. Alles zusammen führt zu einer vertikalen Netto-Fokussierung des Strahlenbündels im Spalt zwischen den DEEs eines Zyklotrons. Sobald die Teilchenenergien relativistisch sind, versagt diese Art der vertikalen elektrischen Fokussierung, da sich die Passagezeiten im defokussierenden und fokussierenden Bereich wegen den konstanten Teilchengeschwindigkeit ($v \approx c$) nicht mehr unterscheiden. Außerdem sind die relativistischen schweren Teilchen durch elektrische Felder kaum noch zu beeinflussen.

10.3.2 Relativistische Zyklotrons

Phasenlage relativistischer Teilchen im Zyklotron: Teilchen im Zyklotron bleiben bei konstanter Hochfrequenz ω nur solange in Phase mit der Beschleunigungsspannung, wie sich ihre Umlauffrequenz nicht ändert, also das Verhältnis von Teilchenmasse und Magnetflussdichte B gleich bleibt (Gl. 10.10). Bei relativistischer Teilchenenergie sind diese Bedingungen beim einfachen Zyklotron nicht mehr erfüllt. Durch die relativistische Zunahme der Teilchenmasse m bei der Beschleunigung werden Teilchen schwerer; dadurch erniedrigt sich ihre Umlauffrequenz. Sie erreichen den beschleunigenden Spalt zu spät, laufen also außer Phase und erreichen nicht mehr die vorgesehene Energie. Nach nur wenigen Umläufen ist das von ihnen gesehene elektrische Beschleunigungsfeld Null und kehrt sich anschließend sogar in ein bremsendes Gegenfeld um (s. Fig. 10.6). Diese asynchronen Teilchen gehen dem Strahlenbündel natürlich verloren.

Abhilfe schaffen Modifikationen des einfachen Zyklotronprinzips mit zeitlich und räumlich konstantem Magnetfeld, konstanter Hochfrequenz und konstanter Umlaufzeit der Teilchen. Sollen die Magnetfelder trotz zunehmender Teilchenmassen unverändert bleiben, müsste nach (Gl. 10.10) die Frequenz des HF-Feldes mit der Umlauffrequenz synchronisiert werden. Mit zunehmender Teilchenenergie muss die Hochspannungsfrequenz dann wie die Teilchenumlauffrequenz abnehmen. Sollen dagegen die Frequenzen konstant gehalten werden, muss für ein konstantes B/m-Verhältnis das Magnetfeld mit zunehmender Teilchenenergie und Teilchenmasse, also nach außen hin auf den äußeren Bahnen, erhöht werden.

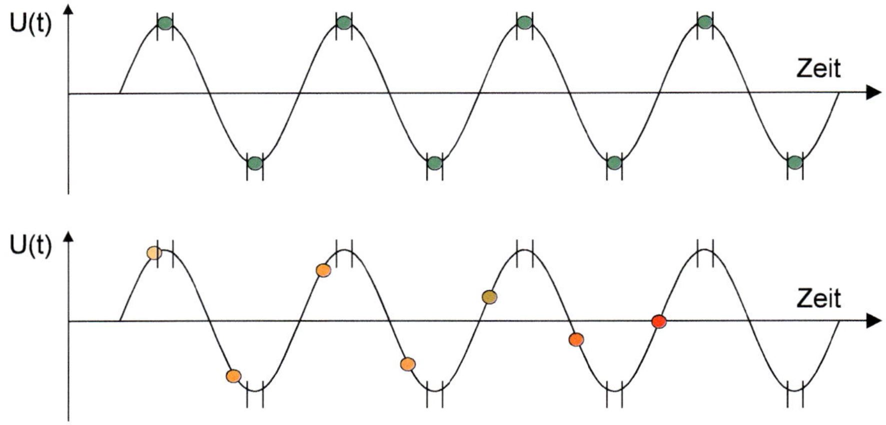

Fig. 10.6: Wirkung der relativen Phasenlage von Teilchenpaketen und der HF-Spannung beim Umlauf im Magnetfeld eines Zyklotrons. Oben: korrekte Synchronisation zwischen Teilchenpaket und beschleunigender Spannung. Die Teilchen sehen immer die gleiche HF-Spannung während eines schmalen "Soll-Zeitfensters" (senkrechte Linien). Sie werden durch den Polaritätswechsel bei jeder Passage des DEE-Spalts beschleunigt. Unten: Teilchen mit zu niedriger Umlauffrequenz kommen zu spät und sehen daher zunehmend geringere Beschleunigungsspannungen. Nach bereits 3 Umläufen zu je 360 Grad ist im gezeichneten Beispiel die "gesehene" HF-Spannung Null und wirkt anschließend als bremsendes Gegenfeld. In realen Anordnungen befinden sich die Teilchen wegen der Synchrotronschwingungen nicht im Maximum der Feldstärke. Diese Darstellung wurde hier nur aus Gründen der Anschaulichkeit gewählt.

Wird die HF-Frequenz wie die Umlauffrequenz der Teilchen mit zunehmender Teilchenenergie verringert, bezeichnet man das Zyklotron als **Synchrozyklotron**, da seine HF-Frequenz und die Teilchenumlauffrequenz "synchronisiert" werden. Ein Teilchenpaket wird bei einer hohen HF-Frequenz eingeschossen und sieht dann durch diese Frequenzsynchronisation bei seinem Weg zu größeren Radien eine ständig abnehmende Hochfrequenz (Fig. 10.7). Dadurch wird die Zyklotronresonanzbedingung (Gl. 10.10) auch bei relativistischen Teilchenenergien eingehalten. Allerdings hat dies zur Folge, dass nur ein einzelnes Teilchenpaket im DEE die korrekte radiusabhängige Hochfrequenz sehen und sich auf der Spiralbahn befinden kann. Synchrozyklotrons müssen deshalb im Pulsbetrieb gefahren werden. Die Teilchenausbeuten und somit die

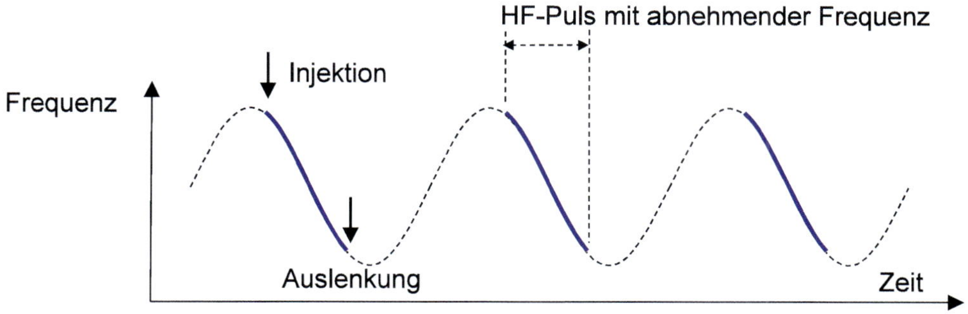

Fig. 10.7: Zeitverlauf der Hochfrequenz an den DEEs von Synchrozyklotrons zur Beschleunigung relativistischer Teilchen. Mit zunehmender Teilchenenergie wird die Frequenz der Beschleunigungsspannung so erniedrigt, dass die relativistische Massenzunahme gerade kompensiert wird. Ist die minimale Frequenz erreicht, wird das Teilchenbündel ausgelenkt. Voraussetzung für diesen Betrieb eines Zyklotrons ist der Pulsbetrieb.

erreichbaren Teilchenströme nehmen dadurch deutlich ab. Durch Ausdehnung des Zyklotronprinzips in den relativistischen Energiebereich im Synchrozyklotron konnten immerhin Protonenenergien bis über 800 MeV realisiert werden.

Soll die Hochfrequenz dagegen konstant gehalten werden, bleibt die Synchronisation nur dann erhalten, wenn radiale Magnetfeldänderungen vorliegen, die proportional zur relativistischen Massenzunahme der Teilchen sind, also das Verhältnis B/m durch anwachsende magnetische Induktion wieder konstant bleibt. Zyklotrons, bei denen das Magnetfeld für höhere Teilchenenergien, also nach außen hin zunimmt, heißen **Isochronzyklotrons**. Die Bezeichnung ist ein Hinweis auf die konstanten Umlaufzeiten der Teilchen; isochron heißt "gleich in der Zeit".

Bei herkömmlichen Eisenjochmagneten wird dies dadurch erreicht, dass die Polschuhabstände nach außen hin so verringert werden, dass die magnetische Flussdichte B exakt nach (Gl. 10.10) mit der relativistischen Masse der Teilchen anwächst (Fig. 10.8). Die Erhöhung der Magnetfeldstärken mit zunehmendem Radius führt aber ohne weitere Maßnahmen wegen der nach innen gewölbten Magnetfeldlinien zur Instabilität der Teilchenbahnen, da die Partikel eine vertikal defokussierende Kraftkomponente erfahren und deshalb gegen die Begrenzungen der DEEs laufen.

Bei Isochronzyklotrons werden deshalb die Form der Polschuhe bzw. die lokale Magnetfeldstärke so variiert, dass sich Bereiche hoher und niedriger Induktion bei einem Teilchenumlauf abwechseln. Dazu verwendet man Sektormagnetfelder, die bei einfachen Formen aus Sektoren mit geraden Begrenzungen bestehen (Fig. 10.9 oben). Bei

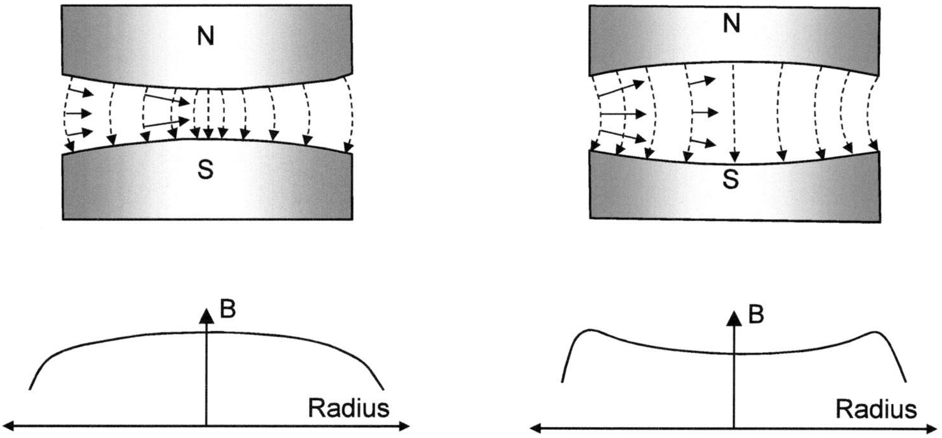

Fig. 10.8: Oben: Fokussierende Kräfte (links) und defokussierende Kräfte (rechts) auf ein Teilchenbündel in inhomogenen Magnetfeldern. Unten: Schematischer Verlauf der entsprechenden Magnetfeldstärken für die beiden typischen Polschuhformen in Zyklotrons (links: einfaches Zyklotron, rechts: Isochronzyklotron).

Bauformen für höhere Teilchenenergien und Optimierung der Teilchenströme bestehen sie dagegen aus kompliziert geformten spiralförmigen Sektoren (Fig. 10.9 unten). Bei richtiger Auslegung der Sektorfelder und ihrer Magnetfelder bilden sich an den Sektorübergängen wegen der "lokal ausbeulenden" Magnetfeldlinien radial und vertikal fokussierende Kraftkomponenten aus. Sofern diese die defokussierende Wirkung der nach außen zunehmenden Magnetfeldstärken übertreffen, bleibt ein Netto-Fokussiereffekt, der ausreichende Strahlströme ermöglicht. Die Teilchenbahnen zeigen ähnlich wie beim einfach sektorierten Zyklotron unterschiedliche Krümmungsradien im Bereich hoher und niedriger Magnetfeldflussdichten.

Mit dem Isochronzyklotron sind zwar nicht ganz so hohe Endenergien wie bei den Synchrozyklotrons möglich, dafür erreicht man deutlich höhere Teilchenströme (bis einige μA). Der technische Aufwand und die Kosten steigen bei solchen relativistischen Zyklotrons allerdings erheblich. Das Hauptproblem ist die erforderliche Stärke der Magnetfelder bei hohen Teilchenenergien und die aus technischen und finanziellen Gründen bestehende Beschränkung der Abmessungen der Magnete.

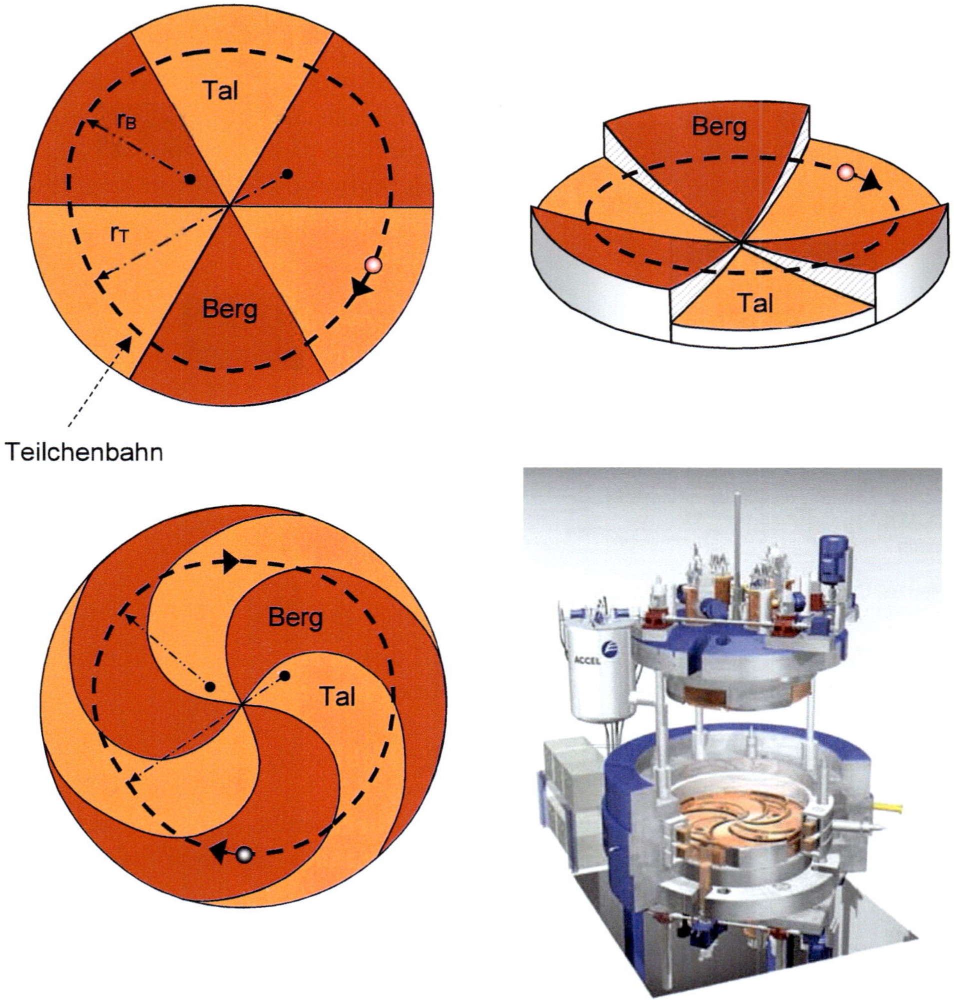

Fig. 10.9: Oben: Aufbau der Polschuhe eines einfach sektorierten Isochronzyklotrons mit 60°-Sektoren. Aufsicht mit den unterschiedlichen mittleren Radien der Teilchenbahnen im Bereich der hohen und niedrigen Feldstärken ("Berg" r_B und "Tal" r_T) und perspektivische Ansicht eines solchen Polschuhs. Unten links: Aufsicht auf die Polschuhe eines Isochronzyklotrons mit spiralförmigen Polschuhen zur gleichzeitigen vertikalen und radialen Fokussierung des Strahlenbündels. Rechts: Vereinfachte grafische Darstellung eines kommerziellen medizinischen Isochronzyklotrons mit Spiralsektoren für die Protonentherapie mit supraleitendem Magnetführungsfeld (mit freundlicher Genehmigung der Fa. ACCEL Instruments GmbH, Bergisch Gladbach).

Eisenjochmagnete weisen zwar bei großen Feldstärken hohe Massen auf, sie ermöglichen aber durch Formung der Polschuhfläche eine Feinjustage der Homogenität bzw. des Verlaufs der Magnetfelder. Allerdings sind mit Eisenjochmagneten wegen der im Eisen auftretenden Sättigung auch bei hohem technischem Aufwand nur Magnetfelder bis maximal etwa 2 Tesla erreichbar. Sollen die Energien der Teilchen bei konventionellen Magneten erhöht werden, müssen die Polschuhe dichter an die DEEs herangeführt werden. Dies erfordert dann einen höheren Aufwand für die vertikale Teilchenfokussierung, da bei geringen Polabständen und deshalb erniedrigter Bauhöhe der DEEs nur geringere Sollbahnabweichungen zulässig sind.

Bei noch höheren magnetischen Flussdichten verwendet man daher supraleitende Magnete, die natürlich ohne Eisenjoch ausgelegt werden müssen. Die Justierung der Magnetfelder muss in diesen Fällen durch Feinarbeit an den supraleitenden Wicklungen vorgenommen werden, was den technischen und finanziellen Aufwand entsprechend erhöht. Supraleitende Magnete ermöglichen die in Isochronzyklotrons erforderliche radiale Erhöhung der Magnetfeldstärken, ohne dabei die vertikale Ausdehnung der Sollbahn zu sehr zu beschränken.

Zusammenfassung

- **Zyklotrons sind Ringbeschleuniger, in denen schwere Teilchen periodisch durch ein Hochfrequenzfeld beschleunigt werden.**

- **Diese Hochfrequenz wird an D-förmige Hohlelektroden angelegt.**

- **Im Inneren dieser DEEs verlaufen die durch ein zeitlich konstantes magnetisches Führungsfeld bewirkten Spiralbahnen der beschleunigten Teilchen.**

- **Damit Teilchen und Hochfrequenz synchronisiert werden können, müssen die Umlauffrequenz der Teilchen und die Hochfrequenz exakt übereinstimmen.**

- **Dies wird als Zyklotronresonanzbedingung bezeichnet. Sie ist bei zeitlich und räumlich konstantem Magnetfeld nur zu erfüllen, wenn sich die Massen der Teilchen durch die Beschleunigung nicht spürbar verändern.**

- **Einfache Zyklotrons sind wegen dieser Bedingung nur zur Beschleunigung nicht relativistischer Teilchen geeignet.**

- **Sollen Teilchen auch auf relativistische Energien beschleunigt werden, benötigt man Modifikationen des einfachen Zyklotronprinzips.**

- **Dazu wird entweder die Hochfrequenz mit zunehmender Teilchenenergie abgesenkt (Synchrozyklotron, nur Pulsbetrieb), oder die magnetische Induktion der Führungsmagnete wird mit zunehmendem Bahnradius erhöht (Isochronzyklotrons).**

- **Um die Teilchenbahnen in Isochronzyklotrons trotz der radial ansteigenden Magnetfelder stabil zu halten, müssen die Magnetpole sektoriert werden, also azimutale Formveränderungen aufweisen.**

- **Einfache Sektoren haben gerade radiale Flanken. Für höhere Teilchenenergien werden spiralförmige Sektorbegrenzungen bevorzugt.**

- **Zyklotrons haben heute eine große Bedeutung in der Radionuklidproduktion, in der Strahlentherapie mit schnellen Protonen und als Strahlungsquellen für die industrielle Fertigung.**

10.3.3 Zyklotrons für die Protonentherapie

Werden Protonen-Zyklotrons für die Strahlentherapie eingesetzt, müssen wegen der hohen erforderlichen relativistischen Protonenenergien bis 250 MeV Isochronzyklotrons verwendet werden. Bei einer vorgewählten Protonenenergie entstehen im Gewe-

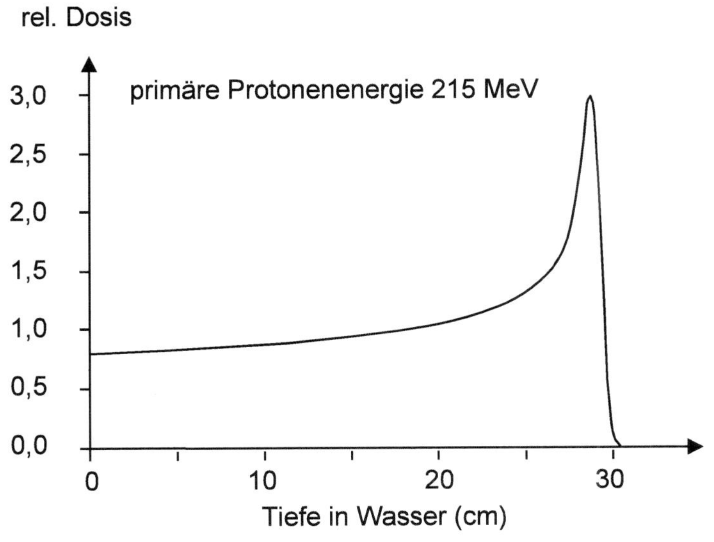

Fig. 10.10: Experimentelle Tiefendosiskurve für Protonen in Wasser mit einer Anfangsenergie von 215 MeV und einem scharfen Bragg-Maximum am Ende der Teilchenbahn (Daten mit freundlicher Genehmigung der Fa. ACCEL Instruments GmbH, Bergisch Gladbach).

be Tiefendosiskurven, die die Form von Bragg-Kurven aufweisen (Fig. 10.10). Diese sind durch einen steilen Tiefendosisanstieg am Ende der Teilchenbahn charakterisiert, der von dem mit abnehmender Energie stark anwachsenden Stoßbremsvermögen und dem simultan zunehmenden längenspezifischen Energietransfer (LET) der Protonen herrührt (s. Fig. 10.10 und [Krieger1], Kap. 10). Als Wert für die relative biologische Wirksamkeit der Protonen im Zielvolumen wird im klinischen Betrieb RBW = 1,1 allgemein akzeptiert.

Da mit einer singulären Tiefendosisverteilung ein therapeutisches Zielvolumen in der Regel nicht homogen ausgeleuchtet werden kann, muss die klinische Dosisverteilung durch Überlagerung mehrerer Tiefendosen mit abnehmender Protonenenergie erzeugt werden. Dazu wird das therapeutische Zielvolumen gedanklich in Scheiben mit einer typischen Stärke von 1-2 mm in unterschiedlichen Tiefen zerlegt. Die Wahl der Schichtdicken hängt von der Primärenergie der Protonen und der relativen Tiefe der betrachteten Bestrahlungsebene im Zielvolumen ab.

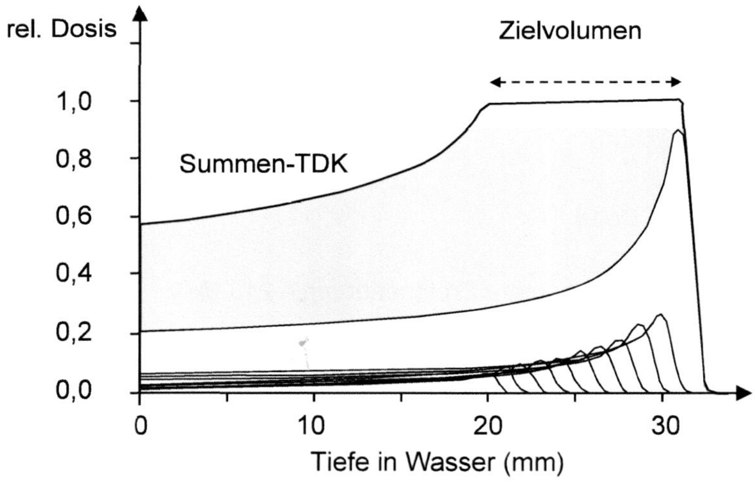

Fig. 10.11: Erzeugung einer breiten Protonen-Energiedosisverteilung zur Bestrahlung eines Augentumors durch Überlagerung der Protonen-TDKs mit unterschiedlichen Anfangsenergien, Intensitäten und Dosisbeiträgen (nach experimentellen Daten der Fa. ACCEL Instruments GmbH, Bergisch Gladbach).

Die Schichten werden dann beispielsweise sukzessive, beginnend in der größten Tiefe, mit einem monoenergetischen Protonenstrahlenbündel bestrahlt. Nach jeder Schicht wird die Protonenenergie entsprechend der Lage und Dicke der zu bestrahlenden Schicht um einige MeV verringert und dann erneut bestrahlt. Da das gesamte Strahlführungssystem bei Energieänderungen angepasst werden muss, wird für den Umschaltprozess bei modernen Anlagen eine Zeit im Sekundenbereich benötigt. Die Dosisbeiträge sind maximal für die Schicht mit der höchsten Energie. Die weiteren Intensitäten werden so gesteuert, dass in der Summe eine möglichst homogene Dosisverteilung im Zielvolumen entsteht (Fig. 10.11). Eine typische Intensitätsverteilung zwischen dem Startfeld mit der höchsten Energie und der Gesamtintensität der nachfolgenden energieverminderten Felder beträgt 1:1.

Anders als bei medizinischen Elektronenlinearbeschleunigern werden die Strahlenbündel entweder durch Streukörper auf die maximale Feldgröße im Isozentrum aufgeweitet oder es werden schmale Strahlenkeulen verwendet, die kleine kreisförmige Areale (Spots) in der vorgewählten Ebene bestrahlen (Fig. 10.15). Die Gesamtbestrahlungszeit für ein Zielvolumen von 1 Liter mit dieser Scantechnik und für therapeutisch übliche Tagesdosen zwischen 1,8 und 2,2 Gy beträgt bei modernen Anlagen für ein einfaches Stehfeld etwa eine Minute, was einer effektiven Dosisleistung von ca. 2 Gy/min entspricht. Dazu sind allerdings Dosisleistungen von 10 Gy/s im Strahlspot erforderlich. Tatsächlich werden bei tief liegenden Tumoren wie in der konventionellen Strahlentherapie mit Photonen auch Mehrfeldertechniken angewandt, um die Hautdosen gering zu halten. Augentumoren können wegen der kleinen Zielvolumina und der oberflächlichen Lage dagegen mit einem einzelnen Stehfeld und deutlich höheren Tagesfraktionen von bis zu 15 Gy bestrahlt werden.

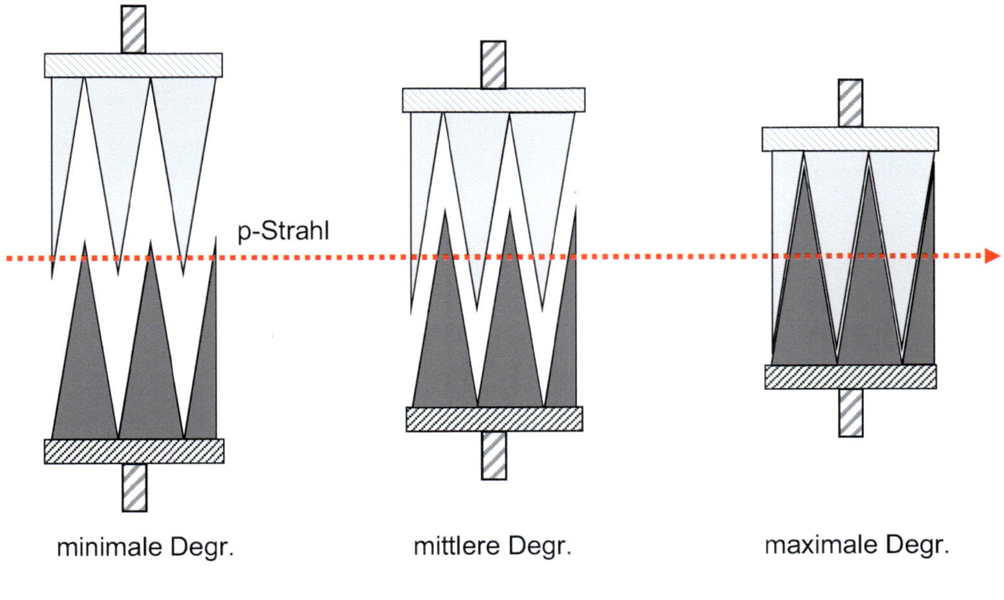

Fig. 10.12: Prinzip der Energieverminderung (Degradation) eines Protonenstrahls mit antiparallel laufenden Graphitkeilen. Durch die geschickte Konstruktion verändert sich die wirksame Schichtdicke nicht bei geringer vertikaler Verschiebung oder Aufweitung des Protonenstrahlenbündels (nach einer Konstruktion des Paul Scherrer Instituts PSI in Villigen Schweiz).

Medizinische Zyklotrons werden aus Gründen der Praktikabilität mit konstanter maximaler Protonenenergie betrieben. Um die Braggkurven entsprechend der für die Scanebene benötigten Energie zu variieren, müssen die Protonen vor dem Patienten auf die jeweils gewünschte Anfangsenergie abgebremst werden. Dies geschieht in einem in Strahlrichtung unmittelbar hinter dem Zyklotron befindlichen "Degrader" aus reinem Kohlenstoff, dessen wirksame Stärken der gewünschten Energiereduktion angepasst werden. Technisch wird die erforderliche Degraderdicke z. B. durch stufenlose Überlagerung antiparallel laufender Anordnungen aus mehreren Graphitkeilen erreicht, die je nach benötigter Degradation zur benötigten Gesamtstärke übereinander geschoben werden können (Fig. 10.12, 10.13). Dies geschieht mit hoch präzisen, schnellen und positionsüberprüften Schrittmotorantrieben.

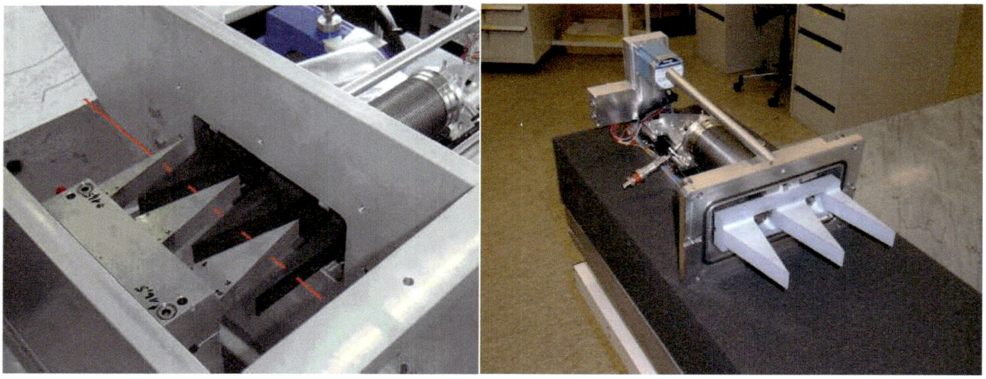

Fig. 10.13: Fotos des in (Fig. 10.12) schematisch dargestellten Degraders. Links ist ein Prüfaufbau für die Qualitätssicherung dargestellt mit einer Degraderhälfte aus Graphit (dunkelgrau) und einem Gegenstück aus Aluminium. Die quer zum Degrader verlaufende Linie deutet den Verlauf des Protonenstrahls an. Das rechte Foto zeigt einen Überblick (nach einer Konstruktion des Paul Scherrer Instituts PSI in Villigen Schweiz, mit freundlicher Genehmigung der Fa. ACCEL Instruments GmbH, Bergisch Gladbach).

Die Wechselwirkung des Protonenstrahls mit dem Material im Degrader bewirkt zum einen eine Winkelaufstreuung und zum anderen eine Erhöhung der Energieunschärfe des Strahls. Die Aufstreuung führt wegen der begrenzten Winkelakzeptanz des Strahlführungssystems zu einer Reduktion der Transmission der Protonenintensität und somit der im Strahlerkopf verfügbaren Dosisleistung. Eine größere Energieunschärfe verändert außerdem die Form der Braggkurven. Dies zeigt sich in einer Verringerung der Höhe des Bragg-Peaks und einem "verbreiterten" Bereich für den Dosisabfall am distalen Ende der Tiefendosiskurve.

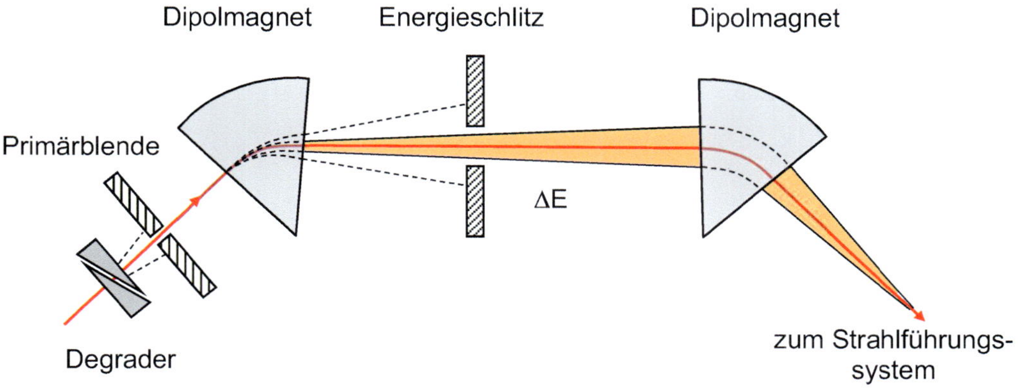

Fig. 10.14: System hinter dem Degrader zur Dispersionskontrolle und Definition der Energieschärfe des Protonenstrahls. Es besteht aus zwei Dipolmagneten, einer verstellbaren Primärblende und einer sekundären Blende, die gestreute Protonen weitgehend ausblendet. Nur Protonen mit einer durch die Blendenöffnung wählbaren Energieunschärfe ΔE können das Analysesystem passieren (mit freundlicher Genehmigung der Fa. ACCEL Instruments GmbH, Bergisch Gladbach).

Deshalb wird der Protonenstrahl hinter dem Degrader vor dem Einspeisen in das Strahlführungssystem für die verschiedenen Behandlungsplätze magnetooptisch aufbereitet. Dieses Verfahren ähnelt dem Vorgehen zur Aufbereitung und Energieanalyse des Elektronenstrahlenbündels in den Strahlerköpfen von Elektronenlinearbeschleunigern. Man verwendet dazu eine Kombination von Blenden und Sektormagneten, die zusammen wie ein Magnetspektrometer wirken (Fig. 10.14). Weil auf diese Weise Protonen mit "falschen" Winkeln und Energien durch das Blendensystem ausgeblendet werden, nimmt die Transmission mit dem Ausmaß der Energiereduktion im Degrader ab. Eine teilweise Kompensation dieser Strahlstromreduktion erhält man durch das bei niedrigen Protonenenergien ansteigende Stoßbremsvermögen (s. [Krieger1], Kap. 7.1). Da die Energiedosis die pro Massenelement lokal absorbierte Energie ist, nehmen die Dosisleistungen bei konstantem Strahlstrom wie die Verläufe der Stoßbremsvermögen mit abnehmender Protonenenergie zu.

Dieser so erzeugte und in seiner Energie definierte monoenergetische Protonenstrahl hat die Form eines schmalen gaußförmigen Kegels mit einem wählbaren Durchmesser am Ende der Teilchenbahn von 6 mm bis 20 mm. Diese Protonenspots müssen dann durch zwei im Strahlerkopf in der Gantry befindliche schnelle in x- und y-Richtung ablenkende Magnete, die so genannten Sweeper-Magnete, über die vorgewählte Ebene bewegt werden (Fig. 10.15). Die maximalen Scanamplituden, also Ortsablenkungen, moderner Protonen-Bestrahlungsanlagen betragen im Isozentrum der Gantry 30 cm in x-Richtung und 40 cm in y-Richtung. Es können also maximal (30 cm x 40 cm)-Felder bestrahlt werden.

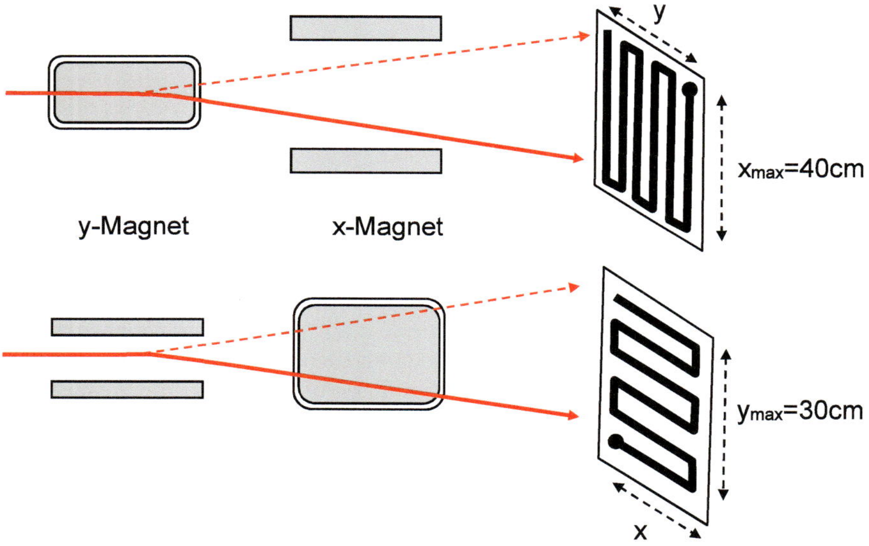

Fig. 10.15: Prinzip des zweidimensionalen Scanverfahrens an medizinischen Protonenzyklotrons. Die Scans werden von Sweepermagneten in x- und y-Richtung vorgenommen. Die gescannten gaußförmigen Strahlenbündel überlappen so, dass insgesamt eine homogene Dosisverteilung entsteht.

Sollen Konformations-Bestrahlungstechniken mit an das jeweilige Zielvolumen geometrisch dreidimensional angepassten Strahlungsfeldern verwendet werden, müssen neben der Energie auch die Scanamplituden und die Spot-Intensitäten bzw. Dosisleistungen tiefen- und lagenabhängig festgelegt werden (Fig. 10.16). Im Prinzip können mit solchen modernen medizinischen Zyklotrons auch intensitätsmodulierte Bestrahlungen vorgenommen werden, da die dazu benötigten Steuer- und Regelelemente zur Intensitätsmodulation bereits vorhanden sind.

Eine Übersicht über eine moderne Protonentherapieanlage, die in München in Betrieb ist, zeigt (Fig. 10.17). Diese Anlage enthält als Beschleuniger ein supraleitendes Protonen-Isochronzyklotron für 250 MeV Protonenenergie (Fig. 10.17 links und Fig. 10.18). Es ist über Strahlführungssysteme mit fünf Patientenbehandlungsplätzen verbunden, die seriell versorgt werden können. Die Strahlumschaltung von einem zum nächsten Bestrahlungsplatz benötigt nur etwa 1 Minute.

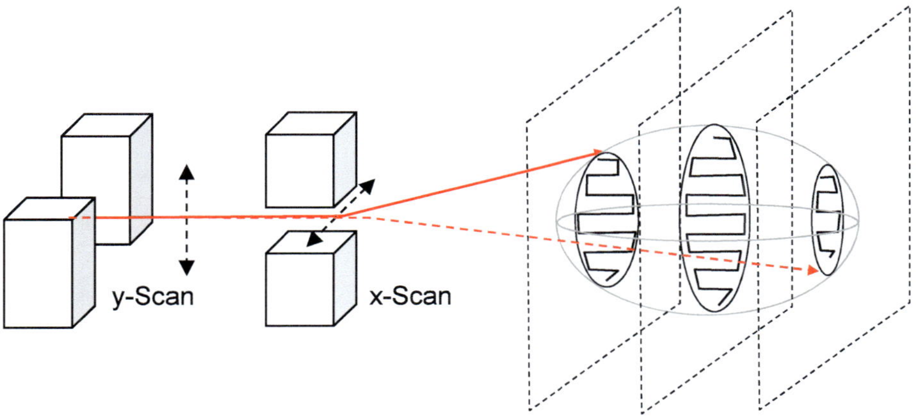

Fig. 10.16: Tiefenmodulation der Scanamplituden zur homogenen Bestrahlung beliebig geformter therapeutischer Volumina.

Vier Plätze sind als stereotaktische Behandlungsanlagen für liegende Patienten ausgelegt. An diesen Bestrahlungsplätzen werden die in der Abbildung (10.17 oben) blau markierten großvolumigen Gantries verwendet, die mit dem Strahlerkopf um 380 Grad um den Patienten gedreht werden können. Um die Patienten aus beliebigen Richtungen bestrahlen zu können, sind die Patientenliegen in weiten Bereichen dreidimensional verstellbar. Eine patientenseitige Ansicht eines solchen Bestrahlungsplatzes zeigt (Fig. 10.17 unten).

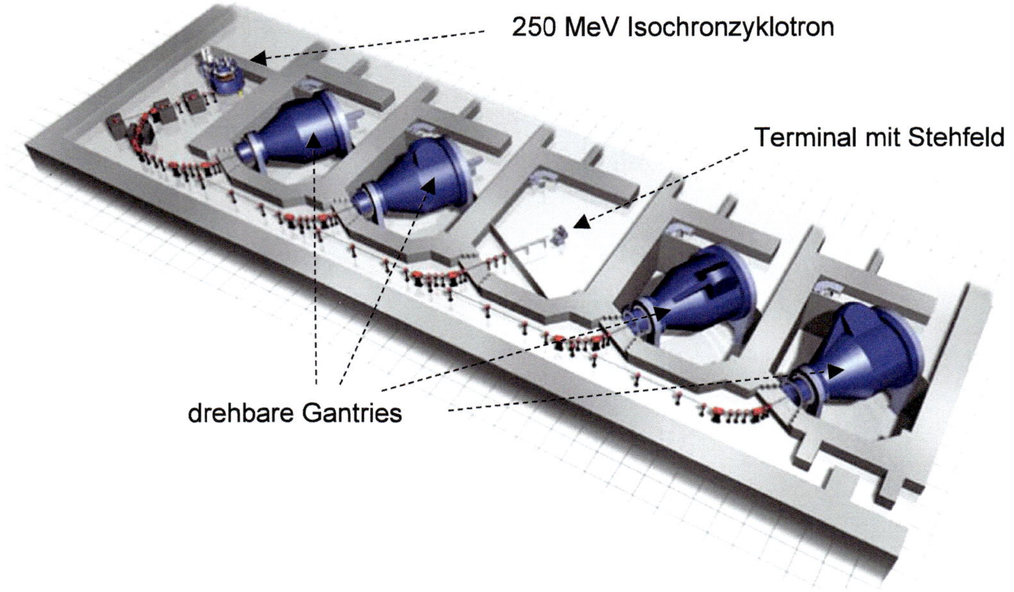

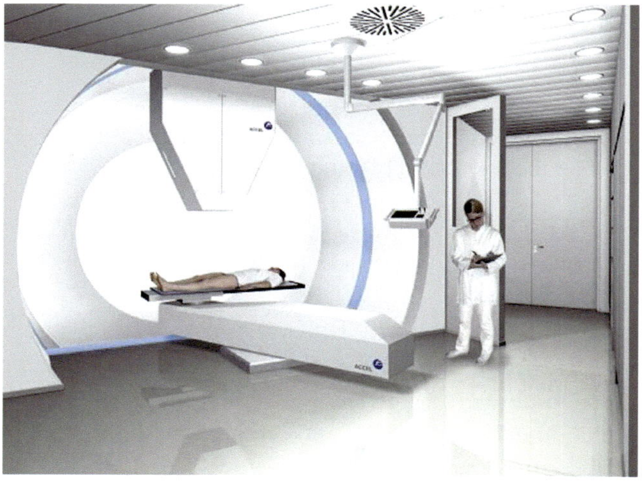

Fig. 10.17: Oben: Überblick über eine moderne Protonentherapie-Anlage in München mit fünf Terminals. Vier Terminals sind für die stereotaktische Bestrahlung liegender Patienten ausgelegt (blaue Gantries), ein zentraler Bestrahlungsplatz dient zur Behandlung von Patienten mit Tumorlokalisationen im Schädel- oder HNO-Bereich. Der Patient befindet sich dazu auf einem drehbaren Behandlungsstuhl. Unten: Patientenseitige Ansicht einer der vier Behandlungsplätze für die Protonen-Stereotaxie am Körperstamm. Die beliebigen Bestrahlungsrichtungen werden durch die frei bewegliche Patientenliege und den um 380 Grad rotierbaren Protonenstrahlerkopf erreicht (mit freundlicher Genehmigung der Fa. ACCEL Instruments GmbH, Bergisch Gladbach).

Oberhalb des Patienten in (Fig. 10.17 unten) befindet sich wie in allen beweglichen Gantries der trapezoidförmige Strahlerkopf (Nozzle). Dieser enthält unter anderem die beiden Sweeper-Magneten für den x- und y-Scan, einen konusförmigen evakuierten Strahltubus und eine Doppeldosismonitorkammer zur üblichen Dosismessung, Intensitätsregelung und Symmetriekontrolle (Fig. 10.19). Seitlich am Strahlerkopf ist ein

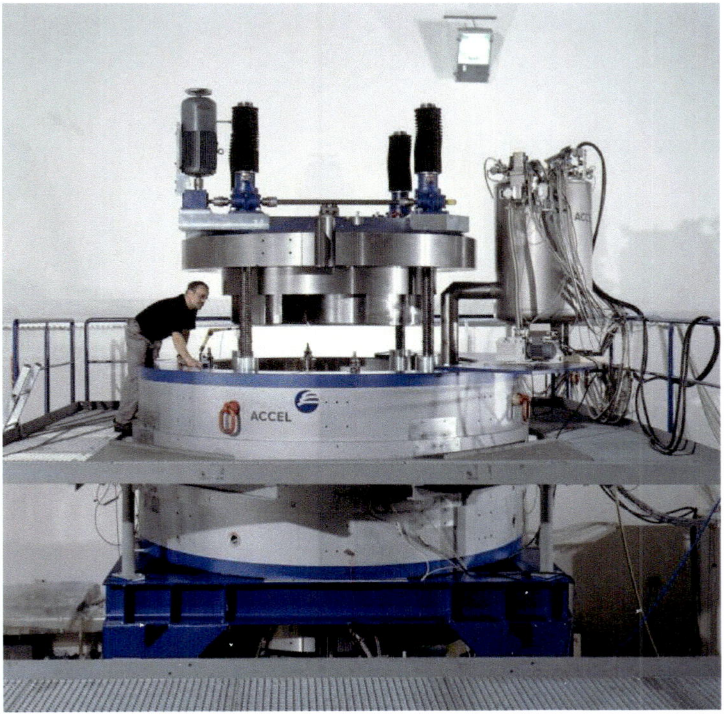

Fig. 10.18: Supraleitendes 250 MeV Isochronzyklotron für Protonen im geöffneten Zustand (vgl. auch Fig. 10.9, mit freundlicher Genehmigung der Fa. ACCEL Instruments GmbH, Bergisch Gladbach).

Paar schwenkbarer Flatpanel-Detektoren zur Röntgenkontrolle befestigt, die während der Behandlung zur Lageüberprüfung des Patienten dienen. Dazu werden die Live-Röntgenbilder mit den rekonstruierten Datensätzen aus der vortherapeutischen Computertomografie verglichen. Die zugehörigen Röntgenstrahler befinden sich in der Gantry auf der dem Strahlerkopf entgegen gesetzten Seite.

Ein fünfter zentraler Platz dient zur Behandlung von Patienten mit kleinen Feldern wie beispielsweise der Behandlung von Augentumoren oder sonstigen kleinvolumigen Schädel-Hals-Erkrankungen. Die Patienten werden dazu auf einem drehbaren Stuhl räumlich fixiert und von einem horizontal verlaufenden ortsfesten Strahlenbündel bestrahlt. An diesem Bestrahlungsplatz wird kein Scanningverfahren eingesetzt. Die Aufweitung des Strahlenbündels geschieht stattdessen passiv, also mit in den Strahl gebrachten Streukörpern. Dazu werden eine dünne Streufolie aus Tantal und weitere Niedrig-Z-Streukörper verwendet. Sehr viele Details zu modernen Protonentherapieanlagen und die mit ihnen erzeugten Dosisverteilungen finden sich in ([Krieger3], Kap. 20).

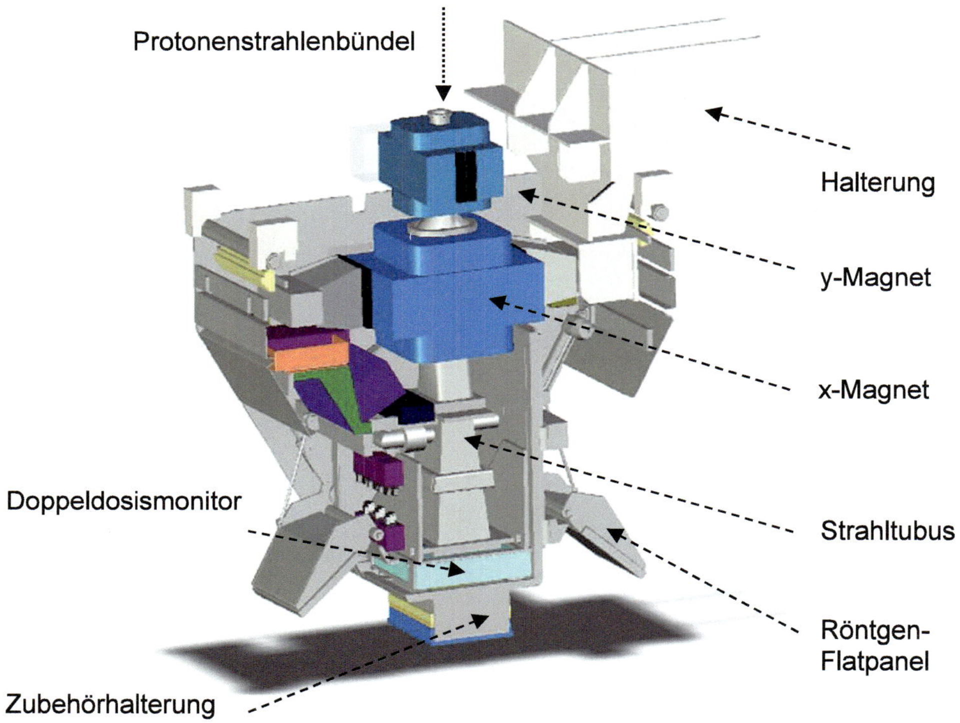

Fig. 10.19: Detailansicht eines Strahlerkopfes (Nozzle) der Münchener Protonentherapieanlage. Die Scan-Magnete sind blau eingefärbt (oben der y-Magnet, unten der x-Magnet). (mit freundlicher Genehmigung der Fa. ACCEL Instruments GmbH, Bergisch Gladbach).

Zusammenfassung

- **Medizinische Protonen-Zyklotrons sind relativistische Isochronzyklotrons mit typischen Protonenenergien bis 250 MeV.**

- **Die Führungsmagnete können entweder konventionelle oder supraleitende Magnetsysteme sein.**

- **Wegen der relativistischen Bedingungen sind die Magnete als sektorierte spiralige Gradientenmagnete ausgelegt.**

- **Sie erzeugen ihre therapeutischen Dosisverteilungen entweder durch dreidimensionales Abscannen des Zielvolumens mit schmalen Strahlenkeulen (Strahlspots) von einigen Millimetern Durchmesser mit variierter Protonenenergie oder durch Streuverfahren mit gekoppelten periodischen Energieänderungen.**

- **Um die unterschiedlichen Eindringtiefen zu erzeugen, wird der primäre Protonenstrahl in einem gewebeäquivalenten Degrader je nach zu bestrahlender Tiefe energievermindert.**

- **Um die geeigneten Tiefendosisverläufe zu erzeugen, wird der Strahl nach der Degradation mit Hilfe eines Magnetsystems nach Energie- und Winkeldivergenz analysiert und durch mehrere Blenden definiert.**

- **Als relative biologische Wirksamkeit für die Protonen im Bereich des Peaks der Braggkurven wird ein RBW von 1,1 unterstellt.**

10.4 Mikrotrons

Das Mikrotron ist ein Hochfrequenz-Kreisbeschleuniger für relativistische Elektronen. Sein Funktionsprinzip geht auf theoretische Arbeiten von ***V. I. Veksler*** zurück [Veksler 1944/1945]. Als Beschleunigungsstruktur dient bei den einfachen Bauformen ein einzelner Hohlraumresonator, der ähnlich wie ein Resonanzraum bei einer Linearbeschleunigersektion aufgebaut sein kann. Er wird häufig mit einer Hochfrequenz um 3 GHz betrieben, da für diese Frequenzen kommerzielle Mikrowellenquellen verfügbar sind. Die Elektronen werden in einem homogenen, zeitlich konstanten Magnetfeld auf Kreisbahnen geführt, deren Radien mit zunehmender Energie und zunehmendem Impuls anwachsen (Fig. 10.20). Der Hohlraumresonator wird bei jedem Umlauf im Magnetfeld einmal durchlaufen und erhöht dabei die Energie der Elektronen um einen konstanten Energiebetrag ΔE. Eine Beschleunigung können die Elektronen nur dann erhalten, wenn Umlaufzeit und Hochfrequenzphase im richtigen Verhältnis zueinander stehen, das heißt, wenn die Elektronen immer wieder phasenrichtig zum Zeitpunkt der maximalen Feldstärke auf den Hochfrequenzresonator treffen (Mikrotron-Resonanzbedingung).

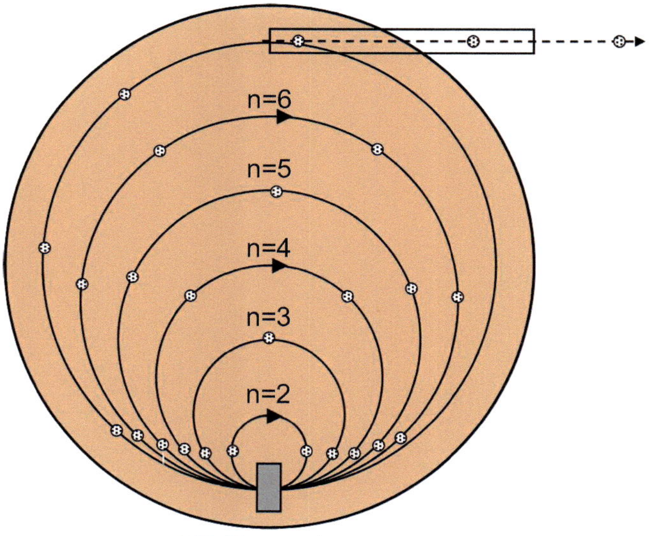

Fig. 10.20: Prinzip des einfachen Mikrotrons: Die Elektronen werden beim HF-Resonator eingeschossen und beschleunigt. Die angegebenen Ziffern sind die Umlaufzeiten in Einheiten der HF-Schwingungsdauer bzw. die maximale Anzahl der Elektronenpakete pro Umlaufbahn (s. Text). Am Ende werden die Elektronen durch eine Auslenkeinheit, im einfachsten Fall durch ein Stahlrohr zur Abschirmung des Führungsfeldes ausgelenkt.

Ableitung der Resonanzbedingung beim Mikrotron*: Für den Bahnradius geladener Teilchen in homogenen Magnetfeldern gilt r = m·v/(q·B) (s. Gl. 10.9). Die Umlaufzeit eines Teilchens auf der Kreisbahn berechnet man aus Kreisumfang (2π·r), Teilchengeschwindigkeit v und (Gl. 10.9) zu

$$t_u = \frac{2\pi \cdot r}{v} = \frac{2\pi}{v} \cdot \frac{m \cdot v}{q \cdot B} = \frac{2\pi \cdot m}{q \cdot B} \tag{10.14}$$

Solange die Massen der beschleunigten Teilchen konstant bleiben (m = m_0: nicht relativistischer Bereich), sind auch die Umlaufzeiten konstant. Diese Verhältnisse herrschen bei den klassischen Zyklotrons (s. Kap. 10.3.1). Da Elektronen aber sehr schnell relativistisch werden, bewegen sie sich bereits bei kinetischen Energien ab 1 MeV nahezu mit konstanter Geschwindigkeit, der Vakuumlichtgeschwindigkeit c (genau sind es 95% c_0, s. Kap. 2.1, Fig. 2.1). In (Gl. 10.14) muss dann die Ruhemasse durch die relativistische Masse m ersetzt werden. Wegen $E = m \cdot c^2$ erhält man:

$$t_u = \frac{2\pi \cdot m}{q \cdot B} = \frac{2\pi \cdot E}{q \cdot B \cdot c^2} \tag{10.15}$$

Die Masse der Elektronen bzw. die Gesamtenergie E und der Bahnradius erhöhen sich durch die Zentrifugalkraft, und die Umlaufzeit nimmt proportional zur relativistischen Masse bzw. totalen Energie E zu. Beträgt die Frequenz der HF f_{HF} (bzw. ihre Schwingungsdauer T_{HF}), muss für eine Synchronisation der beschleunigten Elektronen im Mikrotron die folgende **erste Mikrotron-Resonanzbedingung** eingehalten werden:

$$t_u = n \cdot \frac{1}{f_{HF}} = n \cdot T_{HF} \tag{10.16}$$

Die Umlaufzeit t_u muss also ein ganzzahliges Vielfaches n der Schwingungsdauer T_{HF} der Hochfrequenz sein. Für die Beschleunigung des Teilchens, bzw. seinen Energiegewinn pro Umlauf, und die zeitliche Synchronisation ist es unerheblich, ob die HF bis zur nächsten Elektronenpassage eine (n = 1) oder mehrere (n > 1) vollständige Perioden durchlaufen hat. Damit die Umlaufzeit exakt auf die Phasen der beschleunigenden Hochfrequenz abgestimmt wird, muss bei einer gegebenen Hochfrequenz nach (Gl. 10.15) lediglich das Magnetfeld B entsprechend gewählt werden. Elektronen mit einer abweichenden Umlaufzeit sehen zu geringe Beschleunigungsspannungen und werden wegen der dadurch bedingten "Defokussierung" in der Phase automatisch aus dem Nutzstrahl entfernt. Für die Erhöhung der Umlaufzeit im k-ten Durchgang $\Delta t_{u,k}$ erhält man aus (Gl. 10.15):

$$\Delta t_{u,k} = t_{u,k} - t_{u,k-1} = \frac{2\pi}{q \cdot B} \cdot \frac{E_k - E_{k-1}}{c^2} = \frac{2\pi}{q \cdot B} \cdot \frac{\Delta E}{c^2} \tag{10.17}$$

Setzt man diesen Wert für $\Delta t_{u,k}$ als Umlaufzeit für n = 1 in (Gl. 10.16) ein, errechnet man für den Energiegewinn beim k-ten Umlauf:

$$\Delta E_k = \Delta t_{u,k} \cdot \frac{c^2 \cdot q \cdot B}{2\pi} = \frac{c^2 \cdot q \cdot B}{2\pi \cdot f_{HF}} \tag{10.18}$$

Die zweite Mikroton-Resonanzbedingung erhält man bei Betrachtung der Verhältnisse beim Einschuss des Elektrons auf die erste Umlaufbahn. Beträgt der Energiegewinn pro Umlauf gerade ΔE nach (Gl. 10.18), hat das Elektron nach dem ersten Umlauf die Energie $E_1 = E_{ein} + \Delta E$. Die Umlaufzeit dieses Elektrons muss daher größer sein als T_{HF} für eine einzelne Hochfrequenzperiode. Wegen der erforderlichen Synchronisation kann dies nur erreicht werden, wenn die Umlaufzeit t_u mindestens 2 T_{HF} beträgt. Dies ist die **zweite Resonanzbedingung** im Mikrotron.

$$t_u = n \cdot T_{HF} \qquad mit\ n = 2, 3, ... \tag{10.19}$$

Wird bei jeder Periode der HF ein Elektronenpaket eingeschossen, befinden sich auf der k-ten Bahn also gerade (k+1) Elektronenpakete, deren Umlaufzeiten sich beginnend mit $t_u = 2T_{HF}$ pro Umlauf jeweils um 1 erhöhen (Fig. 10.18).

$$t_{u,k} = (k+1) \cdot T_{HF} \qquad mit\ k = 1, 2, 3, ... \tag{10.20}$$

Beispiel 10.4: Welche Frequenz f_{HF} muss die HF bei einem 0,1 T Magnetfeld haben, damit die Elektronen bei jedem Umlauf gerade einen Energiegewinn von 511 keV erhalten, also ihre relativistische Energie um den Ruheenergiebetrag erhöhen? Mit ΔE = 511 keV = m_0c^2 erhält man aus (Gl .10.18)

$$f_{HF} = \frac{q \cdot B}{2\pi \cdot m_0} = \frac{1{,}602 \cdot 10^{-19} \cdot 0{,}1}{2\pi \cdot 0{,}91 \cdot 10^{-30}} Hz = 2{,}8 GHz$$

Werden Mikrotrons so ausgelegt, dass der Energiegewinn der Elektronen pro Umlauf gerade eine Ruheenergie (511 keV) beträgt, multipliziert sich der Energiegewinn nach k Umläufen auf das k-fache der Ruheenergie, also (k·511) keV.

Der Polschuhdurchmesser des Führungsmagneten hängt von der erwünschten maximalen Elektronenenergie ab und beträgt üblicherweise 1 bis 2 Meter. Das Magnetfeld selbst muss auf der gesamten Polfläche wegen der Resonanzbedingung auf wenige Zehntel Promille homogen sein, was sich natürlich auf die Kosten für den Magneten auswirkt. Um den Elektronenstrahl mit der richtigen Energie aus der Umlaufbahn auszulenken, wird ein bewegliches Ablenkrohr aus Stahl in das Magnetfeld gebracht, das das Magnetfeld lokal abschirmt (s. Fig. 10.21); oder es wird ein fahrbarer und justierbarer Ejektionsmagnet verwendet, durch dessen Positionierung Elektronen aus unterschiedlichen Bahnen, also solche mit einer wählbaren Energie, ausgelenkt werden können (s. Fig. 10.22). Die Elektronenquelle (Kanone), die Beschleunigungsstruktur, das Ablenkrohr und alle Elektronenbahnen befinden sich in einer gemeinsamen Hochvakuumkammer. Wegen der scharfen Resonanzbedingung haben die im Mikrotron erzeugten und beschleunigten Elektronen eine äußerst geringe Energieunschärfe (z. B. nur 35 keV bei einem kommerziellen, medizinischen 22-MeV-Mikrotron). Der Elektronenstrahl kann deshalb ohne merklichen Intensitätsverlust auch durch ausgedehnte Strahlführungssysteme vom Beschleunigungsort weggeführt werden.

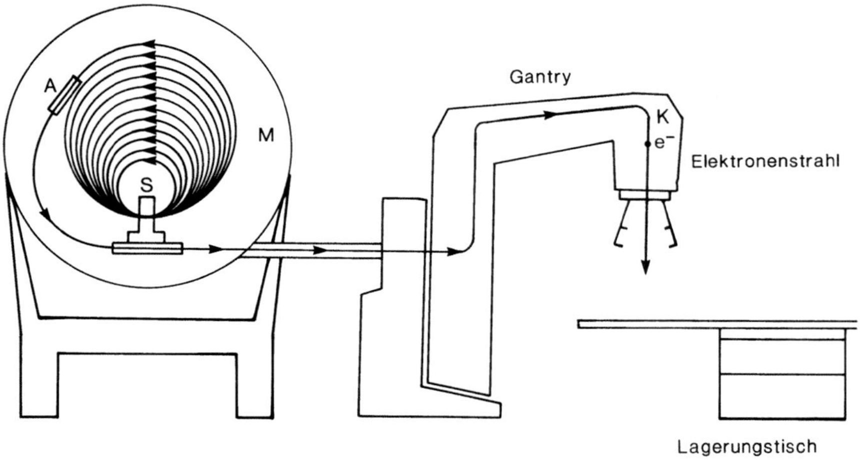

Fig. 10.21: Schematische Darstellung eines kommerziellen 22-MeV-Kreismikrotrons für medizinische Anwendungen (M: homogenes Magnetfeld, S: Beschleunigungsspalt, A: Auslenkungsstahlrohr zur lokalen Abschirmung des Magnetfeldes, K: Strahlerkopf).

Beispiel 10.5: Wie groß ist der erforderliche Energiegewinn pro Umlauf bei einem Magnetfeld von 1 T und einer HF von 3 GHz? Aus (Gl. 10.18) berechnet man

$$\Delta E = \frac{(3 \cdot 10^8)^2 \cdot 1{,}602 \cdot 10^{-19} \cdot 1}{2\pi \cdot 3 \cdot 10^9} = 0{,}765 \cdot 10^{-12}\,J = 4{,}77\,MeV$$

Ein solcher Energiegewinn ist mit einfachen HF-Beschleunigungsspalten nicht mehr möglich. Man muss stattdessen eine vollständige Struktur aus einem Linearbeschleuniger verwenden.

Mikrotrons werden deshalb auch in einer modifizierten Bauform hergestellt (Fig. 10.22). Man kann den Magneten zur Erzeugung des Magnetführungsfeldes für die beschleunigten Elektronen in zwei Halbmagnete aufteilen, die räumlich voneinander getrennt aufgestellt werden. Der Raum zwischen den beiden Magneten ist magnetfeld-

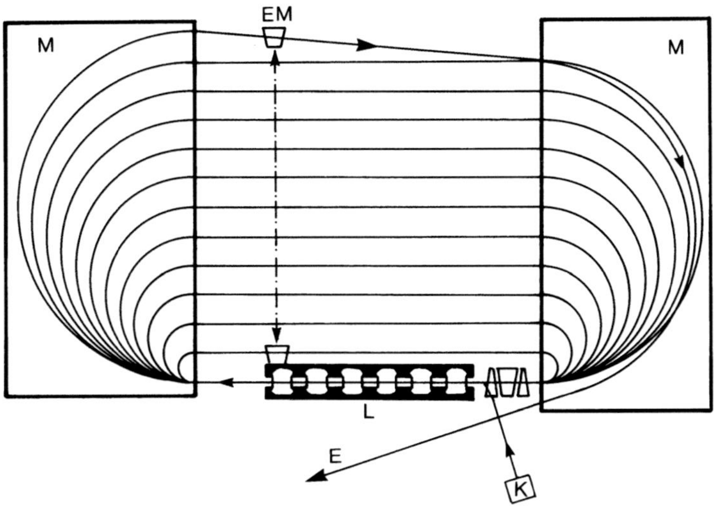

Fig. 10.22: Aufbau eines Race-Track-Mikrotrons mit Linac-Sektion (M: Umlenkmagnete, EM: beweglicher Extraktionsmagnet, K: Elektronenkanone, L: Linacsektion, E: Elektronenstrahl und elektronenoptischen Magneten).

frei. Die Elektronen legen dann in diesem Zwischenraum geradlinige Bahnen zurück. Der freie Platz zwischen den beiden Magnethälften ermöglicht die Unterbringung größerer Beschleunigerstrukturen als bei einem Einzelmagneten. Statt eines einzelnen Hohlraumresonators wie beim Kreismikrotron kann zum Beispiel eine komplette Hochfrequenz-Beschleunigersektion verwendet werden, wie sie sonst in Elektronenlinearbeschleunigern verwendet wird. Zusätzlich ermöglicht der freie Platz zwischen den Magnethälften die Montage von Strahlführungselementen wie Quadrupolen oder sonstigen Magneten zur Verbesserung der Strahloptik. Wegen der Ähnlichkeit der Elektronenbahnen mit einer Rennbahn (race-track) werden solche Mikrotrons auch als "Race-track-Microtrons" bezeichnet. Mit ihnen sind Elektronenenergien bis zu mehreren 100 MeV erreichbar. Die Umlaufbahnen für Elektronen verschiedener Energie sind wegen der hohen Energieschärfe durch die Resonanzbedingung wie beim Kreismikrotron eindeutig räumlich getrennt. Die Strahlextraktion wird mit einem beweglichen Magneten vorgenommen, der an die der gewählten Energie entsprechende Stelle gebracht wird und dort das gewünschte Strahlenbündel auslenkt.

Durch die zusätzliche Driftstrecke der Länge l zwischen den Halbmagneten verlängert sich die Bahnlänge der Elektronen. Der Bahnumfang beträgt jetzt $2\pi \cdot r + 2l = 2\cdot(\pi r + l)$. Die Umlaufzeit ist entsprechend vergrößert. Man erhält die modifizierte Zeit $t_{u,l}$ zu:

$$t_{u,l} = \frac{2(\pi \cdot r + l)}{v} = n \cdot \frac{1}{f_{HF}} \qquad (10.21)$$

Der Zusammenhang zwischen Magnetfeldstärke und Biegeradius der Teilchenbahn im Magnetfeld bleibt aber erhalten. Die Abstimmung der Hochfrequenz und der magnetischen Induktion muss wegen der verlängerten Umlaufzeiten jedoch mit dieser modifizierten Umlaufzeit neu berechnet werden.

Die Aufbereitung des Elektronenstrahls medizinischer Mikrotrons für die Strahlentherapie (Strahlführung, Feldausgleich, Dosis-Monitoring, Kollimation) ist vergleichbar mit den Methoden beim medizinischen Linearbeschleuniger (s. Kap. 9). Wegen der hohen Energieschärfe des intrinsischen Elektronenstrahls haben Mikrotrons besonders günstige Elektronendosisverteilungen. Dennoch haben sie sich wegen der hohen Magnetkosten und der aufwendigen großvolumigen Vakuumkammer bisher leider noch kaum klinisch durchsetzen können; sie werden z. Zt. nur von einem Hersteller kommerziell angeboten. Für medizinische Anwendungen ist es prinzipiell sogar möglich, mehrere Behandlungsplätze von einer einzigen Beschleunigungsanlage versorgen zu lassen. Da die Bestrahlungszeiten nur einen kleinen Teil der Einstellzeit am Patienten betragen, bedeutet dies nur eine geringfügige Behinderung des Bestrahlungsbetriebes.

Das größte Mikrotron befindet sich in Mainz (MAinzer MIkrotron: MAMI). Es dient der Grundlagenforschung. MAMI-3 ist der dritte Beschleuniger einer historischen Dreiergruppe von Mikrotrons, die jeweils ihrem Nachfolger als Vorbeschleuniger dienen. Die erste Stufe wird von einem Linearbeschleuniger gespeist und liefert 3,455 MeV Elektronen, die in 18 Umläufen auf 14,35 MeV beschleunigt werden. Diese werden in der zweiten Stufe in weiteren 51 Umläufen auf 179,5 MeV beschleunigt und dann der dritten Stufe zugeführt. Das MAMI-3-Mikroton beschleunigt diese Elektronen in maximal 90 Umläufen von etwa 180 MeV auf fast 855 MeV. Der Energiegewinn pro Umlauf beträgt 7,5 MeV. Die Beschleunigerstruktur von MAMI-3 ist eine Linearbeschleunigerstruktur von 8,87 m Länge. Sie benötigt eine mittlere HF-Leistung von 68 kW bei einer Hochfrequenz von 2,45 MHz. Die beiden Magnete erzeugen eine magnetische Flussdichte von knapp 1,3 Tesla und haben zusammen eine Masse von nahezu 900 t. Inzwischen ist die Erweiterung auf eine vierte Stufe (MAMI C) gelungen, die zwei gegenüberliegende antiparallel ausgerichtete Linearbeschleunigerstrukturen verwendet. Die Endenergie der Elektronen beträgt etwa 1,5 GeV. Der Strahldurchmesser beträgt nur wenige Zehntel Millimeter. Wie bei allen Kreisbeschleunigern setzen die Strahlungsverluste der Elektronen auf den gekrümmten Bahnen in den Magnetfeldern Obergrenzen für die mit vernünftigem Aufwand erreichbaren Elektronenenergien.

Zusammenfassung

- **Mikrotrons sind Ringbeschleuniger zur Beschleunigung relativistischer Elektronen.**
- **Sie bestehen aus einem kreisförmigen Führungsmagneten mit zeitlich konstantem Magnetfeld und einer Hochfrequenzbeschleunigungsstruktur.**

- **Die beschleunigten Elektronen bewegen sich auf Kreisbahnen, deren Radien nach jedem Beschleunigungsvorgang um einen bestimmten Betrag zunehmen.**

- **Um die Umlaufzeiten der Elektronen und die Hochfrequenz der Beschleunigungsstruktur zu synchronisieren, müssen zwei Mikrotron-Resonanzbedingungen eingehalten werden.**

- **Die erste Resonanzbedingung fordert, dass die Umlaufzeiten der Elektronen ganzzahlige Vielfache der Schwingungsdauer der Hochfrequenz sind.**

- **Die zweite Resonanzbedingung verlangt, dass die Umlaufzeit der ersten Elektronenbahn mindestens zwei Schwingungsdauern der Hochfrequenz beträgt.**

- **Haben die Elektronen ihre Sollenergie erreicht oder sind sie auf der durch die Größe des Magneten bestimmten äußersten Bahn angelangt, werden sie durch Aufheben des magnetischen Feldes oder durch Anlegen einer Hochspannung aus dem Mikrotronmagneten ausgelenkt.**

- **Für höhere Elektronenenergien werden Beschleunigungsstrukturen mit größerem Energiegewinn wie vollständige Linearbeschleunigerstrecken benötigt.**

- **Aus Platzgründen muss der Führungsmagnet dann in zwei Hälften zerlegt werden, zwischen denen die beschleunigten Elektronen auf geraden Bahnen verlaufen.**

- **Diese Mikrotrons werden als Race-Track-Mikrotrons bezeichnet. Mit ihnen können Elektronenenergien bis in den GeV-Bereich hinein erreicht werden.**

- **Mikrotrons werden in der Strahlentherapie mit allerdings abnehmender Bedeutung für Elektronenenergien bis etwa 20 MeV eingesetzt. In der Industrie werden sie zur Durchleuchtung und Materialbearbeitung verwendet.**

- **Sie dienen auch oft als kompakte Vorbeschleuniger für Hochenergieanlagen wie Synchrotrons.**

- **Hochenergiemikrotrons dienen ausschließlich der Grundlagenforschung.**

10.5 Synchrotrons

Synchrotrons zählen zu den modernsten Ringbeschleunigern. Sie zeichnen sich durch sehr hohe erreichbare Teilchenenergien bei gleichzeitig hervorragenden Strahleigenschaften aus. Das Haupteinsatzgebiet ist die Grundlagenforschung in der Teilchenphysik, die wegen der Kosten in großen internationalen Forschungszentren vorgenommen wird. Beispiele sind DESY in Hamburg, GSI in Darmstadt, CERN in der Schweiz und die Beschleuniger am FERMILAB in Chicago. Von den Synchrotrons abgeleitet wurden die **Speicherringe**, in denen Teilchen über längere Zeit auf Ringbahnen gehalten werden. Beim Kreuzen der Bahnen unterschiedlicher Teilchenarten wie beispielsweise von Elektronen und Protonen oder von Protonen und Antiprotonen kommt es zu Elementarteilchenreaktionen, die in vielen Experimenten in den letzten Jahrzehnten untersucht wurden. Neben den eher grundlegenden Fragestellungen dieser Grundlagenphysik bieten die Synchrotrons ein auch für die Materialforschung und industrielle Anwendung interessantes Abfallprodukt, die so genannte **Synchrotronstrahlung**. Sie entsteht bei der Ablenkung schneller Elektronen, tritt also grundsätzlich bei allen Elektronenringbeschleunigern ausreichender Energie auf. Viele Synchrotrons werden mittlerweile ausschließlich zur Produktion dieser Synchrotronstrahlung errichtet.

Bei der Beschleunigung geladener Teilchen in Ringbeschleunigern ist der Bahnradius proportional zum Teilchenimpuls p (s. Gl. 2.12) bzw. bei relativistischen Teilchen zur Teilchenenergie E und umgekehrt proportional zur magnetischen Induktion B. Man erhält im relativistischen Energiebereich wegen E = p/c für die Bahnradien in praktischen Einheiten (E in GeV, B in Tesla)

$$r = \frac{E}{c \cdot q \cdot B} = 3{,}33 \cdot \frac{GeV}{T} \tag{10.22}$$

Die oberen Grenzen für Magnetfelder liegen für Eisenjochmagnete bei 1,5-2 T, bei supraleitenden Magneten bei maximal 5-10 T. Für eine Teilchenenergie von 1 GeV und Magnetfelder von 1,5 bzw. 5 T ergibt (Gl. 10.22) Radien von 2,22 m und 0,67 m, bei 10 GeV liegen die erforderlichen Radien bereits bei 22 m bzw. 6,7 m. Man gerät mit zunehmender Teilchenenergie bei der Konstruktion der Führungsmagnete deshalb sehr schnell an technische und finanzielle Grenzen.

Die Lösung dieses Problems geht auf Arbeiten von ***Veksler*** [Veksler 1945] und ***McMillan*** [McMillan 1945] zurück. Sie schlugen vor, die Magnete nur auf die Ringzone der Teilchenbahn zu beschränken und nicht den gesamten Querschnitt der Umlaufbahn mit einem Magnetfeld abzudecken. Dies erspart die Errichtung großer und teurer Magnete. Die schmalen Einzelmagnete befinden sich nur noch an einzelnen Bereichen der Umlaufbahn (Fig. 10.23). Zwischen den Magneten liegen gerade Strecken mit Raum für die Beschleunigungseinheiten und für strahloptische Elemente.

Allerdings erfordert diese Konstruktion natürlich konstante Bahnradien. Um die beschleunigten Teilchen auf einer Umlaufbahn mit festem Radius zu halten, müssen die Führungsmagnetfelder B nach (Gl. 10.22) simultan mit der zunehmenden Teilchenenergie E hochgefahren, also synchronisiert werden. Dieses Verfahren hat den Synchrotrons den Namen gegeben. Die Betriebsweise der Synchrotrons erfordert deshalb den Pulsbetrieb des Beschleunigers, da nur jeweils ein Teilchenpaket mit einer bestimmten Energie die korrekten Magnetfelder sieht.

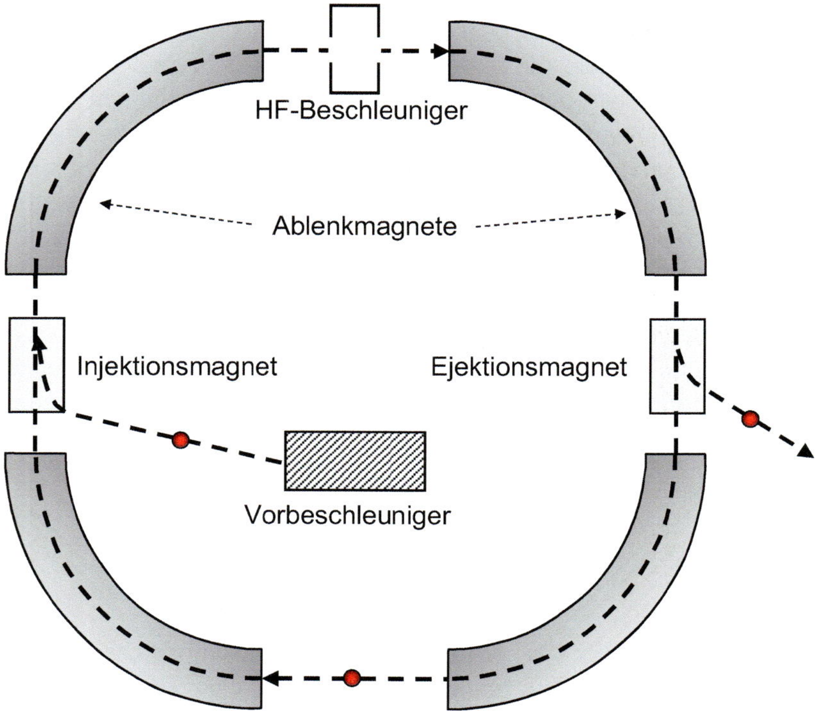

Fig. 10.23: Schematischer Aufbau eines einfachen Synchrotrons der ersten Generation aus vier Ablenkmagneten, einer HF-Beschleunigerstrecke im Ring, zwei schnell schaltenden Magneten zur Injektion und Auslenkung der Teilchen und einem Vorbeschleuniger.

Wie bei allen Ringbeschleunigern mit einer HF-Beschleunigungsstruktur müssen die Umlaufzeiten der Teilchen außerdem mit der Hochfrequenz synchronisiert sein. Die Frequenz der Beschleunigungsspannung muss ein ganzzahliges Vielfaches der Umlauffrequenz der Teilchen sein. Teilchen, die zu früh oder zu spät am Beschleunigungsspalt eintreffen, sehen sonst die falsche Beschleunigungsspannung und geraten dadurch eventuell außer Phase. Die beiden wichtigsten Teilchenarten, die in Synchrotrons beschleunigt werden, sind die Elektronen und die Protonen. Elektronen erreichen bereits bei wenigen MeV Bewegungsenergie fast die Lichtgeschwindigkeit ($v \approx c$, s. Fig. 2.1 und Tab. 2.1). Ihre Umlaufzeiten bzw. Umlauffrequenzen sind bei konstantem Bahnradius daher ebenfalls konstant. Elektronensynchrotrons können deshalb mit konstanter Hochfrequenz betrieben werden. Der Energiegewinn pro Umlauf liegt im Mittel typisch bei 1,5 keV, was maximale Beschleunigungsspannungen um 3 kV erfordert. Sollen Elektronen beispielsweise auf 150 MeV beschleunigt werden, benötigt man $(150 \cdot 10^6/1{,}5 \cdot 10^3) = 10^5$ Umläufe. Da Elektronen sehr schnell relativistische Energien erreichen, kann man die Umlaufzeit und die Umlauffrequenz direkt aus dem Radius der Umlaufbahn errechnen. Wegen $U = 2\pi \cdot r$ und $v = c$ erhält man mit dem Radius r in m:

$$f_T = \frac{c}{2\pi \cdot r} = \frac{47{,}7 \cdot MHz}{r} \tag{10.23}$$

Die gleiche Frequenz muss natürlich die beschleunigende Hochspannung haben. Bei einem Bahnradius von 5 m ergibt dies eine Arbeitsfrequenz von etwa 10 MHz. Die Umlaufzeit eines Elektrons unter diesen Bedingungen beträgt nur 10^{-7} s, ein Beschleunigungszyklus hätte dann die Länge von $10^5 \cdot 10^{-7}\text{s} = 10^{-2}$ s. Die vom Elektron in dieser Zeitspanne zurückgelegte Strecke beträgt ungefähr 3000 km. Maximal erreichbare Elektronenenergien in Synchrotrons liegen bei 10 GeV, da dann die Strahlungsverluste durch Synchrotronstrahlung überwiegen.

Protonen erreichen erst bei etwa 10 GeV Bewegungsenergie die Lichtgeschwindigkeit. Sie sind also über weite Energiebereiche nicht relativistisch. Ihre Umlaufgeschwindigkeiten nehmen daher bei kleineren Energien zunächst mit wachsender Bewegungsenergie zu. Die Umlaufzeiten verkürzen sich mit zunehmender Teilchenenergie. Bei Protonensynchrotrons muss deshalb neben dem magnetischen Führungsfeld auch die Frequenz der Beschleunigungsspannung mit der Protonenenergie synchron erhöht werden. Maximale bisher mit Synchrotrons erreichte Protonenenergien liegen bei knapp unter 1 TeV (10^{12} eV).

Weder die Führungsmagnete noch die Hochfrequenzquellen bei Protonensynchrotrons können mit ausreichender Präzision von Null auf hochgefahren werden. Deshalb müssen die Teilchen vor die Einspeisung in Synchrotrons mit Vorbeschleunigern wie Mikrotrons oder Linearbeschleunigern auf ausreichende Anfangsenergien gebracht werden. Typische Vorbeschleuniger für Elektronensynchrotrons erzeugen Elektronen mit Anfangsenergien zwischen 20 und 200 MeV. Der Einschuss der Teilchen in die Umlaufbahn der Synchrotrons und die Auslenkung nach erfolgter Beschleunigung geschieht mit schnellen Schaltmagneten, die nur während der Ablenkphasen Magnetfelder aufweisen dürfen, da sie sonst die Umlaufbahn der Teilchen stören. Diese Magnete werden als "Kicker-Magnete" bezeichnet. Sie weisen Schaltzeiten im Mikrosekundenbereich auf.

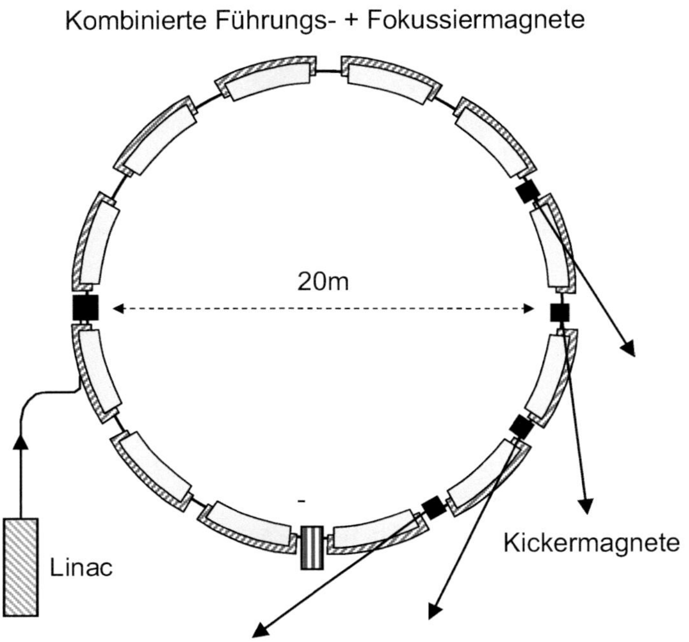

Fig. 10.24: Schematische Darstellung des 2,5 GeV Elektronen-Synchrotrons in Bonn mit kombinierten Führungsmagneten und Magneten mit starker Fokussierung, einem Linearbeschleuniger als primärer Teilchenquelle und vier Kickermagneten zur Auslenkung des Teilchenstrahls zu verschiedenen Experimenten.

10.5.1 Die räumliche Fokussierung der Teilchen im Synchrotron*

Die in Synchrotrons üblichen hohen Umlaufzahlen und die im Strahlrohr durch die beschleunigten Teilchen dabei zurückgelegten großen Strecken erfordern eine hoch wirksame zeitliche und räumliche Bündelung der Teilchen. Während die zeitliche Fokussierung, die Phasenfokussierung, für energiescharfe Strahlenbündel sorgt, ist die Aufgabe der räumlichen Strahlenbündelung die Erhöhung der Strahlausbeute und der Wechselwirkungsraten mit den Targets. Teilchen führen während der Beschleunigung und Strahlführung transversale Schwingungen um die Sollbahn aus. Bei zu hohen Amplituden gehen die Teilchen durch Kontakt mit der Strahlrohrwand verloren. Jedes Synchrotron enthält daher eine Reihe strahloptischer Elemente. Die Prinzipien sind die gleichen wie bei den anderen Ringbeschleunigern. Eine Besonderheit sind die separierten und räumlich kompakten Strahlführungsmagnete. Die Methoden zur Strahlfokussierung sind in Kap. (2.3) ausführlich dargestellt. Vor allen in den Anfangszeiten der Synchrotrons wurde die schwache Fokussierung angewendet. Wegen der sehr großen Strahlführungsrohre mit lateralen Durchmessern bis 60 cm und der dadurch bedingten immensen Magnetkosten, wird heute ausschließlich die starke Fokussierung eingesetzt. Die dazu benötigten Magnete höherer Multipolordnung können entweder in die Führungsmagnete integriert sein (combined function) oder als separate Einheiten zwischen den Umlenkmagneten installiert sein (separated function).

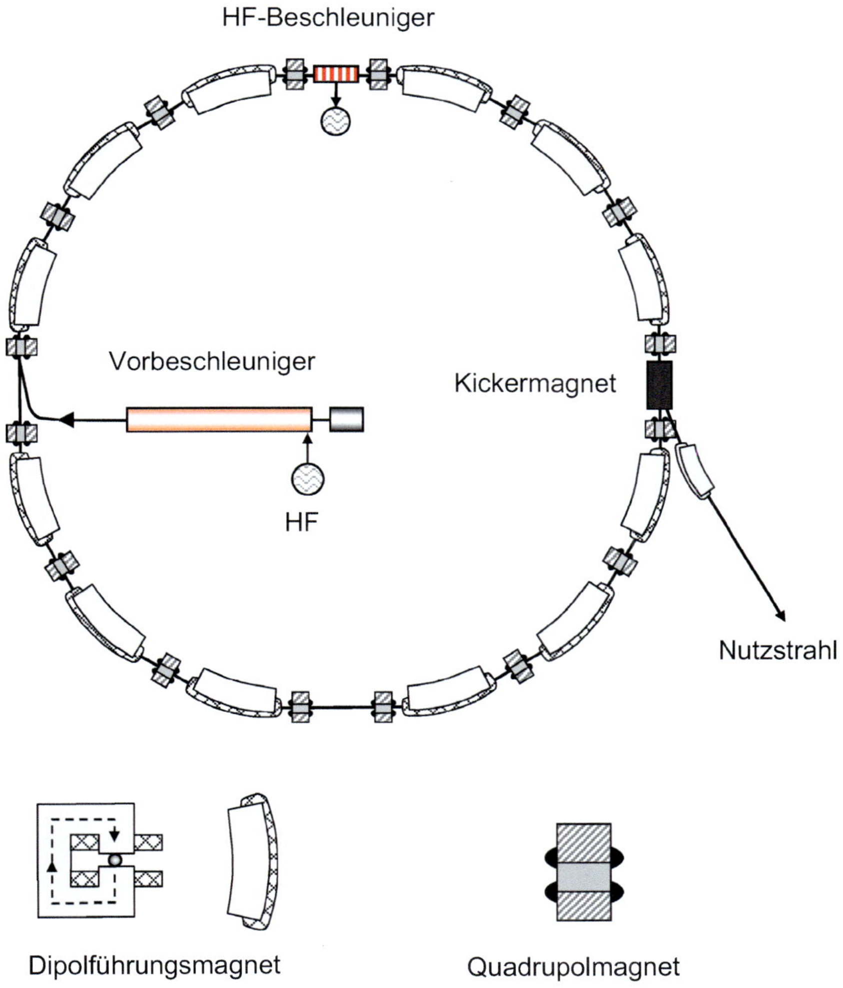

Fig. 10.25: Modernes Synchrotron mit getrennten Führungs- und Fokussiermagneten (separated function, grau: Eisenjoch, kariert: Spulenwicklungen) und einem Linearbeschleuniger als Vorbeschleuniger.

10.5.2 Phasenfokussierung relativistischer Teilchen im Synchrotron*

Damit Teilchen bei der Passage der HF-Struktur immer optimal beschleunigt werden, müssen sie zum richtigen Zeitpunkt am Beschleunigungsspalt eintreffen. In diesem Fall sehen sie alle die gleiche elektrische Feldstärke und erhalten deshalb auch den gleichen Energieschub beim Passieren des Beschleunigerspaltes. Um diese Bedingung zu erfüllen, müssen die Teilchen in einem Teilchenpaket sowohl räumlich als auch zeitlich kompakt bleiben. Relativistische Teilchen haben Geschwindigkeiten dicht bei der Lichtgeschwindigkeit. Für sie gilt also $v \approx c$, sie unterscheiden sich aber durch ihre Gesamtmasse und ihren Impuls p.

Zum besseren Verständnis der zeitlichen Vorgänge bei der Teilchenbeschleunigung sei eine Sinusform der Beschleunigungsspannung unterstellt. In der Regel befinden sich Teilchen nicht im Maximum dieser Sinuskurve und sehen daher nur eine reduzierte Beschleunigungsspannung $U < U_{max}$. Die Hochfrequenz und die Magnetfelder werden in der Praxis so gewählt, dass Teilchen, die die Sollspannung sehen, exakt zur richtigen Zeit erneut den Beschleunigungsspalt durchsetzen. Sie sind perfekt "in Phase". Teilchen, die vor- oder nacheilen, weil sich ihre Impulse unterscheiden, laufen auf Kreisbahnen unterschiedlicher Radien. Je höher der Impuls ist umso größer sind die Radien ihrer Kreisbahnen. Bei der Passage des Beschleunigungsspaltes sehen sie daher differierende Beschleunigungsspannungen, sie sind "außer Phase". Eilt das Teil-

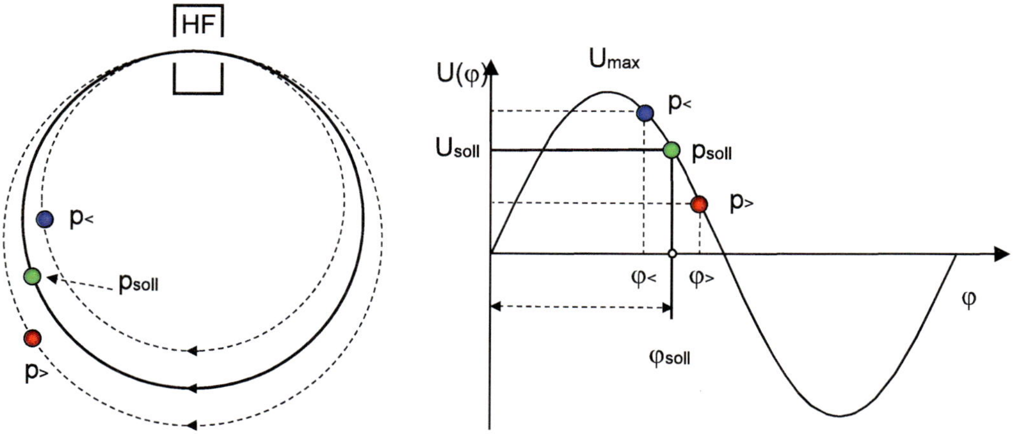

Fig. 10.26: Zum Prinzip der Phasenfokussierung im Synchrotron. Links: Da die relativistischen Teilchen mit nahezu gleicher Geschwindigkeit fliegen, legen sie wegen ihres unterschiedlichen Impulses p Kreisbahnen mit unterschiedlichen Radien zurück. Sie kommen deshalb zu früh ($p_<$) oder zu spät ($p_>$) am HF-Spalt an. Rechts: Auswirkungen unterschiedlicher Impulse auf die Phasenlage der Teilchen. Die Darstellung ist übertrieben.

chen vor, weil es einen zu hohen Impuls hat, hat seine Bahn einen größeren Radius. Es trifft daher später an der HF-Struktur ein. Die Hochspannung hat dann kleinere Werte, das Teilchen wird deshalb auch weniger beschleunigt. Läuft das Teilchen dagegen nach, sieht es eine höhere Feldstärke und wird beim nächsten Durchgang stärker beschleunigt. Dieser Sachverhalt führt zu einer automatischen zeitlichen Phasenfokussierung des Teilchenbündels. Die Teilchen führen dabei eine Schwingung um die Sollphase aus, die als **Synchrotronschwingung** bezeichnet wird. Solche Phasenschwingungen treten bei allen Ringbeschleunigern auf und bei sonstigen Beschleunigern, die mit HF betrieben werden.

Zusammenfassung

- **Synchrotrons sind Ringbeschleuniger, bei denen die Führungsmagnete nur auf den Bereich des Strahlrohres beschränkt sind. Um den Bahnradius konstant zu halten, müssen die Führungs-Magnetfelder allerdings synchron mit der Energiezunahme der Teilchen hochgefahren werden.**

- **Werden nicht relativistische Teilchen in Synchrotrons beschleunigt, muss zusätzlich die Hochfrequenz mit der verkürzten Umlaufzeit der schneller werdenden Teilchen synchronisiert werden.**

- **Die Synchronisation von Magnetfeldern kann nicht bei Null gestartet werden. Die Teilchen müssen deshalb vor dem Einschuss in die Synchrotrons vorbeschleunigt werden.**

- **Je nach Teilchenart verwendet man als Vorbeschleuniger häufig Mikrotrons oder Linearbeschleuniger.**

- **Werden die Führungsmagnete (Dipole) und die Fokussierungsmagnete (Quadrupole) in einem System untergebracht, spricht man von "combined function".**

- **Werden aus Gründen der Flexibilität diese beiden Magnetsysteme getrennt aufgebaut, bezeichnet man dies als "separated function".**

- **Die Abbildungsqualität moderner Synchrotrons mit "separated function" ist so gut, dass die Teilchen ohne merkliche Verluste in Speicherringen gehalten werden können.**

- **Wegen der kompakten und verlustarmen Teilchenführung in solchen Synchrotrons können sogar gegeneinander laufende Teilchenstrahlen entgegengesetzt geladener Partikel (wie Teilchen und Antiteilchen oder Elektronen und Protonen) auf der gleichen Umlaufbahn gehalten und erst in Wechselwirkungsbereichen aufeinander gelenkt werden.**

- **Teilchen in Synchrotrons erfahren wie auch in anderen Hochfrequenzbeschleunigern eine automatische Phasenfokussierung. Die Teilchen führen dadurch Schwingungen um die Sollphase aus, die so genannten Synchrotronschwingungen.**

- **Zur Auslenkung der Teilchen aus der Umlaufbahn werden schnelle Kickermagnete installiert, die normalerweise kein Magnetfeld aufweisen und in denen nur während der Auslenkung der Teilchen kurzfristig Magnetfelder erzeugt werden.**

10.6 Das Rhodotron für industrielle Anwendungen

Das Rhodotron ist ein Ringbeschleuniger für Elektronen, der auf Vorschläge von ***J. Pottier*** im Jahr 1989 zurückgeht [Pottier] und seit Anfang der 1990er Jahre industriell gefertigt wird. Es besteht aus einer Vakuumkammer mit Durchmessern von etwa 1 bis 3 Metern. Diese arbeitet als koaxialer Hohlraumresonator für den Radiofrequenzbereich (107,5 oder 215 MHz). In ihm entsteht ein radiales elektrisches Wechselfeld zwischen Außenwand und dem zentralen Metallzylinder. Der zentrale Metallzylinder und die innen mit Kupfer beschichtete Außenwand haben Bohrungen, durch die der Elektronenstrahl passieren kann. Elektronen gewinnen bei phasenrichtigem Durchgang durch diese Beschleunigungsstruktur je nach Ausfertigung zwischen etwa 0,8 bis 1 MeV Bewegungsenergie. Sie werden in einer Elektronenkanone erzeugt und mit etwa 40 keV Anfangsenergie bei jeder HF-Schwingung in die Vakuumkammer eingeschossen. Außerhalb der Beschleunigungseinheit (Cavität) sind inhomogene und feinjustierbare Magnete angebracht, die die Bewegungsrichtung der Elektronen umkehren und diese in Richtung zum Zentrum der Cavität spiegeln. Dadurch treffen sie erneut auf den Beschleunigungshohlraum. Bei der Passage des zentralen Zylinders wechselt die Phase der HF, so dass die Elektronen beim Verlassen des Zylinders erneut eine beschleunigende Feldstärke sehen. Sie legen dabei eine rosettenförmige Bahn zurück, die dem Beschleuniger auch den Namen gegeben hat (rhodos: griechisch für Rose). Je nach gewünschter Energie und Hohlraumabmessungen müssen die Elektronen bis zu zehn oder zwölf Mal den Hohlraum durchlaufen, was natürlich auch die entsprechende Anzahl an Spiegelmagneten erfordert.

Für industrielle Beschleuniger ist die maximale Elektronen- oder Photonenenergie auf 10 MeV beschränkt, um Aktivierungen der bestrahlten Materialien durch den Kernphotoeffekt zu vermeiden. Wegen des hohen Wirkungsgrades können Rhodotrons im Gleichstrombetrieb gefahren werden. Je nach Ausfertigung werden dadurch Elektronengleichströme zwischen 3,5 bis 100 mA erreicht. Dies ermöglicht eine für den industriellen Betrieb besonders günstige kontinuierliche Bestrahlung.

Die hohe Energieschärfe des Strahls ermöglicht ohne größere Verluste auch den Transport der Elektronen über Strahlführungssysteme aus dem Beschleuniger hin zu den zu bestrahlenden Proben. Die Anwendungen umfassen u. a. Sterilisationsaufgaben medizinischen Materials oder von Postsendungen, Polymerisationsaufgaben bei der Kunststoffverarbeitung und Produktion, Farbmodifikationen von Edelsteinen und die Antikeimbestrahlung von Lebensmitteln. Dazu wird der Elektronenstrahl aus dem Vakuumgefäß durch ein Austrittsfenster ausgelenkt und in einem gescannten Strahl über die zu bestrahlenden Proben geführt. Der Tubus und das dadurch begrenzte Strahlenbündel haben dann beispielsweise die Form eines Fächers. Der Tubus wird auch als "Horn" bezeichnet.

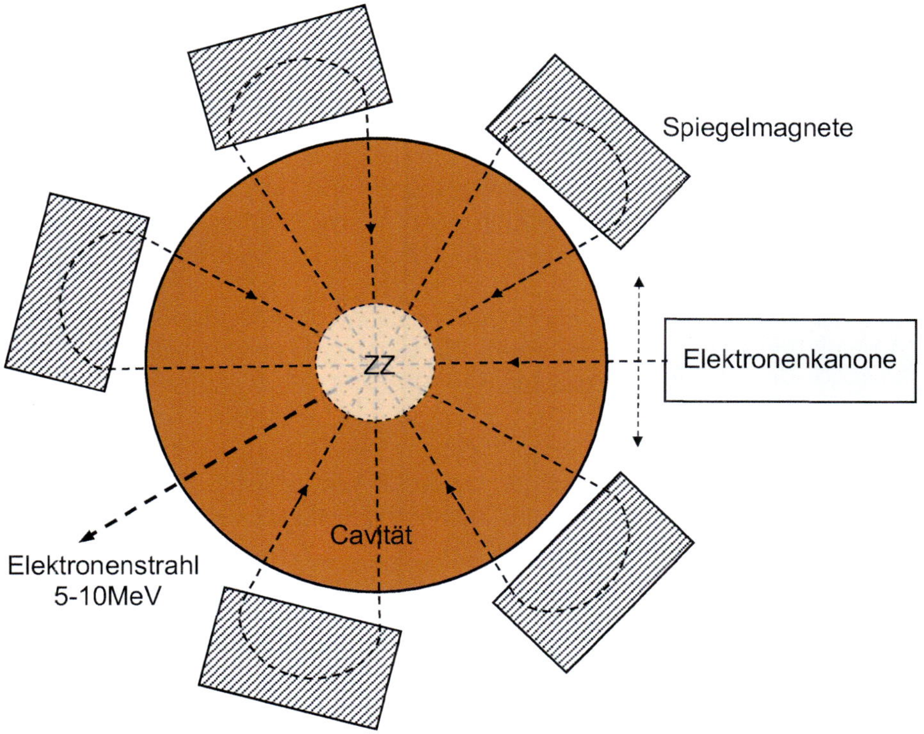

Fig. 10.27: Funktionsweise eines Rhodotrons (schematisch). Es besteht aus einem koaxialen Hohlraumresonator (Cavität) mit zentralem Metallzylinder (ZZ) mit Durchlassöffnungen für die Teilchen und kupferbeschichteter Außenwand. Zwischen Außenwand und dem Zentralzylinder liegt eine Hochfrequenz mit hoher Spannung an. Wird diese phasenrichtig vom Elektronenstrahl passiert, können die Elektronen dabei Energie aufnehmen. Die Elektronen werden von peripheren Magneten außerhalb der Cavität in Richtung Zentrum gespiegelt und erneut beschleunigt. Rhodotrons ermöglichen bis auf die Mikropulsung durch die HF den Gleichstrombetrieb.

Aufgaben

1. Auf welchem physikalischen Grundprinzip beruht die Funktionsweise eines Betatrons?

2. Warum haben die Polschuhe eines Betatronmagneten so eine merkwürdige Form mit nach außen hin abfallenden Polschuhflächen?

3. Welche Aufgaben haben die DEEs in Zyklotrons?

4. Welche Teilchen werden in einfachen Zyklotrons beschleunigt?

5. Wie viele Beschleunigungen erlebt ein geladenes Teilchen bei einem vollständigen Kreisumlauf in einem Zyklotron?

6. Wie groß ist die maximale Bewegungsenergie von Protonen und Alpha-Teilchen, die Sie mit einem einfachen Zyklotron mit einem Führungs-Magnetfeld von B = 1 T und einem maximalen Bahnradius von 0,5 m erreichen können?

7. Berechnen Sie die Bahnradien eines Protons in einem Zyklotron nach 10, 20 und 30 kompletten Umläufen bei einem Energiegewinn pro Umlauf von 50 keV und einem Magnetfeld der Flussdichte B = 1,5 T.

8. Warum sind einfache Zyklotrons nicht zur Beschleunigung von Elektronen oder anderen relativistischen Teilchen geeignet? Wie müssten Sie die Zyklotronbetriebsbedingung ändern, um mit vernünftiger Ausbeute auch Elektronen beschleunigen zu können?

9. Können Sie mit einem einfachen Zyklotron Protonen für die perkutane Strahlentherapie beschleunigen?

10. Wie sind Magnetfelder in einfachen Mikrotrons konstruiert und wie häufig werden Elektronen in Mikrotrons pro Umlauf beschleunigt?

11. Haben Elektronen in Mikrotrons konstante Umlaufzeiten?

12. Nennen Sie die zweite Mikrotron-Resonanzbedingung.

13. Warum heißen Synchrotrons Synchrotrons?

14. Wie groß muss die Frequenz des Beschleunigungsfeldes sein bei der Beschleunigung von Elektronen in einem Synchrotron und einem Bahnradius von 10 m?

15. Wie kann man Elektronen der Umlaufbahn in einem Synchrotron entnehmen?

11 Synchrotronstrahlung und Speicherringe*

Zunächst werden die Entstehung von Synchrotronstrahlung und ihre Abhängigkeiten von Teilchenart, Teilchenenergie und Bahnradius beschrieben. Synchrotronstrahlung spielt demnach quantitativ nur für schnelle Elektronen in Ringbeschleunigern eine Rolle. Anschließend wird das Prinzip der Speicherringe zur Synchrotronstrahlungserzeugung vorgestellt. Diese sind spezialisierte Anlagen, die die ausschließliche Aufgabe haben, Synchrotronstrahlung hoher Intensität und definierter Strahlungsqualität zu erzeugen.

11.1 Entstehung der Synchrotronstrahlung*

Werden geladene Teilchen in Magnetfeldern beschleunigt, strahlen sie einen Teil ihrer Bewegungsenergie in Form von Photonenstrahlung ab. Da diese Art des Energieverlustes das erste Mal an Synchrotrons experimentell festgestellt wurde, wird die entstehende Strahlung als **Synchrotronstrahlung** bezeichnet. Die abgestrahlte Leistung ist proportional zum Quadrat der zeitlichen Impulsänderung, zum Quadrat der elektrischen Ladung q und umgekehrt proportional zum Quadrat der Ruhemasse des Teilchens[1].

$$P_{rad} = \frac{q^2 \cdot c}{6\pi \cdot \varepsilon_0 \cdot (m_0 c^2)^2} \cdot \left(\frac{dp}{dt}\right)^2 \qquad (11.1)$$

Diese Beziehung gilt für jede Art der Teilchenbeschleunigung, also für Beschleunigungen parallel zur Bewegungsrichtung und in Richtungen senkrecht dazu. Für eine Beschleunigung **parallel** zur Bewegungsrichtung liefert die relativistische Behandlung die folgende Gleichung (11.2) zur Berechnung der abgestrahlten Leistung:

$$P_{rad,par} = \frac{q^2 \cdot c}{6\pi \cdot \varepsilon_0 \cdot (m_0 c^2)^2} \cdot \left(\frac{dE}{dx}\right)^2 \qquad (11.2)$$

Dabei ist (dE/dx) die Änderung der Bewegungsenergie des Teilchens pro Weglänge bei der Beschleunigung.

Der Wirkungsgrad ist das Verhältnis von abgestrahlter Leistung und zugeführter Leistung durch Beschleunigung. Zur Abschätzung des longitudinalen Wirkungsgrades η_{par} eines Elektronensynchrotrons für die Erzeugung von Synchrotronstrahlung geht man folgendermaßen vor. Die zugeführte Energie dE/dx ergibt die zugeführte Leistung mit $P_{zu} = dE/v \cdot dt$. Da das Teilchen extrem relativistisch ist, ist seine Geschwindigkeit c. Die zugeführte Leistung ist also $P_{zu} = dE/c \cdot dt$. Der Wirkungsgrad ist $\eta_{par} = P_{rad,par}/P_{zu}$. Verwenden der (Gl. 11.2) für die abgestrahlte Leistung ergibt:

---

[1] ε_0 ist die elektrische Feldkonstante. Sie hat den Wert $\varepsilon_0 = 8{,}8542\ 10^{-12} \cdot C^2 N^{-1} m^{-2}$.

$$\eta_{par} = \frac{P_{rad,par}}{P_{zu}} = \frac{q^2 \cdot}{6\pi \cdot \varepsilon_0 \cdot (m_0 c^2)^2} \cdot \left(\frac{dE}{dx} \right) \tag{11.3}$$

Zur Anwendung dieser Gleichung bei einer praktischen Berechnung verwendet man am besten SI-Einheiten.

Beispiel 11.1: Abschätzung des parallelen Wirkungsgrades bei einem Energiegewinn von Elektronen von dE/dx = 10 MeV/m. Umrechnung dieser Größe in SI-Einheiten ergibt dE/dx = 10 MeV/m = $1{,}6\text{x}10^{-12}$ J/m. Die Ruheenergie des Elektrons beträgt 0,511 MeV = $8{,}19\text{x}10^{-14}$ J. Einsetzen dieser Werte liefert den Wirkungsgrad von $\eta_{par} = P_{rad,par}/P_{zu} = 3{,}67\text{x}10^{-14}$.

Für einen typischen Energiegewinn durch die longitudinale Beschleunigung eines relativistischen Elektrons von dE/dx = 10 MeV/m, wie er in modernen Beschleunigern leicht erreicht wird, erhält man aus (Gl. 11.3) den relativen Energieverlust durch Synchrotronstrahlung in der Größenordnung von nur 10^{-14}. Die Produktion von Synchrotronstrahlung und der dadurch bewirkte Energieverlust des Teilchens bleiben also bei Beschleunigung parallel zur ursprünglichen Bewegungsrichtung vernachlässigbar klein.

Anders ist die Energiebilanz bei der **transversalen** Beschleunigung geladener Teilchen. Für die Bewegung eines Teilchens (mit der Ladung q und der Ruhemasse m_0) auf einer Kreisbahn mit dem Radius R und der Teilchenenergie E liefert die Theorie für die Synchrotronstrahlungsleistung den folgenden Zusammenhang:

$$P_{rad,trans} = \frac{q^2 \cdot c}{6\pi \cdot \varepsilon_0 \cdot (m_0 c^2)^4} \cdot \frac{E^4}{R^2} \tag{11.4}$$

Die Strahlungsverluste sind nach (Gl. 11.4) also proportional zur vierten Potenz der Teilchenenergie und umgekehrt proportional zum Quadrat des Bahnradius und zur vierten Potenz der Ruhenergie bzw. der Ruhemasse des Teilchens. Sollen Strahlungsverluste in Ringbeschleunigeranlagen klein gehalten werden, müssen deshalb große Radien verwendet werden. Neben der Minimierung der Strahlungsverluste hat dies auch erhebliche finanzielle Vorteile bei den Kosten für die Führungsmagnete. Legt man dagegen Wert auf eine hohe Ausbeute an Synchrotronstrahlung, müssen vor allem hohe Energien und kleine Bahnradien vorgesehen werden.

Beispiel 11.2: Abschätzung der transversalen Strahlungsverlustleistung eines Elektrons und eines Protons bei gegebener Teilchenenergie und gleichem Bahnradius. Für die Synchrotronstrahlungsverluste erhält man aus (Gl. 11.4) das Verhältnis $P_{rad,e}/P_{rad,p} = (m_p/m_e)^4 = (1836:1)^4 = 11{,}36 \cdot 10^{12}$. Im Vergleich zu Elektronen sind die Synchrotronstrahlungsleistungen von Protonen auf Kreisbahnen in der Regel deshalb zu vernachlässigen.

Den Energieverlust eines extrem relativistischen geladenen Teilchens mit $v \approx c$ pro Umlauf mit der Umlaufzeit t_u berechnet man mit $t_u = 2\pi R/c$ und $\Delta E = P_{rad,trans} \cdot t_u$ zu

$$\Delta E = \frac{q^2}{3\varepsilon_0 \cdot (m_0 c^2)^4} \frac{E^4}{R} \tag{11.5}$$

Setzt man in diese Gleichung die Ruhenergie und die Ladung für Elektronen ein und rechnet mit praktischen Einheiten, erhält man die folgende praktische Formel für den Bewegungsenergieverlust von Elektronen durch Synchrotronstrahlung, wenn die Energien in GeV und der Radius in m angegeben wird[2].

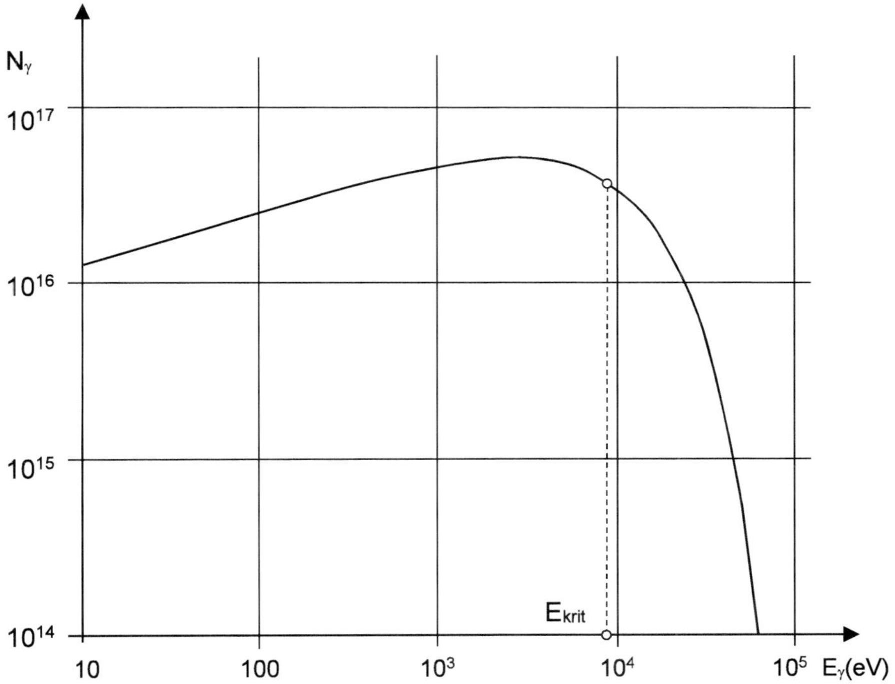

Fig. 11.1: Beispiel für die Spektraldichte einer Synchrotronstrahlungsquelle an einem einzelnen Umlenkmagneten (E = 5 GeV, Bahnradius r = 12,2 m). Die Energien erstrecken sich in dieser Grafik vom UV- bis in den Röntgenbereich. Die kritische Energie E_{krit} dient zur Charakterisierung des Spektrums. Sie teilt das Spektrum in Bereiche gleicher Strahlungsleistung (Daten nach [Wille]).

---

[2] Gibt man die Elektronenruheenergie und die totale Teilchenenergie in GeV an ($m_0c^2 = 0{,}5 \cdot 10^{-3}$ GeV) und rechnet den Energieverlust ΔE(J) mit dem Umrechnungsfaktor 1 GeV = $1{,}602 \cdot 10^{-10}$ J um, erhält man nach Einsetzen der numerischen Werte für die Elektronenladung und die elektrische Feldkonstante unmittelbar $\Delta E(\text{GeV}) = 88{,}5 \cdot 10^{-6} \cdot E^4/R$.

$$\Delta E(GeV) = 88{,}5 \cdot 10^{-6} \cdot \frac{E^4}{R} \tag{11.6}$$

Beispiel 11.3: Wie groß ist die abgestrahlte Energie pro Umlauf bei einem Bahnradius von 10 m und einer Elektronenenergie von 10 MeV? (Gl. 11.6) ergibt als Bewegungsenergieverlust pro Umlauf den Betrag $\Delta E = 88{,}5 \cdot 10^{-6} \cdot 0{,}01^4/10$ GeV = $8{,}85 \cdot 10^{-14}$ GeV = $8{,}85 \cdot 10^{-5}$ eV/Umlauf; er ist also zu vernachlässigen. Erhöht man die Energie auf 1 GeV und verwendet wieder einen Bahnradius von 10 m, erhöht sich der Verlust auf das 10^8-fache, also 8,85 keV/Umlauf. Bei 10 GeV und gleichem Radius erhöht sich der Strahlungsverlust bereits auf 88,5 MeV/Umlauf. Die benötigten Magnetfeldstärken kann man bei gegebenen Bahnradien und Teilchenenergien mit (Gl. 2.16 nach Kap. 2) abschätzen. Für die beiden letzten Beispiele wären danach Magnetfelder mit 0,33 T bzw. 3,33 T erforderlich. Maximale technisch erreichbare Flussdichten liegen bei etwa 2 Tesla für konventionelle und etwa 5-10 Tesla bei supraleitenden Magneten.

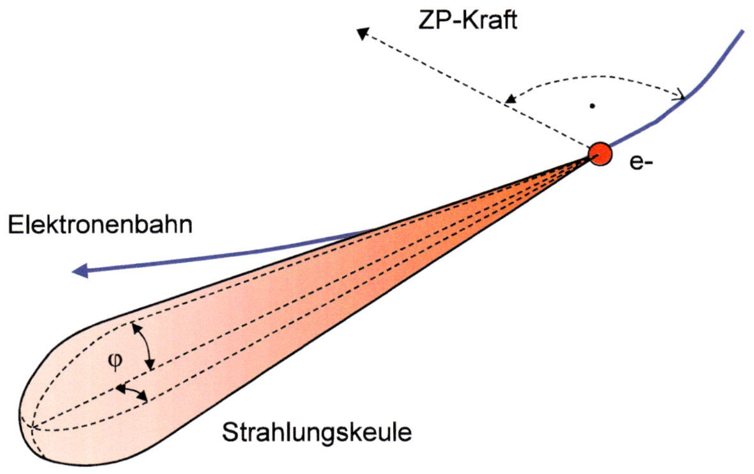

Fig. 11.2: Strahlungskeule der Synchrotronstrahlung für eine bestimmte Elektronenposition (Kreis). Die radial beschleunigende Zentripetalkraft ZP (Führungskraft des Magnetfeldes) zwingt das Elektron auf eine Kreisbahn. Der Öffnungswinkel der Strahlungskeule (2φ) ist abhängig von der Elektronenenergie.

Die emittierte Synchrotronstrahlung weist ein breites Energiespektrum auf, das sich je nach Umlenkwinkel und Energie vom Infrarot- bis in den Röntgenbereich erstreckt (s. Beispiel in Fig. 11.1). Sie wird in einen sehr schmalen Konus mit einem von der Teilchenenergie abhängigen Öffnungswinkel um 1/100 Grad in Vorwärtsrichtung der Elektronenbewegung emittiert. Der halbe Öffnungswinkel φ ist abhängig von der Elektronenenergie. Er wird als **natürlicher** Öffnungswinkel bezeichnet. Sein Bogenmaß[3] wird in sehr guter Näherung als Verhältnis der Ruheenergie des Elektrons zu seiner relativistischen Gesamtenergie berechnet (Gl. 11.7).

$$\varphi = \frac{m_0 c^2}{E_{tot}} \tag{11.7}$$

Beispiel 11.4: Wie groß ist der natürliche Öffnungswinkel der Synchrotronstrahlungskeule bei einem 5 GeV-Elektron? Gl. (11.7) liefert 0,000511/5 = 0,1 mrad = 0,006°. Die Strahlungskeule ist also fast ein Nadelstrahl.

11.2 Speicherringe zur Erzeugung von Synchrotronstrahlung*

In jedem Umlenkmagneten von Synchrotrons entsteht zwar Synchrotronstrahlung, wegen der extremen Abhängigkeit der Intensität der Synchrotronstrahlung von der Teilchenenergie (s. Gl. 11.5) wird in normalen Synchrotrons aber nur ganz am Ende der Teilchenbeschleunigung mit ausreichender Intensität Synchrotronstrahlung erzeugt. Die Energie der Strahlung ändert sich während der Elektronenbeschleunigung und steht außerdem nur für eine kurze Zeitspanne kurz vor dem Erreichen der Maximalenergie zur Verfügung. Synchrotrons sind daher keine besonders geeigneten Synchrotronstrahlungsquellen. Stattdessen werden spezielle Ringanlagen, die **Speicherringe**, bevorzugt, deren einzige Aufgabe die Erzeugung der Synchrotronstrahlung ist. Sie ähneln auf den ersten Blick vom Aufbau her den Synchrotrons, haben allerdings

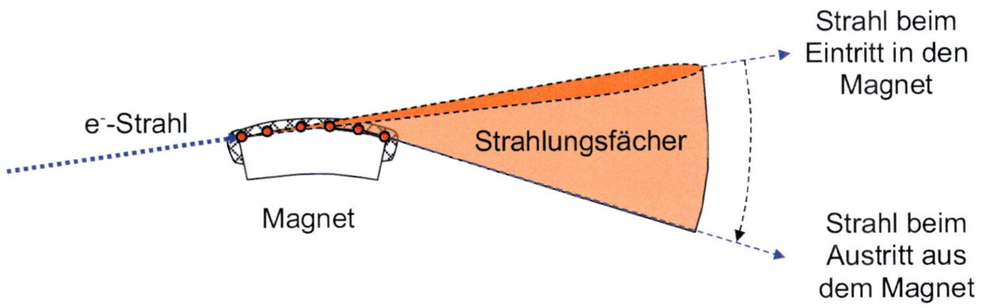

Fig. 11.3: Entstehung eines breiten Strahlungsfächers aus den einzelnen schmalen Strahlungskeulen am Umlenkmagneten. Obwohl die Strahlungskeule zum Zeitpunkt ihrer Entstehung immer fast ein Nadelstrahl ist, erzeugt die zeitliche Überlagerung dieser Keulen einen breiten Fächer. Die roten Punkte deuten den Entstehungsort der individuellen Strahlungskeulen an.

[3] Das Bogenmaß eines Winkels ist die zugehörige Bogenlänge im Einheitskreis. Die Einheit ist das rad.

nicht die primäre Aufgabe der Elektronenbeschleunigung. Synchrotronstrahlung entsteht bei jeder Ablenkung, also auch in den Führungsmagneten. Da die Elektronen aber während ihrer Passage an verschiedenen Stellen ihrer Flugbahn die Synchrotronstrahlung emittieren, kommt es zu einer räumlichen Verschmierung des Entstehungsortes und zu einer breiten Auffächerung des Emissionswinkels, Es entsteht ein breiter Strahlungsfächer (Fig. 11.3).

Für die wissenschaftlichen Untersuchungen ist man an möglichst kleinen Strahlungskeulen mit sehr genau definiertem Entstehungsort und möglichst hoher Strahlintensität sowie steuerbarer kritischer Energie interessiert. Die Synchrotronstrahlung muss also gebündelt werden und in ihrer Strahlungsqualität veränderbar sein. Die Lösung brachte die Entwicklung von speziellen Magnetsystemen, den **Wigglern** und den **Undulatoren**[4]. In Speicherringen zur Erzeugung von Synchrotronstrahlung werden Elektronen durch geeignete magnetische Führungsfelder auf Ringbahnen geführt (Fig. 11.5). Zwischen den eigentlichen Kreissegmenten an den Umlenkmagneten befinden sich aber gerade Strecken, in denen die Wiggler und die Undulatoren angeordnet sind. Diese haben die ausschließliche Aufgabe, durch mehrfache Ablenkung Synchrotronstrahlung hoher Intensität zu erzeugen.

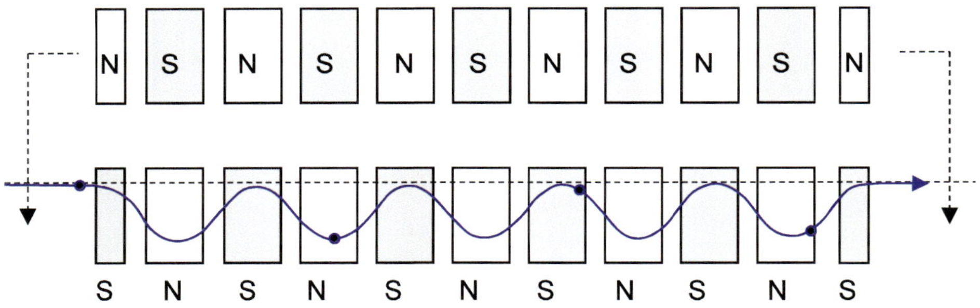

Fig. 11.4: Aufsicht auf die Teilchenbahn der Elektronen und Anordnung der Magnete in einem Undulator oder Wiggler. Die Magnetlinien stehen senkrecht zur Zeichenebene. Die Gegenmagnete in der oberen Bildhälfte sind entgegengesetzt zur unteren Magnetreihe gepolt. Sie befinden sich oberhalb der anderen Magnetreihe und sind nur aus Darstellungsgründen aufgeklappt gezeichnet (angedeutet durch die seitlichen Pfeile). Am Beginn und am Ende der Undulatorstrecke dürfen die Magnete nur die halben Feldstärken aufweisen, damit die Elektronen wieder auf ihre reguläre Umlaufbahn einschwenken.

[4] Das englische to wiggle heißt wackeln, to undulate heißt wellenartig auf und abschwingen.

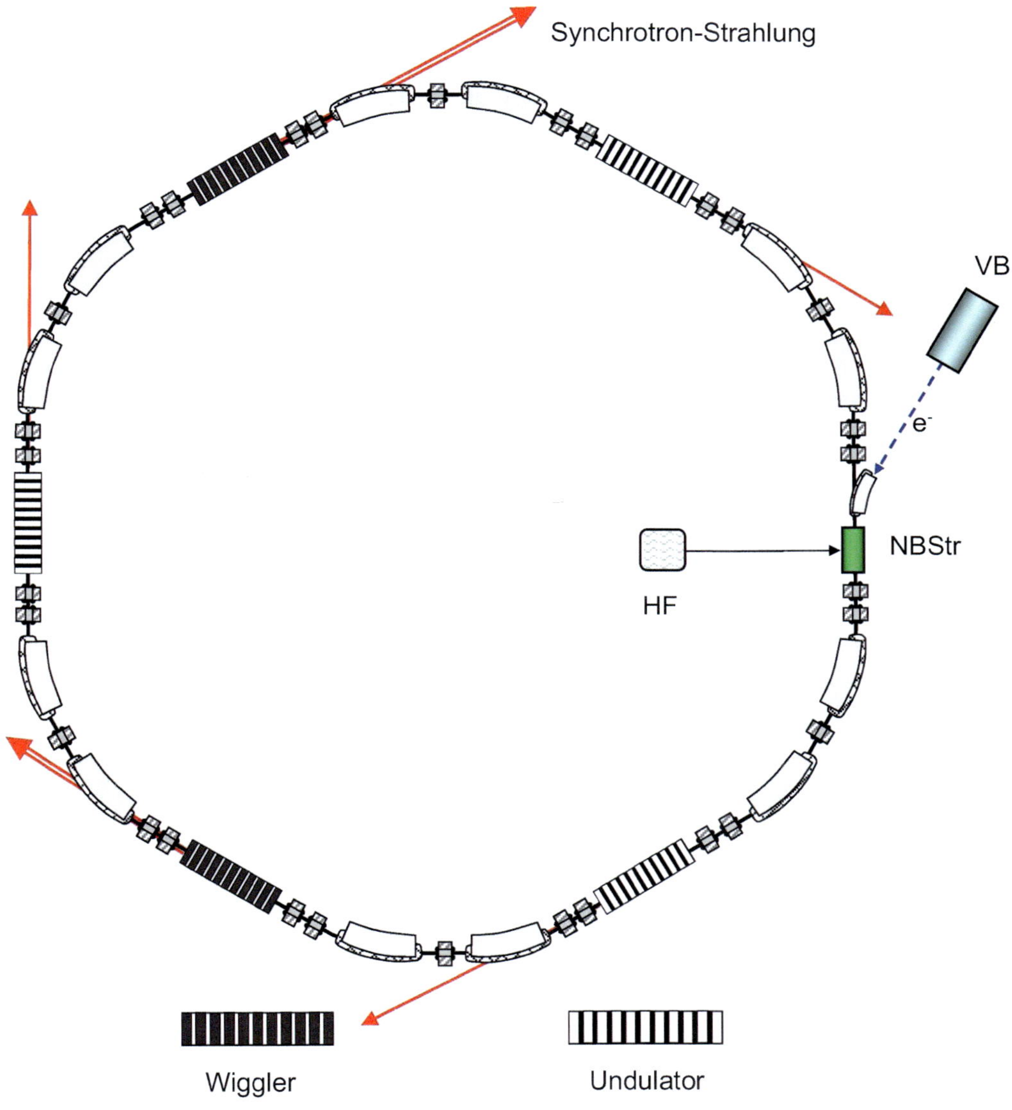

Fig. 11.5: Typischer Aufbau eines Speicherings zur Erzeugung von Synchrotronstrahlung mit Wigglern (breite Fächer) und Undulatoren (schmale Strahlungskeulen). HF: Hochfrequenzquelle für die Nachbeschleunigungsstrecke NBStr, VB: Vorbeschleuniger als Quelle für Elektronen. Die Strahlführung mit Umlenkmagneten und Fokussiermagneten ähnelt derjenigen moderner Synchrotrons (vgl. Fig. 10.25, Zeichnung in Anlehnung an [Wille]).

Sie enthalten periodische Anordnungen von bis zu 100 kurzen Magnetpolen aus starken Permanentmagneten, Elektromagneten oder auch aus Kombinationen beider Magnetarten. In diesen wird durch die vielfache serielle Ablenkung der Elektronen je nach Auslegung hoch intensive Synchrotronstrahlung vom Infrarot- bis in den Röntgenbereich erzeugt. Wiggler und Undulatoren unterscheiden sich durch die Stärke des Magnetfeldes, die Periodizität der Magnetpole und somit durch den maximalen Ablenkwinkel der Elektronen von der normalen Umlaufbahn.

Rechnerisch erhält man also eine Überlagerung der schmalen "natürlichen" Synchrotronstrahlungskeule aus (Gl. 11.6) mit der Elektronenwellenbewegung in den Ablenksystemen. Die Ablenkung der Elektronen in den Undulatoren ist wegen des kleineren Magnetfeldes nur gering. Die Synchrotronstrahlung wird deshalb in einer besonders schmalen Strahlungskeule praktisch parallel zum Elektronenstrahl emittiert. Der Öffnungswinkel bei Undulatoren kann bei kleinen Abständen der Magnetpole, also einer großen Anzahl von Umlenkungen der Elektronen pro zurückgelegtem Weg, im Undulator und bei schwachen Magnetfeldern sogar kleiner werden als der natürliche Keulenwinkel φ (in Gl. 11.6). Undulatoren emittieren außerdem für die Anwendung besonders interessante kohärente Photonenstrahlung hoher Intensität. Wiggler haben dagegen deutlich höhere Magnetfeldstärken und erzeugen durch die stärkere Elektronenablenkung breitere Strahlungsfächer als die natürlichen Strahlungskeulen der Synchrotronstrahlung. Sie werden wegen der erforderlichen hohen Magnetfelder auch als supraleitende Magnete ausgelegt und erzeugen dann breite Synchrotronstrahlungsfächer, die besonders günstig für technische Anwendungen sind.

Die neueste Entwicklung sind die sogenannten Freien Elektronen-Laser (FEL). Bei diesen Speicherringen wird durch geeignete Auslegung der Undulatormagnete und präzise Steuerung der Beschleunigungsphasen die Pumparbeit für die Laser von Elektronen übernommen, deren Energieverluste in den Undulatoren auf die Laser übertragen werden.

Als Primärquelle für die Elektronen in Speicherringen werden herkömmliche Elektronenbeschleuniger eingesetzt. In Speicherringen müssen an geeigneten Stellen der Umlaufbahn eine oder mehrere Nachbeschleunigerstrecken vorhanden sein, die die Strahlungsverluste der kreisenden Elektronen wieder ersetzen. Die Speicherzeiten können bei sorgfältiger Konstruktion der Ringe, gutem Vakuum und geeigneter Auslegung der Strahlgeometrie mehrere Stunden betragen. Weltweit sind viele solcher Elektronenspeicherringe zur Erzeugung von Synchrotronstrahlung installiert. Die verwendeten Elektronenenergien liegen zwischen knapp 1 bis etwa 10 GeV.

Zusammenfassung

- **Synchrotronstrahlung entsteht bei der Beschleunigung geladener Teilchen in Magnetfeldern.**

- **Signifikante Strahlungsausbeuten treten vor allem bei Elektronen höherer Bewegungsenergie und transversaler Beschleunigung auf.**

- **In üblichen Elektronenringbeschleunigern entsteht Synchrotronstrahlung erst am Ende des Beschleunigungszyklus und nur für kurze Zeit.**

- **Zu ihrer Erzeugung werden deshalb Elektronen hoher Energie bevorzugt in Speicherringen auf Ringbahnen geführt.**

- **Als Teilcheninjektoren dienen konventionelle Elektronenbeschleuniger.**

- **Synchrotronstrahlung wird in tangentiellen Richtungen zur Umlaufbahn in sehr schmalen Strahlungskeulen emittiert, deren Öffnungswinkel umgekehrt proportional zur Elektronenenergie sind.**

- **Um hohe Ausbeuten der Synchrotronstrahlung zu erreichen, werden multiple Ablenkmagnetsysteme, die Undulatoren und Wiggler, eingesetzt.**

- **Der Bewegungsenergieverlust der Elektronen durch Synchrotronstrahlungsemission wird durch in die Speicherringe integrierte Beschleunigerstrecken ersetzt.**

- **Für ausreichende Strahlungsausbeuten, gut definierte Strahlgeometrie und Strahlungsqualität muss in Speicherringen ein erheblicher Aufwand für die Strahlführung betrieben werden.**

- **Synchrotronstrahlung hat eine große Bedeutung für Wissenschaft, Technik und die industrielle Fertigung.**

Aufgaben

1. Wie groß ist der Energieverlust in transversaler Richtung bei einem 5 GeV Elektron und einem Bahnradius von 12 m?

2. Welche Bedingungen sind günstig für eine hohe Synchrotron-Strahlungsleistung?

3. Geben Sie für ein 10 GeV Elektron den natürlichen Öffnungswinkel in Grad an. Sieht ein Beobachter an einer bestimmten Stelle des Speicherrings diesen schmalen Öffnungswinkel?

4. Ist Synchrotronstrahlung gepulst oder zeitlich kontinuierlich?

5. Welche Anordnung hat die größere magnetische Flussdichte, der Undulator oder der Wiggler, und welche Konsequenzen folgen daraus?

12 Kernreaktoren

In diesem Kapitel werden Kernreaktoren als Quellen für radioaktive Substanzen und Neutronen vorgestellt. Zunächst wird dazu eine kurze Einführung in die neutroneninduzierte Kernspaltung gegeben. Nach einem Überblick über die Spaltfragmentverteilungen werden die wichtigsten technischen Lösungen für Kernreaktoren und die entsprechenden Reaktortypen erläutert. Den Abschluss des Kapitels bilden die Ausführungen zu einigen Sonderformen von Kernreaktoren für wissenschaftliche und industrielle Anwendungen und zum natürlichen Oklo-Reaktor.

Kernreaktoren nutzen die neutroneninduzierte Spaltung schwerer Kerne aus dem Aktinidenbereich. Entdeckt wurde die Kernspaltung durch ***Otto Hahn***[1], ***Fritz Strassmann*** und ***Lise Meitner*** im Dezember 1938 [Hahn 1939]. Beim Versuch, Transurane durch Neutroneneinfang mit anschließendem Beta-Zerfall zu erzeugen, lösten sie ungewollt die Spaltung der beschossenen Urankerne aus. Sie wiesen die Reaktionsprodukte durch chemische Methoden nach. Die erste theoretische Deutung dieser induzierten Kernspaltung gelang bereits 1939 ***N. Bohr***, ***J. A. Wheeler*** und ***J. Frenkel*** auf der Basis des Tröpfchenmodells der Kernmaterie (vgl. dazu [Krieger1], Kap. 2.3). 1942 wurde die erste kontrollierte Kernspaltungs-Kettenreaktion in einem experimentellen Kernreaktor, dem "CP 1" (Chicago Pile 1, Nennleistung 0,5 Watt) in Chicago durch ***Enrico Fermi*** ausgelöst. Es war ein graphitmoderierter, mit Natururan betriebener Reaktor und Steuerstäben aus Kadmium ohne Strahlenabschirmung.

Heute wird die kontrollierte neutroneninduzierte Kernspaltung für friedliche Zwecke weltweit in Kernreaktoren eingesetzt. Diese dienen entweder als thermische Energiequellen, als Forschungsreaktoren für wissenschaftliche Aufgaben oder als Quellen für Neutronen und radioaktive Stoffe für industrielle oder medizinische Anwendungen. Ungeregelte Kernspaltung wird in der Waffentechnik verwendet (Atombomben).

Der Vollständigkeit halber sollte darauf hingewiesen werden, dass Kernspaltung auch durch Beschuss mit hochenergetischen Photonen und geladenen Teilchen wie Protonen, Deuteronen oder Alphateilchen ausgelöst werden kann. Allerdings müssen die positiv geladenen Teilchen die Coulombabstoßung der positiv geladenen Kerne überwinden, was nur bei ausreichend hohen Energien dieser Projektile möglich ist.

12.1 Grundlagen zur Kernspaltung

12.1.1 Spaltbare Materialien

Die technisch eingesetzten Spaltmaterialien sind die Uran- und Plutoniumnuklide (Tab. 12.1). Während die Uranisotope natürlich vorkommen, muss das ^{239}Pu künstlich

---

[1] **Otto Hahn** erhielt für diese Arbeit 1945 den Nobelpreis für Chemie des Jahres 1944 "für seine Entdeckung der Kernspaltung schwerer Atomkerne".

erzeugt (erbrütet) werden. Die wichtigsten spaltenden Nuklide sind in (Tab. 19.6.2.1) im Anhang zusammengefasst. Für die Spaltung mit thermischen Neutronen sind ^{235}U und ^{239}Pu von Bedeutung. Da ^{235}U in der Natur aber in zu geringen Konzentrationen vorkommt, muss sein Anteil im Natururan in der Regel vor dem Einsatz in Kernreaktoren erhöht werden. Die wichtigsten Verfahren dazu sind das Diffusionsverfahren, das Trenndüsenverfahren oder die Nuklidtrennung mit Ultrazentrifugen, die entweder auf den Unterschieden der Diffusionsgeschwindigkeiten oder auf der Abhängigkeit der Zentrifugalkraft von der unterschiedlichen Masse der Isotope beruhen. Bei allen Verfahren muss der Spaltstoff in Gasform gebracht werden. Dieses Gas ist in der Regel ein Hexafluorid (z. B. UF_6). Fluor wird als Verbindungsstoff verwendet, da UF_6 eine Sublimationstemperatur von nur 56,5°C besitzt und Fluor darüber hinaus nur als Reinelement vorkommt (100% ^{19}F), wodurch die Massenunterschiede der Hexafluoride lediglich durch die Uranatome verursacht werden.

Das **Diffusionsverfahren** nutzt die unterschiedlichen Diffusionsgeschwindigkeiten der verschieden schweren UF_6-Partikel der beteiligten Isotope durch mikroskopische Poren aus. Durch riesige Anlagen kann so eine Nuklidtrennung vorgenommen werden. Beim **Trenndüsenverfahren** wird die Anreicherung der leichteren Nuklide durch die Zentrifugalkraft bewirkt. Uran liegt auch hier als Hexafluorid-Gas vor. Dieses Gas wird mit hoher Geschwindigkeit in gekrümmte Kanäle eingeleitet, in deren Zentrum sich schmale Stege, die so genannten Trenndüsen, befinden. Durch die höhere Zentrifugalkraft der schwereren Nuklide werden die entsprechenden Gasmoleküle aus $^{238}UF_6$ bei jedem Durchgang geringfügig im äußeren Gasstrom angereichert. Um genügende Nuklidtrennungen zu erreichen, muss das Gas durch viele hundert Trenndüsen geleitet werden, die je 10 oder mehr Schlitze von bis zu 2 m Länge aufweisen. Isotopentrennung ist auch mit **Ultragaszentrifugen** möglich. So wurden die ersten Atombombenmaterialien in Oak Ridge beispielsweise durch eine Kombination von Ultrazentrifugieren und Diffusionstrennung vorgenommen. Heute ist das Gaszentrifugenverfahren die gängige Methode zur Isotopentrennung, da sie den geringsten Energieverbrauch aller Trennverfahren aufweist.

Isotop	**natürl. Vorkommen (%)**	**Bemerkung**
^{233}U	-	künstlich herstellbar (Brüten)
^{234}U	0,0054	technisch unwichtig
^{235}U	0,7204	thermisch spaltbar
^{238}U	99,2742	Spaltung mit schnellen Neutronen
^{239}Pu	-	künstlich herstellbar (Brüten)
^{240}Pu	-	künstlich herstellbar (Brüten)

Tab. 12.1: Die wichtigsten spaltbaren Isotope des Urans und des Plutoniums.

Üblich sind Anreicherungen des ^{235}U auf einige Prozent (2-3,5%) bei Brennstäben für Leistungsreaktoren zur Energieerzeugung, Anreicherungen von 20% bis 90% bei Forschungsreaktoren und bis 95% bei Atomwaffen. Da hoch angereichertes Uran waffentauglich ist, wird aus politischen Gründen seine Verfügbarkeit stark eingeschränkt. ^{233}U entsteht durch Neutroneneinfang am natürlichen Isotop ^{232}Th mit zwei nachfolgenden Beta-Zerfällen (^{232}Th + n = ^{233}Th, ^{233}Th → ^{233}Pa → ^{233}U). ^{234}U entsteht als Folgennuklid des natürlichen Alphazerfalls des ^{238}U mit zwei nachfolgenden Beta-Umwandlungen der Isotope ^{234}Th und ^{234}Pa. Wegen seiner kurzen Halbwertzeit steht es im Gleichgewicht mit dem Mutternuklid ^{238}U. ^{239}Pu entsteht durch Neutroneneinfang aus ^{238}U, es muss also künstlich erzeugt (erbrütet) werden. Dies geschieht, indem ^{238}U dem Neutronenfluss in Reaktoren ausgesetzt wird. Einige Urankerne fangen vor allem mittelschnelle Neutronen ein. Sie werden anschließend durch zwei Beta-Zerfälle in Plutonium umgewandelt (^{238}U + n = ^{239}U, ^{239}U → ^{239}Np → ^{239}Pu).

12.1.2 Neutroneninduzierte Kernspaltung

Werden schwere Atomkerne mit Neutronen beschossen und diese durch den Kern eingefangen, bildet sich ein so genannter "Compoundkern", also ein angeregter Verbundkern mit überschüssiger Energie. Seine Anregungsenergie summiert sich aus der kinetischen Energie des einfallenden Neutrons und der bei seiner Aufnahme in den Kernverbund frei werdenden Bindungsenergie. Der Compoundkern ist hoch angeregt und führt Formschwingungen um seine Gleichgewichtsgestalt aus, die bei schweren Aktinidenkernen die Form eines Rotationsellipsoids hat. Mit zunehmender Deformation der Kerne steigt die Bindungsenergie des Compoundsystems zunächst an und fällt dann wieder steil ab. Ein so deformierter Kern spaltet dann mit hoher Wahrscheinlichkeit. Die maximale Energie bei der Deformation - die **Spaltbarriere B_f** - stellt also eine Schwelle für die Kernspaltung dar.

Targetnuklid	Z	N	B_n (MeV)	B_f (MeV)	$\sigma_{f,th}$ (b)*
^{233}U	92	141	6,8	5,1	530
^{235}U	92	143	6,5	6,2	586
^{238}U	92	146	4,7	5,7	$3 \cdot 10^{-6}$
^{239}Pu	94	145	6,4	4,8	752
^{240}Pu	94	146	5,0	5,4	0,059

Tab. 12.2: Daten einiger für die neutroneninduzierte Kernspaltung technisch wichtiger Aktinidenkerne: Z Ordnungszahl, N Neutronenzahl, B_n frei werdende Bindungsenergie bei einem zusätzlich eingefangenen Neutron, B_f Spaltbarrieren und $\sigma_{f,th}$ Wirkungsquerschnitte für die thermische Spaltung nach Neutroneneinfang (*: nach [Karlsruher Nuklidkarte]).

Die Spaltbarriere ist abhängig von der Nukleonenkonfiguration des Compoundkerns. Übersteigt der zugeführte Energiebetrag die Schwellenenergie für die Kernspaltung, ist die Kernspaltung sehr wahrscheinlich. Neutroneninduzierte Kernspaltung ist daher möglich, wenn die Bewegungsenergie des Neutrons und die beim Einfang des Neutrons frei werdende Bindungsenergie zusammen die Spaltschwelle überschreiten. Werden thermische Neutronen (E_{kin} = 0,025 eV) verwendet, muss allein die frei werdende Bindungsenergie für die Kernspaltung ausreichen. In diesem Fall muss der Bindungsenergiegewinn größer sein als die Spaltbarriere am jeweiligen Kern.

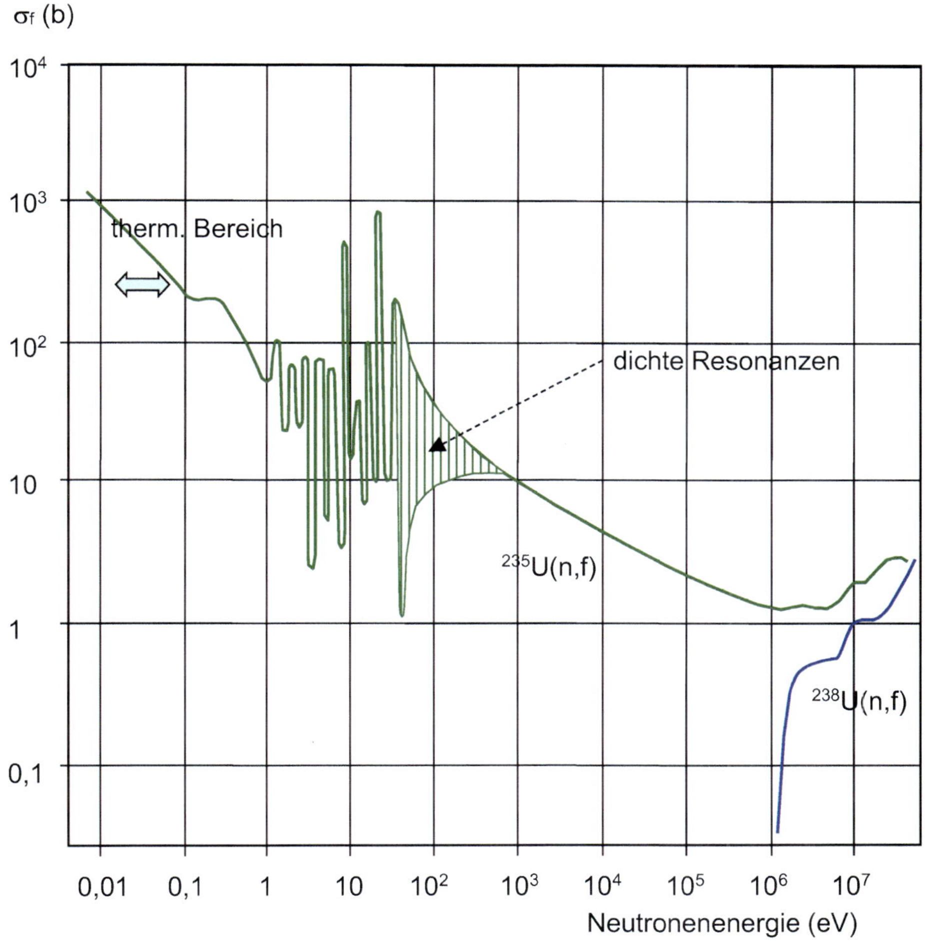

Fig. 12.1: Verlauf der Wirkungsquerschnitte für die neutroneninduzierte Spaltung für ^{235}U und ^{238}U mit der Neutronenbewegungsenergie. Die Verläufe sind typisch für Aktiniden mit ungeraden bzw. geraden Neutronenzahlen. Während die Wirkungsquerschnitte für die ungeraden Isotope auch bei kleinen Energien hohe Werte zeigen, ist Spaltung an den geraden Uranisotopen erst oberhalb von 1 MeV von Bedeutung. Die Wirkungsquerschnitte der neutronen-ungeraden Kerne zeigen zwischen 1 keV und 1 eV zahlreiche Resonanzen mit WQS-Werten von 1-1000 b.

Die Spaltwahrscheinlichkeit wird mit Wirkungsquerschnitten σ_f beschrieben, die anschaulich die Trefferfläche für den untersuchten Prozess darstellen[2] (Fig. 12.1). Tabelle (12.2) zeigt eine Zusammenstellung von Bindungsenergien, Spaltschwellen und Wirkungsquerschnitten für die technisch wichtigsten Aktinidenkerne bei thermischen Neutronenenergien.

Mit thermischen Neutronen induzierte Kernspaltung ist nach den Daten der (Tab. 12.2) nur für die Nuklide mit ungerader Neutronenzahl möglich, da nur dort die Bindungsenergien des eingefangenen Neutrons die Spaltschwellen übertreffen. Der Grund für diese Energieabhängigkeiten ist der frei werdende Bindungsenergieanteil bei der Paarung des zusätzlichen Neutrons mit dem einzelnen ungepaarten Neutron im Targetkern. Sollen die Nuklide ^{238}U oder ^{240}Pu mit Neutronen gespalten werden, müssen dagegen schnelle Neutronen verwendet werden, da das eingeschossene Neutron keinen Paarungspartner vorfindet. Der Bindungsenergiegewinn ist dann um den fehlenden Paarungsanteil kleiner, so dass die zusätzliche Anregungsenergie aus der Neutronen-Bewegungsenergie zur Verfügung gestellt werden muss. Von den technisch üblichen und in größeren Mengen verfügbaren Aktiniden sind daher die neutronenungeraden Isotope ^{235}U und ^{239}Pu von Bedeutung. Das Isotop ^{238}U ist nur für die Spaltung mit schnellen Neutronen geeignet. Da Spaltneutronen in kommerziellen Kernreaktoren sehr schnell bis in den thermischen Bereich abgebremst werden (Moderation, s. u.), wird der ^{235}U-Anteil angereichert, um die thermische Spaltausbeute zu erhöhen.

Zeitlicher Ablauf einer Kernspaltung: Der Compoundkern nach Einfang eines thermischen Neutrons deformiert sich innerhalb von etwa 10^{-16} bis 10^{-15} s bis zum Erreichen der Spaltschwelle. Die Deformation bis zum Zerreißpunkt dauert weitere 10^{-20} s. Die Spaltung selbst geschieht dann innerhalb der nächsten 10^{-20} s. Die dabei entstandenen **primären Spaltfragmente** entfernen sich wegen der starken Coulombabstoßung mit zunehmender Geschwindigkeit von einander. Sie sind hoch angeregt und weisen einen erheblichen Neutronenüberschuss auf. Sie dampfen daher zunächst innerhalb der nächsten 10^{-16} s insgesamt 2-3 Neutronen ab, um dadurch ihren Energieüberschuss zu mindern.

Dass diese prompte Neutronenemission tatsächlich von den Fragmenten und nicht vom ursprünglichen Aktinidenkern ausgeht, kann man aus den experimentellen Emissionsrichtungen der Neutronen schließen, die vorwiegend in Richtung der Fragmente ausgesendet werden. Weitere Abregung dieser jetzt als **sekundäre Spaltfragmente** bezeichneten Kerne findet durch prompte Gammaemission innerhalb der nächsten 10^{-11} bis 10^{-10} s statt. Dieser Prozess wird solange fortgesetzt, bis die meisten Spaltfragmente sich im Grundzustand befinden. Diese **primären Spaltprodukte** wandeln

[2] Der Wirkungsquerschnitt ist definiert als Quotient aus Reaktionsrate R (Zahl der Reaktionen eines bestimmten Typs pro Zeiteinheit und pro Reaktionszentrum, Einheit: s^{-1}) und der Stromdichte j der einfallenden Teilchen (Zahl der Teilchen pro Fläche und Zeiteinheit, Einheit: $m^{-2} \cdot s^{-1}$). Die SI-Einheit ist das m^2, die übliche praktische Einheit das Barn (b). Es gilt $1\ b = 10^{-28}\ m^2$.

sich dann durch schnelle serielle Beta-Zerfälle in längerlebige Radionuklide um, die in der Terminologie der Kernchemiker als **sekundäre Spaltprodukte** bezeichnet werden. Bei der thermischen Kernspaltung von Aktiniden entstehen bevorzugt asymmetrische Spaltfragmente mit Massenzahlen um 90-100 und 130-145. Einige der Betazerfälle führen nicht in den Grundzustand, sondern in so hoch angeregte Zustände der Tochternuklide, dass diese wegen ihres nach wie vor bestehenden Neutronenüberschusses unmittelbar Neutronen emittieren. Diese Neutronen treten daher mit den Lebensdauern der Betazerfälle der Mutternuklide, also als **verzögerte Neutronen** auf.

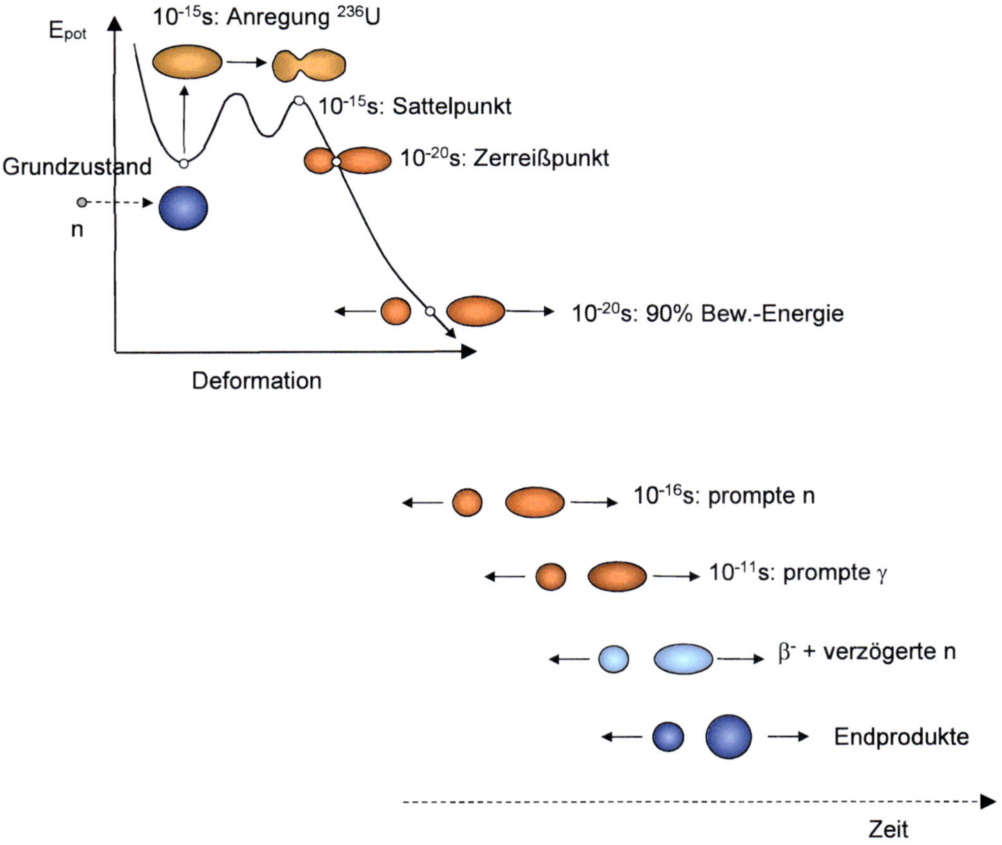

Fig. 12.2: Zeitverlauf und Vorgänge beim thermischen Spaltvorgang am ^{235}U-Kern. Links oben: Anregung nach n-Einfang, Verformung und Zerreißen des Urankerns. Die Anregungsenergie beträgt 6,5 MeV, die Spaltschwelle 6,2 MeV, der Bewegungsenergiegewinn der Fragmente ca. 170 MeV. Rechts unten: Vorgänge in den separierten Fragmenten (s. Text, die Zeit- und Energieskalen sind nicht maßstäblich).

Die wichtigsten Nuklide mit verzögerter Neutronenemission (s. Tab. 12.3) sind bei den leichten Fragmenten ^{89}Br, ^{88}Br und ^{87}Br. Bei den schweren Fragmenten sind es vor allem die Nuklide ^{141}Cs, ^{137}I, ^{136}Te und ^{134}Sb, die verzögerte Neutronen emittieren (Halbwertzeiten s. Tab. 12.3). In der Karlsruher Nuklidkarte sind zwar noch eine Reihe weiterer verzögerter Neutronenemitter aufgelistet, die aber wegen ihrer geringen Spaltausbeuten (sie liegen nicht im Maximalbereich der Fragmentverteilungen) keine Rolle spielen. Bei ^{235}U beträgt dieser verzögerte Neutronenanteil zusammen etwa knapp 0,7%, bei den anderen thermisch spaltbaren Isotopen ungefähr je 2 Promille. Legt man als mittlere Emissionszeit die mittlere Lebensdauer dieser Nuklide zugrunde ($\tau = T_{1/2}/\ln 2$), erhält man einen Zeitbereich von wenigen Zehntel Sekunden bis knapp über eine Minute. Die Neutronen werden also im Zeitbereich von etwa 0,1 s bis über 100 s nach dem Spaltprozess emittiert. Diese verzögerten Neutronen haben eine zentrale Bedeutung für die Regelbarkeit von Kernreaktoren.

			Leichte Fragmente:		**Massenzahl A / $T_{1/2}$ (s)**		
Br	91 / 0,64	90 / 1,9	89 /4,4	88 / 16,3	87 / 55,7		
Rb	97 / 0,17	96 / 0,2	95 / 0,38	94 / 2,70	93 / 5,8	92 / 4,5	
Sr	100 / 0,20	99 / 0,27	98 / 0,65				
Y	103 / 0,23	102 / 0,3	101 / 0,45	100 / 0,73	99 / 1,47	98 / 2	97 / 3,75
				100 / 0,94		98 / 0,55	
Nb	110 / 0,09	109 / 0,10	108 / 0,21	107 / 0,29	106 / 1,24	105 / 2,95	104 / 4,8
			Schwere Fragmente:		**Massenzahl A / $T_{1/2}$ (s)**		
Sb	135 / 1,7	134 / 10,1					
Te	138 / 1,4	137 / 2,5	136 / 17,5				
I	141 / 0,43	140 / 0,86	139 / 2,29	138 / 6,4	137 / 24,2		
Xe	147 / 0,13	146 / 0,15	145 / 0,19	144 / 0,39	143 / 0,51	142 / 1,23	141 / 1,72
Cs	147 / 0,23	146 / 0,32	145 / 0,59	144 / 1,0	143 / 1,78	142 / 1,68	141 / 24,9

Tab. 12.3: Spaltfragmente mit verzögerter Neutronenemission. In der [Karlsruher Nuklidkarte] sind diese Zerfälle als "βn" gekennzeichnet. Die Nuklide sind mit abnehmender Massenzahl A aufgezählt, um die zunehmenden Lebensdauern der Nuklide bei der Annäherung an die Stabilitätsgrenze hervorzuheben. Ein Überblick über die prompte und verzögerte Neutronenemission bei der Spaltung findet sich im Anhang (Tab. 19.6.2.1).

Neutronen-Energiespektren bei der Kernspaltung: Die zwei bis drei bei einer Urankernspaltung entstehenden prompten Spaltneutronen weisen eine kontinuierliche

Energieverteilung bis etwa 10 MeV auf (Fig. 12.3). Sie werden zu ungefähr 10% zum Zeitpunkt der Fragmentbildung emittiert. Die restlichen 90% stammen aus den räumlich separierten Fragmenten, die bereits ihre gesamte Bewegungsenergie durch die Coulombabstoßung erreicht haben. Für den letzteren Anteil setzt sich die Neutronenbewegungsenergie daher aus der bei der Emission der Fragmente übertragenen Zerfallsenergie und dem auf sie übertragenen Bewegungsenergieanteil der auseinander fliegenden Fragmente zusammen. Die wahrscheinlichste Neutronen-Energie liegt bei

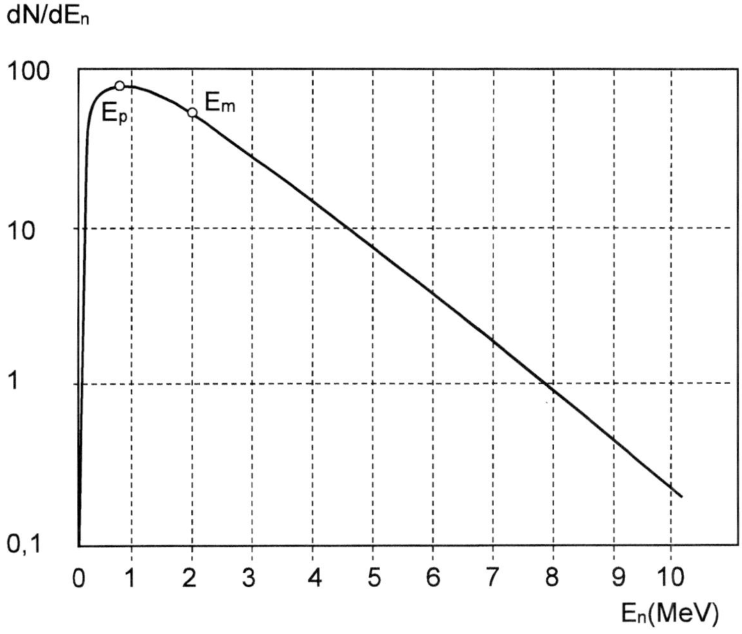

Fig. 12.3: Energieverteilung von Spaltneutronen nach thermischer Spaltung von ^{235}U (in relativen Einheiten). Die wahrscheinlichste Energie E_p liegt ungefähr bei 0,8 MeV, die mittlere Neutronenenergie E_m bei 2 MeV.

der thermischen Spaltung von ^{235}U etwa bei 0,8 MeV, die mittlere Energie bei ungefähr 2 MeV.

Spaltneutronen haben Energien bis etwa 10 MeV. Um den Einfang schneller Neutronen am U-238 zu verhindern und um die die hohe Spaltwahrscheinlichkeit der thermischen Neutronen am U-235 auszunutzen, müssen die Spaltneutronen zunächst bis zu thermischen Energien verlangsamt werden. Die Thermalisierung von Spaltneutronen wird als **Moderation** bezeichnet.

Moderation geschieht durch Stöße der Neutronen mit möglichst leichten Stoßpartnern. An Protonen ist der Energieverlust pro Wechselwirkung wegen der Massengleichheit von Protonen und Neutronen maximal. Bis zur Thermalisierung werden nur etwa 18 Stöße mit Protonen benötigt (vgl. dazu [Krieger1], Kap. 8.1.5). Allerdings weisen Protonen einen sehr hohen Wirkungsquerschnitt für den thermischen Neutroneneinfang in der Reaktion (n + p = d + 2,225 MeV, σ_{th} = 0,332 b) auf, so dass bei Wechselwirkungen ungewollt die Zahl der thermischen Neutronen vermindert wird.

Als Moderator wird technisch vor allem Wasser in der Form "normalen" Leichtwassers (H_2O) oder besser wegen des fehlenden Neutroneneinfangs das allerdings teure Schwerwasser (D_2O, σ_{th} = 0,00051 b) eingesetzt. Im letzteren Fall wird dann aus Kostengründen nur der eigentliche Reaktorkern mit Schwerwasser gefüllt. An Deuterium werden bis zur Thermalisierung der Neutronen im Mittel 25 Stöße benötigt. Wasser dient außer zur Moderation auch als Kühlmittel und zum Wärmetransport. Auch Graphit (C, mittlere benötigte Stoßzahl 114, σ_{th} = 0,0035 b) oder andere leichte Elemente oder Verbindungen wie Be oder BeO (mittlere Stoßzahl 86) können als Moderatormaterialien verwendet werden.

Energiebilanz bei einer thermischen Kernspaltung: Die bei einer Spaltung frei werdende Energie tritt zunächst als Bewegungsenergie und als Anregungsenergie der Spaltfragmente auf. Die Anregungsenergie wird durch die sukzessive Neutronenemission, die Gammaemissionen und die langsamen Betazerfälle der primären Spaltprodukte freigesetzt. Bei einer Aktinidenspaltung werden etwa 200 MeV Energie frei, die sich wie in (Tab. 12.4) aufgelistet auf die unterschiedlichen Spaltprodukte verteilen und die zu 95% thermisch genutzt werden können.

Energieverteilung	**Energiebeitrag (MeV)**
Bewegungsenergie der Spaltfragmente	167-170
Bewegungsenergie Neutronen	5
prompte Gammaquanten	6
Betazerfälle der primären Spaltprodukte	8
Gammaemissionen der primären Spaltprodukte	6
Bewegungsenergie der Antineutrinos	12
Summe:	**204-207**
thermisch nutzbarer Anteil:	**192-195**

Tab. 12.4: Abschätzung der mittleren Energiebilanz bei der mit thermischen Neutronen induzierten Kernspaltung des ^{235}U.

12.1.3 Spaltfragmentverteilungen

Da die schweren Aktinidenkerne beim Beschuss mit thermischen Neutronen im Mittel etwa im Massenverhältnis 2 : 3 spalten, entstehen leichte Spaltfragmente im Bereich der Massenzahlen A = 85-105 und die komplementären schweren Fragmente im Massenzahlbereich um A = 130-150. Die häufigsten Fragmentmassen liegen bei der neutroneninduzierten thermischen Spaltung von ^{235}U bei im Bereich A = 90-100 mit einem schwachen Häufigkeitsmaximum bei A = 100 und im Massenzahlbereich 133-143 mit dem Maximum bei A = 134. Die Ausbeuten betragen hier jeweils um 6% (Fig. 12.4). Bei der Spaltung von Kernen anderer Massenzahl verschiebt sich vor allem das Maximum des leichteren Fragmentpeaks, die Lage des schwereren Peaks bleibt dagegen weitgehend erhalten. Bei sehr hohem Energieübertrag auf den zu spal-

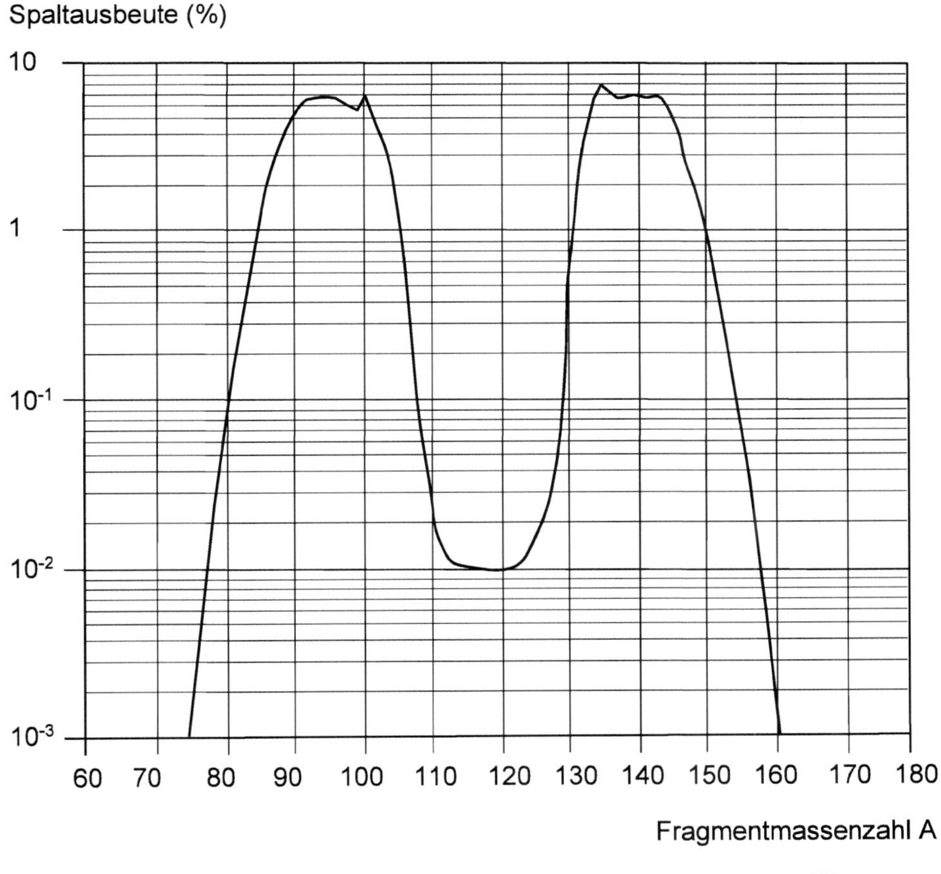

Fig. 12.4: Experimentelle relative Fragmentausbeuten bei der Spaltung von ^{235}U mit thermischen Neutronen. Bei abweichenden Massenzahlen des spaltenden Nuklids verschiebt sich vor allem die Verteilung der leichteren Spaltfragmente.

tenden Kern füllt sich das Minimum zwischen den Fragmentpeaks allmählich auf; die Spaltung wird symmetrisch.

Bei der Gewinnung spezieller Isotope für die Medizin oder sonstige Anwendungen ist man weniger an der Massenzahl A der Fragmente als an der Ordnungszahl Z interessiert, da diese die chemischen und biochemischen Eigenschaften beschreibt. Die Verteilungen der Ordnungszahlen der isobaren Spaltfragmente, also der Nuklide mit einem bestimmten A, folgen sowohl für den niedrigen als auch den höheren Fragmentpeak in sehr guter Näherung Gaußkurven (Fig. 12.5). Diese werden durch die wahrscheinlichste Ladung Z_p und die Halbwertbreite charakterisiert. Durch die geringe Halbwertbreite von nur zwei Ladungszahlen sind die Gaußkurven so schmal, dass Abweichungen von der wahrscheinlichsten Ordnungszahl zu einer rapiden Abnahme der Ausbeuten für das jeweilige Nuklid führen. Die relativen Z-Ausbeuten innerhalb einer Isobarenreihe verhalten sich typisch wie 50 : 25 : 2 für Z_p, $Z_p \pm 1$ und $Z_p \pm 2$.

Die Ordnungszahlen der stabilsten Nuklide aus einer gewählten Isobarenreihe Z_A sind um 3 bis 4 größer als die wahrscheinlichste Ordnungszahl Z_p. Dies bedeutet, dass die

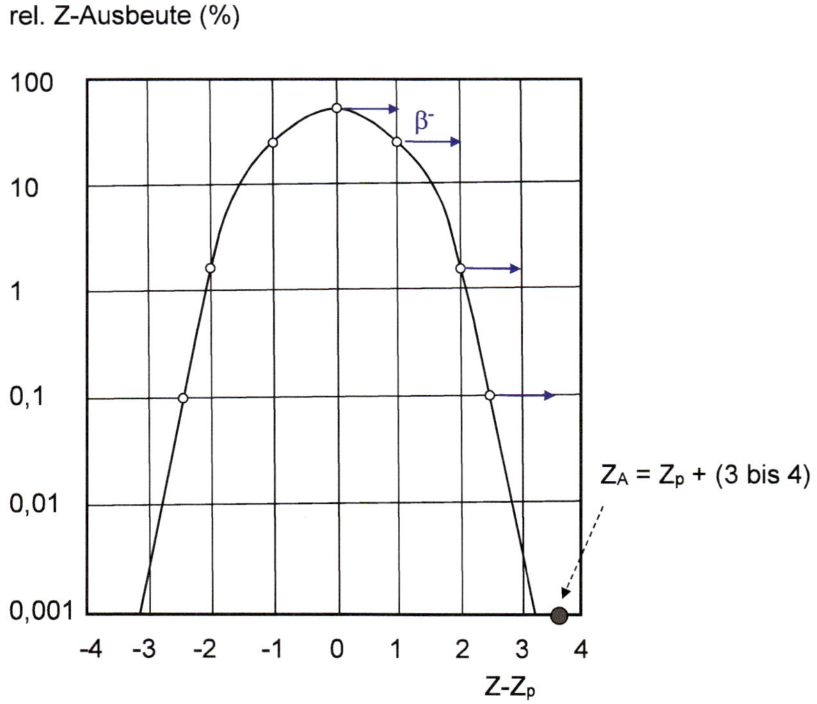

Fig. 12.5: Relative isobare Z-Ausbeute bei der Spaltung von ^{235}U mit thermischen Neutronen. Aufgetragen ist die Ausbeute über der Differenz der Ordnungszahl des isobaren Nuklids Z und der wahrscheinlichsten Ordnungszahl Z_p. Z_A ist die Ordnungszahl des stabilsten Isotops der Isobarenreihe (in Anlehnung an [Lieser]).

Spaltfragmente mit der höchsten Ausbeute innerhalb einer Isobarenreihe wegen dieses Protonendefizits im Mittel zunächst drei bis vier die Ordnungszahl Z erhöhende Umwandlungen durchlaufen müssen, bis sie einen einigermaßen stabilen Zustand erreichen. Diese primären Spaltprodukte zerfallen daher mit allmählicher Zunahme ihrer Halbwertzeiten über eine Reihe von Beta-Minus-Umwandlungen in Richtung des Stabilitätstals der Nuklidkarte.

12.2 Funktionsweise von Kernreaktoren

Prinzip der Kettenreaktion bei der Kernspaltung: Bei der neutroneninduzierten Kernspaltung ist zwischen ungesteuerten Reaktionen und gesteuerten Kettenreaktionen zu unterscheiden. Hat im Mittel jede Spaltung mehr als einen Nachfolger, führt dies zu einer nicht kontrollierbaren exponentiellen Zunahme der Spaltereignisse. Eine solche unkontrollierte Kettenreaktion mit exponentiell anwachsender Spaltrate tritt in Kernwaffen (Atombomben) auf. Hat jedes Spaltereignis im Durchschnitt genau einen Nachfolger, folgt ein stationärer Gleichgewichtsbetrieb. Dieser Zustand wird in Kernreaktoren angestrebt und dort als "kritischer" Zustand bezeichnet. Ein stationärer Betrieb ist möglich, wenn die Geometrien der Anordnung so ausgelegt werden, dass die bei einer Spaltung entstehenden Neutronen wieder in ausreichendem Maß zur Spaltung weiterer Kerne zur Verfügung stehen. Folgt einer Spaltung im Mittel weniger als ein Nachfolger, kommt es zum Abbruch der Kettenreaktion, wie sie z. B. beim Abschalten von Kernreaktoren erwünscht ist. Dies wird als unterkritischer Zustand bezeichnet.

Der Verlauf einer Kettenreaktion wird vom **Vermehrungsfaktor k** beschrieben. Er gibt die mittlere Anzahl der Neutronen eines Spaltaktes an, die eine nachfolgende Spaltung auslösen. Für $k > 1$ folgt also die exponentielle Vermehrung, für $k = 1$ der stationäre Betrieb (kritischer Betrieb) und für $k < 1$ der Abbruch der Kettenreaktion. Die Größe des Vermehrungsfaktors wird durch die Wahrscheinlichkeiten für die vier möglichen Prozesse beschrieben, denen Neutronen im Reaktor ausgesetzt sein können.

- **Einfang des Neutrons in einem spaltbaren Kern mit anschließender Spaltung und erneuter Neutronenemission,**
- **Resonanzeinfang des Neutrons am Spaltstoff ohne ausgelöste Kernspaltung,**
- **Einfang des Neutrons in sonstigen Materialien im Reaktor,**
- **Entweichen des Neutrons aus dem Reaktor.**

Die Wahrscheinlichkeiten dieser Vorgänge hängen von den verwendeten Materialien und deren Wirkungsquerschnitten für die Abbremsung (Moderation durch Stöße), dem

Resonanzeinfang ohne Spaltung (n,γ) oder die thermische bzw. "schnelle" Spaltung (n,f) nach dem Einfang eines Neutrons ab. Dominierend ist daneben die Größe und Form des Reaktors, die durch das Oberflächen-Volumenverhältnis des Reaktionsraumes die geometrisch bedingte Neutronenverlustrate bestimmt. Die Geometrie hängt auch mit dem Kühlmittel zusammen. Wenn das Kühlmittel Neutronen einfängt, sie also aus dem Kreislauf entfernt, müssen größere Geometrien verwendet werden.

Bestandteile eines Kernreaktors: Ein Reaktor muss spaltbares Material - den Brennstoff - enthalten, sowie Einrichtungen zur Steuerung der Spaltrate, Kühlmöglichkeiten und Strahlenabschirmungen, das biologische Schild für das Personal. Sollen thermische Neutronen zur Spaltung verwendet werden, benötigt man darüber hinaus einen Moderator, der die schnellen Neutronen durch Stöße verlangsamt (thermalisiert). Jeder Reaktor benötigt aus Sicherheitsgründen ein Notabschaltsystem. In den meisten Reaktorgeometrien ist der Reaktorkern (das Core) zur Erhöhung der Neutronenzahl mit Reflektoren versehen, die durch Streuung die nach außen das Core verlassenden Neutronen zurück in den Reaktorkern streuen. Man hat also für jeden Reaktor mindestens die folgenden Bestandteile.

- **Brennstoff,**
- **Moderator,**
- **Kühlmittel,**
- **Steuerstäbe zur Regelung,**
- **Reflektor,**
- **Notfallabschaltungssystem,**
- **Strahlenabschirmung.**

Je nach Aufgabe existieren eine Reihe unterschiedlicher Kernreaktortypen. Die Wahl der Brennstoffs, der Kühlmittel und Moderator- und Regelsubstanzen sowie die Auslegung der Steuer- und Regeleinrichtungen hängen sehr stark vom Prinzip und den Aufgaben des jeweiligen Reaktors ab. Sollen Reaktoren überwiegend zur Energieerzeugung verwendet werden, steht also die thermische Nutzung im Vordergrund, müssen aus wirtschaftlichen Gründen preiswerter Brennstoff und einfache kostengünstige Konstruktionen gewählt werden. Solche Reaktoren basieren in der Regel auf der thermischen Spaltung des ^{235}U. Sie werden deshalb als **thermische Reaktoren** bezeichnet und verwenden als Brennstoff angereichertes Uran mit leicht erhöhtem ^{235}U-Gehalt oder sogar Natururan in der natürlichen Zusammensetzung aus ^{235}U und ^{238}U. Um eine ausreichende Spaltrate zur erreichen, benötigen solche thermischen Reaktoren einen Moderator, der die schnellen Neutronen durch Stöße auf thermische Energien abbremst. Die wichtigsten heute zur Energieproduktion eingesetzten thermischen Kernreaktortypen sind der **Siedewasserreaktor**, der **Druckwasserreaktor** und die mit **Graphit** moderierten Reaktoren.

Geht es vor allem um die technische oder wissenschaftliche Nutzung, liegt das Hauptaugenmerk auf der Erzeugung möglichst hoher Neutronenflussdichten. Solche hoch intensiven Neutronenfelder werden beispielsweise in der Materialforschung und Materialbearbeitung sowie zur Produktion radioaktiver Substanzen für Medizin und Technik benötigt. Für diese Reaktoraufgaben stehen die Brennstoffkosten eher im Hintergrund. Bevorzugt werden dann "schnelle Reaktoren" verwendet, in denen 80 eV-Neutronen zur Kernspaltung verwendet werden. Wegen der kleinen Wirkungsquerschnitte bei diesen Neutronenenergien müssen hohe Spaltstoffkonzentrationen und Anreicherungsgrade an ^{235}U verwendet werden. In schnellen Reaktoren kann durch Neutroneneinfang künstlicher Spaltstoff erzeugt werden. Dieser Prozess wird als "Brüten" bezeichnet. Schnelle Reaktoren dürfen keine Moderatoren enthalten. Sie können deshalb als Primärkühlung kein Wasser einsetzen. Stattdessen wird beispielsweise mit nicht moderierendem flüssigem Natrium gekühlt (schneller Brüter). Auf hohe Neutronenflüsse optimierte Kernreaktoren werden als **Hochflussreaktoren** bezeichnet.

Brennelemente: In kommerziellen thermischen Reaktoren wird als Brennstoff leicht angereichertes ^{235}U in Form von UO_2 verwendet. Da der Wirkungsquerschnitt für die Spaltung dieses Nuklids mit thermischen Neutronen groß ist, genügen geringe Anreicherungsgrade von wenigen Prozent für einen stabilen Betrieb. Der Brennstoff wird meistens in Form von Brennstäben gefertigt, die in metallenen Halterungen fixiert werden. Diese enthalten neben dem Brennelement auch Rohre zum Einführen von Regeleinrichtungen und Kühlmitteln. Brennelemente können auch als Kugeln gefertigt werden, die aus einer Mischung von Uran und Graphit bestehen. Da solche Brennelementkugeln sehr temperaturstabil sind, können **Kugelhaufenreaktoren** bei hohen Temperaturen und hohem thermischem Wirkungsgrad gefahren werden. Als Kühlmittel wird dann Heliumgas verwendet. In Forschungsreaktoren wird sehr hoch angereichertes ^{235}U mit Anreicherungsgraden bis über 90% bevorzugt.

Moderatoren: Die Aufgabe der Moderatoren ist die Thermalisierung schneller Neutronen. Die wichtigsten Substanzen sind leichtes oder schweres Wasser (H_2O oder D_2O) und Graphit. Da leichtes Wasser einen hohen thermischen Wirkungsquerschnitt für Einfang thermischer Neutronen aufweist, werden bei Leichtwasserreaktoren angereicherte Brennelemente benötigt. Bei Schwerwasser-Moderation können dagegen bei geeigneter Geometrie Natururan-Brennelemente verwendet werden, da Deuterium nur einen vernachlässigbar kleinen Wirkungsquerschnitt für den Neutroneneinfang hat. Während Wasser gleichzeitig als Wärmetransportmittel und Kühlflüssigkeit verwendet wird, ist beim Einsatz von graphitmoderierten Kernreaktoren ein zusätzliches Kühlmittel (Wasser, Gas z. B. He, CO_2) erforderlich. Anders als Wasser, das unter Umständen durch Dampfblasenbildung deutliche Dichteverluste und somit ein Nachlassen der Moderation aufweist, verliert Graphit beim Erhitzen wegen seiner kaum veränderten Dichte seine moderierenden Eigenschaften nicht. Bei mit Graphit moderierten Reaktoren sind daher besondere Sicherheitssysteme gegen Überhitzung und prompt überkritische Zustände vorzusehen.

Reflektoren: Um in einer gegebenen Reaktorgeometrie die Spaltausbeute zu erhöhen und dadurch eine stabile Kettenreaktion zu ermöglichen, werden Brennelemente mit Reflektoren umgeben, die die Neutronendichte im Reaktionsvolumen durch Rückstreuung der den Kern nach außen verlassenden Neutronen erhöhen. Reflektorsubstanzen dürfen Neutronen nicht absorbieren sondern müssen einen großen Wirkungsquerschnitt für die Streuung von Neutronen aufweisen. Diese Aufgabe erfüllen Moderatorsubstanzen in der Nähe des Brennelements, die neben der Streuung gleichzeitig die Neutronenenergie vermindern, sowie bereits abgebrannte Brennelemente, die man in der Peripherie des Reaktorkerns anordnen kann. Die wichtigsten Reflektoren sind Be, Graphit und Wolframcarbid. Der Forschungsreaktor BER II des Helmholtz-Zentrums in Berlin-Wannsee benutzt beispielsweise als Reflektor eine 30 cm dicke Berylliumschicht, die den Reaktorkern umgibt.

Regelung: Wichtig für einen stationären Betrieb ist die Regelbarkeit des Reaktors durch Eingriffe in die Anzahl der zu Verfügung stehenden Neutronen, um Schwankungen der Spaltraten auszugleichen oder unterschiedlichen Leistungsanforderungen gerecht zu werden. Zur Verminderung eventueller Überschussneutronen werden in der Nähe der Brennelemente so genannte Steuer- oder Regelstäbe verwendet. Sie enthalten Substanzen mit besonders hohen Wirkungsquerschnitten für den Neutroneneinfang.

Typische Materialien sind Bor, Kadmium, Gadolinium, Hafnium, Silber oder Indium. Alle diese Substanzen zeigen hohe und teilweise resonanzartige Wirkungsquerschnitte zwischen 1eV und 100 eV, die einen ähnlichen Verlauf wie die Spaltquerschnitte des ^{235}U in diesem Energiebereich aufweisen (s. Fig. 12.1). Die thermischen Neutronen-Einfangquerschnitte dieser Substanzen liegen im Maximum zwischen 4000 und 250000 Barn (s. [Krieger1], Tab. 8.4). Die Regelstäbe können bei Bedarf in das Moderatormaterial Wasser oder Graphit eingefahren werden (Fig. 12.6). Ein typisches Beispiel für eine solche thermische Einfangreaktion findet man am Bor.

$$^{10}B(n,\alpha)^{7}Li + 2{,}79\ MeV \qquad (6{,}1\%) \qquad (12.1)$$

$$^{10}B(n,\alpha)^{7}Li + 2{,}4\ MeV \qquad (93{,}9\%) \qquad (12.2)$$

Der Neutroneinfang-Wirkungsquerschnitt liegt für beide Prozesse zusammen bei 3840 Barn. Da bei diesen Einfangreaktionen Alphateilchen entstehen, bildet sich ein zunehmender Helium-Gasdruck aus, der bei der Auslegung und dem Betrieb eines Reaktors wie auch der Druckaufbau der anderen durch Kernreaktionen oder Wasserradiolyse entstehenden Gase wie elementarer Wasserstoff, Helium-3 oder freier Sauerstoff natürlich beachtet werden muss.

Die Regelbarkeit von Kernreaktoren beruht auf dem Auftreten verzögerter Neutronen (s. Kap. 12.1.2). Die bis etwa 100 s nach dem Spaltvorgang emittierten Neutronen lassen ausreichend Zeit für einen Eingriff zur Modifikation des Neutronenflusses. Durch unterschiedlich tiefes Eintauchen oder Entfernen der Steuerelemente kann der Reaktor kurzfristig unterkritisch oder leicht überkritisch beispielsweise beim Abschal-

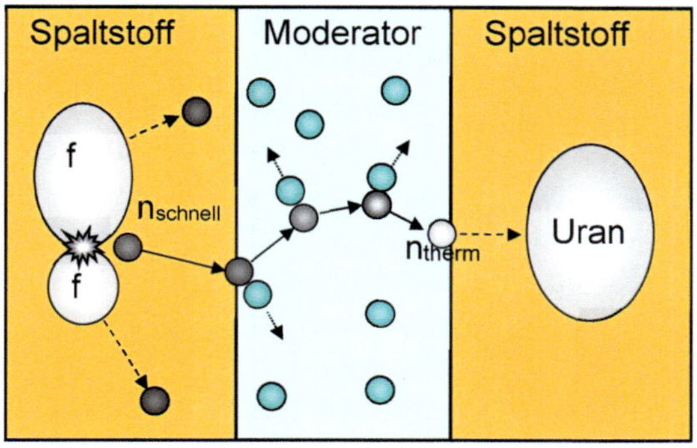

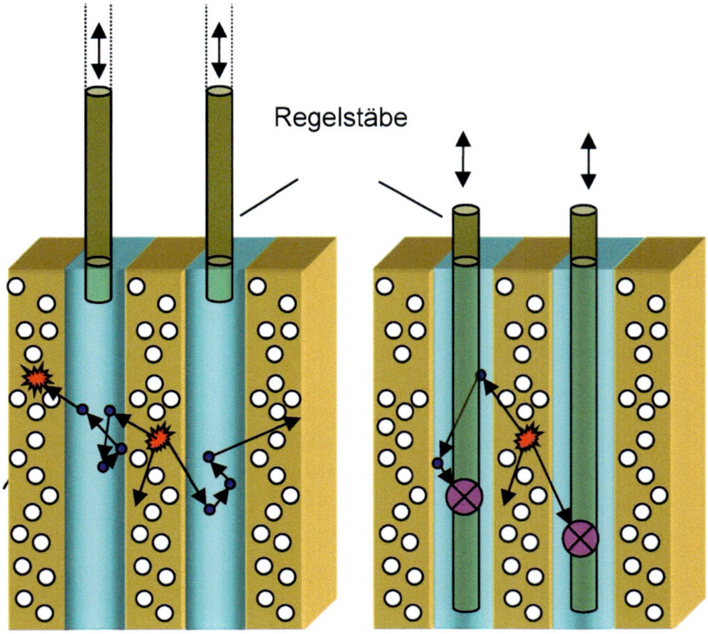

Fig. 12.6: Oben: Prinzip der Moderation der schnellen Spaltneutronen durch Stöße mit den Protonen des Kühlwassers bis zu thermischen Energien. Unten: Regelung der Spaltrate durch Einfang der thermischen zur Spaltung fähigen Neutronen durch Einfahren von Neutronen absorbierenden Regelstäben.

ten oder Hochfahren des Reaktors eingestellt werden. Die Steuerstäbe müssen sich für eine ausreichende Effektivität der Regelung in unmittelbarer Nähe der Brennelemente befinden und außerdem große Oberflächen aufweisen.

Eine Regelung des Neutronenflusses ist auch dadurch möglich, dass das Kühlwasser mit Borsäure (H_3BO_3) versetzt wird. Dies wird anschaulich als "Borsäurevergiftung" des Kühlmittels bezeichnet. Die Regelung geschieht dann durch Anpassen der Borsäurekonzentration und des Kühlmittelflusses in den Kühlrohren, des so genannten **Kernmassenstroms**. Technisch wird die Borsäurevergiftung in Verbindung mit Änderungen des Kernmassenstroms vor allem in Siedewasserreaktoren zur Regelung eingesetzt. Da Borsäure stark ätzend ist, ist die zulässige Säurekonzentration wegen Korrosionsrisiken nach oben begrenzt.

Reaktorvergiftung: Beim Regelbetrieb eines Kernreaktors entstehen primäre und sekundäre Spaltfragmente, die teilweise einen erheblichen Wirkungsquerschnitt für den Einfang thermischer Neutronen aufweisen. Diese Radionuklide werden zusammen mit Spuren anderer Nuklide, die im normalen Betrieb eingesetzt werden wie ausgeschiedene Spuren borhaltiger Materialien, anschaulich als "Reaktorgifte" bezeichnet. Solche Nuklide vermindern den spaltwirksamen Neutronenfluss und müssen im stationären Betrieb bei Regelvorgängen beachtet werden. Die Neutronenfänger unter den Spaltfragmenten reichern sich allmählich in den Brennelementen an und führen so zu einer mit der Betriebsdauer des Brennelements zunehmenden Reduktion der nutzbaren Spaltraten im Brennstoff. Brennelemente für die Energieerzeugung in Leistungskraftwerken müssen daher nach knapp einem Jahr ausgetauscht werden, obwohl eigentlich noch genügend Brennstoff vorhanden ist. Die ausgetauschten Brennelemente werden nach einer ausreichenden Abklingdauer radiochemisch wiederaufbereitet. Die wichtigsten Neutronenfänger sind ^{10}B und die beiden Spaltfragmente ^{135}Xe und ^{149}Sm. Letztere sind in erheblichem Maß im Brennelement vorhanden. Solange der Reaktor im Regelbetrieb gefahren wird, werden die eingefangenen Neutronen durch entsprechende Steuerung kompensiert.

Nuklid	**σ_{th} (b)**	**Spaltausbeuten (%) direkt / kumulativ**	**Bemerkung**
^{10}B	3838	-	Steuerstäbe, Borsäure
^{135}I		2,55 / 6,39	HWZ 6,61 h
^{135}Xe	2650000	0,069 / 6,61	HWZ 9,10 h
^{149}Pm	1400	0,0000047 / 1,053	HWZ 53,11 h
^{149}Sm	40140	-	stabil

Tab. 12.4: Daten zu einigen Reaktorgiften für thermische Kernreaktoren (ausführliche Daten s. Tabn. 19.6 im Anhang).

Das bedeutendste Nuklid in diesem Zusammenhang ist ^{135}Xe. Es hat einen extrem hohen Neutroneneinfangquerschnitt. Seine direkte Spaltausbeute beträgt nur 0,069%, seine kumulative Ausbeute beträgt aber 6,61%. Es entsteht also im Wesentlichen durch Betazerfall aus ^{135}I mit einer Halbwertzeit von 6,4 h. Bei Laständerungen und beim Abschalten des Reaktors werden die beiden Spaltfragmente überhaupt nicht mehr direkt durch Spaltungen produziert. Durch Betazerfälle des ^{135}I entsteht aber nach wie vor ^{135}Xe, das dadurch, dass es weniger oder keine Neutronen mehr vorfindet, seinen Anteil in den Brennelementen vermehrt. Soll jetzt der Reaktor wieder hoch geregelt werden, verhindert der erhöhte Neutroneneinfang durch ^{135}Xe das Kritisch-Werden des Reaktors. Dies wird als **Xenonvergiftung** des Reaktors bezeichnet. ^{135}Xe ist ebenfalls ein Beta-minus-Strahler, der mit einer Halbwertzeit von 9,2 h in das langlebige Tochternuklid ^{135}Cs zerfällt. Vor dem Hochfahren des Reaktors aus dem Ruhezustand muss man die Verminderung des Reaktorgiftes ^{135}Xe durch diese Umwandlung in Cäsium abwarten. Bei üblichen Auslegungen von Leistungsreaktoren wird dafür eine Zeitspanne von 1-2 Tagen benötigt.

Das Nichtbeachten dieser Regel bei einer Xenonvergiftung hat 1986 zu der Reaktorkatastrophe in Tschernobyl geführt. Die Techniker hatten, um das schnelle Wiederanfahren des zu Testzwecken herunter geregelten Reaktors zu ermöglichen, die Regelstäbe weitgehend zurückgezogen. Da dies zunächst wegen der Xenonvergiftung ohne Wirkung blieb, wurde die Dampfzufuhr zu den Turbinen unterbrochen. Es bildeten sich Dampfblasen im Kühlwasser, die bei der speziellen Bauweise des Reaktors (RMBK, s. Kap. 12.3) zu einem schnellen Anstieg der Reaktivität und der Spaltraten führte. Durch den erhöhten Neutronenfluss wurde vermehrt ^{135}Xe abgebaut. Dies bewirkte eine weitere Zunahme der Reaktivität. Der Reaktor ließ sich daraufhin wegen des schnellen Leistungsanstiegs nicht mehr mit den Steuerstäben regeln mit den bekannten thermischen Folgen, die letztlich zur Explosion des Reaktorkerns führten.

Ein Reaktorgift, das wegen der geringeren Einfangquerschnitte und einer kleineren Spaltausbeute eine weniger bedeutende Rolle spielt, ist das stabile Nuklid ^{149}Sm. Es wird nur mit sehr geringer Ausbeute direkt bei den Spaltprozessen erzeugt (s. Tab. 18.6.2), entsteht aber aus den Betazerfällen seiner Vorläufer ^{149}Nd und ^{149}Pm mit einem Yield von etwa 1%. Im Regelbetrieb eines Reaktors wird das so erzeugte Samarium durch ständigen Neutroneneinfang verbraucht. Dabei entsteht das ebenfalls stabile ^{150}Sm. Wird der Reaktor abgeschaltet, fehlen die Neutronen für die Umwandlung des ^{149}Sm. Durch die weiter stattfindende Erzeugung aus den Vorläufernukliden kommt es daher zu einer Anreicherung des ^{149}Sm im Brennstoff, der das anschließende Anfahren und die Regelung erschwert.

Nachwärme: Wird ein Kernreaktor abgeschaltet, zerfallen die bis dahin erzeugten Spaltfragmente in der Regel über Beta- und Gammaumwandlungen mit den ihnen zugehörigen Halbwertzeiten. Dadurch entsteht in ihrer Umgebung eine thermische Leistung, die so genannte Nachwärmeleistung, die eine ständige Kühlung auch abgeschalteter Kernreaktoren erfordert. Die Nachwärmeleistung beträgt beim üblichen

Betrieb eines Leistungsreaktors unmittelbar nach dem Abschalten zwischen 3 und 4% der vorherigen thermischen Leistung und nimmt dann grob reziprok mit der Zeit nach der Abschaltung ab. Die Nachwärme hängt wegen der mit der Zeit zunehmenden Menge von radioaktiven Spaltfragmenten auch von der Betriebsdauer des Reaktors ab. Ein Versuch, die Nachwärmelast zu berechnen, ist die Way-Wigner-Formel [Way-Wigner 1948], die unter vereinfachenden Annahmen über die Vorgänge bei der Kernspaltung und die dabei entstehenden Fragmente erstellt wurde. Sie lautet für die thermischen Leistungen

$$P_{nach}(t) = 0{,}0622 \cdot P_{th} \cdot \left(\frac{1}{t^{0,2}} - \frac{1}{(T_{betr} - t)^{0,2}}\right) \tag{12.3}$$

Die Zeitspanne t nach dem Abschalten und die Betriebsdauer T_{betr} müssen in Sekunden eingesetzt werden, die Leistungen jeweils in der gleichen Einheit z. B. MW oder GW. Die Formel (12.3) darf ab 10 s bis 100 Tage nach der Abschaltung verwendet werden.

Beispiel 12.1: Wie groß ist die relative Nachwärmeleistung eines Leistungsreaktors nach einer Betriebsdauer von einem Jahr für seine Brennelemente nach 10s, 1h, 1 Tag und 100 Tage nach der Abschaltung bei einer thermischen Leistung im Betrieb von 2 GW? Das Ergebnis lautet: P_{nach} hat die relativen Werte von 3,73%, 1,01%, 0,44% und 0,05%, die absolute Nachwärmeleistung beträgt 74,6 MW, 20,2 MW, 8,9 MW und 0,9 MW.

Diese sehr hohen Werte der Nachwärme kommerzieller Leistungsreaktoren zur Energieversorgung aus den radioaktiven Folgezerfällen in den Fragmenten erfordern eine effiziente Nachkühlung der Reaktorkerns nach dem Abschalten des Reaktors oder der ausgebrannten Brennelemente nach ihrer der Entnahme aus dem Reaktorkern. Bei Ausfällen der Nachkühlung können sonst unter Umständen Temperaturen erreicht werden, bei denen es zur Schmelze von Brennelementen kommen kann. Ausgebrannte Brennelemente werden deshalb in gekühlten Wasserbecken gelagert, die die Abfuhr der Nachwärme zu gewährleisten haben. Wasser um die Brennelemente dient gleichzeitig der Abschirmung der emittierten Teilchen aus den radioaktiven Zerfällen der Fragmente. Zusätzlich zu den Zerfällen der Spaltfragmente tragen auch die spontanen Spaltungen in den Brennstäben geringfügig zur weiteren Energieabgabe bei.

Notfallabschaltung: Bei Ausfall der normalen Regelungen in einem Kernreaktor muss die Möglichkeit zur Schnellabschaltung bestehen. Dazu werden die Regelstäbe mit hoher Geschwindigkeit zwischen die Brennelemente geschossen. Bei modernen Leistungsreaktoren befinden sich die Regel- und Abschaltelemente oberhalb der Brennelemente, so dass bei Ausfall des elektrischen Antriebs die Schwerkraft das Einfahren unterstützt. Gleichzeitig werden die Borsäurekonzentration im Kühlmittel und der Kühlmittelfluss sehr schnell erhöht. Bei Siedewasserreaktoren kann die Borsäure direkt in das Wasser um die Brennelemente eingespritzt werden. Bei einer Überhitzung des Kühlwassers in einem Siedewasserreaktor nehmen durch die Entstehung von Dampfblasen die mittlere Dichte des Wassers und somit auch dessen moderierende Wirkung ab. Dies führt automatisch zu einer Verminderung der Spaltrate.

Strahlenabschirmung: In Kernreaktoren besteht ein gemischtes Strahlungsfeld aus Neutronen, Betateilchen und harter durchdringender Gammastrahlung. Um das Personal vor diesen Strahlungsfeldern zu schützen, wird der Reaktorkern von dicken Abschirmungen umgeben. Neben dem Kühlwasser, das die Betateilchen bereits weitgehend abbremst, wird ein biologischer Schutzschild aus Beton und Stahl verwendet. Abschirmungen werden außerdem um die ausgetauschten Brennelemente benötigt, da diese hohe Konzentrationen an hochaktiven Spaltfragmenten enthalten. Ausgebrannte Brennelemente werden daher und aus Kühlungsgründen bis zum Abklingen der kurzlebigen Radioaktivität vor der Wiederaufbereitung in Wasserbecken gelagert.

12.3 Überblick über technische Bauformen von Kernreaktoren

Die zur Energieerzeugung konstruierten Kernreaktoren können mit Natururan, wenig oder hoch angereichertem Uran oder mit Plutonium bzw. Thoriumbrennelementen betrieben werden. Die Spaltstoffdichte und somit die erreichbare Spaltrate hängen neben dem Anreicherungsgrad auch von der chemischen Form des Spaltstoffs ab. Bei Uranbrennelementen kann beispielsweise Uranmetall oder Uranoxid verwendet werden. Soll die thermische Spaltung ausgenutzt werden, werden Moderatoren benötigt. Als Moderatorsubstanz kann dann Leichtwasser, Schwerwasser oder Graphit verwendet werden. Als Kühlmittel dient meistens Wasser aber auch Gas oder auch eine Mischung von beiden. Je höher die Austrittstemperatur des Kühlmittels aus dem Reaktorkern ist, umso höher kann der thermische Wirkungsgrad des Reaktors bei der Energieübergabe am Wärmetauscher sein[3]. Soll der Reaktor auf der schnellen Spaltung mit nicht thermischen Neutronen beruhen, darf das Neutronenfeld nicht moderiert werden. Als Kühlmittel wird dann flüssiges Natrium benötigt. Die Kombination der verschiedenen Möglichkeiten zur Spaltung, Moderation und Kühlung hat zu einer Vielzahl von kommerziellen Reaktorformen geführt.

Der erste von ***E. Fermi*** konstruierte funktionierende Kernreaktor verwendete Uranmetall und Uranoxid als Brennstoff, moderierte mit Graphit und regelte mit Kadmiumstäben. Seine thermische Leistung betrug 0,5 W. In Großbritannien wurden graphitmoderierte Natururan-Reaktoren mit CO_2-Gaskühlung konstruiert, die zur Energieproduktion dienten. Die metallischen Brennelemente waren von Rohren aus einer Magnesiumlegierung umgeben und wurden deshalb als **Magnox-Reaktoren** bezeichnet. Die geringe Leistungsdichte dieser Brennelemente führte zu sehr großen Abmessungen der

[3] Für den thermischen Wirkungsgrad einer Wärmekraftmaschine gilt $\eta \sim (T_2 - T_1)/T_1$. Er ist also umso höher, je höher die Temperaturdifferenz der beteiligten Kühlkreisläufe ist.

Reaktoren. Durch Veränderung der Brennelemente konnte die Leistungsdichte erhöht werden. Dazu wurden die Brennelemente als Pellets (Tabletten) aus leicht angereichertem Uranoxid (3% ^{235}U) geformt und Stahlhüllen verwendet. Auch diese Reaktoren waren gasgekühlt und graphitmoderiert. Sie werden **AGR-Reaktoren** (advanced gas-cooled-Reactor) genannt.

Eine Bauform mit besonders hohen Temperaturen ist der **Hochtemperaturreaktor HTR**. In ihm wird leicht oder auch hoch angereichertes Uran (bis 90%) oder Mischungen aus ^{232}Thorium und Uran eingesetzt. Aus dem zugesetzten Thorium kann ebenfalls thermisch spaltbares ^{233}U erbrütet werden. Diese Reaktoren werden dann als **Thorium-Hochtemperatur-Reaktoren THTR** bezeichnet. Die Brennelemente haben Kugel- oder Zylinderform und bestehen aus dem von Graphit umgebenen Spaltstoff. Der Graphit hat dabei zum einen die Aufgabe der Neutronenmoderation und zum anderen dient er der Fixierung der Spaltprodukte in der Graphitmatrix. Die Brennstoffkugeln müssen nicht in Hüllen aus Metall gelagert werden, sondern können bei geeigneter Formung des zylinderförmigen Reaktorcores einfach aufeinander geschüttet werden. Dieses Verfahren hat dem Reaktor den anschaulichen Namen "Kugelhaufenreaktor" gegeben. Sollen Brennelemente ausgetauscht werden, können diese bei laufendem Reaktor aus dem Kugelhaufen entnommen werden. Um das "Auskristallisieren" der Kugeln (z. B. in der hexagonalen Kugelpackung) zu verhindern, werden die Wände des Reaktorbehälters mit unregelmäßiger Oberfläche gefertigt. Die Kühlung wird mit Heliumgas bei hohem Druck und hohen Temperaturen bis 750° Celsius vorgenommen. Durch die hohe Betriebstemperatur bieten HTR-Reaktoren einen besonders günstigen thermischen Wirkungsgrad. Kugelhaufenreaktoren gelten wegen der hohen Schmelztemperatur des Graphits als besonders betriebssicher.

Eine weitere graphitmoderierte Reaktorbauform ist der **RBMK-Reaktor** (auf russisch "**R**eaktor **B**olschoi **M**oschtschnosti **K**analny"), der vor allem in Russland, der Ukraine und Litauen zur Energie- und Fernwärmeproduktion eingesetzt wird. Er enthält stabförmige Brennelemente aus leicht angereichertem Uran, die in die Graphitblöcke eingesetzt werden. RBMK-Reaktoren können auch mit Natururan betrieben werden. Die Brennelemente sind von mit Wasser durchflossenen Metallröhren, den so genannten Druckröhren umgeben. Dieses Wasser hat die Aufgabe des Wärmeabtransportes. Bei ansteigender thermischer Leistung des Reaktors wird das Kühlwasser zunehmend mit Dampfblasen durchsetzt. Dadurch sinkt bei höheren Temperaturen die Neutronenabsorption des Kühlwassers, so dass das umgebende Graphit durch Moderation mehr thermische Neutronen produziert und so die Spaltrate entsprechend ansteigt. Dieses Verhalten wird als positiver Dampfblasenkoeffizient bezeichnet. RBMK-Reaktoren sind wegen dieses Verhaltens schwerer zu regeln als wassermoderierte Reaktoren. Zur Steuerung befinden sich in den Graphitblöcken zusätzliche Bohrungen für Steuer- und Absorberstäbe. Brennelemente können bei RBMK Reaktoren im laufenden Betrieb ausgetauscht werden. Wegen des durch die Bauform bedingten geringen Wirkungsgrades sind RBMK-Reaktoren deutlich größer als die im Westen bevorzugten Reaktoren. Der 1986 in Tschernobyl außer Kontrolle geratene Reaktor war ein solcher RBMK-Reaktor.

Wird Wasser als Moderator und Kühlmittel verwendet, bezeichnet man die Reaktoren als Siedewasserreaktoren oder Druckwasserreaktoren. Durch die hohe Neutroneneinfangrate in Leichtwasser muss für beide Reaktortypen auf ca. 3,5% angereichertes Uran oder Plutonium als Brennstoff zur Verfügung stehen. Es können auch Mischoxid-Brennelemente (MOX) verwendet werden, die erbrütetes Plutonium enthalten. Bei **Siedewasserreaktoren** (SWR) wird als Kühlmittel und Moderator Leichtwasser eingesetzt. Dieses Kühlwasser umfließt die Brennelemente und beginnt dadurch zu sieden. Die Brennelemente sind bis etwa 2/3 ihrer Höhe von Wasser umgeben. Es bildet sich ein Gemisch aus Wasser und Wasserdampf aus. Nach Trennung dieser beiden Komponenten in einem Dampfabscheider wird der Wasserdampf (Dampfdruck ca. 70 bar bei etwa 285°C) direkt zum Antrieb von Turbinen zur Stromerzeugung verwendet. Da das Kühlwasser gleichzeitig zur Moderation verwendet wird, nimmt die moderierende Wirkung bei zunehmender Dampfbildung ab. Siedewasserreaktoren haben daher einen negativen Dampfblasenkoeffizienten.

In **Druckwasserreaktoren** (DWR) ist der primäre Wasserkreislauf vom Dampfkreislauf zum Turbinenantrieb getrennt. Die Brennelemente und der primäre Wasserkreislauf befinden sich im Reaktordruckbehälter. Die Wassertemperatur beträgt zwischen 295° und etwa 330° Celsius bei einem Druck von 155 bar. Durch diesen hohen Druck kann das Wasser des Primärkreislaufs nicht verdampfen. Durch Wärmetauscher außerhalb des Druckbehälters wird die Energie vom primären auf das sekundäre Kühlwasser übertragen. In einem externen Dampferzeuger wird der für den Turbinenantrieb benötigte Wasserdampf bei einer typischen Temperatur von 280° Celsius bei einem Druck um 60 bar erzeugt. Durch die höhere Wassertemperatur im primären Kühlkreislauf steigt der thermische Wirkungsgrad im Vergleich zum Siedewasserreaktor. Neue Druckwasser-Reaktorvarianten sind der European Pressurized Water Reactor EPR und eine russische Bauform, der WWER-Reaktor.

Wird als Kühlmittel in wassermoderierten Reaktoren schweres Wasser (D_2O) verwendet, kann wegen des fehlenden Neutroneneinfangs im Deuterium Natururan als Brennstoff eingesetzt werden. Ein bekanntes Beispiel ist der Natururan-Reaktor aus Canada, der **CANDU**-Leistungsreaktor. Da Schwerwasser sehr teuer ist, sind mit Schwerwasser moderierte Leistungsreaktoren zur Energieerzeugung unwirtschaftlich.

In **Brutreaktoren** werden schnelle Neutronen zur Kernspaltung verwendet. Ein Teil der Neutronen wird vom ^{238}U eingefangen und danach in ^{239}Pu umgewandelt, das durch schnelle Neutronen gespalten werden kann. Diese Art der Spaltstofferzeugung wird als "Brüten", die Reaktoren werden als **Schnelle Brüter** bezeichnet. Für stationäre Kettenreaktionen mit ^{239}Pu sind allerdings große Plutoniumkonzentrationen erforderlich. Bei geeigneter Auslegung der Spaltstoffkonzentrationen und der Geometrie kann ein schneller Brüter mehr Plutonium erzeugen, als er beim Betrieb verbraucht.

Um die Neutronen schnell zu lassen, darf kein moderierendes Wasser als Kühlmittel verwendet werden. Schnelle Brüter werden deshalb und wegen der hohen Leistungsdichte im Reaktorkern im Primärkreislauf mit flüssigem Natrium gekühlt. Natrium schmilzt bereits bei 98° Celsius und verdampft bei 883° Celsius. In Brutreaktoren weist es Temperaturen zwischen 400° beim Eintritt in das Core und 550° Celsius beim Austritt aus dem Reaktorkern auf. Der Natriumdruck liegt bei ungefähr 10 bar. In einem Wärmetauscher wird die Energie auf einen ebenfalls Natrium enthaltenden sekundären Kühlkreislauf übertragen, der über einen weiteren Wärmetauscher seine Energie auf einen tertiären Wasserkreislauf abgibt. Dieser enthält Dampferzeuger, um die Turbinen zur Stromerzeugung anzutreiben. Die Verwendung dreier Kühlkreisläufe ist technisch sehr aufwendig. Die Notwendigkeit ist durch die Neutronenaktivierung des flüssigen Natriums durch Neutroneneinfang begründet. Natrium-23 weist einen mit Wasserstoff vergleichbaren thermischen Neutronenquerschnitt auf (σ_{th} = 0,537 barn). Das so entstehende ^{24}Na zerfällt mit einer Halbwertzeit von 14,96 h über einen Beta-Minus-Zerfall in ^{24}Mg und würde bei Lecks des Kühlsystems den nachfolgenden Wasserkreislauf kontaminieren.

12.4 Sonderformen von Kernreaktoren

Es gibt eine Reihe von Kernreaktoren, deren Aufgabe nicht die großtechnische Energieproduktion ist. Dazu zählen alle Forschungsreaktoren und einige Sonderformen wie Kernreaktoren für den Einsatz in U-Booten oder für die Raumfahrt. Solche Kernreaktoren müssen kompakte Abmessungen aufweisen und werden deshalb, zumal die Kosten für den Spaltstoff in der Regel nur eine nachgeordnete Rolle spielen, oft mit hoch angereicherten Brennstoffen betrieben. Beispiele für Forschungsreaktoren sind die hiesigen Garchinger Reaktoren, der Reaktor BER II in Berlin-Wannsee, der wegen des Be-Reflektors mit niedrig angereichertem Uran betrieben werden kann, oder Hochfluss-Neutronenquellen wie beispielsweise in Grenoble in Frankreich.

12.4.1 Die Garchinger Forschungsreaktoren

Die Garchinger Forschungsreaktoren wurden errichtet, um mit den intensiven Neutronenflüssen Grundlagenforschungen in der Physik, Chemie, der Biologie und bei der Materialforschung vorzunehmen. Sie dienen deshalb ausschließlich als permanente Neutronenquellen. Die von ihnen erzeugten Neutronen können aber auch für strahlentherapeutische Zwecke eingesetzt werden. Werden dazu die Reaktorneutronen nicht direkt auf den Patienten geleitet sondern als Quelle für die Auslösung weiterer Kernspaltungen außerhalb des Reaktors verwendet, kann die Thermalisierung der Spaltneutronen in den Patienten verlagert werden. Eine solche Anordnung befand sich beispielsweise am ehemaligen Forschungsreaktor **FRM** in Garching ("Atomei", Fig. 12.7). Man leitete dort die aus dem Reaktorkern herausgeführten langsamen Neutronen auf ein externes Target aus hoch angereichertem ^{235}U, den so genannten Konverter, und induzierte in diesem Material thermische Spaltprozesse.

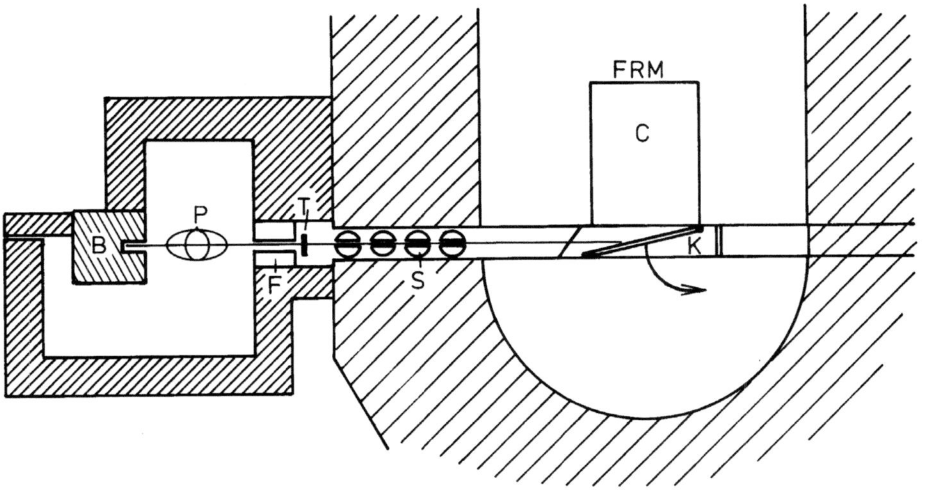

Fig. 12.7: Erzeugung des therapeutischen Neutronenstrahls am früheren Garchinger Forschungsreaktor FRM. C: Reaktorkern (Core, thermische Leistung 4 MW), K: Neutronenkonverter aus hoch angereichertem ^{235}U, S: drehbare Polyethylenverschlüsse (Shutter), F: Eisenkollimator, B: Betonstrahlfänger, P: Patient.

Wird ein solcher, mit nur 90 g auf 92% angereicherten Urans belegter Neutronenkonverter einer thermischen Reaktorneutronenflussdichte von etwa $2 \cdot 10^{13}$ Neutronen $s^{-1}cm^{-2}$ ausgesetzt, entsteht in ihm eine induzierte Flussdichte schneller Neutronen von mehr als 10^{15} $s^{-1} \cdot cm^{-2}$ und zusätzlich fast 10^{16} prompte und verzögerte Spaltphotonen.

Wird der Konverter aus dem thermischen Neutronenstrahl des Reaktors entfernt, versiegt die externe Neutronenquelle. Da im Konverter wie bei jedem Spaltprozess hochradioaktive, zum Teil gasförmige Spaltfragmente entstehen, muss das Target gasdicht verpackt und ausreichend gekühlt sein. Um den externen Konverter-Neutronenstrahl schnell genug ein- und ausschalten zu können, benötigt man einen zuverlässigen Bewegungsmechanismus für die Konverterplatte und ein neutronendichtes Verschlusssystem. Es bestand im Fall des Garchinger Neutronenstrahls aus vier drehbaren Scheiben aus Polyethylen und einem Eisenblendensystem variablen Durchmessers, das sowohl Neutronen als auch Photonen kollimiert. Der Neutronenstrahl kann durch einfahrbare Neutronenfilter in seiner energetischen Zusammensetzung verändert werden. Am Ort des Patienten (ca. 5,3 m vom Konverter entfernt) betrug die Neutronenflussdichte je nach Filterung zwischen 1,4 und $2{,}4 \cdot 10^{8}$ $s^{-1} \cdot cm^{-2}$. Dies war ausreichend für eine Neutronenkermarate von einigen 10 cGy/min und eine Photonenkermaleistung etwa in der gleichen Größenordnung [Koester].

Soll der Neutronenfluss bei einer solchen Konvertereinrichtung erhöht werden, muss die Reaktivität des Reaktorkerns durch eine andere Reaktorgeometrie und höher konzentriertes Brennmaterial verbessert werden. Eine Möglichkeit dazu ist die Verwendung von hoch angereichertem Uransilizid (U_3Si_2-Al), das eine größere Uranpackungsdichte als die früheren Uran-Aluminium-Brennelemente ermöglicht. Im neuen Garchinger Forschungsreaktor **FRM II** wurde der externe Neutronenfluss bei nur vierfacher thermischer Last (20 MW) durch die Verwendung eines solchen speziell geformten und auf 93% angereicherten Brennelements um den Faktor 50 erhöht.

Das Brennelement besteht aus einer zylinderförmigen Anordnung von gebogenen Brennstoffplatten mit einem Außendurchmesser von 24,3 cm, einem Innendurchmesser von 13 cm und einer Höhe von etwa 70 cm (Fig. 12.8). Die Urandichte beträgt

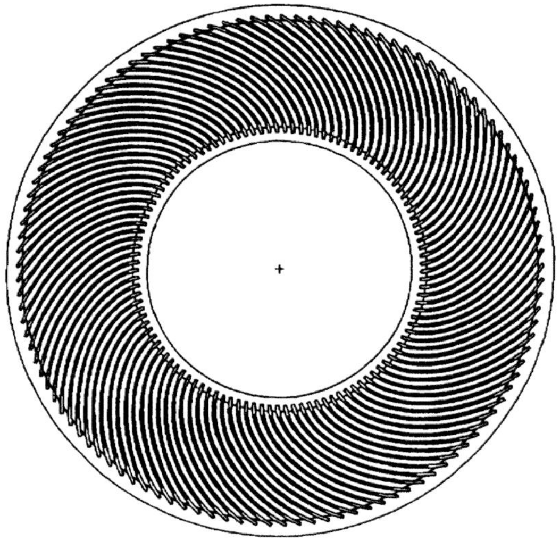

Fig. 12.8: Neuartiges Brennelement für den FRM II mit hoch angereichertem Uransilizid (Außendurchmesser 24,3 cm, nach [Böning]).

zwischen 1,5 g/cm^3 im äußeren Bereich des Brennelements und 3 g/cm^3 im Inneren. Die Gesamtmenge an Uran beträgt 8,1 kg. Es wird zur Kühlung zentral von leichtem Wasser durchflossen. In diesem Innenrohr wird auch der Regelstab bewegt.

Die ganze Anordnung ist von einem Tank schweren Wassers umgeben, in dem die Neutronen ohne konkurrierenden Neutroneneinfang moderiert werden sollen (Fig. 12.9). Der Moderatortank dient wie üblich auch zur Rückstreuung der thermischen

Neutronen. Er hat einen Durchmesser von 2,5 m und ist seinerseits in einem Reaktorbecken von 5 m Durchmesser und 5 m Höhe untergebracht. Dieses ist von einem biologischen Schutzschild aus Beton umgeben mit einem Außendurchmesser von 8 m.

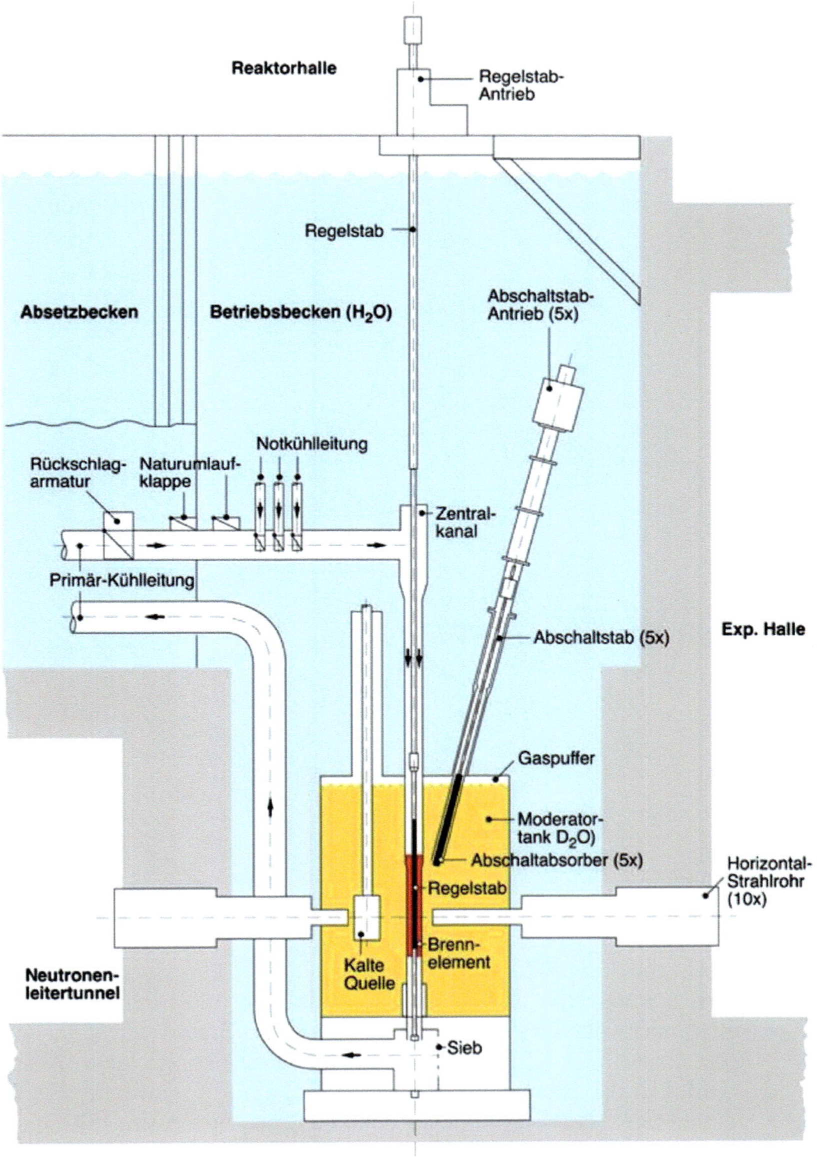

Fig. 12.9: Übersichtsskizze des neuen Forschungsreaktors FRM II in Garching mit einem hoch angereicherten Brennelement und den verschiedenen horizontalen und vertikalen Strahlrohren und Regeleinrichtungen (Grafik aus www.frm2.tum.de).

Etwa 50% der bei der Spaltung entstehenden schnellen Neutronen können die Oberfläche dieses auf hohen Neutronenfluss hin optimierten Brennelements verlassen und werden im umgebenden Kühlwasser (D_2O) moderiert. Die thermischen Neutronen haben ihr Flussmaximum ungefähr 12 cm außerhalb des Brennelements im Moderatortank (Fig. 12.11). Die ungestörte thermische Neutronenflussdichte beträgt dort $8 \cdot 10^{14}$ $s^{-1} \cdot cm^{-2}$. Nach etwa 50 Tagen ist das Brennelement verbraucht.

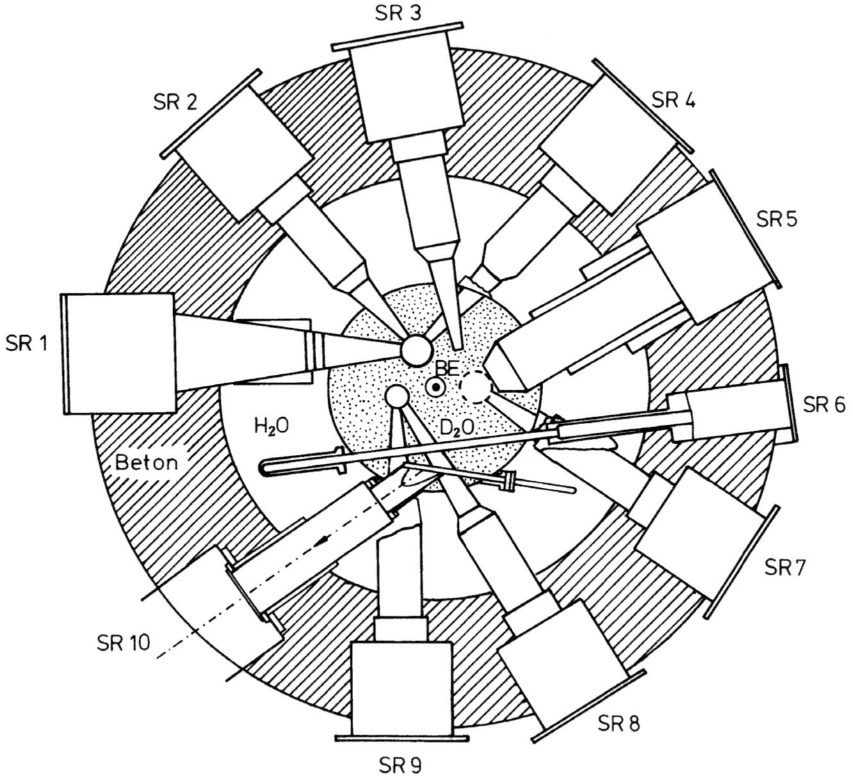

Fig. 12.10: Transversalschnitt durch den FRM II in (Fig. 12.9) in Garching in der Höhe des Brennelements. Im Zentrum befindet sich das Brennelement aus hoch angereichertem Uransilizid (BE, Fig. 12.8), das zentral von leichtem Wasser durchflossen wird. Um das Brennelement befindet sich ein mit schwerem Wasser gefüllter Moderatortank (D_2O). Er ist seinerseits umgeben von einem mit Leichtwasser gefüllten Reaktorbecken (H_2O), einem biologischen Schutzschild aus Beton sowie den Strahlrohren für die verschiedenen technischen und medizinischen Anwendungen. Strahlrohr 10 (SR10) beginnt zentral bei einem Neutronenkonverter zur Erzeugung des therapeutischen Neutronenflusses und führt zu den medizinischen Bestrahlungsräumen. Der dort erwartete Fluss schneller Neutronen beträgt ca. 10^9 $s^{-1}cm^{-2}$.

Der FRM II enthält 10 horizontale, zwei schräge und ein senkrechtes Strahlrohr sowie einige weitere senkrechte Rohre. In diesen können Proben dem Strahlenfeld ausgesetzt werden oder Vorrichtungen zur Veränderung der Energie der Neutronen zur Erzeugung kalter oder schneller Neutronen in den Neutronenfluss gebracht werden (s. dazu Kap. 12). Das zehnte horizontale Strahlrohr ist für den strahlentherapeutischen Einsatz vorgesehen und enthält einen Neutronenkonverter. Mit diesem können die für die Therapie erforderlichen schnellen Neutronen erzeugt werden.

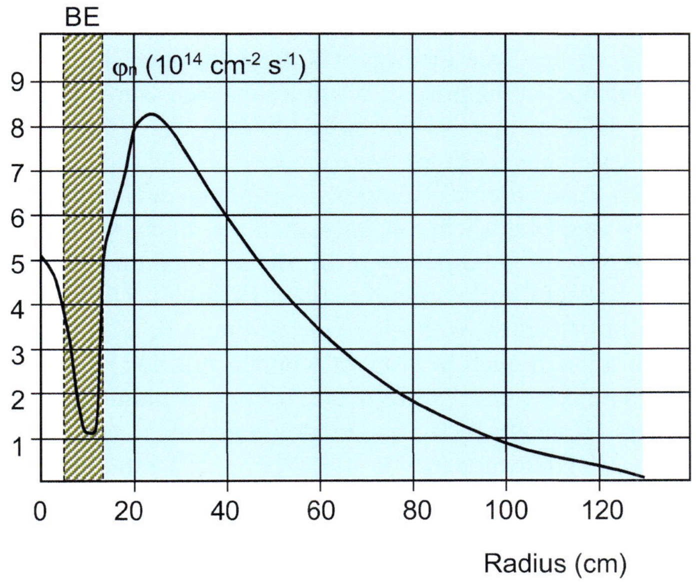

Fig. 12.11: Verlauf der Flussdichte φ_n der thermischen Neutronen im FRM II als Funktion des horizontalen Abstands vom Zentrum des Brennelements (BE, schraffiert). Der hellblau markierte Bereich deutet den mit D_2O gefüllten Moderatortank an.

Weltweit existiert eine Reihe von weiteren Kernreaktoren, die vorwiegend zur Erzeugung eines Neutronenflusses konstruiert und errichtet wurden. Die Neutronenquelle mit dem derzeit weltweit höchsten Neutronenfluss ist der Höchstflussreaktor ILL am Institut Laue-Langevin in Grenoble in Frankreich. Die Bauform ist ein Schwimmbadreaktor mit einer thermischen Leistung von 58 MW. Sein Neutronenfluss beträgt 10^{15} (cm^{-2} s^{-1}). Er ist etwa um zwei Größenordnungen höher als beim ehemaligen Münchener Forschungsreaktor FRM. Reaktoren mit thermischen Neutronenflüssen zwischen 10^{14} und 10^{15} (cm^{-2} s^{-1}) befinden sich außer in München (FRM II) noch in Berlin am Helmholtz-Zentrum (BER II) und in Frankreich in Gif-sur-Yvette (LLB: Laboratoire Leon Brillouin). Eine Reihe weiterer schwächerer, Neutronen erzeugender

Reaktoren mit Neutronenflüssen kleiner als 10^{14} ($cm^{-2} \cdot s^{-1}$) finden sich in Frankreich, Ungarn, Niederlande, Norwegen, Schweden und in Tschechien.

12.4.2 Der natürliche Reaktor in Gabun

Bei einer routinemäßigen Kontrolle des Isotopengehalts von Uranerzproben in der französischen Isotopentrennanlage in Oklo in Gabun (westliches Äquatorialafrika) wurde 1972 eine geringfügige Abweichung des ^{235}U-Gehalts festgestellt. Statt der erwarteten 0,7204 % wies die Probe nur einen ^{235}U-Anteil von 0,7171 % auf. Wegen der hohen Genauigkeit des massenspektrometrischen Verfahrens (Messgenauigkeit 0,0006 %) wurden die Nachforschungen auch für andere Erzproben verstärkt. Dabei traten je nach Herkunft der Erze niedrigere Konzentrationen des ^{235}U-Isotops bis zu 0,292 % auf. Das Isotopenverhältnis bei Natururanproben wurde damals weltweit als konstant betrachtet, da keine physikalischen oder chemischen Gründe für eine Variation der Erzzusammensetzung bekannt waren. Der verminderte ^{235}U-Anteil ist allerdings typisch für den Zustand eines Brennstoffs nach einem Einsatz in Kernreaktoren, so dass die Existenz eines natürlichen Kernreaktors vermutet wurde. Die Möglichkeit eines spontanen mit Natururan betriebenen natürlichen Reaktors war schon 1954 nach einer theoretischen Analyse vorhergesagt worden [Kuroda]. Die erste Voraussetzung ist die Moderation mit Leichtwasser, also eine geologische Formation, in der neben hohen Urankonzentrationen auch Wasser in Kontakt mit der Erzlagerstelle kommen kann. Die zweite Voraussetzung ist ein deutlich höherer natürlicher ^{235}U-Anteil, der wie in modernen mit Leichtwasser moderierten Leistungsreaktoren um 3% liegen sollte. ^{238}Uran hat eine Halbwertzeit von $4{,}468 \cdot 10^9$ a, ^{235}Uran eine Halbwertzeit von $7{,}038 \cdot 10^8$ a. Rechnet man die heutigen Uran-Massenanteile rückwärts, erhält man für einen 3% Anteil an ^{235}U einen Zeitpunkt vor knapp 2 Milliarden Jahren.

Genauere Analysen zeigen, dass in Oklo tatsächlich vor etwa 1,7 bis 1,9 Milliarden Jahren an mehr als 17 Stellen spontane Kettenreaktionen in den Uranerzlagerstätten ausgelöst worden waren. Sie starteten immer dann, wurden also kritisch, wenn die die Erzlager umgebenden porösen Gesteine (im wesentlichen Sandstein) durch Regenwasser wassergesättigt waren. Der Wassergehalt betrug dann ungefähr 6%. Dieses Sickerwasser moderierte die bei den spontanen Spaltungen austretenden Neutronen, so dass Kettenreaktionen in Gang kamen. Dadurch erhitzte sich die unmittelbare Umgebung der Reaktoren. Das Wasser bildete Dampfblasen. Der Wasserdampf wurde durch den sich aufbauenden Dampfdruck nach oben aus den Erzlagerstätten in den Sandstein gepresst und konnte diesen wegen der porösen Struktur und durch Risse in den Felsen wie bei Geysiren nach oben verlassen. Die Kettenreaktionen kamen daraufhin auf Grund der fehlenden Moderation zum Erliegen, bis nach Abkühlung das einsickernde Wasser wieder kondensiert blieb und eine erneute Kettenreaktion in Gang kam. Analysen zeigen, dass das Zeitmuster aus ungefähr einer halben Stunde Kettenreaktion und mehreren Stunden Abkühlphase bestand. Die dabei entstandenen Neutronenflussdichten lagen bei 10^7 - 10^8 ($cm^{-2} \cdot s^{-1}$).

Inzwischen wurden die genauen Abläufe und die Zeitmuster durch sorgfältige Analysen der Isotopen-Zusammensetzungen langlebiger Spaltfragmente wie Neodym, Dysprosium, Zink, Samarium und Xenon einem Vergleich mit natürlichen Isotopenhäufigkeiten und den Spaltfragmentverteilungen heutiger Kernreaktoren überprüft. Von besonderer Bedeutung war dabei das völlige Fehlen der Anreicherung des ^{142}Nd-Anteils bei gleichzeitiger Veränderung der Isotopengehalte der anderen Neodymisotope. Dieses Verhalten ist sehr typisch für Spaltprozesse. Man geht heute nach diesen Analysen davon aus, dass für etwa 150000 Jahre die natürlichen Kernreaktoren tatsächlich im beschriebenen Pulsbetrieb aktiv waren. Dabei wurden ungefähr 5 bis 10 Tonnen ^{235}U verbraucht und thermische Leistungen um 100 kW erzeugt.

Besonders bemerkenswert ist die Brütertätigkeit dieser Reaktoren. Durch Neutroneneinfang im ^{238}U wurden schätzungsweise bis zu 4 Tonnen ^{239}Pu erbrütet. Da die Lebensdauer des ^{239}Pu zu gering ist ($T_{1/2}$ = 24110 a), kann das erbrütete Plutonium heute nur noch indirekt nachgewiesen werden. Dies geschieht durch den Nachweis langlebiger Spaltfragmente und die entsprechende Bestimmung des heutigen Anteils an ^{235}U und ^{232}Th in den Erzlagern, die durch den Zerfall des ^{239}Pu verändert wurden. Als Begründung werden die folgenden Zerfallsketten angenommen.

$$^{238}U + n \rightarrow {}^{239}U \rightarrow {}^{239}Np + \beta \rightarrow {}^{239}Pu \rightarrow {}^{235}U + \alpha \qquad (12.4)$$

$$^{235}U + n \rightarrow {}^{236}U \rightarrow {}^{232}Th + \alpha \qquad (12.5)$$

Eine aktuelle wissenschaftliche Analyse der natürlichen Oklo-Kernreaktoren findet sich in [Meshik], weitere Informationen und zahlreiche Literaturstellen finden sich im Internet.

Zusammenfassung

- **Die in Technik und Wissenschaft bedeutendste Form der Kernspaltung ist die neutroneninduzierte Spaltung an Uranisotopen und am ^{239}Pu.**

- **Bei den neutronen-ungeraden Kernen wird die Spaltung mit thermischen Neutronen bevorzugt, bei den neutronen-geraden Kernen die "schnelle" Spaltung.**

- **Die thermische Spaltung der Uranisotope ist von 2-3 Spaltneutronen begleitet, die Bewegungsenergien vom thermischen Bereich bis zu etwa 10 MeV aufweisen.**

- **Die Spaltneutronen entstammen den Spaltfragmenten und nicht dem spaltenden Kern.**

- **Sollen mit diesen Spaltneutronen weitere thermische Kernspaltungen in einer Kettenreaktion ausgelöst werden, müssen die schnellen Neutronen verlangsamt, also moderiert werden.**

- **Diese Moderation geschieht durch Stöße der schnellen Spaltneutronen mit Protonen des Wassers oder den Deuteronen in schwerem Wasser.**

- **Die Massenverteilungen der thermisch erzeugten Spaltfragmente von Aktinidenkernen sind "doppelhöckrig" und entsprechen in ihren beiden Maxima den Massenzahlbereichen um A = 90-100 und A = 130-140.**

- **Die Spaltfragmente sind wegen des hohen Neutronenüberschusses in der Regel beta-minus-aktiv. Sie zerfallen über eine Kaskade von schnellen Betazerfällen in langlebigere Nuklide, die dann für Technik und Medizin verwendet werden können.**

- **Einige der Betazerfälle finden aus metastabilen angeregten Zuständen der Fragmente statt. Diese können dann mit der ihnen eigenen Halbwertzeit Neutronen emittieren.**

- **Diese betaverzögerten Neutronen werden zur Regelung von Kernreaktoren verwendet.**

- **Kernreaktoren zur Energieproduktion arbeiten meistens mit niedrig angereicherten Spaltmaterialien, während die für die Forschung spezialisierten Kernreaktoren in der Regel hoch angereicherte Spaltstoffe bevorzugen.**

- **Forschungsreaktoren sind wegen der besseren Zugänglichkeit oft als Schwimmbadreaktoren ausgelegt und weisen teilweise sehr hohe Neutronenflussdichten auf.**

Aufgaben

1. Wie groß ist die mittlere Energie von thermischen Neutronen?

2. Begründen Sie die Aussage, dass die ungeraden Uran- und Plutonium-Isotope mit thermischen Neutronen spaltbar sind, während man für die Spaltung der geraden Uran- und Plutonium-Nuklide schnelle Neutronen benötigt.

3. In welchem Massenzahlbereich liegen die häufigsten Spaltfragmente der thermischen Uranspaltung?

4. Warum machen die primären Spaltfragmente sofort nach ihrer Entstehung eine Reihe von Beta-minus-Zerfällen durch?

5. Welche Materialien sind besonders geeignet für die Moderation von Spaltneutronen?

6. Welche Spaltfragmente sind die wichtigsten Emitter von verzögerten Neutronen und welche Aufgabe haben diese beim Betrieb von Kernreaktoren?

7. Was sind Regelstäbe in einem Kernreaktor und was sind die bevorzugten Materialien, die sie enthalten müssen?

8. Warum sind Bor, Kadmium und Gadolinium besonders geeignet zur Steuerung von Kernreaktoren?

9. ^{135}Xe ist das schwerste bekannte Reaktorgift. Wird es als primäres Spaltfragment erzeugt oder hat es eine andere Herkunft?

10. Warum müssen Kernreaktoren nach dem Abschalten weiterhin über längere Zeit gekühlt werden?

11. Wieso haben Druckwasserreaktoren einen höheren thermischen Wirkungsgrad als Siedewasserreaktoren?

12. Was passiert mit der Reaktivität eines Siedewasser-Kernreaktors, wenn sein Kühlwasser zu kochen beginnt und sich dabei Dampfblasen bilden?

13. Kann man schnelle Brutreaktoren im Primärkreislauf mit Wasser kühlen?

14. Beschreiben Sie den Brutprozess zur Erzeugung von ^{239}Pu.

13 Neutronenquellen und ihre Anwendungen

Zur Erzeugung freier Neutronen müssen diese aus Atomkernen freigesetzt werden, da sie im ungebundenen Zustand mit einer Halbwertzeit von 10,23 min über eine Beta-minus-Umwandlung zerfallen. Dieses Kapitel beschreibt zunächst die verschiedenen Verfahren zur Neutronenproduktion. Die wichtigsten Neutronenquellen mit hohen Neutronenflüssen sind die Kernreaktoren und die Spallationsquellen. Daneben gibt es eine Reihe von Kernreaktionen, die vor allem schnelle Neutronen im Ausgangskanal aufweisen. Im zweiten Teil des Kapitels werden die wichtigsten Anwendungen von Neutronenstrahlung dargestellt wie die Neutronenaktivierungsanalyse, die Neutronenradiografie und die Anwendungen in der Medizin.

13.1 Überblick über die Neutronenquellen

Zur Neutronenerzeugung bestehen im Prinzip zwei Möglichkeiten. Die erste beruht auf der induzierten oder spontanen **Kernspaltung** schwerer Atomkerne. Die Neutronen werden dabei aus den Spaltfragmenten freigesetzt, die den bei der Spaltung bestehenden hohen Neutronenüberschuss durch prompte Neutronenemission mindern. Die zweite Methode zur Erzeugung freier Neutronen beruht auf **Kernreaktionen** mit geladenen Teilchen oder Photonen als Projektilen. Für solche Reaktionen muss das Einschussteilchen bei der Kernreaktion mindestens die Bindungsenergie des Neutrons aufbringen. Geladene Teilchen können entweder aus Beschleunigern herrühren, in denen sie auf die gewünschte Energie beschleunigt wurden, oder sie können aus radioaktiven Nukliden stammen. Die letztere Art von Neutronenquellen wird anschaulich als Radioisotop-Neutronenquellen bezeichnet.

Die wichtigste Spaltneutronenquelle für Wissenschaft, Technik und Medizin stellen die **Kernreaktoren** dar. Als Spaltnuklid wird in solchen auf die Neutronenproduktion spezialisierten Anlagen wegen der erwünschten Neutronen-Ausbeute meistens hoch angereichertes ^{235}U eingesetzt. Die aus den Spaltfragmenten freigesetzten Neutronen dienen einerseits zur Aktivierung von Isotopen, also zur Radionukliderzeugung durch Neutroneneinfangreaktionen. Andererseits können sie auch direkt als Projektile zur Grundlagenforschung und für die Neutronenradiografie verwendet werden.

Da dabei häufig Neutronen definierter Energie benötigt werden, muss vor der Anwendung ihre Energie definiert oder gemessen werden. Neutronen aus Hochflussreaktoren können auch für die Radioonkologie eingesetzt werden. Spontan spaltende Radionuklide finden sich vor allem bei den Transuranen. Sie müssen künstlich durch mehrfachen Neutroneneinfang in Kernreaktoren erzeugt werden. Das bekannteste spontan spaltende Nuklid ist das ^{252}Cf. Der Vorteil dieser Neutronenquellen mit spontanen Spaltern sind ihre geringen Abmessungen und die daher ermöglichte Mobilität. Der Nachteil ist der Zwang, die zerfallenden Präparate ersetzen zu müssen, und der nicht zu unterbindende Dauerbetrieb des radioaktiven Präparats.

Zur Neutronenerzeugung mit Beschleunigern dienen die **Spallationsquellen**. Bei ihnen werden Hoch-Z-Materialien mit hochenergetischen schweren geladenen Teilchen (meistens Protonen) beschossen und zertrümmert. Dabei werden typisch um 30 Neutronen pro Reaktion freigesetzt. Vorteile dieser Anlagen sind die hohe Neutronenausbeute (der Neutronenfluss) und die Pulsung der Anlagen, die sie für viele Grundlagenuntersuchungen geeignet machen. Nachteile sind der technische Aufwand und die damit verbundenen hohen Kosten solcher Anlagen.

Eine weitere Art der Beschleuniger-Neutronenquellen verwendet weniger hochenergetische Teilchenbeschleuniger, die **Neutronengeneratoren**. In ihnen werden Protonen, Deuteronen oder Alphateilchen auf geringere Energien als bei Spallationsanlagen beschleunigt und auf bestimmte Targets gelenkt, in denen dann durch geeignete Kernreaktionen einzelne Neutronen freigesetzt werden. Sie können kompakter ausgelegt werden und werden heute selbst als mobile verkapselte Generatoren gefertigt.

Sollen mit Photonen über den **Kernphotoeffekt** Neutronen in (γ,n)-Reaktionen aus einem Atomkern freigesetzt werden, müssen die Gammaquanten selbstverständlich höhere Energien als die Bindungsenergie der Neutronen aufweisen. Das bedeutet Photonenenergien von mindestens 6-8 MeV. Entweder werden dazu Bremsstrahlungen aus Elektronenbeschleunigern eingesetzt, oder es werden radioaktive Gammastrahler als Photonenquellen verwendet.

Bei den Radioisotop-Neutronenquellen werden Neutronen durch Beschuss leichter Atomkerne mit **Alphastrahlung** aus radioaktiven Präparaten produziert. Sie bestehen daher aus einer Kombination eines meistens schweren Alphastrahlers mit ausreichender Zerfallsenergie und eines leichten Nuklids, das bei Alphabeschuss Neutronen emittiert. Leichte Nuklide als Targets sind deshalb von Vorteil, da die geringere abstoßende Coulombkraft bei kleinen Ordnungszahlen das Eindringen der Alphateilchen ermöglicht.

Neben der Intensität der Neutronenstrahler ist oft auch die Frage der Mobilität und der Betriebskosten von Bedeutung. Es ist offensichtlich, dass Kernreaktoren und große Teilchenbeschleuniger nur im stationären Betrieb eingesetzt werden können. Sollen Neutronenstrahler mobil sein, müssen entweder die kompakten Neutronengeneratoren oder Systeme mit Radionukliden verwendet werden. Insgesamt gibt es also die folgenden Methoden zur Neutronenerzeugung.

- **Neutroneninduzierte Kernspaltung in Kernreaktoren,**
- **spontan spaltende radioaktive Quellen, die Neutronen aus den Spaltfragmenten emittieren,**

- **induzierte Kernreaktionen in Beschleunigungsanlagen durch Beschuss von Materialien mit beschleunigten geladenen Teilchen mit der Unterscheidung von Spallationsquellen und Neutronengeneratoren,**
- **Erzeugung von Neutronen mit hochenergetischen Photonen aus Elektronenbeschleunigern oder mit harten radioaktiven Gammastrahlern über den Kernphotoeffekt,**
- **Kernreaktionen vom Typ (α,n) an leichten Targetkernen mit schweren radioaktiven Strahlern als Alphateilchenquellen.**

13.2 Energie von Neutronen

Neutronen werden entsprechend ihrer Bewegungsenergie grob in langsame (subthermische bis epithermische), mittelschnelle und schnelle Neutronen mit höheren Energien unterteilt. Unter thermischen Neutronen versteht man Neutronen, deren Bewegungsenergie der Größenordnung der wahrscheinlichsten thermischen Energie eines Gasatoms bei Zimmertemperatur entspricht.

Kennzeichnung	**Energiebereich**	**v_n (km/s)**
subthermisch	< 0,02 eV	< 2,200
thermisch*	0,0252 eV	2,200
epithermisch	< 0,5 eV	9,800
mittelschnell	0,5 eV bis 10 keV	1 – 1400
schnell	> 10 keV	> 1400
relativistisch	> 5 MeV	> 0,1 · c = 30000

Tab. 13.1: Einteilung von Neutronen nach ihrer Bewegungsenergie. *: Neutronen im thermischen Gleichgewicht mit der Umgebung bei 293,15 K (Zimmertemperatur).

In diesem Zusammenhang werden oft neben den üblichen Charakterisierungen im Laborjargon auch die vereinfachenden Begriffe "kalte", "thermische" und "heiße" Neutronenquellen verwendet (Tab. 13.2). Die Klassifikation der Neutronenenergien und die wichtigsten Begriffe zur Neutronenphysik sind ausführlich in ([Krieger1], Kap. 8) beschrieben.

Bezeichnung	Energie (meV)	Temperatur (K)	Wellenlänge (nm)
kalt	0,1 - 10	10 - 120	3 - 0,30
thermisch	10 - 100	120 - 1000	0,3 - 0,1
heiß	100 - 1000	1000 - 6000	0,1 - 0,02

Tab. 13.2: Laborbezeichnungen für die Energien mit zugehörigen Temperaturbereichen und Wellenlängen von Neutronen für die Neutronenradiografie.

Für viele Aufgaben werden entweder monoenergetische oder zumindest thermische Neutronen benötigt. Während die Neutronen im Ausgangskanal vieler Kernreaktionen mit geladenen Teilchen oder Photonen entweder monoenergetisch sind oder zumindest ein diskretes Spektrum bilden, erzeugen sowohl Kernreaktoren als auch Spallationsquellen Neutronen mit einer kontinuierlichen Energieverteilung. Zur Energieminderung werden solche Neutronen durch vielfache Stöße mit Atomen gezielt verlangsamt. Dieser Prozess wird als **Moderation** bezeichnet. Neutronen können bei geeigneter Anordnung sogar weitgehend monochromatisiert werden. Eine Energiedefinition kann auch durch **Laufzeitverfahren** erreicht werden. Dabei werden die verschiedenen Geschwindigkeiten der Neutronen zur zeitlichen Differenzierung der Neutronen unterschiedlicher Energie herangezogen.

Beim Moderieren, also Verlangsamen von Neutronen durch vielfache Stöße mit leichten Atomkernen, können die Neutronen niemals "kälter" als die mittlere thermische Energie der Moderatoratome werden. Sollen thermische Neutronen erzeugt werden, wird daher wie üblich die Moderation von Spaltneutronen mit geeigneten Moderatoren aus leichtem oder schwerem Wasser bei üblichen Temperaturen (Zimmer- bzw. Kühlmitteltemperatur) vorgenommen.

Sollen dagegen kalte Neutronen erzeugt werden, müssen als Moderatoren kalte Substanzen wie flüssiges Deuterium verwendet werden. Die mittlere thermische Energie des flüssigen leichten Wasserstoffs wäre noch etwas niedriger, allerdings weist dieser einen hohen Wirkungsquerschnitt für den Neutroneneinfang auf. Thermische Neutronen werden also durch solche kalten Wasserstoffmoderatoren zusätzlich "gekühlt", bis ihre mittlere thermische Energie derjenigen des Moderators entspricht. Am FRM II in Garching (s. Kap. 12.4, Fign. 12.9 und 12.10) besteht die kalte Neutronenquelle aus einem solchen tief gekühlten Deuterium-Zusatzmoderator, der von oben in das Reaktorbecken eingebracht wird. Die mittlere Energie der kalten Neutronen beträgt dort um 5 meV.

Sollen heiße Neutronen aus einem thermischen Spaltspektrum erzeugt werden, muss der Moderator aus deutlich schwereren Atomen bestehen und aufgeheizt sein. Es wird deshalb erhitztes Graphit bevorzugt. Dazu werden isolierte Graphitzylinder an die Stelle des intensivsten thermischen Neutronenflusses eines Kernreaktors gebracht. Die

Aufheizung des Graphits geschieht automatisch durch absorbierte Gammastrahlung und in geringerem Maße durch Stöße der Reaktorneutronen mit den Kohlenstoffatomen im Graphitblock. Typische Temperaturen betragen bis 2000 °C. Kommen thermische Neutronen mit dem erhitzten Graphit in Kontakt, übernehmen sie durch Stöße einen Teil der thermischen Energie der Kohlenstoffatome und werden dadurch beschleunigt und so im Mittel auf die gewünschte Energie "aufgeheizt".

13.3 Reaktorneutronen

Reaktoren für die Forschung oder die Produktion von Radionukliden sind auf hohe Neutronenflüsse spezialisiert. Die prinzipielle Funktionsweise von Kernreaktoren wurde ausführlich in (Kap. 12) beschrieben. Die zwei bis drei bei einer Urankernspaltung entstehenden prompten Spaltneutronen haben Energien bis etwa 10 MeV. Die wahrscheinlichste Neutronen-Energie liegt bei knapp 1 MeV, ihre mittlere Energie bei ungefähr 2 MeV (s. Fig. 12.3).

Sollen Reaktorneutronen in zeitlich getrennten Paketen verwendet werden, weil die Experimente und Untersuchungen kurze Neutronenimpulse erfordern, muss der kontinuierliche Neutronenstrahl zeitlich strukturiert, also gepulst werden. Die Pulsung kann mit so genannten "**Choppern**" bewirkt werden. Diese sind drehbare Blenden aus Materialien, die einen hohen Absorptionswirkungsquerschnitt für Neutronen aufweisen. Im geschlossenen Zustand absorbieren sie dadurch nahezu den vollständigen Neutronenfluss und lassen nur während der kurzen Öffnungszeiten Neutronen passieren. Dadurch entstehen kurze Neutronenpulse. Der Nachteil dieses Verfahrens ist der hohe, bis zu 99% betragende Neutronenverlust aus dem Spaltneutronenfeld durch die Pulsung. Mit solchen kurzen Neutronenpulsen kann dann die Energie der Neutronen durch Laufzeitverfahren definiert werden. Dazu wird die unterschiedliche Zeitspanne, die Neutronen verschiedener Geschwindigkeit zum Zurücklegen einer vorgegebenen Strecke von der Quelle bis hin zum zu untersuchenden Objekt oder Detektor benötigen, für die Festlegung der Neutronen-Energie ausgenutzt (Fig. 13.1 oben). Die Pulsung der Neutronenquelle ist also eine Voraussetzung für die Laufzeitanalyse, da nur dann ein eindeutiger Zeitnullpunkt zur Energiebestimmung und für die Experimente festgelegt werden kann. Wird strahlabwärts ein zweites Blendenrad an einem Chopper installiert (Fig. 13.1 unten), kann über die Flugzeit der Neutronen von der ersten zur zweiten Blendenöffnung neben der Pulsung auch unmittelbar eine Energieauswahl vorgenommen werden[1].

Die zweite Möglichkeit, Neutronenpulse zu erzeugen, ist die Verwendung von direkt gepulsten schnellen Kernreaktoren. Die Pulsung geschieht durch zwei entgegengesetzt rotierende Neutronenreflektoren in der Nähe des Reaktorkerns aus einer speziellen

---

[1] Die ausgewählte Geschwindigkeit v erhält man aus der Drehfrequenz f, dem Radabstand d und dem Drehwinkel φ zu $v = d \cdot 2\pi \cdot f/\varphi$. Wegen der endlichen erforderlichen Materialstärken und der Drehbewegung sind Chopper nicht mit einfachen Löchern versehen, sondern enthalten spiralförmige Bohrungen.

Nickellegierung. Sie reflektieren den für die laufende Kernspaltung erforderlichen Fluss schneller Neutronen durch elastische Neutronenstreuung zurück in das Reaktor-Core. Dadurch wird der Reaktor nur in einer bestimmten Stellung beider Reflektoren für einen kurzen Moment kritisch. In allen anderen Positionen stehen nicht ausreichend schnelle Neutronen für das Aufrechterhalten des kritischen Zustandes im Reaktorkern zur Verfügung.

Bei dieser Technik wird also die Reaktivität des Reaktors mit einem mechanischen Verfahren zeitlich strukturiert. Ein Beispiel für eine solche Reaktor-Pulsung ist der russische Forschungsreaktor IBR-2 in Dubna. Dieser enthält Plutoniumoxid als Brennelement. Die Pulswiederholfrequenz liegt bei 5-20 Hz, die Pulsbreite der thermischen Neutronenpulse bei 200 bis 245 µs. Mit dieser Anlage können zwar hohe ther-

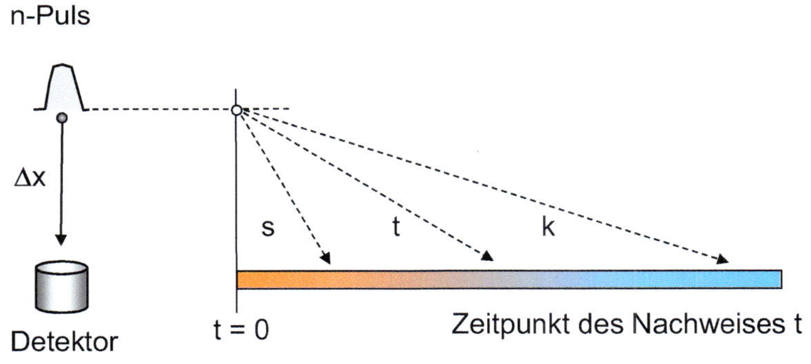

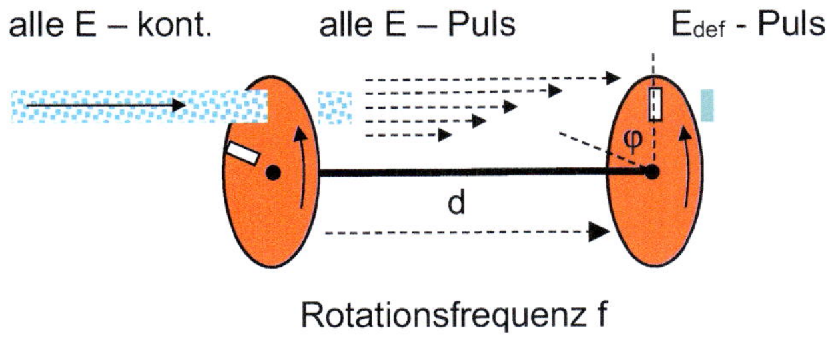

Fig. 13.1: Methoden zur Energiebestimmung von Neutronen. Oben: Aus einem Puls mit kontinuierlicher Energieverteilung aus einer Neutronenquelle werden durch die Festlegung eines bestimmten Zeitpunktes Neutronen bestimmter Energie selektiert (s: schnelle, t: thermische, k: kalte Neutronen, zur Definition s. Tab. 13.1). Unten: Schematische Darstellung der Energiedefinition durch einen Doppelchopper aus zwei Blendenrädern mit versetzten Blendenöffnungen, die simultan mit einer bestimmten Frequenz gedreht werden. Die Energiedefinition wird bei einem vorgegebenen Radabstand d automatisch über die Drehfrequenz f und die eingestellte Winkeldifferenz φ zwischen beiden Blendenöffnungen bestimmt.

mische Neutronenflussdichten im Puls erzeugt werden, allerdings sind die Pulswiederholungsraten für viele Experimente zu niedrig und die Pulsbreiten zu groß.

13.4 Neutronenquellen mit spontanen Spaltern

Spontane Spalter können ebenfalls als kompakte Neutronenquellen eingesetzt werden. Voraussetzung dazu ist eine ausreichende hohe relative Spaltausbeute und Lebensdauer der Nuklide. Der wichtigste spontane Neutronenstrahler, der beide Kriterien erfüllt, ist das ^{252}Cf (Californium). Bei diesem im Neutronenstrahl von Hochflussreaktoren künstlich erzeugten Transuran ($T_{1/2}$ = 2,645 a) handelt es sich um ein alphaaktives und spontan spaltendes Radionuklid. Es zerfällt zu 96,9% über eine Alphazerfallskette in niedrigere Transurane, zu ungefähr 3,1% zerfällt es über binäre Kernspaltung, also Kernspaltung mit zwei Fragmenten. Dabei senden die Fragmente pro Spaltung im Mittel 3,76 Neutronen mit mittleren Energien von 2,14 MeV aus. Das Maximum der Neutronenenergieverteilung liegt bei etwa 0,7 MeV [Anderson]. Mit einer geringen Wahrscheinlichkeit kommt es auch zur spontanen ternären Spaltung, also der Zerlegung in drei Spaltfragmente. Das Verhältnis binärer zu ternärer Spaltungswahrscheinlichkeit beträgt etwa 268:1. Die spezifische Aktivität des ^{252}Cf beträgt 19,83 x 10^{12} Bq/g.

Beispiel 13.1: Berechnung der Neutronenproduktionsrate von 1 mg ^{252}Cf. Die Aktivität eines mg Cf beträgt 19,83 GBq. 3,1% sind spontane Spaltungen. Die Spaltrate beträgt also 19,83x10^9 x 0,031 s^{-1} = 0,615x10^9 s^{-1}. Bei der durchschnittlichen Neutronenausbeute pro Spaltakt von 3,76 erhält man also eine Neutronenproduktionsrate von 2,31x10^9 $n{\cdot}s^{-1}mg^{-1}$. Bei 1 g ^{252}Cf erhält man bereits eine Neutronenrate von 2,31x10^{12} s^{-1}.

Die Alphateilchen und die Spaltfragmente werden für den technischen oder medizinischen Einsatz durch geeignete Kapselungen der Californiumstrahler abgeschirmt. Die Neutronenemission ist von einer etwa gleich intensiven Gammastrahlung begleitet, die von den Folgenukliden ausgesendet wird.

Die meisten Californium-Strahler werden für die Untersuchungen von Waffen, bei der Sprengstoffsuche, zur Materialanalyse, bei der Erdölsuche und als Anfahrquellen für Kernreaktoren eingesetzt. Der medizinische Einsatz befindet sich im experimentellen Stadium. Der Neutronenfluss von kommerziellen Californiumquellen ist zu gering für die Teletherapie in ausreichendem Abstand. Die vergleichsweise niedrige Neutronenenergie erschwert zusätzlich aus den oben genannten Gründen die perkutane Behandlung tief liegender Tumoren. Californiumstrahler werden deshalb medizinisch ausschließlich zur Behandlung oberflächennaher Tumoren oder als kompakte interstitielle Strahlenquellen eingesetzt. Als Afterloading-Neutronenstrahler werden sie auch im Zusammenhang mit der Bor-Neutroneneinfangtherapie verwendet. Physikalisch dienen Californiumquellen zur Kalibrierung von Neutronendosimetern.

13.5 Neutronenerzeugung mit geladenen Teilchen aus Beschleunigern

Bei dieser Art von Neutronenerzeugung werden in Teilchenbeschleunigern erzeugte schnelle geladene Teilchen auf geeignete Targets geschossen. Je nach Teilchenart, Target und Teilchenenergie finden entweder Zerlegungs-Reaktionen (Spallations-Reaktionen) statt, es treten Fusionsprozesse von Einschussteilchen und Targetatom auf oder es kommt zu Abstreifreaktionen (Stripping-Reaktionen). In allen Fällen finden sich Neutronen im Ausgangskanal der jeweiligen Kernreaktion. Die Neutronenenergien unterscheiden sich dabei ebenso sehr wie die Ausbeuten, also die erreichbaren Neutronenflüsse. Spallationsquellen erzeugen Neutronen hoher Intensität mit einem Energiespektrum ähnlich dem der Spaltneutronen. Schnelle Neutronen, die z. B. für die Therapie verwendet werden können, entstehen in Kernreaktionen in den anderen Neutronenquellen nach Fusion oder Stripping-Reaktionen. Die Neutronenflüsse sind in der Regel geringer. Auf die Neutronenproduktion spezialisierte kompakte Beschleuniger-Anlagen werden als **Neutronengeneratoren** bezeichnet.

13.5.1 Spallationsquellen

Schießt man sehr hochenergetische geladene Teilchen auf schwere Atomkerne, kommt es zu einer mehrstufigen Wechselwirkungskette des Projektils mit den Nukleonen im Kern. Zunächst wird in einer Direktreaktion Energie auf ein oder mehrere Nukleonen übertragen. Die Wechselwirkungszeit entspricht der Transferzeit des Beschussteilchens durch den Atomkern. Bei einer Geschwindigkeit nahe der Vakuumlichtgeschwindigkeit beträgt diese Passagezeit etwa 10^{-22} s. Die getroffenen Kernteilchen werden daher prompt aus dem Targetkern geschossen. Es kommt zu einer prompten Teilchenkaskade aus Protonen, Neutronen und Pionen. Die emittierten Teilchen sind ebenfalls hochenergetisch und weisen diskrete Energien auf. Sie können weitere Spallationsakte an anderen Kernen auslösen. Die restliche übertragene Bewegungsenergie heizt den Targetkern so stark auf, dass nach einer typischen Umverteilungszeit von 10^{-20} bis 10^{-16} s weitere Teilchen abgedampft werden. Diese sind vorwiegend Neutronen, aber auch Protonen, Deuteronen, Tritonen, Gammaquanten und Betateilchen. Die Energieverteilung der abgedampften Neutronen ist kontinuierlich mit typischen Energien zwischen 1 und 10 MeV. Dieser "langsame" Mechanismus wird als Compoundkernreaktion bezeichnet. Die Zahl der abgedampften Teilchen hängt vom Energieübertrag bei der verwendeten Kernreaktion ab. Der verbleibende Restkern ist in der Regel radioaktiv und unterliegt deshalb weiteren radioaktiven Zerfällen wie Betaumwandlungen, Gammaemissionen und Alphazerfällen mit den üblichen Lebensdauern. Insgesamt wird der Targetkern durch den Teilchenbeschuss weitgehend zertrümmert. Dieser Vorgang wird als **Spallation** bezeichnet. Das Energiespektrum der prompt und verzögert emittierten Teilchen besteht also aus einer Kombination diskreter Teilchenenergien aus der Kaskade und einem kontinuierlichen Spektrum aus der Compoundphase ähnlich dem Neutronenspektrum bei der neutroneninduzierten Kernspaltung.

Als Projektile werden in Spallationsanlagen meistens Protonen verwendet. Sie werden zunächst in Ionenquellen als negative Ionen (H^-) erzeugt und dann in Hochenergie-Linearbeschleunigern oder Isochronzyklotrons bis in den GeV-Bereich beschleunigt. Nach Passieren einer Strippingfolie, die die beiden Elektronen abstreift, können sie in Speicherringe eingespeist werden, in denen sie zu zeitlich kompakten Protonenpaketen gebündelt werden. Mit dieser Methode sind also hoch intensive Protonenpulse möglich. Diese Protonen werden auf neutronenreiche Targets aus schweren Materialien geschossen, in denen sie dann die oben beschriebenen Spallationsreaktionen auslösen. Die Spallationsreaktionen haben die folgende schematische Form.

$$p + \textit{schwerer Kern} \rightarrow \textit{20-40 } n + \textit{Fragmente} + \textit{Energie} \tag{13.1}$$

Die Neutronenausbeute hängt vom Targetmaterial und der Einschussenergie der Protonen ab [Fraser 1965]. Typische Targetmaterialien sind Quecksilber, Blei, Wismut, Uran und Legierungen dieser Materialien. Die von Beschleunigern verfügbaren Protonenenergien liegen zwischen 0,5 und 1,5 GeV. Die Neutronenanzahl pro Proton, den Yield Y, erhält man aus den beiden folgenden empirischen Beziehungen. Für beliebige Nuklide außer ^{238}Uran gilt mit der Massenzahl A des Targets und der Protonenenergie in GeV.

$$Y = 0{,}1 \cdot (E_p - 0{,}12) \cdot (A + 20) \tag{13.2}$$

Für ^{238}U gilt die vereinfachte Formel

$$Y = 50 \cdot (E_p - 0{,}12) \tag{13.3}$$

Beispiel 13.2: Abschätzung der Neutronenausbeute in einem Blei-Target bei 1,5 GeV Protonenenergie. Mit der Massenzahl von natürlichen Pb A = 207,2 ergibt (Gl.13.2) die Ausbeute Y(Pb, 1,5GeV) = 31,4. Für ein Quecksilbertarget erhält man Y(Hg, 1,5GeV) = 30,4. Ein Urantarget ergibt bei 1 GeV die Ausbeute Y(U, 1GeV) = 44.

Pro Spallationsakt werden bei optimierten Anordnungen mit schweren Tagetkernen und Protonenenergien zwischen 1-1,5 GeV also um 30 Neutronen emittiert. Man erhält daher eine um eine Größenordnung höhere Neutronenausbeute als bei einem Kernspaltungsakt. Je nach Anwendungszweck werden die Spallationsneutronen bei verschiedenen Temperaturen moderiert, also in ihrer Energie verändert. Diese Verfahren entsprechen den Methoden bei Spaltneutronen. Wegen der hohen Bedeutung gepulster Neutronenquellen für die Wissenschaft und Technik werden weltweit viele Spallationsanlagen betrieben und neu errichtet. In Europa existiert eine solche Anlage bereits in der Schweiz am Paul Scherrer Institut (SINQ: Swiss Spallation Neutron Source), die am dortigen Isochronzyklotron betrieben wird. In Oxford wird eine gepulste Neutronenspallationsquelle am Rutherford Appleton Laboratory betrieben (ISIS). Eine neue europäische Spallationsquelle (ESS: European Spallation Source) in

Lund (Provinz Scania in Südschweden) ist in Bau. Sie soll Neutronenflussdichten bis 10^{17} (s^{-1} cm^{-2}) ermöglichen. In den USA ist eine hoch intensive Neutronenquelle am Oak Ridge Laboratory in Betrieb (SNS: Spallation Neutron Source).

13.5.2 Neutronen-Fusionsgeneratoren mit Deuterium und Tritium

Neutronenproduktion mit Tritium und Deuterium als Geschossteilchen bzw. Targetmaterial ist über zwei Kernreaktionen möglich (zur Terminologie: X(a,b)Y bedeutet X Target, a Geschossteilchen, b Reaktionsprodukt, Y Endkern).

$$^{3}H(d,n)^{4}He + 17{,}6 MeV \quad (13.4)$$

$$^{2}H(d,n)^{3}He + 3{,}27 MeV \quad (13.5)$$

Generatoren nach (Gl. 13.4) werden anschaulich als **D-T-Generatoren** (Deuterium-Tritium-Generator) bezeichnet. In ihnen werden vergleichsweise niederenergetische Deuteronen auf ein Tritiumtarget geschossen. Der Wirkungsquerschnitt dieser Fusi-

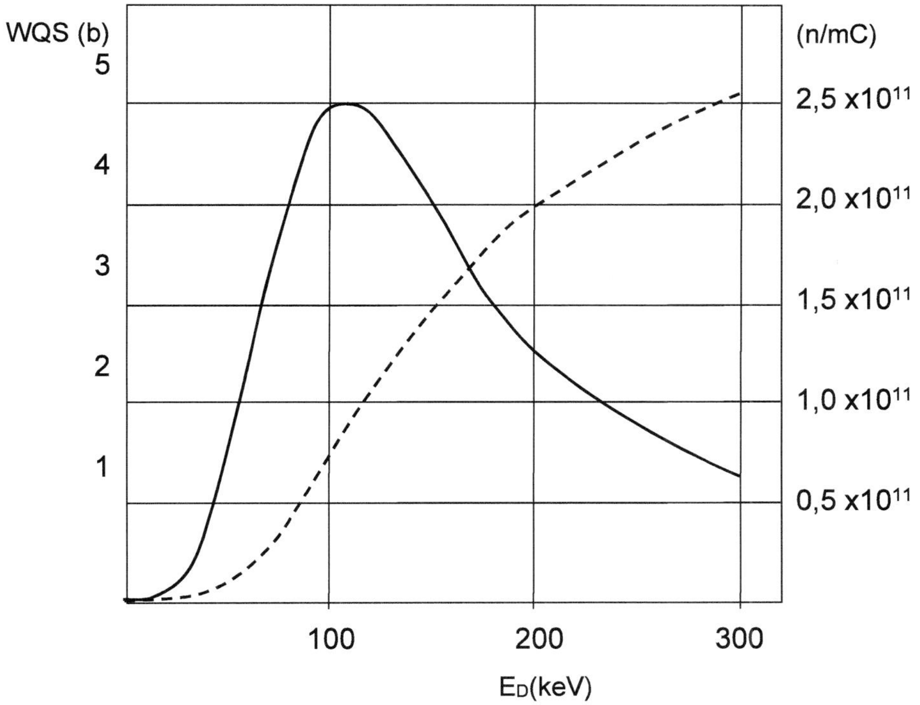

Fig. 13.2: Links: Verlauf des Wirkungsquerschnitts mit der Einschussenergie der Deuterium-Ionen für die T(d,n)-Reaktion nach (Gl. 13.4) an einem Titanhydridtarget. Rechts: Neutronenausbeute pro mC eingeschossener Deuteronen (gestrichelte Kurve, gezeichnet nach Daten aus [IAEA 913]).

onsreaktion hat sein Maximum bei nur 107 keV Bewegungsenergie der Deuteronen und hat einen Wert von 5 b. Als Beschussmaterial werden entweder Gastargets verwendet, also ein kontinuierlicher Strom von Tritium, oder Metallhydride, also metallische Targets z. B. aus Titan- oder Aluminiumfolien, in die Tritium hinein diffundiert wurde.

Da die Reaktionsausbeute solcher Titantargets von der Tritiumkonzentration abhängt, müssen metallische Tritiumtargets regelmäßig getauscht werden. Um das verbrauchte Tritium im Target zu ersetzen, kann man auch den eingeschossenen Deuteriumionen

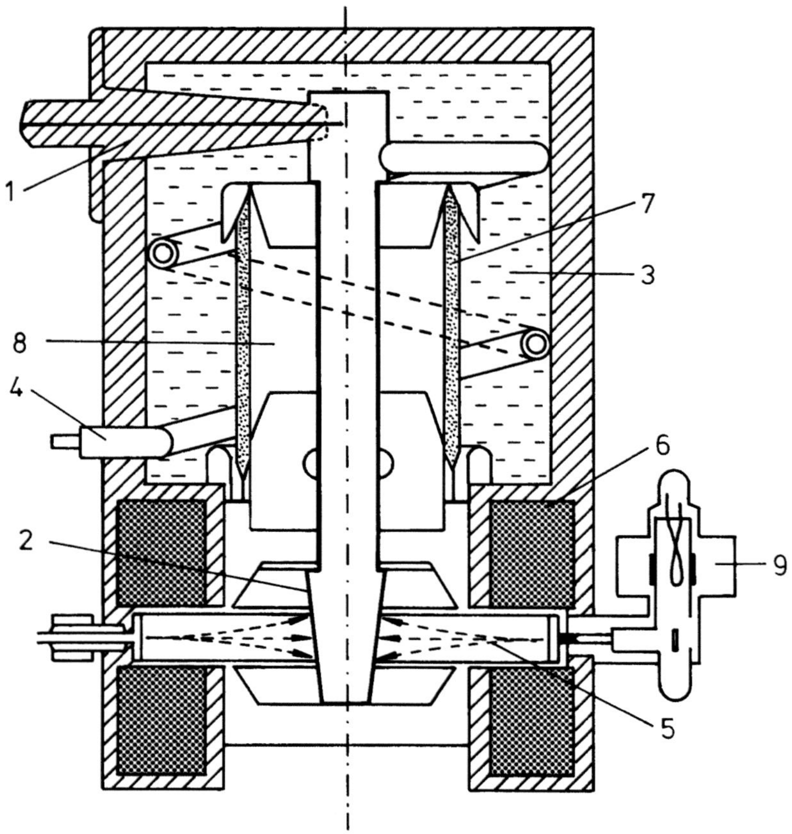

Fig. 13.3: Kommerzielle historische Ausführung eines D-T-Generators mit einer Beschleunigungsspannung von nur 250 kV zur Erzeugung von 14,1-MeV-Neutronen nach (Gl. 13.4) für die Strahlentherapie. Das Deuteriumgas strömt von links und rechts auf das konusförmige Tritium enthaltende Target ein (5, gebogene Pfeile). Die unter 90° aus dem Tritium-Target (2) austretenden Neutronen verlassen das Strahlrohr nach unten mit einer Bewegungsenergie von 14,1 MeV. Die Beschleunigungs-Hochspannung (HV) wird von oben her eingespeist (1). Die Bedeutung der anderen Ziffern ist (3) Ölisolation, (4) Wasserkühlung, (6) Magnetspulen, (7) Hochspannungsisolation, (8) Hochvakuum, (9) Ionenquelle, (nach [Fowler 1981]).

Tritium beimischen, so dass der Tritium-Verbrauch gerade durch den Einschuss kompensiert wird. Targets müssen im Betrieb entweder gekühlt oder drehbar zur besseren Wärmeverteilung ausgelegt werden, da das Tritium bei zu hohen Temperaturen leicht ausgast und dadurch die Reaktionsausbeute zu niedrig wird.

Als Beschleunigungsspannung für die Deuteronen benötigt man je nach Targetdicke nur zwischen 150 und 500 kV. Sind die Beschleunigungsspannungen der Deuteronen gering, werden nahezu monoenergetische Neutronen erzeugt. Die freiwerdende Reaktionsenergie (der Q-Wert) dieser Fusionsreaktion wird auf die beiden Ausgangsteilchen Neutron und Alpha entsprechend ihren Massen und den Emissionswinkeln verteilt. Die höchsten Neutronenenergien treten unter Vorwärtswinkeln auf. Bei den in Vorwärtsrichtung emittierten Neutronen verbleiben typischerweise etwa 15 MeV. Die Neutronen unter 90° zur Einschussrichtung werden mit 14,1 MeV Bewegungsenergie emittiert. Man erhält also vergleichsweise hochenergetische schnelle Neutronen und kann somit ausreichende Eindringtiefen in Materialien oder auch flache Tiefendosisverläufe in Patienten erzeugen. Eine für die Therapie ausreichende Neutronenflussdichte beträgt bei Abständen von einem Meter typischerweise knapp 10^{13} (s^{-1} cm^{-2}).

Werden als Deuteronenquelle Beschleuniger mit höheren Teilchenenergien wie elektrostatische Anlagen (Van de Graaff-Anlagen) oder Zyklotrons eingesetzt, kommt es im Ausgangskanal dieser Reaktion zusätzlich zu zwei möglichen Aufbrech-Reaktionen T(d,np)T und T(d,2n)^{3}He (Break-up). Die Schwellenenergien für diese Reaktionen liegen für die Deuteriumionen bei 3,7 MeV bzw. bei 4,9 MeV. Da die Zerfallsenergie jetzt auf mehrere Teilchen verteilt wird, sind die Neutronen nicht mehr monoenergetisch sondern haben Energieverteilungen zwischen von knapp 12 MeV bis etwa 20 MeV. Die Reaktionsgleichungen lauten jetzt:

$$t(d,pn)t \qquad \textit{(Schwellenenergie 3,7 MeV)} \tag{13.6}$$

$$t(d,2n)^3He \qquad \textit{(Schwellenenergie 4,9 MeV)} \tag{13.7}$$

Deuterium-Tritium-Generatoren werden mittlerweile auch als kompakte transportable geschlossene Systeme gefertigt. Solche sind besonders geeignet für die Anwendung in der Rohstoffexploration (Bohrloch Untersuchungen) und für Anwendungen und in der Sicherheitstechnik (Sprengstoffsuche, Land-Minensuche, Gepäckprüfung).

Die zweite Generatorvariante ist der **D-D-Generator** nach (Gl. 13.5). In ihm werden Deuteronen sowohl als Projektile als auch als Targetmaterial benutzt. Es gibt wieder von der Einschussenergie abhängige Reaktionsmöglichkeiten. Die Fusion nach (Gl. 13.5) ist eine so genannte exotherme Zweikörper-Reaktion, bei der die Reaktionsenergie von 3,27 MeV auf die beiden Ausgangsteilchen ^{3}He und Neutron je nach Emissionswinkel verteilt wird. Als Einschussenergie wird wieder nur eine geringe Bewegungsenergie der Deuteronen benötigt. Der Wirkungsquerschnitt ist um etwa den Faktor 50 kleiner als bei der Tritium-Reaktion. Bei höheren Energien kommt es ebenfalls zu Mehrteilchenreaktionen mit dem Deuteron-Break-up.

$$d(d,np)d - 2{,}2 MeV \tag{13.8}$$

Bei dieser (Gl. 13.8) handelt es sich um eine endotherme Dreiteilchenreaktion. Die Schwelle für diese Break-up-Reaktion liegt bei 4,45 MeV. Es wird daher ein Beschleuniger mit höherer Energie benötigt. Das Neutronenspektrum nach (Gl. 13.8) ist wegen der Energieverteilung auf die Break-up-Produkte auch wieder kontinuierlich. Die typischen Neutronenenergien liegen zwischen 1,6 MeV und 7,75 MeV.

Beide Reaktionstypen spielen als alleinige Neutronenquelle in der Medizin kaum eine Rolle. Anwendungen finden Neutronen aus der (d,d)-Reaktion dagegen bei der Neutronenuntersuchung von Frachten. Die Fusion nach (Gl. 13.5) tritt bei dem gemischtem D-T-Strahl im oben beschriebenen Deuterium-Tritium-Generator (Gl. 13.4) als Nebeneffekt auf und kontaminiert den dort im Wesentlichen monoenergetischen Neutronenstrahl auch mit niederenergetischen Neutronen, allerdings wegen des kleineren Wirkungsquerschnitts mit geringer Intensität.

Reaktion	**Q (MeV)**	**WQS_{max} (b)**	**E_n(MeV)**	**Break-up (MeV)***
$t(d,n)^4He$	17,0	5	14	
			12-20	3,7 für t(d,np)t
				4,9 für $t(d,2n)^3He$
$d(d,n)^3He$	3,27	0,09	2,5	
d(d,np)d	-2,2		1,6-7,75	4,45

Tab. 13.3: Parameter der Kernreaktionen zur Erzeugung von Neutronen in T-D- und D-D-Generatoren. *: Schwellenenergie für den Break-up.

13.5.3 Zyklotron-Neutronenquellen

Eine weitere Möglichkeit, schnelle Neutronen zu erzeugen, ist die Verwendung von Kernreaktionen hochenergetischer geladener Einschussteilchen mit leichten Targets wie Beryllium, Lithium oder auch den Isotopen des Wasserstoffs. Von allen denkbaren Reaktions-Varianten weisen neben den D-T- und D-D-Reaktionen (diesmal aber mit schnellen Einschussprojektilen) nur die Reaktionen von Deuterium und Protonen mit Beryllium-Targets ausreichend hohe Neutronenausbeuten bei guter technischer Praktikabilität auf. Die beiden Reaktionsgleichungen lauten:

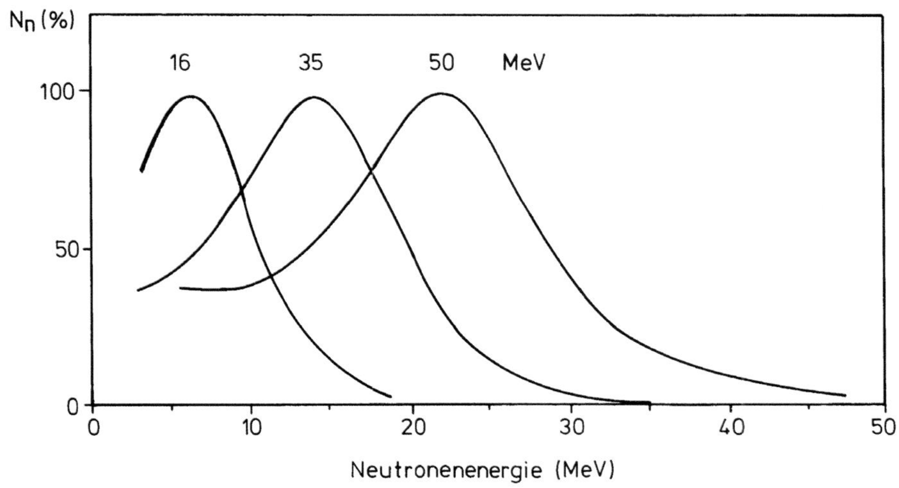

Fig. 13.4: Energiespektren von Zyklotron-Neutronen als Funktion der Beschleunigungsenergie aus (d,Be)-Reaktionen nach (Gl. 13.9), nach [Fowler 1981].

$$d + {}^{9}_{4}Be_5 \rightarrow {}^{10}_{5}B_5 + n + 4{,}36\,MeV \qquad (13.9)$$

$$p + {}^{9}_{4}Be_5 \rightarrow {}^{9}_{5}B_4 + n - 1{,}85\,MeV \qquad (13.10)$$

Die maximalen Neutronenenergien erhält man aus der Einschussenergie der geladenen Teilchen d oder p korrigiert um den Q-Wert der Kernreaktion. Dies bedeutet bei Deuteronbeschuss also eine Erhöhung der Einschussenergie um mehr als 4 MeV, bei der Protonenreaktion eine Verminderung der verfügbaren Energie um knapp 2 MeV wegen des negativen (endothermen) Q-Wertes. Die Teilchenenergien der Projektile betragen typisch einige 10 MeV, um die Reaktionsneutronen schnell genug für eine ausreichende Eindringtiefe zu machen. Werden genügend hohe Einschussenergien verwendet, können in Weichteilgewebe Neutronentiefendosisverläufe ähnlich wie bei 6-MV-Beschleunigerphotonen erzeugt werden. Dazu werden dann allerdings Protonen-Energien um 65 MeV benötigt.

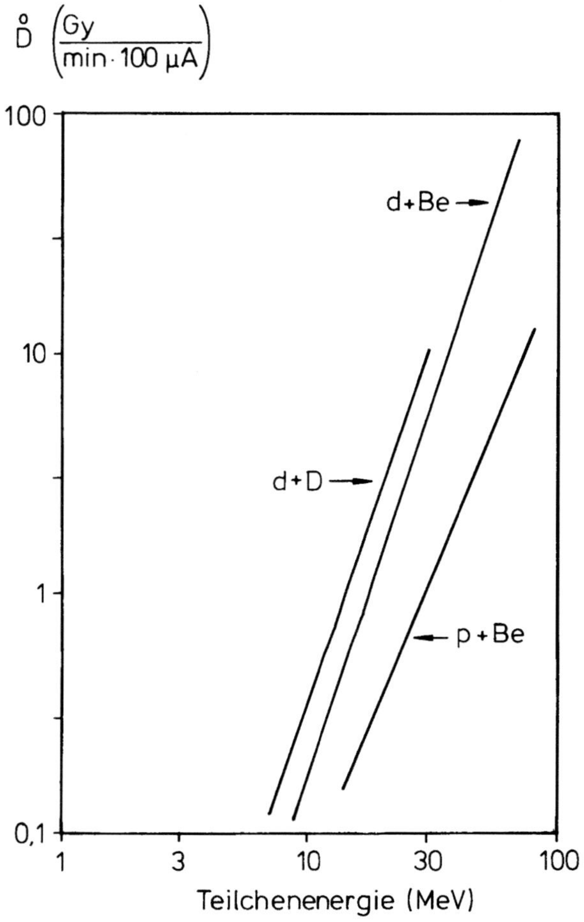

Fig. 13.5: Maximale relative Kermaleistungen mit Zyklotronneutronen in 1 m Abstand vom Target für verschiedene Kernreaktionen als Funktion der Einschussenergie der geladenen Teilchen (nach [Fowler 1981]).

Ein gravierender Nachteil dieser Art von Neutronenquellen ist die Notwendigkeit von teuren Teilchenbeschleunigern, den Zyklotrons. Wenn bereits Zyklotrons für die Produktion kurzlebiger Radionuklide für die Nuklearmedizin in den Kliniken vorhanden sind, können diese Maschinen durch Umrüsten der Targets allerdings auch für die Neutronenproduktion mit verwendet werden. Moderne spezialisierte medizinische Zyklotrons können isozentrisch bewegliche Strahlerköpfe enthalten und damit sogar ähnlich wie bei den Elektronen-Linearbeschleunigern Rotationsbestrahlungen und Mehrfeldertechniken bei der Therapie ermöglichen.

13.6 Neutronenquellen über den Kernphotoeffekt

Eine Möglichkeit, den Kernphotoeffekt für die Neutronenproduktion einzusetzen, ist die Verwendung hochenergetischer Elektronenbeschleuniger. Wenn diese Elektronen auf Bremstargets aus schweren Materialien geleitet werden, entsteht in diesen die gewünschte Bremsstrahlung. Die Bremsstrahlungsphotonen werden dann als Beschussteilchen an geeigneten Neutronentargets eingesetzt. Sie lösen bei der Wechselwirkung mit den Targetkernen über den Kernphotoeffekt Neutronen aus (vgl. dazu [Krieger1], Kap. 6.5).

Für ausreichende Neutronenausbeuten sind zwei Bedingungen zu erfüllen. Die erste Bedingung betrifft die Nennenergie der Bremsspektren. Da Bremsspektren kontinuierlich sind und eine ungefähre Dreiecksform aufweisen, müssen Nennenergien der Bremsspektren deutlich höhere Energien aufweisen als die Schwellenenergien für den Kernphotoeffekt im jeweiligen Targetmaterial, um einen ausreichenden Überlapp des Spektrums mit dem Wirkungsquerschnitt zu erreichen. Bei klinischen Elektronenlinearbeschleunigern ist die Ausbeute wegen der Energiebegrenzung der Photonen beispielsweise völlig unzureichend. Der zweite Grund sind die kleinen Wirkungsquerschnitte für den Kernphotoeffekt. Für ausreichende Neutronenausbeuten werden wegen der sehr hohen erforderlichen Photonenintensitäten entsprechende große Elektronenflüsse auf dem Bremstarget benötigt. Neutronen können auch unmittelbar mit Elektronen an schweren Targetkernen ausgelöst werden. Der Mechanismus ist die Bildung intermediärer virtueller Photonen, die dann einen Kernphotoeffekt bewirken. Beschleuniger, die dieses leisten können, sind nur an großen Forschungszentren vorzufinden. Sie sind für die Neutronenproduktion nur von nachgeordneter Bedeutung.

Die zweite Möglichkeit, den Kernphotoeffekt auszunutzen, ist die Verwendung radioaktiver Gammastrahler, die in direkten Kontakt mit geeigneten Targetmaterialien gebracht werden, in denen durch den Kernphotoeffekt dann einzelne Neutronen ausgelöst werden. Die Voraussetzung ist hier die Emission von Photonen aus den Präparaten, die wieder Energien oberhalb der Kernphotoschwellen aufweisen.

Radionuklid	**E_γ (MeV)**	**I_{rel} (%)**	**$T_{1/2}$**	**Reaktionen**
^{24}Na	2,757	99,85	14,96 h	^{9}Be(γ,n)^{8}Be ^{2}H(γ,n)^{1}H
^{72}Ga	2,508	12,8	14,1 h	^{2}H(γ,n)^{1}H
^{124}Sb	1,691	50,0	60,3 d	^{9}Be(γ,n)^{8}Be
^{140}La	2,51	3,43	40,272 h	^{9}Be(γ,n)^{8}Be

Tab. 13.4: Eigenschaften der Radionuklide zur Neutronenerzeugung über den Kernphotoeffekt. Schwellenenergien: Deuterium 2,225 MeV, Beryllium 1,667 MeV.

Die wichtigsten Gammastrahler sind ^{24}Na, ^{72}Ga, ^{124}Sb und ^{140}La. (Tab. 13.4) zeigt eine Zusammenstellung der Daten dieser Radionuklide und der Targetmaterialien für die Kernphotoreaktionen. Der Ausbeute an Neutronen ist bei diesen radioaktiven Photonenstrahlern abhängig von der Aktivität der Strahler. Nachteile sind die wegen der hohen Photonenenergien benötigten dicken Strahlenabschirmungen im Betrieb. Werden die Gammastrahler als entfernbare Quellen ausgelegt, können die Neutronenquellen abgeschaltet werden.

13.7 Radioisotop-Neutronenquellen vom Typ (α,n)

Andere radioaktive Neutronenquellen verwenden Kernreaktionen vom Typ (α,n). Sie bestehen aus einem Alphastrahler und einem Target aus leichten Nukliden. Ist die Alphaenergie hoch genug, um die abstoßenden Coulombkräfte der leichten Nuklide zu überwinden, kann durch den Alphabeschuss ein Neutron aus dem Targetmaterial ausgelöst werden. Bei einem negativen Q-Wert der Reaktion muss das Alphateilchen nach der Annäherung an den Atomkern noch genügend Bewegungsenergie aufweisen, um den erforderlichen Energiebetrag auf ein Neutron zu übertragen. In einer (α,n)-Reaktion mit Polonium als Alphastrahler und einem Beryllium-Target hat ***James Chadwick*** 1932 das Neutron entdeckt.

Target	**Q-Wert (MeV)**	**Yield ($n/10^6$ α)**
^{7}Li	-2,79	2,6
^{9}Be	5,70	80
^{10}B	1,60	13
^{11}B	0,16	26
^{13}C	2,22	10
^{18}O	-0,70	29
^{19}F	-1,95	12

Tab. 13.5: Daten von Targetnukliden für die Verwendung in (α,n)-Reaktionen (nach Daten aus [IAEA 357]).

Eine Zusammenstellung der in Frage kommenden leichten Targetnuklide zeigt (Tab. 13.5). Die höchste Neutronenausbeute zeigt das Nuklid ^{9}Be, das deshalb in den meisten Radioisotopquellen eingesetzt wird. Günstig für eine hohe Neutronenausbeute ist der direkte Verbund mit dem alphastrahlenden Material, z. B. in Form einer Legierung. Auch hier ist Beryllium das bevorzugte Material. Als Alphaemitter werden entweder natürliche radioaktive Isotope aus den Aktiniden-Zerfallsketten oder künstlich durch Neutroneneinfang oder in Schwerionenreaktionen erzeugte Transurane eingesetzt. Die Anforderungen an den Alphastrahler sind eine ausreichend hohe Alphaausbeute, also die Dominanz des Alphazerfallszweiges vor den anderen Zerfallsmöglichkeiten, ein lange Halbwertzeit und eine geringe Gammaemission in den Tochternukliden der Zerfallskette nach dem Alphazerfall. Die günstigsten Alphastrahler sind ^{239}Pu und ^{241}Am. Die meisten kommerziellen Radioisotop-Neutronenquellen enthalten deshalb eine ^{239}Pu-Be-Quelle oder eine ^{241}Am-Be-Quelle. Auch Kombinationen beider Varianten werden verwendet.

Radionuklid	**$T_{1/2}$**	**spez. α-Aktivität (GBq/g)**	**Alphaenergie (MeV)[(1)]**	**Neutronenausbeute ($s^{-1}\cdot GBq^{-1}$)**
Po-210	138,38 d	$166{,}5\cdot 10^3$	5,30	$0{,}068\cdot 10^{-6}$
Ra-226	1600 a	36,6	4,8; 5,3; 5,5, 6,0; 7,7	$0{,}541\cdot 10^{-6}$
Pu-238	87,74 a	644	5,456; 5,499	$0{,}073\cdot 10^{-6}$
Pu-239	24110 a	2,28	5,1; 5,13; 5,15	$0{,}059\cdot 10^{-6}$
Am-241	432,2 a	119,51	5,486; 5,443	$0{,}073\cdot 10^{-6}$
Cm-242	162,94 d	$123\cdot 10^3$	6,07; 6,11	$0{,}114\cdot 10^{-6}$

Tab. 13.6: Daten einiger Neutronenquellen vom Typ $^9Be(\alpha,n)$, (nach Daten von [Attix/Roesch /Tochilin], [Lederer], [Karlsruher Nuklidkarte]). [(1)]: Inklusive Folgezerfällen.

Das Funktionsprinzip der isotopischen Neutronenproduktion soll am Beispiel der bekannten **Americium-Beryllium-Quelle** dargestellt werden. Sie verwendet ^{241}Am ($T_{1/2}$ = 432,2 a, E_α = 5,486 und 5,443 MeV) als Alphaquelle und funktioniert nach den folgenden Reaktionsgleichungen:

$$ {}^{241}_{95}Am^*_{146} \rightarrow {}^{237}_{93}Np^*_{144} + \alpha + 5{,}486\,MeV \tag{13.11} $$

$$ {}^{9}_{4}Be_5 + \alpha \rightarrow {}^{13}_{6}C^*_7 \tag{13.12} $$

$$ {}^{13}_{6}C^*_7 \rightarrow {}^{12}_{6}C_6 + n + 2{,}7\,MeV \tag{13.13} $$

Es wird also durch Alphabeschuss des Berylliumkerns zunächst ein hoch angeregter Zwischenkern (Compoundkern) gebildet, der dann in einem weiteren Reaktionsschritt ein Neutron emittiert. Die Bewegungsenergie der so erzeugten Neutronen hängt von der Energie der Alphateilchen und somit vom verwendeten Alphastrahler ab. Die wahrscheinlichste Energie der Neutronen beträgt 3-5 MeV, die maximale Energie bis zu 11 MeV. Die Americium-Beryllium-Quelle erzeugt je nach Bauart zwischen 10^6

und 10^8 Neutronen pro Sekunde und pro Gramm Americium. Solche Neutronenflüsse sind ausreichend für technische Anwendungen, sie sind aber zu gering als Neutronenstrahler für die Strahlentherapie. Sie dienen deshalb heute nur als technisch-physikalische Neutronenstrahler, z. B. als Prüfstrahler oder Kalibrierstrahler für Neutronendosimeter und als Sonden in der Sicherheitstechnik. Weitere mögliche Beryllium-Alpha-Quellen sind in (Tab. 13.6) aufgelistet.

Zusammenfassung

- **Zur Energiedefinition der Neutronen werden Laufzeitverfahren verwendet oder die gezielte Moderation mit gekühlten oder geheizten Moderatoren vorgenommen.**
- **Die Neutronenquellen mit den höchsten Neutronenflüssen sind die auf die Neutronenproduktion spezialisierten Kernreaktoren und die Spallationsquellen mit Hochenergie-Beschleunigern.**
- **In den Kernreaktoren werden die Neutronen aus der Kernspaltung hoch angereicherter Brennstoffe verwendet.**
- **In Spallationsanlagen werden hochenergetische Protonen auf Targets aus schweren Elementen geschossen. Die Targetatomkerne werden in einem Mehrstufenprozess zertrümmert und senden etwa 30 Neutronen pro Spallationsakt aus.**
- **In Kernreaktoren und Spallationsquellen werden ähnliche kontinuierliche Neutronenspektren erzeugt.**
- **Während Neutronenstrahlenbündel in Kernreaktoren schwer ohne merklichen Teilchenverlust zu pulsen sind, können in Spallationsquellen wegen des Pulsbetriebs der Beschleuniger leicht gepulste Neutronenstrahlen erzeugt werden.**
- **Eine weitere Neutronenquelle stellen die auf Fusionsprinzipien beruhenden Fusions-Neutronengeneratoren dar.**
- **Sie enthalten eine Ionenquelle, einen kompakten Niederenergiebeschleuniger zur Beschleunigung leichter geladener Teilchen und ein Target, in dem die Fusion stattfinden soll.**
- **Die typischen Materialien sind Deuterium und Tritium als Beschussmaterial und als Target.**

- **Bei der Fusion dieser beiden Isotope werden hochenergetische Neutronen mit Bewegungsenergien um 15 MeV freigesetzt.**

- **Fusionsgeneratoren können heute auch als kompakte und völlig versiegelte transportable Einheiten hergestellt werden.**

- **In Zyklotron-Neutronenquellen werden Neutronen durch Beschuss geeigneter Targetmaterialien mit hochenergetischen geladenen Teilchen, vor allem mit Protonen oder Deuteronen, erzeugt.**

- **Diese lösen im Targetmaterial prompte Neutronen aus. Der hoch angeregte Restkern emittiert dabei prompte hochenergetische Gammaquanten, die zur Analyse der Proben nachgewiesen werden können.**

- **Weitere Neutronenquellen sind die spontan spaltenden schweren Transurane. Das wichtigste Beispiel ist der Spontanspalter ^{252}Cf, der im Mittel knapp 4 Neutronen pro Spaltakt emittiert.**

- **Californium kann als kleine gekapselte Neutronenquelle gefertigt werden und ist dann besonders als transportabler Neutronenstrahler für Materialuntersuchungen geeignet.**

- **Neutronenerzeugung ist auch über den Kernphotoeffekt möglich. Hohe Neutronenausbeuten sind damit nur an großen Beschleunigeranlagen zu erreichen.**

- **Radioaktive Gammastrahler können ebenfalls über den Kernphotoeffekt Neutronen erzeugen. Die Neutronenflüsse sind beschränkt.**

- **Neutronenquellen, die Alphateilchen aus radioaktiven Zerfällen schwerer Elemente als Projektile verwenden, werden als (α,n)-Quellen oder Radioisotop-Neutronenquellen bezeichnet. Die emittierten Alphateilchen setzen bei Kernreaktionen mit in der Regel leichten Zielkernen Neutronen frei.**

- **Den höchsten Wirkungsquerschnitt für die Alpha-n-Reaktion weist ^{9}Be auf. Natürliches Beryllium besteht zu 100% aus diesem Nuklid.**

- **Die wichtigsten Vertreter der (α,n)-Neutronenquellen sind die Americium-Beryllium-Quelle und die Plutonium-Beryllium-Quelle.**

- **Neutronenquellen werden für die Neutronen-Aktivierungsanalyse, die Neutronenbildgebung, in der Radioonkologie und in wissenschaftlichen Grundlagenuntersuchungen z. B. zur Untersuchung von Kristall- und Molekülstrukturen verwendet.**

13.8 Anwendungen von Neutronenstrahlungen

Neutronenquellen dienen heute zu Grundlagenuntersuchungen in der Wissenschaft und Technik, als Sonden für die Materialprüfung und in der Sicherheitstechnik und letztlich als therapeutische Strahlungsquellen in der Medizin. Vor allem für die wissenschaftlichen und technischen Anwendungen ist neben den hohen Neutronenflüssen auch die Kenntnis der Neutronenenergie von zentraler Bedeutung. So müssen in der Neutronenradiografie die Größen der abzubildenden Objekte etwa den Wellenlängen der abbildenden Neutronen entsprechen, um ausreichende Auflösungen zu erreichen. Deshalb müssen die Neutronenenergien entweder vor der Anwendung durch geeignete Maßnahmen definiert werden können oder sie müssen durch Flugzeitanalysen bestimmbar sein. Die Neutronenquellen müssen an die jeweiligen Aufgaben angepasst werden. Die folgenden Abschnitte geben einen Überblick über einige typische Anwendungen von Neutronenquellen.

13.8.1 Neutronen-Aktivierungsanalysen

Die erste Gruppe von wissenschaftlichen und technischen Neutronenanwendungen sind die Neutronen-Aktivierungsanalysen (NAA). Dabei werden durch Neutronenexposition der zu untersuchenden Materialien bestimmte radioaktive Isotope erzeugt, deren charakteristische Strahlungen nachgewiesen werden. Je nach Neutronenquelle und Neutronenenergie unterscheiden sich die Analyseverfahren und die untersuchbaren Isotope.

Neutroneneinfangreaktionen mit thermischen Neutronen: Die am häufigsten und mit höchsten Intensitäten zur verfügenden stehenden Neutronenstrahler sind die thermischen Neutronen aus Kernreaktoren. Bei der Exposition bestimmter Substanzen kommt es zum Einfang dieser Neutronen in einem (n,γ)-Prozess. Bei den meisten Atomkernen nimmt der Wirkungsquerschnitt reziprok zur Neutronengeschwindigkeit ab. Dies wird als 1/v-Regel bezeichnet. Bis in den schnellen Bereich nimmt der Einfangquerschnitt um mehrere Größenordnungen ab. Je nach Isotop kann der Einfangquerschnitt bis zu mehreren hunderttausend Barn betragen. Der Vorteil dieses Verfahrens ist deshalb seine hohe Empfindlichkeit. Allerdings kann es nur bei etwa 2/3 aller Elemente angewendet werden, da bei den anderen Elementen keine radioaktiven Tochternuklide durch Neutroneneinfang erzeugt werden können.

Die Folge des thermischen Neutroneneinfangs ist ein energetisch gut definierter Zustand im Tochternuklid, da bei thermischen Energien praktisch nur die Bindungsenergie des eingefangenen Neutrons freigesetzt wird. Diese Energie wird gleichmäßig auf alle Nukleonen verteilt, der angeregte Atomkern bildet einen sogenannten Compoundkern. Innerhalb von ungefähr 10^{-16} s beginnt die Abregung des Compoundkerns in einer Kaskade von Gammazerfällen. Dieser Abregungsakt kann eine Zeit von 10^{-12} bis 10^{-9} s benötigen. Die dabei emittierten Photonen werden für diesen Zeitbereich noch als "prompte" Gammas bezeichnet. Da die Gammaenergien charakteristisch für das zerfallende Nuklid sind, kann durch ihren Nachweis auf die Anwesenheit bestimmter Isotope in der bestrahlten Probe geschlossen werden. Das Verfahren wird als **prompte Gamma-Neutronen-Aktivierungsanalyse** (PGNAA) bezeichnet.

Manche Nuklide bevölkern beim Zerfall auch isomere Zustände, die mit erheblichen Halbwertzeiten zerfallen. In diesen Fällen ist der Nachweis ihrer Aktivierung auch mit Verzögerung möglich. Das Gleiche gilt, wenn die Grundzustände der abgeregten Isotope selbst wieder radioaktiv sind. Typische Umwandlungen sind Beta-minus-Zerfälle oder der Elektroneneinfang mit anschließender Gammaemission aus dem Tochternuklid. Solche Proben können dann im Neutronenfeld bestrahlt und anschließend nach einer gewissen Wartezeit im strahlungsfreien Bereich auf induzierte Radioaktivität untersucht werden. Da die prompten und die nach den Betazerfällen der aktivierten Isotope auftretenden Gammaquanten mit ihrer Energie isotopspezifisch sind, können simultane Analysen vieler verschiedener Substanzen innerhalb einer Probe vorgenommen werden, sofern mit ausreichender energetischer Auflösung gemessen wird.

Eine spezielle Version der NAA sind die **instrumentellen Aktivierungsanalysen** (INAA). Hier wird nach einer Aktivierung durch Neutronen quantitativ auf die Zusammensetzung der Probe geschlossen. Dazu wird ein Vergleich der Messergebnisse mit einem simultan unter gleichen Bedingungen bestrahlten und ausgemessenen Standardpräparat bekannter Zusammensetzung vorgenommen und danach eine quantitative Aussage der Elementzusammensetzung, also eine Multielementanalyse der Probe berechnet. Dazu ist keine Vorbearbeitung des Präparats wie chemische Separation erforderlich. Wird die zu untersuchende Probe nach der Neutronenbestrahlung chemisch isoliert und erst dann gemessen, um Empfindlichkeit und eventuelle Interferenzen zu mindern, so bezeichnet man das Verfahren als **radiochemische Neutronen-Aktivierungsanalyse** (RNAA). Beide Verfahren sind nur bei verzögerter Gammaemission möglich.

Inelastische Neutronenstreuung: Hierbei verwendet man Kernreaktionen von der Form $(n,n'\gamma)$ mit höher energetischen Neutronen. Man benötigt dazu hohe Neutronenflüsse und Neutronenenergien oberhalb der Schwellenenergie (threshold: thr) für die Anregung des ersten Neutronenzustandes im Compoundkern nach dem Neutroneneinfang, aus dem dann zunächst ein Neutron mit geringer Energie emittiert werden kann. Die im Kern verbleibende Energie führt wieder zu einer prompten Gammakaskade mit typischen Gammaquanten, die für das Material charakteristisch sind.

Der Wirkungsquerschnitt für diesen inelastischen Neutronenstreuprozess verläuft unmittelbar oberhalb der Schwellenenergie E_{thr} für den ersten Neutronenzustand mit der Wurzel aus der Differenz von Neutronenenergie und Energieschwelle ($\sigma \sim (E_n - E_{thr})^{1/2}$). Das Maximum des Wirkungsquerschnitts liegt typisch etwa 150 keV oberhalb der Schwelle. Sobald die Schwelle für die Anregung des nächsten Neutronenzustandes erreicht wird, überlagern sich die Wirkungsquerschnittsverläufe. Dies geschieht bis einige MeV oberhalb der Schwellenenergie. Die Größe der Wirkungsquerschnitte liegt im Maximum bei einigen Barn, ist also im Vergleich zum thermischen Neutroneneinfang um einige Größenordnung geringer. Tatsächlich können mit den inelastisch gestreuten Neutronen Isotope nachgewiesen werden, die keinen oder nur einen kleinen thermischen Neutroneneinfangquerschnitt aufweisen.

Kernreaktionen mit schnellen Neutronen: Bei noch höheren Neutronenenergien aus Kernreaktoren oder Beschleunigern kann es auch zu anderen Kernreaktionen der beschossenen Isotope kommen. Mögliche Prozesse sind der Neutroneneinfang mit prompter Protonenemission (n,pγ) oder prompter Alphateilchenemission (n,αγ) und Prozesse, bei denen sukzessiv mehrere Neutronen aus dem Compoundkern emittiert werden, also Kernreaktionen der Form (n,xnγ) mit x=2,3,4,.... Da beim zusätzlichen Auftreten dieser Kernreaktionen sehr unterschiedliche Isotope entstehen, sind die emittierten Strahlungen zwar charakteristisch aber schwerer einem Mutternuklid zuzuordnen. Die Wahrscheinlichkeit für den charakteristischen erwünschten inelastischen Neutroneneinfang nimmt oberhalb dieser Kernreaktionsschwellen sehr schnell ab.

Kernreaktionen mit 14 MeV Neutronen aus Neutronengeneratoren: Dieses Verfahren kann angewendet werden, wenn die nachzuweisenden Isotope mit den anderen Methoden schlecht nachgewiesen werden können. Dies gilt für eine Reihe von leichten Elementen. Der Grund sind die von den monoenergetischen Neutronen ausgelösten Direktreaktionen. Die Kernreaktionen sind vom Typ (n,p), (n,2n), (n,α). Die typischen Tochternuklide sind kurzlebig mit Halbwertzeiten im Sekunden- und Minutenbereich. Sie müssen also unmittelbar nach der Strahlenexposition ausgemessen werden. Das wichtigste Isotop ist ^{16}O, aus dem in der Reaktion ^{16}O(n,p)^{16}N radioaktiver Stickstoff erzeugt wird. Dieses Stickstoffnuklid zerfällt mit einer Halbwertzeit von 7,13 s, das Tochternuklid ^{16}O emittiert dabei zwei Photonen mit extrem hoher Gammaenergie ($E\gamma$ = 6,13 und 7,15 MeV). Dieser Prozess dient in der Metallurgie zum Sauerstoffnachweis in Stahl. Andere Kernreaktionen mit 14 MeV-Neutronen dienen zur Analyse von Gusseisen zum Nachweis von Beimengungen von Silizium, Phosphor oder Magnesium. Eine besonders spektakuläre Untersuchung ist die zerstörungsfreie Analyse von archäologischen Funden oder Kunstwerken. Gepulste Nuklidgeneratoren werden auch zu Ganzkörperuntersuchungen verwendet.

Zusammenfassung

- **Bei der Neutronen-Aktivierungsanalyse NAA werden Proben mit Neutronen unterschiedlicher Energie beschossen.**
- **Nach dem Einfang thermischer Neutronen oder sonstigen durch Neutronen ausgelösten Kernreaktionen werden die Abregungsstrahlungen der angeregten Tochternuklide untersucht.**

- **Die am häufigsten erzeugte und nachgewiesene Strahlungsart sind die prompten Gammaquanten nach Einfang thermischer Neutronen, die charakteristisch für das jeweilige Nuklid sind. Das Verfahren wird als prompte Gamma-Neutronen-Aktivierungsanalyse PGNAA bezeichnet.**

- **Für Isotope, die keine thermischen Neutronen einfangen, kann über inelastische Neutronenstreuung ebenfalls ein angeregtes Tochternuklid erzeugt werden, dessen charakteristische Strahlung zur Identifikation des untersuchten Isotops dient.**

13.8.2 Schwächung von thermischen Neutronen*

Neutronenwechselwirkungen finden wegen der fehlenden Coulombkräfte im Wesentlichen mit den Atomkernen über die starke Wechselwirkung statt. Mögliche häufige Wechselwirkungen von thermischen Neutronen sind der Neutroneneinfang und die kohärente und inkohärente Streuung am Atomkern[2]. Der Wirkungsquerschnitt setzt sich daher aus dem Einfangquerschnitt σ_c (c wie capture) und den beiden Streuquerschnitten $\sigma_{s,coh}$ und $\sigma_{s,incoh}$ zusammen.

$$\sigma_n = \sigma_c + \sigma_{s,coh} + \sigma_{s,incoh} \tag{13.14}$$

Während die Wahrscheinlichkeit für den Neutroneneinfang reziprok mit der Neutronengeschwindigkeit abnimmt ($\sigma_c \sim 1/v$), sind die beiden Streuquerschnitte im Wesentlichen unabhängig von der Neutronenenergie ($\sigma_s \neq f(E)$). Kohärent gestreute Neutronen werden vor allem unter kleinen Winkeln nach vorne gestreut, bleiben daher im Strahlenbündel erhalten. Sie unterliegen also nicht der Schwächung. Inkohärent gestreute Neutronen werden dagegen isotrop in den vollen Raumwinkel emittiert. Da sie aus dem Strahlenbündel entfernt wurden, sind sie wie die eingefangenen Neutronen bildwirksam. Durch ihre Divergenz sorgen sie allerdings für einen geringfügigen ortsunabhängigen "Grundschleier" auf dem Bilddetektor.

Neutronen sind ungeladene Teilchen und unterliegen wie die Photonen bei der Wechselwirkung mit Materie dem Schwächungsgesetz. Der Zusammenhang von Wirkungsquerschnitt und Schwächungskoeffizient ist durch die folgende Beziehung gegeben.

$$\mu = \sigma_n \cdot n \tag{13.15}$$

Dabei ist n die Teilchenzahldichte (die Zahl der Teilchen pro Volumen (s. [Krieger1], Kap. 1.5.3) und σ_n die Summe der beiden zur Schwächung beitragenden partiellen Wirkungsquerschnitte (Einfang, inkohärente Streuung). Der Schwächungskoeffizient für Neutronen zeigt im Unterschied zu den Photonenschwächungskoeffizienten keine Abhängigkeit von der Massendichte der bestrahlten Substanz. Er ist stattdessen ab-

[2] Thermische Neutronen können auch Spaltung an einigen schweren Aktiniden auslösen (s. Kap. 12).

hängig vom dichteunabhängigen Neutronen-Wechselwirkungsquerschnitt und der Anzahl der Atomkerne im bestrahlten Volumen, der Teilchenzahldichte n. Die Teilchenzahldichte erhält man aus Massendichte, Avogadrozahl A und der molaren Masse M.

$$n = \rho \cdot \frac{A}{M} \tag{13.16}$$

Im Zusammenhang mit der Neutronenradiografie wird oft die Schwächungslänge R, der Kehrwert des Schwächungskoeffizienten tabelliert[3]. Sie gibt diejenige Materialstärke an, die den Neutronenstrahl auf 1/e schwächt.

$$R = \frac{1}{\mu} \tag{13.17}$$

Der Neutronenschwächungskoeffizient zeigt keinen einfachen systematischen Zusammenhang mit der Ordnungszahl und der Massenzahl des Absorbers. In der Regel unterscheiden sich selbst die Wirkungsquerschnitte für verschiedene Isotope eines Elements. Man ist deshalb zur Berechnung der Schwächungskoeffizienten oder Schwächungslängen auf Tabellenwerke angewiesen [Sears 1992]. Eine Zusammenstellung von für die Neutronenbildgebung wichtigen Isotopen und ihrer Eigenschaften findet man in der folgenden Tabelle (Tab. 13.7).

Beispiel 13.3: Berechnung des Schwächungskoeffizienten und der Schwächungslänge von reinem ^{157}Gd für thermische Neutronen. Dieses Isotop hat einen WQS für den Neutroneneinfang von σ_c = 259000 b und einen WQS für inkohärente Streuung von σ_{incoh} = 394 b (s. Tab. 13.7). Der schwächungswirksame Querschnitt beträgt zusammen 259394 b, die Massendichte von Gd beträgt 7,89 g/cm^3. Der Schwächungskoeffizient hat also den folgenden Wert:

$$\mu = 7{,}89 \cdot \frac{6{,}022 \cdot 10^{23}}{157} \cdot 259394 cm^{-1} = 7850{,}15 cm^{-1}$$

Der Kehrwert ergibt die Schwächungslänge zu R = 0,000127 cm =1,27μm.

Liegen die Isotope nicht in reiner Form sondern als chemische Verbindungen des natürlich vorkommenden Elements vor, muss deren Schwächungskoeffizient unter Berücksichtigung der relativen Isotopenhäufigkeiten, ihrer Wirkungsquerschnitte, der relativen Massenanteile des untersuchten Isotops und der Molekülmasse und Dichte der untersuchten Substanz berechnet werden.

[3] Im englischen Sprachraum wird statt des Symbols R die Bezeichnung L vorgezogen.

Nuklid	σ_c **(b)**	$\sigma_{s,coh}$ **(b)**	$\sigma_{s,incoh}$ **(b)**	ρ **(g/cm³)**	μ **(cm⁻¹)**	**R (cm)**
^{1}H	0,3326	1,7583	80,27	0,00009	0,00437	229
^{2}H	0,00052	5,592	2,05	0,00017	0,000105	9527
^{4}He	0,0	4,42	1,6	0,000179	0,00019	5255
^{6}Li	940	0,51	0,46	0,458	43,23	0,023
^{7}Li	0,0454	0,619	0,78	0,534	0,038	26,4
^{nat}B (10,81)	767	3,54	1,7	2,46	105,3	0,0095
^{10}B	3835	0,144	3,0	2,24	517,72	0,00193
^{12}C	0,00353	5,559	0	2,2	0,00039	2566
^{14}N	1,91	11,03	0,5	0,00125	0,00013	7712
^{35}Cl	44,1	17,06	4,7	0,0032	0,00269	372,2
^{40}Ca	0,41	2,9	0	1,55	0,00957	104,52
^{48}Ti	7,84	4,65	0	4,54	0,4466	2,24
^{56}Fe	2,59	12,42	0	7,86	0,219	4,57
^{63}Cu	4,5	5,2	0,006	8,96	0,386	2,59
^{113}Cd	20600	12,1	0,3	8,65	949,6	0,001053
^{nat}Gd (157,25)	49700	29,3	151,0	7,89	1506	0,000664
^{157}Gd	259000	650	394	7,89	7850	0,000127
^{197}Au	98,65	7,32	0,43	19,3	5,845	0,171
^{nat}Pb (207,2)	0,171	11,115	0,003	11,35	0,00574	174,2

Tab. 13.7: Wirkungsquerschnitte für thermische Neutronen und gebundene Atome von einigen für die Bildgebung mit Neutronen wichtigen Isotopen [Sears 1992]. μ und R sind nach den (Gln. 13.16 und 13.17) für reine Substanzen berechnet. Die grau unterlegten Wirkungsquerschnitte sind bildwirksam. Die Zahlen in den Klammern hinter den Elementen sind die durchschnittlichen Massenzahlen der natürlichen Elemente.

Beispiel 13.4: Wie groß ist der Schwächungskoeffizient von Wasser für thermische Neutronen? Die Dichte von Wasser beträgt 1 g/cm³, die molekulare Masse 18 g. In jedem Wassermolekül sind 2 H-Atome enthalten. Die relativen Häufigkeiten der beiden natürlich vorkommenden Wasserstoff-Isotope sind 99,9885% ^{1}H und 0,0115% ^{2}H. Der Einfachheit wird unterstellt, dass Sauerstoff als ^{16}O vorliegt (die beiden anderen Isotope ^{17}O und ^{18}O haben ein natürliches Vorkommen von zusammen nur 0,24%).

Alle Sauerstoffisotope weisen nur vernachlässigbare Wirkungsquerschnitte für die Neutronenschwächung auf. ^1H hat einen sehr großen Wirkungsquerschnitt für die inkohärente Streuung, der Wert beträgt 80,26 b. Zusammen mit dem Einfangquerschnitt von 0,3326 b erhält man einen schwächungswirksamen Querschnitt von 80,59 b. Deuterium hat einen vernachlässigbaren kleinen Absorptionsquerschnitt (0,000519 b) und einen Schwächungsquerschnitt für die inkohärente Streuung von 2,05 b. Auf Grund seines geringen Vorkommens kann der Deuteriumbeitrag zur Schwächung vernachlässigt werden. Der Schwächungskoeffizienten berechnet sich also zu

$$\mu = 1{,}0 \cdot \frac{6{,}022 \cdot 10^{23}}{18} \cdot 80{,}26 \cdot 2 \cdot 0{,}999885 cm^{-1} = 12{,}08 cm^{-1}.$$

Die Schwächungslänge ergibt sich wieder als Kehrwert zu R = 0,0827 cm. Weniger als 1 mm Wasser schwächen also einen thermischen Neutronenstrahl bereits auf 1/e = 36,8%.

Beispiel 13.5: Wie groß ist der Schwächungskoeffizient von wasserfreiem Natriumborat (Borax: $Na_2B_4O_7$)? Die Dichte von Borax beträgt 2,37 g/cm^3, die molekulare Masse 201,2 g. In jedem Borax-Molekül sind 4 Boratome enthalten. Die relativen Häufigkeiten der beiden natürlich vorkommenden Bor-Isotope sind 19,9% für ^{10}B, und 80,1% ^{11}B. ^{10}B hat einen sehr großen Wirkungsquerschnitt für die Schwächung, σ_n = (3835 + 3) b = 3838 b, während ^{11}B, Sauerstoff und Natrium nur verschwindend geringe Wechselwirkungswahrscheinlichkeiten mit thermischen Neutronen aufweisen. In erster Näherung wird die Schwächung also nur von ^{10}B bewirkt. Den Schwächungskoeffizienten erhält man durch folgende Berechnung:

$$\mu = 2{,}37 \cdot \frac{6{,}022 \cdot 10^{23}}{201{,}2} \cdot 3838 \cdot 4 \cdot 0{,}199 cm^{-1} = 21{,}67 cm^{-1}.$$

Die Schwächungslänge ergibt sich als Kehrwert zu R = 0,046 cm (weniger als 0,5 mm).

Die Zahl der Neutronen hinter einer Schicht der Dicke d in einem homogenen Absorber beträgt:

$$N(d) = N_0 \cdot e^{-\mu \cdot d} \qquad (13.18)$$

Ist das durchstrahlte Material aus einer Serie m unterschiedlicher hintereinander durchlaufener Substanzen zusammengesetzt, die jeweils ihren eigenen Wirkungsquerschnitt haben, hat das Schwächungsgesetz bei diskreter bzw. kontinuierlicher Verteilung der Materialien die Form (zur Begründung s. [Krieger3], Kap. 22.3.5).

$$N(d) = N_0 \cdot e^{-\sum_{i=1}^{m} \mu_i \cdot d_i} \quad \text{bzw.} \quad N(d) = N_0 \cdot e^{-\int_{s=0}^{d} \mu(s) ds} \qquad (13.19)$$

Zusammenfassung

- **Thermische Neutronen unterliegen wie die anderen ungeladenen Teilchen, die Photonen, dem exponentiellen Schwächungsgesetz.**
- **Der Schwächungskoeffizient zeigt aber anders als bei Photonen keinen systematischen Zusammenhang mit der Massendichte, der Ordnungszahl und der Massenzahl der Targetsubstanz.**
- **Man ist deshalb auf Schwächungskoeffizienten angewiesen, die aus experimentell bestimmten Wirkungsquerschnitten berechnet werden können.**

13.8.3 Bildgebung mit Neutronen

Bei der Untersuchung der Schwächungseigenschaften verschiedener Materialien, stellt man fest, dass Substanzen, die für Photonenstrahlung wegen ihrer Ordnungszahl und Dichte nahezu undurchdringbar sind, für Neutronenstrahlung völlig transparent erscheinen. Dies gilt für viele Metalle. Ein markantes Beispiel ist Blei. Substanzen, die Wasserstoff (Protonen) enthalten, weisen dagegen einen hohen Wirkungsquerschnitt für inkohärente Streuung auf und erscheinen deshalb auf den Bildern intransparent. Mit diesen Verfahren ist es daher möglich, Plastikmaterialien, Flüssigkeiten, Gase und Sprengstoffe wegen ihres Wasserstoffgehaltes in Metallumgebung zu orten und abzubilden. Anwendung findet die Neutronenbildgebung auch bei zerstörungsfreien Materialprüfungen von Flugzeugbauteilen oder Gussteilen und in der Sicherheitstechnik.

Eine Voraussetzung für eine effektive Bildgebung mit Neutronen sind hohe Neutronenflüsse. Als Neutronenquellen werden deshalb bevorzugt Reaktorneutronen und Neutronen aus Spallationsquellen verwendet. Bei geringeren Ansprüchen an die Bildqualität können auch mobile Neutronenquellen wie spontane Spalter oder Americium-Beryllium-Quellen verwendet werden. Die Neutronen werden in der Regel moderiert oder monochromatisiert, um eine gute Bildqualität zu erreichen. Meistens werden thermische Neutronen für die Bildgebung verwendet. Einen schematischen Aufbau eines Messplatzes für die Neutronenbildgebung zeigt (Fig. 13.6). Der thermische Neutronenstrahl muss wie bei allen anderen bildgebenden Verfahren eingeblendet (kollimiert) werden. Meistens werden wegen der speziellen Geometrie nahezu parallele Neutronenstrahlenbündel erzeugt, die durch ein ausreichend langes Neutronenleiterrohr zum abzubildenden Objekt hin geführt werden.

Da die üblichen bildgebenden Detektoren keine direkte Möglichkeit zum Neutronennachweis besitzen, müssen die transmittierten Neutronen in Neutronenkonvertern in detektierbare Signale umgesetzt werden. **Konverter** müssen eine hohe Wechselwirkungswahrscheinlichkeit mit thermischen oder kalten Neutronen aufweisen und sichtbares Licht oder sonstige nachweisbare Teilchen wie Elektronen oder Alphas erzeugen. Bevorzugte Szintillatoren sind deshalb Materialien mit einem großen Einfangs-

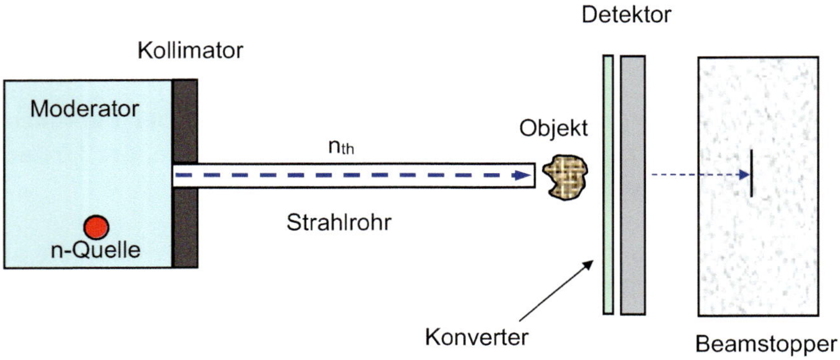

Fig. 13.6: Schematischer Aufbau einer Anlage zur Neutronenbildgebung mit thermischen Neutronen. Der Konverter dient zur Umsetzung der Neutronen in ein detektierbares Signal im Bilddetektor durch spezielle Wechselwirkungen. Der Beamstopper fängt die Neutronen hinter dem Detektor auf, ohne sie in den Detektor zurück zu streuen.

querschnitt für thermische Neutronen wie Gadolinium oder ^{6}Li. Lithium wird durch den Neutroneneinfang prompt in ein Alphateilchen und ein Triton zerlegt, die beide als direkt ionisierende Teilchen eine Szintillatorsubstanz zur Lichtemission anregen.

$$^6Li(n,\alpha)t + 4{,}78\ MeV \tag{13.20}$$

Natürliches Gadolinium hat ein sehr hohen Schwächungskoeffizienten (s. Tab. 13.5), so dass schon wenige Mikrometer aufgedampften Gadoliniums (typisch sind 25 µm) auf einer Szintillatorfolie ausreichen, um praktisch alle durch das Objekt transmittierten Neutronen nachzuweisen.

Es werden ähnlich wie beim Röntgen eine Reihe unterschiedliche Bilddetektoren verwendet (s. [Krieger3], Kap. 22). Die klassische historische Anordnung ist eine Konverterfolien-Film-Anordnung. Eine solche Neutronenbildgebung wird traditionell als **Neutronenradiografie** bezeichnet. Sie hat den Vorteil einer sehr hohen Auflösung, muss aber nachträglich digitalisiert werden. Zum Einsatz kommen auch spezialisierte Speicherfolien oder neuerdings auch direkt elektrische amorphe Si-Festkörper-Detektoren, die beide direkt mit einer Konverterbeschichtung versehen sind. Eine besondere Detektorform sind beschichtete Szintillatoren, die über einen Spiegel und eine digitale CCD-Kamera betrachtet werden. Mit solchen Detektoren, die ein prompt nachweisbares Signal erzeugen, sind auch Tomografien mit Neutronenstrahlung möglich. Ein sehr mühseliges Verfahren ist die Kern-Spur-Methode (track-edge), bei der in den Konvertern erzeugte Alphateilchen mikroskopische Zerstörungen auf dem Detektor erzeugen.

Diese Spuren müssen dann durch chemische Verfahren vergrößert und sichtbar gemacht werden.

Neutronen können wegen des Welle-Teilchen-Dualismus auch über ihre Wellenlängen beschrieben werden. Dies wird bei der **Neutronenbeugung** in Kristallen ausgenutzt, bei der mit langsamen thermischen oder subthermischen Neutronen mikroskopische Strukturen untersucht werden. Die Bewegungsenergien der langsamen Neutronen entsprechen Wellenlängen im Bereich einiger Zehntel nm. Eine Voraussetzung ist die exakte Kenntnis und Definition der Neutronenenergien. Die Streuung von Neutronen an Atomkernen wird über den Streu-Wirkungsquerschnitt beschrieben, dessen Größe vom jeweils untersuchten Nuklid abhängig ist. Da Neutronen wegen ihres Spins ein magnetisches Moment besitzen, können sie auch zur Untersuchung mikroskopischer magnetischer Strukturen verwendet werden.

Zusammenfassung

- **Wegen der für spezielle Isotope typischen Neutronenschwächungen können Neutronen zur Bildgebung verwendet werden.**

- **Die verwendeten Detektoren sind die auch in der Röntgendiagnostik eingesetzten Systeme wie Filme, Speicherfolien, elektro- und optodirekte Detektoren und CCD-Kameras mit ortsauflösenden Szintillatoren.**

- **Da die meisten Detektoren selbst nur wenige Wechselwirkungen mit Neutronen aufweisen, müssen allerdings vor den Detektor Konvertersubstanzen mit hohem Neutronen-Querschnitt angeordnet werden.**

- **Die Aufgabe der Konverter ist die Umsetzung des Neutronenflusses in bildwirksame Licht- oder Teilchenstrahlungen auf dem Detektor.**

- **Typische Konvertermaterialien sind Gadolinium und ^{6}Li.**

- **Die Besonderheit bei den Neutronen-Bildgebungsverfahren sind zum einen die Transparenz vieler für Röntgenstrahlung undurchsichtiger Substanzen, die wegen ihres verschwindenden geringen Wirkungsquerschnitts für Neutronenwechselwirkungen keine Schwächung des Neutronenstrahlenbündels bewirken, und zum anderen die hohen Neutronen-Wirkungsquerschnitte vieler leichter Materialien.**

- **Das signifikanteste Beispiel ist Blei, das für Photonenstrahlung weitgehend undurchsichtig ist, thermische Neutronen aber nahezu ungehindert passieren lässt, und Wasserstoff, der einen hohen Streuquerschnitt für thermische Neutronen hat und den Neutronenstrahl daher bildwirksam schwächt, für Röntgenstrahlung aber transparent erscheint.**

- **Die Neutronenbildgebung kann deshalb zur Untersuchung von für Röntgenstrahlung undurchsichtigen metallenen Behältern auf den Inhalt an niedrigatomigen wasserstoffhaltigen Substanzen wie Sprengstoff, Öle, Plastik oder Wasser verwendet werden.**

- **Industrielle Anwendungen dienen zur Untersuchung von Stahl und sonstigen Metalllegierungen sowie Überprüfung von Fertigungen auf Einlagerungen mit störenden leichten Substanzen wie Wasser oder Phosphor.**

- **Die Bildgebung mit Neutronen kann heute selbst tomografische Untersuchungen vornehmen und an einigen spezialisierten Anlagen sogar dynamische Untersuchungen durchführen.**

13.8.4 Anwendung von Neutronen in der Medizin

In der Medizin werden entweder 14 MeV Neutronen-Generatoren oder Reaktorneutronen (s. Kap. 13.2.1) für Bestrahlungen von Krebspatienten oder in-vivo Untersuchungen von Gewebezusammensetzungen (Ca, Stickstoff) verwendet. Auch die Bor-Neutronentherapie ist möglich, bei der im erkrankten Gewebe angereichertes ^{10}B Neutronen einfängt und anschließend in ^{9}Li zerfällt. Die Zerfallsenergie bei diesem Prozess wird dann mit sehr hoher relativer biologischer Wirksamkeit lokal absorbiert.

Strahlentherapeutische Anwendung von Reaktorneutronen: Um einen therapeutischen Neutronenstrahl zu erzeugen, können die Spaltneutronen durch in die Reaktorwände eingelassene Rohre aus dem Reaktorinneren herausgeleitet werden. Diese ausgeleiteten Neutronen sind durch die Moderation in der Regel bereits thermisch oder epithermisch, also nicht unmittelbar für die Tiefentherapie nutzbar. Sie könnten aber zur Behandlung oberflächlicher Tumoren eingesetzt werden. Sollen schnelle Neutronen mit ausreichender Eindringtiefe produziert werden, müssen spezielle Neutronenkonverter aus hoch angereichertem ^{235}U in den thermischen Neutronenfluss gebracht werden, die ihrerseits eine ausreichende Anzahl schneller Neutronen durch induzierte Kernspaltung freisetzen (vgl. dazu Kap. 12.4.1). Für den therapeutischen Einsatz von Neutronen in der Strahlentherapie gelten grundsätzlich die gleichen geometrischen Regeln zur Erzeugung therapeutischer Dosisverteilungen wie bei den anderen Strahlungsarten. Die Neutronen müssen vor allem eine ausreichende Eindringtiefe ins Gewebe, d. h. geeignete Tiefendosisverläufe aufweisen. Eine weitere wichtige physikalische Bedingung für die therapeutische Eignung von Neutronenquellen ist eine ausreichend hohe Neutronenflussdichte, also die Zahl der Neutronen pro Zeiteinheit und pro Flächeneinheit. Dies ermöglicht zum einen Behandlungen in vertretbar kurzen Zeiten. Zum anderen erlauben starke Neutronenstrahler die Lagerung der Patienten in größeren Abständen ($\geq$1 m), die wegen der geringeren Strahldivergenz vergleichsweise flach verlaufende Tiefendosisverteilungen ermöglichen. Neutronenquellen benötigen für ihre medizinische Eignung natürlich auch Kollimationssysteme zur Feldbegrenzung und die Möglichkeit, Patienten in geeigneter Form relativ zum Strahl zu lagern,

d. h. Mehrfeldertechniken bei der Bestrahlung zu verwenden. Da Neutronen ungeladene Teilchen sind, sind Ablenkungen und Strahlformungen mit Hilfe elektromagnetischer Verfahren nicht möglich.

Neutronen wechselwirken in biologischen Absorbern vor allem mit den Protonen des Wassers. Schnelle Neutronen werden an den Protonen gestreut. Sie verlieren dabei in wenigen Stößen den größten Teil ihrer Bewegungsenergie, die auf die Protonen übertragen wird. Da diese elektrisch geladen sind, geben sie ihre Bewegungsenergie in unmittelbarer Nähe des Wechselwirkungsortes an das Gewebe ab. Die schnellen Neutronen werden bei diesen Stößen also wie im Kühlwasser von Kernreaktoren moderiert. Nach etwa 18-20 Stößen sind sie thermisch. Schnelle Neutronen erzeugen bei geeigneten geometrischen Verhältnissen Tiefendosisverteilungen ähnlich wie ^{60}Co-Gammastrahlung. Langsame Neutronen mit thermischen Energien (mittlere Energie 0,0252 eV) oder epithermischen Energien (bis ca. 0,5 eV) werden mit hoher Wahrscheinlichkeit durch Wasserstoffkerne eingefangen. Die beim thermischen Neutroneneinfang frei werdende Reaktionsenergie tritt dann in Form hochenergetischer Gammastrahlung (E_γ = 2,22325 MeV) auf[4]. Der Neutronenstrahl wird durch diese Gammas daher mit zunehmender Tiefe im Patienten mit Photonen kontaminiert. Wegen ihrer Durchdringungsfähigkeit geben diese Photonen ihre Energie nicht nur lokal an den Absorber ab, sondern streuen auch in die umgebenden Gewebe. Dosisverteilungen von Neutronen im menschlichen Gewebe und ihre Messungen sind ausführlich in ([Krieger3], Kap. 19) beschrieben.

Thermische Neutronen bewirken im Wesentlichen nur eine Strahlenexposition an der Patientenoberfläche und sind daher zur Behandlung tief liegender Volumina nicht unmittelbar geeignet. Wird das erkrankte Gewebe aber selektiv mit Substanzen angereichert, die eine besonders hohe Neutroneneinfangwahrscheinlichkeit haben, können auch tiefer liegende Tumoren mit langsamen Neutronen behandelt werden. Das bekannteste, bisher allerdings nur experimentell angewendete Verfahren ist die Anreicherung von Hirntumorgeweben mit Bor, das einen besonders hohen thermischen Neutroneneinfangwirkungsquerschnitt hat. Es zerfällt nach dem n-Einfang in ein energiereiches ^{7}Li-Ion und ein α-Teilchen, die ihre Energien lokal abgeben. Die Bor-Therapie erlebt nach anfänglichen, pharmazeutisch bedingten Misserfolgen wegen besserer Beherrschung der Bor-Anreicherung zurzeit eine Renaissance.

Zusammenfassung

- **Die medizinische Anwendung von Neutronen spielt nur eine nachgeordnete Rolle. Medizinische angewendete Strahlungsarten sind schnelle Neu-**

[4] Diese emittierte Gammaenergie ist kleiner als die Bindungsenergie des 2. Neutrons im Deuterium (2,225 MeV), da bei der Gammaemission ein Teil der Energie als Rückstoßenergie auf den Restkern übertragen wird.

tronen aus Beschleunigern oder in externen Neutronenkonvertern in Kernreaktoren erzeugte nicht moderierte Spaltneutronen.

- **Eine Besonderheit ist der Einsatz von borhaltigen Medikamenten, die sich in Tumoren anreichern und dann bei der Bestrahlung nach Neutroneneinfang hohe lokale Strahlenwirkungen im Tumorgewebe auslösen.**

Aufgaben

1. Können mit Wasser als Moderator bei Zimmertemperatur Neutronen mit im Mittel subthermischen Energien erzeugt werden?

2. Sie benötigen für ein Experiment 14 MeV Neutronen. Können Sie diese aus einem Kernreaktor mit ^{235}U als Spaltstoff beziehen?

3. Wer emittiert bei der Aktinidenspaltung die Neutronen, der spaltende Kern oder die Fragmente?

4. Kann man Neutronen aus Kernreaktoren pulsen?

5. Wie groß ist die typische Zahl emittierter Neutronen bei der Spallation schwerer Atomkerne?

6. Woher kommen bei einer Americium-Beryllium-Quelle die Neutronen?

7. Welche Neutronen sind bei der Bilderzeugung bildwirksam, die kohärent gestreuten, die inkohärent gestreuten oder die absorbierten Neutronen?

8. Wieso hat Blei trotz seiner hohen Dichte einen viel kleineren Schwächungskoeffizienten für thermische Neutronen als Wasser?

9. Sie wollen bei der Neutronenbildgebung ausschließlich die absorbierten Neutronen bildwirksam werden lassen. Welche Eigenschaften müsste ein Streustrahlungsraster für thermische Neutronen aufweisen?

10. Aus welchen "wirkenden" Materialien bestehen die Verstärkungsfolien für die Neutronenbildgebung?

11. Stellen Sie die Reaktionsgleichung für die Neutronentherapie mit borhaltigen Tumormarkern auf.

14 Radionukliderzeugung

Nach einem kurzen Überblick werden in diesem Kapitel die unterschiedlichen Methoden zur Radionuklidgewinnung detailliert vorgestellt. Die wichtigsten Verfahren sind die Verwendung von Spaltfragmenten aus der neutroneninduzierten Kernspaltung, die Neutronenaktivierung stabiler Isotope zur Erzeugung von Beta-Minus-Strahlern und die Gewinnung von Positronenstrahlern durch Kernreaktionen in Kompaktzyklotrons. Radionuklide mit kurzer Halbwertzeit werden oft in Form so genannter Radionuklidgeneratoren produziert und vertrieben.

Für die Herstellung von Radionukliden gibt es eine Reihe unterschiedlicher Verfahren. Beta-Minus-Strahler zeigen immer einen Neutronenüberschuss. Solche neutronenreichen Radionuklide entstehen als **Spaltfragmente** bei der neutroneninduzierten Kernspaltung schwerer Kerne in Kernreaktoren. Sie können auch durch bestimmte Kernreaktionen produziert werden, bei denen die Nuklide nach Neutronenbeschuss durch Neutroneneinfang radioaktiv werden. Die wichtigsten Kernreaktionen dieser Art sind die so genannten **Neutroneneinfangreaktionen** für thermische Neutronen, die mit hoher Intensität in Kernreaktoren zur Verfügung stehen. Schnelle Neutronen können auch mit speziellen Neutronengeneratoren erzeugt werden.

Positronenstrahler entstehen bei einem Protonenüberschuss im Atomkern. Sie können deshalb vor allem durch Beschuss stabiler Isotope mit geladenen Teilchen erzeugt werden. Dazu müssen mehr positive Ladungen als Neutronen vom Projektil auf das Targetatom übertragen werden. Zur Produktion von Positronenstrahlern werden speziell auf hohe Strahlströme optimierte Beschleuniger verwendet. Die wichtigsten Beschleuniger dieser Art sind die **Kompaktzyklotrons**.

Eine besondere Art der radioaktiven Strahlungsquellen sind die **Radionuklidgeneratoren**. Sie bestehen aus Mutternukliden mit einer für Fertigung, Transport und Lagerung ausreichend großen Lebensdauer. Ihre Zerfallsprodukte sollen kürzere aber endliche Halbwertzeiten aufweisen und bevorzugt reine Gammastrahler sein. Es gibt also die folgenden Produktionsverfahren für Radionuklide:

- **Spaltfragmente aus der neutroneninduzierten Kernspaltung,**
- **Neutroneneinfangreaktionen,**
- **Kernreaktionen mit geladenen Teilchen,**
- **Radionuklidgeneratoren.**

Die gewünschten Radionuklide entstehen bei diesen Verfahren nur entsprechend den Wirkungsquerschnitten bzw. Wahrscheinlichkeiten für den jeweiligen Prozess. Die

Radionuklide sind daher grundsätzlich zunächst mit anderen Isotopen des gleichen Elements oder auch anderen Elementen wie dem Mutternuklid für die verwendete Reaktion "kontaminiert". Die einzelnen Radionuklide müssen aus diesem Nuklidpool durch radiochemische Verfahren separiert werden. Für den medizinischen oder technischen Einsatz werden weitgehend reine Radionuklide benötigt. Insbesondere sollen bei medizinischen Anwendungen, bei denen Radionuklide für die Untersuchung von Stoffwechselvorgängen und bestimmten Anreicherungsmustern inkorporiert werden, keine nicht radioaktiven Isotope des gewünschten Elements beigemischt sein. Solche Nuklide würden die quantitativen Analysen durch Verdrängung des eigentlich untersuchten Radionuklids stören. Die Abwesenheit unerwünschter Nuklide des gleichen Elements wird als **Trägerfreiheit** bezeichnet.

14.1 Spezifische Aktivität radioaktiver Strahler*

Für die Auswahl des Radionuklids im Hinblick auf die medizinische oder technische Anwendung kommt es nicht nur auf dessen Aktivität, sondern auch auf die massenspezifische Aktivitätskonzentration an. Unter der **spezifischen Aktivität a** eines Radionuklidmaterials versteht man die Aktivität der Strahlungsquelle pro Masseneinheit, im einfachen Fall also die Aktivität dividiert durch die Masse des strahlenden Volumens (a = A/m). Je höher die spezifische Aktivität ist, umso kompakter können Strahler bei vorgegebener Aktivität gebaut werden. Spezifische Aktivitäten hängen von der Zusammensetzung (Isotopenreinheit, chemische Beschaffenheit), der Halbwertzeit, der Aktivierungsdauer der Quelle, den Aktivierungsbedingungen (z. B. dem Neutronenfluss im Kernreaktor) und dem Wirkungsquerschnitt für die verwendete Kernreaktion ab. Setzt man voraus, dass alle N Atome einer Probe radioaktiv sind, berechnet man die spezifische Aktivität a aus der molaren Masse M, der Masse m des Radionuklids, der Zerfallskonstanten λ und der Avogadrokonstanten[1] N_A mit $A = \lambda \cdot N$ und $N = N_A \cdot m/M$ zu:

$$a_{theor} = \frac{\lambda \cdot N_A}{M} = ln2 \cdot \frac{N_A}{M \cdot T_{1/2}} \tag{14.1}$$

Diese spezifischen Aktivitäten sind also umgekehrt proportional zur Halbwertzeit $T_{1/2}$ des Radionuklids. Nach Gleichung (14.1) berechnete spezifische Aktivitäten sind theoretische Maximalwerte der Anfangsaktivitäten gebildeter Radionuklide (vgl. Tab. 14.1). Sie werden als **theoretische** spezifische Aktivität a_{theor}, unter realen Bedingungen erreichbare spezifische Aktivitätswerte als **technische** spezifische Aktivität a_{techn} bezeichnet. Wegen der umgekehrten Proportionalität zur Halbwertzeit der aktivierten Substanz sind zum Erreichen hoher spezifischer Aktivitäten kurzlebige Radionuklide besonders günstig. In realen Strahlern werden die Nuklide zudem in der Regel nicht

[1] Die Avogadrokonstante gibt die Zahl der Teilchen pro Mol an, sie hat den Wert $N_A = 6{,}002137 \cdot 10^{23}$ mol^{-1}.

isotopenrein oder frisch aktiviert vorliegen. Dies gilt beispielsweise für chemische Verbindungen wie Salze und für Legierungen.

Radionuklid	**a_{theor} (GBq/mg)**	**a_{techn} (GBq/mg)**
^{60}Co*	41,8	1,85
^{125}I	0,653	-
^{137}Cs	3,2	1,1 - 1,9
^{192}Ir*	340	11 - 22
^{198}Au*	9000	1,48
^{226}Ra	0,037	≈0,037

Tab. 14.1: Maximale theoretische a_{theor} und technisch übliche spezifische Aktivitäten a_{techn} wichtiger Radionuklide für die Radioonkologie und die technischen Strahlungsanwendungen, (*: Sättigungsaktivität im Reaktor bei einer Neutronenflussdichte von $2{,}5 \times 10^{12}$ ($s^{-1} \cdot cm^{-2}$).

Oft sind die Wirkungsquerschnitte für die der Nuklidproduktion zugrunde liegende Kernreaktion so gering, dass die theoretischen Maximalwerte auch bei beliebig langer Aktivierungsdauer nicht erreicht werden können (s. die Berechnungen für die Neutronenaktivierung unten). Zudem werden radioaktive Quellen nach der Aktivierung erhebliche Zeiten zwischengelagert, um kurzlebige Verunreinigungen abklingen zu lassen. Dabei klingt natürlich auch die Nutzaktivität ab. Die spezifische Aktivität wird somit in der Praxis immer niedriger als der theoretische Wert aus (Tab. 14.1). Das in der Medizin und Technik oft als Prüfstrahler verwendete Radionuklid ^{137}Cs wird beispielsweise aus Reaktorabfällen gewonnen, da Cäsium ein häufig vorkommendes Spaltfragment ist. Um es bearbeiten zu können, muss es mehrere Jahre zwischengelagert werden. Dies dient im Falle des Cäsiums auch dazu, den Zerfall des ^{134}Cs ($T_{1/2}$ = 2,065 a), das simultan im Reaktor entsteht, abzuwarten, da eine chemische Trennung der beiden Cäsiumisotope nicht möglich ist.

Bei der Aktivierung von Proben durch Teilcheneinfang z. B. von Neutronen in Kernreaktoren wie bei den Zielnukliden ^{60}Co oder dem ^{192}Ir ist die technisch erreichbare Sättigungsaktivität vom verfügbaren Teilchenfluss am Ort der Probe abhängig. Die spezifischen Aktivitäten sind in diesem Fall proportional zur Teilchenflussdichte - also der Anzahl der Beschussteilchen pro Zeiteinheit und Fläche ($s^{-1} \cdot cm^{-2}$) - und hängen außerdem von der Expositionszeit im Strahlungsfeld ab. Eine Faustregel besagt, dass bis zum Erreichen der Sättigungsaktivität eines Radionuklids Aktivierungszeiten von mindestens 4 - 5 Halbwertzeiten benötigt werden. Bei ^{60}Co-Quellen würde dies Expositionszeiten im Kernreaktor von 20 - 25 Jahren bedeuten. Diese Zeitspanne ist fast die Lebensdauer kommerzieller Kernreaktoren. Aus Kostengründen werden Co-Aktivierungen nur während etwa einer Halbwertzeit durchgeführt. Technische spezifische Aktivitäten kommerzieller neutronenaktivierter Strahlungsquellen (Tab. 14.1) sind daher ebenfalls wesentlich kleiner als die theoretischen Maximalwerte nach (Gl. 14.1).

Beispiel 14.1: Eine zylinderförmige interstitielle Ir-192-Quelle soll nicht größer als 1 mm im Durchmesser und 1 mm in der Höhe werden. Die Dichte reinen Iridiummetalls beträgt $\rho = 22{,}4$ g/cm^3 = 22,4 mg/mm^3. Das zulässige Quellenvolumen ist $V = r^2 \cdot \pi \cdot h = (0{,}5)^2 \cdot \pi \cdot \text{mm}^3 = 0{,}785\ \text{mm}^3$. Die Masse berechnet man aus diesen Angaben zu: $m = V \cdot \rho = 17{,}6$ mg. Für die technisch mögliche Aktivität A_{techn} erhält man dann $A_{techn} = a_{techn} \cdot m = 22{,}0$ GBq/mg $\cdot$ 17,6 mg = 387 GBq. Bei üblichen kommerziellen Iridiumquellen sind also nicht mehr als 390 GBq in einer "1-mm-Quelle" unterzubringen!

Bei der Beurteilung der Eignung einer Gammastrahlungsquelle für einen bestimmten Einsatzzweck muss neben der spezifischen Aktivität, die die Bauform (Größe, Form) beeinflusst, natürlich auch die Dosisleistungskonstante, der Schwächungskoeffizient und die Lebensdauer der Strahler berücksichtigt werden. So zeigt eine sorgfältige

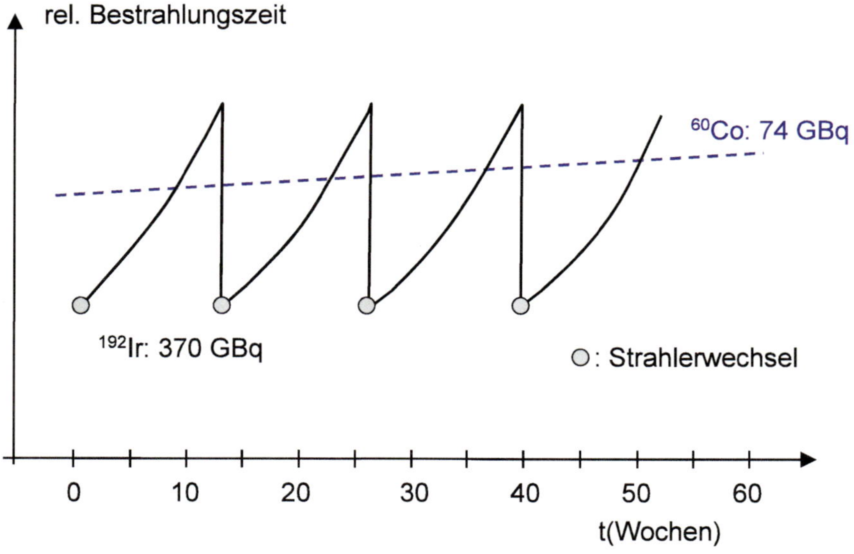

Fig. 14.1: Vergleich der Bestrahlungszeiten für gleiche Zielvolumendosen für ^{192}Ir- und ^{60}Co-Strahler (nach Edgar Löffler, priv. Mitteilung). Trotz der geringeren spezifischen Aktivität der Co-Strahler sind die Bestrahlungszeiten wegen der höheren Dosisleistungskonstanten, der größeren Halbwertzeit und der geringeren Gewebeschwächung bei ähnlichen Strahlerabmessungen vergleichbar.

Analyse der beiden wichtigsten radioaktiven Strahler für das medizinische oder technische Afterloading (^{192}Ir und ^{60}Co), dass Kobaltstrahler trotz der geringeren spezifischen Aktivität nahezu gleiche Bestrahlungszeiten benötigen und wegen der größeren Lebensdauer langfristig sogar deutlich preiswerter als die weit verbreiteten ^{192}Ir-Afterloadingstrahler sein können (Fig. 14.1). Voraussetzung ist allerdings die Aktivierung in Hochflussreaktoren, um ausreichend hohe spezifische Aktivitäten zu erreichen.

14.2 Erzeugung neutronenreicher Nuklide durch Kernspaltung

Eine viel genutzte Möglichkeit, neutronenreiche Radionuklide zu erzeugen, ist die neutroneninduzierte Kernspaltung von Aktinidenkernen in Kernreaktoren. Das wichtigste Urannuklid ist das ^{235}U, das mit hohem Wirkungsquerschnitt durch thermische Neutronen spaltbar ist. Da die schweren Kerne im Mittel etwa im Massenverhältnis 2 : 3 spalten, entstehen leichte Spaltfragmente im Bereich der Massenzahlen A = 85 bis 105 und die komplementären schweren Fragmente im Massenzahlbereich um A = 130 - 150. Die häufigsten Fragmentmassen liegen bei der neutroneninduzierten thermischen Spaltung von ^{235}U bei im engeren Massenzahlbereich A = 90 - 100 und im Bereich A = 133 - 143. Die relativen Spaltausbeuten betragen für die leichten und die schweren Fragmente maximal jeweils um 6% (s. dazu die Ausführungen und Figuren in Kapitel 12.1.3 und die numerischen Daten im Anhang 19.6).

Radioisotope bestimmter Elemente entstehen bei der induzierten Kernspaltung also simultan mit Ausbeuten entsprechend den Massenverteilungen der Spaltfragmente. Einzelne Radionuklide mit einem bestimmten Z und A müssen aus diesem Spaltfragmentpool durch radiochemische Verfahren separiert werden. Ein wichtiges Beispiel sind die Jodisotope, die häufig für Schilddrüsenuntersuchungen oder Behandlungen eingesetzt werden. Neben dem gewünschten ^{131}I treten bei der Spaltung und den anschließenden Kaskadenzerfällen auch die Isotope ^{127}I (stabil) und ^{129}I ($T_{1/2} = 1{,}61 \cdot 10^7$ a) auf. Diese unerwünschten Jodnuklide reichern sich bei der Medikation wie das eigentliche Zielnuklid ^{131}I in der Schilddrüse an und stören dadurch die vorgenommenen Tests oder Therapien.

Die gewünschten Radionuklide für die nuklearmedizinische Anwendung (wichtige Beispiele sind ^{131}I, ^{99}Mo, ^{90}Sr) werden deshalb nach einer vom Nuklid abhängigen Zwischenlagerungszeit, die die kurzlebigen Anteile durch Zerfall vermindern soll, in heißen Zellen radiochemisch aufgearbeitet und anschließend an die Nuklearmedizinabteilungen versandt.

14.3 Neutronenaktivierungen

Eine weitere Möglichkeit, neutronenreiche Nuklide zu erzeugen, die dann natürlich wegen des Neutronenüberschusses in der Regel wieder durch β^--Emission zerfallen, ist der Beschuss nicht radioaktiver Targets mit Neutronen. Die wichtigsten Neutroneneinfangreaktionen sind der thermische Neutroneneinfang (n,γ) mit anschließender prompter Emission der freiwerdenden Bindungsenergie als Gammaquant und der (n,p)-Prozess. Bei (n,γ)-Reaktionen mit Neutronen entsteht ein neutronenreicheres beta-minus-aktives Isotop des beschossenen Elements. Bei (n,p)-Reaktionen kann es in einzelnen Fällen auch zur Beta-Plus-Emission oder zum Elektroneneinfang (EC) kommen. Da Neutronen keine elektrische Ladung tragen und deshalb vom positiven Atomkern nicht abgestoßen werden, benötigt man nur geringe Neutronen-Einschussenergien. Viele der Neutroneneinfangreaktionen finden bereits bei thermischen Neutronenenergien statt. Einen Überblick über einige wichtige Neutroneneinfangreaktionen zur Erzeugung medizinischer oder technischer Radionuklide gibt (Tab. 14.2).

Radio-nuklid	**Zerfall / $T_{1/2}$**	**Erzeugung**	**nat. Vorkommen des Mutternuklids (%)**	**therm. Neutronen-einfang-WQS (b)**
^{14}C	β- / 5730a	$^{14}N(n,p)^{14}C$	99,636	1,93
^{24}Na	β- / 14,997h	$^{23}Na(n,\gamma)^{24}Na$	100	0,43+0,1
^{32}P	β- / 14,268d	$^{31}P(n,\gamma)^{32}P$	100	0,17
		$^{32}S(n,p)^{32}P$	94,99	0,55
^{35}S	β- / 87,37d	$^{35}Cl(n,p)^{35}S$	75,76	0,44* (43,7 total)
^{42}K	β- / 12,36h	$^{41}K(n,\gamma)^{42}K$	6,7302	1,46
^{51}Cr	EC / 27,701d	$^{50}Cr(n,\gamma)^{52}Cr$	4,345	15
^{60}Co	β- / 5,2712a	$^{59}Co(n,\gamma)^{60}Co$	100	37,2 (20,7+16,5)
^{59}Fe	β- / 44,494d	$^{58}Fe(n,\gamma)^{59}Fe$	0,282	1,3
^{75}Se	EC / 119,78d	$^{74}Se(n,\gamma)^{75}Se$	0,89	50
^{99}Mo	β- / 65,976h	$^{98}Mo(n,\gamma)^{99}Mo$	24,39	0,14
^{125}I	EC / 59,407d	$^{124}Xe(n,\gamma)^{125}Xe$	0,0952	28+137
		$^{125}Xe(EC) \rightarrow {}^{125}I$		
^{131}I	β- / 8,0252d	$^{130}Te(n,\gamma)^{131}Te$	34,08	0,19+0,01
		$^{131}Te(\beta-) \rightarrow {}^{131}I$		
^{192}Ir	β- / 73,829d	$^{191}Ir(n,\gamma)^{192}Ir$	37,3	940 (0,14+660 +260)

Tab. 14.2: Einige wichtige durch thermischen Neutroneneinfang im Neutronenstrahlungsfeld von Kernreaktoren erzeugbare Radionuklide. *: Einfang-WQS für die angezeigte Reaktion, HWZ, WQS und Vorkommen nach [Karlsruher Nuklidkarte].

Je höher die Wirkungsquerschnitte für die zugrunde liegenden Reaktionen sind, umso höher werden bei sonst gleichen Bedingungen die Aktivierungsausbeuten und somit die technisch erreichbaren spezifischen Aktivitäten a_{techn} der erzeugten Radionuklide. Sehr hohe spezifische Aktivitäten sind nach Tabelle (14.2) deshalb für die in der Radiologie wichtigen Radionuklide ^{192}Ir und ^{60}Co erreichbar. Für das medizinisch bedeutungsvolle ^{99}Mo (Mo-Tc-Generatoren) sind wegen des kleinen Aktivierungsquerschnitts die technisch erzeugbaren spezifischen Aktivitäten eher gering, so dass zur Erzeugung der nuklearmedizinischen Technetium-Generatoren Spaltmolybdän bevorzugt wird.

Neutronenquellen können entweder Kernreaktoren sein, in denen die Targets dem thermischen Neutronenfeld ausgesetzt werden, oder seltener spezielle Neutronengeneratoren, in denen schnelle Neutronen durch Beschuss geeigneter Targetnuklide mit geladenen Teilchen erzeugt werden. Ein Beispiel ist der Neutronengenerator in (Kap. 13.5.2) für 14-MeV-Neutronen. Die in Kernreaktoren durch Neutroneneinfang erzeugten Radionuklide werden oft auch etwas ungenau als "Reaktor-Radionuklide" bezeichnet. Die Reaktionsausbeuten sind in der Regel wegen der kleinen Einfangwirkungsquerschnitte sehr gering. Typische Konzentrationsverhältnisse von aktiviertem Tochternuklid zum Trägernuklid liegen bei $1{:}10^6$ bis $1{:}10^9$. Entsprechend niedrig sind die spezifischen Konzentrationen des gewünschten Radionuklids im Trägermaterial.

Durch Neutroneneinfangreaktionen erzeugte Radioisotope sind grundsätzlich zunächst nicht trägerfrei. In Einzelfällen kann die Trägerfreiheit aber durch schnelle Beta-Minus-Zerfälle der Reaktionsprodukte erreicht werden, da die Tochternuklide dann anderen Elementen zuzuordnen sind und chemisch separiert werden können. Eine weitere Möglichkeit, trägerfreie Radionuklide zu gewinnen, ist das Ausnutzen des Teilchenrückstoßes bei der anschließenden prompten Gammaemission der Tochterkerne nach der Neutroneneinfangreaktion. Dieser Vorgang wird als **Szilárd-Chalmers-Effekt**[2] bezeichnet [Szilard 1934]. Er beruht auf der Rückstoßenergie, die einem zerfallenden Atomkern durch das emittierte Gammaquant übertragen wird. Diese Rückstoßenergie tritt als Bewegungsenergie des Kerns nach dem Zerfall auf und kann bei geeigneter Anordnung und freiwerdender Energie zu einer räumlichen Trennung von Mutternuklid und Tochternuklid nach Neutroneneinfang führen. Der Rückstoßeffekt tritt auch bei der Emission hochenergetischer Betateilchen oder schwererer Partikel auf.

Abschätzung des Teilchenrückstoßes bei einer Gammaemission*: Ein Mutternuklid der Masse M soll ein Gammaquant der Energie E_γ emittieren. Der Erhaltungssatz für den Impuls besagt, dass der Impuls des Photons $p_\gamma = E_\gamma/c$ und der Kernimpuls $p_K = M\cdot v$ nach der Photonenemission gleich sind.

---

[2] **L. Szilárd** und **T. A. Chalmers** beobachteten 1934 beim Beschuss von Ethyljodid mit Neutronen, dass das durch Neutroneneinfang gebildete ^{128}I nicht mehr chemisch gebunden war sondern wasserlöslich wurde. Sie erklärten dies mit der Rückstoßenergie des Jods bei der prompten Emission des Einfanggammas, die deutlich größer als die chemische Bindungsenergie des Jods im Ethylmolekül war.

$$p_\gamma = \frac{E_\gamma}{c} = p_K = M \cdot v \qquad (14.2)$$

Die Rückstoßenergie des Kerns beträgt $E_K = p_K^2/2M$. Ersetzt man in dieser Gleichung p_K durch p_γ so erhält man:

$$E_K = \frac{p_\gamma^2}{2M} = \frac{E_\gamma^2}{2Mc^2} \qquad (14.3)$$

In praktischen Einheiten (Rückstoßenergie des Kerns in eV, Photonenenergie in MeV) und nach Umrechnung der Kernmasse M in die Massenzahl A ($M \cong A \cdot m_p = A \cdot 1{,}673 \cdot 10^{-27}$ kg) erhält man die folgende Beziehung:

$$E_K(eV) = 535 \cdot \frac{E_\gamma^2(MeV)}{A} \qquad (14.4)$$

Diese Gleichung gilt für alle relativistischen Quanten, da in diesem Energiebereich der Impuls auch für Teilchen mit einer Ruhemasse in guter Näherung als E/c angegeben werden kann. Die chemische Bindungsenergie beträgt wenige eV; typische Werte sind 3–7 eV pro Bindung. Die Rückstoßenergie bei der Emission eines typischen Gammaquants von 5 MeV Energie (entsprechend der frei werdenden Bindungsenergie) aus einem mittelschweren Kern (A = 130) beträgt nach (Gl. 14.3) etwa 103 eV. Dieser Wert überschreitet bei Weitem den Bereich der chemischen Bindungsenergien. Der zerfallende Kern wird durch den Rückstoß also aus seiner chemischen Bindung gelöst und behält zudem ausreichend Bewegungsenergie, um seinen ursprünglichen Ort zu verlassen oder selbst dünne Membranen zu durchdringen. Auf diese Weise ist eine zuverlässige räumliche Trennung von Muttersubstanz und Tochternuklid möglich.

Aktivitätsverhältnisse beim Neutroneneinfang*: Zur Erzeugung betaaktiver Isotope werden Nuklide (Muttersubstanz, Index M) dem thermischen Neutronenfeld eines Kernreaktors ausgesetzt. Dieser weist eine bestimmte Neutronenflussdichte φ auf, die für diese Betrachtung als zeitunabhängig betrachtet werden soll, also $\varphi \neq \varphi(t)$. Die Wahrscheinlichkeit für den Neutroneneinfang durch das Mutternuklid wird wie üblich mit dem Einfang-Wirkungsquerschnitt σ_n beschrieben. Die radioaktiven Tochternuklide (Index T) sollen mit der Lebensdauer λ_T zerfallen. Durch die Aktivierung der Muttersubstanz nimmt die Zahl der Mutterkerne mit der Zeit t ab; als Gleichung für die Zahl der Mutterkerne erhält man also folgende Beziehung:

$$\frac{dN_M}{dt} = -\sigma_n \cdot \varphi \cdot N_M(t) \qquad (14.5)$$

Die Zahl der Tochterkerne wird einerseits durch Neutroneneinfang erhöht, andererseits durch radioaktiven Zerfall vermindert. Als Differentialgleichung für die Zahl der Tochternuklide erhält man daher:

$$\frac{dN_T}{dt} = \sigma_n \cdot \varphi \cdot N_M(t) - \lambda_T \cdot N_T(t) \tag{14.6}$$

Diese Gleichungen ähneln formal den Verhältnissen bei der Bevölkerung und dem Zerfall radioaktiver Isotope. Als Lösungsansatz verwendet man (zur Ableitung dieser Gleichungen vgl. [Krieger1], Kap. 4.3):

$$N_M(t) = K_{00} \cdot e^{-\lambda_0 t} \tag{14.7}$$

$$N_T(t) = K_{10} \cdot e^{-\lambda_0 \cdot t} + K_{11} e^{-\lambda_1 \cdot t} \tag{14.8}$$

$$K_{ij} = K_{i-1,j} \cdot \frac{\lambda_{i-1}}{\lambda_i - \lambda_j} \quad \text{für } (i \neq j) \tag{14.9}$$

Ersetzt man in diesen Gleichungen die Zerfallskonstante λ_0 des Mutternuklids durch das Produkt aus Neutronenflussdichte φ und Einfangwirkungsquerschnitt σ_n und verwendet als Lebensdauer für die Tochternuklide λ_T, erhält man nach Berechnen und Einsetzen der Konstanten K_{ij} das gewünschte Gleichungssystem.

$$N_M(t) = N_M(0) \cdot e^{-\varphi \cdot \sigma_n t} \tag{14.10}$$

$$N_T(t) = N_M(0) \cdot \frac{\varphi \cdot \sigma_n}{\lambda_T - \varphi \cdot \sigma_n} \cdot (e^{-\varphi \cdot \sigma_n \cdot t} - e^{-\lambda_T \cdot t}) \tag{14.11}$$

Für kleine Wirkungsquerschnitte und geringe Neutronenflussdichten sind die Exponentialausdrücke für die Mutternuklide praktisch konstant bei 1. Die Anzahl der Tochterkerne nimmt dann allein mit der bekannten ($1-e^{-\lambda t}$)-Funktion zu. Nach etwa 4 Halbwertzeiten ist die Sättigung erreicht, die Aktivität liegt dann bei über 95%. Bei großen Wirkungsquerschnitten für Neutroneneinfang und hohen Neutronenflüssen spielt dagegen die Abnahme der Mutternuklidzahl durch "Verbrauch" eine prägende Rolle. Die Produktionsrate für die Tochtersubstanz verringert sich dann deutlich mit der Zeit.

(Fig. 14.2) zeigt einen Vergleich der theoretischen spezifischen Aktivitäten nach (Gl. 14.1) mit den nach den Gln. (14.10 und 14.11) und den Wirkungsquerschnitten aus (Tab. 14.2) berechneten technisch erreichbaren Aktivitätskonzentrationen für die wichtigsten Radionuklide in Technik und Medizin, ^{60}Co, ^{99}Mo und ^{192}Ir. Während für ^{60}Co und ^{192}Ir bei ausreichend hohem Neutronenfluss die theoretischen Maximalaktivitäten fast erreicht werden, bleibt die technisch mögliche Aktivitätskonzentration für

^{99}Mo auch bei extremen Neutronenflüssen um etwa einen Faktor 1000 unter dem theoretischen Maximalwert. Neutronenaktivierung von ^{98}Mo zur Gewinnung von ^{99}Mo ist daher unwirtschaftlich, so dass in der Regel Spaltmolybdän trotz der radiochemischen Probleme bevorzugt wird. Technisch übliche Neutronenflussdichten in Kernreaktoren liegen bei $\varphi_{techn} = 10^{12} - 10^{13}$ ($s^{-1} \cdot cm^{-2}$).

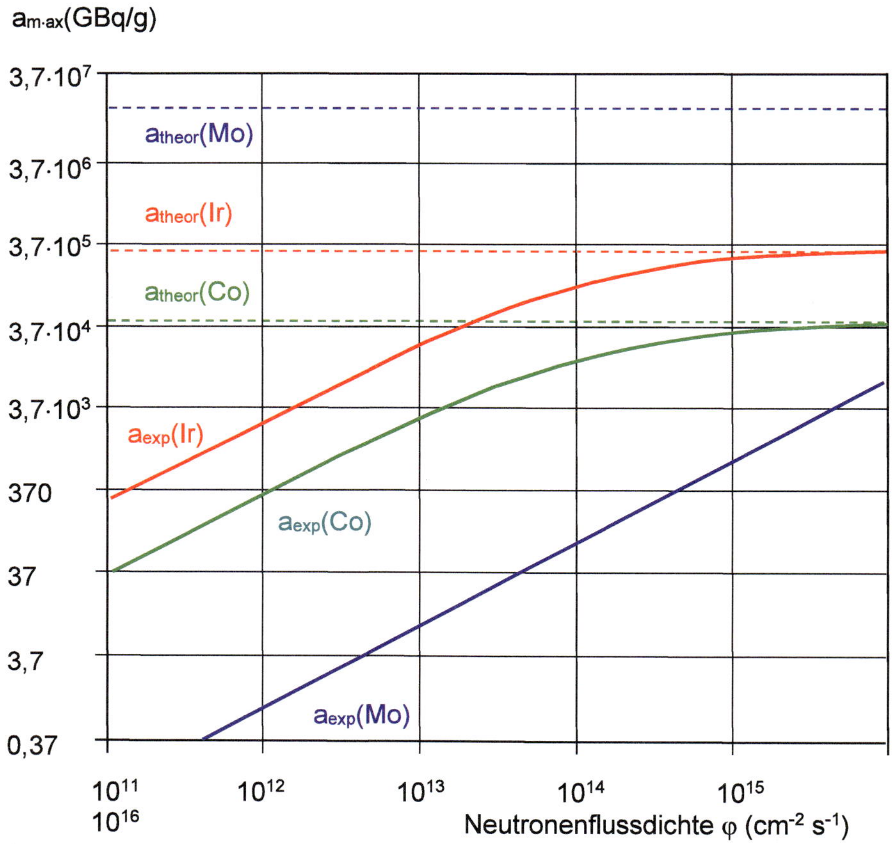

Fig. 14.2: Verlauf der maximalen (theoretischen) und experimentell erreichbaren spezifischen Aktivitäten der Tochternuklide (Mo-99, Ir-192 und Co-60) bei der Neutronenaktivierung der Mutternuklide (Mo-98, Ir-191, Co-59) nach den Gleichungen (14.10) und (14.11) und den Wirkungsquerschnitten nach (Tab. 14.1).

Zur Aktivierung werden die Proben in thermisch stabilen Gefäßen wie Aluminiumbehältern oder Quarzampullen untergebracht. Als Neutronenquellen dienen entweder kommerzielle Leistungskernreaktoren zur Energiegewinnung oder Forschungsreaktoren, die oft schon spezielle Einrichtungen zur Exposition und zum Transport von Proben zur Verfügung stellen. Bei kurzlebigen Radionukliden müssen sehr schnelle Rohrpostsysteme verwendet werden. Bei langlebigen Nukliden kann die Probe fest in besonders geformten Brennelementen installiert werden, um dann bei einem Austausch des Brennelements mit aus dem Reaktor entfernt zu werden. Dabei werden entweder nur halb mit Brennstoff gefüllte Brennstäbe oder völlig leere Brennelementhohlrohre verwendet. Viele kommerzielle und wissenschaftliche Reaktoren bieten besondere Rohrsysteme zur Langzeitbestrahlung von Proben an. Manche Reaktoren enthalten großvolumige Graphitblöcke, die durch Moderation für einen hohen lokalen Fluss thermischer Neutronen sorgen, und entsprechende Probenhalterungen. Bei Schwimmbadreaktoren wird die anschaulich als "Angelschnurverfahren" bezeichnete Methode verwendet, um Proben in das Neutronenfeld zu verbringen, da bei dieser Art von Reaktoren die Proben leicht von oben in das Reaktorwasserbecken eingetaucht werden können.

14.4 Erzeugung von Positronenstrahlern

Positronenstrahler haben im Vergleich zu stabilen Nukliden ein zugunsten der Protonen verschobenes Neutronen-Protonen-Verhältnis. Solche Nuklide können erzeugt werden, indem dem Kern positive Ladungen zugefügt werden. In der Regel erhöht sich die Ordnungszahl des Tochternuklids um 1 ($Z \rightarrow Z+1$). In den Kernreaktionen verschiebt sich also das Protonen-Neutronen-Gleichgewicht zu Gunsten der Protonenzahl. Die erhöhte Ordnungszahl der Reaktionsprodukte führt deshalb zu beta-plus-aktiven Tochternukliden oder zu Isotopen, die einem Elektroneneinfang unterliegen. Man muss dazu stabile Nuklide mit geladenen Teilchen beschießen, deren Energie ausreichend ist, um die in der unmittelbaren Nähe der Atomkerne sehr hohe Coulombabstoßung zu überwinden.

Abschätzung der Energieschwelle zur Teilchenproduktion*: Werden zwei positiv geladene Teilchen aufeinander geschossen, wirkt auf sie eine abstoßende elektrische Kraft. Diese Coulombabstoßung müssen die Teilchen überwinden, um miteinander reagieren zu können. Die Abstoßungsenergie ist proportional zum Produkt der Ladungen (der Ordnungszahlen Z) und umgekehrt proportional zum Abstand r des Targetkerns und des Projektils. Die bei der Berührung von Projektil und Targetkern auftretende Abstoßungsenergie wird als Coulombschwelle E_{schw} bezeichnet. Sie ist die Mindestenergie, die ein Beschussteilchen aufweisen muss, um eine Kernreaktion auszulösen. Der Mindestabstand ist ungefähr die Summe der beiden Kernradien $r_{min}=r_{proj}+r_{targ}$. Da Kernradien sich etwa umgekehrt wie die dritten Wurzeln der Massenzahlen verhalten (s. dazu [Krieger1], Kap. 2.3), erhält man für den Mindestabstand mit dem Protonenradius $r_0 = 1{,}4\cdot 10^{-15}$ m:

$$r_{min} = r_0 \cdot (A_{proj}^{1/3} + A_{t\,arg}^{1/3}) \qquad (14.12)$$

Die Coulombschwellenenergie berechnet man näherungsweise mit dem Ausdruck:

$$E_{schw} \cong \frac{e_0^2}{4\pi\varepsilon_0} \cdot \frac{1}{r_0} \cdot \frac{Z_{proj} \cdot Z_{t\,arg}}{A_{proj}^{1/3} + A_{t\,arg}^{1/3}} \tag{14.13}$$

mit den Ordnungszahlen bzw. Massenzahlen Z und A, der Elementarladung $e_0 = 1{,}602 \cdot 10^{-19}$ C und der elektrischen Feldkonstanten $\varepsilon_0 = 8{,}854 \cdot 10^{-12}$ ($C^2\ N^{-1}\ m^{-2}$). In praktischen Einheiten erhält man:

$$E_{schw}(MeV) \cong 1{,}03 \cdot \frac{Z_{proj} \cdot Z_{t\,arg}}{A_{proj}^{1/3} + A_{t\,arg}^{1/3}} \tag{14.14}$$

Radionuklid	**Zerfall**	**$T_{1/2}$**	**Erzeugung**	**nat. Vorkommen Mutternuklid (%)**
^{11}C	β+,EC	20,38 min	$^{14}N(p,\alpha)^{11}C$	99,636
			$^{10}B(d,n)^{11}C$	19,9
^{13}N	β+	9,96 min	$^{16}O(p,\alpha)^{13}N$	99,757
			$^{12}C(d,n)^{13}N$	98,93
^{15}O	β+	2,03 min	$^{14}N(d,n)^{15}O$	99,636
			$^{15}N(p,n)^{15}O$	0,364
^{18}F	β+,EC	109,7 min	$^{18}O(p,n)^{18}F$	0,205
			$^{20}Ne(d,\alpha)^{18}F$	90,48
^{67}Ga	EC	78,278 h	$^{68}Zn(p,2n)^{67}Ga$	18,45
^{111}In	EC	2,805 d	$^{109}Ag(\alpha,2n)^{111}In$	48,161
			$^{111}Cd(p,n)^{111}In$	12,80
^{123}I	EC	13,224 h	$^{122}Te(d,n)^{123}I$	2,55
			$^{122}Te(\alpha,3n)^{123}Xe$	
			$^{124}Te(p,3n)^{123}I$	4,74
^{201}Tl	EC	3,0422 d	$^{201}Hg(d,2n)^{201}Tl$	13,18

Tab. 14.3: Kernreaktionen zur Produktion von Positronenstrahlern an Zyklotrons (Halbwertzeiten und natürliches Vorkommen der Mutternuklide nach [Karlsruher Nuklidkarte]).

Beispiel 14.2: Protonen (Z=1), Alphas (Z=2) und ^{12}C-Teilchen (Z=6) sollen auf ^{12}C, ^{14}N (Z=7), ^{16}O (Z=8) und ^{122}Te (Z=52) geschossen werden. Für Protonen ergibt dies die Schwellen 1,9, 2,1, 2,34 und 8,99 MeV. Für Alphas als Projektile erhält man 3,48, 3,93, 4,36 und 16,4 MeV, für ^{12}C-Projektile 8,1, 9,2, 10,3 und 44,3 MeV.

Solche Projektilenergien können leicht mit speziell für die Nuklidproduktion konstruierten einfachen, nicht relativistischen Kompaktzyklotrons erreicht werden (vgl. Kap. 10.3.1). In diesen werden hohe Strahlströme von Protonen, Deuteronen, ^3He-Teilchen, Alphateilchen und schwereren Projektilen erzeugt. Diese werden beschleunigt und auf geeignete Targets geleitet, in denen dann die gewünschten Kernreaktionen ausgelöst werden (s. Tab. 14.3). Da die meisten der erzeugten Radionuklide vergleichsweise kurzlebig sind, müssen die Zyklotrons in unmittelbarer Nähe der Verwendungsorte, z. B. der Nuklearmedizin-Institute, angeordnet sein. Wegen der mit der Produktion verbundenen hohen Beschleuniger- und Laborkosten gibt es nur wenige Einrichtungen, in denen Positronenstrahler erzeugt und versendet werden.

14.5 Radionuklidgeneratoren

Radionuklidgeneratoren werden immer dann benötigt, wenn die eingesetzten Radionuklide so kurzlebig sind, dass sie nicht mit vernünftigen Aufwand extern produziert und angeliefert werden können. Sie enthalten deshalb ein Mutter-Tochter-Nuklidpaar aus einem ausreichend langlebigen Mutternuklid und dem in der Regel kurzlebigen Tochternuklid, das dann verwendet wird. Durch den Zerfall des Mutternuklids werden isomere Zustände im Tochternuklid bevölkert, die eine kürzere aber ausreichende Lebensdauer für die Verwendung aufweisen. Nuklidgeneratoren enthalten das fest in einer Generatorsäule gebundene Mutternuklid. Das Tochternuklid muss chemisch schwächer an das Generatormaterial gebunden sein und wird zudem durch Rückstoß beim Zerfall aus der Generatorsäule gelöst. Es kann dann durch eine geeignete Spüllösung, die in der Regel aus physiologischer Kochsalzlösung besteht, ausgewaschen werden (s. Fig. 14.3). Der Zerfall des Mutternuklids und die Bevölkerung und der Zerfall des Tochternuklids folgen wieder den bekannten Gln. (14.15, 14.16), zur ausführlichen Herleitung siehe ([Krieger1], Kap.4.3).

$$A_0(t) = \lambda_0 \cdot N_0(t) = A_0 \cdot e^{-\lambda_0 \cdot t} \tag{14.15}$$

$$A_1(t) = A_0(t) \cdot p \cdot \frac{\lambda_1}{\lambda_1 - \lambda_0} \cdot (1 - e^{-(\lambda_1 - \lambda_0) \cdot t}) \tag{14.16}$$

A_0 und A_1 sind die Aktivitäten des Mutter- und des Tochternuklids, λ_0 und λ_1 die Zerfallskonstanten der beteiligten Radionuklide, p ist der relative Bevölkerungsfaktor für den isomeren Zustand des Tochternuklids. Der Exponentialausdruck in Gleichung (14.16) beschreibt den Aktivitätsaufbau und den Zerfall des Tochternuklids. Zum

Zeitpunkt t = 0 hat die Tochteraktivität wegen des Klammerausdrucks in (Gl. 14.16) den Wert Null. Dann baut sich die Tochteraktivität allmählich auf und erreicht nach etwa 4 Halbwertzeiten des Tochternuklids einen Sättigungswert, der allerdings mit der Lebensdauer des Mutternuklids abklingt. Wird das Tochternuklid dem Generator entnommen, also "eluiert", beginnt dieser Aufbaueffekt in der Generatorsäule erneut (s. Beispiel für den Mo-Tc-Generator). Die maximal erreichbare Sättigungsaktivität der Tochter und somit die eluierbare Aktivität nehmen mit der Lebensdauer des Mutternuklids ab. Typische klinische Nuklidgeneratoren müssen wegen der deshalb nachlassenden Ausbeute der Mutteraktivität etwa im Wochenrhythmus ausgetauscht werden.

14.5.1 Der Molybdän-Technetiumgenerator

Das wichtigste Radionuklid für die bildgebende Nuklearmedizin ist das ^{99m}Tc. Es ist zum einen ein für den Strahlenschutz des Patienten besonders günstiger reiner Gammastrahler, da die Halbwertzeit des β-instabilen Grundzustandes des ^{99}Tc 214000 a beträgt und deshalb während der Inkorporation praktisch kaum β-Zerfälle stattfinden. Zum anderen hat die Gammaenergie den für die Bildgebung mit Gammakameras besonders günstigen Wert von 140 keV. ^{99m}Tc wird heute ausschließlich in kommerziellen Technetiumgeneratoren angeboten. In diesen Generatoren ist radioaktives Spaltmolybdän ^{99}Mo an eine Trägermatrix (z. B. an Aluminiummolybdat) gebunden. Das durch den Betazerfall entstehende und durch Rückstoß aus der Trägermatrix als Pertechnetat TcO_4^- austretende ^{99m}Tc ist frei beweglich und wasserlöslich und kann durch

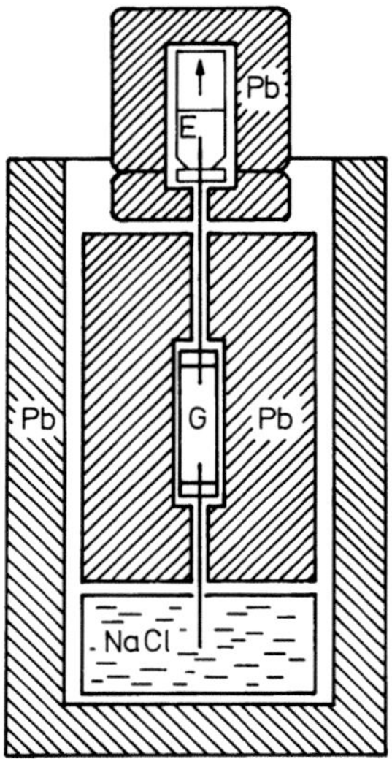

Fig. 14.3: Vereinfachter schematischer Aufbau eines kommerziellen Radionuklidgenerators. G: Generatorsäule mit fest gebundenem Mutternuklid, NaCl: Elutionsmittel (physiologische Kochsalzlösung), E: evakuiertes Glasfläschchen, das nach Einsaugen des Tochternuklid-Eluats entnommen werden kann, Pb: Bleiabschirmungen.

Spülflüssigkeiten wie reines Wasser oder physiologische Kochsalzlösung leicht aus dem Generator eluiert werden. Die Zerfallsgleichungen für Mutternuklid, isomeren Zustand und Tochtergrundzustand lauten:

$$ {}^{99}_{42}Mo^{*}_{57} \rightarrow {}^{99m}_{43}Tc^{*}_{56} + \beta^{-} + \overline{\nu}_{e} + Energie \qquad (T_{1/2} = 65{,}976\ h) \qquad (14.17) $$

$$ {}^{99m}_{43}Tc^{*}_{56} \rightarrow {}^{99}_{43}Tc^{*}_{56} + \gamma \qquad (T_{1/2} = 6{,}007\ h) \qquad (14.18) $$

$$ {}^{99}_{43}Tc^{*}_{56} \rightarrow {}^{99}_{44}Ru_{55} + \beta^{-} + \overline{\nu}_{e} + Energie \qquad (T_{1/2} = 214000\ a) \qquad (14.19) $$

Aktivitätsverhältnisse am nuklearmedizinischen Technetiumgenerator: In den Gleichungen (14.17) bis (14.19) sowie Fig. (14.4) ist der Betazerfall des Mo-99 ausführlich dargestellt. Seine Halbwertzeit beträgt etwa 66 h. Der Zerfall des Mutternuklids ^{99}Mo bevölkert zu etwa 14% direkt den Grundzustand des Technetiums und zu 86% den angeregten isomeren Zustand. Der Bevölkerungsfaktor beträgt also p = 0,86. Dieser für die Nuklearmedizin interessierende angeregte Zustand des Tochternuklids ^{99m}Tc zerfällt über einen "isomeren", also verzögerten Gammazerfall mit der Halb-

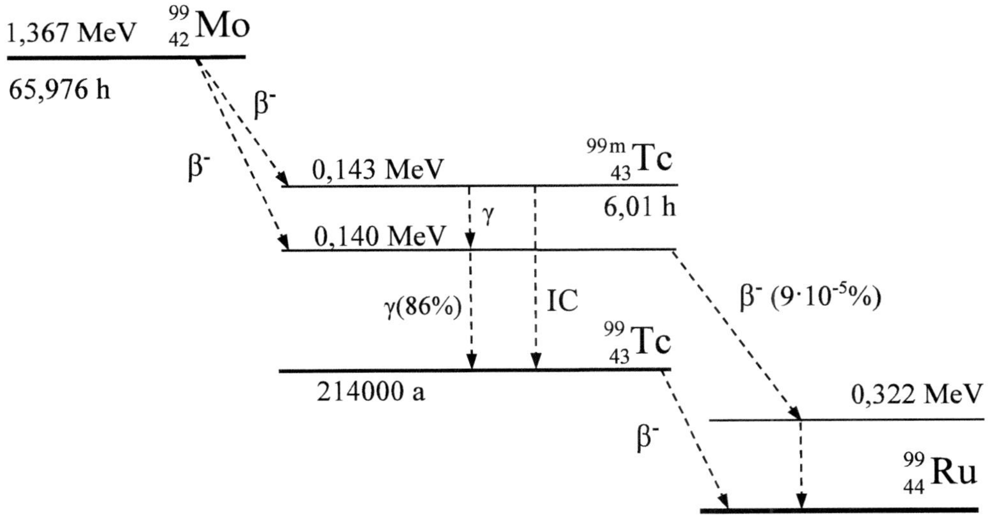

Fig. 14.4: Vereinfachtes Umwandlungsschema des Molybdän-99. Es zerfällt mit 66 h Halbwertzeit in angeregte Zustände des Technetium-99. Die Betaübergänge bevölkern zu etwa 14% den Grundzustand des Tc-99 und zu ca. 86% den metastabilen Zustand Tc-99m. Dieser hat eine Anregungsenergie von 143 keV und zerfällt über einen Zwischenzustand durch Gammaemission und Innere Konversion mit einer Halbwertzeit von 6,01 h in den instabilen Grundzustand des Tc-99 (β^{-}-Zerfall in Ruthenium-99 mit der Halbwertzeit von 214000 a).

wertzeit von 6,01 h in seinen extrem langlebigen Grundzustand (^{99}Tc: Halbwertzeit $2{,}14 \cdot 10^5$a). Der Grundzustand des ^{99}Tc kann wegen der sehr kleinen Zerfallskonstanten vereinfachend für physiologische Betrachtungen, für den Strahlenschutz der Patienten und bei der Berechnung der Aktivierungsanalyse des Technetium-Generators als quasi stabil betrachtet werden.

Die Zerfallskonstanten für die beiden Zerfälle sind λ(Mo-99) = λ_0 = 0,010506 h^{-1} und λ(Tc-99m) = λ_1 = 0,11539 h^{-1}. Die Differenz der Zerfallskonstanten beträgt demnach λ_1 - λ_0 = 0,104884 h^{-1}. Der Zerfall des Mutternuklids ^{99}Mo bevölkert nur zu ungefähr 14% direkt den Grundzustand des Technetiums und zu 86% den angeregten isomeren Zustand. Die Ausbeute des Generators vermindert sich deshalb um 14%. Die Zahlen-

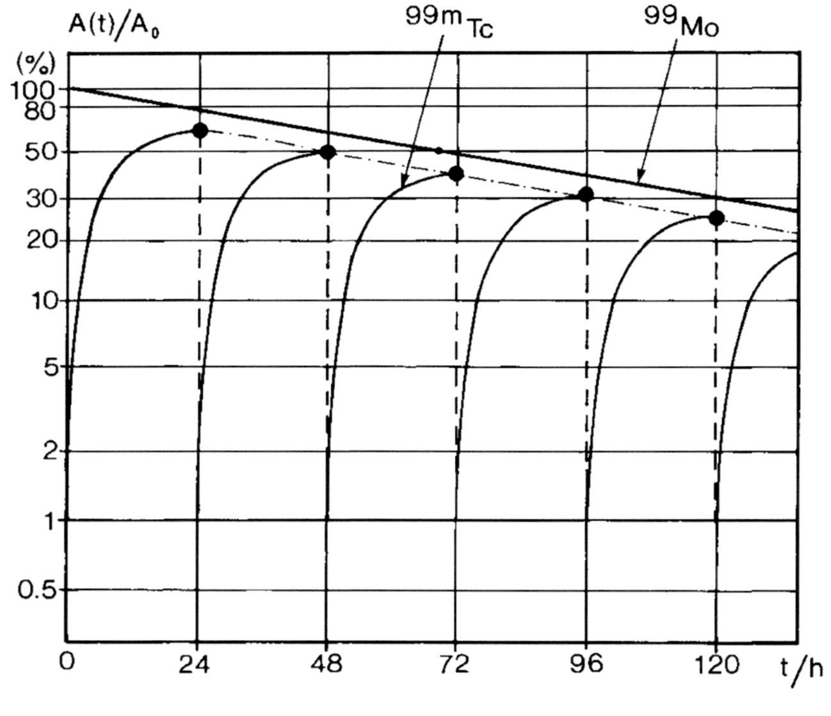

Fig. 14.5: Zeitlicher Aktivitätsverlauf von Mutternuklid Mo-99 und Tochternuklid Tc-99m am Technetiumgenerator. Am Generator wird alle 24 h, d. h. nach jeweils 4 Halbwertzeiten eluiert. Dadurch nimmt die Tochteraktivität jeweils nach einem Tag auf Null ab und muss danach durch Bevölkerung wieder neu aufgebaut werden. Die strichpunktierte Linie zeigt den Verlauf der Tc-99m-Aktivität, falls nicht eluiert würde. Sie verläuft nur so knapp oberhalb der maximalen Eluierungsaktivitäten (schwarz gefüllte Kreise), dass sie in dieser Figur nicht getrennt dargestellt werden kann (s. Tab. 14.4).

wertgleichung für den Aktivitätsverlauf des Tochternuklids in diesem speziellen Fall lautet, falls alle Zeiten bzw. Zerfallskonstanten in h bzw. h^{-1} sowie der obige Wert der partiellen Bevölkerungswahrscheinlichkeit von p = 0,86 eingesetzt werden, entsprechend Gl. (14.20):

$$A_1(t) = 0{,}9463 \cdot A_0 \cdot e^{-0{,}0105 \cdot t} \cdot (1 - e^{-0{,}105 \cdot t}) \qquad (14.20)$$

Für t = 0 hat der Klammerausdruck den Wert 0. Zu Beginn ist also, wie zu erwarten war, keinerlei Tochteraktivität vorhanden. Der Technetiumgenerator enthält daher auch kein ^{99m}Tc. Mit zunehmender Zeit wird der Exponentialausdruck in der Klammer immer kleiner, für große Zeiten strebt der Klammerausdruck gegen den Sättigungswert 1. Nach etwa 4 Halbwertzeiten (≈ 24 h = 1 d) hat der Klammerausdruck bereits den Wert 0,92 erreicht. Die Aktivität des ^{99m}Tc im Generator nimmt also ständig zu. Sie könnte ohne die auf 86% reduzierte Übergangswahrscheinlichkeit sogar größer als die aktuelle Aktivität des Mutternuklids werden. Ist die Sättigung erreicht, führt weiteres Abwarten zu keiner weiteren Erhöhung der Bevölkerung des isomeren Zustandes mehr sondern zur Abnahme mit der Halbwertzeit des Mutternuklids ^{99}Mo.

Zeit (h / d)	**A(Mo)**	**A(Tc)**	**A'(Tc)**
0	1,000	0,0	0,0
6	0,939	0,414	0,414
12	0,882	0,597	0,597
18	0,828	0,664	0,664
24 / 1	0,777	0,676	0,676
48 / 2	0,604	0,568	0,525
72 / 3	0,470	0,444	0,409
96 / 4	0,365	0,345	0,317
120 / 5	0,284	0,268	0,257
144 / 6	0,221	0,209	0,192
168 / 7	0,171	0,162	0,149

Tab. 14.4: Relative zeitliche Aktivitätsverläufe am Technetium-Generator nach Gl. (14.20). A(Tc): Aktivität ohne Eluierung. A'(Tc): Aktivität nach regelmäßiger 24 h Eluierung (berechnet ausgehend von den jeweiligen täglichen Mo-Restaktivitäten für eine 24-h-Bevölkerung des Tc).

Die Bevölkerungsrate nimmt von Anfang an wegen des Exponentialglieds vor der Klammer mit der Halbwertzeit des Mutternuklids von 66 h ab. Hat die Bevölkerung des isomeren Zustandes ihre Sättigung erreicht, zerfällt das isomere Tochternuklid nur noch mit der Halbwertzeit von 66 h. Der Mutterzerfall bestimmt damit auch die Aktivität des Tochternuklids. Längeres Warten als etwa einen Tag erhöht also die Ausbeute eines Technetiumgenerators nicht, sondern führt sogar zu einer Verringerung der Aktivität des isomeren Tochternuklids. Nach der Entleerung des Generators muss die Sättigungs-Zeitspanne von etwa 4 Halbwertzeiten - also 24 h - abgewartet werden, bevor wieder ausreichend Technetium eluiert werden kann.

Zum Schutz des Personals sind Technetiumgeneratoren von dicken Bleiabschirmungen umgeben. Den prinzipiellen Aufbau eines kommerziellen Technetium-Generators zeigt (Fig. 14.3). Moderne Generatoren haben typische maximale Anfangsausbeuten um 37 GBq. Das ^{99m}Tc liegt in der Regel als Pertechnetat vor. Für viele medizinische Anwendungen muss es in eine geeignete chemische Form gebracht werden. Dieser Vorgang wird als radiochemische Markierung bezeichnet. Freies Molybdän (ein kurzlebiger Beta-Strahler) führt bei Inkorporation zu intolerablen Strahlenbelastungen der Patienten. Die Eluate müssen deshalb regelmäßig auf Mo-Anteile, den so genannten **Molybdän-Durchbruch** getestet werden. Neben dieser für den Strahlenschutz wichtigen radiochemischen Reinheit ist auch auf Sterilität (Keimfreiheit) und Pyrogenfreiheit (Freiheit von Fieber erregenden Substanzen) des Eluats zu achten.

14.5.2 Weitere Radionuklidgeneratoren*

Auch für andere Radionuklide wurden oder werden Radionuklidgeneratoren angeboten, deren Verwendung von den in der Nuklearmedizin oder Technik gerade akzeptierten Untersuchungsverfahren abhängt. Eines der frühesten Beispiele ist die "Thorium-Kuh". Sie enthält ein extrem langlebiges Thorium-Präparat (^{232}Th, $T_{1/2} = 1{,}405 \cdot 10^{10}$ a), das über mehrere Alpha- und Beta-Zerfälle zum radioaktiven Edelgas ^{220}Rn zerfällt (Thorium-Zerfallsreihe, s. [Krieger1], Kap. 5). Wird dieses Edelgas in ein elektrisches Feld gebracht, scheiden sich beim Zerfall der Tochternuklide die ^{216}Po- und ^{212}Pb-Ionen auf den Elektroden ab, von denen sie durch eine saure Lösung abgelöst werden können. Die Thorium-Kuh ist ein beliebtes Beispiel eines Nuklidgenerators für physikalische Praktika in Schulen und Universitäten, da sie wegen der langen Lebensdauer des Startnuklids ^{232}Th zeitlich konstante Tochternuklidausbeuten liefert.

$$^{220}_{86}Rn^*_{134} \rightarrow ^{216}_{84}Po^*_{132} + \alpha + Energie \qquad (T_{1/2} = 55{,}6\ s) \qquad (14.21)$$

$$^{216}_{84}Po^*_{132} \rightarrow ^{212}_{82}Pb_{130} + \alpha + Energie \qquad (T_{1/2} = 0{,}15\ s) \qquad (14.22)$$

Zwei aktuelle Radionuklidsysteme sind Generatoren zur Gewinnung des ^{113m}In (^{113}Zinn-^{113m}Indium-Generator) und des ^{132}I (^{132}Tellur-^{132}Jod-Generator).

$$ {}^{113}_{50}Sn^{*}_{63} + e^{-} \rightarrow {}^{113m}_{49}In^{*}_{64} + \nu_e + Energie \qquad (T_{1/2} = 115{,}1\ d) \qquad (14.23)$$

$$ {}^{113m}_{49}In^{*}_{64} \rightarrow {}^{113}_{49}In_{64} + \gamma \qquad (T_{1/2} = 1{,}658\ h) \qquad (14.24)$$

Beim Zinn-Indium-Generator werden die Gammas des isomeren Indiumzerfalls szintigrafisch verwendet. Die nach dem Betazerfall des instabilen ^{132}I entstehenden prompten Abregungsgammas des stabilen Isotops ^{132}Xe werden nur für die in-vitro-Diagnostik eingesetzt.

$$ {}^{132}_{52}Te^{*}_{80} \rightarrow {}^{132}_{53}I^{*}_{79} + \beta^{-} + \bar{\nu}_e + Energie \qquad (T_{1/2} = 76{,}3\ h) \qquad (14.25)$$

$$ {}^{132}_{53}I^{*}_{79} \rightarrow {}^{132}_{54}Xe_{78} + \beta^{-} + \bar{\nu}_e + Energie \qquad (T_{1/2} = 2{,}30\ h) \qquad (14.26)$$

Der Quecksilber-Gold-Generator und der Rubidium-Krypton-Generator haben wegen ihrer eher ungünstigen Zerfallsdaten (Halbwertzeiten, Energien) keine große Verbreitung erlebt und wurden - wo immer möglich - durch Technetium ersetzt. Ein in der Wissenschaft und Technik beliebter Radionuklidgenerator ist wegen der kurzen Lebensdauer des ^{137}Ba ($T_{1/2}$ = 2,55 min) und der großen Lebensdauer des Mutternuklids ^{137}Cs ($T_{1/2}$ = 30,08 a) der ^{137}Cs-^{137}Ba- Generator. Die Gammastrahlung aus dem Tochternuklid wird oft als Kalibrierstrahler verwendet (E_γ = 662 keV). Der Cs-Ba-Generator könnte schon nach wenigen Minuten erneut mit ausreichender Ausbeute "gemolken" werden (vgl. dazu [Krieger1], Kap. 4.3). Tatsächlich wird das Tochternuklid bei Prüfstrahlern nicht entfernt. Im Beispiel des ^{137}Cs-Präparates führt dies dazu, dass der Prüfstrahler seine Tochter-Gammas wegen der um viele Größenordnungen unterschiedlichen Lebensdauern von Mutter- und Tochternuklid mit der Halbwertzeit des Mutternuklids emittiert.

$$ {}^{137}_{55}Cs^{*}_{82} \rightarrow {}^{137}_{56}Ba^{*}_{81} + \beta^{-} + \bar{\nu}_e + Energie \qquad (T_{1/2} = 30{,}08\ a) \qquad (14.27)$$

$$ {}^{137}_{56}Ba^{*}_{81} \rightarrow {}^{137}_{56}Ba_{81} + \gamma + Energie \qquad (T_{1/2} = 2{,}55\ min) \qquad (14.28)$$

Beim Hg-Au-Generator zerfällt das Mutternuklid ^{195}Hg über Elektroneneinfang mit einer Halbwertzeit von 40 h zu etwa 50% in einen angeregten isomeren Zustand des ^{195m}Au. Dieser Zustand zerfällt seinerseits mit einer Halbwertzeit von 30,5 s in den instabilen Grundzustand des ^{195}Au, der dann weiter in den stabilen Grundzustand des ^{195}Pt zerfällt. Die 261-keV-Gammastrahlung des ^{195m}Au wird für die Herzszintigrafie eingesetzt.

$$ {}^{195}_{80}Hg^{*}_{115} + e^{-} \rightarrow {}^{195m}_{79}Au^{*}_{116} + \nu_e + Energie \qquad (T_{1/2} = 40\ h) \qquad (14.29)$$

$$ {}^{195m}_{79}Au^{*}_{116} \rightarrow {}^{195}_{79}Au^{*}_{116} + \gamma \qquad (T_{1/2} = 30{,}5\ s) \qquad (14.30)$$

$$ {}^{195}_{79}Au^{*}_{116} + e^{-} \rightarrow {}^{195}_{78}Pt_{117} + \nu_e + Energie \qquad (T_{1/2} = 186{,}1\ d) \qquad (14.31)$$

Der Rubidium-Krypton-Generator kann für die Lungenszintigrafie (Lungenperfusion, Inhalation) verwendet werden. Das Mutternuklid ^{81}Rb zerfällt mit einer Halbwertzeit von 4,58 h zu 87% über β^+-Emission in das Tochternuklid ^{81}Kr. Dabei kommt es zur Emission prompter hochenergetischer Gammastrahlung (253, 450, 511 keV). Der dabei bevölkerte isomere Zustand des Kryptons, das ^{81m}Kr, zerfällt unter Emission eines Gammaquants mit der Energie von 190 keV und einer Halbwertzeit von 13,1 s zu 65% in den instabilen Grundzustand des ^{81}Kr ($T_{1/2} = 2{,}3 \cdot 10^5$ a). Die isomere Gammastrahlung wird zur Lungenszintigrafie genutzt. Weitere Radionuklidgeneratoren mit β^+-emittierenden Mutternukliden sind

der Rb-Kr- Generator

$$ {}^{81}_{37}Rb^{*}_{44} \rightarrow {}^{81m}_{36}Kr^{*}_{45} + \beta^{+} + \nu_e + Energie \qquad (T_{1/2} = 4{,}58\ h) \qquad (14.32)$$

$$ {}^{81m}_{36}Kr^{*}_{45} \rightarrow {}^{81}_{36}Kr^{*}_{45} + \gamma \qquad (T_{1/2} = 13{,}1\ s) \qquad (14.33)$$

der Sr-Rb-Generator

$$ {}^{82}_{38}Sr^{*}_{44} \rightarrow {}^{82m}_{37}Rb^{*}_{45} + \beta^{+} + \nu_e + Energie \qquad (T_{1/2} = 25{,}34\ d) \qquad (14.34)$$

$$ {}^{82}_{37}Rb^{*}_{45} \rightarrow {}^{82}_{37}Rb_{45} + \gamma \qquad (E_\gamma = 776\ keV,\ T_{1/2} = 1{,}27\ min) \qquad (14.35)$$

$$ {}^{82}_{37}Rb^{*}_{45} \rightarrow {}^{82m}_{36}Kr_{46} + \beta^{+} + \nu_e + Energie \qquad (T_{1/2} = 6{,}3\ h) \qquad (14.36)$$

der Y-Sr-Generator

$$ {}^{87}_{39}Y^{*}_{48} \rightarrow {}^{87m}_{38}Sr^{*}_{49} + \beta^{+} + \nu_e + Energie \qquad (T_{1/2} = 80{,}3\ h) \qquad (14.37)$$

$$ {}^{87m}_{38}Sr^{*}_{49} \rightarrow {}^{87}_{38}Sr^{*}_{49} + \gamma \qquad (E_\gamma = 388\ keV,\ T_{1/2} = 2{,}81\ h) \qquad (14.38)$$

und der ^{68}Ge-^{68}Ga-Generator und der ^{62}Zn-^{62}Cu-Generator. Ein Überblick über wichtige, in der Nuklearmedizin verwendete diagnostische Radionuklide und Generatoren findet sich in den Tabellen (15.2 und 15.3), eine sehr umfassende Zusammenstellung von Radionuklidgeneratoren beispielsweise in [Lieser].

Zusammenfassung

- **Radionuklide können entweder als Spaltfragmente aus der Kernspaltung von Aktinidenkernen oder durch Kernreaktionen mit Neutronen oder geladenen Teilchen gewonnen werden.**

- **Aktinidenkerne zeigen bei der durch thermische Neutronen induzierten Spaltung asymmetrische Massenverteilungen der Fragmente mit maximalen Ausbeuten um 6% bei A = 90 - 100 und A = 133 – 143.**

- **Diese beta-minus-strahlenden Spaltfragmente müssen durch radiochemische Verfahren separiert und aufgearbeitet werden.**

- **Die bedeutendste Kernreaktion zur Erzeugung beta-minus-aktiver Radionuklide ist der thermische Neutroneneinfang. Dazu werden stabile Mutternuklide dem thermischen Neutronenfluss in Kernreaktoren ausgesetzt, die dann wegen ihres entstehenden Neutronenüberschusses beta-minus-aktiv werden.**

- **Sollen Positronenstrahler erzeugt werden, müssen stabile Atomkerne mit schnellen geladenen Teilchen wie Protonen, Deuteronen oder Alphas beschossen werden, um ihre Kernladungszahl bis zur Instabilität zu erhöhen.**

- **Die geladenen Beschussteilchen benötigen dazu wegen der Coulombabstoßung durch die Mutterkerne Mindestenergien von einigen MeV. Die Produktion von Beta-Plus-Strahlern geschieht daher in der Regel in spezialisierten Kompaktzyklotrons.**

- **Sind die erzeugten Radionuklide für den Transport und die Verarbeitung zu kurzlebig, werden Radionuklidgeneratoren verwendet, die ein ausreichend langlebiges Mutternuklid enthalten, und deren Tochternuklide isomere Zustände mit einer für die jeweilige Anwendung geeigneten Lebensdauer aufweisen.**

- **In Radionuklidgeneratoren müssen durch den Betazerfall der chemisch fest gebundenen Muttersubstanz wasserlösliche Tochternuklide entstehen, die dann eluiert werden können.**

- **Der wichtigste Radionuklidgenerator ist der Mo-Tc-Generator. Er enthält wegen der benötigten hohen spezifischen Aktivität meistens Spaltmolybdän.**

Aufgaben

1. Was versteht man unter Trägerfreiheit eines künstlich erzeugten Radionuklids und wann sollen Radionuklide trägerfrei sein?

2. Sie stellen in einem ^{192}Ir-Strahler einen Anteil Platin fest. War das ^{192}Ir nicht trägerfrei?

3. Versuchen Sie eine Erklärung für die im Vergleich zum theoretischen spezifischen Aktivitätswert sehr niedrige technisch mögliche spezifische Aktivität des ^{192}Ir.

4. Wie hoch ist die Mindestenergie, um beim Beschuss eines ^{238}U-Kerns mit einem Proton eine Kernreaktion auszulösen?

5. Welches der Radionuklide in Tab. 14.1 kann als Spaltfragment gewonnen werden?

6. Sind für die Verwendbarkeit eines Spaltfragmentes als medizinische Strahlungsquelle dessen kumulative oder die direkte Spaltausbeute zuständig?

7. Berechnen Sie die Rückstoßenergie bei der Emission des Gammaquants im ^{137}Cs und bei der Emission der beiden Gammaquanten beim Gammazerfall des ^{60}Co.

8. Warum müssen zur Erzeugung von Positronenstrahlern Zyklotrons und nicht Elektronenlinearbeschleuniger oder Kernreaktoren verwendet werden?

9. Welche Eigenschaften hat der ideale Radionuklidgenerator für die nuklearmedizinische bildgebende Diagnostik?

10. Was wird bei der prompten Gamma-Neutronen-Aktivierungsanalyse nachgewiesen.

11. Wie erzeugt man 14,1 MeV Neutronen? Kann man solche Neutronen auch aus Kernspaltung in Reaktoren gewinnen?

12. Schreiben Sie die Gleichungen für Americium-Beryllium-Quelle auf. Woher stammen die Neutronen, aus dem Americium?

15 Radionuklide in der Medizin

In diesem Kapitel werden die wichtigsten Radionuklide für medizinische Anwendungen vorgestellt. Zunächst werden die strahlentherapeutisch eingesetzten Radionuklide besprochen. Es folgt eine Darstellung des Zusammenhangs von Strahleraktivität und Kenndosisleistung dieser Radionuklide. Die radioaktiven Strahler mit den höchsten medizinisch und technisch eingesetzten Aktivitäten befinden sich in Anlagen für perkutane Bestrahlungen mit Kobalt und in Afterloadinggeräten mit Iridium als Strahlungsquelle. Wegen ihrer Bedeutung wird der Aufbau dieser Anlagen in gesonderten Kapiteln erläutert. Anschließend werden die in der nuklearmedizinischen Diagnostik und Therapie benötigten Radionuklide zusammengestellt.

In der Medizin dienen Radionuklide als Strahlungsquellen zur Behandlung oder Untersuchung von Menschen in der Nuklearmedizin und Strahlentherapie. Radionuklide werden als radioaktive Medikamente eingesetzt, die Patienten zu diagnostischen Zwecken verabreicht werden, als Präparate für lokale strahlentherapeutische Behandlungen oder als intensive Gammastrahler in perkutanen Bestrahlungsanlagen.

Für diagnostische Anwendungen sind reine Gammastrahler von Vorteil, da sie die Strahlenexposition der Patienten minimieren. Sie sind außerdem bei eventuellen Kontaminationen des Personals beim Umgang mit den Radiopharmaka weniger problematisch. In der Regel sind die gammastrahlenden Tochternuklide angeregte isomere Zustände langlebiger oder stabiler Tochternuklide. Die lange Lebensdauer oder Stabilität der Grundzustände der Tochternuklide ist günstig für die Minimierung der Strahlenexposition der untersuchten Patienten. Das wichtigste Beispiel eines solchen Radionuklidgenerators mit einem reinen Gammastrahler als isomerem Tochternuklid ist der Mo-Tc-Generator für die Nuklearmedizin. Für messtechnische Zwecke und zu Kalibrierzwecken werden häufig betastrahlende oder gammastrahlende Radionuklide mit großer Halbwertzeit bevorzugt, mit denen Messsonden kalibriert werden können.

15.1 Radionuklide für strahlentherapeutische Anwendungen

Die in der Strahlentherapie verwendeten Radionuklide sind entweder reine Betastrahler oder kombinierte Beta-Gamma-Strahler, also Radionuklide, deren Beta-Umwandlung ein γ-strahlendes Tochternuklid folgt. Zu den reinen Betastrahlern zählen die heute allerdings seltener eingesetzten Kontaktbestrahlungsplatten ("Dermaplatten" mit $^{90}Sr/^{90}Y$ Beladung) in der Dermatologie oder der Ophtalmologie, bei denen eine ausschließlich oberflächliche Strahlenexposition angestrebt wird. Die Betastrahlung dieser Nuklide hat eine typische mittlere Reichweite von 0,5 bis maximal 10 mm in menschlichem Weichteilgewebe. Sie erreicht deshalb ausschließlich die Oberfläche des behandelten Organs oder bei der perkutanen Bestrahlung die Haut. Tiefer liegende Gewebeschichten werden von der Betastrahlung dagegen nicht erreicht.

Soll nur die durchdringende Gammastrahlungskomponente für therapeutische Anwendungen genutzt werden, muss bei kombinierten Beta-Gamma-Strahlern die Betastrahlung durch Kapselungen der Strahler vom Patienten ferngehalten werden. Andernfalls würde sie wegen ihrer geringen Eindringtiefe zu unzulässig hohen Hautbelastungen der Patienten führen. Moderne therapeutische Strahler sind deshalb in der Regel von Edelstahl- oder Goldhüllen umgeben. Beispiele für solche radioonkologische Beta-Gammastrahler sind die Nuklide ^{60}Co für perkutane Bestrahlungsanlagen oder Afterloading-Anwendungen, das für Afterloadingstrahler hauptsächlich verwendete ^{192}Ir oder die in der Regel z. B. für Prostataspickungen permanent implantierten Jod-125-Seeds.

Nuklid	$T_{1/2}$	Zerfall	$E_{\beta,max}$(MeV)	$\bar{E}_\beta$(MeV)	E_γ(keV)	$\bar{E}_\gamma$(keV)	Γ_δ[(1)]
P-32	14,268 d	β-	1,710	-	-	-	-
Co-60	5,2711 a	β-	0,331	0,095	1173, 1332	1253	0,307
Sr-90	28,64 a	β-	0,55	0,17	-	-	-
Y-90	64,1 h	β-	2,28	0,92	-	-	-
Pd-103	16,991 d	EC	-	-	357, X-rays	-	
I-125	59,407 d	EC	-	-	35, X-rays	32	0,0339[(2)]
Cs-137	30,08 a	β-	0,51, 1,18	0,18	662	662	0,0768
Re-188	16,98 h	β-	2,1	0,7	63-2000		
Ir-192	73,82 d	K, β+,β-	0,24 – 0,67	0,17	296 - 612	375	0,109
Au-198	2,6948 d	β-	0,9607	0,31	410 - 680	415	0,0548
Ra-226	1600 a	α	4,60; 4,73**	-	186	186	-
Ra-226*	1600 a	α,β-	Zerfallskette	-	240 - 2200	830	0,197

Tab. 15.1: Physikalische Daten einiger wichtiger Radionuklide für die strahlentherapeutische Verwendung (*: Ra-226 im Gleichgewicht mit Folgeprodukten, Filterung 0,5mm Pt, **: Alpha-Energien, X-rays: charakteristische Röntgenstrahlungen der Tochternuklide). Weitere Daten befinden sich z. B. in [DIN/ISO 7503], [Lederer]. (1): Die Einheit der Dosisleistungskonstanten Γ_δ ist (mGy·m^2/h·GBq), Werte nach [Kohlrausch], [Reich] für Gammaenergien >20 keV. (2): Γ_{33} ist die Dosisleistungskonstante für Photonenenergien >33 keV.

Die Wahl einer therapeutischen Strahlungsquelle richtet sich medizinisch vor allem nach der Dosisleistung und der Strahlungsqualität und der damit verbundenen biologischen Wirkung (vgl. dazu [Krieger1], Kap. 14). Daneben spielen selbstverständlich auch die in der klinischen Routine wichtige Bestrahlungsdauer sowie die räumliche Ausbreitung des Strahlungsfeldes im Patienten eine Rolle. Bei gammastrahlenden Radionuklidquellen kann die Dosisleistung durch die Wahl der Strahleraktivität und durch den Abstand von Strahler und therapeutischem Volumen gesteuert werden. Dosisleistungen von Radionuklidquellen sind proportional zu deren Aktivität A. Die Proportionalitätskonstante zwischen Aktivität und Gamma-Dosisleistung ist die nuklidspezifische Dosisleistungskonstante Γ_δ (Gl. 15.1), die bei therapeutischen Strahlungsquellen meistens für die Luftkermaleistung angegeben wird. Diese Größe wird als **Kenndosisleistung** bezeichnet. Da die Luftkerma leichter zu messen ist als die Aktivität, wird die Kenndosisleistung bevorzugt als Kenngröße für die Strahlerstärke einer Strahlungsquelle verwendet.

Unter bestimmten geometrischen Bedingungen (Punktquelle ohne Eigenabsorption, kein absorbierendes oder streuendes Medium zwischen Strahler und Aufpunkt im Abstand r, isotrope Abstrahlung) ist die durch Photonen erzeugte Dosisleistung eines radioaktiven Strahlers außerdem umgekehrt proportional zum Quadrat des Abstands. Dies wird als **Abstandsquadratgesetz** für die Dosisleistung von Punktstrahlern bezeichnet. Ausführliche Erläuterungen und theoretische Grundlagen zu den Dosisleistungskonstanten befinden sich in [Krieger1]. Numerische Werte finden sich außerdem in [DIN 6814-4], [DIN 6853], [Reich] und [Kohlrausch]. Für die Luftkermaleistung eines radioaktiven Gammastrahlers gilt unter den obigen Bedingungen:

$$\mathring{K}_a = \frac{\Gamma_\delta \cdot A}{r^2} \tag{15.1}$$

Neben der Aktivität bzw. der Kenndosisleistung der Strahlungsquelle spielt für die medizinische Eignung natürlich auch die räumliche Dosisverteilung eine erhebliche Rolle. Der von einer therapeutischen Strahlungsquelle im Patienten erzeugte Dosisleistungsverlauf ist sowohl von den geometrischen Verhältnissen (Abstand Strahlungsquelle-Zielvolumen) als auch von der Strahlungsart bestimmt. Er ist darüber hinaus wegen der energieabhängigen Absorption und Streuung der Strahlung in menschlichen Geweben auch von der Strahlungsqualität abhängig.

Dosisleistungen von Betapunktstrahlern in Luft werden mit Hilfe des folgenden modifizierten "Abstandsquadratgesetzes" berechnet.

$$\dot{H} = \frac{I(E_{max}, \rho \cdot r) \cdot A}{r^2} \tag{15.2}$$

Dabei ist A die Aktivität und r der Abstand vom Strahler. Die Dosisleistungskonstanten Γ der Photonenstrahlungsfelder werden hier aber durch eine Dosisleistungsfunktion I ersetzt, die so genannte **Äquivalentdosisleistungsfunktion**. Sie ist anders als die nur von der Photonenenergie abhängigen Dosisleistungskonstanten für harte Photonenstrahlung auch abhängig vom Abstand, der maximalen Betaenergie und dem Druck der den Strahler umgebenden Luft. Das Produkt aus Luftdichte ρ und dem Abstand r ist die flächenbezogene Luftmasse (Flächenbelegung) der Luft zwischen Strahler und Aufpunkt, die die Betateilchen bereits abbremst. Ortsdosisleistungen von Beta-Flächenstrahlern werden mit einer modifizierten Dosisleistungsfunktion I_F beschrieben.

$$\dot{H} = \frac{I_F(E_{max}, \rho \cdot r, F)}{r^2} \cdot \frac{A}{F} \tag{15.3)}$$

Dabei ist A/F die flächenspezifische Aktivität des Betastrahlers. Die Dosisleistungsfunktionen I und I_F und typische Abstandsverläufe für die wichtigsten Betastrahler sind ausführlich in [Krieger1] dargestellt.

Bei der Wechselwirkung von Betastrahlung mit menschlichem Gewebe dominiert die Stoßbremsung der Elektronen ([Krieger1], Kap. 9). Die Reichweiten der Betateilchen sind im Wesentlichen durch die Betaenergie bestimmt. Sie betragen in menschlichem Weichteilgewebe je nach Energie wenige Millimeter bis etwas über einen Zentimeter[1].

Physikalische Kriterien für die Auswahl radioaktiver Strahlungsquellen sind die Art und die Energie der Strahlung, die Halbwertzeit des verwendeten Radionuklids sowie die massenspezifische Aktivität des Strahlermaterials und die dadurch bedingte Größe der Strahlungsquelle (s. Tab. 15.1). Die Halbwertzeit der Quelle bestimmt die Verwendungsdauer des Strahlers, die Häufigkeit der Quellenwechsel und der Basisdosimetrie und damit die Wirtschaftlichkeit der Quelle. Die Energie der Gammastrahlung aus Radionukliden ist entscheidend für den Strahlenschutzaufwand für die Abschirmung von Quellentresor und Applikationsraum. Hohe Photonenenergien erfordern einen aufwendigeren und damit teureren baulichen und geräteseitigen Strahlenschutz als weichere Photonenstrahlungen.

Zusammenfassung

- **Strahlentherapeutisch für die perkutane Tiefentherapie oder für Afterloadinganwendungen eingesetzte Radionuklide sind in der Regel Betastrahler mit aus den Tochternukliden emittierter harter Gammastrahlung. Die Betastrahlung wird durch Kapselungen absorbiert.**

- **Die beiden wichtigsten Radionuklide für diese Verwendungen sind das ^{60}Co und das ^{192}Ir.**

- **Dosisverteilungen von harten Gammastrahlern sind bei den Nahdistanzanwendungen durch den geometrischen Dosisverlauf, das Abstandsquad-**

[1] Als Faustregel für relativistische Elektronen in Wasser gilt die "MeV/2-Regel": "Reichweite von Elektronen in Weichteilgewebe in cm gleich Anfangsenergie der Elektronen in MeV geteilt durch 2". Für Betas kann für diese Faustregel je nach Fragestellung die mittlere Betaenergie ($E_{max}/3$) oder die maximale Beta-Energie eingesetzt werden.

ratgesetz, dominiert. Die Photonenenergien sind dabei wegen der geringen Entfernungen von nach geordneter Bedeutung.

- **Weiche Gammastrahler werden bei interstitiellen Techniken verwendet.**

- **Betas emittierende Radionuklide werden wegen der geringen Reichweiten für die perkutane Oberflächentherapie der Haut eingesetzt oder direkt in das Tumorvolumen verbracht.**

- **Dazu werden sogenannte Spicktechniken und endoluminale Sondentechniken verwendet.**

15.2 Radionuklide für die Nuklearmedizin

Bei Radionukliden für die Nuklearmedizin ist zwischen diagnostischen in-vivo-Nukliden zur Inkorporation, in-vitro-Radionukliden für die Labordiagnostik und therapeutischen Radionukliden zu unterscheiden. Für diagnostische in-vivo-Untersuchungen im Rahmen der Szintigrafie oder mit Sondenmessplätzen werden nicht zu hochenergetische gammastrahlende Nuklide bevorzugt. Diese sollen, wenn möglich, reine Gammastrahler sein, um die Strahlenexposition der Patienten zu minimieren. Das wichtigste Nuklid in diesem Zusammenhang ist das ^{99m}Tc, das aus Mo-Tc-Generatoren gewonnen wird (s. Kap. 14.5).

Zum Schutz des Personals sind Technetiumgeneratoren von dicken Bleiabschirmungen umgeben. Den prinzipiellen Aufbau eines kommerziellen Technetium-Generators zeigt (Fig. 14.3). Moderne Mo-Generatoren haben typische maximale Anfangsausbeuten um 37 GBq. Das ^{99m}Tc liegt in der Regel als Pertechnetat vor. Für viele medizinische Anwendungen muss es in eine geeignete chemische Form gebracht werden. Dieser Vorgang wird als radiochemische Markierung bezeichnet. Freies Molybdän (ein kurzlebiger Beta-Strahler) führt bei Inkorporation zu intolerablen Strahlenbelastungen der Patienten. Die Eluate müssen deshalb regelmäßig auf Mo-Anteile, den so genannten **Molybdän-Durchbruch** getestet werden. Neben dieser für den Strahlenschutz wichtigen radiochemischen Reinheit ist auch auf Sterilität (Keimfreiheit) und Pyrogenfreiheit (Freiheit von Fieber erregenden Substanzen) des Eluats zu achten.

Eine wichtige Eigenschaft diagnostischer Radionuklide ist darüber hinaus die Radionuklidreinheit des Medikaments und insbesondere die Trägerfreiheit der verabreichten radioaktiven Stoffe. Diese Trägerfreiheit ist bei inkorporierten Radiopharmaka unbedingt notwendig, um unbeabsichtigte Anreicherungen und daraus resultierende Störungen von Stoffwechselvorgängen durch die inaktiven Isotope im zu untersuchenden Zielorgan zu vermeiden.

Nuklid	$T_{1/2}$	Zerfall	$E_{\beta,max}$(MeV)	E_{γ}(keV)
H-3	12,312 a	β-	0,01857	-
C-11	20,38 min	β+	0,9601	511
C-14	5730 a	β-	0,1565	-
N-13	9,96 min	β+	1,1985	511
O-15	121,8 s	β+	1,7320	511
F-18	109,728 min	β+, EC	0,633	511
Cr-51	27,7010 d	EC	-	320,1
Fe-59	44,503 d	β-	0,470, 0,270	1100; 1,29; 0,19
Co-57	271,80 d	EC	-	122,1; 136,5
Co-58	70,86 d	EC, β+	0,49	810,8; 511; 475
Ga-67	78,278 h	EC	-	93; 185; 300
Se-75	119,64 d	EC	-	136; 265; 280; ...
Kr-81m*	13,1 s	γ-isomer	-	190
Rb-81	4,58 h	β+	1,03	253; 450; 511
Sr-89	50,5 d	β-	1,5	909
Y-90	64,1 h	β-	2,3	(2186)

Tab. 15.2: Physikalische Daten einiger wichtiger Radionuklide zur Verwendung in der Nuklearmedizin. *: Elution mit Luft/O_2. Radionukliddaten nach [Kohlrausch], [Lederer], [Reich], [Karlsruher Nuklidkarte].

In der nuklearmedizinischen Diagnostik werden auch Positronenstrahler eingesetzt, die ja im Anschluss an den Beta-Plus-Zerfall hochenergetische Gammaquanten (die Vernichtungsstrahlung) emittieren. Diese Gammaquanten werden dann in geeigneten Messanordnungen wie Gammakameras oder PET-Anlagen - oft in zeitlicher und räumlicher Koinzidenz - nachgewiesen und für die Bildgebung oder zur Untersuchung von Stoffwechselvorgängen verwendet. Das wichtigste Radionuklid in diesem Zusammenhang ist ^{18}F.

Therapeutische nuklearmedizinische Radionuklide sind in der Regel reine Beta-Minus-Strahler oder kombinierte Beta-Gamma-Strahler. Die Radionuklide werden entweder ohne chemische Modifikation verabreicht oder durch Markierung in eine für die Anreicherung im gewünschten Zielorgan geeignete Form gebracht. Bei kombinierten Beta-Gamma-Strahlern wird je nach Anwendungsgebiet überwiegend die Beta-Komponente zur Therapie genutzt. Wegen der geringen Reichweiten auch hochenergetischer Betateilchen in menschlichem Gewebe geben die Betas ihre Bewegungsenergie auf nur wenigen Millimetern Wegstrecke vollständig ab. Dies führt zu vergleichsweise hohen lokalen Energiedosen bei weitgehender Schonung umliegender Gewebe.

Nuklid	**$T_{1/2}$**	**Zerfall**	**$E_{\beta,max}$(MeV)**	**E_γ(keV)**
Mo-99	65,976 h	β-	1,2140	739,6
Tc-99m	6,007 h	γ-isomer	-	140
Tc-99	$2{,}14 \cdot 10^5$ a	β-	0,294	-
In-111	2,805 d	EC	-	173, 247
In-113m	99,49 min	γ-isomer	-	391,7; 363,7
Sn-113	115,1 d	EC	-	-
Te-132	76,3 h	β-	0,215	-
I-123	13,224 h	EC	-	159
I-125	59,407 d	EC	-	30-35, X-rays#
I-131	8,0228 d	β-	0,6063	364,5
I-132	2,30 h	β-	2,14, 1,61,...	667,7; 780, ...
Xe-133	5,2475 d	β-	0,346	81,0
Sm-153	46,27 h	β-	0,7; 0,8	70; 103
Er-169	9,40 d	β-	0,3	110
Yb-169	32,0 d	EC	-	63
Re-186	89,25 h	β-, EC	1,1	137
Re-188	16,98 h	β-, γ	2,12	63 -2000
Au-195m	30,5 s	γ-isomer	-	261
Au-198	2,6948 d	β-	0,9607	411,8 - 680
Hg-195	40 h	EC	-	-
Tl-201	3,0422 d	EC		68,9 - 83; 135; 167

Tab. 15.3: Physikalische Daten einiger wichtiger Radionuklide für die Nuklearmedizin (Fortsetzung der Tab. 15.2). #: charakteristische Röntgenstrahlung des Tochternuklids Te-125. "in-vitro": Verwendung für die Labordiagnostik. Radionukliddaten nach [Kohlrausch], [Lederer], [Reich], [Karlsruher Nuklidkarte].

So stammt beispielsweise bei der therapeutischen Anwendung radioaktiven Jods (^{131}I) in Kapselform oder als flüssiges Medikament zur Behandlung gutartiger und maligner Schilddrüsenerkrankungen der größte Teil der applizierten Dosis von den Betawechselwirkungen. Hier sind die kurzen Reichweiten der Betastrahlung zur Schonung tiefer liegender oder umliegender Gewebe ausdrücklich erwünscht. Die durchdringende Gamma-Komponente führt dagegen zu einer eher unerwünschten Bestrahlung umliegender Gewebe und des pflegenden Personals. Sie ermöglicht jedoch die externe Kontrolle des Therapieverlaufs durch Messung dieser außerhalb des Körpers nachweisbaren Gammadosisleistung.

Zusammenfassung

- **Zur nuklearmedizinischen Bildgebung werden bevorzugt reine Gammastrahler oder die Vernichtungsstrahlung von Positronenemittern verwendet.**

- **Die drei am häufigsten eingesetzten diagnostischen Radionuklide sind das ^{99m}Tc, das ^{201}Tl und das ^{18}F.**

- **Die wichtigste Gammastrahlungsquelle der bildgebenden Nuklearmedizin ist der Molybdängenerator mit dem metastabilen Tochternuklid ^{99m}Tc.**

- **Beim medizinischen Einsatz dieses Radionuklids ^{99m}Tc muss aus Gründen der Strahlenhygiene streng auf Molybdänfreiheit des Eluats geachtet werden.**

- **In der nuklearmedizinischen Strahlentherapie werden Betastrahler oder kombinierte Beta-Gammastrahler verwendet, die durch den Patienten inkorporiert werden müssen.**

- **Sie werden dazu peroral verabreicht, intravenös gespritzt oder auch unmittelbar durch Zugänge in die interessierenden Zielvolumina verbracht.**

- **Das wichtigste Beispiel eines nuklearmedizinischen Therapienuklids ist das ^{131}I zur Therapie von Schilddrüsenerkrankungen.**

Aufgaben

1. Schätzen Sie die mittleren und die maximalen Reichweiten der Beta-minus-Strahler P-32, Sr-90 und Y-90 in Wasser und in Luft ab.

2. Machen Sie die gleichen Angaben für das Radionuklid F-18.

3. Wie groß sind ungefähr die Reichweiten des Alphastrahlers Ra-226 in Wasser und Luft?

4. Sie verwenden einen ausgedehnten harten Linien-Gammastrahler mit einer aktiven Länge von 3 cm. Ab welcher Entfernung gilt das Abstandsquadratgesetz für die Dosisleistung in einer für den Strahlenschutz ausreichenden Näherung?

5. Bei einer Prostataspickung verwenden Sie Seeds mit Jod-125. Welche Strahlenschutzmaßnahmen müssen Sie gegen die Betastrahlung dieses Radionuklids einsetzen. Werden die Seeds nach Erreichen der therapeutischen Dosis wieder entfernt?

6. Sie therapieren einen Schilddrüsenpatienten mit dem Radionuklid Jod-131. Welche Strahlungsart dominiert Ihren Strahlenschutz bei einer Ultraschalluntersuchung eines solchen Patienten und welche Strahlungsart dominiert die strahlentherapeutische Wirkung in der Schilddrüse des Patienten?

7. Dürfen schwangere Frauen in einer nuklearmedizinischen Jod-Therapie-Station arbeiten? Dürfen Frauen im gebärfähigen Alter dort arbeiten?

8. Sie stellen bei einer Routineprüfung einen Molybdändurchbruch an Ihrem Nuklidgenerator fest. Dürfen Sie diesen Generator wegen seiner kurzen Halbwertzeit nach einer bestimmten Wartezeit weiter verwenden?

9. Wie groß ist die Abschirmwirkung einer handelsüblichen 0,35 mm Bleischürze für Tc-99m-Gammastrahlung?

10. Warum wird Co-57 in Form von ausgedehnten Flächenstrahlern gerne zur Qualitätskontrolle für Angerkameras eingesetzt?

16 Kobaltbestrahlungsanlagen für die Medizin

Perkutane Strahlungsquellen mit radioaktiven Gammastrahlern existieren heute nur noch in der Form von Kobaltbestrahlungsanlagen. Für radiologische Anwendungen werden sie zunehmend durch medizinische Linearbeschleuniger ersetzt. Bedeutung haben Kobaltanlagen nach wie vor als Kalibrierstrahler und für technische Anwendungen wie in der Materialbearbeitung und Sterilisation. Zwei medizinische Bauformen sind die konventionellen isozentrischen Teletherapiekobaltgeräte sowie eine stereotaktische Anlage mit multiplen einzelnen Kobaltstrahlern, das so genannte Gammaknife. In diesem Kapitel werden die Prinzipien beider Anlagen dargestellt.

16.1 Kobaltstrahler

Medizinische Kobaltbestrahlungsanlagen enthalten als Strahlungsquelle ^{60}Co-Präparate. Für die konventionellen isozentrischen perkutanen Anlagen werden Aktivitäten zwischen etwa 74 und 370 TBq (1 TBq = 10^{12} Bq) verwendet. Im Gammaknife befinden sich 201 Kobaltstrahler mit einer Gesamtaktivität von etwa 2,44 TBq zum Beladungszeitpunkt. Kobalt-60 wird durch Aktivierung von ^{59}Co im Neutronenfluss von Kernreaktoren in der folgenden Neutroneneinfangreaktion hergestellt:

$$^{59}Co(n,\gamma)^{60}Co \tag{16.1}$$

Es zerfällt über einen β^--Zerfall in angeregte Zustände des ^{60}Ni (Fig. 16.1, Gl. 16.2, 16.3). Die Halbwertzeit des ^{60}Co-Zerfalls beträgt 5,27 a. Die für die Bestrahlung ver-

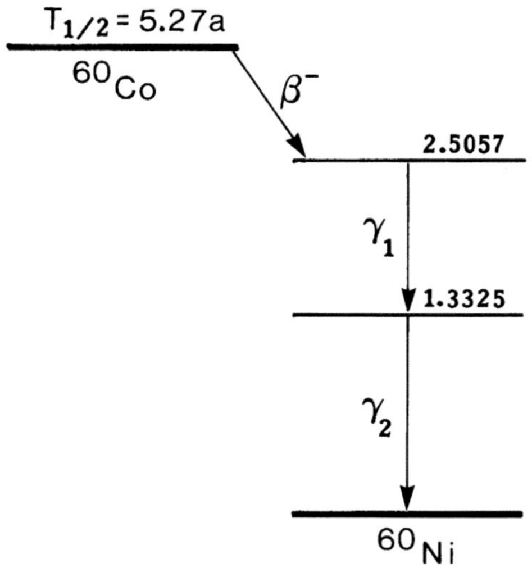

Fig.16.1: Vereinfachtes Zerfallsschema von ^{60}Co, nach [Lederer], Energien in MeV.

wendete Strahlungsart ist die Gamma-Strahlung des ^{60}Ni (Gammaenergien 1,17 und 1,33 MeV). Ausführliche Zerfallsdaten befinden sich in [Krieger1] und im (Kap. 14). Die Betastrahlung des ^{60}Co wird durch die Edelstahlumhüllung der Quellen absorbiert. Wegen der hohen Photonenenergie ist die Strahlung hinreichend durchdringend und ermöglicht deshalb für die perkutane Bestrahlung geeignete Tiefendosisverteilungen. Die Photonenstrahlung von Kobaltquellen ist ultraharter Röntgenbremsstrahlung mit einer maximalen Energie von etwa 2 bis 3 MeV äquivalent.

$$ {}^{60}_{27}Co^{*}_{33} \Rightarrow {}^{60}_{28}Ni^{*}_{32} + \beta^{-} + \overline{\nu}_e + E \qquad (16.2) $$

$$ {}^{60}_{28}Ni^{*}_{32} \Rightarrow {}^{60}_{28}Ni_{32} + \gamma_1 + \gamma_2 \qquad (16.3) $$

Die Kenndosisleistung von Kobaltquellen ist durch ihre Aktivität und die Kenndosisleistungskonstante gegeben (s. Tab. 13.1), hängt aber auch wesentlich von der Bauform der Quelle ab. Der begrenzende Faktor ist die Selbstabsorption der Photonenstrahlung in der Quelle. Üblicherweise werden für die perkutanen Kobaltanlagen zylinderförmige, edelstahlgekapselte Quellen hergestellt, deren Höhe und Durchmesser etwa gleich sind. Wegen der relativ geringen spezifischen Aktivität des Kobalts (s. Tab. 14.1) und der für die Therapie erwünschten hohen Kenndosisleistungen (einige Gy/min in 1 m Abstand) werden für die erforderlichen Aktivitäten der Einzelstrahler in Kobaltanlagen zum Teil erhebliche Quellenvolumina benötigt. Um die Strahlgeometrie durch große Quellendurchmesser nicht allzu sehr zu verschlechtern, muss das zusätzliche Quellenvolumen vor allem über eine Verlängerung der Quellen erreicht werden. Dadurch erhöht sich allerdings die Selbstabsorption der Photonenstrahlung in Quellenlängsrichtung. Ein durch die Verlängerung der Quelle bewirkter Aktivitätszuwachs kommt also nur teilweise der verfügbaren Dosisleistung zugute. Eine einfache Faustformel zur Berechnung der Selbstabsorption enthält die folgende Abschätzung in Gleichung (16.4).

Abschätzung der Selbstabsorption von Kobaltquellen*: Dosisleistungsverluste durch Selbstabsorption in Teletherapiequellen können mit Hilfe einer einfachen Näherungsformel für die effektive Aktivität einer mathematischen Linienquelle abgeschätzt werden. Ist die wahre Aktivität der linearen Quelle A auf die gesamte Länge ℓ gleichmäßig verteilt, hat sie also die lineare Aktivitätsbelegung $\mathrm{dA/dx = A/\ell}$, ergibt sich die dosisleistungswirksame, "effektive" Aktivität A_{eff} näherungsweise aus dem Integral über die Schwächungen der Teilaktivitäten $\mathrm{dA = A \cdot dx/\ell}$ der Längenelemente dx (Fig. 16.2a) und dem Schwächungskoeffizienten μ zu:

$$ A_{eff} = \int_0^{\ell} dA \cdot e^{-\mu \cdot x} = A/\ell \cdot \int_0^{\ell} e^{-\mu \cdot x} dx = \frac{A}{\mu \cdot \ell} \cdot (1 - e^{-\mu \cdot \ell}) \qquad (16.4) $$

Die Zahlenwerte für μ hängen von der physikalischen Beschaffenheit des Quellenmaterials ab. Für locker geschichtete Kobaltpellets (vernickelte Zylinder aus metallischem Kobalt mit je 1 mm Höhe und Durchmesser) ist der Schwächungskoeffizient $\mu = 0{,}245\ cm^{-1}$; für massive Quellen beträgt er wegen der größeren effektiven Dichte des metallischen Kobalts $\mu = 0{,}385\ cm^{-1}$.

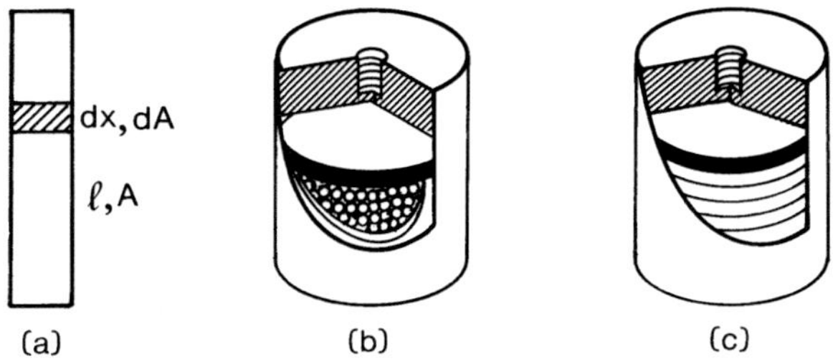

Fig. 16.2: Bauformen kommerzieller Kobalt-Therapiequellen, (a): Quellenmodell zu Gleichung (16.4),(b): Quelle mit vernickelten "l-mm-Pellets", (c): Quelle mit massiven kreisförmigen Scheiben (Durchmesser 17 mm, Höhe 2,5 mm), Hüllen aus Edelstahl.

Der Ausdruck $e^{-\mu\cdot\ell}$ gibt an, um welchen Prozentsatz die aktuelle effektive Aktivität einer endlichen Quelle mit der Länge ℓ vom Sättigungswert für die Länge $\ell = \infty$ abweicht. Mit zunehmender Quellenlänge wird der Gewinn an zusätzlicher effektiver Aktivität und Dosisleistung immer kleiner. Für $\ell = 3/\mu$ sind bereits 95 Prozent der theoretisch maximal möglichen Kenndosisleistung erreicht. Die zugehörige Quellenlänge beträgt dann je nach Wert des verwendeten Schwächungskoeffizienten zwischen 8 und 12 Zentimetern. In einer Quelle mit diesen Längen werden nach Gl. (16.4) schon knapp 70 Prozent der Dosisleistung absorbiert. Eine darüber hinausgehende Verlängerung der Quelle erhöht lediglich die Kosten und die Abschirmungsprobleme, trägt aber nicht mehr zu einem Gewinn an Dosisleistung bei. Übliche kommerzielle ^{60}Co-Quellen für die Medizin bleiben weit unter diesen Abmessungen, sie haben aktive Längen von ungefähr 2 Zentimetern und Selbstabsorptionen von etwa 20-30 Prozent (Fig. 16.2b, c). Ihre Durchmesser betragen ebenfalls 1-2 Zentimeter.

Reale Kobalt-Quellen sind keine mathematischen Linienquellen. Ihre Kenndosisleistungen weichen daher mehr oder weniger von den Werten nach Gl. (16.4) ab und müssen deshalb in jedem Einzelfall dosimetrisch bestimmt werden. Insbesondere führt die Berechnung der Kenndosisleistung ausgedehnter Therapiequellen aus der Nennaktivität und der Dosisleistungskonstanten für Kobalt-60-Photonenstrahlung unter Zuhilfenahme des Abstandsquadratgesetzes im allgemeinen zu einer deutlichen Überschätzung der tatsächlichen Dosisleistungsausbeuten für größere Entfernungen. In der Nähe der

Quellen sind solche Berechnungen schon wegen der endlichen Quellenausdehnungen und wegen Rückstreuphänomenen im Strahlerkopf nicht zulässig.

16.2 Konventionelle isozentrische Kobaltanlagen

Die Strahlungsquellen befinden sich im Strahlerkopf der Kobaltanlagen. Sie sind wegen ihrer durchdringenden Strahlung von dicken Abschirmungen aus Schwermetallen wie Wolfram, abgereichertem Uran (verminderter ^{235}U-Anteil) oder Blei umgeben. Die Quellen befinden sich in Quellenhalterungen, die meistens aus dem für den Strahlenschutz wegen der geringen Massen und der mechanischen Festigkeit besonders günstigen Wolfram gefertigt werden. Um die Bestrahlung zu starten, werden die Quellenhalterungen über die Öffnung des Kollimators gebracht. Dazu verwendet man entweder Schiebeverschlüsse oder Drehverschlüsse (Fig. 16.3). Beide Verschlussarten sind so konstruiert, dass die Quelle über Federkräfte bei Stromausfällen automatisch in die Abschirmung zurück gefahren wird.

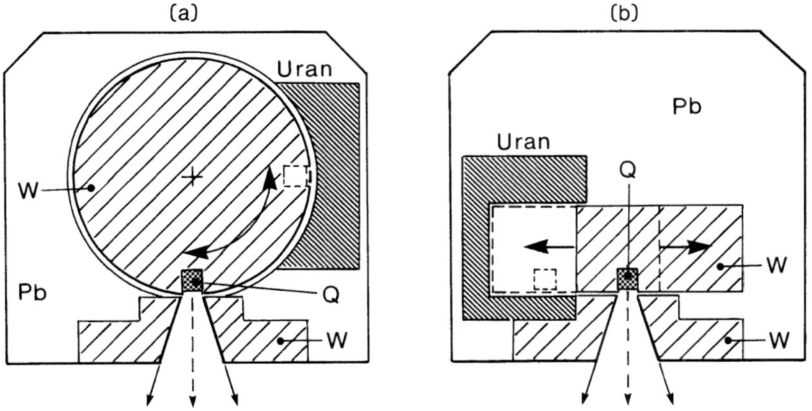

Fig. 16.3: Konstruktionsprinzipien für Verschlüsse von Kobalt-Therapieanlagen. (a): Drehverschluss, (b): Schiebeverschluss (Q: Quelle, Pb: Blei, W: Wolfram).

Die den Strahl formenden Bestandteile des Strahlerkopfes wie Blendensystem, Primärkollimator, Halbschattentrimmer und Halterungen für Absorber und Keilfilter ähneln denen anderer Teletherapiegeräte. Ein Beispiel eines aufwendigen Strahlerkopfes mit Drehschieber, Glasfaseroptik für das Lichtvisier, konvergierendem Mehrfachkollimator aus Uran, Blei und Wolfram und zusätzlichen Halbschattentrimmern zeigt Fig. (16.4). Kobaltanlagen sind in der Regel als isozentrische Anordnungen mit Isozentrumsabständen (Drehachsenabständen) von 60 bis 80 Zentimetern ausgelegt. Der Strahlerkopf ist trotz seiner schweren Abschirmungen bei einigen Herstellern quasi kardanisch aufgehängt und ermöglicht deshalb beliebige dreidimensionale Einstellungen der Bestrahlungsfelder und Bewegungsbestrahlungen.

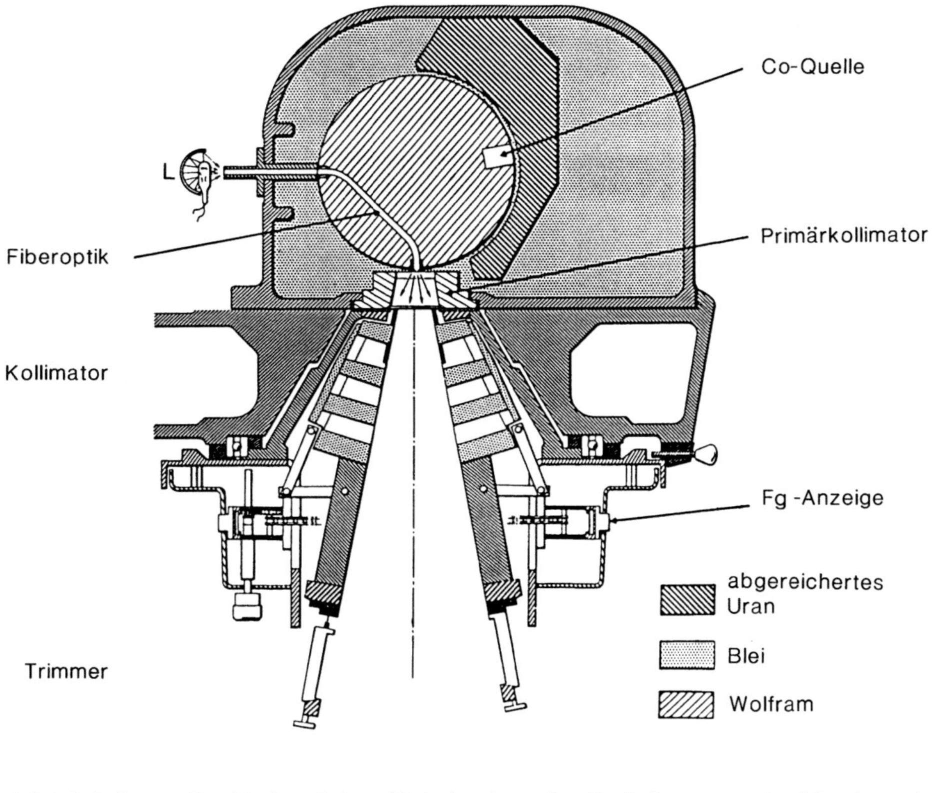

Fig. 16.4: Moderner Strahlerkopf einer Kobaltanlage für die Telegamma-Strahlentherapie mit Drehverschluss und hervorragender Strahlgeometrie (Fg-Anzeige: Anzeige der Feldgröße, L: Lichtvisierlampe).

Da Kobaltbestrahlungsanlagen radioaktive Quellen bekannter Halbwertzeit und Kenndosisleistung enthalten, kann auf eine laufende Dosis- und Dosisleistungskontrolle während der Behandlung verzichtet werden. Der Strahlerkopf enthält deshalb keine Dosismonitore wie die medizinischen Beschleuniger. Stattdessen werden unabhängige, quarzkontrollierte Doppeluhren verwendet, mit deren Hilfe die Bestrahlungen gestartet und beendet werden können. Selbstverständlich muss an Kobaltstrahlern zunächst die Basisdosimetrie einschließlich der Feldgrößenabhängigkeit und Abstandsabhängigkeit der Dosisleistungen vorgenommen werden (s. [Krieger3], Kap. 16). Anschließend müssen regelmäßige dosimetrische Überprüfungen bezüglich der Nuklidreinheit, Dichtheit und Betriebssicherheit vorgenommen werden.

Da Kobaltanlagen starke gammastrahlende Quellen hoher Aktivität und Kenndosisleistung enthalten, umgibt sie trotz aufwendiger Abschirmungen auch bei zurückgefahrener Quelle ein nicht zu vernachlässigendes Störstrahlungsfeld. Insbesondere in unmittelbarer Nachbarschaft des Strahlerkopfes können vor allem bei älteren Geräten Ortsdosisleistungen von bis zu 0,2 mSv/h auftreten. Kobaltbestrahlungsräume zählen deshalb auch bei geschlossenen Kollimatoren und in Ruheposition befindlichem Quellenschieber zu den Kontrollbereichen nach der Strahlenschutzverordnung und unterliegen den dort vorgesehenen Zutrittsbeschränkungen. Als Vorteile der Kobaltanlagen sind ihre ständige Verfügbarkeit, der geringe dosimetrische Aufwand, die Wartungsarmut und die vergleichsweise geringen Unterhalts- und Beschaffungskosten dieser Anlagen zu nennen. Nachteile der konventionellen Kobaltgeräte sind die im Vergleich zu Linearbeschleunigern schlechtere Strahlgeometrie (Halbschatten, maximale Feldgröße) und die Beschränkung auf nur eine Strahlungsart und Strahlungsqualität. Seit 1995 sollen Kobaltanlagen mit einem Quelle-Isozentrumsabstand von weniger als 65 cm nicht mehr für die kurative Radioonkologie verwendet werden. Diese alten Anlagen werden deshalb in Zukunft trotz ihrer Zuverlässigkeit und Kostengünstigkeit mehr und mehr durch Elektronenlinearbeschleuniger verdrängt.

16.3 Das stereotaktische Kobaltbestrahlungsgerät Gammaknife

Das Gammaknife ist ein stereotaktisches Bestrahlungsgerät zur Behandlung von Tumoren im Schädelbereich. Es enthält 201 ^{60}Co-Strahler mit typischen Aktivitäten um je 12 GBq, die in einer Halbkugelschale montiert sind (Fig. 16.5). Die Strahler und die zugehörigen primären Kollimatoren sind auf das Kugelzentrum ausgerichtet. Innerhalb der Quellenhalterung befindet sich eine weitere Kugelhalbschale (der Helm), die 201 Bohrungen für die sekundären Kollimatoren enthält. Diese Sekundärkollimatoren sind ebenfalls auf das Isozentrum in der Kugelmitte fokussiert und existieren in vier Ausfertigungen für isozentrische Strahldurchmesser von 4, 8, 14 und 18 mm. Einzelne

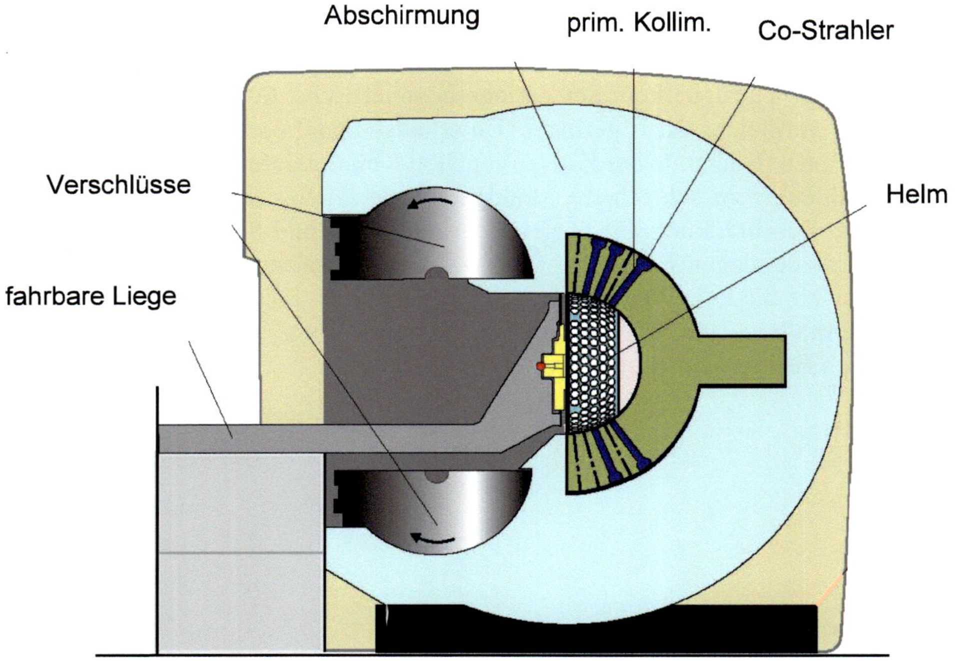

Fig. 16.5: Anordnung der Strahler, der Primär- und Sekundärkollimatoren im Gammaknife. Die Co-Strahler befinden sich am distalen Ende der Primärkollimatoren. Der Helm wird an der verschiebbaren Patientenliege montiert und kann gegen Helme mit anderen Kollimatordurchmessern ausgetauscht werden (mit freundlicher Genehmigung der Fa. Elekta).

Kollimatoren können auch gegen geschlossene Einsätze ausgetauscht werden, um die Dosisverteilungen zu optimieren. Die Gesamtbestrahlungszeit beträgt je nach Tumorgröße und angestrebter Dosis bis zu 20 Minuten.

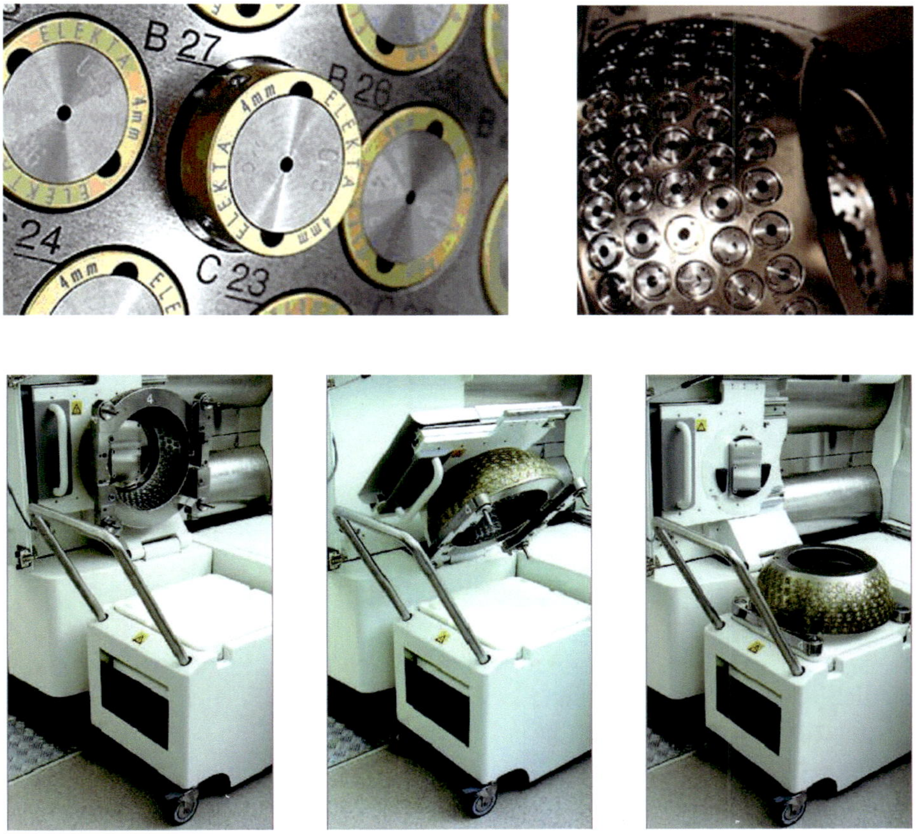

Fig. 16.6: Details zu den Sekundärkollimatoren und zum Helmwechsel am Gammaknife. Die Kollimatoren sind im Helm durch Ziffern und Buchstaben gekennzeichnet. Sie werden außerhalb des Strahlerkopfes zusammengestellt und können dann mit einer speziellen Ladeeinrichtung auf der Patientenliege befestigt werden. Rechts unten ist gut der Verschluss in geschlossenem Zustand zu erkennen (mit freundlicher Genehmigung der Fa. Elekta).

Durch diese Bestrahlungsgeometrie entsteht ein kugelförmiges Bestrahlungsvolumen in der Mitte der Kugelschale. Für abweichende Tumorformen muss deshalb das gesamte Bestrahlungsvolumen aus mehreren Kugelvolumina zusammengesetzt werden. Der Patient wird zur Bestrahlung wie üblich in einem stereotaktischen Schädelrahmen fixiert. Dieser ist über manuelle Feintriebe dreidimensional verstellbar und kann außerdem in seiner Orientierung zum Helm justiert werden. Werden mehrere Bestrahlungspositionen benötigt, wird der Patient relativ zum Kollimatorhelm verschoben. Für typische klinische Zielvolumina sind etwa 15 Bestrahlungspositionen üblich.

Aufgaben

1. Berechnen Sie die Äquivalentdosisleistung in 65 cm Entfernung von einem Kobaltstrahler mit der effektiven Aktivität von 200 TBq Co-60.

2. Warum werden therapeutische Kobaltstrahlungsquellen zur Verkürzung der Behandlungszeiten nicht in beliebigen Größen hergestellt?

3. Benötigen Kobaltbestrahlungsanlagen einen Doppeldosismonitor wie beispielsweise Elektronenlinearbeschleuniger?

4. In welchen Zeitabständen müssen sie neue Dosiswerte bestimmen, wenn Sie an einer Kobaltbestrahlungsanlage als Dosisunsicherheit 1% zulassen wollen?

5. Dürfen Mitarbeiter ohne Personendosimeter in Kobaltbestrahlungsräumen arbeiten?

6. Sie haben eine konventionelle Kobaltanlage mit einer Isozentrumsentfernung von 60 cm. Dürfen Sie diese Anlage auch weiterhin für die kurative Strahlentherapie in Deutschland einsetzen?

7. Sie wollen eine Kobaltbestrahlungsanlage durch einen Elektronen-Linac mit ausschließlicher Photonenstrahlung ersetzen. Welche Nennenergie ist der Kobaltgammastrahlung etwa äquivalent?

17 Afterloadinganlagen für die Medizin

In diesem Kapitel werden die für die Afterloadingtechnik eingesetzten Strahler und die zugehörigen Anlagen besprochen. Das wichtigste Radionuklid ist wegen seiner hohen spezifischen Aktivität das ^{192}Ir, das sowohl für die Medizin als auch für technische Zwecke z. B. bei der Materialprüfung verwendet wird.

17.1 Prinzip des medizinischen Afterloadings

Bereits zwei Jahre nach der Entdeckung des Radiums durch ***Marie Curie*** (1898) wurden die ersten zögernden Strahlenbehandlungsversuche der Haut mit Radium-226 durchgeführt. Seit Beginn des 20. Jahrhunderts wurde Radium dann systematisch zur Therapie von Tumorerkrankungen verwendet (***Robert Abbe***, [Abbe 1903]). Es wurde dazu in den Körper eingebracht oder auf die Haut des Patienten gelegt. Man spricht bei dieser Methode wegen der kleinen Abstände zwischen Strahlungsquelle und Patient von Kurzdistanz-Therapie, Brachytherapie (brachys: griechisch kurz), oder Kontakttherapie. Wegen der schnellen Dosisleistungsabnahme in der Nähe der Strahlungsquelle durch das Abstandsquadratgesetz ist diese Therapieart besonders geeignet für die Behandlung lokal begrenzter, umschriebener Tumoren mit hohen Strahlendosen bei gleichzeitiger Schonung umgebender Gewebe oder Organe. Die herkömmlichen "manuellen" Methoden der Brachytherapie mit Radionukliden sind allerdings mit einer hohen Strahlenbelastung des medizinischen Personals bei der Applikation und der Pflege der Patienten verbunden.

Eine für den Strahlenschutz günstigere Alternative zu den historischen Methoden der Brachytherapie bieten die heutigen Nachladetechniken (Afterloading, Abb. 17.1). Hier werden zunächst leere Quellenträger wie metallene gynäkologische Applikatoren, Spicknadeln oder Plastikapplikatoren im Patienten verlegt und fixiert. Wenn das Personal den strahlenabgeschirmten Applikationsraum verlassen hat, werden die Strahlungsquellen ferngesteuert aus einem Tresor über ein Transportsystem in die im Patienten liegenden Träger gefahren. Afterloadingbestrahlungen können während der Behandlung jederzeit unterbrochen werden, um pflegerische oder ärztliche Maßnahmen ohne Strahlenbelastung des Personals durchführen zu können.

Die biologischen Wirkungen der Strahlung auf den Tumor und das umliegende gesunde Gewebe sind sehr stark von der Dosisleistung im Zielvolumen abhängig. Dies liegt vor allem an der Dosisleistungsabhängigkeit der Reparaturvorgänge von Strahlenschäden in den Zellen, die sich zudem nach der Art des bestrahlten Gewebes unterscheiden. Tumoren sind wegen der höheren Zellteilungsraten in der Regel strahlensensibler als gesunde Gewebe. Tumorzellen haben darüber hinaus wegen ihrer zellulären Veränderungen in der Regel auch weniger wirksame Reparaturmechanismen (s. [Krieger1], Kap. 14). Der medizinische Ablauf einer Behandlungsserie richtet sich deshalb auch nach der Dosisleistung der verwendeten Strahlungsquellen. Der Arzt muss also die Gesamtdosis im Tumor, die Fraktionierung und den Zeitraum der Behandlung entsprechend der Dosisleistung der verwendeten Strahlungsquelle wählen, wenn unerwünschte Nebenwirkungen am gesunden Gewebe (Überdosierung, radiogene Schäden) oder nicht ausreichende Wirkung auf den Tumor (Unterdosierung, Rezidivgefahr) vermieden werden sollen. Afterloadingtherapien werden wegen dieser strahlenbiologischen Auswirkungen nach der Referenzdosisleistung (der für die Behandlung repräsentativen Energiedosisleistung im Zielvolumen) der verwendeten Strahlungsquellen unterschieden [DIN 6827-3]. Beträgt die Referenzdosisleistung mehr als 12 Gy/h, spricht man von high-dose-rate (HDR) Afterloading-Therapie. Die Bestrahlungszeiten betragen dann nur wenige Minuten, so dass diese Art von Behandlungen zum Teil sogar ambulant durchgeführt werden kann. Afterloading mit schwächeren Strahlungsquellen wird je nach Dosisleistung im Zielvolumen als low-dose-rate (LDR, Referenzdosisleistung < 2 Gy/h) oder medium-dose-rate Afterloading (MDR, Referenzdosisleistung zwischen 2–12 Gy/h) bezeichnet. Die Expositionszeiten der Patienten können hier mehrere Stunden bis Tage dauern. LDR-Techniken entsprechen sowohl in der Behandlungsdauer als auch in den strahlenbiologischen Randbedingungen ungefähr denen der klassischen Radiumtherapie.

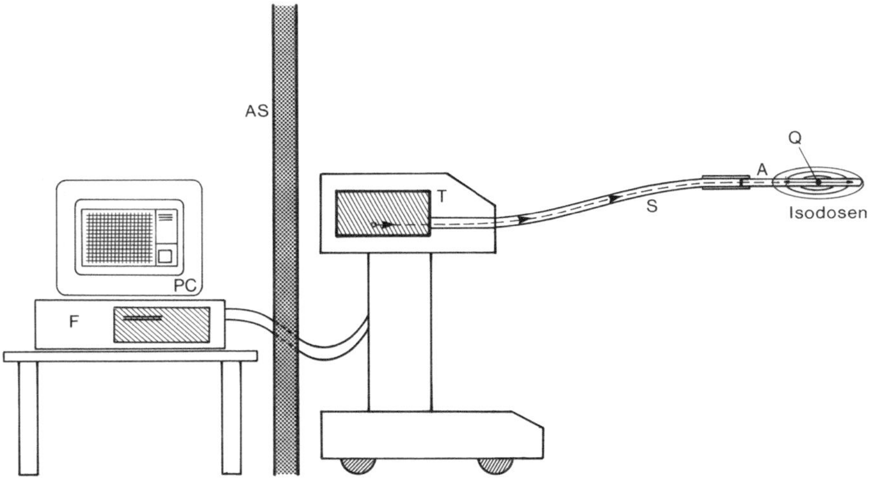

Fig. 17.1: Prinzip der Nachladetechnik (T: Quellentresor, S: Führungsschlauch, Q: bewegliche Quelle, A: Applikator, F: Fernsteuerung, PC: Personalcomputer, AS: Abschirmung).

Je nach der Art der Applikation unterscheidet man das intrakavitäre, interstitielle und endoluminale Afterloading. Intrakavitäres Afterloading dient zur Strahlenbehandlung von Körperhöhlen, die leicht von außen zugänglich sind (cavum: Höhle). Dies sind vor allem die gynäkologischen Organe Uterus und Vagina, der Enddarm sowie Mund- und Nasenhöhlen. Bei interstitiellen Techniken (interstitium: Gewebe zwischen den

Organen) werden dünne Hohlnadeln direkt in das Tumorgewebe verlegt. Die Nadeln werden entweder durch die Haut oder bei offen gelegtem Tumor in das zu behandelnde Gewebe gestochen; der Tumor wird also "gespickt". Daher rührt auch der Name "Spicktechnik". Beispiele für diese Behandlungsart sind die Spickung der weiblichen Brust bei brusterhaltender Therapie des Mammakarzimoms oder die Spickung der Prostata. Da Spicknadeln nur kleine Durchmesser haben dürfen, müssen sehr kompakte Strahler zur Verfügung stehen. Bei endoluminalen Techniken werden erkrankte Organe von ihrem Lumen aus bestrahlt (lumen: lateinisch für Innenhohlraum von röhrenförmigen Organen). Beispiele sind die endoluminalen Behandlungen von Tumoren der Luftröhre, der Bronchien oder der Speiseröhre, bei denen die Applikatoren über die Mundöffnung verlegt werden. Endoluminale Applikatoren können auch perkutan verlegt werden wie bei der endoluminalen Strahlentherapie des Gallengangkarzinoms oder bei der Behandlung von Coronararterien. Dabei wird zunächst ein Führungskatheter durch die Haut in das zu behandelnde Gefäß wie Gallengang oder Herzkranzarterie gebracht, der dann den Afterloadingapplikator aufnimmt.

17.2 Strahlungsquellen für das medizinische Afterloading

Das wichtigste im modernen Afterloading als Gamma-Strahlungsquelle verwendete Radionuklid ist das ^{192}Ir (ausführliche Daten s. Tab. 14.2 und 15.1). Seine historischen Vorläufer waren das ^{60}Co und das ^{137}Cs. Alle diese Nuklide sind kombinierte Beta-Gamma-Strahler, deren Gammastrahlungskomponente für die Therapie genutzt wird. Die Strahler sind von 1 bis 2 Edelstahlhüllen umgeben. Sie dienen zur Abschirmung der unerwünschten Betastrahlungsanteile und zur Minderung des Verschleißes der Strahlungsquellen beim Transport durch den Führungsschlauch und der Bewegung in den Applikatoren. Sie verhindern zudem den Abrieb radioaktiven Materials und damit ungewollte Kontaminationen. Zugleich schützen sie die mechanische Befestigung der Strahlungsquelle am Transportsystem.

Werden wie bei den high-dose-rate Spicktechniken besonders kleine Strahler bei gleichzeitig hoher Aktivität benötigt, muss ein Radionuklid mit großer spezifischer Aktivität wie Iridium-192 oder Co-60 gewählt werden. Die Wahl des Radionuklids ist bezüglich der Einflüsse auf die Dosisverteilungen im Patienten ziemlich unkritisch, da der von einer Afterloadingquelle im Patienten in den typischen therapeutischen Entfernungen erzeugte Dosisleistungsverlauf vor allem von der Geometrie (Abstand und Form der Quelle), aber nur wenig von der Energie der Gammastrahlung abhängt.

Heute verwendet man für die HDR-Technik meistens nahezu punktförmige Strahler oder kurze Linienquellen von nur wenigen Millimetern Länge bei etwa 1 Millimeter Durchmesser (Fig. 17.2d). Kleine Quellenabmessungen sind auch wegen der freien Beweglichkeit der Strahler in den zum Teil stark gekrümmten Applikatoren oder Spicknadeln unbedingt erforderlich. Spicknadeln haben Innendurchmesser von ungefähr einem Millimeter, größere gynäkologische Applikatoren haben lichte Weiten von

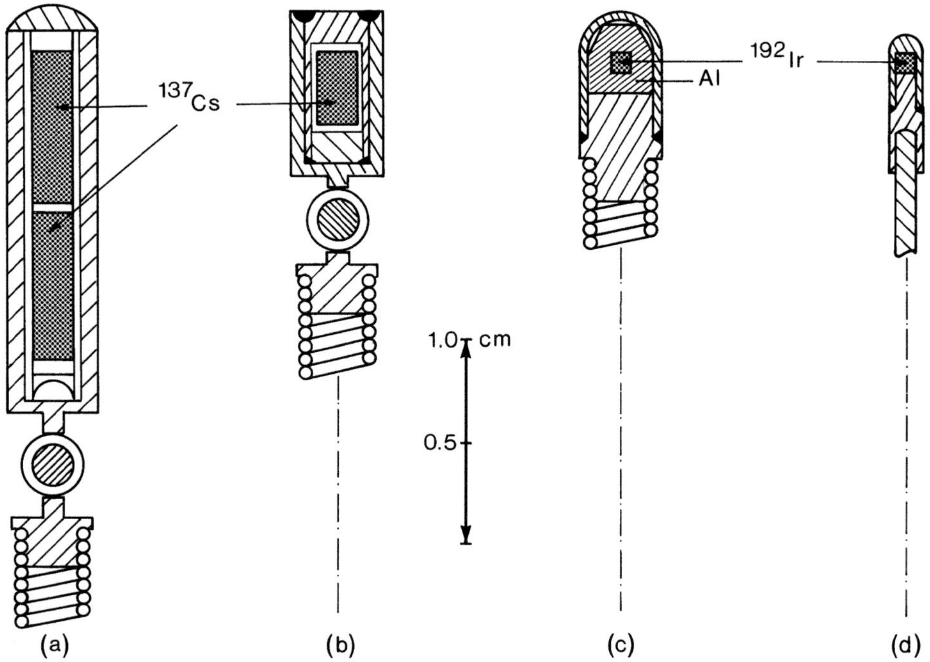

Fig. 17.2: Verschiedene Bauformen historischer und moderner medizinischer Afterloadingquellen, (a): Cs-137-Sulfat-Quelle (Aktivität 74 GBq), doppelt in Edelstahl gekapselt. (b): Wie (a), (11 GBq). (c): Gynäkologische Ir-192-Quelle (max. 444 GBq), eingebettet in Al, Kapselung Edelstahl. (d): Kompakte Ir-192-Spickquelle mit einfacher Stahlkapselung (max. 400 GBq). Die veralteten Quellen (a) - (c) waren an federnden Wellen aus Stahl befestigt, die moderne Quelle (d) wird von einem hochflexiblen geflochtenen Stahldraht geführt.

bis zu 5 Millimetern. Applikatoren für die gynäkologische Anwendung und für den HNO-Bereich sind teilweise gebogen oder sogar ringförmig. Ihre Krümmungsradien betragen 1 bis 2 Zentimeter, was die Verwendung ausgedehnter Quellen natürlich unmöglich macht.

Vereinzelt werden beim Afterloading aus strahlenbiologischen Gründen heute wieder Drähte aus ^{192}Ir mit niedriger längenspezifischer Aktivität verwendet (LDR-Technik). Diese können in beliebigen Längen gefertigt werden, müssen dann allerdings vor der therapeutischen Verwendung individuell auf die benötigten Maße gekürzt werden. Sie werden anschließend in meistens biegsame Träger eingesetzt, die wie die anderen umschlossenen Strahler ferngesteuert appliziert werden können. Wegen der Bearbeitung der Drähte und der langen Liegezeiten erfordert diese Technik einen etwas aufwendigeren Strahlenschutz als die Verwendung vorgefertigter, universeller high-doserate Strahlungsquellen, bei deren Einsatz der Anwender mit den Strahlern überhaupt nicht mehr in Berührung kommt. Eine neuerdings verwendete Methode ist die so genannte gepulste Brachytherapie (PDR-Technik). Bei ihr wird mit HDR-Strahlern durch gepulste Bestrahlung die LDR-Technik simuliert, da man sich so ähnlich günstige strahlenbiologische Verhältnisse und Wirkungen erhofft.

Sollen Behandlungen an Gefäßen mit geringen Durchmessern wie Koronararterien oder periphere Blutgefäße durchgeführt werden, bei denen die konventionellen endoluminalen Afterloadingapplikatoren zu große Abmessungen aufweisen, können reine betastrahlende Radionuklide wie Sr-90 eingesetzt werden. Die therapeutischen Dosisverteilungen müssen dann natürlich unmittelbar von den Betas erzeugt werden. Die Wände der Applikatoren müssen daher so dünn sein, dass die Betateilchen sie noch mit ausreichender Energie verlassen können.

17.3 Erzeugung der therapeutischen Dosisleistungsverteilungen

In der konventionellen intrakavitären Therapie mit Radium wurden die gewünschten individuellen Dosisverteilungen durch entsprechende Anordnungen mehrerer Radiumnadeln auf speziell geformten Trägern erreicht. Typische Konfigurationen waren zum Beispiel eine Kombination aus einer kreisförmigen Platte mit radial angebrachten Radiumnadeln und einem zentralen, senkrecht angebrachten Hohlstift, in dem mehrere Radiumnadeln linear hintereinander angeordnet wurden. Solche Stift-Platte-Kombinationen dienten zur gleichzeitigen Bestrahlung von Gebärmuttermund und Gebärmutterhals bei Collumkarzinomen. Sollte die Gebärmutterhöhle (das Cavum Uteri) bestrahlt werden, wurden mehrere eiförmige oder zylinderförmige Radiumträger in die Gebärmutter eingeführt und dort bis zu 24 Stunden belassen (Packmethode). Die dabei wegen der langen Liegezeiten und unwillkürlichen Bewegungen der Patienten zufällig entstandenen Dosisverteilungen entsprachen allerdings nicht immer der Form des zu behandelnden Zielvolumens.

Bei Afterloadinganlagen werden therapeutische Dosisverteilungen entweder durch gezielte Bewegungen einzelner Strahler im Applikator erzeugt oder es werden ähnlich wie bei der Radium-Stift-Methode mehrere kugelförmige radioaktive Quellen hintereinander im Applikator aufgereiht. Je nach Anzahl der Strahler pro Applikator spricht man von der Einzel- oder Mehrquellenmethode. Bei der Mehrquellenmethode (Fig. 17.3a) können die radioaktiven Kugeln abwechselnd mit nicht aktiven Kugeln gleicher Größe verwendet werden. Die individuell wählbare Reihenfolge aktiver und nicht aktiver Elemente richtet sich nach der gewünschten Isodosenform. Das Sortieren der Kugeln geschieht, von Mikroprozessoren gesteuert, im Inneren der Geräteabschirmung, also ohne Strahlenbelastung des Personals. Da bei dieser Methode jeder Strahler während der Behandlung nur jeweils eine einzelne Position im Applikator einnehmen kann, müssen viele Strahler gleichzeitig zur Verfügung stehen. Bei der Mehrquellenmethode verbietet sich aus Kostengründen die Verwendung kurzlebiger und wegen ihrer Energie für den Strahlenschutz günstiger Strahlungsquellen wie Iridium-192. Es werden deshalb Perlen aus ^{60}Co verwendet. Bei der Einzelquellenmethode (Fig. 17.3b,c) erzeugt man die räumliche Dosisverteilung durch Bewegungen der Quelle im Applikator. Die Bewegung der Quelle kann entweder zyklisch (oszillierend) oder einmalig sein, sie kann kontinuierlich oder diskontinuierlich ablaufen. Beide Bewegungsformen dienen zur Erzeugung der Dosisverteilungen durch zeitliche und räumliche Überlagerung der etwa sphärischen oder schwach elliptischen Dosisverteilungen der Einzelquelle.

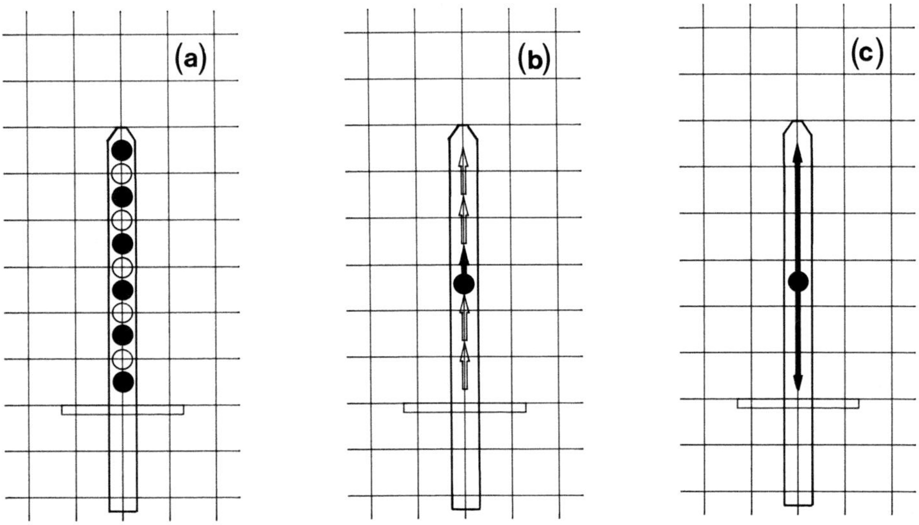

Fig. 17.3: Mehr- und Einzelquellenmethoden beim Afterloading, (a): Mehrquellenmethode mit abwechselnden aktiven und inaktiven Elemente (z. B. Co-60-Perlen), (b): schrittweise Bewegung einer Einzelquelle, (c): oszillierende Einzelquelle (der Pfeil entspricht der Bewegungsamplitude = aktive Länge).

Kontinuierliche lineare Bewegungsabläufe oder schrittweise Bewegung der Quelle um gleiche Wegstücke mit identischen Haltezeiten an den äquidistanten Stoppstellen ergeben rotationssymmetrische, ellipsoide Dosisverteilungen. Sie gleichen denen unbewegter Linienquellen, deren aktive Länge der Bewegungsamplitude der bewegten Strahler entspricht. Man spricht deshalb auch von der aktiven Länge der Quellenbewegung. Werden dieser linearen Verteilung an bestimmten Stellen zusätzliche Dosisverteilungen einer ruhenden Quelle überlagert, "beulen" die Dosisverteilungen der Ruhezeit entsprechend aus. Man erhält birnenförmige oder sogar hantelförmige Dosisverteilungen. Die Steuerung des Bewegungsablaufs kann durch mechanische Abtastung von Programmscheiben oder bei den Geräten neuerer Bauart über die in den Geräten enthaltenen Mikrocomputer und von ihnen gesteuerte Schrittmotoren vorgenommen werden. Auf diese Weise können vielfältigere und vor allem besser reproduzierbare Dosisverteilungen erzeugt werden, als sie mit der klassischen Radiumtherapie möglich waren. Natürlich können auch mehrere Applikatoren gleichzeitig angeschlossen und entweder simultan oder seriell mit Strahlern bestückt werden. Diese Technik bezeichnet man als **Mehrkanalafterloading**.

Wenn die Applikatoren wie z. B. bei einer Spickung räumlich dicht beieinander liegen, überlagern sich die Verteilungen der Einzelapplikatoren zu komplexen räumlichen Isodosenformen, die noch besser als bei nur einem Applikator an das individuelle Zielvolumen angepasst werden können. In letzter Zeit kommt es zu einer Renaissance der alten Radiumpacktechnik, jetzt allerdings mit modernen Afterloadingstrahlern. Dazu wird wie früher die Gebärmutterhöhle mit eiförmigen Afterloading-Applikatoren gefüllt, die dann mit ^{192}Ir-Strahlern nachgeladen werden. Der Vorteil dieser Technik ist die gute "Ausleuchtung" des Uterus, die auf Grund der kurzen Liegezeiten der Iridiumstrahler auch mit weniger Lageunsicherheiten verbunden ist als bei den früheren Radiumapplikationen. Die Isodosenverteilungen und die Bewegungsabläufe in den einzelnen Applikatoren müssen durch Computerplanung berechnet und optimiert werden. Die Applikatoren werden nach dem Ergebnis dieser Planung gelegt und hintereinander von derselben Strahlungsquelle oder gleichzeitig von verschiedenen Strahlern angefahren. Die Gerätecomputer übernehmen heute neben der Steuerung der Quellenbewegung auch die Datenerfassung bei der Patientendosimetrie und zum Teil die physikalische Therapieplanung und die Berechnungen der Isodosen und der Bestrahlungszeiten.

Zusammenfassung

- **Das Afterloadingverfahren ist der moderne strahlenschutzgerechte Nachfolger der klassischen Radiumtherapie.**

- **Die heute am häufigsten medizinisch verwendeten Radionuklide sind wegen der hohen technisch erreichbaren spezifischen Aktivitäten ^{192}Ir und ^{60}Co.**

- **Neben den "klassischen" gynäkologischen Zielvolumina erfährt die medizinische Afterloadingtechnik zur Zeit eine Erweiterung auf nicht gynäkologische Bereiche wie Prostata, Bronchialkarzinome u. ä..**

- **Mit modernen HDR-Afterloadingstrahlern kann die LDR-Technik durch gepulste Bestrahlung simuliert werden, wenn die Art des Tumors und das Zielvolumen eine Bestrahlung mit niederer mittlerer Dosisleistung nahe legen.**

- **Afterloadingstrahler werden auch als technische Prüfstrahler eingesetzt wie beispielsweise bei der Schweißnahtprüfung von Rohren.**

Aufgaben

1. Welche Strahlungsarten werden bei der Afterloadingtherapie mit ^{192}Ir oder ^{60}Co therapeutisch eingesetzt, die Betastrahlung, die Gammastrahlung oder beide Strahlungsarten?

2. Was ist der begrenzende Faktor für die Stärke von Afterloadingstrahlern?

3. Sie wollen eine LDR-Technik therapeutisch anwenden, haben aber nur ein HDR-Afterloadinggerät zur Verfügung. Was ist eine mögliche Lösung?

4. Welche Strahlungsart müssen Sie einsetzen, wenn Sie sehr kleine Gefäße wie beispielsweise Koronararterien mit einer Nachladetechnik von innen bestrahlen wollen?

18 Technische Anwendungen von Radionukliden

In diesem Kapitel werden zunächst die kleintechnischen Anwendungen radioaktiver Präparate dargestellt wie die Radionuklidbatterien, die Einrichtungen zur Material- und Füllstandsprüfung und die Ionisationsrauchmelder. Es folgen die Ausführungen zu den großtechnischen Bestrahlungsanlagen zur Strahlensterilisation, zur Kunststoffbearbeitung und zu Materialkontrollen.

Radionuklide werden außer in der Medizin auch in vielen Bereichen von Technik und Wissenschaft eingesetzt. Sie dienen als Prüfstrahler für messtechnische Zwecke oder zur Materialprüfung und als Strahlungsquellen für die Materialbearbeitung und Sterilisation. Anwendungen radioaktiver Präparate für technische Aufgaben nutzen die typischen Wechselwirkungen wie Schwächung, Streuung und der Umwandlung von Zerfallsenergie in andere Energieformen aus. Typische Einsatzgebiete für radioaktive Präparate sind die Erzeugung und der Betrieb so genannter Radionuklidbatterien, die Materialprüfungen, die Füllstandsmessungen und die Ionisationsrauchmelder. Anlagen zur Sterilisation und zur Materialbearbeitung benötigen sehr starke radioaktive Präparate oder sonstige Strahlungsquellen, da die erforderlichen Dosen einige kGy betragen.

18.1 Radionuklidbatterien

Die Wirkungsweise von Radionuklidbatterien beruht auf der Umwandlung der Zerfallsenergie in elektrische Energie. Die dazu eingesetzten Verfahren sind die thermoelektrische Umwandlung, die thermoionische, die photovoltaische, die betavoltaische und die Alkalimetall-thermisch-elektrische Konversion. Die Verfahren unterscheiden sich durch die Anzahl der Konversionsschritte, den Wirkungsgrad und die Halbwertzeit. Besonders günstig sind radioaktive Strahler mit hohen Zerfallsenergien. Favoriten sind deshalb hochenergetische Alpha- oder Betastrahler. Wichtig für Radionuklidbatterien sind ihre große Lebensdauer und die weitgehende Wartungsfreiheit.

Thermoelektrische Batterien: Bei der thermoelektrischen Umwandlung wird zunächst durch die Zerfallsenergie Wärme in der Strahlerumhüllung erzeugt. Die Umhüllung hat Kontakt mit Halbleiter-Thermoelementen[1], die dann im zweiten Schritt aus der absorbierten Energie elektrische Energie erzeugen. Für die Funktion von Thermoelementen müssen die beiden Seiten des Leiters oder Halbleiters unterschiedliche Temperaturen aufweisen. Dazu muss die dem Präparat abgewandte Seite der Thermoelemente gekühlt werden. Thermoelektrische Generatoren sind die am häufigsten verwendeten Radionuklidbatterien. Im englischen Sprachraum werden sie als "radioisotope thermoelectric generators" (RTG) bezeichnet.

---

[1] Ein Thermoelement besteht aus zwei miteinander verbundenen Leitern oder Halbleitern aus unterschiedlichen Materialien, an deren Kontaktstellen Temperaturdifferenzen vorliegen und so Thermodiffusionsströme von Elektronen auslösen (Beispiel Ge-Si). Dadurch entsteht eine Spannung zwischen den Leitern (Seebeck-Effekt).

Der wichtigste Strahler für Radionuklidbatterien ist ^{238}Pu. Seine Halbwertzeit beträgt 87,74 a. Es ist ein dominierender Alphastrahler mit einer sehr hohen Zerfallsenergie von etwa 5,6 MeV und einer sehr kleinen spontanen Spaltwahrscheinlichkeit (ca.

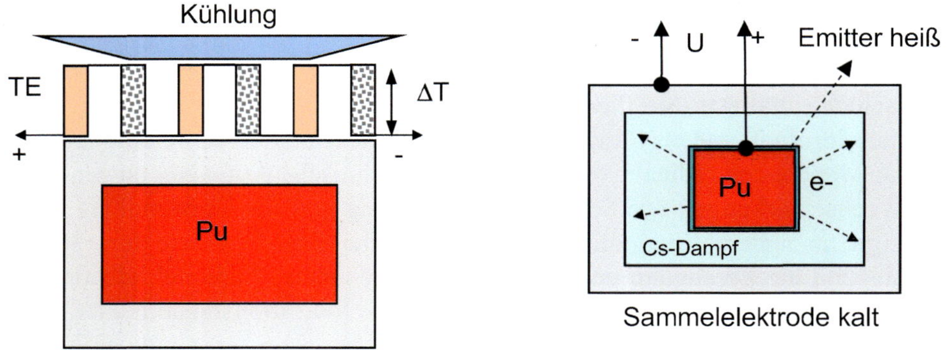

Fig.18.1: Links: Funktionsprinzip einer thermoelektrischen Radionuklid-Batterie. TE ist die Serienschaltung vieler Thermoelemente, deren eine Seite Kontakt mit der heißen rot glühenden Plutonium-Kapsel hat. Die andere Seite wird gekühlt. Zwischen den Elektroden (+, -) entsteht eine Spannung. Rechts: Prinzip einer thermoionischen Batterie. Der hoch erhitzte Emitter sendet thermisch Elektronen aus, die auf der Sammelelektrode eingefangen werden, die sich dadurch negativ auflädt.

2x10^{-7}%). Diese ist der Grund für die geringe begleitende Emission von Beta- und Gammastrahlung. Der Abschirmaufwand ist daher niedrig. ^{238}Pu zerfällt über den Alphazerfall in das langlebige ebenfalls alphaaktive ^{234}U ($T_{1/2}$ = 2,455x10^5 a).

^{238}Pu wird heute vorwiegend durch thermischen Neutroneneinfang an ^{237}Np gewonnen. Die Reaktionsgleichung lautet ^{237}Np(n,γ)^{238}Np. ^{238}Np wandelt sich über einen Beta-minus-Zerfall in ^{238}Pu um. Als Begleitprodukte bei diesem Prozess entstehen bis zu 15% ^{239}Pu, einige Prozente schwererer Plutoniumisotope und ^{236}Pu. In der Zerfallskette des ^{236}Pu befindet sich am Ende ^{208}Tl, das ein intensiver Beta-Gammastrahler mit hohen Photonenenergien ist. Soll dieses Nuklid vermieden werden, um den Abschirmaufwand gering zu halten, kann das ^{238}Pu über einen alternativen Prozess erzeugt werden. Dazu wird ^{241}Am einem Neutronenfeld ausgesetzt. Das nach dem Neutroneneinfang entstandene ^{242}Am zerfällt über einen Betaminus-Zerfall in ^{242}Cm, das seinerseits über einen Alphazerfall in ^{238}Pu zerfällt. Dieses Verfahren ist frei von anderen Plutonium-Isotopen und harten Gammastrahlern, ist allerdings kostenintensiver.

Plutonium wird entweder in metallischer Form oder als Oxid bzw. Nitrid verwendet. Beim Betrieb sind die Plutonium-Heizelemente rotglühend, müssen also in einer chemisch stabilen Form vorliegen. PuO_2 hat einen höheren Schmelzpunkt als metallisches Plutonium und bleibt auch beim Erhitzen mechanisch stabil. ^{238}Pu-Batterien sind die wichtigste Stromquelle in der Raumfahrt. Sie wurden früher auch als Batterien für Herzschrittmacher eingesetzt, sind mittlerweile aber durch Li-Ionen-Batterien ersetzt worden. Sie werden in Satelliten oder isolierten terrestrischen Messstationen verwendet, die besonders wartungsarm sein sollen. Der Wirkungsgrad von Plutonium-Batterien liegt zwischen 3 und 8%.

Thermoionischer Generator: In diesen Batterien wird eine Glühkathode durch die Zerfallsenergie eines Präparates so hoch erhitzt, dass die Austrittsarbeit für Elektronen aufgebracht wird (Glühemission). Diese Elektronen werden direkt von einer nicht geheizten galvanisch getrennten Sammelelektrode aufgefangen. Der Raum zwischen den Elektroden wird mit Cs-Dampf gefüllt. Dieses Cäsium wird in der Nähe der Glühelektrode einfach ionisiert und verhindert mit seiner positiven Ladung Feldverzerrungen durch Raumladungseffekte. Als Strahler werden energiereiche Alpha- oder Beta-Strahler verwendet, da die Kathodentemperatur über 2000°C liegen muss, um eine ausreichende Elektronenemission zu garantieren. Der wichtigste Strahler ist wieder ^{238}Pu. Andere denkbare Nuklide sind wegen ihrer passenden Lebensdauer und den hohen Zerfallsenergien ihrer Alphazerfälle ^{232}U ($T_{1/2}$ = 68,9a, E_α= 5,3 MeV), ^{242}Cm ($T_{1/2}$ = 163 d, E_α= 7,4 MeV) und ^{227}Ac ($T_{1/2}$ = 21,77 a, E_α= 4,9 MeV), das allerdings überwiegend einer niederenergetischen Beta-minus-Umwandlung unterliegt und daher nur geringe Wärmeausbeuten bietet. Thermoionische Batterien erzeugen sehr hohe Spannungen aber nur kleine Ströme. Der Wirkungsgrad liegt zwischen 5 und 20%.

Photovoltaischer Generator: Bei dieser Technik wird ein Leuchtstoff durch die aus Radionukliden emittierte Strahlung zur Lichtemission veranlasst. Dieses Licht wird dann in einem zweiten Prozess auf Photozellen geleitet, in denen es elektrische Spannungen erzeugt. Als radioaktive Präparate eignen sich nur weiche Betastrahler, da hochenergetische Alphastrahler die Leuchtsubstanzen sehr schnell zerstören. Die radioaktiven Strahler werden mit den Leuchtsubstanzen in Pulverform gemischt und sind von Photoelementen umgeben, die das Licht sammeln. Die Photoelemente müssen durch dünne Glas- oder Kunststoffschichten vor der Zerstörung durch die Betateilchen geschützt werden. Das wichtigste Radionuklid ist ^{147}Pm ($T_{1/2}$ = 2,62 a, $E_{\beta,max}$ = 0,2 MeV). Der Wirkungsgrad solcher photovoltaischen Batterien liegt unter 1%.

Thermophotovoltaische Batterien: Die rotglühenden Präparate emittieren große Mengen Infrarotstrahlung, deren Absorption in Photodioden Ströme erzeugt. Das Prinzip ähnelt den Solarzellen. Die Lebensdauer ist zurzeit noch sehr kurz, da die Halbleiterelemente durch die große Hitze schnell zerstört werden. Der Wirkungsgrad liegt unter optimalen Bedingungen bei 20-30 %.

Betavoltaische Batterien: Bei dieser Technik werden Halbleiter mit Betastrahlungen bestrahlt. Diese Betas erzeugen Elektron-Lochpaare, die in einem pn-Übergang getrennt werden und dann extern zur Verfügung stehen. Die bevorzugt verwendeten Radionuklide sind ^{147}Pm und ^{3}H ($T_{1/2}$ = 12,312 a, $E_{\beta,max}$ = 18,6 keV). Möglich ist auch der Einsatz von ^{90}Sr, das wegen seiner großen Lebensdauer besonders günstig erscheint ($T_{1/2}$ = 28,9 a, $E_{\beta,max}$ = 0,5 MeV). Das Tochternuklid des ^{90}Sr ist ^{90}Y, das eine maximale Betaenergie von 2,3 MeV aufweist. Solche harten Betastrahler erzeugen Gitterdefekte in den Halbleitern und mindern auf diese Weise die Lebensdauer der Batterie. Der Wirkungsgrad betavoltaischer Batterien beträgt maximal 2%.

Alkalimetall-thermisch-elektrischer Konverter (AMTEC): Bei dieser Batterietechnik wird Natrium durch die Zerfallsenergie eines radioaktiven Präparates verdampft und durch eine Keramik gepresst. Dabei werden die Elektronen abgestreift, die Natrium-Ionen können die Keramik passieren. Die Ladungstrennung erzeugt also auf der einen Seite der Keramik freie Elektronen, auf der anderen Seite Natrium-Ionen. Die Elektronen können durch einen Verbraucher zur den Natriumionen geleitet werden. Der Wirkungsgrad dieses aufwendigen Prozesses liegt bei 15 bis maximal 25 %.

18.2 Materialprüfungen

Man unterscheidet hier die Dicken- und Dichtemessungen sowie die Gammaradiografie. Alle Verfahren beruhen auf der Transmissionsfähigkeit ionisierender Strahlungen oder der Fähigkeit von Materialien, Strahlung zurück zu streuen. Sollen in Fertigungsprozessen Folien, Bleche, Papiere und Textilien mit konstanten Stärken produziert werden, müssen ihre Dicken überprüft werden. Bei **Dickenbestimmungen** kann man radioaktive Präparate einsetzen. Befinden sich die Detektoren gegenüber dem radioaktiven Präparat, bestimmt man die konstante Dicke über das Ausmaß der durchgelassenen Strahlung. Je nach Dickenbereich und Materialzusammensetzung benötigt man dazu entweder durchdringende Gammastrahlung oder Betastrahler. Diese Verfahren werden als Durchstrahlungsverfahren bezeichnet.

Befinden sich im Fertigungsprozess Strahler und Detektor auf der gleichen Seite, wird das von der Materialstärke abhängige Ausmaß der rückgestreuten Strahlung nachgewiesen. Diese Fälle können auftreten, wenn entweder die zu untersuchenden Materialien auf dicke Träger mit eventuell variierenden Stärken aufgetragen werden, die bei der Messung nicht erfasst werden sollen, oder wenn der Fertigungsprozess nur einen einseitigen Zugang erlaubt. Die Rückstreuung kann vom untersuchten Material oder von dem eventuell mit verwendeten Träger stammen. Wird Gammastrahlung eingesetzt, muss die rückgestreute Strahlung von der Primärstrahlung durch eine Energieanalyse unterschieden werden. Im Fall der Rückstreumethode werden wegen des einfacheren Nachweises deshalb bevorzugt Betastrahler eingesetzt.

Bei der Prüfung mit rückgestreuten Betas können unterschiedliche Fälle auftreten. Das Streuvermögen von Elektronen ist abhängig von der Ordnungszahl der bestrahlten

Substanz. Mit zunehmender Schichtdicke nimmt die Rückstreuintensität bis zu einem Sättigungswert zu, da die aus der Absorbertiefe zurück gestreuten Elektronen wegen ihrer begrenzten Reichweite nicht mehr die Oberfläche des Streuers erreichen können[2].

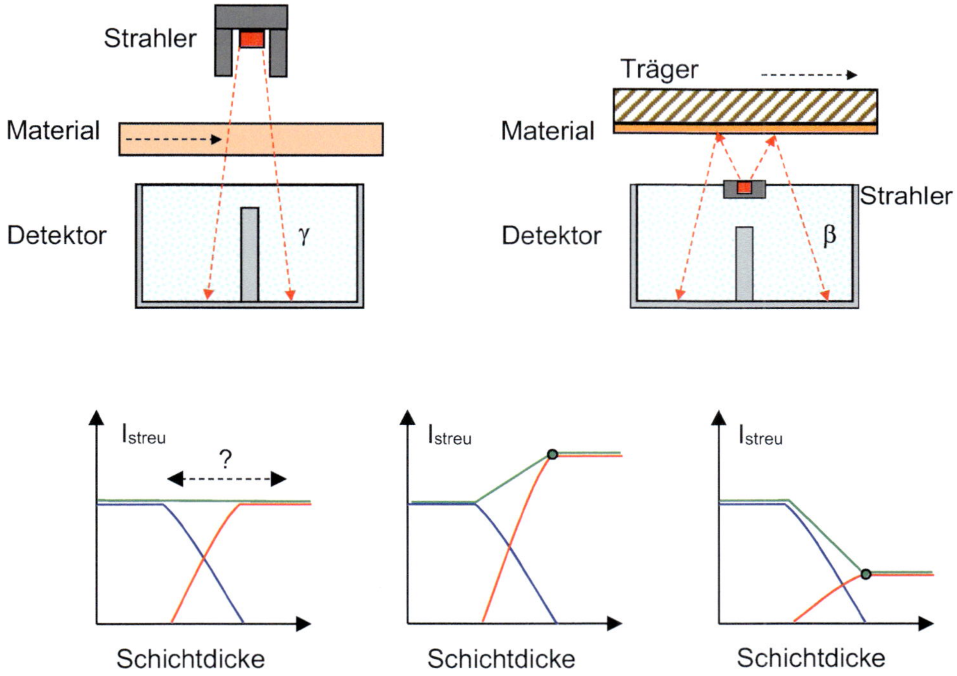

Fig.18.2: Dickenmessungen. Oben links nach dem Durchstrahlverfahren mit Gammastrahlern. Die Signalhöhe zeigt die Intensität der durchgelassenen Gammastrahlung an. Oben rechts nach dem Rückstreuverfahren mit Betas. Unten: Abhängigkeit der Beta-Rückstreuung vom Z des Materials. Links Träger und Material gleiches Z und Dichte, Mitte: $Z_{mat} > Z_{träger}$, rechts: $Z_{mat} < Z_{träger}$. Die Summensignalhöhe (grüne Linie) zeigt die erreichte Rückstreuintensität als Funktion der Materialstärken an. Die korrekte Materialstärke ist erreicht, wenn die Streuintensität den Wert des grünen Kreises einnimmt.

Ist das Massenstreuvermögen des Trägers, also der Quotient aus Streuvermögen und Dichte, und das der zu untersuchenden Substanz identisch, ist durch Erhöhung der

[2] Das Massenstreuvermögen von Elektronen ist proportional zum Quadrat der Ordnungszahl und umgekehrt proportional zu Massenzahl des Streuers (s. [Krieger1], Kap. 9).

Stärke der zu untersuchenden Substanz kein Messeffekt zu erzeugen. Ist das Streuvermögen der Substanz wegen einer deutlich unterschiedlichen höheren Ordnungszahl erheblich größer als das des Trägermaterials, erhöht sich die Streuintensität mit zunehmender Massenbelegung. Im Fall eines geringeren Massenstreuvermögens der aufgebrachten Substanz nimmt die Sättigungsintensität der Trägerstreuung wegen der Absorption der im Träger gestreuten Betas dagegen mit der Schichtdicke des zu untersuchenden Materials ab (s. Fig. 18.2 unten).

Die für Dickenmessungen verwendeten Gammastrahler sind Nuklide mit großer Lebensdauer wie die Gammastrahler ^{60}Co und ^{137}Cs, oder es werden Beta-minus-Strahler herangezogen wie ^{90}Sr, ^{204}Tl, ein reiner Beta-minus-Strahler mit einer Halbwertzeit von 3,78 a, und ^{147}Pm.

Sollen bei den Probenuntersuchungen **Dichtemessungen** durchgeführt werden, ist die Voraussetzung die konstante Dicke der untersuchten Proben, da sowohl transmittierte als auch rückgestreute Strahlungsmengen von der Materialstärke abhängig sind. Bei konstanter Dicke können Dichtemessungen dann ebenfalls nach den beiden Methoden, dem Durchstrahl- oder dem Rückstreuverfahren, vorgenommen werden. Typische Anwendungen für die Durchstrahlungsmethode sind Dichteprüfungen von Flüssigkeiten in Rohrleitungssystemen in der Erdöl verarbeitenden und der chemischen Industrie. Rückstreuverfahren können entweder von der Oberfläche der Proben aus vorgenommen werden, ohne die Materialien zu zerstören, oder es werden Bohrungen im zu untersuchenden Material erzeugt, in das unter definierter Geometrie die Messsonden-Strahler-Anordnungen eingebracht werden. Die Dichten können dann aus den Rückstreuungsintensitäten bestimmt werden. Dazu werden in der Regel die beiden langlebigen harten Gammastrahler ^{60}Co und ^{137}Cs verwendet. Eine häufige Aufgabe nach der Rückstreumethode mit eingeführten Sonden und Strahlern ist die Dichteuntersuchung von Baugründen oder Lagerstätten im Bergbau.

Die **Gammaradiografie** dient zur Überprüfung von Gussteilen und Stahlblechen während des Fertigungsprozesses. Da hier dichte, und wegen der hohen Ordnungszahl (Z_{Fe} = 26) stark absorbierende Materialien vorliegen, können die Untersuchungen nur in Ausnahmefällen mit üblichen Röntgenstrahlungen vorgenommen werden. Für die Bildgebung werden deshalb harte Gammastrahler eingesetzt, die eine ausreichende Durchdringungsfähigkeit aufweisen. Bei der Materialprüfung von Werkstoffen kommt es bis auf die Ausnahme der Schweißnahtprüfung nicht unbedingt auf hohe räumliche Auflösung und gute Feinunterscheidung von Dichten an. Man kann deshalb mit den vergleichsweise geringen Bildkontrasten und Auflösungen arbeiten, die bei den hohen Photonenenergien wegen der typischen Wechselwirkungsprozesse auftreten und die in der medizinischen Bildgebung mit Röntgenstrahlung völlig unzulässig wären. Das jeweils bevorzugt eingesetzte gammastrahlende Radionuklid ist abhängig von der Materialstärke der untersuchten Proben. Typische Strahler sind ^{60}Co für Stahldicken bis über 15 cm, ^{137}Cs für Stähle bis zu einer Stärke von 8 cm, ^{192}Ir bis 1 cm und ^{170}Tm ($T_{1/2}$ = 127,8 d, E_γ = 84 keV) bis für dünnere Bleche unter einer Stärke unter 1 cm. Die

Bildtechniken ähneln denjenigen der anderen Bildgebungsverfahren. Es werden also Filme und heute auch digitale Systeme eingesetzt.

18.3 Füllstandsmessungen und Ionisationsrauchmelder

Füllstandmessungen dienen zur berührungslosen Bestimmung von Füllhöhen in Tanks und sonstigen geschlossenen Behältern und zur Steuerung von Füllgeschwindigkeiten. Das Prinzip beruht auf der Schwächung von Gammastrahlungen im Füllmaterial. Soll nur der maximale Füllstand sichergestellt werden, wird auf der einen Seite des zu befüllenden Behälters ein radioaktiver Strahler angebracht, auf der anderen Seite in der gleichen Höhe (der maximalen Füllhöhe h_{max}) befindet sich ein ortsfester Detektor. Vorteilhaft ist der Einsatz durchdringender Gammastrahler wie ^{60}Co oder ^{137}Cs. Zur Füllstandskontrolle werden kontinuierliche Messungen vorgenommen und die nachgewiesenen Gammaintensitäten analysiert. Sobald die Füllhöhe erreicht wird, verändert sich die nachgewiesene Gammaintensität in typische Weise. Das Messsignal kann dann zum Auslösen eines Steuerimpulses für die Pumpe verwendet werden.

Es ist auch möglich, den Füllstand kontinuierlich als Funktion des Füllungsgrades anzuzeigen und so falls nötig die Füllgeschwindigkeit zu regeln. Dazu wird das Strahler-Detektorpaar durch mechanische Kopplung der Antriebe synchron in der Lage verändert. Das Messsignal ist in diesem Fall ein konstanter Wert. Strahler und Detektor folgen der Oberfläche des Füllmaterials. Die Sollfüllhöhe wird in diesem Fall mechanisch durch die Endpositionen des Strahlers und des Detektors definiert. Es können auch mehrere Strahler vertikal übereinander angeordnet werden mit einem einzelnen ortsfesten Detektor. Dieser analysiert das stetig mit der Füllhöhe abnehmende Summensignal aller Strahler und erzeugt daraus die nötigen Steuerimpulse.

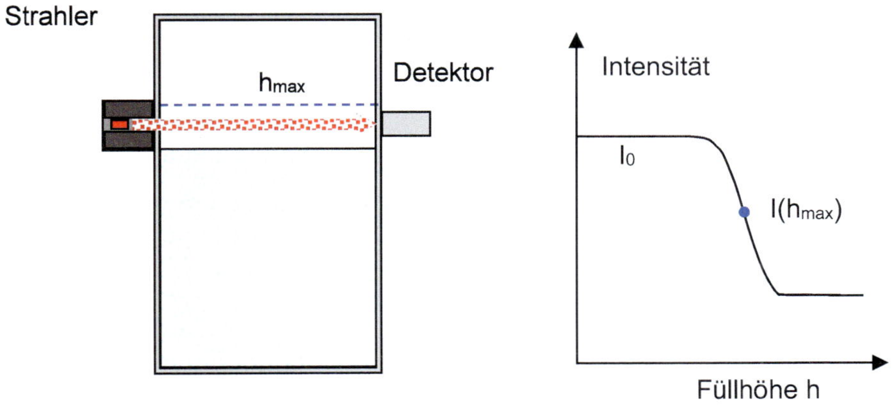

Fig.18.3: Füllstandskontrolle nach dem Durchstrahlverfahren. Die Signalhöhe zeigt die Intensität der durchgelassenen Gammastrahlung als Funktion der Füllhöhe an.

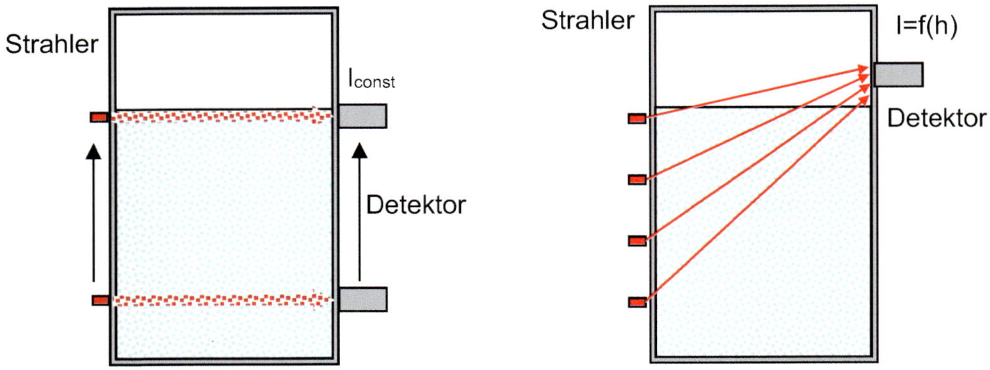

Fig.18.4: Links: Füllstandssteuerung mit einem beweglichen Strahler-Detektorpaar und konstantem Sollwert der Signalintensität. Rechts: Füllstandssteuerung und Kontrolle mit mehreren ortsfesten Strahlern aber nur einem ortsfesten Detektor, der das integrale Signal aller Strahler nachweist, das durch die mit der Füllhöhe h zunehmende Schwächung stetig abnimmt.

Die Aufgabe von **Ionisationsrauchmeldern** ist der Nachweis von Rauchpartikeln in der Raumluft. Ionisationsrauchmelder enthalten schwache alphaaktive Präparate und ein System aus Ionisationskammern. Die emittierte Alphastrahlung ionisiert die Luftmoleküle und erzeugt so in den Ionisationskammern einen zeitlich konstanten Strom. Wird die Luft mit Rauchpartikeln kontaminiert, lagern sich die Luftionen an diese Partikel an und mindern so den Ionisationskammerstrom. Die Strömstärke wird mit derjenigen einer geschlossenen Referenzkammer verglichen, die für die Rauchteilchen unzugänglich ist. Bei Abweichungen der Kammerströme wird ein Alarm ausgelöst. Die radioaktiven Präparate sind heute in der Regel schwache ^{241}Am-Präparate mit Aktivitäten zwischen 15 und 40 kBq. In Ionisationsrauchmeldern älterer Bauart wurde auch ^{226}Ra eingesetzt mit Aktivitäten bis zu einigen MBq. Ionisationsrauchmelder werden wegen der problematischen Entsorgung der radioaktiven Strahler heute zunehmend durch optische Rauchmelder ersetzt. Diese arbeiten mit Lichtquellen und Photosensoren, die bei einer Kontamination der Raumluft mit Rauch das an den Rauchpartikeln gestreute Licht nachweisen.

18.5 Strahlensterilisation

Die Strahlensterilisation ist ein Verfahren, das mit Hilfe ionisierender Strahlungen die Zahl pathogener Keime in verschiedenen Produkten reduzieren kann. Die erforderlichen Dosen hängen ab vom bestrahlten Material und dessen Verwendung. Die höchsten Dosen von etwa 25 kGy werden bei Medizinprodukten eingesetzt, da bei diesen

Gegenständen weitgehende Keimfreiheit erforderlich ist. Die Aufgabe der Bestrahlung ist die Zerstörung der DNS und RNS in möglichen Keimen, um mit Sicherheit deren Vermehrungsfähigkeit zu verhindern. Bei zu hohen Energiedosen kommt es allerdings zur Veränderung der Strukturen der bestrahlten Materialien. Dabei können die physikalischen und chemischen Eigenschaften dieser Substanzen verändert werden, so dass ihre Gebrauchsfähigkeit eingeschränkt wird oder toxische Begleitprodukte (Radikale) entstehen. Bei der Festlegung der anzuwendenden Dosen ist also immer ein Kompromiss zwischen der Sterilisationsaufgabe und der tolerablen Veränderung der bestrahlten Proben zu schließen.

Sterilisation mit ionisierenden Strahlungen ermöglicht die Anwendung bei normalen Temperaturen, um so thermochemische Veränderungen zu vermeiden. Heute werden im Wesentlichen zwei Verfahren der Strahlensterilisation angewendet. Die am weitesten verbreitete Methode ist die Bestrahlung mit Gammastrahlung aus hoch aktiven ^{60}Co-Anlagen. Die hohe Energie der Photonenstrahlung von 1,17 und 1,33 MeV ermöglicht wegen ihrer Durchdringungsfähigkeit die Sterilisation auch ausgedehnter Materialien. Die Kobaltstrahler bestehen aus doppelt umhüllten Stahlpellets. Die Proben werden in der Regel fertig verpackt unmittelbar vor der Auslieferung von zwei Seiten bestrahlt (Gegenfeldtechnik). Trotz dieser opponierenden Bestrahlung sind ausgedehnte Proben mit Co-Gammastrahlung nicht homogen bestrahlt, so dass zum Erreichen der Mindestdosis ausreichende Bestrahlungszeiten vorgesehen werden müssen. Da Kobaltstrahler nicht abgeschaltet werden können, werden sie bei Nichtgebrauch, oder falls die Bestrahlungsanlagen betreten werden müssen, entweder in tiefen schmalen Betonschächten oder in ausreichend dimensionierten von Beton umgebenen Wasserbecken versenkt.

Eine Alternative zur weit verbreiteten Kobaltbestrahlung ist die Sterilisation mit Elektronenstrahlung aus spezialisierten Elektronenlinearbeschleunigern oder Rhodotrons. Dabei werden Elektronen mit maximalen Energien von 10 MeV verwendet, um Aktivierungsprozesse in den Materialien zu vermeiden. Die Elektronenstrahlenbündel werden mit gescannten Fächerstrahlen erzeugt. Wegen der geringeren Durchdringungsfähigkeit werden Elektronensterilisationsanlagen für die Sterilisation weniger ausgedehnter Materialien verwendet. Typische Beispiele sind medizinische Produkte wie OP-Bestecke, Spritzen, Kanülen, Verbandsmaterialien, Labormaterialien oder Implantate sowie Arzneimittel und Kosmetika.

Lebensmittelbestrahlungen können über die Verhinderung von Fäulnisprozessen deren Haltbarkeit verbessern Es ist auch möglich mit kleineren Dosen (einige Gy bis kGy) das Auskeimen bei Kartoffeln, Zwiebeln und Knoblauch zu verhindern. Produkte aus Ländern mit geringeren hygienischen Standards können stark mit pathogenen Keimen kontaminiert sein. Beispiele sind Hülsenfrüchte, Trockenfrüchte, Getreide und Reis. Für Lebensmittelbestrahlungen wird durchdringende Strahlung (Co-Gammas) eingesetzt. In Deutschland sind Lebensmittelbestrahlungen mit Ausnahme der Gewürze und getrockneter Kräuter nicht erlaubt. Für diese Produkte dürfen Dosen von maximal 10 kGy verwendet werden. Solche bestrahlten Lebensmittel müssen gekennzeichnet werden. Die Bestrahlung sonstiger Lebensmittel und ihr In-Verkehrbringen sind in der BRD verboten [LFGB 2005].

18.6 Kunststofferzeugung und Modifikation

Bei der Bestrahlung organisch chemischer Substanzen mit ionisierender Strahlung kommt es wie üblich zu Anregungen und Ionisationen. Dabei treten Molekülfragmente, freie Elektronen und Radikale der bestrahlten Verbindungen auf. Vor allem die freien Radikale führen zu chemischen Folgereaktionen, die zu Veränderungen der bestrahlten chemischen Verbindungen führen. Großtechnisch werden diese Vorgänge dazu verwendet, Polymerisationen organischer Moleküle auszulösen.

Dabei unterscheidet man die Homopolymerisation, die Copolymerisation und die Pfropfpolymerisation. Bei der Homopolymerisation werden einheitliche Monomere bestrahlt, die durch Vernetzung der einzelnen Monomere zu langen Kettenmolekülen führen. Die entstehenden Kettenverbindungen werden als Hochpolymere bezeichnet. Werden Mischungen verschiedener Monomere bestrahlt, bilden sich Vernetzungen der Ausgangs-Monomere. Bei der Pfropfpolymerisation kommt es nach der primären Kettenbildung durch erneute Bestrahlung in Anwesenheit unterschiedlicher weitere Basissubstanzen zu seitlichen Anlagerungen dieser Verbindungen. Durch Bestrahlung solcher Hochpolymere entsteht eine Reihe verschiedener Kunststoffe.

Es kommt bei erneuter Bestrahlung aber auch zum Abbau vorher erzeugter Ketten, dem sogenannten Hauptkettenabbau. Dadurch werden die Eigenschaften der Polymere wieder verändert. Je nach Zielsetzung muss daher bei der Wahl des Bestrahlungsverfahrens und der applizierten Dosis immer ein Gleichgewicht zwischen Vernetzung und Hauptkettenabbau hergestellt werden. Die chemischen Effekte unterscheiden sich neben der Dosis auch nach der Dosisleistung und der Strahlungsart.

Erneute Bestrahlung von Hochpolymeren kann zu nachträglichen Veränderungen dieser Materialien verwendet werden. Typische Reaktionen sind Schrumpfung von Schläuchen, Aushärtungen oder Verändern der Reibungskoeffizienten und der Abriebfestigkeit, Veränderungen der thermischen Stabilität und der Elastizität der Polymere. Es kommt auch zur Abspaltung seitlicher Molekülgruppen. Beispiele dafür sind die Demethylierung, also die Abspaltung einer CH_3-Gruppe, die Dehydrierung, das ist die Abspaltung von Wasserstoffmolekülen, oder das Abspalten von Kohlenstoff-Sauerstoffgruppen wie CO- oder CO_2-Molekülen. Alle diese Prozesse verändern die physikalischen und chemischen Eigenschaften der bestrahlten Kunststoffe und führen unter anderem zu den bekannten Strahleneffekten wie Versprödung, Verfärbung und Dichteänderungen, wie sie beispielsweise von Plexiglas (PMMA, Polymethylmethacrylat) bekannt sind.

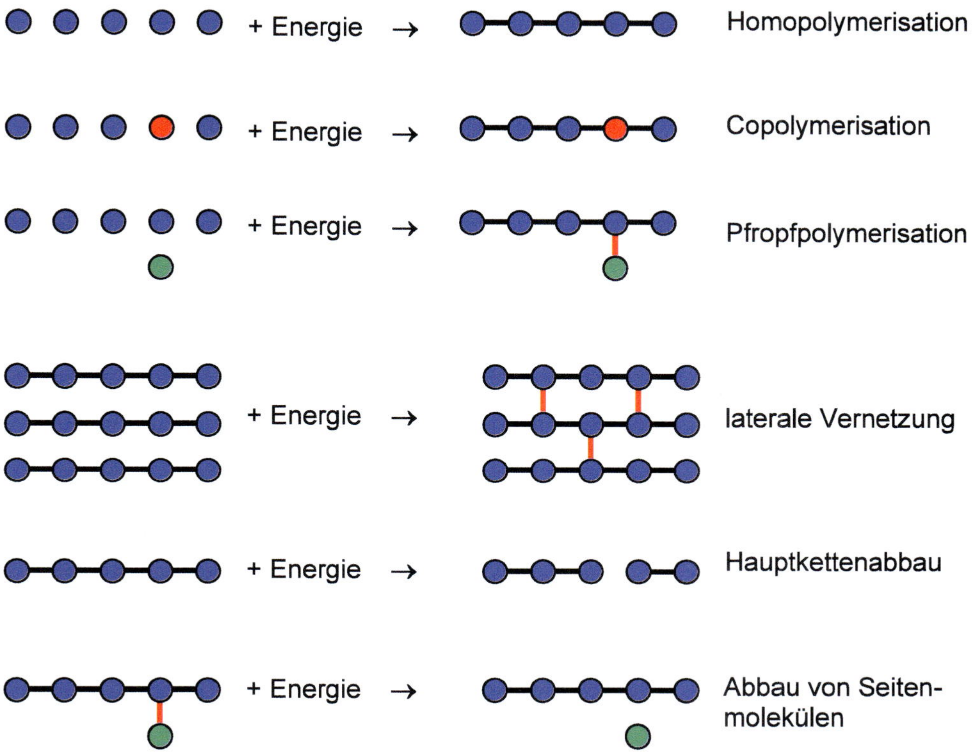

Fig.18.5: Schematische Vorgänge bei der Strahlenpolymerisation und Strahlenmodifikation von organischen Molekülen. Die Kreise stellen Monomere oder Molekülgruppen dar, die durch Ionisationsprozesse chemisch aktiv werden und sich danach mit Nachbarmonomeren verbinden. Durch Bestrahlung von Hauptpolymeren können laterale Vernetzungen zu anderen Hauptpolymeren ausgelöst werden. Es kann aber durch Verbindungsbrüche auch zu Abbauvorgängen der Hauptketten oder zur Trennung von Seitenmolekülen kommen (untere Grafiken).

Als Strahlungsquellen wurden lange Zeit überwiegend Kobaltanlagen verwendet. Heute werden auch spezialisierte Bestrahlungsanlagen mit Elektronen eingesetzt. Sie haben wegen der höheren Dosisleistungen kürzere Bestrahlungszeiten, zeigen allerdings auch unterschiedlich ausgeprägte Dosiseffekte im Vergleich zur Gammastrahlung aus Kobaltanlagen. Typische applizierte Dosen betragen einige 10 kGy (15 – 66 kGy).

Zusammenfassung

- **Bei der Anwendung von Radionukliden wird zwischen den kleintechnischen Anwendungen schwacher radioaktiver Präparate und den großtechnischen Anwendungen radioaktiver Strahler unterschieden.**

- **Zu den kleintechnischen Anwendungen zählen die Fertigung von Radionuklidbatterien, die Materialprüfungen in der industriellen Fertigung, die Füllstandsmessungen und die Ionisationsrauchmelder.**

- **Großtechnische Anwendungen dienen zur Information beim Gewinn von Rohstoffen im Bergbau, der Strahlensterilisation und der Erzeugung und Modifikation von Kunststoffen.**

- **Bei Radionuklidbatterien wird die Zerfallsenergie in Wärme und diese überwiegend über Thermoelemente in elektrische Spannungen verwandelt.**

- **Der heute wichtigste Strahler für diese Aufgaben ist ^{238}Pu, das durch thermischen Neutroneneinfang an ^{237}Np mit anschließendem Beta-minus-Zerfall des ^{238}Np hergestellt wird.**

- **Materialprüfungen mit radioaktiven Strahlern dienen der Dicken- und Dichtebestimmung in der industriellen Fertigung von Folien und Blechen und der Qualitätssicherung mit Hilfe der Gammaradiografie.**

- **Bei Dichte- und Dickenmessungen wird entweder die transmittierte oder die zurück gestreute Strahlung von Gamma- oder Betastrahlern nachgewiesen.**

- **Bei Messungen des Füllstandes wird die Änderung von Strahlungsintensitäten von Gammastrahlern durch das Füllmaterial zur Steuerung des Füllvorganges verwendet.**

- **Die Strahlensterilisation dient der Zerstörung pathogener Keime vorwiegend an medizinischen Materialien durch Kobaltgammastrahlung oder durch Elektronenfelder aus Elektronenbeschleunigern. Die dazu verwendeten Energiedosen liegen in der Größenordnung von 25 kGy.**

- **Strahlensterilisation oder Antikeimbestrahlungen von Lebensmitteln und ihr Vertrieb sind in Deutschland mit der Ausnahme von Gewürzen gesetzlich untersagt.**

- **In der Fertigung und Bearbeitung von Kunststoffen dienen Bestrahlungen zum Auslösen der Polymerisation von Monomeren, also kurzen organischen Verbindungen, und der Modifikation der Eigenschaften der so erzeugten Polymere.**

- **Die hierzu benötigten Energiedosen liegen in der Größenordnung einiger 10 kGy. Die eingesetzten Strahlungsquellen sind entweder sehr intensive Kobaltstrahler oder spezialisierte Elektronenbeschleuniger, die deutlich kürzere Bestrahlungszeiten als Kobaltquellen ermöglichen.**

Aufgaben

1. Beschreiben Sie den Herstellungsprozess von ^{238}Pu.

2. Können Proben mit gleichem Massenstreuvermögen wie dasjenige des Trägers mit dem Rückstreuverfahren mit Betastrahlern auf korrekte Schichtdicke überprüft werden?

3. Welche der drei in Fig. 18.2 in der unteren Reihe dargestellten Fälle tritt ein, wenn Sie ein Stahlblech mit einer Plastikhülle überziehen?

4. Wie hoch sind die typischen Dosen bei der Sterilisation von medizinischen Materialien?

5. Können Sie einen 15 cm dicken Plexiglaswürfel gleichförmig mit 10 MeV Elektronen sterilisieren?

6. Begründen Sie den allmählichen Übergang der gemessenen Intensität in Fig. 18.3 als Funktion der Füllhöhe.

7. Wird das Material im Behälter bei der Füllstandskontrolle mit einem Co-60 Strahler radioaktiv?

8. Erklären Sie die Begriffe Homo-, Co- und Pfropfpolymerisation.

19 Tabellenanhang

19.1 Einheiten des Internationalen Einheitensystems SI, abgeleitete Einheiten

Das Internationale Einheitensystem (Système International d'Units: SI) ist in Deutschland seit 1970 verbindlich. Die Verwendung der Basiseinheiten in Deutschland ist im Gesetz über die Einheiten im Messwesen festgelegt. Die SI-Basiseinheiten haben folgende Definitionen:

> **1 Meter** ist die Länge der Strecke, die das Licht im Vakuum während der Dauer von 1/299'792'458 Sekunden durchläuft.
>
> **1 Kilogramm** ist die Masse des internationalen Kilogrammprototyps.
>
> **1 Sekunde** ist das 9'192'631'770-fache der Periodendauer der dem Übergang zwischen den beiden Hyperfeinstrukturniveaus des Grundzustandes von Atomen des Nuklids ^{133}Cs entsprechenden Strahlung ($\lambda = 32{,}612$ cm).
>
> **1 Ampere** ist die Stärke eines zeitlich unveränderlichen elektrischen Stromes, der durch zwei im Vakuum parallel im Abstand 1 Meter voneinander angeordnete, geradlinige, unendlich lange Leiter von vernachlässigbar kleinem, kreisförmigen Querschnitt fließend, zwischen diesen Leitern je 1 Meter Leiterlänge elektrodynamisch die Kraft $2 \cdot 10^{-7}$ Newton hervorrufen würde.
>
> **1 Kelvin** ist der 1/273,16 Teil der thermodynamischen Temperatur des Tripelpunktes des Wassers.
>
> **1 Mol** ist die Stoffmenge eines Systems, das aus ebenso vielen Einzelteilchen besteht, wie Atome in 12/1000 Kilogramm des Kohlenstoffnuklids ^{12}C enthalten sind. Bei Verwendung des Mol müssen die Einzelteilchen des Systems spezifiziert sein und können Atome, Moleküle, Ionen, Elektronen sowie andere Teilchen oder Gruppen solcher Teilchen genau angegebener Zusammensetzung sein.
>
> **1 Candela** ist die Lichtstärke in einer gegebenen Richtung einer monochromatischen Strahlungsquelle der Frequenz von $540 \cdot 10^{12}$ Hertz und einer Strahlstärke in dieser Richtung von 1/683 Watt pro Steradiant.

Aus den Basiseinheiten werden in der Physik abgeleitete Größen gebildet, die zum Teil besondere Namen und Einheitenzeichen tragen. Die Basisgrößen und einige abgeleitete Größen mit besonderem Namen finden sich in den nachfolgenden Tabellen. In der Atomphysik ist es darüber hinaus üblich, angepasste Einheiten für die Masse und die Energie zu verwenden. Das Gesetz über Einheiten im Messwesen führt dazu aus:

> *Die atomphysikalische Einheit der Masse für die Angabe von Teilchenmassen ist die atomare Masseneinheit (Kurzzeichen: u). Eine atomare Masseneinheit ist der 12te Teil der Masse eines Atoms des Nuklids ^{12}C. Codata er-*

gänzt dazu: Das Atom ist im Grundzustand und in Ruhe. Die atomphysikalische Einheit der Energie ist das Elektronvolt (Kurzzeichen: eV). Das Elektronvolt ist die Energie, die ein Elektron beim Durchlaufen einer Potentialdifferenz von 1 Volt im Vakuum gewinnt.

Basiseinheiten:

Basisgröße	**Basiseinheit**	**Zeichen**
Länge	Meter	m
Masse	Kilogramm	kg
Zeit	Sekunde	s
elektrische Stromstärke	Ampere	A
thermodynamische Temperatur	Kelvin	K
Stoffmenge	Mol	mol
Lichtstärke	Candela	cd

abgeleitete SI-Einheiten mit besonderem Namen:

Größe	**Name**	**Zeichen**	**in Basiseinheiten**
Frequenz	Hertz	Hz	s^{-1}
Kraft	Newton	N	$m \cdot kg \cdot s^{-2}$
Druck	Pascal	Pa	$m^{-1} \cdot kg \cdot s^{-2}$
Energie, Arbeit, Wärme	Joule	J	$m^2 \cdot kg \cdot s^{-2}$
elektrische Ladung	Coulomb	C	$s \cdot A$
elektrische Spannung	Volt	V	$m^2 \cdot kg \cdot s^{-3} \cdot A^{-1}$
Celsius-Temperatur*	Grad Celsius	°C	K
magnetische Flussdichte	Tesla	T	$V \cdot s \cdot m^{-2}$
Aktivität	Becquerel	Bq	s^{-1}
Energiedosis	Gray	Gy	$m^2 \cdot s^{-2}$
Äquivalentdosis	Sievert	Sv	$m^2 \cdot s^{-2}$

Tab. 19.1.1: Einheiten des System International SI und abgeleitete Einheiten des SI mit besonderem Namen. *: Umrechnung °Celsius in Kelvin: t (°C) = T (K) – 273,15 K

Die Umrechnung des Elektronvolts in SI-Einheiten liefert den Wert:

$$1\ \text{eV} = 1{,}602\ 176\ 565(35) \cdot 10^{-19}\ \text{J}$$

Sollen dezimale Vielfache oder Bruchteile der Einheiten bezeichnet werden, sind die in der nachfolgenden Tabelle zusammengestellten Faktoren, Kürzel und Namen zu verwenden. Daneben ist es besonders in der Atomphysik oder der Astronomie üblich, dezimale Anteile als Zehnerpotenzen in der mathematischen Potenzschreibweise anzugeben.

Dezimale Vielfache			**Dezimale Bruchteile**		
Faktor	Präfix	Zeichen	Faktor	Präfix	Zeichen
10^{24}	Yotta	Y	10^{-1}	Dezi	d
10^{21}	Zetta	Z	10^{-2}	Zenti	c
10^{18}	Exa	E	10^{-3}	Milli	m
10^{15}	Peta	P	10^{-6}	Mikro	µ
10^{12}	Tera	T	10^{-9}	Nano	n
10^{9}	Giga	G	10^{-12}	Pico	p
10^{6}	Mega	M	10^{-15}	Femto	f
10^{3}	Kilo	k	10^{-18}	Atto	a
10^{2}	Hekto	h	10^{-21}	Zepto	z
10^{1}	Deka	da	10^{-24}	Yocto	y

Tab. 19.1.2: Präfixe für dezimale Vielfache und Bruchteile von Einheiten

Aus praktischen und historischen Gründen werden einige physikalische Einheiten verwendet, die außerhalb des SI-Systems definiert sind. Die wichtigsten finden sich in der nachfolgenden Tabelle.

Einheiten außerhalb des SI-Systems:

Größe	Name	Zeichen	in Basiseinheiten
Länge	Ångström	Å	10^{-10} m
Länge	Fermi	Fm	10^{-15} m
Wirkungsquerschnitt	Barn	b	10^{-28} m^2
Druck	Bar	bar	10^5 Pa
Aktivität	Curie	Ci	$3{,}7\cdot 10^{10}$ Bq
Ionendosis	Röntgen	R	$2{,}58\cdot 10^{-4}$ C/kg
Energiedosis	Rad	rad	10^{-2} Gy
Äquivalentdosis	Rem	rem	10^{-2} Sv

Tab. 19.1.3: Einheiten außerhalb des SI-Systems und alte Einheiten

Zeichen		Beschreibung	Zeichen		Beschreibung
Α	α	Alpha	Ν	ν	Ny
Β	β	Beta	Ξ	ξ	Xi
Γ	γ	Gamma	Ο	ο	Omicron
Δ	δ	Delta	Π	π	Pi
Ε	ε	Epsilon	Ρ	ρ	Rho
Ζ	ζ	Zeta	Σ	σ	Sigma
Η	η	Eta	Τ	τ	Tau
Θ	θ	Theta	Υ	υ	Ypsilon
Ι	ι	Iota	Φ	φ	Phi
Κ	κ	Kappa	Χ	χ	Chi
Λ	λ	Lambda	Ψ	ψ	Psi
Μ	μ	My	Ω	ω	Omega

Tab. 19.1.4: Das griechische Alphabet

19.2 Physikalische Fundamentalkonstanten

Konstante	Zeichen	Zahlenwert	Einheit	Bem.
Atomare Masseneinheit	M_u, u	$1{,}660\,539\,040(20)\cdot 10^{-27}$	kg	
Avogadrokonstante***	N_A, A	$6{,}022\,141\,857(74)\cdot 10^{23}$	Mol^{-1}	
Bohrscher Radius	a_0, r_1	$0{,}529\,177\,210\,67(12)\ 10^{-10}$	m	
Boltzmannkonstante	k	$1{,}380\,648\,52(79)\cdot 10^{-23}$	J/K	
Elementarladung	e_0	$1{,}602\,176\,6208(98)\cdot 10^{-19}$	C	
Elektrische Feldkonstante	ε_0	$8{,}854\,187\,817\ldots\cdot 10^{-12}$	$C\cdot V^{-1}\cdot m^{-1}$	exakt
Feinstrukturkonstante*	α	$7{,}297\,352\,5664(17)\cdot 10^{-3}$		
Inverse Feinstrukturkonstante	$1/\alpha$	$137{,}035\,999\,139(31)$		
Klassischer Elektronenradius**	r_e	$2{,}81794\cdot 10^{-15}$	m	
Plancksches Wirkungsquantum	h	$6{,}626\,070\,040(81)\cdot 10^{-34}$	J·s	
red. Plancksches WQuantum	$\hbar = h/2\pi$	$1{,}054\,571\,800(13)\cdot 10^{-34}$	J·s	
Ruhemasse des Elektrons	m_0	$9{,}109\,383\,56(11)\cdot 10^{-31}$	kg	
Ruhemasse des Neutrons	m_n	$1{,}674\,927\,471(21)\cdot 10^{-27}$	kg	
Ruhemasse des Protons	m_p	$1{,}672\,621\,898(21)\cdot 10^{-27}$	kg	
Rydberg-Konstante	R*	$13{,}605\,693\,009(84)$	eV	
Vakuumlichtgeschwindigkeit	c_0	$2{,}997\,924\,58\cdot 10^{8}$	m/s	exakt
halber Umfang des Einheitskreises	π	$3{,}141\,592\,653\,589\,793\,238\ldots$		
Basis der natürlichen Logarithmen	e	$2{,}718\,281\,828\,459\,045\,235\ldots$		

Tab. 19.2.1: Werte physikalischer Fundamentalkonstanten und weiterer wichtiger Konstanten der Physik (in Klammern stehen die Unsicherheiten der letzten beiden Stellen, [Codata 2010]).
exakt: Definitionsgemäß exakter Wert.

Fundamentalkonstanten werden international einheitlich durch das zuständige Komitee (Task Group on Fundamental Constants des Committee for Science and Technology CODATA) des internationalen Wissenschaftsrates (International Council of Scientific Unions CSU) publiziert.

*: Die Feinstrukturkonstante α gibt das Verhältnis der klassischen Elektronengeschwindigkeit in der Umlaufbahn des K-Elektrons im Wasserstoff zur Vakuumlichtgeschwindigkeit c an. Sie wird nach folgender Beziehung berechnet: $\alpha = 2\pi\cdot e_0^2/(h\cdot c_0)$.

**: Unter dem klassischen Elektronenradius versteht man den Radius einer mit einer Elementarladung e_0 gleichmäßig geladenen Kugel, die als Feldenergie gerade die Ruheenergie eines Elektrons von ca. 0,511 MeV ergibt.

***: Neuester Wert der PTB Braunschweig bestimmt durch Messungen an einem hochreinen Siliziumeinkristall, er beträgt $A = 6{,}022\,135\,7(18)\cdot 10^{23}\ Mol^{-1}$ [Becker 2003].

19.3 Daten von Elementarteilchen, Nukleonen und leichten Nukliden

Teilchen	**Kurzzeichen**	**Ruheenergie (MeV)**	**Ruhemasse (kg)(3)**	**el. Ladung (e_0)**	**T½**
Neutrino	ν_e	$<2\cdot 10^{-6}$	≈ 0	0	stabil
Elektron	e^-, β^-	0,510998928(11)	$0{,}910938291(40)\cdot 10^{-30}$	-1	stabil
Positron(1)	e^+, β^+	0,510998928(11)	$0{,}910938291(40)\cdot 10^{-30}$	+1	stabil
Myon	μ^-, μ^+	105,6583745(24)	$0{,}1883531594(48\cdot 10^{-27}$	-1,+1	$1{,}5\cdot 10^{-6}$s
Pi-Meson(2)	π^-, π^+	139,5673	$0{,}24878\cdot 10^{-27}$	-1,+1	$1{,}8\cdot 10^{-8}$s
	π^0	134,9630	$0{,}24055\cdot 10^{-27}$	0	$5{,}8\cdot 10^{-17}$s
Proton	p^+	938.2720813(58)	$1{,}672621898(21)\cdot 10^{-27}$	+1	stabil(4)
Neutron	n	939,565379(21)	$1.674927471(21)\cdot 10^{-27}$	0	10,17 min
Deuteron	d	1875.612 928(12)	$3.343583719(41)\cdot 10^{-27}$	+1	stabil
Triton	t	2808.921 112(17)	$5.007356665(62)\cdot 10^{-27}$	+1	12,3 a
^{3}He	-	2808.391 586(17)	$5.006412700(62)\cdot 10^{-27}$	+2	stabil
Alpha	α	3727.379 378(23)	$6.644657230(82)\cdot 10^{-27}$	+2	stabil
^{6}Li	-	5601	$9{,}985\cdot 10^{-27}$	+3	stabil
^{7}Li	-	6534	$11{,}65\cdot 10^{-27}$	+3	stabil
^{9}Be	-	8393	$14{,}96\cdot 10^{-27}$	+4	stabil
^{10}Be	-	9324	$16{,}62\cdot 10^{-27}$	+4	stabil
^{12}C	-	$11{,}17\cdot 10^3$	$19{,}91\cdot 10^{-27}$	+6	stabil
^{14}N	-	$13{,}04\cdot 10^3$	$23{,}24\cdot 10^{-27}$	+7	stabil
^{16}O	-	$14{,}89\cdot 10^3$	$26{,}55\cdot 10^{-27}$	+8	stabil
^{20}Ne	-	$18{,}62\cdot 10^3$	$33{,}19\cdot 10^{-27}$	+10	stabil

Tab. 19.3.1: Daten einiger geladener Elementarteilchen, Nukleonen und leichter Nuklide (e_0: Elementarladung $=1{,}6022\cdot 10^{-19}$ C, 1eV = $1{,}6022\cdot 10^{-19}$ J, s. Tab. 19.2.1), (1): Paarvernichtung mit Elektronen, (2): Pionen sind Zweierkombinationen aus Quarks und Antiquarks, das negative Pion ist ein Antimaterieteilchen und erzeugt deshalb bei der Vernichtung einen so genannten nuklearen Stern nach Kerneinfang. (3): Massen für völlig ionisierte Teilchen. (4): Zur Stabilität des Protons s. Fußnote 11 in Kap. (3.2.2). (5): Die Ruheenergie des Elektronneutrinos (Antineutrino) liegt nach heutiger Kenntnis unter 2 eV (neuester Wert [Nakamura 2010], bisher < 3 eV nach [Eidelmann]), Ruhemassen und Ruheenergien nach Daten aus ([Nist] Codata 2010, incl. Fehlerangaben), und [Groom 2000], [Hagiwara 2002]). Neueste Teilchendaten finden sich auf der URL der Particle Data Group: http://pdg.lbl.gov/.

19.4 Strahlungsfeldgrößen

Name	Formelzeichen	SI-Einheit
Teilchenzahl	**N**	**1**
Teilchenfluss	$\mathring{N} = dN/dt$	s^{-1}
Teilchenflussdichte	$\varphi(t, \vec{r}) = d^2N/dt \cdot dA_\perp$	$s^{-1} \cdot m^{-2}$
spektrale Teilchenflussdichte	$\varphi_E(t, \vec{r}, E) = d^3N/dt \cdot dA_\perp \cdot dE$	$s^{-1} \cdot m^{-2} \cdot J^{-1}$
Teilchenradianz	$\varphi_\Omega(t, \vec{r}, \Omega) = d^3N/dt \cdot dA_\perp \cdot d\Omega \cdot$	$s^{-1} \cdot m^{-2} \cdot sr^{-1}$
spektrale Teilchenradianz	$\varphi_{E,\Omega}(t, \vec{r}, E, \Omega) = d^4N/dt \cdot dA_\perp \cdot dE \cdot d\Omega$	$s^{-1} \cdot m^{-2} \cdot J^{-1} \cdot sr^{-1}$
Teilchenfluenz	$\Phi(\vec{r}) = dN/dA_\perp$	m^{-2}
spektrale Teilchenfluenz	$\Phi_E(\vec{r}, E) = d^2N/dA_\perp \cdot dE$	$m^{-2} \cdot J^{-1}$
spektrale raumwinkelbezogene Teilchenfluenz	$\Phi_{E,\Omega}(\vec{r}, E, \Omega) = d^3N/dA_\perp \cdot dE \cdot d\Omega$	$m^{-2} \cdot J^{-1} \cdot sr^{-1}$
Energie	**R**	**J**
Energiefluss	dR/dt	$J \cdot s^{-1}$
Energiefluenz	$dR/dA_\perp = \Psi(\vec{r})$	$J \cdot m^{-2}$
Energieflussdichte*	$d^2R/dt \cdot dA_\perp = \Psi(t, \vec{r})$	$W \cdot m^{-2}$
spektrale Energiefluenz	$d^2R/dA_\perp \cdot dE = \Psi(E, \vec{r})$	m^{-2}
spektrale Energieflussdichte	$d^3R/dt \cdot dA_\perp \cdot dE = \Psi(t, \vec{r}, E)$	$s^{-1} \cdot m^{-2}$

Tab. 19.4.1: Skalare Strahlungsfeldgrößen nach [Reich]. $dA_\perp$: Kreisquerschnitt einer differentiellen Kugel um den Aufpunkt senkrecht zur Strahlrichtung. R: Bezeichnung für Strahlungsenergie (englisch radiant energy). Sie ist nicht identisch mit der individuellen Energie des einzelnen Strahlungsquants. $\vec{r}$: Ortsvektor des Aufpunkts (Tab. aus [Krieger1], Kap. 1.5). *: Für kontinuierliche elektromagnetische Wellen auch als Intensität I bezeichnet.

19.5 Elemente des Periodensystems

Actinium (Ac, 89)
Aluminium (Al, 13)
Americium (Am, 95)
Antimon (Sb, 51)
Argon (Ar, 18)
Arsen (As, 33)
Astat (At, 85)

Barium (Ba, 56)
Berkelium (Bk, 97)
Beryllium (Be, 4)
Blei (Pb, 82)
Bohrium (Bh, 107)
Bor (B, 5)
Brom (Br, 35)

Cadmium (Cd, 48)
Calcium (Ca, 20)
Californium (Cf, 98)
Cäsium (Cs, 55)
Cer (Ce, 58)
Chlor (Cl, 17)
Chrom (Cr, 24)
Copernicium (Cn, 112)

Darmstadtium (Ds, 110)
Dubnium (Db, 105)
Dysprosium (Dy, 66)

Einsteinium (Es, 99)
Eisen (Fe, 26)
Erbium (Er, 68)
Europium (Eu, 63)

Fermium (Fm, 100)
Flerovium (Fl, 114)
Fluor (F, 9)
Francium (Fr, 87)

Gadolinium (Gd, 64)
Gallium (Ga, 31)
Germanium (Ge, 32)
Gold (Au, 79)

Hafnium (Hf, 72)
Hassium (Hs, 108)
Helium (He, 2)
Holmium (Ho, 67)

Indium (In, 49)
Iridium (Ir, 77)

Jod (I, 53)

Kalium (K, 19)
Kobalt (Co, 27)
Kohlenstoff (C, 6)
Krypton (Kr, 36)
Kupfer (Cu, 29)

Lanthan (La, 57)
Lawrencium (Lr, 103)
Lithium (Li, 3)
Livermorium (Lv, 116)
Lutetium (Lu, 71)

Magnesium (Mg, 12)
Mangan (Mn, 25)
Meitnerium (Mt, 109)
Mendelevium (Md, 101)
Molybdän (Mo, 42)
Moscivium(Ms, 115)

Natrium (Na, 11)
Neodym (Nd, 60)
Neon (Ne, 10)
Neptunium (Np, 93)
Nickel (Ni, 28)
Nihinium(Nh,113)
Niob (Nb, 41)
Nobelium (No, 102)

Osmium (Os, 76)
Organesson (Or, 118)

Palladium (Pd, 46)
Phosphor (P, 15)
Platin (Pt, 78)
Plutonium (Pu, 94)
Polonium (Po, 84)
Praseodym (Pr, 59)
Promethium (Pm, 61)
Protactinium (Pa, 91)

Quecksilber (Hg, 80)

Radium (Ra, 88)
Radon (Rn, 86)
Rhenium (Re, 75)
Rhodium (Rh, 45)
Röntgenium (Rg, 111)
Rubidium (Rb, 37)
Ruthenium (Ru, 44)
Rutherfordium (Rf, 104)

Samarium (Sm, 62)
Sauerstoff (O, 8)
Scandium (Sc, 21)
Schwefel (S, 16)
Seaborgium (Sg, 106)
Selen (Se, 34)
Silber (Ag, 47)
Silicium (Si, 14)
Stickstoff (N, 7)
Strontium (Sr, 38)

Tantal (Ta, 73)
Technetium (Tc, 43)
Tellur (Te, 52)
Tennesine (Ts, 117)
Terbium (Tb, 65)
Thallium (Tl, 81)
Thorium (Th, 90)
Thulium (Tm, 69)
Titan (Ti, 22)

Uran (U, 92)

Vanadium (V, 23)

Wasserstoff (H, 1)
Wismut (Bi, 83)
Wolfram (W, 74)

Xenon (Xe, 54)

Ytterbium (Yb, 70)
Yttrium (Y, 39)

Zink (Zn, 30)
Zinn (Sn, 50)
Zirkonium (Zr, 40)

Tab. 19.5.1: Liste der Elemente sortiert nach Elementnamen (in Klammern: Symbol, Z)

Z	Symbol	A_{mittel}	ρ (g/cm³)	Z	Symbol	A_{mittel}	ρ (g/cm³)
1	H	1,0079	0,00009	31	Ga	69,723	5,91
2	He	4,0026	0,00018	32	Ge	72,64	5,32
3	Li	6,941	0,53	33	As	74,9216	5,72
4	Be	9,0122	1,85	34	Se	78,96	4,79
5	B	10,811	2,35	35	Br	79,904	0,00312
6	C	12,0107	2,2	36	Kr	83,798	0,0037
7	N	14,0067	0,00125	37	Rb	85,4678	1,53
8	O	15,9994	0,00143	38	Sr	87,62	2,6
9	F	18,9984	0,0017	39	Y	88,9059	4,47
10	Ne	20,1797	0,0009	40	Zr	91,224	6,49
11	Na	22,9898	0,97	41	Nb	92,906	8,57
12	Mg	24,3050	1,74	42	Mo	95,94	10,2
13	Al	26,9815	2,70	43	Tc	98	11,5
14	Si	28,0855	2,33	44	Ru	101,07	12,4
15	P	30,9738	1,82	45	Rh	102,9055	12,4
16	S	32,065	2,07	46	Pd	106,42	12,0
17	Cl	35,453	0,0032	47	Ag	107,8682	10,5
18	Ar	39,948	0,00178	48	Cd	112,441	8,65
19	K	39,0983	0,86	49	In	114,818	7,31
20	Ca	40,078	1,55	50	Sn	118,710	7,30
21	Sc	44,9559	3,0	51	Sb	121,760	6,69
22	Ti	47,867	4,54	52	Te	127,60	6,24
23	V	50,9415	6,1	53	I	126,9045	4,94
24	Cr	51,9961	7,19	54	Xe	131,293	0,00589
25	Mn	54,9380	7,43	55	Cs	132,9055	1,90
26	Fe	55,845	7,86	56	Ba	137,327	3,76
27	Co	58,9332	8,9	57	La	138,9055	6,17
28	Ni	58,6934	8,9	58	Ce	140,116	6,67
29	Cu	63,546	8,96	59	Pr	140,9077	6,77
30	Zn	65,409	7,13	60	Nd	144,24	7,00

Tab. 19.5.2: Liste der Elemente nach Ordnungszahl Z. A_{mittel}: mittlere Massenzahl der bekannten Isotope, ρ: Dichte in g/cm³.

Z	Symbol	A_{mittel}	ρ (g/cm³)	Z	Symbol	A_{mittel}	ρ (g/cm³)/Bem.
61	Pm	145	7,22	91	Pa	231,0359	15,4
62	Sm	150,36	7,54	92	U	238,0289	19,07
63	Eu	151,964	5,26	93	Np	237	19,5
64	Gd	157,25	7,89	94	Pu	244	19,81
65	Tb	158,9253	8,27	95	Am	243	13,7
66	Dy	162,500	8,54	96	Cm	247	13,51
67	Ho	164,9303	8,80	97	Bk	247	-
68	Er	167,259	9,05	98	Cf	251	15,1
69	Tm	168,9342	9,33	99	Es	252	14,78
70	Yb	173,04	6,98	100	Fm	257	-
71	Lu	174,967	9,84	101	Md	258	-
72	Hf	178,49	13,31	102	No	259	-
73	Ta	180,9479	16,5	103	Lr	262	-
74	W	183,84	19,3	104	Rf	261	-
75	Re	186,207	21,0	105	Db	262	-
76	Os	190,23	22,6	106	Sg	266	-
77	Ir	192,217	22,7	107	Bh	264	-
78	Pt	195,078	21,4	108	Hs	269	-
79	Au	197	19,3	109	Mt	268	-
80	Hg	200,59	13,6	110	Ds	271	-
81	Tl	204,3833	11,85	111	Rg	272	-, Metall
82	Pb	207,2	11,35	112	Cn	277,285	-, Überg.Metall
83	Bi	208,9804	9,8	113	Nh	287	-, Metall
84	Po	209	9,3	114	Fl	289	-, Metall
85	At	210		115	Mc	287,288	-, Metall
86	Rn	222	0,00973	116	Lv	(289)	-, Metall
87	Fr	223	-	117	Ts	(291)	-, Halogen
88	Ra	226	5,0	118	Og	(293)**	-, Edelgas
89	Ac	227	10,1				
90	Th	232,0381	11,7				

Tab. 19.5.3: Liste der Elemente nach Ordnungszahl Z. A_{mittel}: mittlere Massenzahl der bekannten Isotope, ρ: Dichte in (g/cm³). Vorläufige Bezeichnungen, die nur die Sprechweise andeuten, Beispiel 111 = Un-Un-Un-ium (dritte Stelle: 2: bi, 3: tri, 4: quad, 5: pent, 6: hex, 7: sept, 8: oct). Das Element 111 wurde von den Forschern der GSI in Darmstadt entdeckt und wird seit 2004 als Röntgenium bezeichnet, 112 wurde ebenfalls durch die GSI erzeugt und wird seit 2010 Copernicium genannt (Kurzzeichen Cn). 113 Nihonium Nh, 115 Moscovium Ms, 117 Tennesine Ts, 118 Oganesson Og. Die Auflistung entspricht dem Stand vom Januar 2017.

19.6 Daten zur Kernspaltung

19.6.1 Relative Spaltausbeuten bei der thermischen Spaltung von ^{235}U für bestimmte Massenzahlen A und die wichtigsten Spaltfragmente.

A	Yield (%/f)	A	Yield (%/f)	A	Yield (%/f)
1	0,00334	97	5,574	130	2,65
2	0,00085	98	5,17	131	3,565
3	0,01140	99	5,03	132	4,80
4	0,2111	100	4,41	133	5,98
68	0,0000019	101	3,219	134	6,29
69	0,0000072	102	2,429	135	5,50
70	0,0000259	103	1,458	136	8,7
71	0,000088	104	0,976	137	6,21
72	0,000281	105	0,501	138	6,02
73	0,00085	106	0,2505	139	5,625
74	0,00244	107	0,1149	140	6,45
75	0,0066	108	0,0797	141	6,218
76	0,0173	109	0,0420	142	6,83
77	0,0395	110	0,0395	143	5,91
78	0,0634	111	0,0247	144	4,655
79	0,1267	112	0,0143	145	3,399
80	0,2496	113	0,0158	146	2,529
81	0,371	114	0,0173	147	1,827
82	0,590	115	0,0192	148	1,294
83	1,070	116	0,0177	149	0,769
84	1,697	117	0,0151	150	0,4884
85	2,166	118	0,0156	151	0,333
86	3,093	119	0,0159	152	0,1962
87	4,008	120	0,0175	153	0,106
88	5,435	121	0,0185	154	0,0458
89	6,02	122	0,0195	155	0,0214
90	6,648	123	0,0223	158	0,00194
91	6,569	124	0,0322	159	0,001061
92	6,568	125	0,116	160	0,000310
93	6,950	126	0,233	161	0,0000810
94	6,800	127	0,47	162	0,0000272
95	6,386	128	0,93	163	0,0000086
96	5,742	129	1,63	164	0,0000026

Tab. 19.6.1.1: Relative Spaltausbeuten (Yield in Prozent) für bestimmte Massenzahlen A pro Spaltung f bei der neutroneninduzierten thermischen Spaltung von ^{235}U (nach Daten aus [IAEA INDC].

Die Spaltausbeuten für bestimmte Nuklide müssen in **direkte** Ausbeuten und **kumulative** Ausbeuten unterschieden werden. Die direkten Ausbeuten (Tab. 19.6.1.2) sind die unmittelbar beim Spaltakt erzeugten Fragmente. Die kumulativen Ausbeuten (Tab. 19.6.1.3) enthalten alle Nuklide, die direkt bei der Spaltung erzeugt wurden, und zusätzlich die Produktion aus den radioaktiven Zerfällen von Vorläufern. Im Abbrand sind immer die kumulativen Ausbeuten vorhanden. Alle Nuklide werden in den folgenden Tabellen in der Form "Z-Symbol-A" gekennzeichnet.

Nuklid	**Yield$_{dir}$ (%/f)**	**Nuklid**	**Yield$_{dir}$ (%/f)**
1-H-1	0,00171	54-Xe-128	0
1-H-2	0,00084	54-Xe-130	4,8E-09
1-H-3	0,01080	54-Xe-131m	0,00000036
2-He-3	0	54-Xe-133	0,00044
2-He-4	0,1700	54-Xe-133m	0,00106
35-Br-85	0,219	54-Xe-135	0,069
36-Kr-82	0,000000217	54-Xe-135m	0,167
36-Kr-85	0,0049	55-Cs-134	0,0000070
36-Kr-85m	0,00112	55-Cs-137	0,072
38-Sr-90	0,031	56-Ba-140	0,29
40-Zr-95	0,035	57-La-140	0,00052
41-Nb-94	0,000000248	58-Ce-141	0,0000056
41-Nb-95	0,0000175	58-Ce-144	0,035
41-Nb-95m	0,0000041	59-Pr-144	0,00000168
42-Mo-92	0	60-Nd-142	0
42-Mo-94	0	60-Nd-144	1,08E-09
42-Mo-96	6,9E-08	60-Nd-147	0,000074
42-Mo-99	0,00180	61-Pm-147	3,5E-09
43-Tc-99	0,00000029	61-Pm-148	4,4E-08
44-Ru-103	0,0000099	61-Pm-148m	0,000000104
44-Ru-106	0,0000028	61-Pm-149	0,0000047
45-Rh-106	0	61-Pm-151	0,00067
50-Sn-121m	0,0000189	62-Sm-148	0
51-Sb-122	0,000000172	62-Sm-150	1,64E-08
51-Sb-124	0,000038	62-Sm-151	0,00000052
51-Sb-125	0,00072	62-Sm-153	0,0000221
52-Te-132	1,61	63-Eu-151	0
53-I-129	0	63-Eu-152	1,53E-10
53-I-131	0,00136	63-Eu-154	0,000000103
53-I-133	0,153	63-Eu-155	0,0000029
53-I-135	2,55		

Tab. 19.6.1.2: Relative direkte Spaltausbeuten (Yield in Prozent) für bestimmte Nuklide pro Spaltung (f) bei der neutroneninduzierten thermischen Spaltung von ^{235}U (nach Daten aus [IAEA INDC]. Die Schreibweise 6,9E-08 bedeutet $6,9 x 10^{-8}$.

Nuklid	Yield$_{kum}$ (%/f)	Nuklid	Yield$_{kum}$ (%/f)
1-H-1	0,00171	54-Xe-128	0
1-H-2	0,00084	54-Xe-130	0,0000380
1-H-3	0,01080	54-Xe-131m	0,0313
2-He-3	0,01080	54-Xe-133	6,60
2-He-4	0,1702	54-Xe-133m	0,189
35-Br-85	1,304	54-Xe-135	6,61
36-Kr-82	0,000285	54-Xe-135m	1,22
36-Kr-85	0,286	55-Cs-134	0,0000121
36-Kr-85m	1,303	55-Cs-137	6,221
38-Sr-90	5,73	56-Ba-140	6,314
40-Zr-95	6,502	57-La-140	6,315
41-Nb-94	4,2E-07	58-Ce-141	5,86
41-Nb-95	6,498	58-Ce-144	5,474
41-Nb-95m	0,0702	59-Pr-144	5,474
42-Mo-92	0	60-Nd-142	6,3E-09
42-Mo-94	8,7E-10	60-Nd-144	5,475
42-Mo-96	0,00042	60-Nd-147	2,232
42-Mo-99	6,132	61-Pm-147	2,232
43-Tc-99	6,132	61-Pm-148	5,0E-08
44-Ru-103	3,103	61-Pm-148m	1,04E-07
44-Ru-106	0,410	61-Pm-149	1,053
45-Rh-106	0,410	61-Pm-151	0,4204
50-Sn-121m	0,00106	62-Sm-148	1,49E-07
51-Sb-122	3,66E-07	62-Sm-150	0,000061
51-Sb-124	0,000089	62-Sm-151	0,4204
51-Sb-125	0,0260	62-Sm-153	0,1477
52-Te-132	4,276	63-Eu-151	0,4204
53-I-129	0,706	63-Eu-152	3,24E-10
53-I-131	2,878	63-Eu-154	1,95E-07
53-I-133	6,59	63-Eu-155	0,0308
53-I-135	6,39		

Tab. 19.6.1.3: Relative kumulative Spaltausbeuten (Yield in Prozent) für bestimmte Nuklide pro Spaltung (f) bei der neutroneninduzierten thermischen Spaltung von ^{235}U (nach Daten aus [IAEA INDC]. Die Schreibweise 6,9E-08 bedeutet $6{,}9 \times 10^{-8}$.

19.6.2 Neutronenzahlen pro Spaltakt und Neutroneneinfangquerschnitte

Nuklid	Neutronenenergie	prompte n/f	verzögerte n/f	verz/prompt (%)
90-Th-232	schnell	2,456	0,0499	2,03
92-U-233	thermisch	2,4968	0,0067	0,27
92-U-235	thermisch	2,4355	0,0162	0,665
92-U-238	schnell	2,819	0,0465	1,65
92-Pu-238	schnell	3,00	0,0047	1,57
94-Pu-239	thermisch	2,8836	0,0065	1,874
94-Pu-240	schnell	3,086	0,0090	0,29
94-Pu-241	thermisch	2,9479	0,0160	0,543
94-Pu-242	schnell	3,189	0,0183	0,574
95-Am-241	thermisch	3,239	0,0043	0,133
96-Cm-242	sf	2,529	0,0013	0,051
96-Cm-243	thermisch	3,433	0,0030	0,087
96-Cm-244	sf	2,691	0,0033	0,123
96-Cm-245	thermisch	3,60	0,0064	0,178
98-Cf-252	sf	3,7692	0,0086	0,228

Tab. 19.6.2.1: Mittlere prompte und verzögerte Spaltneutronen von Aktiniden (Angaben pro Spaltakt). Energieangaben: thermisch = thermisches Spektrum, Schnell = schnelles Spektrum, sf = spontane Spaltung. (nach Daten aus [IAEA INDC]).

Nuklid	$\sigma_{n,th}$(b)	Nuklid	$\sigma_{n,th}$(b)
36-Kr-82	19	61-Pm-147	168,4
36-Kr-83	197	61-Pm-148	2000
41-Nb-94	14,9	61-Pm-148m	10600
42-Mo-95	13,4	61-Pm-149	1400
43-Tc-99	22,8	61-Pm-151	150
51-Sb-124	17,4	62-Sm-147	57
53-I-129	30,3	62-Sm-149	40140
54-Xe-131	87	52-Sm-150	100
54-Xe-133	190	62-Sm-151	15170
54-Xe-135	2650000	62-Sm-152	206
55-Cs-133	30,3	62-Sm-153	420
55-Cs-134	140	63-Eu-151	9200
59-Pr-141	11,5	63-Eu-152	12800
59-Pr-143	90	63-Eu-153	153
60-Ne-142	18,7	63-Eu-154	1340
60-Nd-143	325	63-Eu-155	3950
60-Nd-145	50		
60-Nd-147	440		

Tab. 19.6.2.2: Wirkungsquerschnitte für thermischen Neutroneneinfang für wichtige Spaltfragmente (nach Daten aus [IAEA INDC]).

19.7 Überblick über die Dosisgrößen

Dosisgröße	Zeichen	SI-Einheit	Einheit alt	Umrechnung
Ionendosis	J	C/kg	R (Röntgen)	$1\ R = 2{,}58 \cdot 10^{-4}$ C/kg
Energiedosis	D	Gy (Gray)	rd (Rad)	1 Gy = 100 rd
Kerma	K	Gy (Gray)	rd (Rad)	1 Gy = 100 rd
Dosisleistungen	**Zeichen**	**SI-Einheit**		
Ionendosisleistung	$\overset{\circ}{J}$	A/kg = C/(s·kg)		
Energiedosisleistung	$\overset{\circ}{D}$	Watt/kg		
Kermaleistung	$\overset{\circ}{K}$	Watt/kg		

Tab. 19.7.1: Einheiten und Zeichen der physikalischen Dosisgrößen.

Kategorie	Bezeichnung	Kurzzeichen	Bemerkung
Messgrößen	Mess-Äquivalentdosis	H	neue Qualitätsfaktoren Q als f(LET)
	Ortsdosen	H*(d)	Umgebungs-Äquivalentdosis
		$H'(d, \vec{\Omega})$	Richtungs-Äquivalentdosis
	Personendosen	$H_p(10)$	Personentiefendosis für durchdringende Strahlungen
		Hp(0.07)	Personenoberflächendosis für Strahlung geringer Eindringtiefe
		$H_p(3)$	Augenlinsen-Personendosis
Schutzgrößen	Organäquivalentdosen	H_T	berechnete Größen mit Strahlungswichtungsfaktoren w_R
	Effektive Dosis	E	berechnete Größe mit neuen Organwichtungsfaktoren w_T

Tab. 19.7.2: Die Bezeichnungen der Dosisgrößen im Strahlenschutz ab 2016, die Äquivalentdosen, alle haben die Einheit Sv (J/kg), nach [ICRU 43], [DIN 6814-3].

Strahlungsart	**Strahlungswichtungsfaktor w_R**
Photonen	1
Elektronen und Myonen	1
Protonen und geladene Pionen	2
Alphateilchen, Spaltfragmente, Schwerionen	20
Neutronen	stetige Funktionen s.u.

$$w_R(E_n) = 2{,}5 + 18{,}2 \cdot e^{-\frac{(\ln(E_n))^2}{6}} \qquad (\text{für } E_n < 1\ MeV)$$

$$w_R(E_n) = 5{,}0 + 17{,}0 \cdot e^{-\frac{(\ln(2 \cdot E_n))^2}{6}} \qquad (\text{für } 1{,}0 \leq E_n \leq 50\ MeV)$$

$$w_R(E_n) = 2{,}5 + 3{,}25 \cdot e^{-\frac{(\ln(0{,}04 \cdot E_n))^2}{6}} \qquad (\text{für } E_n > 50\ MeV)$$

Tab. 19.7.3: Neue Strahlungswichtungsfaktoren nach [ICRP 103].

ICRP 103	
Gewebeart, Organ	**w-Faktor**
Keimdrüsen	0,08
Colon	0,12
Lunge	0,12
Magen	0,12
rotes Knochenmark	0,12
Brust	0,12
Summe restl. Gewebe	0,12
Blase	0,04
Oesophagus	0,04
Leber	0,04
Schilddrüse	0,04
Knochenoberfläche	0,01
Gehirn	0,01
Speicheldrüsen	0,01
Haut	0,01

Tab. 19.7.4: Neue Gewebewichtungsfaktoren w_T zur Berechnung der Effektiven Dosis nach [ICRP 103] Die neuen restlichen Gewebe sind: Nebennieren, Obere Atemwege, Gallenblase, Herz, Nieren, Lymphknoten, Muskelgewebe, Mundschleimhaut, Bauchspeicheldrüse, Prostata (beim Mann), Gebärmutter/Gebärmutterhals (bei der Frau), Dünndarm, Milz, Thymus (details s. [Krieger 1]..

20 Literatur

Von den in diesem Buch zitierten weiterführenden Literaturstellen enthalten insbesondere die Deutschen Normen zur Radiologie (DIN), die Berichte der International Comission on Radiation Units and Measurements (ICRU) sowie die Publikationen der internationalen und der deutschen Strahlenschutzkommissionen (ICRP, SSK) wichtige Ausführungen zur Strahlenkunde und zum Strahlenschutz. Sie sollten deshalb unbedingt beschafft und für die medizin-physikalische Arbeit zu Rate gezogen werden.

20.1 Lehrbücher und Monografien

Als-Nielsen	Jens Als-Nielsen, Des McMorrow, Elements of Modern X-Ray Physics, second edition, Wiley (2011)
Attix/Roesch/-Tochilin	F. H. Attix, W. C. Roesch, E. Tochilin, Radiation Dosimetry Vol. I-III, Academic Press New York (1968)
Brown	I. G. Brown, The Physics and Technology of Ion Sources, Wiley (1989)
Cap	Ferdinand Cap, Physik und Technik der Atomreaktoren, Wien Springer (1957)
Cherry	Simon R. Cherry, James A. Sorensen, Michael E. Phelps, Physics in Nuclear Medicine, Saunders USA (2003)
Chao/Tigner	Alexander Wu Chao, Maury Tigner, Handbook of Accelerator Physics and Engineering, Singapore (2002)
Chodorow	M. Chodorow, C. Susskind, Fundamentals of Microwave Electronics, McGraw-Hill New York (1965)
Clausnitzer	G. Clausnitzer, G. Dupp, W. Hanle, P. Kleinheins, H. Löb, K. H. Reich, A. Scharmann, N. Schneider, W. Schwertführer, K. Wölcken, Partikelbeschleuniger, Thiemig München (1967)
Daniel	H. Daniel, Beschleuniger, B. G. Teubner Stuttgart (1974)
Ewen	K. Ewen, Strahlenschutz an Beschleunigern, B.G. Teubner (1985)
Falta/Möller	Jens Falta, Thomas Möller, Forschung mit Synchrotronstrahlung, Springer (2010)
Fowler 1981	J. F. Fowler, Nuclear Particles in Cancer Treatment, in Medical Physics Handbook 8, Adam Hilger Bristol (1981)
Friedmann	W. A. Friedman, Linac Radiosurgery A practical Guide, Springer New York (1997)
Galanin	A. D. Galanin, Theorie der thermischen Kernreaktoren, Teubner Leipzig (1959)

Godden 1988	T. J. Godden, Physical Aspects of Brachytherapy, in Medical Physics Handbook 19, Adam Hilger Bristol (1988)
Günther	Helmut Günther, Spezielle Relativitätstheorie, Teubner (2007)
Günther1	Helmut Günther, Starthilfe Relativitätstheorie, Vieweg-Teubner (2010)
Hinterberger	Frank Hinterberger, Physik der Teilchenbeschleuniger und Ionenoptik, Berlin (2008)
Humphries 1985	Stanley Humphries, Jr., Albuquerque, Principle of Charged Particle Acceleration, (1985), Internet Version unter http://www.fieldp.com/cpa.html
Humphries 2002	Stanley Humphries, Jun., Albuquerque, Charged Particle Beams, (2002), Internet Version unter http://www.fieldp.com/cpa.html
Jaeger/Hübner	R. G. Jaeger, H. Hübner, Dosimetrie und Strahlenschutz, Georg Thieme Stuttgart (1974)
Karlsruher Nuklidkarte	Joseph Magill, Gerda Pfennig, Raymond Dreher, Zsolt Sóti, Forschungszentrum Karlsruhe, 8. Auflage Juni 2012, Bezugsadresse: Marktdienste Haberbeck GmbH, Industriestr. 17, 32791 Lage/Lippe, Fax 05232/68445
Karzmark	C. J. Karzmark, Craig S. Nunan, Eiji Tanabe, Medical Electron Accelerators, McGraw-Hill New York, (1993)
Klevenhagen	S. C. Klevenhagen, Physics of Electron Beam Therapy, in Medical Physics Handbook 13, Adam Hilger Bristol (1985)
Kohlrausch	F. Kohlrausch, Praktische Physik, Bd. I-III, B. G. Teubner Stuttgart (1996)
Kollath	R. Kollath, Teilchenbeschleuniger, Braunschweig (1962)
Krestel1	E. Krestel (Herausg.), Bildgebende Systeme für die medizinische Diagnostik, 1. Auflage, München (1980)
Krestel2	E. Krestel (Herausg.), Bildgebende Systeme für die medizinische Diagnostik, 2. Auflage, München (1988)
Krieger1	H. Krieger, Grundlagen der Strahlungsphysik und des Strahlenschutzes, Springer, 4. Auflage (2012)
Krieger3	H. Krieger, Strahlungsmessung und Dosimetrie, 2. Auflage, Springer (2012)
Kuchling	Horst Kuchling, Taschenbuch der Physik, Hanser Verlag (2011)
Lederer	C. M. Lederer, V. S. Shirley, Tables of Isotopes, 7.th Edition, New York (1986)

Lee	S. Y. Lee, Accelerator Physics, New Jersey (2004)
Lieser	Karl Heinrich Lieser, Nuclear and Radiochemistry, Wiley-VCH Berlin (2001)
Livingston/Blewett	M. S. Livingston, J. P. Blewett, Particle Accelerators, McGraw-Hill New York (1962)
Livingston	M. S. Livingston, The Development of High-energy Accelerators, Dover Publ. New York (1966)
Morneburg	H. Morneburg (Hrsg.), Bildgebende Systeme für die medizinische Diagnostik, 3. Auflage, München (1995)
Oppelt	Arnulf Oppelt, Imaging Systems for Medical Diagnostics, Publicis Erlangen (2005)
Persico	E. Persico, E. Ferrari, S. E. Segre, Principles of Particle Accelerators, New York (1968)
Reich 1990	Herbert Reich (Hrsg.), Dosimetrie Ionisierender Strahlung, B. G. Teubner Stuttgart (1990)
Richter/Flentje	J. Richter, M. Flentje, Strahlenphysik für die Radioonkologie, Thieme Stuttgart (1998)
Stolz 1972	Werner Stolz, Strahlensterilisation, Leipzig (1972)
Waksman	Ron Waksman, Patrick W. Serruys, Handbook of Vascular Brachytherapy, London (1999)
Whyte	G. N. Whyte, Principles of Radiation Dosimetry, Wiley New York (1959)
Wiedemann	Helmut Wiedemann, Particle Accelerator Physics, Springer (2007)
Wille	K. Wille, Physik der Teilchenbeschleuniger und Synchrotronstrahlungsquellen, B. G. Teubner Stuttgart (1992)
Wille-2	K. Wille, The Physics of Particle Accelerators, Oxford University Press (2000), engl. Übersetzung von Wille

20.2 Wissenschaftliche Einzelarbeiten

Abbe 1903	Robert Abbe, Radium and Radio-activity, Yale med. J. 10, 443-447 (1903-1904);
	Subtle Power of Radium, Trans. Amer. Surg. Assoc. 22, (253-262) (1904)
Alvarez 1945	L. W. Alvarez, The Design of a Proton linear Accelerator, Phys. Rev. Letters 70 (1946) 799-800

Angert 1994	N. Angert, Ion Sources, Proc. Fifth Cern Accelerator School, Genf, CERN 94-01 619 (1994)
Anderson	K. Anderson, J. Pilcher, H. Wu, E. van der Bij, Z. Meggyesi, J. Adams, Neutron Irradiation Tests of an S-link-over-G-link System, (1999)
Ardenne 1948	Unoplasmatron Ionenquellen, unveröffentlichte Arbeit; zitiert in Ardenne 1956
Ardenne 1956	Manfred von Ardenne, Tabellen der Elektronenoptik, Ionenphysik und Übermikroskopie, Berlin (1956) Band I + II (1975)
Ardenne 1975	Manfred von Ardenne, Tabellen der Elektronenoptik, Ionenphysik und Übermikroskopie, Berlin Band I + II 3. Auflage (1975)
Bennett 1937	W. H. Bennett, US-Patent Nr. 2206 558 (1937)
Berger/Seltzer 1964	M. J. Berger, S. M. Seltzer, Tables of energy losses and ranges of electrons and positrons, in NAS-NRC Publication 1133 und in Nasa Publication SP-3012 (1964)
Berger/Seltzer 1966	M. J. Berger, S. M. Seltzer, Additional stopping power and range tables for protons, mesons and electrons, in Nasa SP 3036 (1966)
Berger/Seltzer 1982	M. J. Berger, S. M. Seltzer, Stopping power and ranges of electrons and positrons, NBSIR 82-2520 National Bureau of Standards Washington D. C. (1982)
Böning	K. Böning, W. Gläser, U. Hennings, E. Steichele, Neutronenquelle München FRM-II, Atomwirtschaft Atomtechnik 38, 61ff (1993)
Boone	John M. Boone, J. Anthony Seibert, An accurate method for computer-generating tungsten anode x-ray spectra from 30 to 140 kV, Med. Physics 24 (11) 1661-1670 (1997)
Brahme 1988	A. Brahme, Optimal Setting of Multileaf Collimators in Stationary Beam Radiation Therapy, Strahlentherapie und Onkologie 164, p. 343-350 (1988)
Briot	E. Briot, Etude dosimetrique et comparaison des faisceaux d'électrons de 4 à 32 MeV issus de deux types d'accelerateurs lineaires avec balayage et diffuseurs multiples, Thesis, Paris (1982)
Chodorow	M. Chodorow, E. L. Ginzton, W. W. Hansen, R. L. Kyhl, R. B. Neal and W. K. H. Panofsky, Rev. Sci. Instr. 26 (1955) 134-204
Cockcroft/Walton-32	J. D. Cockcroft, E. T. S. Walton, Experiments with high velocity ions, Proc. Royal Society (London), A136 619-630 (1932)
Cockcroft/Walton-32a	J. D. Cockcroft, E. T. S. Walton, Experiments with high velocity positive ions II, Proc. Royal Society (London), A137 229-242 (1932)

Cockcroft/Walton 1934	J. D. Cockcroft, E. T. S. Walton, Experiments with high velocity ions, Proc. Royal Society (London), A144 704 (1934)
Courant 1958	E. B. Courant, H. S. Snider, Theory of alternating Gradient Synchrotron , Annals of Physics 3 (1958), 1 - 48
Esaulov 1986	V. Esaulov, Ann. Phys. Fr. 11 (1986), 1986
Fowler 1965	P. H. Fowler, Proc. Phys. Soc. 85, 1051-1066 (1965)
Fraser 1965	J.S. Fraser et al., Measured spallation neutron yields vs. proton energy for various targets, Phys. Canada 21 (1965)
Gerthsen 1931	C. Gerthsen, Naturwissenschaften 20 (1931) 743
Greinacher 1921	H. Greinacher, Z. Physik 4 (1921)
Hahn 1939	O. Hahn and F. Strassmann, Über den Nachweis und das Verhalten der bei der Bestrahlung des Urans mittels Neutronen entstehenden Erdalkalimetalle (On the detection and characteristics of the alkaline earth metals formed by irradiation of uranium with neutrons), Naturwissenschaften Volume 27, Number 1, 11-15 (1939).
Hinken	J. Hinken, in F. Kohlrausch, Praktische Physik, Bd. II, Teubner Stuttgart (1996)
Hohlfeld 1985	K. Hohlfeld, in F. Kohlrausch, Praktische Physik, Bd. II, Stuttgart (1985)
Hubbell 1982	J. H. Hubbell, Photon Mass Attenuation and Energy-absorption-Coefficients from 1 keV to 20 MeV, Int. J. Appl. Radiat. Isot. 33 1269-1290 (1982)
Hubbell 1996	J. H. Hubbell, S. M. Seltzer, Tables of X-Ray Mass Attenuation Coefficients and Mass Energy-Absorption Coefficients 1 keV to 20 MeV for Elements Z = 1 to 92 and 48 Additional Substances of Dosimetric Interest, NISTIR 5632-Web Version 1.02, Internet-Webadresse: http://www.physics.nist.gov/PhysRefData/XrayMassCoef/cover.html, (1996)
Hull 1921	Albert Wallace Hull, The effect of a uniform field on the motion of electrons between coaxial cylinders, Phys. Rev. vol. 18, 1, 31-57 (1921)
IAEA INDC	IAEA Handbook of nuclear data for safeguards: Database extensions, August 2008, Wien (2008), http://www-nds.iaea.org/sgnucdat/d1.htm, mit Update 2015
IAEA RTR 1	IAEA Radiation Technology Report No. 1, Neutron Generators for Analytical Purposes, Wien (2012)

IAEA TD 357 IAEA TecDoc 357, Handbook on Nuclear Data for Borehole Logging and Mineral Analysis, Wien (1993)

IAEA TD 459 IAEA TecDoc 446, Nuclear Analytical Techniques for On-Line Elemental Analysis in Industry, Wien (1988)

IAEA TD 1121 IAEA TecDoc 1121, Industrial and environmental applications of nuclear analytical techniques, Wien (1998)

IAEA TD 1153 IAEA TecDoc 1153, Use of accelerator based neutron sources, Wien (2000)

IAEA TD 1215 IAEA TecDoc 1215, Use of Research Reactors for Neutron Activation Analysis, Wien (2001)

Ising 1928 G. Ising, Ark. Math. Astron. Phys. 18 Nr. 30 Heft 4 (1925) 45

Johns H. E. Johns, x-Rays and Teleisotope x-Rays in Attix, Roesch, Tochilin, Radiation Dosimetry Vol. III, (1968)

Kapchinskii I. M. Kapchinskii, V. A. Teplyakov, Linear ion accelerator with spatially homogeneous strong focusing, Pribory Eksperimenta. No. 2 (1970) 19-22

Kerst 1940 D. W. Kerst, Acceleration of Electrons by Magnetic Induction, Letter to the Editor, Phys. Rev. 58 (1940) 841

Kerst 1950 D. W. Kerst, G. D. Adams, H. W. Koch, C. S. Robinson, Phys. Rev. 78 (1950), 297

Kuroda P. K. Kuroda, On the nuclear physical stability of the uranium minerals, Journal of Chemical Physics 25 (1956) 781-1295.

Lapostolle P. M. Lapostolle, A. L. Septier (editors). Linear Accelerators, North Holland Publishing (1970)

Lawrence 1929 Priv. Mitteilung von E. O. Lawrence an M. S. Livingston (1929)

Lawrence/Livingston 1931 E. O. Lawrence, M. S. Livingston, Phys. Rev. C 37 :1707 (1931), 38:136 (1931) und 40:19 (1931)

LBNL Erstes Zyklotron, Photo aus LBNL Image Library (www.lbl.gov/image-gallery/image-library.html)

Lotz 1967 Wolfgang Lotz, Electron Impact Ionization Cross Sections and Ionization Rate Coefficients for Atoms and Ions, Institut für Plasmaphysik Garching bei München (1967)

McMillan 1945 E. M. McMillan, Phys. Rev. 68 (1945) 143

Meshik A. P. Meshik et al., Record of Cycling Operation of the Natural Reactor in the Oklo/Okelobondo Area in Gabun, Phys. Rev. Lett. 93 (2004), 182302

Oosterkamp-1	W. J. Oosterkamp, Heat Dissipation in the Anode of an X-Ray Tube, Philips Research Reports, Vol. 3. Nr. 1, 1-80 (1948)
Oosterkamp-2	W. J. Oosterkamp, Heat Dissipation in the Anode of an X-Ray Tube, Philips Research Reports, Vol. 3. Nr. 3, 161-240 (1948)
Penning 1937	F. M. Penning, Physica 4 (1937) 71
Pottier	Jaques Pottier, A new type of rf electron accelerator, Nuclear Instruments and Methods in Physics Research Section B, Volume 40, (April 1989) 943-945
PTB-DOS-34	Ulrike Ankerhold, Catalogue of X-ray spectra and their characteristic data -ISO and DIN radiation qualities, therapy and diagnostic radiation qualities, unfiltered X-ray spectra, PTB-Bericht Dos-34 (2000).
Reich 1985	H. Reich, in F. Kohlrausch, Praktische Physik, Bd. II, Teubner Stuttgart (1985)
Reich/Trier 1985	J. O. Trier, H. Reich, in F. Kohlrausch, Praktische Physik, Bd. II, Teubner Stuttgart (1985)
Röntgen	Wilhelm Konrad Röntgen, Über eine neue Art von Strahlen (vorläufige Mittheilung), Aus den Sitzungsberichten der Würzburger Physik-medic. Gesellschaft 1895, 1 - 10, (Dez. 1985)
Röntgen II	Wilhelm Konrad Röntgen, Über eine neue Art von Strahlen, II. Mittheilung, Verlag und Druck der Schenkschen Hof- und Universitätsbuch- und Kunsthandlung, (1896)
Schardt	P. Schardt, J. Deuringer, J. Freudenberger, E. Hell, W. Knüpfer, D. Mattern, M. Schild, New X-ray tube performance in computed tomography by introducing the rotating envelope tube technology, Med. Phys. (2004)
Sears 1992	Varley F. Sears, Neutron scattering lengths and cross sections, Neutron News Vol. 3, No. 3 (1992)
Slepian 1922	J. Slepian U.S. Patent 1,645,304
Sloan/Lawrence	D. H. Sloan, E. O. Lawrence, Phys. Rev. 54 (1938) 2021
Storm/Israel	E. Storm, H. I. Israel, Nuclear Data Tables A7, p. 565-681 (1970)
Szilard 1934	Leo Szilard, T. A. Chalmers, Nature 134 (1934) 462
Tucker 1	Douglas M. Tucker, Gary T. Barnes, Dev. P. Chakraborty, Semiempirical model for generating tungsten target x-ray spectra, Med.Physics 18 (2) 211-218 (1991)
Tucker 2	Douglas M. Tucker, Gary T. Barnes, Xiseng Wu, Molydenum x-ray spectra: A semiempirical model, Med.Physics 18 (3) 402 - 407 (1991)

Van de Graaff	R. J. Van de Graaff, Phys. Rev. 38 (1931) 1919A
Varian	Varian R. H., Varian S. F., A high frequency oscillator and amplifier, J. of applied Physics 10 (1939) 321-327
Veksler 1944/45	V. I. Veksler, DAN (USSR) 44 (1944) 393 und Proc. USSR Acad. Sci. 43 (1944) 246 und J. Phys. USSR 9 (1945) 153
Way-Wigner 1948	K. Way, Eugene P. Wigner, The Rate of Decay of Fission Products, Physical Review 73 (1948), 1318–1330
Wideröe 1928	R. Wideröe, Archiv für Elektrotechnik 21 (1928) 387

20.3 Gesetze, Verordnungen und Richtlinien zum Strahlenschutz, gültig für die Bundesrepublik Deutschland

Es werden nur die wichtigsten im Buch erwähnten Gesetze, Verordnungen und Richtlinien der Bundesrepublik Deutschland zum Thema Strahlenschutz aufgeführt. Die Texte werden im Bundesgesetzblatt BGBl Teile I und II, im Bundesanzeiger BAnz und im gemeinsamen Ministerialblatt der Bundesregierung GMBl publiziert. Neben den erwähnten Gesetzen und Verordnungen werden für die praktische Strahlenschutzarbeit eine Vielzahl weiterer Gesetzes- und Verordnungstexte benötigt. Vollständige Sammlungen des Strahlenschutzrechtes sind beim Deutschen Fachschriften-Verlag Wiesbaden zu erwerben, der auch für laufende Aktualisierung sorgt.

GG	Grundgesetz für die Bundesrepublik Deutschland vom 23. Mai 1949, zuletzt geändert durch Art. 1 G v. 21.7.2010 I 944
EU-RL 89/618	Richtlinie 89/618/Euratom vom 27.11.1989 über die Unterrichtung der Bevölkerung in radiologischen Notstandssituationen
EU-RL 96/29	Richtlinie 96/29/Euratom des Rates vom 13. Mai 1996 zur Festlegung der grundlegenden Sicherheitsnormen für den Schutz der Gesundheit der Arbeitskräfte und der Bevölkerung gegen die Gefahren durch ionisierende Strahlung, Amtsblatt der Europäischen Union L 159, 39. Jahrgang, (29. Juli 1996)
EU-RL 97/43	Richtlinie 97/43/Euratom des Rates vom 30. Juni 1997 über den Gesundheitsschutz von Personen gegen die Gefahren ionisierender Strahlung bei medizinischer Exposition und zur Aufhebung der Richtlinie 84/466/Euratom, Amtsblatt Nr. L 180 vom 09/07/1997 S. 22 - 27
EU-RL	Richtlinie 2003/122/Euratom des Rates vom 22. Dez. 2003 zur

2003/122	Kontrolle hoch radioaktiver umschlossener Strahlenquellen und herrenloser Strahlenquellen, Amtsblatt Nr. L 346 vom 31/12/2003 S. 63ff
Umsetz-RL	Verordnung für die Umsetzung von Euratomrichtlinien vom 20. 7. 2001 BGBl. I, S. 1714
AtG	Gesetz über die friedliche Verwendung der Kernenergie und den Schutz gegen ihre Gefahren vom 23. 12. 1959 (Atomgesetz) in der Fassung vom 6. Januar 2004, zuletzt geändert durch Art. 1vom 08. Dez. 2010 BGBl I S. 1817
AtDeckV	Verordnung über die Deckungsvorsorge nach dem Atomgesetz (Atomrechtliche Deckungsvorsorgeverordnung) vom 25. Januar 1977, BGBl. I S. 220, zuletzt geändert am vom 23. November 2007 (BGBl. I S. 2631)
StGB	Strafgesetzbuch vom 15. Mai 1871 in der Fassung vom 13. November 1998, zuletzt geändert zuletzt geändert Art. 1 G v. 22.12.2010 I 2300
StrlSchG	Gesetz zur Neuordnung des Rechts zum Schutz vor der schädlichen Wirkung ionisierender Strahlung vom 27. Juni 2017, BGBl Jahrgang 2017 Teil I Nr. 42, ausgegeben zu Bonn am 3. Juli 2017
StlSchKom	Bekanntmachung der Satzung der Strahlenschutzkommission vom 22. Dez. 1998, Bundesanzeiger Nr. 5 vom 9. Januar 1999, S. 202
StrVG	Gesetz zum vorsorgenden Schutz der Bevölkerung gegen Strahlenbelastung (Strahlenschutzvorsorgegesetz) vom 19. 12. 1986, BGBl. I S. 2610 Zuletzt geändert durch Art. 1 G v. 8.4.2008 I 686
RöV	Verordnung über den Schutz vor Schäden durch Röntgenstrahlen (Röntgenverordnung - RöV) vom 30. Apr. 2003 BGBl. I, S. 604, (zuletzt geändert zum 11. Dez. 2014, BGBl. Teil 1, 2010)
StrlSchV	Verordnung über den Schutz vor Schäden durch ionisierende Strahlen (Strahlenschutzverordnung) vom 20. 07. 2001, BGBl. I, S. 1714 (zuletzt geändert am 11. Dez. 2014, BGBl. Teil 1, 2010)
StrlSchV-alt	Verordnung über den Schutz vor Schäden durch ionisierende Strahlen (Strahlenschutzverordnung) vom 30. 07. 1989, BGBl. I, S. 943
EichG	Gesetz über das Mess- und Eichwesen (Eichgesetz), in der Fassung vom 23. März 1992, BGBl. I S. 711, zuletzt geändert durch Art. 2 G v. 3.7.2008 I 1185
EichO	Eichordnung vom 12. August 1988 BGBl. I, S. 1657, Zuletzt geändert durch Art. 3 § 14 G v. 13.12.2007 I 2930

EinhGes	Gesetz über Einheiten im Messwesen vom 22. Febr. 1985 , BGBl. I, S. 408, zuletzt geändert durch Art. 1 G v. 3.7.2008 I 1185
EinhV	Ausführungsverordnung zum Gesetz über Einheiten im Messwesen vom 26. 06. 1970, BGBl. 1 S. 981, Zuletzt geändert durch Art. 1 V v. 25.9.2009 I 3169

Deutsche und europäische Richt- und Leitlinien zur StrlSchV und RöV

RL-StrlSch-Med alt	Strahlenschutz in der Medizin, Richtlinie nach der Verordnung über den Schutz vor Schäden durch ionisierende Strahlen (Strahlenschutzverordnung – StrlSchV) vom 24. Juni 2002
RL-StrlSch-Med neu	Strahlenschutz in der Medizin, Richtlinie nach der Verordnung über den Schutz vor Schäden durch ionisierende Strahlen (Strahlenschutzverordnung – StrlSchV) Okt. 2011, RSII 4-11432/1
RL-PrüfStör	Richtlinie für die Prüfung von Röntgeneinrichtungen und genehmigungsbedürftigen Störstrahlern (RL für Sachverständigenprüfungen nach der RöV SVRL), 27. August 2003
StrlSchKontr	Richtlinie für die physikalische Strahlenschutzkontrolle zur Ermittlung der Körperdosen gem. StrlSchV und RöV vom 2004 (GMBl. 22 S. 410)
PrüfFristen	Richtlinie über Prüffristen bei Dichtheitsprüfungen an umschlossenen radioaktiven Stoffen vom 12. Juni 1996
KontamHaut	Maßnahmen bei radioaktiver Kontamination der Haut, Empfehlung der Strahlenschutzkommission vom 22. Sept. 1989
FachkundeRL-Röntgen	Richtlinie nach der RöV: Fachkunde und Kenntnisse im Strahlenschutz bei dem Betrieb von Röntgeneinrichtungen in der Heilkunde und Zahnheilkunde, März 2006
QL-RL-Rö	Richtlinie zur Durchführung der Qualitätssicherung bei Röntgeneinrichtungen zur Untersuchung oder Behandlung von Menschen nach den §§ 16 und 17 der Röntgenverordnung - Qualitätssicherungs-Richtlinie (QS-RL) vom 20. Nov. 2003
RL-Ärtzl-Stellen	Richtlinie ärztliche und zahnärztliche Stellen zur StrlSchV und RöV (Jan. 2004)
EUR 16260	Rep. EUR 16260; European Guidelines on Quality Criteria for Diagnostic Radiographic Images, Rep., EN 1, 1996; http://europa.eu.int/comm/dg12/fission/radio-pu.html

EUR 16261 Rep., EN 1, 1996; European Guidelines on Quality Criteria for Diagnostic Radiographic Images in Paediatrics http://europa.eu.int/comm/dg12/ fission/radio-pu.html

LFGB 2005 Lebensmittel-, Bedarfsgegenstände- und Futtermittelgesetzbuch – LFGB vom 01.09.2005

LLBÄK 1998 Leitlinien der Bundesärztekammer zur Qualitätssicherung in der Röntgendiagnostik, Prof. Dr. H.-St. Stender, 1998, Ärztekammer Berlin

20.4 Nationale und internationale Protokolle und Reports zu Strahlungsquellen

AAPM 1975 American Association of Physicists in Medicine (AAPM), Code of Practice for X-ray Linear Accelerators, Med. Physics 2, 110 (1975)

AAPM 12 Physical Aspects of Quality Assurance in Radiation Therapy, Monograph No. 12, New York (1984)

BIR 16 British Institute of Radiology, Report No. 16, Treatment Simulators, London (1981)

BJR 21 British Journal of Radiology, Supplement 21 Radionuclides in Brachytherapy Radium and After, London (1987)

DGMP 1 Deutsche Gesellschaft für Medizinische Physik, Bericht Nr. 1, Grundsätze zur Bestrahlungsplanung mit Computern, Göttingen (1981)

DGMP 2 Bericht Nr. 2, Tabellen zur radialen Fluenzverteilung in aufgestreuten Elektronenstrahlenbündeln mit kreisförmigem Querschnitt, Göttingen (1982)

DGMP 3 Physikalisch-Technische Bundesanstalt, Deutsche Gesellschaft für Medizinische Physik, Bericht Nr. 3, Vorschlag für die Zustandsprüfung an Röntgenaufnahmeeinrichtungen im Rahmen der Qualitätssicherung in der Röntgendiagnostik, Berlin (1985)

DGMP 4 Physikalisch-Technische Bundesanstalt, Deutsche Gesellschaft für Medizinische Physik, Bericht Nr. 4, Vorschlag für die Zustandsprüfung an Röntgendurchleuchtungseinrichtungen im Rahmen der Qualitätssicherung in der Röntgendiagnostik, Berlin (1987)

DGMP 5 Bericht Nr. 5, Praxis der Weichstrahldosimetrie, (1986)

DGMP 6 Bericht Nr. 6, Praktische Dosimetrie von Elektronenstrahlung und ultraharter Röntgenstrahlung (1989)

DGMP 7 Deutsche Gesellschaft für Medizinische Physik und Deutsche Röntgengesellschaft, Bericht Nr. 7, Pränatale Strahlenexposition aus medizinischer Indikation. Dosisermittlung, Folgerungen für Arzt und Schwangere (2002)

DGMP 9 Bericht Nr. 9, Anleitung zur Dosimetrie hochenergetischer Photonenstrahlung mit Ionisationskammern (1997)

DGMP 11 Bericht Nr. 11, Dosisspezifikation für die Teletherapie mit Photonenstrahlung, J. Richter (1998)

DGMP 12 Bericht Nr. 12, Konstanzprüfungen an Therapiesimulatoren, K. Müller-Sievers (1998)

DGMP 13 Bericht Nr. 13, Praktische Dosimetrie in der HDR-Brachytherapie, H. Krieger, D. Baltas (1999)

DGMP 14 Bericht Nr. 14, Dosisspezifikation in der HDR-Brachytherapie H. Krieger, D. Baltas, P. Kneschaurek (1999)

DGMP 15 Bericht Nr. 15, Messverfahren und Qualitätssicherung bei Therapie-Röntgenanlagen mit Röhrenspannungen zwischen 100 kV und 400 kV, K. Heuß (2000)

DGMP 16 Bericht Nr. 16, Leitlinie zu Medizinphysikalischen Aspekten der intravaskulären Brachytherapie, U. Quast, T. W. Kaulich, D. Flühs (2001)

DGMP 18 Bericht Nr. 18, Ganzkörperstrahlenbehandlung, U. Quast, H. Sack (2003)

DGMP 19 Bericht Nr. 19: "Leitlinie zur Strahlentherapie mit fluenzmodulierten Feldern (IMRT)" F. Nüsslin, J., Bohsung, T. Frenzel, K.-H. Grosser, F. Paulsen, H. Sack, ISBN 3-925218-16-5 (2204), (Der Bericht ist identisch mit der gleichnamigen DEGRO-Leitlinie.)

DGMP 20 Bericht Nr. 20: "ROKIS: Radio-Onkologie-Klinik-Informations-Systeme", P. Pemler, L. André, N., Hodapp, M. Hoevels, F. Merz, H.-C. Murmann, E. Nell, M. Neumann, F. Röhner,ISBN: 3-925218-83-1, gemeinsamer Bericht von DGMP/SGSMP/ÖGMP/-SASRO/ÖGRO (2004)

DGMP 21 Bericht Nr. 21: "Empfehlungen zum Personalbedarf in der Medizinischen Strahlenphysik", H. H. Eipper, H. Gfirtner, H.-K. Leetz (federführend), P. Schneider, K. Welker, ISBN: 3-925218-43-2 (2010)

ICRU 72 Report No. 72, Beta Rays for Therapeutic Applications (2004)

20.5 Wichtige Internetadressen

AAPM	www.AAPM.org	American Association of Physicist in Medicine
ATI	www.ati.ac.at	Atominstitut d. Östereichischen Universitäten
AWMF	www.uni-duesseldorf-.de/AWMF	Arbeitsgemeinschaft der Wissenschaftlichen Medizinischen Fachgesellschaften AWMF
BFS	www.BFS.de	Bundesamt für Strahlenschutz
BMU	www.BMU.de	Bundesumweltministerium
CERN	www.cern.ch	Forschungszentrum Cern
DDEP	www.nucleide.org/DDEP_WG/DDEPdata.htm	Datenbank des Laboratoire Nationale Henri Becquerel mit Halbwertzeiten und Kommentaren für wichtige Radionuklide
DEGRO	www.Degro.org	Deutsche Gesellschaft für Radioonkologie
DGMP	www.DGMP.de	Dtsch. Gesellschaft für Medizinische Physik
DGN	www.nuklearmedizin.de	Deutsche Gesellschaft für Nuklearmedizin eV.
DIN	www.DIN.de	Deutsches Institut für Normung eV.
Dubna	www.jinr.ru/index.html	Joint Institute for Nuclear Research JINR, Dubna, Russia
EANM	www.EANM.org	European Association of Nuclear Medicine
FZ-Jülich	http://www.fz-juelich.de/portal/	Forschungszentrum Jülich
GSF	www.gsf.de	Gesellschaft für Umwelt und Gesundheit München-Neuherberg
GSI	www.GSI.de	Gesellschaft für Schwerionenforschung Darmstadt
Hubbell	www.physics.nist.gov/pml/data/xraycoef/index.cfm	Photonenschwächungskoeffizienten für Elemente Z = 1 bis 92 and 48 zusätzliche Substanzen (1996)
HZ München	www.helmholtz-muenchen.de	Helmholtzzentrum München, Nachfolge Organisation der GSF

ICRP	www.ICRP.org	International Commission on Radiological Protection
ICRU	www.icru.org	International Commission on Radiation Units and Measurements
IOP	www.iop.org	Institute of Physics London UK
IAEA Data	http://www-nds.iaea.org/pgaa/iaeapgaa.htm	Database for prompt gamma ray neutron activation analysis
NCRP	www.NCRP.com	National Council on Radiation Protection
NIST	www.nist.gov	Nist Physics Laboratory
NIST-STAR	http://www.nist.gov/pml/data/star/	Online-Berechnung von Massenstoßbremsvermögen von Elektronen, Protonen und Alphas nach ICRU 37 und ICRU 49
NIST-XCOM	http://www.nist.gov/pml/data/xcom/index.cfm	Online-Berechnung von Photonenschwächungskoeffizienten
NIST Physics	www.physics.nist.gov	National Institute of Standards and Technology, Physikalische Konstanten, SI-System
NNDC	http://www.nndc.bnl.gov/	National Nuclear Data Center Brookhaven
ÖPG	www.öpg.at	Österreichische Physikalische Gesellschaft
PTB	www.ptb.de	Physikalisch-Technische Bundesanstalt
SGSMP	www.sgsmp.ch	Schweizer Gesellschaft für Strahlenbiologie und Medizinische Physik
SSK	www.SSK.de	Strahlenschutzkommission
Springer	www.springer-spektrum.de	Springer Verlag Wiesbaden
UNSCEAR	www.UNSCEAR.org	United Nations Scientific Committee on the Effects of Atomic Radiation
WHO	www.who.int	World Health Organisation
Wikipedia	www.wikipedia.org	Freie Internet Enzyklopädie. Deutsche Ausgabe: http://de.wikipedia.org

21 Aufgabenlösungen

Kapitel 2

1. Alphateilchenbewegungen können mit den nicht relativistischen Formeln beschrieben werden, da die spontanen Alphastrahler nur maximale Energien unter 10 MeV haben. Alphateilchen erreichen 15% der Lichtgeschwindigkeit bei etwa 43 MeV.

2. In Magnetfeldern können geladene Teilchen beschleunigt werden. Auf einer Kreisbahn erleben sie beispielsweise die Zentripetalkraft. Da die Kraftwirkung aber immer senkrecht zur Flugbahn orientiert ist, kann keine Bewegungsenergie gewonnen werden. Rechnerisch löst man das Problem mit den beiden Fußnoten 3 und 4 für das Vektorprodukt (Kraft) und das Skalarprodukt (Energie).

3. Die Bezeichnungen rühren von der Anzahl der Pole her. Bei Dipolfeldern benötigt man 2 Pole und die Feldstärken sind in der Ebene senkrecht zu den Feldlinien konstant, bei Quadrupolfeldern benötigt man 4 Pole und die Feldstärken nehmen linear mit dem Abstand zur Feldmitte zu. Beispiele sind der Plattenkondensator (el. Dipolfeld) oder der innere Bereich eines ausgedehnten Hufeisenmagneten (magn. Dipolfeld). Siehe die Beispiele in Fig. 2.5.

4. Der Grund für die Führung relativistischer Teilchen durch Magnetfelder ist wieder die Lorenzkraft. Relativistische Teilchen bewegen sich knapp mit Lichtgeschwindigkeit. Das Produkt aus Ladung und magnetischer Kraft pro Einheit der magnetischen Flussdichte ist daher 3×10^8 mal so groß wie das Produkt aus Ladung und einer Einheit der elektrischen Feldstärke.

5. Der Hub ist der Abstand aufeinander folgender Bahnen geladener Teilchen in Magnetfeldern (s. Fig. 2.11). Er tritt nur auf, wenn die Teilchen nicht senkrecht zu den Magnetfeldlinien eingeschossen werden. In Fall senkrechten Einschusses ist der Hub grundsätzlich Null, die Teilchenbahnen sind also exakte Kreisbahnen.

6. Nein, da die Lorentzkraft in diesem Fall Null ist (s. Fußnote 3)

7. Da die Teilchenenergie eines 10 MeV Protons an der Grenze zur relativistischen Behandlung liegt, wird mit nicht relativistischen Formeln gerechnet. Aus Tab. 2.1 findet man als Protonengeschwindigkeit $v = 0{,}15c$. Gl. 2.15 liefert als Radius bei 0° Einschusswinkel 0,235 m, bei 45° einen Radius von 0,166 m. Der Hub bei 0° ist Null, bei 45° beträgt er ebenfalls 0,166 m.

8. Die Bahnradien im homogenen Dipolmagnetfeld werden bei Verdopplung der Ladung halbiert, bei Verdopplung des Impulses verdoppelt. Da der Impuls pro-

portional zur Masse der Teilchen ist, führt eine Massenverdopplung bei konstanter Geschwindigkeit also zu einer Verdopplung des Radius.

9. Gl. 2.14 gibt den Zusammenhang von Radius und Impuls an. Extrem relativistische Teilchen fliegen nahezu mit Lichtgeschwindigkeit. Man kann Gl. 2.14 daher wegen $E = mc^2$ bzw. $p = E/c$ auch so schreiben: $r = E/(c \cdot q \cdot B)$. Einsetzen der Energie in MeV und Division durch die Elementarladung e_0 liefert mit Beachten der Einheiten unmittelbar die Faustformel 2.18.

10. 12 MeV Elektronen sind extrem relativistisch. Faustformel 2.18 liefert also direkt den Radius von 13,33 cm.

11. Nein, da Elektronen unterschiedlicher Bewegungsenergie auf Bahnen im Magnetfeld mit unterschiedlichen Radien geführt werden. Der Strahl divergiert deshalb.

12. Die starke Fokussierung ist die Führung geladener Teilchen mit alternierenden magnetischen Feldern, also der seriellen Anordnung fokussierender und defokussierender Felder. Der Vorteil ist die geringere erforderliche Ausdehnung der führenden Strukturen und der geringere Teilchenverlust.

Kapitel 3

1. Die Sättigungsstromdichten bei 2700 K betragen für die W-Cs-Kathode etwa $J = 57000\ A/m^2$, für die W-Th-Kathode $J = 130\ A/m^2$. Die W-Cs-Kathode erreicht bei knapp 1500 K bereits die Emission der W-Th-Kathode. Diesen Wert berechnet man nicht, sondern entnimmt ihn am besten direkt der Fig. 3.1.

2. Wegen der hohen thermischen Belastung würden diese Materialien sofort verdampfen und so die Kathode zerstören und sich als Metallspiegel auf der Innenseite der Röntgenröhren niederschlagen.

3. Bei konventionellen Röntgenröhren muss zum Auslösen des Röntgenstrahls zunächst die Kathode geheizt werden. Erst dann darf die Hochspannung angelegt werden. Es sind deshalb Zwei-Stufenschalter eingebaut, die die ausreichende Zeit für das Erhitzen der Kathode garantieren.

4. Durch die Abstoßung der Elektronen durch die auf dem Wehneltzylinder befindlichen Elektronen, die bei geeigneter Formung des Wehneltzylinders das divergente Elektronenbündel auf den elektronischen Brennfleck der Anode fokussieren.

5. Eine Pulsung mit einem konventionellen Wehneltzylinder ist nicht möglich, da der Wehneltzylinder seine negative Ladung erst durch die aus der Kathode emit-

tierten und eingefangenen Elektronen erhält. Ohne sehr hohe negative Ladung kann er aber die Elektronen aus der Kathode nicht sperren.

6. Die kalte Kathode in einer Penning-Ionenquelle wirkt als Elektronenspiegel, der die Elektronen zurück in das Plasmavolumen reflektiert, um dort die Ausbeute zu erhöhen.

7. Die Zyklotronfrequenz beträgt 2,8 GHz.

8. Der Grund sind die gepaarten Elektronen in der Valenzschale. Bei Edelgasen nennt man dies Edelgaskonfiguration. Ein weiteres Elektron muss eine neue Unterschale besetzen und benötigt dafür Energie. Ähnliche Verhältnisse treten bei den Erdalkali-Elementen auf. Auch dort sind die letzten beiden Elektronen gepaart.

9. Die Begriffe beschreiben die beiden Teilvolumina in einer Volumenquelle für negative Ionen. Im Anregungsvolumen kommt es zu einer zufälligen Anlagerung von Elektronen an neutrale Atome oder Moleküle. Im Formationsvolumen sind die schnellen Elektronen ausgeschlossen, die sonst die zusätzlichen angelagerten Elektronen wieder abstreifen würden (s. Fig. 3.21).

10. Der Grund ist die magnetische Komponente der Lorentzkraft (s. Gl. 2.8). Die Kraftwirkung ist danach proportional zur Elektronengeschwindigkeit. Bei $v = 0$ würde keine magnetische Lorentzkraft auftreten.

11. Diese Substanzen mit einer geringen Elektronenaffinität geben leicht ihre Valenzelektronen an die schwereren Atome mit höherer Affinität ab.

Kapitel 4

1. Mit den Ordnungszahlen $Z = 42$ für Mo und $Z = 74$ für W erhält man mit Gl. 4.12 die Wirkungsgrade von 0,416% für Mo und 0,733% für W. Da die thermische Last die Differenz von elektrischer Leistung und Strahlungsleistung ist, muss die Mo-Anode besser gekühlt werden. Der Unterschied ist allerdings nur geringfügig (0,3%).

2. Die Bremsstrahlungsausbeuten sind 0,407%, 0,57% und 0,98%. Für die Ausbeuten an charakteristischer Strahlung erhält man 0% bei 50 und 70 kV (0,5 keV oberhalb der Ionisationsenergie für die K-Elektronen von 69,5 KeV ist die Ausbeute fast Null) und etwa 0,5% bei 120 kV.

3. Unter K-Serie und L-Serie bezeichnet man die Gruppen von Abregungsquanten in der Atomhülle. Die Serien werden mit der Zielschale gekennzeichnet. Die K-Serie

besteht also aus Photonen, die bei den Übergängen von L, M, N,... zurück in die K-Schale emittiert werden.

4. Die L-Serie wird in Wolframanoden nicht verwendet. Bei den üblichen radiologischen Filterungen sind die L-Übergänge völlig aus dem Spektrum entfernt. Ihre Energien liegen bei 10-12 keV.

5. Bei der Mammografie mit Molybdänanoden und Molybdän-Filterung. Bei solchen Röntgenspektren sind die kontinuierlichen Bremsstrahlungen nahezu völlig aus dem Spektrum entfernt. Erhöhung der Röhrenspannung erhöht zwar die Ausbeute der K-Strahlungen. Der für das Bremsspektrum erwartete quadratische Intensitätszuwachs ist aber durch die spezielle Filterung nach wie vor ohne Bedeutung.

6. Der optische Brennfleck hat die Längen von 1,7mm, 2,6 mm und 3,4mm.

7. Bei der Entstehung der Röntgenstrahlungen in der Anode haben die Elektronen eine bestimmte Eindringtiefe erreicht. Je nach Emissionswinkel sehen die Photonen unterschiedliche Weglängen bei Austritt aus der Anode und somit auch unterschiedliche Schwächungen. Bei Transmissionsanoden tritt kein Heeleffekt auf, da die Anode in Vorwärtsrichtung durchstrahlt wird.

8. Extrafokalstrahlung entsteht, wenn Elektronen beim Auftreffen auf der Anode zurückgestreut werden und dann, angezogen durch die positive Anodenspannung, außerhalb des Brennfleckbereichs erneut auf die Anode treffen. Extrafokalstrahlung muss unterdrückt werden, weil sonst die punktähnliche Brennfleckgeometrie zerstört würde. Auf den Röntgenaufnahmen tauchen in solchen Fällen wiederholte Strukturen auf dem Röntgenbild auf (Ohrwaschel-Effekt). Die Methoden zur Unterdrückung sind bei Stehanoden der Elektronenschutzkopf, bei Drehanoden die Tiefenblende, bei modernen Hochleistungsanoden in CT-Anlagen eine geerdete Blende zwischen Kathode und Anode.

9. Die zuständige Formel zur Berechnung der thermischen Strahlungsleistung ist Gl. 4.17. Zunächst sind die angegebenen Celsius-Temperaturen durch Addition von 273,15 in K umzurechnen. Dann ist die Fläche des elektronischen Brennflecks in m^2 umzurechnen. Man erhält $A = 5 \cdot 10^{-6}\ m^2$. Mit der Boltzmannschen Konstante erhält man folgendes Ergebnis: Im Ersten Fall hat die abgestrahlte Leistung den sehr niedrigen Wert von 652 Watt, im zweiten Fall beträgt sie 2,92 kW. Im dritten Fall muss man nicht rechnen, da die von der Anode emittierte Strahlungsleistung von der gleich heißen Umgebung zurück gestrahlt wird. Der Temperaturausdruck wird Null.

10. Da exakte mathematische Kugeln keine Auflagefläche haben, kann kein Kontakt mit dem Kugellager hergestellt werden. Um eine Wärmeleitung zu ermöglichen, wird entweder das Lager als mit flüssigem Metall benetzter Zylinder ausgelegt

(Flüssigmetallschmierung), oder die Anode wird starr mit einem rotierenden Metallgehäuse verbunden.

11. Informationen über zulässige Betriebstemperaturen von Röhrenanoden finden sich in Tab. 4.4. Als zulässig werden 70% der Schmelztemperatur betrachtet. Bei W heißt das 2373 K, bei Mo 1834 K.

Kapitel 5

1. Die Erklärungen zur Schub- und Glättungssäule finden sich im Schaltbild und in der Bildunterschrift zu Fig. 5.1. An der Schubsäule oszillieren die Spannungen, an der Glättungssäule bleiben sie durch die Diodenschaltung konstant. Diese Säule wird für Beschleunigungen verwendet.

2. Im gezeichneten Beispiel können nur positiv geladene Teilchen von oben nach unten beschleunigt werden.

3. Die Widerstandsunterteilung dient dazu, bei zu hohen Spannungsdifferenzen Hochspannungsüberschläge zu vermeiden und außerdem die beschleunigten Teilchen zu zentrieren (elektrostatische Linsenfunktion).

4. Im Gasstripper werden den in einer Ionenquelle für negative Ionen erzeugten und im ersten Teil des Tandem-Beschleunigers beschleunigten Ionen solange Elektronen abgestreift, bis sie eine positive Ladung tragen. Durch diese Umpolung kann mit der erzeugten Hochspannung ein zweites Mal beschleunigt werden.

5. Pelletron und Laddertron sind die Nachfolger des Van de Graaff-Generators. Sie erzeugen die Ladung in voneinander isolierten speziell geformten Metallkörpern auf dem Transportband kontaktfrei durch Influenz durch externe Elektroden. Dabei wird durch eine geschickte räumliche Anordnung erreicht, dass im Metall durch Influenz getrennte Ladungen nicht wieder völlig rekombinieren können (zeitlicher Berührungs- und Kontaktversatz).

6. Wegen der mit hohen Spannungen verbundenen Isolationsprobleme und wegen der möglichen Hochspannungsüberschläge an gekrümmten Strukturen.

Kapitel 7

1. Lochblenden in Wellenleitern dienen dazu, die Phasengeschwindigkeit unter die Lichtgeschwindigkeit zu mindern. Die zunehmenden Abstände der zentralen Lochblenden in einem Wellenleiter haben die Aufgabe, die Ausbreitungsgeschwindigkeit der HF im Wellenleiter langsam wieder zu erhöhen. Dies dient dazu, geladenen Teilchen die Gelegenheit zu geben, phasengerecht beschleunigt zu werden (Beispiel: Elektronenlinac mit Wanderwellentechnik).

2. Die Verminderung des Lochblendendurchmessers in Wellenleiter-Irisblenden dient zur Vermeidung des exponentiellen Intensitätsabfalls der transportierten elektromagnetischen Welle.

3. TE_{01} und M_{01} sind Synonyme. TM_{10} und E_{01} sind unterschiedliche Schwingungsmoden. Synonyme wären TM_{10} und E_{10} sowie TM_{01} und E_{01}.

4. Sie müssen einen transversalen M-Modus aufweisen, also beispielsweise TM_{10}, da für die Beschleunigung ein elektrisches Längsfeld benötigt wird. Ein Beispiel für einen einfachen solchen Hohlraumresonator als Beschleunigungsstruktur findet sich in Mikrotrons (Kap. 10.2).

5. Die elektrische Feldstärke auf der Innenoberfläche eines Hohlraumresonators muss immer Null sein, da sonst Oberflächenströme ausgelöst würden (s. auch Fig. 7.4).

Kapitel 8

1. Setzen Sie dazu in Gl. 8.4 folgende numerische Werte ein: Für die Ladung q des Teilchens das Produkt aus dem Ionisierungsgrad k und der Elementarladung $k \times 1{,}602 \times 10^{-19}$C, für die Masse des Ions das Produkt aus Massenzahl A und gemittelter Masse eines Nukleons $A \times 1{,}674 \times 10^{-27}$ kg und für den Kehrwert der Frequenz $1/f = 10^{-6}/f(\mathrm{MHz})$, dann erhalten Sie direkt die Gleichung 8.5.

2. 1,26 MeV/42kV ergibt einen Faktor 30. Da die Physiker 30 Driftröhren verwendeten, waren die Quecksilberionen also einfach geladen.

3. Die Massenzahl natürlichen Quecksilbers beträgt A = 200, die Ionen waren einfach geladen, die wirksame Beschleunigungsspannung war 42 kV, die Hochfrequenz 10 MHz. Gl. 8.5 liefert sofort

n	1	2	3	4	5	6	7	8	9	10
L(cm)	0,87	1,23	1,51	1,74	1,95	2,14	2,31	2,47	2,62	2,76

Da die Ladungsziffer k unter der Wurzel von Gl. 8.5 steht, würden sich die Abstände bei Vervierfachung der Ionenladung gerade verdoppeln.

4. Sie multiplizieren dazu die maximale Spannung U_0 mit der Sinusfunktion für die Phase, also $U(\varphi_{soll})$ = U(75°) = U_0x0,9659, U(85°) = U_0x0,9962, U(65°) = U_0x0,906. Diese Lage der Sollphase ist unproduktiv, da nacheilende Teilchen nahezu die gleiche Beschleunigungsspannung sehen, wie die Teilchen in der Sollphase. Um eine wirksame Phasenfokussierung zu erreichen, also die Teilchen ausreichend und gleichförmig nach zu beschleunigen oder nacheilen zu lassen, sollte die Sollphase im nahezu linearen Teil der Sinuskurve liegen, also irgendwo um 20-45°.

5. Da die Elektronen noch nicht relativistisch sind, gewinnen sie bei der Beschleunigung zunächst Geschwindigkeit. Die Strukturen müssen deshalb mit zunehmender Energie an Länge zunehmen. Der Bereich im Beschleunigungsrohr heißt Bündeler oder Buncher.

6. Negativ geladene Teilchen werden in HF-Beschleunigern immer geschoben.

7. Nein, wenn Elektronen im beschriebenen "konstanten" Strahlrohrbereich angekommen sind sie bereits extrem relativistisch. Sie bewegen sich also mit nahezu konstanter Geschwindigkeit.

8. Es gibt verschiedene Möglichkeiten, bei Wanderwellenbeschleunigern von der hohen Sollenergie auf die niedrigere Energiestufe umzuschalten. Eine Version ist die Dephasierung der Elektronenpakete für die geringere Elektronenenergie durch Veränderung durch die räumliche Struktur vorgegebenen der Soll-Frequenz der HF. Dadurch geraten die Elektronen außer Phase, sitzen also nicht immer an derselben Stelle auf der HF-Welle. So werden daher zunächst beschleunigt, später haben sie aber weniger Energiegewinn oder geraten sogar in Gegenphase. Eine zweite Möglichkeit ist die Erhöhung des Strahlstroms für die niedrigere Elektronenstufe. Dies führt zur höheren Belastung und der Verringerung der HF-Amplitude mit der zurückgelegten Position im Beschleunigungsrohr. Die sehen daher ein kleineres beschleunigendes Feld. Eine dritte Möglichkeit ist die grundsätzliche Verringerung der Amplitude des elektrischen Feldes für den niederenergetischen Elektronenbetrieb.

9. Das Pulsmuster sieht so aus: die HF-Pulse haben eine Länge von 5 µs, die Elektronen werden etwas später eingeschossen, haben deshalb eine reduzierte Pulsbreite von ungefähr 4 µs. Der Pulsabstand beträgt bei 600 Hz-Pulsfrequenz 1,67 ms. Das Verhältnis von Pulsleistung zu mittlerer Leistung ist umgekehrt proportional zu den zugehörigen Pulsdauern. Man erhält also ein Leistungsverhältnis von 1,67 ms/4 µs = 419:1.

Kapitel 9

1. Der Grund für die Ankopplung des Wellenleiters im rechten Winkel zum Beschleunigungsrohr ist die Übernahme der TE-HF im Wellenleiter als TM-HF im Beschleunigungsrohr (s. Kap. 7).

2. Der Elektronenstrahl am Ausgang des Strahlrohres ist ein Nadelstrahl mit wenigen Millimetern lateraler Ausdehnung. Darüber hat er auch eine Zeitstruktur. Aus Leistungsgründen werden Linacs im Pulsbetrieb gefahren. Die Pulsdauer eines Elektronenpulses ist etwa 4 μs. Außerdem hat dieser Puls noch die Fein-Pulsstruktur durch die Frequenz der HF von 3 GHz (Details s. Fig. 8.10 in Kap. 8).

3. Der Energiespalt sortiert je nach Aufgabenstellung (Elektronen- oder Photonenbetrieb) mehr oder wenige die Elektronen aus, deren energetische Abweichung zur Sollenergie nicht tolerabel ist. Da diese Analyse mit Magnetfeldern vorgenommen wird, befindet sich der Energiespalt im Umlenkmagneten an der Stelle der größten Strahlaufspaltung.

4. Das eine Verfahren zur Homogenisierung des Elektronenstrahls benutzt die serielle Aufstreuung mit mehreren Streufolien, das andere Verfahren beruht auf der Scanmethode, bei der ein leicht divergenter Elektronenstrahl über das zu bestrahlende Areal geführt wird. Da das letztere Verfahren keinen Materialkontakt der Elektronen vor dem Eintritt in den Dosismonitor aufweist, hat es eine bessere Energieschärfe und geringere Bremsstrahlungsanteile.

5. Die Begriffe "dicke und dünne Bremstargets" orientieren sich an den maximalen Reichweiten der Elektronen im Material des Bremstargets. Bei dicken Targets werden die Elektronen vollständig abgebremst, bei dünnen Bremstargets benötigt man einen zusätzlichen Elektronenfänger. 18 MeV-Elektronen zur Erzeugung von X18 haben in Wolfram nach der Wasser-Faustregel R =MeV/2 eine praktische Reichweite von "18/2ρ". Mit der Dichte von 19,2 g/cm^3 berechnet man die Targetdicke zu 4,7 mm. Ein Wolframtarget ist also dick, wenn es für X18 5mm Materialstärke aufweist.

6. Auf den ersten Blick ist die klare Antwort "Nein", da sich Photonen nicht von Magnetfeldern ablenken lassen. Tatsächlich könnte man aber den Elektronenstrahl vor der Konversion zu Bremsstrahlung über ein ausgedehntes flaches Bremstarget scannen. Dieses Verfahren ist bisher in keinem kommerziellen Elektronenbeschleuniger verwirklicht.

7. Das Photonenquerprofil wird bei einem falsch positionierten Elektronenstrahl inhomogen, da beim kegelförmigen Ausgleichskörper für die Photonenstrahlungskeule von einer zentralen Lage des Elektronenstrahls ausgegangen wird (s. die Beispiele in Fig. 9.16).

8. Der Dosismonitor ist ein Doppeldosismonitor. Er misst in zwei unabhängigen Systemen die Dosis, prüft durch seinen geteilten Aufbau aber auch die Homogenität und die Symmetrie.

9. Der Keilfilterwinkel ist nicht der "mechanische" Winkel des Keilfilters sondern der Neigungswinkel der Sekante an die 50%-Isodose relativ zum Zentralstrahl.

10. Der Keilfilterfaktor ist ein "Verlängerungsfaktor" für die Monitoreinheiten oder die Bestrahlungszeit an radioaktiven Strahlern für physikalische Keilfilter. Er wird aus dem Verhältnis freier zu abgeschwächter Dosisleistung bestimmt, ist also immer größer als 1,0. Bei dynamischen Keilfiltern ist es ein Faktor, der das Dosisdefizit durch die bewegte Halbblende kompensiert.

11. Die Strahlenschutzverordnung untersagt jede innere Strahlenexposition der Leibesfrucht bei Schwangeren. Da die Luft bei den angegebenen Betriebsbedingungen des Beschleunigers aktiviert wird, ist eine Beschäftigung von Schwangeren in den angesprochenen Situationen wie auch in der Nuklearmedizin eindeutig untersagt.

12. Der Kontrollbereich ist dadurch definiert, dass man in 2000 h pro Jahr mehr als 6 mSv effektiver Dosis erhalten kann. Pro Arbeitsstunde bedeutet das 3 µSv/h. Die Patientendosisleistung unmittelbar nach einem Vierfelderplan beträgt im Beispiel in 0,5m Abstand 2,5 µSv/h. In einem Meter sind das ein Viertel, also 0,6 µSv/h, in 1,5 m sind es 0,28 µSv/h. Der Plan war ein großes Volumen (Beckenbox) und hatte deshalb besonders hohe Werte. Andere Zielvolumina sind deutlich kleiner, strahlen also auch weniger. Diese Zahlen bedeuten, dass selbst in 0,5 m Entfernung von Anfang an die zulässige Dosisleistung des Kontrollbereichs unterboten wird. Es gibt aber noch weitere Einwände. Der erste ist, dass der in Frage kommende Strahler bei den üblichen Energien des Linacs (18 MV) eigentlich mit einer ordentlichen Ausbeute nur N-13 ist. Dieses Nuklid hat eine HWZ von 9,96 min, also rund 10 min. Das bedeutet, dass bereits nach 10 min die Dosisleistung halbiert ist, die oben genannten Werte also alle zu halbieren sind. Nach weiteren 10 min das Gleiche nochmals. Beim unmittelbaren Arbeiten am Patienten in geringeren Entfernungen sind die Dosisleistungen entsprechen größer. Die Aufenthaltszeiten (Hilfe beim Lagern und Aufstehen) sind aber nur Minuten. Da N-13 ein Beta-plus-Strahler ist, sind die emittierten Photonen Vernichtungsquanten mit 511 keV Energie. Der zugehörige Schwächungskoeffizient in Wasser hat dafür den Wert von 0,097 pro cm (s. [Krieger1], Tabellenanhang). Das entspricht einer Halbwertschichtdicke im Weichteilgewebe von 7,1 cm. Diese HWSD bedeutet, dass am Ort der Risikoorgane, also im Körperinneren nur ca. 50% der Dosisleistung ankommt. Es entsteht unter realistischen Bedingungen kein Kontrollbereich.

13. Da die Kernphotoschwellen überschritten sind, kann es zu einem Neutroneneinfang von Photoneutronen durch das ^{59}Co zu Erzeugung von ^{60}Co kommen, das ein harter Beta-Gammastrahler mit einer Halbwertzeit von 5,27 a ist.

14. Nach der Novellierung der Richtlinie StrlSch in der Medizin vom Oktober 2011 ist nach Absatz 2.3.2 ein Jahresgrenzwert der Personendosen von 1 mSv/a anzustreben. Dies entspricht nicht mehr wie früher üblich einem Überwachungsbereich sondern einem "sonstigen Arbeitsplatz".

Kapitel 10

1. Die Wirkung eines Betatrons beruht auf dem Transformatorgesetz. Dieses besagt, dass ein zeitlich veränderliches Magnetfeld, das eine elektrische Leiterschleife durchsetzt, in dieser eine kreisförmige Umlaufspannung erzeugt. Im Betatron ist diese Leiterschleife ein Ringgefäß, in dem sich freie Elektronen befinden.

2. Der Grund für die Polschuhformung des Betatronmagneten ist die Betatronbedingung (Gl. 10.1), nach der das Führungsfeld zu jedem Zeitpunkt gerade 50% des Induktionsfeldes betragen muss. Diese Bedingung ist mit der speziellen Polschuhformung in Fig. 10.1 ideal zu erreichen.

3. Die DEEs im Zyklotrons sind zum einen die Beschleunigungsspalte; an ihnen wird deshalb die beschleunigende Hochfrequenz angelegt. Zum anderen dienen die elektrischen Feldlinienverläufe zur vertikalen Lagestabilisierung der umlaufenden Teilchen.

4. Die Aufgabe einfacher Zyklotrons beschränkt sich die Beschleunigung nicht relativistischer schwerer Teilchen, bei denen eine konstante Umlaufzeit der Teilchen im Magnetfeld sichergestellt ist.

5. Es sind zwei Beschleunigungsschübe pro komplettem Umlauf, je ein Schub pro halbem Umlauf, da die HF nach 180° die Phase gewechselt hat.

6. In angepassten Einheiten (eV) erhält man aus Gl. 10.12 für beide Teilchen die gleiche Maximalenergie von knapp 12 MeV.

7. Man verwendet Gl. 10.13 und erhält für Protonen folgende Werte für die Bahnradien: 6,8 cm, 9,6 cm und 11,8 cm.

8. Einfache Zyklotrons sind für relativistische Teilchen nicht geeignet, da die Umlaufzeiten in einem homogenen Magnetfeld nicht unabhängig von ihrer Energie oder dem Impuls sind. Die benötigten Änderungen wären entweder eine Veränderung der Frequenz mit zunehmender Energie (Synchrozyklotron) oder eine Erhöhung der magnetischen Führungsfeldstärke für die außen liegenden Bahnen (Iso-

chronzyklotron). Für Elektronen wäre der Aufwand zu groß, da es preiswertere Beschleuniger gibt.

9. Einfache Zyklotrons sind zur Beschleunigung von Protonen für die perkutane Strahlentherapie nicht geeignet, da man dort Protonenenergien bis 250 MeV benötigt. Dieser Energiebereich erfordert eine relativistische Behandlung der zu beschleunigenden Protonen.

10. Die Magnetfelder in Mikrotrons sind sehr homogene Dipolfelder mit geringen räumlichen und zeitlichen Schwankungen in der Feldstärke. Pro Umlauf wird jedes Elektron nur einmal beim Passieren des Hohlraumresonators beschleunigt.

11. Elektronen haben keine konstanten Umlaufzeiten in Mikrotrons. Die Umlaufzeit der Elektronen muss ein ganzzahliges Vielfaches der Schwingungsdauer der HF betragen, da die Elektronen sonst außer Phase geraten würden. Dies wird als die erste Mikrotron-Resonanzbedingung bezeichnet.

12. Die zweite Mikrotronbedingung betrifft die erste Umlaufbahn frisch eingeschossener Elektronen. Sie lautet: Für die erste Umlaufbahn muss die Umlaufzeit mindestens 2 oder mehr ganzzahlige Vielfache der Schwingungsdauer betragen.

13. Der Name Synchrotron weist darauf hin, dass bei Synchrotrons die Magnetfeldstärken mit der zunehmenden Teilchenenergie synchronisiert werden, um eine konstante Bahnlage zu garantieren. Die Magnetfelder werden also mit zunehmender Teilchenenergie synchron hochgefahren. Bei nicht relativistischen Teilchen muss außerdem die Frequenz der Wechselfelder für die Beschleunigung mit der zunehmenden Teilchengeschwindigkeit synchronisiert werden, damit die zu beschleunigenden Teilchen die richtige Phase der HF im der Beschleunigersektion sehen.

14. 4,77 MHz (s. Gl. 10.23).

15. Mit sehr schnellen Kickermagneten, die kurzfristig ein nach außen hin ablenkendes Magnetfeld im Synchrotron erzeugen. Sie haben Schaltzeiten im µs-Bereich.

Kapitel 11

1. Für den Energieverlust in transversaler Richtung liefert Gl. 11.5 den Wert ΔE = 4,61 MeV. Dieser Energieverlust muss pro Umlauf durch Nachbeschleunigung ersetzt werden.

2. Kleine Bahnradien und hohe Elektronenenergien erhöhen die Synchrotron-Strahlungsleistung. Nachteilig sind die erforderlichen starken Umlenkmagnete.

3. Der natürliche Öffnungswinkel bei 10 GeV Elektronen beträgt 0,04 rad = 0,003°. Die schmale Strahlenkeule überstreicht zwar einen großen Fächer, ein an einer bestimmten Stelle positionierter Beobachter wird nacheinander von diesen schmalen Strahlenkeulen überstrichen. Bei konstantem Blickwinkel sieht er dagegen nur einen kurzen Synchrotronstrahlungsblitz. Diese Situation entspricht einem Experiment mit einer Lochblende.

4. Synchrotrons sind grundsätzlich gepulste Beschleuniger, da die Magnetfelder nur für ein bestimmtes Teilchenpaket verwendet werden können. Die Synchrotronstrahlung entsteht also auch nur während eines Teilchenpulses (s. a. Aufgabe 3).

5. Die stärkeren Magnetfelder haben die Wiggler. Undulatoren lenken die Elektronen dagegen weniger von ihrer Sollbahn ab. Die Folge sind breite Strahlungsfächer bei den Wigglern und schmale Strahlungskeulen mit erheblichen Anteilen kohärenter Strahlung bei den Undulatoren.

Kapitel 12

1. Die mittlere thermische Energie von Neutronen ist 1/40 eV = 0,025 eV.

2. Die ungeraden Uran- und Plutonium-Isotope haben einzelne ungepaarte Neutronen. Beim Einfang eines Neutrons wird die Neutronen-Paarungsenergie frei. Sie steht dem Atomkern zur Verfügung und kann ihn so anregen, dass für eine Kernspaltung keine äußere Energiezufuhr mehr nötig ist.

3. Die leichten Fragmente haben mittlere Massenzahlen um A = 95, die schweren Fragmente haben das Häufigkeitsmaximum bei etwa 140. Das sind die Massenbereiche, in denen die meisten in der Medizin und Technik verwendeten Radionuklide aus der Reaktorproduktion stammen.

4. Primäre Spaltfragmente haben wegen des hohen Neutronenanteils, den die Mutterkerne für ihre Stabilität benötigen, durch ihre kleineren Massen einen erheblichen Neutronenüberschuss. Dieser wird zunächst über prompte Neutronenemissionen aus den Fragmenten unmittelbar nach dem Spaltakt vermindert. Der verbleibende Überschuss wird am besten durch Beta-minus-Zerfälle vernichtet. Sobald das erforderliche Protonen-Neutronen-Gleichgewicht in den Tochterkernen erreicht ist, werden diese langlebig oder stabil. Zur Information hilft ein Blick auf die Karlsruher Nuklidkarte, die den deutlichen höheren Neutronenbedarf schwerer Kerne anzeigt.

5. Als Moderatoren sind alle Substanzen geeignet, die elastischen Stößen mit Neutronen unterliegen, ohne diese dabei einzufangen. Da der Energieverlust eines Neutrons am größten bei der Wechselwirkung mit einem gleich schweren Stoßpartner ist, vermutet man zunächst, dass Leichtwasser mit seinen zwei Protonen besonders geeignet ist. Allerdings haben Protonen einen großen Neutronenein-

fang-Wirkungsquerschnitt und vermindern dadurch den thermischen Neutronenfluss. Besser geeignet ist daher das allerdings teure Deuterium in schwerem Wasser oder auch Graphit.

6. Wegen ihrer hohen Fragmentausbeute sind die leichten Fragmente Br, Rb, Sr Y und Nb die wichtigsten Emitter verzögerter Neutronen. Bei den schweren Fragmenten sind es Sb, Te, I, Xe und Cs (s. Tab. 12.3). Alle Fragmente haben dabei Massenzahlen, die weit entfernt von ihren stabilen Isotopen liegen. Verzögert emittierte Neutronen ermöglichen die vergleichsweise langsame Regelung der Kernreaktoren.

7. Regelstäbe sind Anordnungen, die in die Brennelemente eingefahren werden, um dort vorwiegend die thermischen langsamen Neutronen einzufangen und so die Spaltprozesse zu steuern. Sie müssen vor allem Substanzen enthalten, die einen hohen Wirkungsquerschnitt für thermische Neutronen aufweisen. Die wichtigsten Substanzen sind Bor und Kadmium, Gadolinium.

8. Die erwähnten Nuklide haben teilweise extrem große Einfangquerschnitte für thermische Neutronen und können so die Spaltrate, bzw. die Reaktivität regeln (s. dazu Tab. 8.4 in [Krieger1]). Beim massiven Einbringen der Neutronenfänger in das Neutronenfeld beispielsweise durch Zugabe von Borsäure zum Kühlwasser oder das Einschießen von Regelstäben in die Brennelemente können die Reaktoren schnell unterkritisch werden.

9. Die direkte Spaltausbeute von ^{135}Xe liegt nur bei etwa 0,07%. Es entsteht beim Beta-minus-Zerfall des ^{135}I und erreicht dabei eine maximale Spaltausbeute von 6,6%. Im stationären Betrieb besteht ein Gleichgewicht zwischen Produktion und Vernichtung des ^{135}Xe durch Neutroneneinfang. Wird der Reaktor abgeschaltet, wird das Xe nach wie vor durch den Zerfall des Jods produziert, das Xe hat aber keine Neutronen mehr zum Einfangen und bleibt deshalb entsprechend seiner großen Halbwertzeit von 9,2 h als Beta-minus-Strahler erhalten.

10. Die Verpflichtung zur Nachkühlung ist mit der Nachwärme durch die radioaktiven Zerfälle der Spaltfragmente begründet. Das Ausmaß der Nachwärme ist abhängig von der thermischen Betriebsleistung und der Betriebsdauer des Reaktors mit den jeweiligen Brennelementen.

11. Der Wirkungsgrad einer Wärmekraftanlage ist abhängig von der Temperaturdifferenz zwischen Erzeuger und Umgebung bzw. zwischen den Kühlkreisläufen. Bei Druckwasserreaktoren kann das Kühlwasser im Primärkühlkreislauf durch die Druckerhöhung deutlich höher erhitzt werden, ohne dass sich Dampfblasen bilden, die den Kernreaktor in seiner Reaktivität schwächen würden.

12. Die moderierende Wirkung des Kühlwassers nimmt durch die verminderte Dichte der Moderatorsubstanz (Wasserdampf) ab. Dies wird als negativer Dampfbla-

senkoeffizient bezeichnet. Der Siedewasserreaktor regelt dadurch automatisch bei Überhitzung des Kühlwassers herunter.

13. Nein auf keinen Fall, da Wasser sofort die benötigten schnellen Neutronen moderieren würde. Man verwendet als Kühlmaterial flüssiges Natrium.

14. Der Brutprozess des ^{239}Pu besteht zunächst aus einem Neutroneneinfang eines schnellen Neutrons am ^{238}U nach der Gleichung $^{238}\text{U} + \text{n} = {}^{239}\text{U}$. Dieses Radionuklid unterliegt zwei Beta-minus-Umwandlungen in ^{239}Np und ^{239}Pu mit Halbwertzeiten von 23,5 min und 2,355 d (s. Karlsruher Nuklidkarte).

Kapitel 13

1. Moderation von Neutronen ist nie unter die mittlere thermische Energie der Moleküle der Moderatorsubstanz möglich. Sollen kältere Neutronen erzeugt werden, muss der Moderator gekühlt werden.

2. Das Energiespektrum der Spaltneutronen endet bei ca. 10 MeV. 14 MeV Neutronen werden in der Regel mit Fusionsgeneratoren erzeugt.

3. Die Fragmente sind die Neutronenemittenden. Dies ist aus der Emissionsrichtung der Neutronen ableitbar (s. dazu Kap. 12.1.2).

4. Ja entweder durch Pulsbetrieb des gesamten Reaktors mit mechanisch bewegten Neutronenreflektoren aus Nickel, die den Reaktor nur während kurzer Zeiten kritisch werden lassen, oder mit Choppern (Lochblendensysteme), die nur während bestimmter Zeiten und Stellungen Neutronen passieren lassen.

5. Die Neutronenausbeute bei der Spallation schwerer Kerne beträgt typisch 30 Neutronen pro Spallationsakt, da die Kerne beim Beschuss mit hochenergetischen Protonen oder anderen geladenen Teilchen weitgehend zertrümmert werden.

6. Die Neutronen bei einer Americium-Be-Quelle stammen aus dem Zerfall des ^{13}C-Compoundkerns (s. Gl. 13.13).

7. Bildwirksame Neutronen sind die inkohärent gestreuten Neutronen und natürlich die aus dem Strahlenbündel durch Absorption entfernten Neutronen. Kohärent gestreute Neutronen werden im Wesentlichen in Vorwärtsrichtung emittiert, sie bleiben also dem Strahlenbündel erhalten.

8. Bei der Schwächung der thermischen Neutronen spielt die Massendichte keine Rolle. Wichtig ist die Teilchendichte, also die Zahl der Atome bzw. Atomkerne pro Volumen und vor allem die Wirkungsquerschnitte für inkohärente Streuung und den Neutroneneinfang (s. Tab. 13.7).

9. Sollen die inkohärent gestreuten Neutronen beseitigt werden, müssen sie durch ihre Divergenz vom Strahlenbündel getrennt werden. Das Streustrahlenraster müsste also aus einer Lamellenanordnung bestehen, die schräg emittierte inkohärente Neutronen einfängt ohne dabei Neutronen oder Gammas zu erzeugen, da beide Teilchen bildwirksam werden könnten. Werden doch Gammas erzeugt, könnten diese durch einen dicken Bleiabsorber geschwächt werden. Dieser Bleiabsorber würde die Neutronen nahezu ungeschwächt passieren lassen.

10. Die wichtigsten Konvertersubstanzen für die Bildgebung mit thermischen Neutronen enthalten Gadolinium oder ^{6}Li, deren Sekundärstrahlungen nach Neutroneneinfang in geeigneten Detektoren (Szintillatoren) sichtbares bzw. nachweisbares Licht erzeugen.

11. Die Reaktionsgleichungen für die beschriebene Neutronenanwendung beruhen auf dem Einfang der thermischen Neutronen durch ^{10}B. Dabei wird der Borkern nach Neutroneneinfang in einen ^{7}Li-Kern und ein Alphateilchen mit unterschiedlichen Zerfallsenergien zerlegt. Die Gleichungen lauten (s. Kap. 12, Gl. 12.1 und 12.2):

$$^{10}\mathrm{B}(\mathrm{n},\alpha)^{7}\mathrm{Li} + 2{,}79\ \mathrm{MeV} \qquad (6{,}1\%)$$

$$^{10}\mathrm{B}(\mathrm{n},\alpha)^{7}\mathrm{Li} + 2{,}40\ \mathrm{MeV} \qquad (93{,}9\%)$$

Dieser Vorgang ist der gleiche, der auch bei der Abschaltung von Kernreaktoren mit borhaltigen Regelstäben verwendet wird.

Kapitel 14

1. Trägerfreiheit eines künstlich erzeugten Radionuklids bedeutet die Abwesenheit anderer Isotope desselben Elements. Trägerfreiheit ist dann besonders wichtig, wenn Stoffwechselvorgänge untersucht werden sollen, da diese nicht zwischen radioaktiven Tochterkernen und nicht radioaktiven Trägerkernen der gleichen Ordnungszahl unterscheiden können.

2. Die Anwesenheit von Platin in einem Iridiumstrahler macht keine Aussage zur Trägerfreiheit des Iridiums. Platin ist ein Tochternuklid des ^{192}Ir-Zerfalls und nicht ein anderes Iridiumisotop.

3. Hilfreich zur Interpretation der geringen spezifischen technischen Aktivität ist ein Blick in die Karlsruher Nuklidkarte. Dort stellt man fest, dass das durch Neutroneneinfang zu aktivierende Nuklid ^{191}Ir nur zu etwa 37% im natürlichen Iridium vertreten ist. Mit Sicherheit wird bei der Iridium-Aktivierung kein Verfahren zu Isotopentrennung vorgeschaltet. Das andere natürliche Iridiumisotop ist ^{193}Ir, das zu 2/3 natürlich vorkommt, aber einen um fast den Faktor 10 kleineren Neutro-

neneinfangquerschnitt hat. Das dem Neutronenfeld ausgesetzte Ir muss außerdem zum Abklingen der störenden Aktivität aus dem ^{194}Ir zwischengelagert werden, um dessen Aktivität abklingen zu lassen. Dabei nimmt natürlich auch die Aktivität des eigentlichen Zielnuklids mit ab.

4. Da Protonen elektrisch einfach geladen sind, müssen sie die Coulombabstoßung durch den Atomkern überwinden. Zur Berechnung verwendet man Gl. 14.14. Das Ergebnis lautet E_{schw} =15,29 MeV.

5. Das einzige Spaltfragment in Tab. 14.1 ist ^{137}Cs. Alle anderen Nuklide sind entweder zu schwer oder zu leicht, so dass keine Spaltausbeute besteht, oder es ist wie ^{125}I ein Elektronenfänger, hat also zu viele Protonen und kann daher kein Spaltfragment sein.

6. Die kumulative Ausbeute, da die gewünschten Nuklide ja erst nach Entfernen des Brennelements aus dem Neutronenfeld gewonnen werden.

7. FragmenteMan verwendet zur Berechnung der Rückstoßenergie Gl. 14.4. Die erste Bemerkung betrifft die gammaemittierenden Nuklide. Es sind natürlich die Tochternuklide der beiden erwähnten Strahler. Da diese die gleiche Massenzahl wie ihre beta-zerfallenden Mütter haben, kann man aber auch deren Massenzahlen verwenden. Beim ^{137}Cs ergibt die Berechnung wegen E_γ = 0,662 MeV den Wert der Rückstoßenergie von E_k = 1,71 eV. Die zweite Bemerkung hat mit dem sequentiellen Gammazerfall beim ^{60}Ni-Zerfall zu tun. Die beiden Gammas werden unabhängig voneinander und verzögert emittiert, können also in die gleiche Richtung oder auch in beliebigen Winkeln zueinander ausgesendet werden. Für die beiden Gammaquanten erhält man die Rückstoßenergien von 12,2 eV und 15,77 eV. Je nach Emissionsrichtung können sich diese Rückstoßenergien addieren, sie können sich aber auch bei entgegen gesetzter Emission wieder nahezu aufheben.

8. Weil Positronenstrahler einen Protonenüberschuss benötigen. Den können weder Kernreaktoren (Neutronenproduktion) noch Elektronen-Linacs liefern.

9. Das Mutternuklid eines idealen Radionuklidgenerators für die nuklearmedizinische Bildgebung hat eine große Halbwertzeit des Mutternuklids, dennoch eine hohe Ausbeute für die Bevölkerung des isomeren Zustands im Tochternuklid und aus Strahlenschutzgründen nur wenig beim Zerfall des Mutternuklids prompt emittierte Gammastrahlung. Das Tochternuklid hat eine kurze Halbwertzeit, die aber lange genug sein muss, um physiologische Anreicherungsprozesse im Patienten zu ermöglichen. Es ist ein reiner Gammastrahler mit einer mittleren Energie, die sich beim Hantieren der Präparate gut abschirmen lässt. Der metastabile gammaemittierende Zustand zerfällt entweder direkt in einen stabilen Grundzustand, oder dieser hat eine so große Lebensdauer, dass der Patient wegen seiner

biologisch gesteuerten Ausscheidungsvorgänge nicht strahlenexponiert wird. Das Tochternuklid muss außerdem in die jeweilige chemische Form gebracht werden können. Darüber hinaus ist ein gutes nuklearmedizinisches Radionuklid trägerfrei. Alle diese Kriterien werden von ^{99m}Tc nahezu perfekt erfüllt.

10. Die prompten Gammazerfälle der durch Einfang thermischer Neutronen angeregten Atomkerne.

11. Mit einem Deuterium-Tritium-Generator, bei dem Tritium und Deuterium eine spezielle Kernreaktion ausführen (s. Gln. 13.4 und 13.5). Da die Neutronenenergie vom Emissionswinkel abhängt, muss man allerdings bei der Entnahme einen bestimmten Winkel auswählen (90 Grad zum Teilchenstrahl). Nein Kernspaltung ist keine geeignete Methode, da die Spaltneutronen eine kontinuierliche Energieverteilung bis maximal 10 MeV aufweisen (s. Fig. 12.3).

12. Siehe Gln. 13.11 bis 13.13. Die Neutronen entstammen dem Neutronenzerfall des C-13.

Kapitel 15

1. Zur Abschätzung der maximalen Betareichweiten in Wasser verwendet man die Faustregel R = E(MeV)/2 in cm und die Regel $E_{mittel} = E_{max}/3$. In Luft müssen die Wasser-Reichweiten mit dem Dichteverhältnis Wasser/Luft multipliziert werden. Sie sind also ohne das Abstandsquadratgesetz etwa 795-mal so groß wie die Wasserreichweiten. Die Ergebnisse sind für die maximalen Reichweiten in Wasser 0,85 cm, 0,28 cm und 1,14 cm. Die mittleren Reichweiten sind gerade ein Drittel dieser Werte, also 0,28 cm, 0,09 cm und 0,37 cm. Mittlere Reichweiten sind wenig hilfreich, da die höher energetischen Betas immer noch Restenergie haben. In Luft sind die Reichweiten mit dem Dichteverhältnis zu multiplizieren. Man erhält für die maximalen Reichweiten in der gleichen Reihenfolge der Nuklide die Werte 6,8 m, 2,2 m und 11,1 m. Bei solchen Entfernungen dominiert allerdings das Abstandsquadratgesetz die Dosisleistungsabnahme mit der Entfernung.

2. Für F-18 ergibt die gleiche Abschätzung die maximale Betareichweite von 0,32 cm in Wasser. Da F-18 aber ein Beta-plus-Strahler ist, ist der Strahlenschutz durch die harte Vernichtungsstrahlung von 511 keV dominiert.

3. Die Alphastrahlung des Ra-226 hat eine Zerfallsenergie von 4,6 bis 4,7 MeV, also etwa 5 MeV. Zur Reichweitenabschätzung verwendet man die Grafik in Fig. 9.18 aus [Krieger1]. Dort findet man als Massenreichweite einen Wert von knapp 0,004 g/cm^2. In Wasser ist wegen der Dichte von 1g/cm^3 dieser Wert identisch mit der linearen Reichweite. Man erhält also den Wert von 0,004 cm oder 40µm. Dies entspricht etwa dem Durchmesser von 1-2 menschlichen Hautzellen. Genauere Werte für Reichweiten geladener Teilchen finden sich im Tabellenanhang

von [Krieger1]. Dort erhält man den exakteren Wert von 37,3 µm. In Luft ergibt diese Tabelle die Massenreichweite von 4,33 g/cm^2 und mit der Dichte aus Aufgabe 1 den Wert von 34,4 mm = 3,4 cm. Bei einer genauen Reichweitenbestimmungen sollte jedoch zunächst die exakte Zerfallsenergie aus einer Wichtung der einzelnen Zerfallskomponenten und mit Berücksichtigung des Energieverlustes bei der Emission durch Rückstoß berechnet und verwendet werden. Anschließend muss sichergestellt werden, dass alle Alphateilchen auch senkrecht auf das Target auftreffen und keine verlängerten schrägen Wege zurücklegen, die geringere Reichweiten andeuten könnten.

4. Dosisleistungen von Flächen- oder Liniengammastrahlern erzeugen im 5fachen Abstand ihre größten Ausdehnung Dosisleistungen, die sich weniger als 0,5% von den Dosisleistungen von Punktstrahlern unterscheiden ([Krieger1], Kap. 13). Für die angegebene Strahlerausdehnung gilt das Abstandsquadratgesetz deshalb ab Entfernungen von 15 cm.

5. Jod-125 Seeds zerfallen über einen Elektroneneinfang (EC), sie senden also keine Betastrahlungen aus. Seeds bleiben wegen des Aufwandes permanent implantiert, da sie wegen ihrer Halbwertzeit um 2 Monate bereits nach einem Jahr ungefähr auf 1/64 ihrer Aktivität abgeklungen sind. Die emittierte Photonenstrahlung (Gammas und charakteristische Strahlung) ist darüber hinaus so weich, dass sie im Wesentlichen im Körper des Patienten absorbiert wird. Dennoch erhalten Seed-Patienten einen Ausweis, damit sie nicht an Zollkontrollen bei der Einreise z. B. in die USA gestoppt und festgehalten werden.

6. Für den Strahlenschutz in der angegebenen Situation dominiert eindeutig die Gammastrahlung von 364 keV aus dem Tochternuklid. Die strahlentherapeutische Wirkung in der Schilddrüse des Patienten wird dagegen überwiegend von den Betas ausgelöst, die eine maximale Reichweite in menschlichem Weichteilgewebe von ungefähr 3 mm haben.

7. Sie dürfen wegen einer möglichen inneren Exposition der Leibesfrucht nach Inkorporation nicht dort arbeiten (§ 43 StrlSchV). Gebärfähige Frauen dürfen dort arbeiten, wenn ihre effektive Monatsdosis den Wert von 2 mSv nicht überschreitet (§ 55 StrlSchV).

8. Sie dürfen den Molybdängenerator mit Molybdändurchbruch auf keinen Fall weiter verwenden.

9. Handelsübliche echte Bleischürzen schirmen Tc-Gammastrahlung von 140 keV auf knapp ein Drittel des freien Wertes ab. Um diesen Wert abzuschätzen, verwendet man am besten tabellierte Massenschwächungskoeffizienten (z. B. aus [Krieger1], Wert etwa 4 cm^2/g) oder man macht einfach mal eine Messung mit einer Bleischürze und einem Dosisleistungsmessgerät. Bei der Interpretation des Bleigleichwertes, der auf Schürzen angebracht ist, ist darauf zu achten, dass die

Bleiäquivalente für definierte Röntgenstrahlungsqualitäten und nicht für monoenergetische härtere Gammastrahlungen ausgewiesen sind.

10. Co-57 Flachphantome sind ein guter Ersatz für Tc-Flood-Phantome wegen der dicht bei der Tc-Gammaenergie liegenden Photonenenergie, und weil das offene Hantieren mit größeren Tc-Mengen unterbleibt. Außerdem garantiert der Hersteller eine ausreichende Homogenität des Prüfstrahlers, die bei Flüssigphantomen eventuell durch Luftblasen gemindert wird.

Kapitel 16

1. Sie verwenden dazu die Äquivalentdosisleistungskonstante $\Gamma_H = 0{,}354$ ($mSv \cdot m^2 \cdot h^{-1} \cdot GBq^{-1}$). Die Berechnung ergibt eine Dosisleistung von 2,8 Sv/min.

2. Wegen der mit der Strahlerlänge zunehmenden Selbstabsorption gibt es eine technisch vertretbare Mindestlänge von Strahlern. Die seitliche Größe eines therapeutischen Kobaltstrahlers kann nicht beliebig vergrößert werden, da sonst die Abbildungseigenschaften (Halbschatten) zu schlecht werden.

3. Bestrahlungszeiten sind wegen der sehr gut bekannten Halbwertzeit von Kobalt-60-Strahlern ausreichend, Dosismonitore sind nicht erforderlich. Stattdessen werden zwei unabhängige Schaltuhren eingesetzt.

4. Die Zeitspanne für eine Aktivitätsabnahme eines Co-Strahlers um 1% beträgt 0,076 a = 0,912 Monate. Eine neue Bestrahlungszeittabelle pro Monat ist ausreichend.

5. Beruflich strahlenexponierte Personen müssen in Kontrollbereichen grundsätzlich ein Personendosismeter tragen.

6. Nein, der minimal zulässige Isozentrumsabstand für kurative Strahlentherapie beträgt 65 cm.

7. Als grobe Faustregel können Sie die Gammaenergien des Kobaltgerätes verdoppeln (wie im Röntgen). Sie erhalten dann eine Nennenergie zwischen 2 und 3 MeV. Wenn Sie genauere Informationen benötigen, bestimmen Sie die Strahlungsqualität durch Tiefendosismessungen.

Kapitel 17

1. Beim üblichen gynäkologischen Afterloading oder anderen Zielvolumina mit ausreichenden Abmessungen und Tumorausdehnungen wird die Gammastrahlung verwendet, da die Betastrahlungen nur Reichweiten von wenigen Millime-

tern im Weichteilgewebe haben. Sie werden deshalb durch Edelstahlumhüllungen abgebremst und absorbiert.

2. Die geringe technisch erreichbare spezifische Aktivität der verwendeten Radionuklide (s. Kap. 14) und die gleichzeitig erforderlichen kleinen Abmessungen für die Strahlerbewegung und den Strahlertransport auch in dünnen flexiblen Schlauchsystemen begrenzen die Stärke von Afterloadingstrahlern.

3. Für LDR-Anwendungen verwenden Sie eine gepulste Bestrahlungstechnik mit HDR-Strahlern und strahlenbiologisch begründeten Bestrahlungszeit- und Pausenmustern.

4. Da die stahlumhüllten Gammastrahler zu große Abmessungen aufweisen, müssen Sie dünn gekapselte Betastrahler wie Sr-90 einsetzen. Die Betas erzeugen in diesen Fällen wegen ihrer geringen Reichweiten in Weichteilgewebe räumlich kompakte Dosisverteilungen.

Kapitel 18

1. ^{238}Pu entsteht beim thermischen Neutroneneinfang durch ^{237}Np und anschließendem Beta-minus-Zerfall des Radionuklids ^{238}Np. ^{237}Np entsteht im Kernreaktor durch einen (n,2n)-Prozess am ^{238}U mit nachfolgendem Beta-minus-Zerfall des ^{237}U.

2. Wenn das Massenstreuvermögen von Träger und Probe gleich sind, muss entweder mit dem Durchstrahlverfahren bei garantiert konstanter Trägerdicke gearbeitet werden, oder die Rückstreuung muss mit Gammastrahlern und einer Energieanalyse vorgenommen werden.

3. Der rechte Fall in Fig. 18.2, niedrigeres Z und Dichte des aufgebrachten Materials, also kleineres Massenstreuvermögen als beim Träger.

4. 25 kGy sind die typischen Sterilisationsdosen für medizinisches Material.

5. Nein da die maximalen Reichweiten in Plexiglas für 10 MeV Elektronen kleiner sind als 5 cm.

6. Die Gründe für den allmählichen Übergang der gemessenen Intensität sind zum einen die exponentielle Abnahme der Gammastrahlungsintensität mit der Absorberdicke und zum anderen die Streuvorgänge an der Oberfläche der Flüssigkeit und in den Behälterwänden.

7. Nein, zur Aktivierung von Substanzen müssen entweder Neutronen oder Protonen aus den Atomkernen entfernt werden. Die ist bei den Photonenenergien eines Co-60 Strahlers (Energie der Gammas 1,17 und 1,33 MeV) nicht möglich.

8. Homopolymerisation dient der Verknüpfung gleicher Monomere, Copolymerisation verknüpft Monomermischungen, Pfropfpolymerisation lagert einzelne Verbindungen seitlich an ein Hauptpolymer an.

Sachregister

A

(α,n)-Neutronenquellen 368ff
Abbe, Robert 425
Abbildungseigenschaften von Röntgenstrahlern 117
Abbildungsgeometrie 127
Abdampfrate 53f
Abfallbearbeitung 10
Abfälle 10
Abhängigkeit der Lorentzkraft von der Teilchenart 39
Abhängigkeit der Röntgenbremsspektren vom zeitlichen Spannungsverlauf 98
Ablenkrohr 296
Absatz/Ferse 123
Absorptionskanten 108, 110
Abstandsquadratgesetz 221, 235, 409, 411, 415, 425
achromatisch 203
Actinium 453
advanced gas-cooled-Reactor 340
Afterloading 358, 389, 408, 425ff
Afterloadinganlagen 10, 13, 16, 425ff
Afterloadingquellen 428
Afterloadingstrahler 16, 389, 408, 431
AGR-Reaktoren 340
Aktinidenkerne 322, 324, 329, 405
Aktivierung 12, 15f, 222, 252f, 352, 373, 387, 389, 392, 394, 416
Aktivierung von Materialien 252f
Aktivierung der Raumluft 253
Aktivierungsausbeuten 252, 391
Aktivierungsdauer 386f
Aktivierungsprodukte 253, 255
Aktivitätsbelegung 417
Aktivitätskonzentration 386, 393
Alkalimetalle 82
Alphateilchen 14, 18ff, 49, 150, 320, 334, 353, 358, 368ff, 380, 397
Aluminium 108, 110, 116, 123, 208, 218, 221ff, 286, 344, 453
Aluminiumausgleichsfilter 221
Alvarez, L. 9, 15, 175, 182f
Alvarez-Struktur 175, 183
Americium 369, 371, 379, 384, 453
Americium-Beryllium-Quelle 369, 384
Ampere 446f
angereichertes Uran 332, 341
Angiografie 131, 133
Angiografieanlagen 129
Anoden 50, 93, 98, 108, 118, 123, 126f, 134, 136, 138, 141f
Anodenaufbau von Röntgenröhren 134
Anodenmaterialien 102, 112f, 134, 143
Anodenspannung 56, 57, 69, 111, 147, 161, 164
Anodenteller 129, 130ff, 137f, 140, 144, 147
Anodenträgermaterial 140
Anodenverlustleistung 99
Anodenwinkel 106, 117f, 120, 124, 127
Anregungsvolumen 83ff, 89
Anreicherungen 322, 411
Antikeimbestrahlung 309
Antimon 453
Antineutrinos 328
Antiteilchen 307
Apertur 226, 230, 243, 259
Applikationsraum 410, 425
Applikator 426, 429, 431
Äquipotentiale 31
Äquipotentialflächen 31, 57, 59, 63
Äquipotentiallinien 27f, 58
Äquipotentialringe 153
Äquivalentdosis 447, 449
Archäologie 10, 14
Archäometrie 10
Ardenne, Manfred von 71
Argon 259, 453
Arsen 453
Astat 453
Asymmetrie der Dosisleistungen 225
Atembewegung 247, 262
Atemtrakt 12
Atombomben 320, 331
Atomei 342
Atomquerschnitte 67
Aufbaueffekt 233, 398
Aufhärtung 107, 115, 124
Aufhärtung 221
Aufheizzeit 55
Aufnahmebetrieb 55
Aufstreuung 200, 205ff, 211, 286
Augentumoren 285, 291
Augereffekt 104
Augerkaskaden 65
Ausbeute an Bremsstrahlung 218
Austrittsarbeit 51f
Austrittsfenster 72, 89, 107, 115, 126, 130f, 187, 200, 204, 309
Avogadrokonstante 386, 450

axiale Magnetfelder 79

B

Bahnradius im homogenen Magnetfeld 35
Bahnstabilität Teilchen im Zyklotron 276
Bandgenerator 151, 153
Barium 61, 453
Bariumfilm 51
Bariumoxid 51, 61
Bariumoxidpaste 53
Bariumsulfat 61
Barytbeton 249, 255
Basis der natürlichen Logarithmen 450
Basiseinheiten 446f, 449
Bauformen von Anodenlagern 139
Bauformen von Kernreaktoren 339
Bauformen von Röntgenröhren 126
Beamhardener 199, 217, 221
Beamloading 63, 184, 191
Beamstopper 217, 380
Becquerel, H. 9
Belastbarkeit von Drehanoden 142
Belichtungsautomatik 112
Bennet, W. H. 155
BeO 328
Berkelium 453
Beryllium 364, 367f, 370f, 453
Beryllium-Alpha-Quellen 370
Berylliumfenster 121f
Berylliumfolien 115
Berylliumschicht 334
Beryllium-Targets 364
beschichtete Kathoden 51
beschleunigende Feldstärke 25
Beschleuniger 9, 15, 25, 35, 40, 49f, 60, 62, 148, 150ff, 157f, 173ff, 178ff, 182f, 191f, 195, 197f, 200, 207f, 223, 228, 232, 239, 246f, 250ff, 257, 264, 289, 299, 301, 308, 353, 359, 363f, 367, 370, 385, 397, 420
Beschleuniger mit Alvarezstruktur 182
Beschleunigerarm 197ff
Beschleuniger-Kathoden 60
Beschleunigersektion 63, 161, 186f, 189, 196, 200, 257
Beschleunigerstrukturen 20, 23, 26, 148, 169, 172f, 176, 190, 298
Beschleunigungseinheit 153, 180, 197f, 308
Beschleunigungselektroden 23
Beschleunigungsfeld 186, 190, 266, 269, 277
Beschleunigungsrohr 23, 62, 184ff, 192, 197f, 263
Beschleunigungssektion 184
Beschleunigungsspalt 273, 277, 297, 303, 306
Beschleunigungsstrecke 25, 166, 184,
Beschleunigungsstruktur 20, 24, 176, 181, 294, 297, 300, 302, 308
Beschleunigungs-Zeitdiagramm 266
Bestandteile eines Kernreaktors 332
Bestrahlungsplanung 234
Bestrahlungsraum 252
Beta-Gamma-Strahler 407, 412, 427
Beta-Minus-Strahler 15f, 255, 385, 412
Beta-Plus-Strahler 252, 405
Betatron 9, 14f, 25f, 264f, 267f, 270, 276
Betatronbedingung 266, 268ff
Betatronschwingungen 43
Betonwände 249f
Bewegungsamplituden 247
Bewegungsbestrahlung 210
Bifokalanode 128
bildgebende Radiologie 118
Bildschirme 91
binäre Kernspaltung 358
Bindungsenergie , 65ff, 83, 102, 104, 108, 322f, 352f, 372, 383, 390ff
Bindungsenergien der K- und L-Elektronen 108
Bindungsenergien der Valenzelektronen 66
biperiodische Strukturen 189
Blei 127, 206, 212, 215, 222ff, 233, 243, 360, 379, 381, 384, 419f, 453
Bleiauskleidung Röhrenschutzgehäuse 126
Blendenkasten 122
Blendensystem 122, 250, 287, 419
Blitzableiter 22
Blockblenden 196
Bohrium 453
Boltzmannfaktor 52
Boltzmannkonstante 52, 450
Bor 250, 334, 351
Bor 358, 378, 382f, 453
Bor-Paraffin 250
Borsäure 336, 339
Borsäurevergiftung 336
Bor-Therapie 383
Brachytherapie 12, 5, 425, 429
Break up 364
Bremsspektren an dicken Absorbern 95
Bremsspektren an dünnen Folien 93
Bremsspektrum 218

Bremsstrahlung 14, 94, 101, 123, 204, 206f, 211, 213, 216, 218f, 263, 367
Bremsstrahlungsanteil 90, 110, 210
Bremsstrahlungsausbeute 101, 216, 223
Bremsstrahlungserzeugung 95, 101, 203, 205, 210, 216f, 219
Bremsstrahlungsphotonen 14f, 94, 219, 250, 367
Bremsstrahlungsschwanz 251
Bremsstrahlungsverluste 206
Bremstarget 97, 128, 133, 203, 216ff, 222ff, 229, 257, 263, 367,
Brennelement 333, 336, 344ff, 357
Brennfleck 31, 34, 41, 57, 59, 104, 117ff, 122, 126f, 129, 131, 136, 138, 140ff, 147, 200, 224, 226, 229f
Brennfleckbahn 59, 112, 118f, 129, 131, 132, 135, 138, 140ff
Brennfleckgeometrie 143
Brennfleckgrößen 118ff
Brennfleck-Kühlung 138
Brennringtemperatur 144
Brom 453
Bronchialkarzinome 431
Brüten 321, 333, 341
Brutreaktoren 341
Buncher 62, 187, 194
Bunching 180
Bündeler 187

C

Cadmium 453
Calcium 453
Californium 358, 371, 453
Candela 446f
CANDU-Leistungsreaktor 341
Cardangiografie 11
Cardio-Imaging 132
Cäsium 51, 53, 84, 86f, 89, 337, 387, 435, 453
Cäsium-Barium-Generator 403
Cäsiumanlagen 9, 195
Cäsiumfilm 51
Cäsiumdampf 85
Cäsiumionisierer 85
cavity 170
CCD-Kamera 229, 245, 380f
Cer 453
CERN 50, 301,
Cf 459
CGR-Design 189
Chalmers 391
charakteristische Röntgenstrahlung 90, 92, 104, 123, 408, 413
charakteristische Röntgenstrahlung
Chemotherapie 12
Chicago Pile 1 320
Chirurgie 12
Chlor 453
Chopper 356f
Chrom 453
Chromatizität 42
Cine-Mode 246
Co 388, 394, 408, 412, 415, 422, 424, 427, 430, 441, 445
^{60}Co 9, 16, 254f, 383, 387ff, 393, 406, 408, 410, 416, 418, 422, 427, 430f, 438f, 441
Cockcroft, J. D. 148
Cockcroft-Walton 14, 26, 148ff, 157
Cockcroft-Walton-Beschleuniger 14, 148
Cockcroft-Walton-Generator 150, 157
Co-Gammastrahlung 441
combined function Magnete 47
Compoundkern 322, 324, 369, 372ff
Comptoneffekt 105, 244
Comptonelektronen 222
Comptonstreuphotonen 219
Comptonstreuung 221
Comptonwechselwirkung 219, 221
Computertomografen 11, 122, 129, 247
Computertomografie 54f, 59, 131, 133, 291
Core 332, 342f
Corona-Entladung 22
Coronararterien 11, 427
Coulombabstoßung 57, 271, 320, 324, 327, 395, 405
Coulombfeld 92, 101f
Coulombkräfte 92, 368, 375
CP 1 320
^{137}Cs 9, 387, 403, 406, 427, 438f
Cs 82, 85f, 89, 403, 408, 428, 435, 457ff
Cs-Ba-Generator 403
CT-Röntgenröhren 55, 125
CT-Röntgenröhren
Curie, M. 9
cusp 71
Cyberknife 256ff

D

Dampfblasenkoeffizient 340
Dampfdruck 53, 136, 341, 348
Darmstadtium 453

D-D-Generator 363f
DEEs 33, 272f, 277f
Deflektor 272f
Degradation 285f, 293
Degrader 286f, 293
Dermaplatten 407
Dermatologie 407
DESY 50, 301
Deuterium 328, 333, 341, 355, 361, 363f, 367, 370, 378, 383
Deuteron 272, 364, 451
Deuteron break up 364
diagnostische Radionuklide 404
Dichteunterschiede 105
Dichteverteilung auf dem Röntgenbild 125
dicke Anoden 97
Dickenausgleich 125
Diffraktionsanalyse 9
Diffusionsverfahren 321
Dioden-Kaskade 156
Diodenquellen 62
Dipol-Magnetfelder 34, 40
direkte Fragmentausbeuten 456ff
disk loaded wave guide 170
Dispenserkathoden 60f
dissoziative Rekombination 83f
dissoziativer Elektroneneinfang 82
Divergenz 37, 42, 201f, 204, 223, 375
Divergenzwinkel 34, 43ff, 213
Doppelchopper 356
Doppeldosismonitor 199, 224, 231, 424
Doppelfokusanordnungen 118
Doppelfokus-Kathode 58
Doppelfoliensysteme 206
Dosisleistungskonstante 388, 408f
Dosisleistungsregelung 200, 232, 242
Dosismaximum 212f, 235
Dosismonitor 198, 225, 230, 239, 259
Dosisquerprofil 214, 234f, 238, 240, 242, 259
Drehanode 119, 121, 129f, 135, 139, 143, 145, 147
Drehanoden-Röntgenröhre 127
Drehanodenteller 130
Drehkolbenröhre 54f, 59, 131, 145
Driftelektroden 24
Driftröhre 78f, 178
Driftstrecke 162f, 298
Druckbehälter 341
Druckwasserreaktor 333
D-T-Generator 361f
Dublettlinsen 42
Dubnium 453
Duoplasmatron 71f
Durchgriff 56f
Durchleuchtung 14, 54, 145, 197, 300
Durchleuchtung von Containern 197
Durchleuchtungsbetrieb 55
Durchstrahlanoden 97
Durchstrahl-Ionisationskammern 231
DWR (Druckwassereaktor) 341
dynamische Blendensysteme 195
Dynamitron 6f, 148, 155
Dysprosium 349, 453

E

EBIS 69
ECR 76
ECR-Ionenquelle 77
Edelgaskonfiguration 82
effektive Aktivität 417, 418
effektive Dicke der Keilfilter 238
effektive Masse der Elektronen 52
effektive Richardsonkonstante 53
Eigenabsorption 409
Eigenfilterung 105ff, 110, 112f, 115
eigengefilterte Röntgenspektren 108
Einfachionisation 67
Einfangprozesse 81
Einfangwirkungsquerschnitt 68, 393
Einfolientechnik 207
Einkammerklystron 161
Ein-Puls-Generator 98f
Einschlussquellen 69, 79
Einsteinium 453
Ein-Winkel-Drehanode 119
Einzelionisationen 66
Einzelquellenmethode 430
Einzelresonator 171ff
Eisen 221ff, 282, 453
electron gun 62
elektrische Dipolfelder 27
elektrische Feldkonstante 56, 311, 313, 450
elektrische Feldstärke 20
elektrische Linsen 79
elektrische Sammellinse 31
elektrischer Feldstärkeverlauf 32
Elektronenaffinität 81f, 84f
Elektronenapplikatoren 215f
Elektronenbahnen 58, 63, 77, 93, 297f
Elektronenbeschleuniger 50, 195f, 256, 318f, 367, 445
Elektronenbeschleuniger

Elektronenbetrieb 191, 193, 195, 198f, 202f, 208, 214f, 217, 223f, 250
Elektronen-Bunching 186
Elektronenbündelung 192
Elektronendosisverteilungen 299
Elektronenemitter 20, 50, 65, 74, 159
Elektronenextraktion 62
Elektronenfänger 163, 164, 166, 199, 217f
Elektronenfluenz 203
Elektronenimpulsfolge 191
Elektronenkanone 50, 60, 62ff, 78ff, 162, 186, 192, 197f, 298, 308
Elektronenkathoden 50
Elektronenkollektor 78f, 162
Elektronenkollimatoren 212, 215
Elektronenlinearbeschleuniger 9f, 14, 16, 24, 63, 159, 175f, 184, 193ff, 216, 222f, 247, 254f, 257, 265, 270, 406, 421, 424
Elektronenmikroskop 57, 118
Elektronennadelstrahl 202
Elektronenoptik 31, 57, 80, 89
Elektronenpakete 163f, 166, 185ff, 189f, 294, 296
Elektronenquelle 50, 62, 89, 159, 198, 297
Elektronenschutzkopf 121f, 125, 128
Elektronenspeicherringe 318
Elektronenstoßionisation 67, 79
Elektronenstrahl 57, 59, 69, 78ff, 117f, 122f, 131f, 143, 164, 196, 198ff, 202f, 206f, 209f, 216, 218, 263, 296, 298, 308f, 318
Elektronenstrahlenbündel 40, 57, 64, 192, 201f, 204, 214, 224, 441
Elektronenstrahl-Ionenquelle 69, 78ff
Elektronenstreuung 200, 215
Elektronenstromdichte 57, 79
Elektronentrimmer 212, 214f
Elektronentriode 62
Elektronentubusse 212f, 215
Elektronenübergänge im Wolframatom 103
Elektronenwolke 55, 57, 60
Elektronen-Zyklotron-Resonanzquelle 69, 75, 80
Elektronvolt 19, 68, 91, 184, 447
Elementarladung 184, 396, 450f
Elementarteilchen 451
Elemente des Periodensystems 453f
Emissionsstromdichte 51ff
Emissionsströme 51
Emissionsvermögen 129, 137f, 144, 147
Enddarm 13, 426
Endlosband 151
endoluminal 12
Energieakzeptanz 191
Energieanalyse 192, 198f, 268, 287, 436
Energieanalysiersystem 196
Energiebilanz bei einer thermischen Kernspaltung 328
Energiedosis 287, 447, 449
Energiefluenz 219, 452
Energieflussdichte 124, 452
Energiegewinn 21f, 26, 29, 33f, 184, 189ff, 269, 295ff, 299f, 303, 310, 312
Energie-Massenäquivalent 17
Energieproduktion 14, 16, 333, 339, 342, 350
Energieschärfe 191, 203f, 206, 263, 287, 298f, 308
Energieschwelle zur Teilchenproduktion 395
Energiestraggling 204f, 210
Energietransfer 271, 284
Energieunschärfe 35, 286f, 297
Energieverlust 92, 95f, 206f, 210, 213, 216, 312f, 319, 328
Energieverschmierung 193, 210
epithermische Neutronen 354
EPR 341
Erbium 453
Erosion des Anodenmaterials 134
Erzeugung langlebiger Radionuklide 254
Erzeugung neutronenreicher Nuklide 389
Erzeugung von Positronenstrahlern 395, 406
Europium 453
exponentielles Querprofil 242
externe Keilfilter 233, 238, 242
externe Kühlung 127, 140
extracraniale Bestrahlungen 260
Extrafokalstrahlung 121f, 125, 147
Extraktionselektrode 64, 72, 74, 85
Extraktionsspannung 62, 187
Extraktionsverfahren 82
Extraktor 68, 72, 83, 85

F

Faraday-Käfig 151
Farbmodifikationen von Edelsteinen 309
Fehllage des Elektronenstrahls 223
Feinstrukturkonstante 450
Feldausgleich 200, 204, 208ff, 221ff, 237, 259
Feldausgleich 299
Feldfehler 42
Feldformung 200, 230

Feldhomogenisierung 204, 206, 213, 223
Feldlinienverläufe 58, 63
Feldstärke 20ff, 27, 31, 41, 65, 71, 155, 171, 174, 184, 186, 188ff, 193, 271, 276ff, 294, 306ff
Feldstärkeverteilung 27
Feldverdrängung 56
Fermi, Enrico 320
FERMILAB 301
Fermium 453
Ferse 123
Fertigungsroboter 196
Festanoden 127f, 140, 142
Festkörperdetektor 245
Filtermaterialien 107f, 110f, 115
Filterung von Röntgenspektren 105, 115
Filterungen von Mammografiespektren 112
Filterwirkung 126
Flachbilddetektoren 247, 256, 261
Flatpanel-Detektoren 291
Fluenzausgleich 220
Fluor 321, 453
flüssiges Natrium 339
Flüssigionisationskammer 245
Flüssigmetallschmierung 139
flying-focal-spot 59, 132
Fokus 32, 34, 115, 121, 125, 216, 219, 225f, 228, 245, 248ff, 259f
Fokusort 203
fokussierender homogener Sektormagnet 41
fokussierender inhomogener 270°-Sektormagnet 41
Fokussierung 41, 43f, 46ff, 57ff, 62, 126, 132, 180, 190, 193, 200f, 204, 224, 228, 276f, 281, 304
Fokussierung der Elektronenstrahlenbündel 57
Fokussierung von Teilchenstrahlenbündeln mit inhomogenen Magnetfeldern 41
Fokus-Verschmierung 121
Folienausgleich 204
Form der Polschuhe 279
Formationsvolumen 83, 84, 89
Forschungsreaktoren 9, 320, 322, 333, 342, 350, 395
Fragmente 324, 325ff, 329f, 338, 350, 358, 360, 384, 389, 457
Fragmentmassen 329, 389
Fragmentpeaks 329
Fragmentverteilungen 326, 405
Francium 453
Frei-Luft-Dosisquerprofile 235
Fremdmaterialien (Dotierung) 60
Frenkel, J. 320
FRG-1 348
FRJ-2 347
FRM 342ff
FRM II 16, 344ff, 355
Führung von Elektronen 270
Führungsfeld 265f, 269f, 282, 303
Führungsmagnet 300
Füllgas 68, 148, 153, 259
Fundamentalkonstanten 450
Funkenstrecken 150
Funktionsweise von Kernreaktoren 331, 356
Fusionsforschung 37, 48, 81
Fusionsgeneratoren 361, 371

G

Gabun 348
Gadolinium 334, 351, 380f, 453
Gallium 453
Galliumlegierung 139
Gammaknife 416, 422f
Gantry 197f, 229, 247, 252, 260, 270, 288, 291
Garching 16, 342, 345f, 355
Garchinger Forschungsreaktoren 342
Gasentladungen 65, 74, 80
Gaußprofil 207
Gaußverteilung 206
Gebärmutter 429
Generator 9, 15f
Generator 23, 98, 148, 150, 153, 155, 361, 364, 398ff, 415, 435
Generatorsäule 397f
geometrische Bildschärfe 117
geometrischen Optik 32, 46
Germanium 453
Germanium-Gallium-Generator 404
Gerthsen, C. 9, 155
gewölbte Polflächen 276
gewölbte Potentialflächen 31
gittergesteuerte Kathoden 64
Gitterkathoden 61
Glasfaseroptik 419
Glättungswirkung 213
Gleichrichterdioden 149, 158
Gleichspannungsbeschleuniger 14f, 22, 25, 89, 148, 155, 157f
Gleichspannungsbeschleuniger mit HF-Generatoren 155
Glühbirnen 54

Glühdraht 55
Glühemission von Elektronen 52
Glühfaden 57
Glühkathode 31, 51, 57, 60, 64, 68f, 71ff, 89, 126, 131, 159, 435
Glühwendeln 50
Gold 259, 453
Graphit 134, 136, 138, 218, 286, 328, 333f, 339f, 355
Graphitblöcke 340, 395
Graphitkörper 129, 133, 141
Greinacher, H. 149
Grenoble 16, 342, 347
Grenzenergie 90, 93ff, 107, 109, 111, 116, 195, 220f
Grundlagen zur Strahloptik 27
Gruppengeschwindigkeit 169
GSI 50, 182, 301, 455

H

Hafnium 334, 453
Hahn, Otto 320
Hahn-Meitner-Institut 342, 347
Halbleitertechnik 10
Halbschatten 118, 215, 226, 228, 259, 421
Halbschattentrimmer 228, 419
Halbschattenverbreiterung 228
Halbwertschichtdicke 195, 218
Halbwertschichtdicken im Weichteilgewebe 106, 114
Hassium 453
Hauptgruppenelemente 66
Hauptkollimator 212
Hautdosis 213, 221f, 251
Hautfeldtechniken 196
Hauttumoren 115
HDR 426, 427, 429, 431f
He 457f
Heeleffekt 123ff, 147
Heizfadenlänge 117ff
Heizspiralen 61f
Helium 334, 453
Helix 35f
Helixradius 36
Helmholtzspulen 76
Herzschlag 247
Herzszintigrafie 403
HF-Auskopplung 159
HF-Beschleunigerstrecke 302
HF-Generator 14, 156, 169, 173, 179
HF-Ionenquellen 74, 80
HF-Kreisbeschleuniger 24
Hg-Au-Generator 403
high-dose-rate 426ff
HNO 13, 290, 428
hoch angereichertes Uran 322, 340
Hochenergie-Betatrons 267
Hochenergiemikrotrons 300
Hochenergie-Teilchenbeschleuniger 13
Hochflussreaktoren 14, 16, 333, 352, 358, 389
Hochfrequenz 9, 24, 63f, 74, 155, 159ff, 166, 169ff, 176, 178f, 182, 184, 187f, 191f, 197f, 257, 271, 274, 276ff, 282f, 294f, 298ff, 302, 306f, 309
Hochfrequenz-Beschleunigersektion 298
Hochfrequenzerzeugung 198
Hochfrequenzgenerator 155, 168
Hochfrequenzquellen 176, 182, 192, 303
Hochfrequenzwelle 184, 185ff, 189
Hochheizen der Kathode 59
Hochleistungsdrehanodenröhre 140
Hochleistungsröhren 134, 138
Hochspannungsgeneratoren 99, 158
Hochspannungsüberschläge 150, 153, 157
Hochstromteilchenquellen 69
Hochtemperaturreaktor 340
Hohlanode 69, 72, 128, 159, 165
Hohlelektroden 271, 282
Hohlkugel 151f
Hohlleiter 162, 167, 169ff, 173ff, 182f, 294, 308f
Hohlraumresonatoren 167ff
Hohlraumresonator-Strukturen 182
Hohlwellenleiter 167,ff, 173, 176
Hohlwellenleitersystem 198
Hohlzylinder 30
Holmium 453
homogene elektrische Felder 29, 33
homogene Magnetfelder 40
homogene statische elektrische Felder 29
Homogenisierung 200, 204, 206,ff, 211ff, 219, 250, 263, 268
Homogenisierung des Elektronenstrahlenbündels 204, 208
Homogenisierung des Photonenstrahlenbündels 219
Homogenität 196, 199, 206, 209f, 268, 282
Horizontale Fokussierung 44, 46
Horn 309
HTR 340
Hub 36
Hubtemperatur 142f

HV-Terminal 151, 154ff
Hyperbeln 28
Hyperthermie 12

I

IBR-2 357
ICRU 205
idealer Brennfleck 118, 120
ILL 16, 347
Impulsbetrieb 63
Impulsfolgefrequenzen 63
Impulsfrequenz 64
IMRT 229f
Indium 334, 453
Induktionsgesetz 25, 265, 268, 270
induktive Erzeugung von Hochspannungen 158
Influenz 154f, 157, 164
Influenzaufladung 154
Infrarotkühlung 136
Infrarotstrahlung 136, 435
inhomogene elektrische Felder 30
Inhomogenitäten 208, 224
Inkorporation 398, 402, 411
Institut Laue-Langevin 347
Intensität 93ff, 101, 103f, 106f, 111f, 122, 124, 164, 202, 311, 315f, 318, 353, 359, 364, 385, 437, 439, 445, 452
intensitätsmodulierte Bestrahlungen 288
intensitätsmodulierte Strahlentherapie 229, 230
Intensitätsspektren der Röntgenbremsstrahlung 93
Interlocksystem 223, 232
interstitielle Therapie 12
interstitium 426
interventionelle Techniken 10
interventionelle Radiologie 11
intraoperativ 12
inverse Sputterquellen 86
in-vivo-Untersuchungen 411
Ionenausbeute 71
Ionendosis 449
Ionenextraktionselektrode 72
Ionenextraktor 78
Ionenextraktors 86
Ionenimplantation 10, 182
Ionenquellen 14, 20, 31, 37, 48, 50, 65, 68ff, 71, 74ff, 79, 82, 85f, 88f, 153, 360, 362, 370
Ionisationskammermatrix 246
Ionisationskammern 232, 258f
Ionisationskammern 440
Iridium 61, 407, 427, 429, 453
Irisblenden 169f, 175, 185
Ising, G. 9, 179
ISIS 360
isochron 279
Isochronzyklotron 46, 280, 289, 291, 360
Isodosenformung 196, 238
Isodosenneigungswinkel 234
Isodosenverschiebung 235
Isolieröl 124, 138
Isotopenreinheit 386
Isozentrumsabstand 421
Isozentrumsachse 197f

J

Jod 12, 408, 415, 453
Jod-Seeds 12
Joule 19, 91, 275, 447

K

Kadmium 320, 334, 351
Kalibrierspektren für Personendosimeter 114
Kalibrierstrahlungen 115
Kalium 179, 453
Kapazität einer Kugel 152
Kapchinskii, I. M. 180
Kapselung 428
Kaptan 106
Kaskadenbeschleuniger 157
Kaskadengeneratoren 148f
Katalysatorproduktion 10
Kathoden von Röntgenröhren 50
Kathodenbauformen 54, 60
Kathodenheizung 126, 161
Kathodentemperatur 52, 435
Keilfilter 127, 233ff, 241ff, 248, 419
Keilfilterdicke 234f, 238
Keilfilterfaktoren 233, 242f, 248
Keilfilterisodosen 236, 238
Keilfilterprofil 234
Keilfilterwinkel 233, 238, 240, 242f, 263
Keilfilterwirkung 241
Keimfreiheit 402, 411, 441
K-Elektronen 108
Kelvin 446, 447
Kenndosisleistung 407, 409, 417f, 420f
Kennzeichnung der Keilfilter 243
Keramikisolatoren 140
Kernindustrie 9

Kernphotoeffekt 255, 308, 353f, 367, 371
Kernphotoreaktionen 222, 250ff, 368
Kernphotoschwellen 222, 250, 252, 367
Kernreaktionen 12, 14, 15f, 148, 222, 271, 334, 352ff, 359, 361, 364, 366, 368, 371, 373f, 385, 395ff, 405
Kernreaktor 8,15f, 320, 337ff, 384, 386, 388
Kernreaktornuklide 16
Kernreaktortypen 332
Kernspaltung 16, 320, 322ff, 328, 331, 333, 338, 341, 349, 352f, 357ff, 370, 382, 385, 389, 405, 456
Kernspaltungs-Kettenreaktion 320
Kerst, D. W. 25, 265, 268
Kick 232
Kickermagnete 308
Kickspulen 59
Kilogramm 446f
K-Kante 107f, 111
Klack 232
klyso 161
Klystron 162, 164f, 168, 173
Klystrongeometrie 162
Knochen 106
Kobalt 195, 263, 407, 416, 418f, 453
Kobaltanlage 9, 420, 424
Kobaltstrahler 389, 416, 421, 424, 441, 445
Kohlenstoff 252, 286, 442, 453
Kollimation des Elektronenstrahls 212
Kollimation des Photonenstrahlenbündels 224
Kollimatorsystem 212, 239, 257, 259
Kompensatoren 233
Kompensatorwirkung 241
Kondensatorglättung 98f
Konformations-Bestrahlungstechniken 288
Konformationstherapie 242
Kontaktbestrahlungsplatten 407
Kontakttherapie 425
Kontakttherapiemethoden 12
Kontrastarmut 244
Kontrastmittel 11
Konvergenz 37, 226
Konvergenzwinkel 34
Kopplungsraum 189
Koronaentladung 151f, 155
Körperhöhlen 12, 128, 426
Korpuskeln 14, 17, 19, 174, 177, 193
Krebsbehandlung 10
Krebsforschungszentrum 226
Kreisbahn 25, 34, 36, 45, 264, 266, 269, 272, 295, 312, 314
Kreisbeschleuniger 14, 23, 25, 265, 294
Kreismikrotrons 297
Kreisringfläche 94
Krypton 453
K-Serie 102ff, 147
K-Strahlung 103f, 111, 147
Kugelhaufenreaktor 340
Kühlaggregate 63, 198
Kühllamellen 128
Kühlmittel 115, 139, 141, 146, 328, 332f, 338f, 341f
Kühlmittelfluss 139, 339
Kühlölbad 131
Kühlung 63, 101, 126f, 130, 134, 136, 138, 144f, 147, 218, 337, 339f, 344
Kühlwasserüberwachung 232
Kühlzeit 55
kumulative Dosis am Uterus 248
kumulative Fragmentausbeute 337, 457f
Kunststoffhärtung 197
Kunststoffverarbeitung 309
Kupfer 89, 108, 121, 128, 136, 138, 140, 159, 167, 173, 183, 202, 218, 222, 273, 308, 453
Kupferkörper 117, 127, 133
Kurzdistanztherapie 12

L

Laboratoire Leon Brillouin 348
Labyrinth 255
Laddertron 155, 157
Ladungsaustauschprozesse 68
Ladungsaustauschquellen 82, 84f, 88
Lageüberprüfung des Patienten 291
Lamellenflanken 226ff
Lamellenkollimator 225, 227, 243f
Lamellenzwischenräume 226, 228
langsame Neutronen 342, 354, 381, 383f
Lanthan 453
Laufzeitverfahren 355f, 370
Lawrence, E. O. 9, 179, 194, 271, 273
Lawrencium 453
Lebensdauer 53, 55, 61, 138, 146, 161, 326, 349, 358, 385, 388, 392f, 397f, 402f, 405, 407, 433, 435f, 438
Lebensdauer der Kathode 53
Leckstrahlung 215, 226
Leichtmetalltubus 212
Leistungskernreaktoren 394
Leistungsklystrons 164
L-Elektronen 108

LET 284
Leuchtschirm 246
Lichtgeschwindigkeit 17, 20, 35, 121, 136, 179, 186, 189f, 267, 274, 303, 306
Lichtoptik 31
Lichtstärke 446f
Lichtvisier 198f, 217, 419f
LINAC 159, 175, 195ff
Linac-Sektion 298
linear divergierendes Feld 38
linear konvergierendes Feld 38
Linearbeschleuniger 9, 14f, 23ff, 31, 174f, 182, 193, 206, 232, 249, 268, 297, 299, 304f, 307, 416
Linearbeschleunigerstrukturen 175, 299
lineare Strahloptik 27
Linienquelle 417
Linienspektrum 90, 102
Lithium 364, 380, 453
Livingston, M. S. 42, 271, 273
L-Kanten 108, 109
LLB 347
L-Linien 106, 110
Lochblendenanordnung 31
Lochblendensystem 185
Longitudinalwelle 170, 184, 187
Lorentz, H. A. 20
Lorentzgleichung 20, 27
Lorentzkraft 20, 25f, 29, 34ff, 39, 43ff, 49, 70, 74f, 84, 160, 166, 180, 268f, 272, 277
Los-Alamos-Design 189
Low-Z-Filter 221
L-Serien-Strahlung 102
Luftaufsättigung 215
Luftdruck 232
Luftkühlung 140
lumen 427
Luminosität 43f
Lungengewebe 106
Lungenperfusion 404
Lutetium 453
Lymphknoten 12

M

Magnesium 374, 453
Magnetfelder 21, 25ff, 34, 36, 39ff, 43, 46, 48f, 70, 76f, 163, 173, 204, 264, 274, 277, 280, 282f, 301ff, 306ff, 310, 314, 318
Magnetfeldflussdichten 280
Magnetfilter 83
magnetische Ablenkung 41, 132, 222
magnetische Flasche 37, 77
magnetische Flussdichte 20, 279, 299, 319, 447
magnetische Führungsfelder 264, 316
magnetische Quadrupole 41
magnetische Spiegel 37
magnetische Dipolfelder 27
magnetische Quadrupolfelder 28
Magnetkombinationen 203
Magnetmultipole 42
Magnetron 159ff, 165, 168, 173, 257
Magnetronhohlräume 161
Magnetspektrometer 287
Magnox-Reaktoren 339
MAMI 50, 299
Mammaspickung 12
Mammografie 100, 105, 110, 115, 118, 125
Mammografieanoden 111
Mammografieröhren 136
Mammografiespektren 109ff
Mangan 453
Marx, E. O. 150
Marxgenerator 157
Massenreichweite der Elektronen 215
Massenverteilungen der Spaltfragmente 350, 389
Materialaktivierungen 248f, 252f, 255
Materialbearbeitung 10, 14, 16, 25, 148, 158, 182, 300, 333, 416, 433
Materialkunde 9
Materialprüfung 9f, 14, 90, 120, 127, 372, 425, 433, 438
Materialuntersuchungen 115, 371
Maximumsdosisleistung 235
Maxwellgleichung, zweite 25, 268
McMillan, E. M. 301
MDR 426
ME 232
mechanische Spannungen 134
Mediastinum 106
medizinische Elektronenlinearbeschleuniger 62
Megalix 130
Mehrfachionisationen 65, 67f
Mehrfeldertechnik 247
Mehrkammerklystrons 161f
Mehrkanalafterloading 431
Mehrquellenmethode 429f
Meitner, Lise 320, 334
Meitnerium 453
Mendelevium 453
Metallfilmkathoden 51

Metallkathoden 50f
Metallketten 148, 158
Metallröhrenkolben 140
Metallwendel 50
Metastasen 12
MeV/2-Regel 410
Mikrokalk 114
Mikropulsung 309
Mikrotrons 9, 20, 264, 294, 296ff, 303, 307, 310
Mikrowellen 74f, 159, 161
Mikrowellen-Ionenquellen 74f
Minimierungsgebot 248
Minimum-B-Struktur 77
Mittelschnelle Neutronen 354f,
Mischoxid-Brennelemente 341
MLC 225, 228, 230
Mo-99 107, 111, 391, 394, 398ff, 405, 407, 411, 413, 457ff
Mo-Anoden 111
Moderation 324, 327f, 331, 333, 335, 339ff, 348, 351, 355, 370, 382, 395
Moderator 328, 332, 341, 355
Moderatortank 344, 346, 347
Modulator 64, 197f
Mol 51, 53, 102ff, 108, 112, 129f, 134, 136ff, 386, 398f, 402, 411, 446f, 450, 453
Molybdän 51, 53, 102ff, 108, 112, 129f, 134, 136, 137f, 398f, 402, 411, 453
Molybdänanoden 100, 103
Molybdän-Technetiumgenerator 398
Monitoranzeige 239
Monitoreinheit 229, 232
Monitorkammer 106
Monitorrückstreuung 225f, 229
Monitorsystem 196, 232
Monitortabellen 232
monoenergetische Röntgenspektren 115
Mo-Tc-Generator 8, 391, 398, 405, 407, 411
motorische Keilfilter 239, 243
MOX 341
Multi-Cusp-Ionenquelle 83, 87
Multi-Cusp-Sources 70f
Multileafkollimatoren 226
Muskulatur 106
Myon 451

N

Nadelstrahl 40, 199, 207, 315
Natrium 179, 333, 342, 378, 436, 453
natürliche Strahlenexposition 91
Natururan 320f, 332f, 339ff, 348
Natururan-Reaktor 339, 341
Nd 457f
Nebenwirkungen 195, 244, 426
negativ geladenes Wasserstoff-Ion 84
Neigungsumkehr 37f
Neodym 349, 453
Neon 453
Neptunium 453
Neutronenaktivierungen 389
Neutronenausbeute 353f, 360f, 368f
Neutroneneinfang 12, 16, 250, 252, 254f, 320, 322, 328, 333f, 337, 342, 344, 349, 352, 355, 369, 372ff, 380, 383ff, 390ff, 434, 444, 459
Neutroneneinfangreaktion 391, 416
Neutroneneinfangwahrscheinlichkeit 383
Neutronen-Energiespektren 326
Neutronenfänger 250, 336
Neutronenfilter 343
Neutronenflussdichte 343, 363, 382, 387, 392, 393
Neutronengenerator 13f, 150, 391
neutroneninduzierte Kernspaltung 15, 320, 322, 389
Neutronenkonverter 343, 346f, 382
Neutronen-Protonen-Verhältnis 395
Neutronenquellen 16, 352ff, 358ff, 364, 366ff, 379, 382, 391, 394
Neutronenquellen mit spontanen Spaltern 352, 358
Neutronenradiografie 352, 355, 372, 376, 380
Neutronenreflektoren 356f
Neutronenstrahler 353, 358, 370, 372, 382
Neutronenstrahlung 16, 222, 352, 379, 380
Neutronentiefendosisverläufe 365
Neutronenüberschuss 324, 352, 385
Nickel 51, 223, 453
Niob 183, 453
NIST 66
Nobelium 453
Nominalenergie 203
Notfallabschaltung 338
Notfallabschaltungssystem 332
Nozzle 291f
Nuklearmedizin 11, 397ff, 402, 404, 407, 411f, 414
Nur-Photonen-Maschinen 196
Nutzaktivität 387
Nutzstrahlenbereich 249, 251
Nutzstrahlenbündel 207, 244, 250, 252

O

Oberflächendosis 239
Oberflächenkonversionsquellen 88
Oberflächenquellen 82, 85, 88
Oberflächenveränderungen 10
Ohrwaschelbild 122
Oklo-Reaktor 320
Oktupole 42
Oktupolfelder 27
Ophtalmologie 407
Ortsdosisleistung 253
Osmium 61, 453
Oszillografen 91
Outputfaktoren 260f
Overtravel 225, 229, 241f
Oxidkathoden 51, 60

P

Paarbildung 219, 221, 244
Paarvernichtung 252, 451
Packmethode 429
Palladium 108
Parabelbahnen 29f, 34
Parallelisierung 33
Parallelstrahl 40
PDR 429
Pelletron 155, 157
Pellets 154f, 340, 418
Penning-Ionenquellen 71ff, 79, 87
periodische elektrische Felder 22
Peristaltik 247
perkutan 12, 427
permanente Multipolmagnete 75
Pertechnetat 398, 402, 411
PET 3, 412
Phantomoberflächendosis 240
Phasenbedingungen 191
Phasenfokussierung 176f, 184, 186f, 191, 193f, 304, 306ff
Phasengeschwindigkeit 169f, 185, 187
Phasenlage relativistischer Teilchen im Zyklotron 277
Phasenstabilität 274
Phasenwinkel 266f
phi-coils 59
Phosphor 374, 382, 453
Photoeffekt 50, 108
Photonenausbeute 203, 216
Photonenausgleichskörper 199, 220, 259
Photonenbremsspektren 252
Photonenfluenz 93, 111, 240
Photonenhalbblenden 225
Photonenkollimator 214, 224, 228
Photonen-Schwächungskoeffizienten 108
Photonenspektrum 102, 221, 234
Photonentarget 198, 201
Photoneutronen 218, 250, 252f, 255
physiologische Kochsalzlösung 398f
Pierce-gun 63
PIG 69, 73
Pi-Meson 451
π-Modus 161
Pionenstrahlungen 13
Plancksches Wirkungsquantum 52, 91, 450
Plasma 39, 65, 67ff
Plasmaforschung 83
Plasmahülle 86f
Plasmamitte 79
Plasmaoberflächen-Konversions-Ionenquellen 85ff
Plasmaphysik 37
Plasmaraum 79
Plasmatrons 69, 71, 79
Plasmavolumen 71, 79
Platin 51, 136, 406, 453
Plutonium 322, 339, 341, 349, 351, 434f, 453
Polardiagramme 123
polarer dissoziativer Elektronenstoß 82
Polonium 9, 368, 453
Polschuhabstände 279
Polschuhdurchmesser 296
Polschuhe 28, 40, 72, 267, 276, 281f, 310
Polyethylen 343
Polymerfertigung 14
Polymerisation von Kunststoffen 2, 271
Polymerisationsaufgaben 309
Portal-Filme 244
Portal-Imaging Kontrollen 244
Portal-Imaging-System 196, 244ff
Portalvision-Kontrollen 262
Positionierungslaser 257
Positron 451
Positronen-Emissions-Tomografie 11
Positronenstrahler 11, 16, 255, 385, 395, 397, 405, 412
Positronenvernichtungsstrahlung 222
Potentialdifferenz 21f, 29, 32f, 447
Pottier, J. 308
praktische Reichweite 95ff
Prallanoden 86
Praseodym 453

Pressurized Water Reactor 341
Primärstreufolie 207f, 217
Primärwicklung 265
Prinzip der Beschleunigung geladener Teilchen 17, 20
Prinzip der Kettenreaktion 331
Projektionsmikroradiografie 118
Promethium 453
prompte Gammaquanten 328
Prostata 13, 427, 431
Prostata-Karzinome 12
Protactinium 453
Proton 451
Protonen-Bestrahlungsanlagen 288
Protonenspots 288
Protonen-Stereotaxie 290
Protonensynchrotrons 303
Protonentherapie 281, 283, 290
Protonenzyklotrons 10, 288
Pulsbetrieb 50, 79, 146, 150f, 161, 164ff, 278f, 283, 302, 349
Pulsfolgefrequenz 191, 275
Puls-Generatorbetrieb 146
Puls-Generatoren 99, 146
pulsierende Anodenspannung 98
Punktquelle 409
Punktquellengeometrie 221
Punktstrahler 118
Pyrogenfreiheit 402, 411

Q

Quadrupol-Dubletts 42
Quadrupole 41, 175, 193, 204, 307
Quadrupol-Elektromagnete 132
Quadrupolfelder 27, 46, 175, 193
Quadrupolkomponente 41
Quadrupollinsen 42, 46, 202, 204, 231
Quadrupolmagnet 210
Quadrupol-Tripletts 42
Qualitätskontrollen 115, 229
Qualitätssicherung 243, 286, 444
Quecksilber 360, 403, 453
Quecksilber-Gold-Generator 403
Quellen für negative Ionen 81
Quellentresor 410, 426
Quellenwechsel 410
Quellpunkt 41
Querprofil 213, 220, 234, 237
Q-Wert 363, 365, 368

R

Race-Track-Mikrotron 20, 298, 300
Radar 182
Radartechnik 159
radiale Beschleunigung 41
Radio Frequency Quadrupole 175, 180ff
Radiofrequenz-Ionenquellen 69, 74
Radiologie 11, 14, 50, 89f, 103, 129, 147, 391
Radionuklide für die Nuklearmedizin 366, 411, 413
Radionuklidgeneratoren 10, 16, 385, 397, 402, 404f
Radionuklidproduktion 14, 283
Radionuklidszintigrafie 11
Radioonkologie 10, 12, 352, 371, 387, 421
Radium 9, 13, 425, 429, 453
Radiumnadeln 429
Radium-Stift-Methode 429
Radiumtherapie 426, 431
Radiumträger 429
Radon 453
Raumladungsbedingungen 56
Raumladungsbereich 56
Raumladungseffekte 44, 160, 435
Raumladungsgesetz 56
Raumladungswolke 55
räumliche Auflösung 115, 117, 125, 438
räumliche Fokussierung 304
Raumluft 251ff, 255, 440
RBMK-Reaktor 340
RBW 271, 284, 293
r-coils 59
Reaktivität 337, 344, 351, 357
Reaktor 320, 331f, 335ff, 339ff, 348, 357, 387, 391, 395
Reaktorbehälter 340
Reaktordruckbehälter 341
Reaktorkern 328, 332, 334, 338f, 342f, 357
Reaktorneutronen 342, 356, 379, 382
Reaktor-Radionuklide 391
Rechteckfelder 212
Rechteckhohlleiter 167f, 173
Rechteckschwingung 190
Referenzbild 246
Referenzdosisleistung 426
Referenzisodose 233
Reflektoren 332, 324
Reflexklystron 162
Regelschwingungen 247
Reichweite 95, 216, 407, 410, 437

Reinwolframanoden 54, 134
Rekombination 68, 70, 76
relativistische Energie 176, 282, 296, 303
relativistische Masse 17
relativistische Neutronen 354
relativistischer Energiesatz 18
Relativitätstheorie 17, 19, 20
resonante Beschleunigung 22
Resonanzbedingung 273, 276, 294ff, 298, 300, 310
Resonanzbedingungen beim Mikrotron 294ff
Resonanzeinfang 331f
Resonanzen 323
Resonanzfrequenz 160
Resonanzraum 166, 188, 294
Resonatorkammer 162
Restwelligkeit 210f
Rezidivgefahr 426
RFQ-Beschleuniger 175f, 180f, 193
RFQ-Prinzip 181
RF-Quellen 74
Rhenium 102, 108, 134, 136, 453
Rhodium 102, 108, 112, 136, 453
Rhodiumanode 113
rhodos 308
Rhodotron 15, 264, 308
Richardson-Gleichung 51f, 56f
Richardsonkonstante 52f
Richtstrahlwert 57
Richtungsabhängigkeit der Röntgenintensität 124
Richtungsumkehr 37f
Ringbeschleuniger 15, 20, 25f, 176, 264, 282, 299, 301, 307f
Ringfolie 208
Ringgefäß 265ff
Rippen 106
Risikoorgane 244, 247
Roboterarm 256, 261f
Rods 180f
Röhren-Belastungsnomogramme 146
Röhrenkolben 115, 126, 130f, 133, 141, 145
Röhrenschutzgehäuse 124, 127, 131, 138
Röhrenspannung 56, 97, 99ff, 110, 112, 125, 145, 147, 195
Röntgen 20, 22, 26
Röntgen, W. C. 89
Röntgenbremsstrahlung 90, 92,ff, 98ff, 105, 123, 126, 417
Röntgendiagnostik 10f, 95, 101, 115, 233, 245, 381
Röntgen-Intensitätsspektrum 90
Röntgenkristallographie 9
Röntgenkristallometrie 9
Röntgenröhre 9, 13ff, 20, 22, 26, 31, 50, 54, 57ff, 89ff, 98f, 101, 107, 121, 127ff, 134, 141, 145, 147, 184, 216
Röntgenspektren 89ff, 95, 98f, 106f, 110, 115f
Röntgenspektren im Wellenlängenbild 116
Röntgenstrahler 9, 146, 291, 548
Röntgenstrahlung 9ff, 89f, 92, 99, 101f, 105, 117, 121, 123ff, 134, 195, 218f, 238, 381f, 438
Röntgenstrahlungserzeugung 50, 89ff
Röntgenstrukturanalyse 9
Röntgenverordnung 91
Rotationsbestrahlungen 270, 366
Rubidium 66, 81, 326, 403f, 412, 453f
Rubidium-Krypton-Generator 403f
Rückstreuung 230, 334, 344, 419, 436, 437
Rückstreuung der thermischen Neutronen 345
Ruheenergie 17, 35, 100, 275, 296, 312, 315, 450f
Ruheenergie der Elektronen 35
Ruhemasse 17, 18, 274f, 295, 311f, 392, 450f
Ruhemasse des Elektrons 450
Ruhemasse des Neutrons 450
Ruhemasse des Protons 275, 450
Rundkollimatoren 258
Rundtubus 259
Runzelröhre 169f
Ruthenium 61, 399, 453
Rutherfordium 453

S

Saatgut 10
Samarium 337, 349, 453
Sammellinse 32
Sättigungsaktivität 387, 398
Sättigungsstromdichten 52, 89
Sauerstoff 252, 334, 377f, 453
Scanamplituden 288f
Scandium 453
Scanning-Magnet 209f
Scanningverfahren 292
Scansysteme 211
Schädelkalotte 122
Schädlingsbekämpfung 10
Schaltmagnete 59

Schiebeverschluss 419
Schilddrüsenerkrankungen 12, 414
Schmelzpunkt 136, 138, 435
schnelle Neutronen 324, 341, 351f, 354f, 357, 363f, 382, 374, 382f, 384, 391
Schottky-Langmuir Raumladungsgesetz 56
schräger Teilcheneinschuss in Magnetfelder 36
Schraubenlinie 35
Schraubenradius 36
Schubsäule 149, 158
schwache Fokussierung 43f, 48
Schwächungsgesetz 234, 242, 375, 378, 379
Schwächungskoeffizient 108, 235, 237, 375, 376ff, 388, 418
Schwächung thermischer Neutronen 375ff
Schwefel 453
Schwefeloxide 10
Schwefelhexafluorid 148
Schweißnahtprüfung 431, 438
Schwellenenergie 68, 222, 323, 363f, 373
schwere Fragmente 326
Schwerionen 10, 13, 175, 183
Schwerionenbeschleuniger 10
Schwermetallausgleichskörper 221
Schwermetalltubus 212
Schwerwasser 328, 333, 339, 341
Schwimmbadreaktor 347
Schwingkreis 156, 158, 160
Schwingungsknoten 169, 187
Schwingungsmoden 161, 168f, 174, 190
Seaborgium 453
Seebeckeffekt 433
Sektormagnet 40f, 201
sekundäre Spaltfragmente 324, 336
Sekundärelektronen 72, 121f, 125, 244, 250
Sekundärphotonen 219, 221
Sekunde 446f
Selbstabsorption 216, 417
Selbstabsorption von Kobaltquellen 417
Selen 453
separated function Magnete 47
Sextupole 42
Sextupolfelder 27
shrinked-field-Technik 244
Shutter 343
SI 49, 312, 324, 446ff, 452
Sicherheitsbehälter 9
Sicherheitssystem 211, 218, 223, 239
Siedewasserreaktor 333, 339, 341
Silber 334, 453
Silizium 261, 374
single photon emission computer tomography 11
SINQ 360
Slalom-Umlenkmagnetsystem 203
Slepian, J. 9, 265
Sloan, D. H. 179, 194
Sn 66, 81, 139, 413, 453f, 457f
SNS 361
Sollbahn 27f, 32, 43ff, 265ff, 269, 276, 282, 304
Solllage 46, 177, 247
Spallation 8, 359f, 384
Spallation Neutron Source 361
Spallationsquellen 14ff, 352ff, 359, 370, 379
Spaltausbeuten 324, 334, 336f, 358, 456ff
Spaltbarriere 322f
Spaltfragmente 15, 324, 326, 328ff, 336ff, 343, 349ff, 358, 385f, 405, 456, 459
Spaltfragmentverteilungen 320, 329, 349
Spaltmolybdän 391, 394, 398, 405
Spaltneutronen 324, 326f, 335, 342, 349, 350f, 355f, 359f, 382, 384, 459
Spaltphotonen 343
Spaltprodukte 324, 328, 331, 340
Spaltschwelle 323f, 325
Spaltung mit schnellen Neutronen 321, 324
Spannungsfestigkeit 121, 148, 152f
SPECT 11
Speicherfolien 244, 380f
Speicherringe 14f, 301, 311, 315, 319, 360
Speiseröhre 12
Spektraldichte 313
spektrale Energiefluenz 452
spektrale Energieflussdichte 452
spektrale Intensitätsverteilung 93, 97
Spektrometermagnete 203
Sperrspannung 58, 79
spezifische Aktivität 358, 386ff, 391, 406
spezifische Intensität 93, 96f
Spicknadeln 13, 425, 427
Spicktechnik 427
Spiegelmagnet 41
Spiegeloptik 245
Spiralbahn 24, 278
Spiral-Computertomografie 54, 59, 132
Spiralen 37
Spitzenelektrode 151
Spitzenentladung 50, 151
spontane Spalter 379
Spots 285
Spulenwicklungen 42, 59, 266, 305
sputter 86

Sputter-Ionenquellen 86
Sputterquelle 82, 85
Sr 404, 408, 412, 415, 429, 457f
Standardmesstiefe 233f
standing wave 184
starke Fokussierung 43ff, 48, 305
Stefan-Boltzmann-Strahlungskonstante 137
Stehanoden 125, 127, 129, 133, 138
Stehanoden-Röntgenröhre 127
Stehwellenbeschleuniger 187f, 192f, 198, 257
Stehwellenprinzip 184, 187, 190, 194
Stereoaufnahmen 247
stereotaktische Bestrahlung 16, 196, 226, 256, 260, 290
Sterilisation 10, 14, 157f, 182, 197, 271, 416, 433, 441, 445
Sterilität 402, 411
Steuerelektrode 57
Steuergitter 50, 59, 61ff
Steuerstäbe zur Regelung 332
Stickstoff 252, 374, 382, 453
Störstrahler 91
Störstrahlungsbereich 249
Störstrahlungsfeld 421
Stoßbremsung 90, 126, 205, 216, 410
Stoßbremsvermögen 99, 205, 284, 287
Stoßionisation 65, 72f, 92
Stoßparameter 92ff
Strahlablenkung 27
Strahlaufhärtung 218
Strahlausbeute 43, 45, 275, 304
Strahlenabschirmung 320, 332, 339
Strahlenschutz 55, 91, 114, 126, 222, 248ff, 254f, 398, 400, 402, 410f, 415, 419, 425, 428f
Strahlenschutzprobleme an medizinischen Elektronenlinearbeschleunigern 248
Strahlenschutzverordnung 248, 421
Strahlentherapie 10ff, 43, 127f, 233f, 270, 283, 285, 299f, 310, 362, 370, 382, 407, 414, 420, 424, 427
Strahlerkopf 195, 197ff, 210, 213, 216f, 221, 225f, 229f, 237ff, 242, 250ff, 255ff, 260, 262f, 268, 286, 288f, 291, 297, 419f
Strahlerkopf im Photonenbetrieb 216
Strahlerstärke 409
Strahlfokussierung 27, 162, 201, 305
Strahlführung 27, 31, 34, 42, 46, 48, 177, 198, 213, 276, 299, 304, 317, 319
Strahlführung geladener Teilchen 27, 31, 34
Strahlführungssystem 198, 284, 287
Strahlkollimatoren 195
Strahloptik 17, 27, 31, 42f, 48, 59, 112, 228, 298
Strahlquerprofil 220, 243
Strahlrohr 28, 42, 44, 63, 176, 183, 194, 200, 209, 217, 257, 304, 346f, 362
Strahlrohrdurchmesser 44
Strahlscanning 209
Strahlsymmetrie 196, 200, 209, 231, 239, 249
Strahlüberwachung 200
Strahlumlenksystem 193
Strahlungsausbeuten 147, 217, 319
Strahlungsbremsung 15, 92f, 205, 216
Strahlungsbremsvermögen 90, 99, 205
Strahlungsfeldgrößen 452
Strahlungskeule 314f, 318
Strahlungskühlung 54, 130, 136ff, 141, 143ff
Strahlungsqualität 12, 105, 111f, 114, 147, 195, 207, 218f, 222, 237, 242f, 311, 316, 319, 408f, 421
Strahlungsquellen für die industrielle Fertigung 283
Strahlungsverlustleistung 312
Strassmann, Fritz 320
Streufolie 198, 206ff, 212, 292
Streufoliensysteme 207
Streufolienverfahren 204
Streustrahlung im Phantom 230
Streustrahlungslabyrinth 249f
Streuvermögen 206, 436f
Streuwinkelquadrat 205
Streuwirkung 204ff
Strichbrennfleck-Prinzip 118
Strippingreaktionen 359
Strippingfolie 360
Stripper 81
StrlSchV 248
Stromdichte 52, 57, 93, 324
Strontium 453
Strontium-Rubidium-Generator 404
Strukturanalyse 10
Strukturmaterialien 44f, 222, 251ff
Strukturuntersuchungen 10, 116
Subthermische Neutronen 354
supraleitende Magnete 45, 274, 282, 318
Swiss Spallation Neutron Source 360
SWR (Siedewasserreaktor) 341
Symmetrie 196, 200, 209, 231, 239
Symmetriekontrolle 291
Synchronisation 24, 64, 179, 278f, 295, 296

Synchrotron 9, 15, 20, 25, 264, 301, 304f, 306, 310, 319
Synchrotronstrahlung 9ff, 15, 301, 303, 311ff
Synchrotronstrahlungsausbeuten 319
Synchrotronstrahlungsverlust 313
Synchrozyklotron 278, 283
Système International d'Units 446
Szilárd-Chalmers-Effekt 391f

T

Tandembeschleuniger 157
Tantal 51, 53, 136, 292, 453
Target 23, 43, 89, 126, 153f, 217f, 220, 342f, 359f, 362, 366, 368, 370
Targetdicke 97, 216, 218, 363
Targetkühlung 218
Tc-99 399, 400, 413, 415, 457ff
TE-Modus 434
Technetium 391, 399ff, 411, 453
Teilchenbahnen im homogenen Magnetfeld 36
Teilchenbahnen in inhomogenen Magnetfeldern 38
Teilchenfluenz 452
Teilchenfluss 387, 452
Teilchenflussdichte 387, 452
Teilchenführung mit homogenen Magnetfeldern 40
Teilchenführung mit Magnetfeldern 40, 48
Teilchenradianz 452
Teilchensollbahn 268
Teilchenumlauffrequenz 278
Telegamma 420
Teletherapie 12, 358
Teletherapiekobaltgeräte 416
Tellur 453
Tellur-Jod-Generator 402
Temperatur der Brennfleckbahn 143
Temperaturbilanz RöRö 142
TEnm-Modus 168
Teplyakov, V. A. 180
Terbium 453
Thallium 453
therapeutische Strahlungsquellen 195, 372
therapeutische Tiefe Elektronen 213
Therapieplanung 226, 431
Thermalisierung von Spaltneutronen 327
thermische Belastungsgrenze 144
thermische Emission 50
thermische Emission von Elektronen 51
thermische Neutronen 323, 332f, 340, 346, 355f, 358, 376f, 379ff, 384f, 389, 390, 405
thermische Reaktoren 332
thermischer Brennfleck 117
Thermodiffusionsströme 433
Thermoelement 433f
Thoraxaufnahmetechnik 106
thorierte Wolframkathode 52
Thorium 51, 340, 402, 453
Thoriumdioxid 51
Thorium-Kuh 402
Thorium-Zerfallsreihe 402
THTR 340
Thulium 453
Tiefenblende 121f, 125
Tiefendosismaximum 221
Tiefendosisverlauf 196, 206, 221
Titan 362, 453
^{201}Tl 11, 413
TMnm 168
Trägerfreiheit 386, 391, 406, 411
Trägermatrix 398
Trajektorien 33, 63
Transformatorprinzip 25, 265
Transmission 114, 226f, 228, 230, 238, 244, 250, 286f
Transmission durch das Blendensystem 250
Transportbänder 157
Transportsystem 425, 427
Transurane 320, 358, 369, 371
travelling wave 184
Trenndüsenverfahren 321
Trimmer 213ff, 225
Triodenquellen 62
Tritium 361ff, 370
Tritiumtarget 150, 361
Triton 380, 451
Tschernobyl 337, 341
Tubus 212ff, 309
Tubushomogenisierung 213
Türbereich Linac 250, 255

U

U 327, 342, 351,459
Ultragaszentrifugen 321
ultraharte Photonenstrahlung 200, 219, 234f
Umgebungstemperatur 137f
Umlauffeld 26, 267f
Umlauffrequenz 24
Umlaufspannung 265, 267f

Umlenkmagnet 35, 217
Umlenksysteme 201ff
Undulator 316, 318f
Unoplasmatron 71f
Unwuchten 134
Uran 320f, 333, 339f, 344, 348, 351, 360, 419f, 453
Uranisotope 320, 349
Uransilizid 344, 346
Uterus 248, 426, 431

V

Vakuumlichtgeschwindigkeit 17ff, 27, 167, 169f, 186, 295, 359, 450
Vakuumsystem 198
Valenzelektronen 65f, 82
Van de Graaff, R. J. 9
Van de Graaff-Beschleuniger 14f, 22, 26, 148, 151, 152ff, 157f, 363
Van de Graaff-Generator 151f, 154, 157f
Vanadium 453
Varian, R. H. und ***S. F.*** 161, 163
Veksler, V. I. 9, 294, 301
Vektorprodukt 21
Verbundanoden 129, 133f, 138, 141
Verifikationssystem 197f, 256
Verlustleistung 99, 126, 129f, 133, 146
Verlustwärme 127, 129, 134, 136, 138, 141, 218
Vermehrungsfaktor 331
Vernichtungsstrahlung 219, 252, 255, 412, 414
Verspannungen des Anodentellers 144
Versprödung 136, 442
vertikal fokussierende Wirkung 46
verzögerte Neutronen 325f, 335
verzögerte Spaltphotonen 343
Videoüberwachung 261
Vierkammerklystrons 163f
Villard-Schaltung 149
virtuelle Strahlenquelle 226
virtueller Keilfilter 242
Volumenquellen 82, 88

W

wahrscheinlichste Neutronen-Energie Kernspaltung 327, 356
wahrscheinlichste Ordnungszahl Spaltfragmente 330
Walton, E. T. S. 148
Wälzlager RöRö 141
Wanderwellenbeschleuniger 185ff, 190, 192f, 198
Wanderwellenbeschleunigung 170
Wanderwellenprinzip 185, 191f
Wanderwellensektionen 191, 203
Wanderwellenstruktur 175
Wärmeabstrahlung 129f
Wärmeabtransport 136, 139f, 145
Wärmekapazität des Anodentellers 134
Wärmeleitfähigkeit 133, 136, 138f, 141f
Wärmeleitung 127, 136, 138f, 141ff, 147
Wärmespeicherfähigkeit 140
Wärmespeicherung 129, 133, 140f
Wärmestrahlung 141, 147
Wärmeübergangsfläche RöRö-Anode 139
Wärmeüberlast RöRö 140
Wasserkühlung 128, 140, 163, 217, 362
Wasserphantom 233
Wasserstoff 84, 334, 342, 377, 379, 381, 450, 453
wave guides 176
Way-Wigner-Formel 338
Wechselspannungs-Beschleuniger 14, 24f, 264
Wechselwirkungsbereich 20, 23, 43
Wehneltzylinder 57ff, 62, 63f, 89, 117, 126
Weicheisenjoch Betatron 265
Weichstrahltherapie 13, 128
Weichteilgewebe 106, 365, 407, 410
Weichteilstrukturen 247
Weißglut 50
Wellenlängenspektren Röntgen 116
Wellenleiter 169, 173, 175f, 184f
Wellenleiterstrukturen 175, 193
Wellenreitermodell 185f, 194
Wellensumpf 187
Wheeler, J. A. 320
Wideröe, Rolf 9, 15, 25, 175, 178ff, 193f, 266
Wideröesche Betatronbedingung 267, 270
Wideröesche Linearbeschleuniger 24
Wideröe-Struktur 175, 178f, 183, 194
Wiggler 316, 318f
Winkelakzeptanz Zyklotron 286
Winkelverteilungen von Röntgenstrahlung 123
Wirbelsäule 106, 262
Wirkung des elektrischen Feldes 27, 29
Wirkung magnetischer Felder 34
Wirkungsgrad 99ff, 138, 147, 161, 164f, 311f, 333, 339ff, 351, 433, 435f

Wirkungsquerschnitte 67f, 322f, 333f, 367, 374ff, 381, 387, 391, 393, 459
Wirkungsquerschnitte Elektronstoßionisation 67
Wirkungsquerschnitte thermische Spaltung 322
Wismut 360, 453
Wolfram 20, 50ff, 60f, 64, 89, 100, 102ff, 108, 111f, 129, 134ff, 147, 206, 208, 212, 215ff, 222ff, 258f, 419f, 453
Wolframanode 100, 105, 109f, 113, 124, 135, 147
Wolframbremstarget 257
Wolfram-Dispenser-Glühkathode 61
Wolframdrahtwendeln 60
Wolframkathode 52f, 89
Wolfram-Rhenium-Drehanode 137
Wolframtarget 127, 147
WWER-Reaktor 341

X

Xe 66, 81, 86, 326, 349, 413, 453f, 457ff
Xenon 87, 453

Y

Y 199, 326, 360, 404, 408, 412, 415, 448, 453f
Y-Sr-Generator 404
Ytterbium 453
Yttrium 453

Z

Zahnradiologie 127
Zeeman, P. 20
zeitlicher Spannungsverlauf RöRö 98
Zeitverhalten von Gitterkathoden 61
Zentralfolie Elektronen Linac 208, 259
Zentralprojektion 117f
Zentralstrahldosisleistung Linac 240, 251
Zentrifugalkraft 34, 269, 272, 295, 321
Zentripetalkraft 34, 314
Zerstreuungslinsen 31, 42, 57, 204
Zielscheibenmodell RöRö 93
Zink 349, 453
Zinn 403, 453
Zinn-Indium-Generator 403
Zink-Kupfer-Generator 404
Zirkonium 453
Zirkulator HF Cyberknife 257
zulässige Dosisleistung Linac 252
Zusatzfilterung Röntgenspektrum 112, 115
Zweikammerklystron 162f
Zweikörper-Reaktion 363
Zwei-Puls-Generator 98f
zweite Resonanzbedingung Mikrotron 296, 300
Zweitfolien, Elektronen Linac 207
Zweiwinkelanoden 118
Zykloidenbahnen, Magnetron 160
Zyklotron 9, 15, 25, 33, 74, 76, 264, 271, 273ff, 277f, 280, 282f, 286, 292, 295, 310, 363ff, 371, 396f, 406
Zyklotronneutronen 366
Zyklotronneutronquellen 364ff
Zyklotronresonanzbedingung 273, 278, 282
Zyklotronresonanzfrequenz 77
Zylinderelektroden 30ff
Zylinderhohlleiter 167
Zylinderlager, Röntgenröhre 139
Zylinderlinse, elektrische 32

Printed by Printforce, the Netherlands